Hyper Text Markup Language 5
API Guidebook

徹底解説
Hyper Text Markup Language 5
HTML5
APIガイドブック
ビジュアル系API編

羽田野 太巳【著】

秀和システム

■注意
(1) 本書は著者が独自に調査した結果を出版したものです。
(2) 本書は内容について万全を期して作成いたしましたが、万一、ご不備な点や誤り、記載漏れなどお気付きの点がありましたら、出版元まで書面にてご連絡ください。
(3) 本書の内容に関して運用した結果の影響については、上記(2)項にかかわらず責任を負いかねます。あらかじめご了承ください。
(4) 本書の全部、または一部について、出版元から文書による許諾を得ずに複製することは禁じられています。
(5) 商標
Microsoft、Windows、Windows 7、Windows Vista および Windows XP は米国 Microsoft Corporation の米国およびその他の国における登録商標または商標です。
その他、CPU、ソフト名、企業名、サービス名は一般に各メーカー・企業の商標または登録商標です。
なお、本文中では ™ および ® マークは明記していません。
書籍の中では通称またはその他の名称で表記していることがあります。ご了承ください。

はじめに

⌘ マークアップの進化

　ウェブに携わる人であれば、今やHTML5という言葉を聞いたことがない人はいないでしょう。HTML5は、名前の通り、これまで使われてきたHTML4の後継に当たるHTMLの仕様です。しかし、なぜ、これほどにHTML5が注目されているのでしょうか？

　これまでのHTMLの仕様は、HTML4もXHTMLもマークアップを規定した仕様でした。HTML4が主流だった時代にXHTMLが登場したとき、XHTMLは大きく注目を浴びました。実は、マークアップという観点だけから見れば、HTML5よりXHTMLの登場の方がウェブ業界にとってインパクトが大きかったといえます。なぜなら、マークアップの作法が変わってしまったからです。ウェブ制作者は新たにXHTMLを覚え、新たに作るウェブ・ページはどんどんXMLベースのXHTMLに変わっていきました。

　ところがXHTMLの登場によって騒いでいたのはウェブ制作側だけだったといえます。XHTMLになったからといって、ユーザーにとっては、これまでのHTML4で作られたウェブ・ページと何も変わらないからです。ウェブ・ページを利用するユーザーにとっては、HTML4だろうがXHTMLだろうが関係がありません。ある意味、世の中全体から見れば、何も変わらなかったといっても過言ではないでしょう。

⌘ JavaScriptの進化

　一方、JavaScriptの世界では、ウェブ業界だけでなく、利用する側のユーザーにとっても大きなインパクトがありました。そう、ウェブ業界の人なら誰でも知っているAJAXです。Googleマップ、Googleサジェストなどの登場は大きな驚きとともに、誰もがその便利さに気づいたのではないでしょうか。ところが、AJAXは新たに開発されたテクノロジーではありませんでした。それまで誰からも興味を持たれることなく眠っていた古い機能を掘り起こしたものでした。AJAXに使われるXMLHttpRequestは、Internet Explorer 5からMicrosoft社により実装されていた古いテクノロジーです。その後、他のブラウザーも追随してXMLHttpRequestを実装するに至ったのです。

　JavaScriptの機能は、ウェブ標準とは異なる力学が働き進化してきた経緯があります。そもそも、JavaScriptでウェブ・コンテンツを扱うAPIにウェブ標準が存在していなかったのです。APIの実装は、ブラウザーの差異化の手段の1つとして、ブラウザー・ベンダーが競い合っていたのです。これはブラウザー戦争という言葉に表れています。

　もともとこのブラウザー戦争と呼ばれた1990年代後半は、Internet ExploerとNetscapeの競争でした。それぞれ独自の機能を実装してきましたが、当時は、ダイナミックHTMLと呼ばれ、大きな注目を浴びてきました。ところが、ブラウザーごとに全く異なる独自の実装だったため、制作者はどちらでも動作するようクロスブラウザー対策に悩まされることになりました。

⌘ APIの標準化の現実

このような状況の中で、W3CはDOM（Document Object Model）と呼ばれるドキュメントへアクセスするためのAPIを規定しました。もちろん、そのほかにもさまざまなAPIが規定されています。その後に生まれたFirefox、Opera、Safari、Chromeは、こういったウェブ標準のAPIを実装することを売りにしてきました。ところが、最もブラウザー・シェアが高いInternet Explorerは、いつまで経っても、このウェブ標準のAPIを実装する気配がありませんでした。そのため、今でもウェブ・アプリケーションの開発現場ではクロスブラウザー対策に悩まされ続けることになりました。

⌘ RIA

JavaScriptによるウェブ・アプリケーション開発が混沌としている中、現在はAdobe社が提供しているFlashや、Microsoft社が提供しているSilverLightといったプラグインが注目されているのはご存じの通りです。これらプラグインは、ブラウザーの違いを意識する必要がない点が大きなメリットです。一度アプリケーションを作れば、基本的にはどのブラウザーでも同じように動作します。また、JavaScriptでは実現できなかった高度な機能がどんどん追加され、今では、当たり前のように使われるようになっています。このようなリッチなユーザー体験を実現したアプリケーションは、RIA（Rich Internet Application）と呼ばれ、もてはやされてきました。

こういったプラグインは、開発側のメリットだけでなく、利用者となるユーザーに対しても、大きなメリットを与えてきました。ビデオ再生、アニメーション、数えたらきりがないほど数多くの機能やサービスが提供されてきました。現在のウェブは、プラグインの恩恵なしには成り立たないといっても良いでしょう。

⌘ 次世代のウェブ標準

ところがHTML5の登場により、大きなインパクトがウェブ業界に走ることになりました。HTML5はもともと2004年にOpera、Mozilla、Appleが独自に設立したWHATWGと呼ばれるグループによって考え出されたものです。このグループは、これまでの混沌としたAPIを再定義し、さらに、これまで足りなかった機能を新たに加え、それを仕様としてまとめたのです。APIだけではありません。マークアップも含めて、ウェブを新たに定義し直したのです。現在は、W3Cとともに仕様の策定作業を進めており、HTML5は実質的に次世代のウェブ標準になります。

HTML5によってもたらされる新たな機能には、これまでHTMLとJavaScriptで実現することができなかった機能が数多く盛り込まれました。すでに、みなさんも、さまざまなデモをご覧になったことでしょう。HTML5の登場によるインパクトは、ウェブ制作側だけではなく、利用側となるユーザーにも及ぶ点が、前述のXHTMLの登場と大きく違うところです。

HTML5で新たに導入されたcanvas要素やvideo要素は注目の的です。ユーザーにとっても分かりやすいテクノロジーですので、さまざまなデモで紹介されたり、すでに実際のサイトで使われ始めてい

ます。そのほかにも数え切れないほどの機能が追加され、HTML5関連の仕様は膨大な量に至っています。

しかし、いくらウェブ標準といえ、少なくともメジャーなブラウザーすべてで動作しないことには、パソコン向けサイトでHTML5を利用することにためらいを感じてしまいます。ところが、Microsoft社は次期バージョンのInternet Explorer 9でHTML5を含めウェブ標準を採用することを表明しました。2010年10月現在、まだInternet Explorer 9はベータ版ですが、数多くの機能が盛り込まれています。また、これまで独自に実装していた機能も、ウェブ標準に準拠されることとなり、かつてのように、ブラウザーによって全く異なるプログラムを用意する必要がなくなると期待されています。1つのAPIがすべてのブラウザーに実装されたとしても、多少の違いは出てきますが、独自実装を競っていた時代と比べれば、大きな前進です。

⌘ プラグインとウェブ標準

よくHTML5はプラグインを駆逐するだろう、という声を聞くことがあります。率直にいえば、あり得ないと私は考えています。確かに、これまでプラグインでしかできなかった領域に、HTML5のAPIが踏み込んでいることは事実です。しかし、プラグインが提供する機能は、それがすべてではありません。

プラグインには、HTML5では実現できない機能が数多く組み込まれています。ビデオを例に取れば、デジタル著作権管理（DRM）に相当する規定はHTML5にありません。また、ビデオ・フォーマットすらHTML5では規定していません。1つのビデオ・フォーマットだけを用意したい場合、または、DRMが必要な場合はプラグインに頼らざるを得ません。

アニメーションは、HTML5で導入されたcanavs要素とそれに付随するAPIを使うことで実現可能です。しかし、アニメーションのオーサリングという視点で見れば、開発環境が用意されたプラグインの方が圧倒的に作りやすいといえます。

もう少し現実的な問題として、古いブラウザーの救済が挙げられます。ウェブ標準のテクノロジーは、ブラウザーが実装していない限り使うことができません。HTML5で導入された新たなAPIは、最新のブラウザーでなければ実装されていないことが多く、今でも多く使われ続けているInternet Explorer 6で動作させることはできません。それに対してプラグインは、古いブラウザーでも動作しますので、その心配がありません。

さらにプラグインとウェブ標準の決定的な違いがあります。それは新機能のリリースのスピードです。プラグインは一社が独自に提供しているため、他社との相談や交渉は一切必要ありません。プラグイン提供事業者が必要と思えば、どんどん機能を追加していくことができます。プラグイン提供事業者の意向次第で、どれだけでも進化のスピードを速くすることが可能です。

一方、ウェブ標準は数多くの関係者が協力し合って策定していくものです。そのため、新たな機能がウェブ標準になるためには、長い時間がかかります。そして、たとえ、新たな機能が策定されたとしても、ブラウザー・ベンダーが実装しないことには絵に描いた餅です。

では、ウェブ標準のメリットとは何でしょう。それは営利企業一社にテクノロジーが独占されていないことです。テクノロジーを一営利企業が提供している限り、その継続性は保証されません。プラグイン提供事業者が、何かしらの事情により、そのプラグインの提供を停止する可能性は否めません。場合によっては、倒産という結果に陥る可能性もあります。さらに特許という問題もあります。現在は無料で使えるテクノロジーも、永久的に無料かどうかは分かりません。あるとき突然に特許使用料を求めてくることも考えられます。これは、画像フォーマットとして広く使われてきたGIFに関して前例があります。画像圧縮技術に使われていた特許を巡って、特許保持者がその特許の利用者に特許料を請求したことがあり、必ずしも絵空事ではないことを証明してしまいました。

特定のベンダーのテクノロジーは、可能性は低いでしょうが、こういったリスクを常に抱えることになるのです。一方、ウェブ標準のテクノロジーは、その心配はありません。ブラウザーが実装する限り、永久的に利用が可能となるのです。

このように特定の企業が提供するテクノロジーと、ウェブ標準のテクノロジーには、一長一短があります。どちらでも実現できる機能は、ウェブ制作者から見れば実現方法の選択肢が増えたことになりますので、喜ぶべきことでしょう。そして、どちらか一方では実現できない機能は、実現できるテクノロジーを使えば良いわけです。今も将来も、どちらのテクノロジーも補完関係にあるといえます。

⌘ ウェブ標準の利用範囲の拡大

これまでウェブ標準のHTML、JavaScriptから利用できるAPI、そしてCSSなどのテクノロジーは、主にウェブ・ページの製作に使われてきました。その対象は主にパソコンでした。そのため、メジャーなあらゆるブラウザーで動作させなければいけない点が、製作現場において大きな足かせになってきました。

ところが、近年、こういったウェブ標準のテクノロジーの利用範囲が大幅に拡大しています。iPhoneやiPadではプラグインを使うことができません。そのため、リッチなユーザー体験をウェブで実現するためには、ウェブ標準に頼らざるを得ません。とはいえ、これらのスマート・フォンでは、標準でブラウザーが組み込まれているため、これらのブラウザーで動作すれば良く、他のブラウザーを考慮する必要がほとんどありません。

ChromeとSafariはExtentionと呼ばれるブラウザーの拡張機能をHTMLとJavaScriptとCSSだけで開発できる環境を提供しています。こういった拡張機能は、そのブラウザーだけで動作すれば良いため、ブラウザーの互換性を一切気にする必要がありません。

同様に、Operaは、ウィジットと呼ばれるデスクトップ・アプリケーションとして動作するミニ・アプリケーションを開発できる環境を提供しています。このウィジットもウェブ標準のテクノロジーだけで作ることができます。

このように、特定のブラウザーだけを対象にしたアプリケーション開発の領域が拡大しています。こういった領域は、該当のブラウザーが実装さえしていれば、最新のテクノロジーを遠慮なく使うことが

できます。

　さらに究極の流れとして、Google OSが挙げられます。実際にどれほどの人気が出るのかは未知数ですが、パソコンのデスクトップそのものがウェブ・ブラウザーとなり、その上で動作するアプリケーションはすべてウェブ・アプリケーションになります。

　実は、このコンセプトは過去にも存在していました。Windows 98から標準で搭載されたアクティブ・デスクトップを覚えているでしょうか。これは、まさにデスクトップをウェブとして扱っていたのです。残念ながら、当時はそのコンセプトが世の中に受け入れられず、Windows Vistaで廃止になりました。Windows Vistaでは、それに変わるものとしてWindowsサイドバーが搭載されました。これは、まさにウィジットです。誰でもウェブ標準のテクノロジーだけで、デスクトップ上で動作するミニ・アプリケーションを作ることができるのです。今を思えば、Microsoft社はかなり先見の明があったのではないでしょうか。

　AppleもWindowsのサイドバーとよく似た環境を提供しています。それはMac OS X 10.4から搭載されたDashboardです。これも、ウェブ標準のテクノロジーだけで、デスクトップ上（正確にはダッシュボード上）で動作するミニ・アプリケーションを作ることができます。

　このように、もはやHTML+JavaScript+CSSは、ウェブ・ページのためだけに使うテクノロジーではなくなってきました。この適用範囲はさらに広がっていくことでしょう。

⌘ブラウザーの実装度

　現在では、かつてのように独自実装を競うのではなく、ウェブ標準の実装度を競う段階に来ています。各ブラウザー・ベンダーは、ブラウザーのリリース間隔を早め、できる限り早く新たに実装したHTML5関連のAPIをウェブ制作者が利用できるよう、競い合っているといえます。

　本書は、執筆時点で手に入る最新のバージョンのブラウザーを使ってAPIを紹介しています。Internet Explorer 9ベータ版（Platform Preview 5）、Firefox 4.0ベータ版、Opera 10.70ベータ版、Safari 5.0、Chrome 7.0 devを使っています。この多くはまだベータ版ですが、本書が発売される頃には、正式リリースされているでしょう。また、本書ではブラウザーごとの実装についても触れていますが、近年はブラウザーのリリースが早いため、本書で言及している以上に実装が進んでいると思われます。本書で紹介するブラウザーの実装については、あくまでも参考程度にご覧ください。

⌘HTML5の本当のインパクト

　私が考えるHTML5がもたらす本当のインパクトとは、ウェブ・ページがリッチになるという点ではありません。もちろん、ウェブ・ページがリッチになることはインパクトの1つではありますが、すでに言及した通り、多くの機能はプラグインで実現されています。

　HTML5によってもたらされる本当のインパクトは、HTML+JavaScript+CSSが、あらゆるコンピューター・アプリケーションのベースになる予感がする点なのです。前述の通り、すでにウェブ・

ページのためだけではなく、ウィジットといったミニ・アプリケーションにも応用されていますが、さらにその範囲は拡大していくでしょう。すでにスマート・フォンの世界では、その流れが顕著です。

- Samsung Mobile Widget SDK
  http://innovator.samsungmobile.com/platform.main.do?platformId=12
- Palm WebOS
  http://developer.palm.com/index.php?option=com_content&view=article&id=2107
- BlackBerry WebWorks
  http://na.blackberry.com/eng/developers/browserdev/opensource.jsp

　これら海外のスマート・フォンでは、すでにアプリケーション開発のプラットフォームとして、HTML+JavaScript+CSSを採用しています。これらのスキルを持ち合わせていれば、デバイスごとにネイティブ・アプリケーション向けのプログラミング言語を学ばなくても、ネイティブ・アプリケーションと変わらないアプリケーションを製作することができます。

　HTML+JavaScript+CSSのウェブ標準のテクノロジーは、将来的にはスマート・フォンを超えて、パソコン、テレビといったさまざまなコンピューター・デバイスのアプリケーション開発のプラットフォームになるでしょう。

　みなさんがすでに学んだ、または、これから学ぼうとするウェブ標準であるHTML+JavaScript+CSSのスキルは、将来的にあらゆるデバイスに応用が効くことを意味しています。

⌘本書のテーマと対象読者

　HTML5を徹底解説するというコンセプトの下、2010年2月に『徹底解説HTML5マークアップガイドブック』を上梓いたしましたが、そこではマークアップに限定して徹底的に解説しました。本書は、その第二弾となり、APIにフォーカスしています。とはいえ、HTML5仕様およびそれに関連するAPIは多岐にわたり、とても一冊に収まるものではありません。本書では、HTML5仕様および関連の仕様で規定されたAPIのうち、ビジュアルとユーザー・インタフェースに関連するAPIに絞って徹底的に解説しました。通常のウェブ・ページから、ウィジットといったアプリケーションに至るまで、一通りの必要な知識を詰め込んでいます。

　あまり注目されていませんが、HTML5では、今では当たり前に使われているDOMやwindowsオブジェクトなども、ウェブ標準として規定されています。本書では、それらのウェブ・アプリケーション開発の基本となるAPIについても解説しています。

　上級者の方にとっては簡単な内容と思われるでしょうが、改めて見直せば、新たな発見があるでしょう。また、初級者の方にとっては、ウェブ・アプリケーションの基礎を学ぶ機会として本書が役に立つ

でしょう。

　なお、本書はプログラム言語としてのJavaScript、つまりECMAScriptの入門書ではありません。本書の対象読者として、ある程度、JavaScriptを使った経験を持っていることを想定しています。しかし、本書で紹介するサンプルでは、できる限り上級者向けのテクニックを使わず、初級者でも理解しやすいコードを心がけました。また、同じことを行う処理は、常に同じ書き方を踏襲しました。JavaScriptの経験が浅い方でも、サンプルのコードを繰り返し見ていくことで、理解できるでしょう。

　本書は、HTML5仕様に限ることなく、それに関連するAPIの解説も加えています。そして、HTML5時代におけるウェブ・アプリケーションの入門として書き上げたつもりです。本書が、長期間にわたって活かすことができるスキルを学ぶ一冊として役に立てれば幸いです。

2010年12月吉日
有限会社futomi 代表取締役　羽田野 太巳

CONTENTS

はじめに 3
- マークアップの進化
- JavaScriptの進化
- APIの標準化の現実
- RIA
- 次世代のウェブ標準
- プラグインとウェブ標準
- ウェブ標準の利用範囲の拡大
- ブラウザーの実装度
- HTML5の本当のインパクト
- 本書のテーマと対象読者

第1章　DOMスクリプティングの基礎

1.1　HTML5の意義 24
- ウェブ標準としての仕様がなかったJavaScriptのさまざまな機能
- 過去に使われてきたAPIを1つの仕様にまとめたHTML5

1.2　DOMツリー 25
- DOMとは何か
- DOMツリーとは何か
- ブラウザーによって異なっていたDOMツリー
- マークアップが文法エラーだった場合の扱い

1.3　DOMツリー・アクセサー 29
- DOMアクセサーとは何か
- DOMツリーにアクセスするプロパティ
- HTMLCollectionオブジェクトはライブ
- DOMツリーにアクセスするメソッド
- W3C DOMで規定されたメソッド

1.4　ドキュメントのリソース情報 37
- リソース情報を扱うプロパティ
- URL情報
- 最終更新日時
- レンダリング・モード

- ⌘ 文字エンコーディング
- ⌘ ドキュメントのロード状態

1.5　マークアップの挿入 43
- ⌘ マークアップの追加
- ⌘ マークアップの置き換え
- ⌘ HTMLドキュメントの生成
- ⌘ セキュリティー

1.6　要素と属性の操作 56
- ⌘ 要素と属性を操作するAPI
- ⌘ 要素を操作するAPI
- ⌘ class属性を操作するclassList API
- ⌘ カスタム・データ属性

1.7　Selectors API 69
- ⌘ Selectors APIとは何か
- ⌘ セレクター
- ⌘ :visited疑似クラスのプライバシー問題
- ⌘ Selectors APIが返すNodeListオブジェクトはライブではない

1.8　イベント 79
- ⌘ ウェブ・アプリケーションとイベント
- ⌘ イベント・ハンドラとイベント・リスナー
- ⌘ loadイベント
- ⌘ DOMContentLoadedイベント

1.9　タイマー 86
- ⌘ タイマーとは何か
- ⌘ タイマーを使用したサンプル

1.10　モーダル・ダイアログ 91
- ⌘ window.alert()、window.confirm()、window.prompt()
- ⌘ カスタムのモーダル・ダイアログ

1.11　ページURLを扱うLocation API 101
- ⌘ Location APIとは何か
- ⌘ URL分解プロパティ

1.12 閲覧履歴を扱う History API ···················· 106
- History API とは何か
- セッション・ヒストリーの関連イベント

1.13 Navigator オブジェクト ···················· 118
- Navigator オブジェクトとは何か
- ブラウザー識別情報
- ネットワーク接続情報

1.14 ブラウザー・インタフェース ···················· 122
- 各種バーが表示されているかどうかを判定するプロパティ

1.15 フォーカス ···················· 124
- フォーカスとは何か
- ドキュメントのフォーカス
- 要素のフォーカス

第2章 Forms

2.1 フォームの基礎 ···················· 128
- HTML5で充実した入力用ユーザー・インタフェース
- 新コントロール
- 入力値に制約を設ける属性
- バリデーション
- バリデーションの対象となるコントロール
- バリデーションを回避する方法

2.2 フォームのイベント ···················· 134
- フォームに関連するイベント
- change イベントと formchange イベント
- input イベントと forminput イベント
- invalid イベント
- select イベント
- submit イベント

2.3 フォーム・バリデーション API ···················· 139
- フォーム・バリデーション API とは何か
- バリデーションを任意のタイミングで実行

- ⌘ バリデーション・エラーのデザインをカスタマイズ
- ⌘ バリデーションの結果をリアルタイムで取得
- ⌘ バリデーション・エラーの理由を取得
- ⌘ 独自のバリデーションを定義
- ⌘ フォーム・バリデーションAPIの注意点

2.4 テキストの選択状態 … 165
- ⌘ テキスト選択状態のAPI
- ⌘ すべてを選択状態にする
- ⌘ 選択テキストの開始位置と終了位置
- ⌘ 範囲を指定してテキストを選択状態にする

2.5 HTML5で新たに導入されたフォーム関連要素 … 172
- ⌘ 3つの新要素
- ⌘ output要素
- ⌘ progress要素
- ⌘ meter要素

2.6 フォームAPIリファレンス … 186
- ⌘ 大幅に拡充されたフォームに関連するAPI
- ⌘ HTMLFormControlsCollectionオブジェクト
- ⌘ RadioNodeListオブジェクト
- ⌘ HTMLOptionsCollectionオブジェクト
- ⌘ DOMSettableTokenListオブジェクト
- ⌘ ValidityStateオブジェクト

第3章 Canvas

3.1 Canvasの特徴 … 206
- ⌘ Canvasとは何か
- ⌘ ビットマップ・グラフィックス
- ⌘ Canvasの利点
- ⌘ Canvasの仕様

3.2 canvas要素 … 209
- ⌘ canvas要素の用意
- ⌘ canvas要素をサポートしているかの判定

3.3　座標系 ……………………………………………………………………………… 210
⌘ Canvasの座標系

3.4　2Dコンテキスト ………………………………………………………………… 211
⌘ 2Dコンテキスト・オブジェクトの取り出し
⌘ 親となるcanvas要素のノード・オブジェクトの参照

3.5　矩形 ………………………………………………………………………………… 213
⌘ 矩形を描く

3.6　色 …………………………………………………………………………………… 215
⌘ 色を指定する

3.7　半透明 ……………………………………………………………………………… 217
⌘ 半透明度を指定する

3.8　グラデーション ………………………………………………………………… 219
⌘ グラデーションを指定する
⌘ 線形グラデーション
⌘ 円形グラデーション

3.9　パスを使った複雑な図形 ……………………………………………………… 225
⌘ 矩形以外の描き方
⌘ パスとは
⌘ サブパスとは
⌘ サブパスが交差した場合の塗りつぶし
⌘ 円弧
⌘ ベジェ曲線
⌘ 矩形

3.10　線のスタイル …………………………………………………………………… 246
⌘ 線のスタイルに関するCanvasの機能
⌘ 線幅
⌘ 線端形状
⌘ 接続形状

3.11　テキスト ………………………………………………………………………… 253
⌘ Canvasのテキスト描画
⌘ テキストの描画

- ⌘ Webフォントの利用
- ⌘ アライメント
- ⌘ 文字長の計測

3.12 シャドー 265
- ⌘ 図形に影を入れる

3.13 パターン 269
- ⌘ パターンで塗りつぶす

3.14 イメージの組み込み 272
- ⌘ 外部のイメージをCanvas内に取り込む
- ⌘ レイヤー

3.15 合成 280
- ⌘ Porter-Duff合成
- ⌘ Canvasのイメージ合成パターン
- ⌘ 合成を使った描画

3.16 ピクセル操作 286
- ⌘ ビットマップ情報に直接アクセスする
- ⌘ セキュリティー

3.17 クリッピング 292
- ⌘ クリッピング領域を定義する

3.18 座標空間の変換 294
- ⌘ 図形を変換する
- ⌘ 拡大・縮小・回転・移動
- ⌘ 変換の組み合わせ
- ⌘ 変換マトリックス
- ⌘ 変換マトリックスの応用

3.19 描画状態管理 307
- ⌘ 描画状態をまとめて管理する

3.20 パスの図形の外か中かを判定 311
- ⌘ 図形の中にあるのか外にあるのかを判定する

CONTENTS

3.21 Canvasの画像出力 315
- canvas要素のノード・オブジェクトの画像出力に関するAPI

3.22 アニメーション 324
- Canvasを使ってアニメーションを実現する
- パフォーマンス

第4章 Video/Audio

4.1 マークアップの概要 336
- HTML5で新たに追加された要素

4.2 video要素 337
- video要素のマークアップ
- 論理属性のプロパティ
- 表示寸法と実際の寸法
- preloadとautobuffer
- video要素をサポートしているかの判定

4.3 audio要素 350
- audio要素のマークアップ
- Audio()
- audio要素をサポートしているかの判定

4.4 コーデック 354
- コーデックとコンテナ
- MIMEタイプ

4.5 source要素 356
- source要素とは何か

4.6 MIMEタイプから再生可能かどうかを判定 358
- どの形式なら再生できるのかを判定する

4.7 採用されたファイルの判定 360
- どのファイルが採用されたのかを判定する

4.8 ネットワーク利用状況の把握 … 363
⌘ ダウンロードまでの遷移をリアルタイムで把握する

4.9 再生と停止 … 367
⌘ メディア・リソースの再生と停止
⌘ iOSのSafariで無効にされている機能

4.10 メディア・リソースのロード … 371
⌘ 強制的にメディア要素をリセットする
⌘ メディア・データの取得手順

4.11 メディア・データのロード状況の把握 … 376
⌘ メディア・データのロード状況をリアルタイムで把握する

4.12 再生速度 … 379
⌘ 再生速度を変更する

4.13 尺と再生位置 … 382
⌘ 尺と再生位置を把握する

4.14 再生済みとバッファ済みの範囲 … 387
⌘ 再生された範囲とバッファされた範囲を把握する
⌘ バッファの破棄

4.15 シーク … 397
⌘ シークの状態を把握する

4.16 音量調整 … 399
⌘ 音量を変更する

4.17 エラー・ハンドリング … 405
⌘ エラーを把握する

4.18 イベント … 410
⌘ メディア要素のイベント
⌘ ロードから再生前までのイベント
⌘ 再生および一時停止で発生するイベント
⌘ 各種操作に関連するイベント
⌘ エラーに関連するイベント

CONTENTS

4.19 カスタム・プレーヤー 419
- ⌘ より便利な機能を組み込んだプレーヤーを作る

4.20 ビデオをCanvasに取り込む 435
- ⌘ ビデオとcanvas要素を組み合わせる

4.21 字幕を入れる 447
- ⌘ ビデオやオーディオに字幕を入れる

第5章　テキスト編集

5.1 編集可能なドキュメントと要素 460
- ⌘ ウェブ・コンテンツのテキスト編集
- ⌘ 要素を編集可能にする
- ⌘ ドキュメント全体を編集可能にする

5.2 Text Selection API 465
- ⌘ 選択したテキストの情報を取得する
- ⌘ 選択範囲を取り出す
- ⌘ 複数の範囲を選択する
- ⌘ 選択範囲の開始位置と終了位置
- ⌘ 選択範囲のセットと削除
- ⌘ 選択範囲を解除してキャレット位置を移動する
- ⌘ 複数の選択範囲を扱う

5.3 Editing API 479
- ⌘ WISYWIGエディタを実現するEditing API
- ⌘ 生成されるHTMLコード
- ⌘ iframe要素を採用する理由

5.4 コマンド 489
- ⌘ commandID
- ⌘ 太字（bold）
- ⌘ 斜体文字（italic）
- ⌘ 下付き文字（subscript）
- ⌘ 上付き文字（superscript）
- ⌘ カーソルの前の文字を削除（delete）
- ⌘ カーソルの次の文字を削除（forwardDelete）

- ⌘ イメージ挿入（insertImage）
- ⌘ HTMLコード挿入（insertHTML）
- ⌘ テキスト挿入（insertText）
- ⌘ 改行挿入（insertLineBreak）
- ⌘ 順序リスト挿入（insertOrderedList）
- ⌘ 非順序リスト挿入（insertUnorderedList）
- ⌘ ブロック要素の置換（formatBlock）
- ⌘ ブロック分割（insertParagraph）
- ⌘ リンク生成（createLink）
- ⌘ リンク解除（unlink）
- ⌘ すべてを選択（selectAll）
- ⌘ 選択解除（unselect）
- ⌘ 元に戻す（undo）
- ⌘ 繰り返し（redo）

5.5 カスタムのWISYWIGエディタ 508
- ⌘ Text Selection APIとEditing APIを使ったWISYWIGエディタ

第6章　ドラッグ＆ドロップ

6.1 ドラッグ＆ドロップの概要 522
- ⌘ ドラッグ＆ドロップのAPI

6.2 ドラッグ＆ドロップのイベント 523
- ⌘ ドラッグ＆ドロップ関連のイベント

6.3 デフォルト・アクション 529
- ⌘ デフォルト・アクションとは何か

6.4 任意の要素をドラッグする 531
- ⌘ draggableコンテンツ属性

6.5 選択テキストをドラッグする 537
- ⌘ 選択テキストのドラッグ＆ドロップ

6.6 データ転送 540
- ⌘ データ転送機能に関連するAPI

CONTENTS

6.7 他のアプリケーションとの連携 ·· 545
　⌘ブラウザー以外のアプリケーションとのデータの送受信

6.8 ドラッグ中のアイコンをセットする ·· 549
　⌘ドラッグ中のアイコン

6.9 選択テキストのドラッグ・ポインター ·· 554
　⌘ドラッグ中のマウス・ポインターを変更する

6.10 デスクトップ・ファイルをドロップする ······································ 559
　⌘デスクトップ上のファイルのドロップ

第7章　File API

7.1 File APIとは ·· 564
　⌘デスクトップ上のファイルをスクリプトから読み取る

7.2 Fileオブジェクト ·· 566
　⌘ファイルの情報を取得する

7.3 FileReaderオブジェクト ·· 569
　⌘ファイルのデータを読み取る

7.4 イベント ··· 574
　⌘ファイル読み取りの過程で発生するイベント

7.5 ロード状態 ·· 575
　⌘ファイルの読み取り状況を把握する

7.6 ファイルのロードの進捗 ·· 579
　⌘リアルタイムに読み取り処理の進捗を表示する

7.7 エラー・ハンドリング ··· 582
　⌘エラーの理由を把握する

7.8 ファイルのURIを生成する ·· 586
　⌘一意的なURIを生成する

第8章 Web Workers

8.1 Web Workersとは ... 592
- Web Workersとは何か
- プロセスとスレッド、そしてワーカー
- ブロッキング

8.2 Web Workersクイック・スタート ... 597
- Web Workersの使い方

8.3 用途 ... 603
- Web Workersをどこで使うか
- AJAXによるコンテンツの動的ロード
- サジェスト
- ロジックの分離

8.4 WorkerコンストラクタとWorkerオブジェクト ... 606
- Workerオブジェクトの取得
- メッセージ送信
- ワーカーの終了
- イベント・ハンドラ

8.5 ワーカーのグローバル・スコープ ... 610
- グローバル・スコープとは何か
- メッセージの送信
- ワーカーから外部のJavaScriptファイルをロードする
- イベント・ハンドラ
- ワーカーの終了
- ブラウザー情報の取得
- ワーカーのJavaScriptファイルのURL情報の取得
- タイマー

8.6 Web Workersで利用できる他のAPI ... 619
- ワーカー内で利用できるAPI

8.7 ワーカーを複数起動する ... 621
- ワーカーを複数起動する
- Web Workersのパフォーマンス

CONTENTS

8.8 共有ワーカー 634
- 専用ワーカーと共有ワーカー
- 共有ワーカーの使い方
- ページ側のAPI
- 共有ワーカー側のAPI
- 共有される値と共有されない値

第9章　Geolocation API

9.1 Geolocation APIとは 646
- Goelocation APIとは何か
- ユーザーの許可
- 測地系

9.2 Geolocation APIクイック・スタート 650
- 位置情報を取り出す

9.3 現在位置を取得する 652
- getCurrentPosition()メソッド
- 位置情報取得に成功したときの処理
- 位置情報取得に失敗したときの処理
- オプション・パラメータ

9.4 位置情報を連続して取得する 662
- 連続して位置情報を取得する
- GPS高度
- リアルタイム監視の停止

用語索引 670

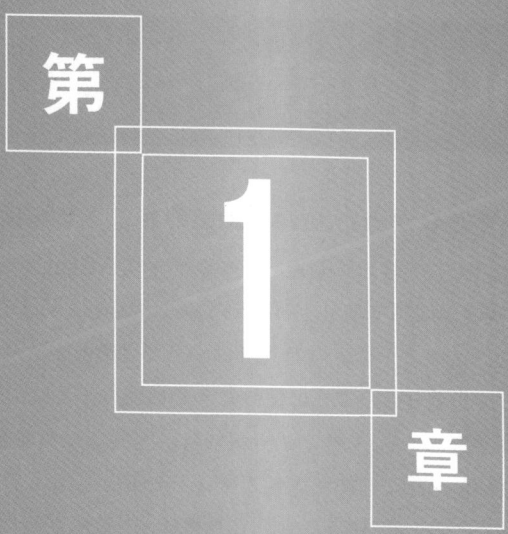

DOMスクリプティングの基礎

HTML5で規定されたAPIを使うに当たり、DOMスクリプティングの知識は必須となります。まずはウェブ・アプリケーションを作成する上での基本をしっかりとおさえておきましょう。また、HTML5では、これまで当たり前に使ってきたwindowオブジェクトやdocumentオブジェクトのAPIについても改めてウェブ標準として規定しています。本章では、それらのAPIも含めて解説していきます。

1.1 HTML5の意義

■ウェブ標準としての仕様がなかったJavaScriptのさまざまな機能

　HTML5では、さまざまなAPIが規定されました。本書で紹介するCanvasやVideoといった派手な機能を持ったAPIは、さまざまなメディアで取り上げられ、みなさんもよくご存じのことでしょう。しかし、HTML5が規定するAPIは、このような新規のAPIばかりではありません。

　これまでJavaScriptを通して当たり前のように使ってきた機能の多くは、実は、ウェブ標準としての仕様がありませんでした。あるブラウザー・ベンダーが独自に実装した機能を、他のブラウザー・ベンダーが真似をして実装を行い、結果的にデファクトスタンダードとして定着した機能が数多くあります。そして中にはブラウザー・ベンダーが独自に実装した機能が、他のブラウザーには実装されずに取り残された機能、また、同じことを実現するにも、ブラウザーによって方法が異なるといった機能があります。

　このようなウェブ・ページを操作するためのAPIは、近年ではなくてはならない機能であるにもかかわらず、標準仕様が存在していなかったこと自体が驚きに値するといっても良いでしょう。そのため、同じことを行うにも、ブラウザーごとに処理を分けざるを得ないシーンに遭遇した読者も多いことでしょう。

■過去に使われてきたAPIを1つの仕様にまとめたHTML5

　HTML5では、このような過去に使われてきたAPIを1つの仕様にまとめ、ブラウザーごとに差異が発生しないよう、その詳細が策定されたのです。すでにすべてのブラウザーに実装されているAPIはもちろんのこと、これまでは特定のブラウザーでしか動作しなかった独自機能もHTML5仕様に盛り込まれています。

　本章では、ウェブ・ページのコンテンツを操作するためのDOM（Document Object Model）と呼ばれるAPIや、windowオブジェクトなどについて、できる限り網羅的に解説していきます。

　すでにご存じの機能がHTML5仕様に数多く盛り込まれていることが分かるでしょう。もちろん、本章は旧来のAPIだけなく、HTML5によって新たに規定されたAPIについても触れています。

　しかし、JavaScriptを使ってウェブ・ページを操作するに当たり、HTML5仕様が規定したAPIだけでは足りません。本章では、それを補うAPIについても解説していきます。

　すでに旧来のAPIについてはご存じの読者は復習の意味で、そして初心者の読者はウェブ・アプリケーションの基礎知識としてご覧ください。すでに経験豊富な読者でも、新たな発見があることでしょう。

1.2 DOMツリー

⌘ DOMとは何か

　JavaScriptからHTMLドキュメント内に存在するコンテンツを操作するためには、DOMの知識が必須となります。まずは、DOMとは何かを学んでいきましょう。

　DOMとはDocument Object Modelの頭文字を取った接頭語ですが、HTMLドキュメントに含まれている個々のコンテンツをオブジェクトという概念に置き換え、プログラミング言語から、HTMLドキュメントのコンテンツにアクセスするためのAPI（アプリケーション・プログラミング・インタフェース）を定義したものです。

　JavaScriptからHTMLドキュメントのコンテンツを操作するときは、このAPIを駆使することになります。DOMのAPIには、HTMLドキュメント内にある要素や属性を検索して取り出したり、またそれらを追加したり書き換えるといったメソッドやプロパティが用意されています。

⌘ DOMツリーとは何か

　ウェブ・アプリケーションを作る上で、まず操作したい要素をJavaScriptから取り出さなければいけません。しかし、その前に、ブラウザーがどのような形でHTMLドキュメントを処理しているのかを知っておく必要があります。

⬇ HTMLの例

```
<!DOCTYPE html>
<html lang="ja">
<head>
<meta charset="UTF-8" />
<title>DOM ツリー </title>
</head>
<body>
<h1> 見出し </h1>
<p><em> これが </em> 本文です。</p>
</body>
</html>
```

　このHTMLをブラウザーが読み込むと、ブラウザーは内部的に、次のようなDOMツリーを構成します。

DOMツリー

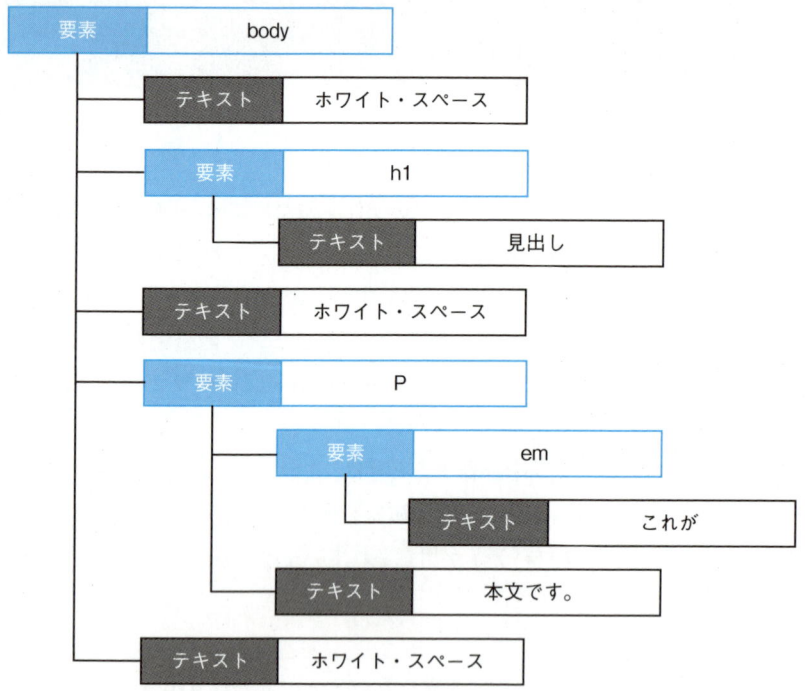

　HTML5の対応が進んでいる最新版のブラウザーでは、いずれも上記のようなDOMツリーを構成します。実際に、2010年12月現在で最新のブラウザー（ベータ版を含む）であるInternet Explorer 9、Firefox 4.0、Opear 11、Safari 5.0、Chrome 9.0では、些細な点で違いがありますが、上記のDOMツリーを構成します。

　要素やテキストと書かれた四角の枠をノードと呼びます。そして、タグの階層構造をそのままツリー上に組み立てたのがDOMツリーです。要素だけでなく、テキストも独立した1つのノードとして構成される点に注意してください。

　このDOMツリーの中にホワイト・スペースと書かれたテキスト・ノードが存在する点に注目してください。ホワイト・スペースとは、スペースやタブや改行が連続して続いているテキスト部分を表します。この例では、マークアップの改行やインデントに相当します。このようなホワイト・スペースですら、独立したテキスト・ノードとして構成されます。

ブラウザーによって異なっていたDOMツリー

　実は、HTML5が規定される前は、このDOMツリーがブラウザーによって異なっていました。それが原因で、JavaScriptでDOMを扱う際には、その差異を意識せざるを得ませんでした。同じHTMLをInternet Explorer 8を使って読み込ませると、構成されるDOMツリーは違ってきます。Internet Explorer 8では、ホワイト・スペースのテキスト・ノードが存在しません。

Internet Explorer 8のDOMツリー

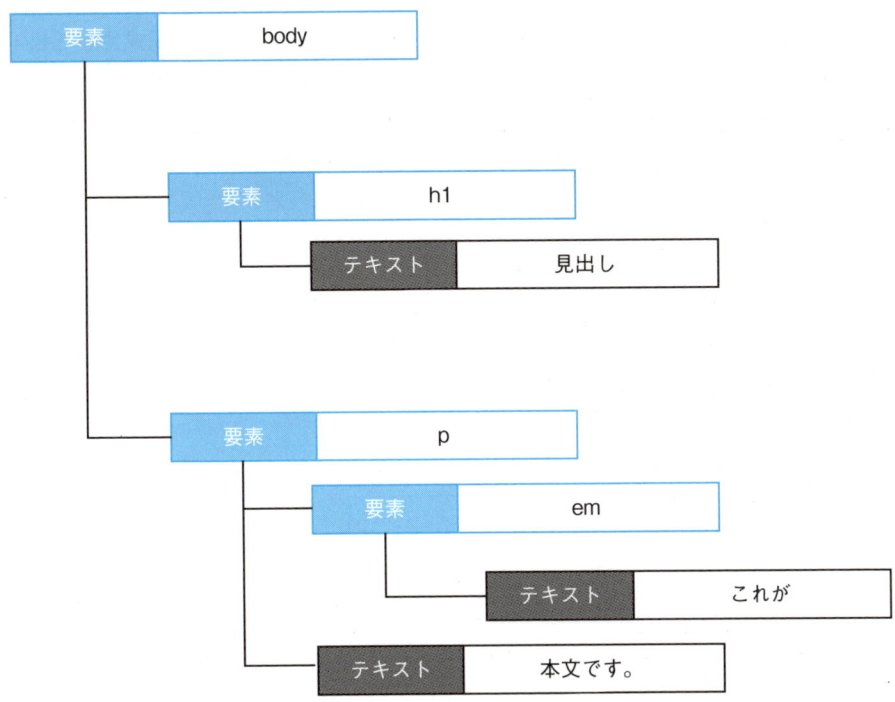

　この問題を解決するべく、HTML5では、DOMツリーの構成が詳細に規定されました。HTML5に対応したブラウザーであれば、ウェブ・ディベロッパーは、このような差異を意識する必要がなくなります。

⌘ マークアップが文法エラーだった場合の扱い

　HTML5では、マークアップが文法エラーだった場合の扱いまで規定されています。次の文法エラーを伴ったマークアップをご覧ください。

⚓ 文法エラーのマークアップ

```
<p>1<b>2<i>3</b>4</i>5</p>
```

　HTML5仕様では、このようなマークアップに遭遇したら、次のようなDOMツリーを構成すると規定しています。

⚓ 文法エラーのマークアップのDOMツリー

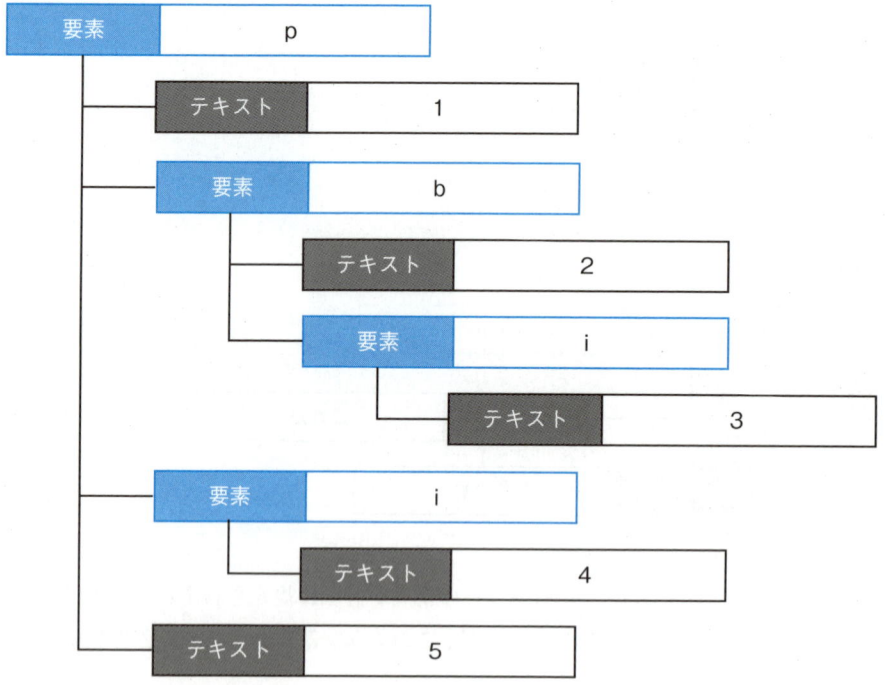

　実際に、2010年12月現在で最新のブラウザー（ベータ版を含む）であるInternet Explorer 9、Firefox 4.0、Opear 11、Safari 5.0、Chrome 9.0では、上記のDOMツリーを構成します。

　前述の文法エラーを伴ったマークアップはHTML5仕様で紹介されているものです。これ以外にもさまざまな文法エラーのパターンにおけるDOMツリーの構成方法が記されています。今後、すべてのブラウザーがHTML5仕様に準拠すれば、DOMツリーの差異を意識する必要がなくなります。

1.3 DOMツリー・アクセサー

⌘ DOMアクセサーとは何か

　JavaScriptを使ってHTMLドキュメントのコンテンツを操作するためには、該当の要素をJavaScriptから参照できなければいけません。その参照する手段をDOMアクセサーといいます。HTML5仕様では、いくつかのDOMアクセサーが規定されていますので、ここで紹介しましょう。

⌘ DOMツリーにアクセスするプロパティ

　まずは、簡単にDOMツリーにアクセスできるプロパティから見ていきましょう。

⚓ DOMツリー・アクセサーとなるプロパティ

document.head	head要素のオブジェクトを返します。該当のhead要素がなければnullを返します。読み取り専用のプロパティですので、値をセットすることはできません。
document.title	title要素に入れられたドキュメントのタイトルを返します。ただし、半角スペースが2個以上連続している場合、それは1つの半角スペースにまとめられます。また、タイトルの前後の半角スペースも取り除かれます。title要素がなければ空文字列を返します。このdocumentオブジェクトのtitleプロパティに文字列をセットすれば、該当のドキュメントのタイトルが置き換わります。もしtitle要素がなければ、何も起こりません。
document.body	body要素のオブジェクトを返します。document.createElement()などを使ってbody要素のノード・オブジェクトを生成し、それをセットすることも可能です。ただし、それがbody要素のオブジェクトでなければ、エラーとなります。
document.images	HTML内に存在するimg要素すべてのリストを表すHTMLCollectionオブジェクトを返します。読み取り専用のプロパティですので、値をセットすることはできません。
document.embeds document.plugins	HTML内に存在するembed要素すべてのリストを表すHTMLCollectionオブジェクトを返します。読み取り専用のプロパティですので、値をセットすることはできません。
document.links	HTML内に存在するhref属性を持ったa要素とarea要素すべてのリストを表すHTMLCollectionオブジェクトを返します。読み取り専用のプロパティですので、値をセットすることはできません。
document.forms	HTML内に存在するform要素すべてのリストを表すHTMLCollectionオブジェクトを返します。読み取り専用のプロパティですので、値をセットすることはできません。
document.scripts	HTML内に存在するscript要素すべてのリストを表すHTMLCollectionオブジェクトを返します。読み取り専用のプロパティですので、値をセットすることはできません。

document.images、document.embeds、document.plugins、document.links、document.forms、document.scriptsは特定の要素を取り出すプロパティですが、これらに該当する要素はHTMLドキュメント内に1つとは限りません。そのため、これらのプロパティは、複数の要素を格納したHTMLCollectionオブジェクトを返します。

HTMLCollectionオブジェクトとは、該当する要素を格納したリストです。ただし、JavaScriptの配列となるArrayオブジェクトとは異なりますので、注意してください。HTMLCollectionオブジェクトには、以下のプロパティとメソッドが規定されています。

⬇ HTMLCollectionオブジェクトのプロパティとメソッド

collection.length	リストの数を返します。読み取り専用のプロパティですので、値をセットすることはできません。
collection.item(index) collection[index] collection(index)	引数indexに指定された位置に格納された要素ノードのオブジェクトを返します。なお、indexは0から数えます。また、リストに格納されている要素は、HTML上で上から見つかった順番で格納されています。もし引数indexに、リストに格納された数以上の数値を指定した場合はnullを返します。
collection.namedItem(name) collection[name] collection(name)	引数nameに、name属性またはid属性の値が一致する要素のみを取り出します。もし該当する要素が複数存在した場合は、そのうち、最初に見つかった要素のみを返します。 もし引数nameに指定した名前を持った要素がリストになければ、nullを返します。

HTMLCollectionオブジェクトは、通常は、次のように使います。

⬇ HTMLCollectionオブジェクトの使い方の例

```
// form要素を格納したHTMLCollectionオブジェクト
var forms = document.forms;
// 個々のform要素ごとに処理
for( var i=0; i<forms.length; i++ ) {
  // form要素のオブジェクト
  var form = forms.item(i);
  // 以下、form要素に対して処理を行う
  ...
}
```

この例は、HTMLドキュメント内にあるform要素を抜き出し、それぞれのform要素に対して、何かしらの処理を行うことを想定したものです。変数formsにはform要素を格納したHTMLCollectionオブジェクトが格納されます。そして、HTMLCollectionオブジェクトのlengthプロパティをfor文の中で

使っています。for文の中では、item()メソッドを使って、form要素のオブジェクトを抜き出しています。

ではスクリプトのサンプルを見てみましょう。このサンプルでは、a要素に入れられたimg要素のイメージにマウス・ポインターが当たると、そのイメージを半透明にします。

⬇ マウス・ポインターを当てて半透明にした状態

HTMLには、個々のアイコンを表示するためのimg要素が5つマークアップされています。そして、それらのimg要素はa要素の中に入れられています。

⬇ サンプルHTML

```
<p>
  <a href="#"><img src="ie.png" alt="Internet Explorer" /></a>
  <a href="#"><img src="firefox.png" alt="Firefox" /></a>
  <a href="#"><img src="opera.png" alt="Opera" /></a>
  <a href="#"><img src="safari.png" alt="Safari" /></a>
  <a href="#"><img src="chrome.png" alt="Chrome" /></a>
</p>
```

アイコンにマウス・ポインターを当てたときに半透明にするため、事前にCSSを用意しておきます。

⬇ CSS

```
img.mouseover {
  opacity: 0.7;
}
```

スクリプトでは、マウス・ポインターがimg要素に当たられたときに、img要素のclass属性（classNameプロパティ）を変更することで、このスタイルが適用されるようにします。

⬇ サンプル・スクリプト

```
//addEventListener() メソッドを実装していなければ終了
if( ! window.addEventListener ) { return; }
//window オブジェクトに load イベントのリスナーをセット
```

第1章　DOMスクリプティングの基礎

```
window.addEventListener("load", function() {
  // img 要素の HTMLCollection オブジェクト
  var imgs = document.images;
  // 個々の img 要素をループで処理
  for( var i=0; i<imgs.length; i++ ) {
    var img = imgs.item(i);
    // 親要素が a 要素でなければ無視
    var parent = img.parentNode;
    if( img.parentNode.nodeName != "A" ) { continue; }
    // mouseover イベントのハンドラをセット
    img.onmouseover = function(event) {
      this.className = "mouseover";
    }
    // mouseout イベントのハンドラをセット
    img.onmouseout = function() {
      this.className = "";
    }
  }
}, false);
```

　このサンプルでは、まず、document.imagesを使って、HTMLドキュメント内に存在するimg要素のリストを取り出しています。ここでは、そのリストをimgsという変数に格納しましたが、これがHTMLCollectionオブジェクトになります。

　ループの中では、imgs.item(i)を使って、個々のimg要素のノード・オブジェクトを変数に入れている点に注目してください。imgs.item(i)の代わりに、imgs[i]またはimgs(i)と書いても構いません。ただし、2010年12月現在、Firefoxはimgs(i)の表記に対応していませんので注意してください。ブラウザーの互換性を考慮するなら、現在においては、imgs.item(i)またはimgs[i]という表記を使うのが良いでしょう。

　なお、imgs[i]という表記は、JavaScriptの配列（Arrayオブジェクト）と同じ表記ですので、imgs[i]の部分だけでは、それがJavaScriptの配列のArrayオブジェクトなのかHTMLCollectionオブジェクトなのかを区別できません。そのため、コードの保守性を考慮し、私はimgs.item(i)という表記を好んで使います。

　このサンプルは、2010年12月現在で最新のブラウザー（ベータ版を含む）であるInternet Explorer 9、Firefox 4.0、Opear 11、Safari 5.0、Chrome 9.0で動作します。

　前述のプロパティは、取り出せる要素は限定されるものの、とても簡単に必要な要素を抜き出すことができますので、実践では非常に役に立つといえるでしょう。

⌘ HTMLCollectionオブジェクトはライブ

　HTMLCollectionオブジェクトがJavaScriptのArrayオブジェクトと違う点がもう一つあります。それは、HTMLCollectionオブジェクトはライブであるという点です。ライブとは、その内容が、その場の状況に合わせて動的に変化するという意味です。

　例えば、ある時点で、document.imagesプロパティを使って、HTMLドキュメント内にあるimg要素を格納したHTMLCollectionオブジェクトを取り出したとしましょう。その後、img要素を1つ削除したとします。すると、先ほどdocument.imagesプロパティから取り出したHTMLCollectionオブジェクトに格納されているimg要素の数も1つ減ります。

　次のHTMLをご覧ください。

⬇ HTML

```
<p>
  <img src="ie.png" alt="Internet Explorer" />
  <img src="firefox.png" alt="Firefox" />
  <img src="opera.png" alt="Opera" />
  <img src="safari.png" alt="Safari" />
  <img src="chrome.png" alt="Chrome" />
</p>
```

　このHTMLには、img要素が5つマークアップされています。このHTMLからimg要素を1つ削除したとき、document.imagesが返すHTMLCollectionオブジェクトのlengthプロパティの値をチェックしてみます。

⬇ スクリプト

```
window.addEventListener("load", function() {
  // img 要素の HTMLCollection オブジェクト
  var imgs = document.images;
  // この時点の HTMLCollection オブジェクトの要素の数
  alert( imgs.length ); // 5個
  // img 要素を 1 つ削除
  var delimg = document.getElementsByTagName("img").item(0);
  delimg.parentNode.removeChild(delimg);
  // この時点の HTMLCollection オブジェクトの要素の数
  alert( imgs.length ); // 4個
}, false);
```

　img要素を削除する前では、document.imagesが返すHTMLCollectionオブジェクトのlengthプロパ

ティは、HTMLのマークアップの通り、5を返します。その後、img要素を1つ削除してから、再度、lengthプロパティの値を調べると、4に変わっています。

このように、HTMLCollectionオブジェクトは、その時点のHTMLドキュメントの状態をリアルタイムに反映しますので、利用の際には、この点に留意してください。

⌘ DOMツリーにアクセスするメソッド

では、前述のプロパティでは取り出せない要素を抜き出す方法を見ていきましょう。HTML5仕様では、次のメソッドが規定されています。これらのメソッドは、取り出せる要素を限定せず、どの要素でも取り出すことができる汎用的なアクセサーです。

⬇ DOMツリー・アクセサーとなるメソッド

document.getElementsByName(name)	引数nameに指定した値がname属性の値にセットされた要素のリストをNodeListオブジェクトとして返します。
document.getElementsByClassName(classes) element.getElementsByClassName(classes)	引数classesに指定した値がclass属性の値に一致する要素のリストをNodeListオブジェクトとして返します。引数classesには、複数のclass名を半角スペースで区切って指定することができます。その場合、指定されたすべてのclass名を持った要素だけが、抽出の対象となります。documentオブジェクトでこのメソッドを使えば、HTMLドキュメント全体から、要素ノード・オブジェクト (element) でこのメソッドを使えば、該当の要素の中にある要素から、一致する要素を取り出します。

getElementsByClassName()メソッドは、HTML5仕様で新たに導入されたメソッドです。このメソッドは、NodeListオブジェクトを返しますが、これは、W3C DOM Level 3 Core仕様で規定されたものです。

- Document Object Model (DOM) Level 3 Core Specification Version 1.0
  http://www.w3.org/TR/DOM-Level-3-Core/

NodeListオブジェクトはHTMLCollectionオブジェクトとほとんど同じです。唯一の違いは、NodeListオブジェクトには、HTMLCollectionオブジェクトに規定されているnamedItem()メソッドがない、という点です。

また、NodeListオブジェクトは、HTMLCollectionオブジェクトと同様に、ライブです。つまり、その時点のドキュメントの状態に応じて、リアルタイムに変化します。

では、getElementsByClassName()メソッドの具体的な使い方を見ていきましょう。次のサンプルの

HTMLには、class属性がセットされたli要素が3つあります。getElementsByClassName()メソッドにどんな値を指定すると、どの要素が抜き出されるのかを調べます。このサンプルを実行すると、次の結果が得られます。

実行結果

```
• A. class="a"
• B. class="b"
• C. class="a b c"
document.getElementsByClassName("a")
     A C
document.getElementsByClassName("b")
     B C
document.getElementsByClassName("c")
     C
document.getElementsByClassName("c a")
     C
```

HTML

```html
<ul>
  <li class="a" id="A">A. class=&quot;a&quot;</li>
  <li class="b" id="B">B. class=&quot;b&quot;</li>
  <li class="a b c" id="C">C. class=&quot;a b c&quot;</li>
</ul>
<dl>
  <dt>document.getElementsByClassName(&quot;a&quot;)</dt>
  <dd id="res1">-</dd>
  <dt>document.getElementsByClassName(&quot;b&quot;)</dt>
  <dd id="res2">-</dd>
  <dt>document.getElementsByClassName(&quot;c&quot;)</dt>
  <dd id="res3">-</dd>
  <dt>document.getElementsByClassName(&quot;c a&quot;)</dt>
  <dd id="res4">-</dd>
</dl>
```

スクリプト

```javascript
window.addEventListener("load", function() {
  var lists = {
    1: document.getElementsByClassName("a"),
    2: document.getElementsByClassName("b"),
    3: document.getElementsByClassName("c"),
    4: document.getElementsByClassName("c a")
  };
  for( var n in lists ) {
    var nodelist = lists[n];
    var hits = [];
```

```
    for( var i=0; i<nodelist.length; i++ ) {
      var element = nodelist.item(i);
      hits.push(element.id);
    }
    var dd = document.getElementById("res" + n);
    dd.innerHTML = hits.join(" ");
  }
}, false);

})();
```

　ご覧の通り、引数に"a"を指定すると、class属性にaがセットされた要素すべてが抜き出されます。つまり、AとCが該当します。引数に"b"を指定するとBとCが抜き出されます。しかし、引数に"c"を指定すると、class属性にcを含んだ要素は1つしかありませんので、Cだけが抜き出されます。引数に"c a"を指定すると、class属性にcとaのどちらも含まれている要素を抜き出すことになりますので、ここでは、Cだけが対象となります。なお、引数に指定する名前の順番は意味を持ちません。引数に"c a"と指定しても、"a c"と指定しても結果は同じになります。

　このサンプルは、2010年12月現在で最新のブラウザー（ベータ版を含む）であるInternet Explorer 9、Firefox 4.0、Opear 11、Safari 5.0、Chrome 9.0で動作します。

⌘ W3C DOMで規定されたメソッド

　HTML5仕様では、getElementsByName()とgetElemenstsByClassName()メソッドのみが規定されていますが、実際には、他にもいくつかのDOMアクセサーが存在します。これらのメソッドは、前述のNodeListオブジェクトと同様に、W3C DOM Level 3 Core仕様で規定されています。

　ここでは、よく使うDOMアクセサーのメソッドを紹介しましょう。

⬇ W3C DOM 仕様に規定されたDOMツリー・アクセサーとなるメソッド

document.getElementById(id)	引数idに指定した値がid属性の値に一致する要素のオブジェクトを返します。該当の要素がなければnullを返します。
document.getElementsByTagName(tagname) element.getElementsByTagName(tagname)	引数tagnameに指定した値と同じタグ名を持った要素のリストをNodeListオブジェクトとして返します。documentオブジェクトでこのメソッドを使えば、HTMLドキュメント全体から、要素ノード・オブジェクト (element) でこのメソッドを使えば、該当の要素の中にある要素から、一致する要素を取り出します。

　以上で紹介したDOMアクセサーは、JavaScirptからHTMLドキュメントのコンテンツを操作する上では必須の知識となりますので、しっかりと覚えておきましょう。

1.4 ドキュメントのリソース情報

⌘ リソース情報を扱うプロパティ

　JavaScriptでウェブ・アプリケーションを作る上で、該当のHTMLドキュメントのリソース情報を扱うことが多いといえます。リソース情報とは、例えば、該当のHTMLドキュメントのURLや、リファラー情報、最終更新日時といった情報です。すでにこういったリソース情報を扱うプロパティはブラウザーに実装されていたため、いろいろなシーンで使われてきましたが、標準が存在していませんでした。HTML5では、これらリソース情報を扱うプロパティを標準として規定しました。

⌘ URL情報

⬇ URL情報

document.URL	該当のHTMLドキュメントのアドレスを返します。読み取り専用のプロパティですので、値をセットすることはできません。
document.referrer	該当のドキュメントのリンク元ページのアドレスを返します。もしリンク元ページのアドレス情報がない場合は空文字列を返します。読み取り専用のプロパティですので、値をセットすることはできません。

　document.URLは、該当のドキュメントのアドレスを返しますが、http://やhttps://といったスキーマも含めたアドレスとして返します。このプロパティは読み取り専用ですので、表示ページを移動させることはできません。もしURLを指定して表示ページを移動したい場合は、window.location.hrefプロパティを使ってください。

　document.referrerは、リンク元ページのアドレスを返しますが、必ずしも、リンク元アドレスが得られるわけではありませんので注意してください。例えば、ブラウザーのアドレス入力欄に直接URLを入力してアクセスしてきた場合や、rel属性に"noreferrer"がセットされたa要素のハイパー・リンク経由でアクセスしてきた場合です。後者の場合、noreferrer属性をサポートしたブラウザーなら、リンク元情報を得ることができません。また、ほとんどのブラウザーでは、SSLで保護されたページから、SSLで保護されていないページへリンクした場合も、リンク元情報を得ることはできません。

　これらのプロパティは、近年のブラウザーであればサポートしています。

⌘ 最終更新日時

⚓ 最終更新日時

document.lastModified	ウェブ・サーバーから返ってきたHTTPレスポンス・ヘッダーのLast-Modifiedから得られたドキュメントの最終更新日時を返します。返される値は "MM/DD/YYYY hh:mm:ss" という形式となります。例えば、2010年7月6日 18時4分40秒であれば、07/06/2010 18:04:40という文字列を返します。もし最終更新日時が不明なら、現在の日時を返すことになっています。読み取り専用のプロパティですので、値をセットすることはできません。

　document.lastModifiedは、以前から多くのブラウザーに実装されていましたが、標準化されていなかったせいもあり、その日時を表す文字列のフォーマットが統一されていませんでした。

　2010年12月現在で最新のブラウザー（ベータ版を含む）であるInternet Explorer 9、Firefox 4.0、Chrome 9.0がHTML5仕様に準拠しています。ちなみにInternet Explorer 8やFirefox 3.6もHTML5仕様に準拠しています。

　Opera 11、Safari 5.0は、ウェブ・サーバーから返されたHTTPレスポンス・ヘッダーのLast-Modifiedの値を変換せず、"Tue, 06 Jul 2010 09:14:44 GMT"といった形式の値をそのまま返してきます。

　ただし、必ずしもウェブ・サーバーはHTTPレスポンス・ヘッダーのLast-Modifiedを返すとは限りません。Last-Modifiedを返さないサーバーの場合、HTML5仕様ではdocument.lastModifiedは現在日時を返すこととしています。これについては、Internet Explorer 9、Firefox 4.0、Chrome 9.0が準拠していますが、Safari 5.0は空文字列を返し、Opera 11はJanuary 1, 1970 GMTを返しますので、注意してください。

⌘ レンダリング・モード

⚓ レンダリング・モード

document.compatMode	該当のHTMLドキュメントが、どのモードでブラウザーがレンダリングしているのかを表す文字列を返します。標準に準拠したドキュメントであれば"CSS1Compat"を、そうでなければ"BackCompat"を返します。読み取り専用のプロパティですので、値をセットすることはできません。

　ブラウザーは、HTMLドキュメントの文書型宣言に応じて、レンダリング・モードを切り替えています。HTML5で規定された文書型宣言<!DOCTYPE html>なら、標準準拠モードとなり"CSS1Compat"が返ってきます。標準準拠モードでない場合はQuirksモード（互換モード）となり、"BackCompat"を返します。

レンダリング・モードが違うと、CSSの扱いが異なるため、HTMLドキュメントの見た目も変わります。もし、作成したJavaScriptコードが標準互換モードを前提としており、Quirksモードでは処理させたくないといった場合、document.compatModeが返す値を評価することで、モードを判定することができます。

⌘文字エンコーディング

⚓文字エンコーディング

document.charset	HTMLドキュメントの文字エンコーディングを返します。値を動的にセットすることも可能です。
document.characterSet	HTMLドキュメントの文字エンコーディングを返します。読み取り専用のプロパティですので、値をセットすることはできません。
document.defaultCharset	ブラウザーにセットされているデフォルトの文字エンコーディングを返します。読み取り専用のプロパティですので、値をセットすることはできません。

ブラウザーは、HTMLドキュメントをロードするとき、そのドキュメントの文字エンコーディングを判定しますが、document.charsetとdocument.characterSetに、その判定された文字エンコーディングを表す文字列がセットされます。

document.defaultCharsetは、ブラウザーにセットされているデフォルトの文字エンコーディングを返しますが、日本語版のブラウザーであれば、Shift_JISまたはEUC-JPがセットされます。

ただ、これらのプロパティは、すべてのブラウザーで実装されているわけではありません。また、返ってくる文字列の大文字と小文字がブラウザーによって異なります。

⚓ブラウザーごとの文字エンコーディング（UTF-8のページを表示した場合）

	charset	characterSet	defaultCharset
Internet Explorer 9	utf-8	utf-8	_autodetect
Internet Explorer 8	utf-8	undefined	_autodetect
Firefox 4.0	undefined	UTF-8	undefined
Opera 11	utf-8	utf-8	undefined
Safari 5.0	UTF-8	UTF-8	shift_jis
Chrome 9.0	UTF-8	UTF-8	Shift_JIS

実際のウェブ・サイトで利用することは稀でしょうが、document.charsetに値をセットすることで、文字エンコーディングを変更することが可能です。例えば、UTF-8のHTMLドキュメントで、document.charsetに"shift_jis"をセットすると、ブラウザーは、該当のドキュメントをShift_JISとして解釈するようになります。document.charsetを使って、文字エンコーディングを変更すると、それに連

動して、document.characterSetも変更されます。ただし、document.defaultCharsetは変更されません。
　document.charsetに指定する値は、日本語に関連した文字エンコーディングであれば、Shift_JIS、EUC-JP、UTF-8のいずれかとなるでしょう。

ドキュメントのロード状態

ドキュメントのロード状態

document.readyState	HTMLドキュメントをロード中であれば"loading"を、ロードが完了したら"complete"を返します。このプロパティの値が変化するときに、readystatechangeイベントがdocumentオブジェクトで発生します。読み取り専用のプロパティですので、値をセットすることはできません。

　document.readyStateは、HTMLドキュメントのローディングの状態を表します。このプロパティの値が"complete"になるのは、windowオブジェクトでloadイベントが発生する直前になります。

　HTML5仕様では、document.readyStateにセットされる値として"loading"と"complete"の2種類しか規定されていませんが、実際には、各ブラウザーで、その中間の状態を持っています。

　このプロパティの値が変化するときには、readystatechangeイベントが発生することになっていますが、2010年12月現在で、Internet Explorer 9、Firefox 4.0、Chrome 9.0が、このイベント発生をサポートしています。

　以上を踏まえ、実際に、どのようなイベントがどの順番で発生し、そのとき、document.readyStateの値がどうなっているのかを調べてみましょう。これは、とても簡単なスクリプトで調べることができます。

サンプル・スクリプト

```
scripts/readyState.html
<!DOCTYPE html>
<html lang="ja">
<head>
<meta charset="UTF-8" />
<title>document.redyStateのサンプル</title>
<link rel="stylesheet" href="style.css" type="text/css" />
<script>

// ログを初期化
var n = 0;
var log = "";
loging("スクリプト実行開始。");
```

```
// readystatechange イベントのリスナーを document オブジェクトにセット
document.addEventListener("readystatechange", function() {
  loging("readystatechange イベント発生。");
}, false);

// DOMContentLoaded イベントのリスナーを document オブジェクトにセット
document.addEventListener("DOMContentLoaded", function() {
  loging("DOMContentLoaded イベント発生。");
}, false);

// load イベントのリスナーを window オブジェクトにセット
window.addEventListener("load", function() {
  loging("load イベント発生。");
  document.getElementById("console").innerHTML = log;
}, false);

// ログを生成
function loging(str) {
  n ++;
  log += n + ": " + str + "(" + document.readyState + ")\n";
}

</script>
</head>
<body>

<h1>document.redyState のサンプル </h1>
<pre id="console"></pre>

</body>
</html>
```

このサンプルを Internet Explorer 9 で試すと、次の結果となります。

Internet Explorer 9の実行結果

```
1: スクリプト実行開始。(loading)
2: readystatechangeイベント発生。(interactive)
3: DOMContentLoadedイベント発生。(interactive)
4: readystatechangeイベント発生。(complete)
5: loadイベント発生。(complete)
```

　この実行結果の括弧内の文字列は、document.readyStateの値です。スクリプトが実行開始した時点では、まだドキュメントのロードが完了していませんので、document.readyStateは"loading"となります。

　次に、readystatechangeイベントが発生し、document.readyStateが"interactive"に変わります。これはInternet Explorer独自の実装です。この変化は、DOMContentLoadedイベントの発生に伴うものです。そのため、直後に、DOMContentLoadedイベントが発生しています。

　この次に、再度、readystatechangeイベントが発生し、document.readyStateが"complete"に変わります。この変化は、loadイベントの発生に伴うものです。そのため、直後に、loadイベントが発生しています。

　各ブラウザーで検証した結果は、以下の通りです。

Firefox 4.0の実行結果

```
1: スクリプト実行開始。(loading)
2: readystatechangeイベント発生。(interactive)
3: DOMContentLoadedイベント発生。(interactive)
4: readystatechangeイベント発生。(complete)
5: loadイベント発生。(complete)
```

Firefox 3.6の実行結果

```
1: スクリプト実行開始。(loading)
2: DOMContentLoadedイベント発生。(interactive)
3: loadイベント発生。(complete)
```

Opera 11の実行結果

```
1: スクリプト実行開始。(loading)
2: DOMContentLoadedイベント発生。(interactive)
3: loadイベント発生。(complete)
```

Safari 5.0の実行結果

```
1: スクリプト実行開始。(loading)
2: DOMContentLoadedイベント発生。(loaded)
3: loadイベント発生。(complete)
```

Chrome 9.0の実行結果

```
1: スクリプト実行開始。(loading)
2: readystatechangeイベント発生。(interactive)
3: DOMContentLoadedイベント発生。(interactive)
4: readystatechangeイベント発生。(complete)
5: loadイベント発生。(complete)
```

1.5 マークアップの挿入

⌘ マークアップの追加

⬇ マークアップの追加

document.write(text...)	引数に指定した文字列を、そのままHTMLに挿入します。
document.writeln(text...)	引数に指定した文字列を、最後に改行を加えて、HTMLに挿入します。

　これらのメソッドは、旧来のどのブラウザーにも実装されていたため、ご存じの方も多いでしょう。通常、これらのメソッドは、body要素内のscript要素の中で使います。そして、その位置に引数の文字列が追加されます。引数の文字列は、複数指定しても構いません。

⬇ サンプル・スクリプト

```
scripts/write.html
<!DOCTYPE html>
<html lang="ja">
<head>
<meta charset="UTF-8" />
<title>document.write()のサンプル</title>
<link rel="stylesheet" href="style.css" type="text/css" />
</head>
<body>

<h1>document.write()のサンプル</h1>
<script>
document.write("<p>テキスト1</p>", "<p>テキスト2</p>");
</script>

</body>
</html>
```

　このサンプルでは、h1要素の下にscript要素を置き、その中で、document.write()メソッドを実行しています。そのため、ブラウザーがこのscript要素を読み込み、スクリプトを実行すると、該当の位置に、document.write()メソッドに引数として与えた文字列を、HTMLにそのまま挿入します。

第1章 DOMスクリプティングの基礎

▼実行結果

> **document.write()のサンプル**
>
> テキスト1
>
> テキスト2

　head要素内のscript要素のスクリプトから、これらのメソッドが呼び出されると、元のページを置き換えてしまいます。実質的には、引数を与えずにdocument.open()メソッドを呼び出してから、空のドキュメントに、引数に与えた文字列を挿入することになります。

▼サンプル・スクリプト

```html
<!DOCTYPE html>
<html lang="ja">
<head>
<meta charset="UTF-8" />
<title>document.write()のサンプル2</title>
<link rel="stylesheet" href="style.css" type="text/css" />
<script>
function replace() {
  document.write(
    '<!DOCTYPE html>',
    '<html lang=ja>',
    '<meta charset=UTF-8>',
    '<title>', document.title, '</title>',
    '<h1>', document.title, '</h1>',
    '<p>ページの置き換えが完了しました。</p>'
  );
}
</script>
</head>
<body>

<h1>ページの置き換えテスト</h1>
<p><input type="button" onclick="replace();" value="実行" /></p>

</body>
</html>
```

このサンプルでは、input要素のボタンを押すと、replace()関数を呼び出します。この関数は、head要素の中に入れたscript要素の中で定義されています。replace()関数では、document.write()メソッドを呼び出していますが、その引数には、HTML全体を表すマークアップを指定している点に注意してください。ページ全体を置き換えるわけですから、ページ全体を表すマークアップでないと、正しく表示されません。

実行前

> ペ ー ジ の 置 き 換 え テ ス ト
>
> [実行]

実行後

> **document.write()のサンプル2**
>
> ページの置き換えが完了しました。

マークアップの置き換え

マークアップの置き換え

document.innerHTML	該当のHTMLドキュメント全体のHTMLを文字列で返します。値をセットして、HTMLドキュメントを置き換えることも可能です。
element.innerHTML	該当の要素のコンテンツを表すHTMLを文字列で返します。値をセットして、該当の要素のコンテンツを置き換えることも可能です。
element.outerHTML	該当の要素と、そのコンテンツを表すHTMLを文字列で返します。値をセットして、該当の要素を置き換えることも可能です。
element.insertAdjacentHTML(position, text)	該当の要素のコンテンツを表すHTMLに、挿入位置を表すキーワードを指定して、コンテンツを置き換えます。

innerHTMLプロパティとouterHTMLプロパティは、いずれもHTMLマークアップ情報を読み取ったり、置き換えたりできる非常に便利なプロパティです。

● innerHTMLプロパティ

HTML5仕様上、innerHTMLプロパティは、要素オブジェクトに対しても、documentオブジェクトに対しても利用可能となっています。要素オブジェクトに対しては、どのブラウザーでも利用可能ですが、documentオブジェクトに対しては、2010年12月現在では、どのブラウザーでも利用することはできません。

🔻サンプル・スクリプト

```
<!DOCTYPE html>
<html lang="ja">
<head>
<meta charset="UTF-8" />
<title>element.innerHTMLのサンプル</title>
<link rel="stylesheet" href="style.css" type="text/css" />
<script>
window.onload = function() {
  var target = document.getElementById("target");
  alert(target.innerHTML);
  target.innerHTML = " このフレーズが <b> 置き換わりました </b>。";
};
</script>
</head>
<body>

<h1>element.innerHTMLのサンプル </h1>
<p id="target"> この <b> フレーズ </b> が置き換わります。</p>

</body>
</html>
```

このサンプルでは、まずinnerHTMLプロパティを使って、p要素のコンテンツを取り出し、alert()メソッドで表示しています。その後、p要素のコンテンツを置き換えます。

🔻実行前

このフレーズが置き換わります。

● アラート

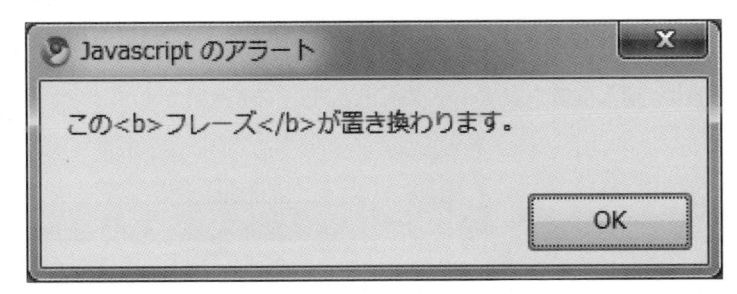

```
Javascriptのアラート
この<b>フレーズ</b>が置き換わります。
            OK
```

● 実行後

```
このフレーズが置き換わりました。
```

● outerHTMLプロパティ

　前述のサンプルでは、p要素に対してinnerHTMLプロパティを使いましたので、そのp要素の開始タグと終了タグの間にあるコンテンツが対象となります。それに対して、outerHTMLプロパティは、その開始タグと終了タグも対象となります。

　先ほどのサンプルのinnerHTMLプロパティをouterHTMLプロパティに置き換えると、アラートの内容は、次のようになります。

● outerHTMLの場合のアラート

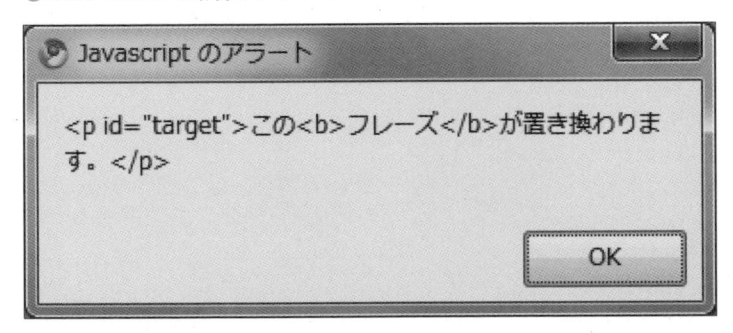

```
Javascriptのアラート
<p id="target">この<b>フレーズ</b>が置き換わります。</p>
            OK
```

　なお、outerHTMLプロパティは、2010年12月現在の最新ブラウザーでは、Internet Explorer 9、Opera 11、Chrome 9.0、Safari 5.0でサポートされています。Firefox 4.0には現時点ではサポートされていません。

● insertAdjacentHTML()メソッド

このメソッドは、第一引数に、テキストを挿入する位置を表すキーワードを指定します。そして、第二引数に、挿入したいテキストを指定します。挿入位置を表すキーワードは、以下の4種類です。

挿入位置を表すキーワード

キーワード	意味
beforebegin	該当要素の直前
afterbegin	該当要素の最初の子要素として挿入（開始タグの直後）
beforeend	該当要素の最後の子要素として挿入（終了タグの直前）
afterend	該当要素の直後

実際に、これらのキーワードを使って、具体的にどの位置にテキストが追加されるのかを見てみましょう。

サンプル・スクリプト

```
<!DOCTYPE html>
<html lang="ja">
<head>
<meta charset="UTF-8" />
<title>element.insertAdjacentHTML() のサンプル</title>
<link rel="stylesheet" href="style.css" type="text/css" />
<script>
window.onload = function() {
  var text = "<b>[ 挿入テキスト ]</b>";
  var p1 = document.getElementById("p1");
  p1.insertAdjacentHTML("beforebegin", text);
  var p2 = document.getElementById("p2");
  p2.insertAdjacentHTML("afterbegin", text);
  var p3 = document.getElementById("p3");
  p3.insertAdjacentHTML("beforeend", text);
  var p4 = document.getElementById("p4");
  p4.insertAdjacentHTML("afterend", text);
};
</script>
</head>
<body>

<h1>element.insertAdjacentHTML() のサンプル </h1>
<h2>beforebegin</h2>
<p id="p1"> 元のテキスト。</p>
```

1.5 マークアップの挿入

```
<h2>afterbegin</h2>
<p id="p2">元のテキスト。</p>
<h2>beforeend</h2>
<p id="p3">元のテキスト。</p>
<h2>afterend</h2>
<p id="p4">元のテキスト。</p>

</body>
</html>
```

このサンプルは、「元のテキスト。」と書かれたp要素に対して、insertAdjacentHTML()メソッドを呼び出し、「挿入テキスト」と書かれたb要素を挿入しています。この結果は、次の通りです。

● 実行結果

beforebegin

[挿入テキスト]

元のテキスト。

afterbegin

[挿入テキスト]元のテキスト。

beforeend

元のテキスト。[挿入テキスト]

afterend

元のテキスト。

[挿入テキスト]

実際には、次のようにHTMLが挿入されたことになります。

HTML挿入結果

キーワード	HTMLの結果
beforebegin	\<b\>[挿入テキスト]\</b\>\<p\>元のテキスト。\</p\>
afterbegin	\<p\>\<b\>[挿入テキスト]\</b\>元のテキスト。\</p\>
beforeend	\<p\>元のテキスト。\<b\>[挿入テキスト]\</b\>\</p\>
afterend	\<p\>元のテキスト。\</p\>\<b\>[挿入テキスト]\</b\>

なお、このメソッドは、2010年12月時点の最新ブラウザーであるInternet Explorer 9、Opera 11、Safari 5.0、Chrome 9.0で動作します。Firefox 4.0には、このメソッドは実装されていないため、利用することはできません。

HTMLドキュメントの生成

HTMLドキュメントの生成

document.implementation.createHTMLDocument(title)	HTMLドキュメントを新規に生成し、そのdocumentオブジェクトを返します。生成されたHTMLドキュメントは、引数titleに指定した文字列を使ってtitle要素が用意されます。

このメソッドを呼び出すと、次のHTMLと同等のDOMツリーを持ったdocumentオブジェクトが返されます（実際には改行は含まれません）。

生成されるHTML

```
<html>
<head><title>引数 title に指定された文字列 </title></head>
<body></body>
</html>
```

2010年12月時点で、Internet Explorer 9、Firefox 4.0、Opera 11、Safari 5.0、Chrome 9.0のすべてで利用可能です。

このメソッドは、例えば、XMLHttpRequestを使って、動的にHTMLフラグメントをサーバーから取得し、DOM操作したい場合などに有効でしょう。この場合、XMLHttpRequestで取得できるのは、documentオブジェクトではなく、ただ単にHTMLマークアップとなるテキストです。このHTMLマークアップに対して、何かしらのDOM操作をしたい場合は、テキストのままでは処理できませんので、documentオブジェクトにする必要があります。事前に、createHTMLDocument()メソッドで最小限のHTMLドキュメントのdocumentオブジェクトを用意し、そのbody要素の中に、XMLHttpRequestで取得したHTMLフラグメントをinnerHTMLプロパティを使って挿入することで、解決できます。

1.5 マークアップの挿入

サンプル・スクリプト

```
<!DOCTYPE html>
<html lang="ja">
<head>
<meta charset="UTF-8" />
<title>XHR + createHTMLDocument() のサンプル </title>
<link rel="stylesheet" href="style.css" type="text/css" />
<script>
window.addEventListener("load", function() {
  var xhr = new XMLHttpRequest();
  xhr.onreadystatechange = function() {
    if( this.readyState != 4 ) { return; }
    if( this.status != 200 ) { return; }
    // document オブジェクトを新規に生成
    var doc = document.implementation.createHTMLDocument("dummy");
    // XHR で読み込んだ HTML フラグメントを、
    // 新規に生成した document オブジェクトの body 要素内に挿入
    doc.body.innerHTML = this.responseText;
    // XHR で読み込んだ ul 要素
    var ul = doc.getElementsByClassName("whatsnew").item(0);
    // 今日の日付
    var dt = new Date();
    var y = dt.getYear() + 1900;
    var m = dt.getMonth() + 1;
    if(m < 10) { m = "0" + m; }
    var d = dt.getDate();
    if(d < 10) { d = "0" + d; }
    var today = y + "-" + m + "-" + d;
    // li 要素を上から順に走査
    var list = ul.getElementsByTagName("li");
    for( var i=0; i<list.length; i++ ) {
      // li 要素
      var li = list.item(i);
      // li 要素の中にある time 要素
      var time = li.getElementsByTagName("time").item(0);
      // 日付が今日なら li 要素の最後に文字を追加
      if(time.innerHTML == today) {
        li.insertAdjacentHTML("beforeend", "[ 新着 ]");
      }
    }
    // 変換した HTML フラグメントを本ドキュメントに追加
    document.getElementById("box").innerHTML = doc.body.innerHTML;
```

第1章　DOMスクリプティングの基礎

```
  };
  xhr.open("GET", "xhr.html");
  xhr.send();
}, false);
</script>
</head>
<body>

<h1>XHR + createHTMLDocument() のサンプル </h1>
<div id="box"></div>

</body>
</html>
```

このサンプルでは、XHRを使って、xhr.htmlを読み込んでいます。xhr.htmlの中身は次の通りです。

⬇ xhr.htmlの中身

```
<ul class="whatsnew">
  <li><time>2010-07-07</time> <a href="#">○○○○○ </a></li>
  <li><time>2010-07-01</time> <a href="#">△△△△△ </a></li>
  <li><time>2010-06-30</time> <a href="#">□□□□□ </a></li>
</ul>
```

このサンプルでは、読み込んだxhr.htmlにあるtime要素の日付を評価し、それが今日の日付と同じなら、[新着]という文字を追加する処理をしています。実行結果は次の通りとなります。

⬇ 実行結果

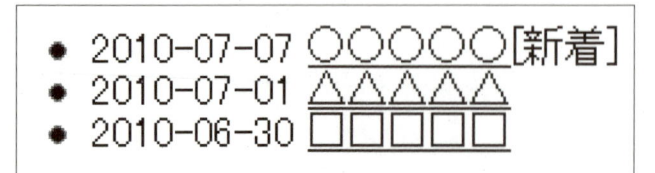

```
● 2010-07-07 ○○○○○[新着]
● 2010-07-01 △△△△△
● 2010-06-30 □□□□□
```

なお、このサンプルは、Internet Explorer 9、Opera 11、Safari 5.0、Chrome 9.0で動作します。

1.5 マークアップの挿入

⌘セキュリティー

これまで紹介してきたdocument.write()やelement.innerHTMLなど、マークアップを直接挿入できるAPIは、利用において注意しなければいけないことがあります。それはセキュリティーです。例えば、次のサンプルは、絶対に犯してはならないミスです。

⬇問題をはらんだサンプル

ニックネームを入力してください：[   ] [セット]

ようこそ**ゲスト**さん。

このサンプルは、テキストボックスにニックネームを入れて「セット」ボタンを押すと、その下の段落の「ゲスト」の部分を、入力されたニックネームに置き換えます。

⬇ニックネームをセット

ニックネームを入力してください：[たろう] [セット]

ようこそ**たろう**さん。

このサンプルをご覧頂きましょう。

⬇問題をはらんだコード

```
<!DOCTYPE html>
<html lang="ja">
<head>
<meta charset="UTF-8" />
<title>element.innerHTMLのサンプル（セキュリティー問題をはらんだコード）</title>
<link rel="stylesheet" href="style.css" type="text/css" />
<script>
function set() {
  var input = document.getElementById("input");
  var nickname = document.getElementById("nickname");
  nickname.innerHTML = input.value;
}
</script>
</head>
<body>
```

```
<h1>element.innerHTML のサンプル（セキュリティー問題をはらんだコード）</h1>
<p>
  <label>ニックネームを入力してください：<input type="text" id="input" /></label>
  <input type="button" value=" セット " onclick="set()" />
</p>
<p> ようこそ <b id="nickname"> ゲスト </b> さん。</p>
</body>
</html>
```

このサンプルでは、input要素に入力された値を、そのまま、innerHTMLプロパティを使って、b要素に挿入しています。しかし、もし、この入力欄にタグが入力されると、予期せぬ結果を生んでしまいます。

🔽 タグを入力した場合の結果

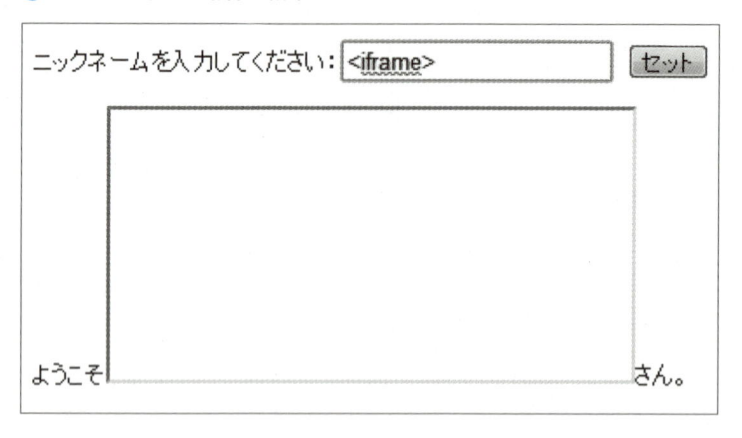

このように、ユーザーが入力する値をチェックすることなしに、そのままinnerHTMLプロパティなどのマークアップ挿入APIに入れるべきではありません。該当のユーザーに対して不都合というだけではなく、場合によっては、セキュリティーの脆弱性にもつながる可能性があります。

もしユーザーが入力した値を表示したいのであれば、スクリプトでタグの無効化を行う必要があります。ただ、現実的には、あらゆる問題を想定して、完全に脆弱性を防ぐのは難しいといえるでしょう。

ユーザーが入力した値をそのままページに表示させたい場合は、簡単な方法があります。それは、W3C DOMで規定されているdocument.createTextNode()メソッドを使う方法です。このメソッドは旧来のブラウザーにも実装されているメソッドですので、ブラウザーの違いを気にすることなく利用することができます。

先ほどのサンプルをdocument.createTextNode()メソッドを使って書き直すと、次のようになります。

⬇ createTextNode()を使って問題を解決したコード

```
function set() {
  var input = document.getElementById("input");
  var nickname = document.getElementById("nickname");
  nickname.innerHTML = "";
  nickname.appendChild( document.createTextNode(input.value) );
}
```

⬇ 実行結果

ニックネームを入力してください： `<iframe>`   [セット]

ようこそ**`<iframe>`**さん。

　また、HTML5の各種APIを実装した最新のブラウザーであれば、textContentプロパティを使うこともできます。これは、前述のcreateTextNode()メソッドを使ったサンプルと結果は同じになりますが、非常に簡潔なコードになります。

⬇ textContentプロパティを使って問題を解決したコード

```
function set() {
  var input = document.getElementById("input");
  var nickname = document.getElementById("nickname");
  nickname.textContent = input.value;
}
```

　マークアップを直接挿入できるAPIは、とても簡単にHTMLドキュメントを操作できるため、実践では重宝するのですが、使いどころを間違えると、前述のサンプルのように、大きな問題を抱えることになります。どんなデータが入ってくるのかを確実に保証できない場合には、これらAPIの利用には十分注意してください。

1.6 要素と属性の操作

⌘ 要素と属性を操作するAPI

　ウェブ・アプリケーションにおいては、要素を操作したり、属性を操作することが多いといえます。HTML5仕様では、旧来から使われてきたAPIを改めて規定しただけでなく、新たなAPIも規定しています。ここでは、よく使うAPIを紹介しましょう。

⌘ 要素を操作するAPI

　HTML5仕様では、これまでW3C DOM Core Level 3で規定されていた要素オブジェクトに関連するAPIも、改めて規定しています。とはいえ、基本的には、W3C DOM Core Level 3と同じですが、HTML5仕様では、HTMLドキュメントの場合に限定して規定しています。ここでは、復習の意味を込めて、紹介します。

⬇ 要素を操作するAPI

element.tagName	該当の要素の要素名を返します。ただし、マークアップ上、それが大文字で書かれていようが、小文字で書かれていようが、必ず大文字に変換されて返されます。読み取り専用のプロパティですので、値をセットすることはできません。
document.createElement(tagName)	引数に指定した要素名の要素オブジェクトを生成し、それを返します。引数tagNameに大文字の要素名を指定したとしても、ブラウザー内部では小文字に変換されます。
element.setAttribute(name, value)	該当の要素に、引数に指定した名前と値を持った属性をセットします。引数nameに大文字の属性名を指定したとしても、ブラウザー内部では小文字に変換されます。
element. getAttribute(name)	該当の要素から、引数nameに指定した属性の値を返します。引数nameに大文字の属性名を指定したとしても、ブラウザー内部では小文字に変換されます。

⌘ class属性を操作するclassList API

　これまで、要素にセットされたclass属性の値を操作するには、element.classNameプロパティ、もしくは、element.getAttribute ("class") メソッドやelement.setAttribute("class", value)を使ってきました。しかし、class属性の値は、複数のキーワードをスペースで区切って指定することができます。そのため、これまでは、キーワードの追加、削除、変更は、スペース区切りの文字列をJavaScriptから加工する必要がありました。

HTML5では、新たにclass属性の値を操作するためのAPIが規定されました。非常に便利な機能ですので、覚えておくと良いでしょう。

classを操作するAPI

element.classList	該当の要素にセットされたclass属性のトークンのリストをDOMTokenListオブジェクトとして返します。
DOMTokenList.length	トークンの数を返します。読み取り専用のプロパティですので、値をセットすることはできません。
DOMTokenList.item(index)	引数indexに指定された位置に格納されたトークンを返します。なお、indexは0から数えます。また、リストに格納されているトークンは、HTML上で上から見つかった順番で格納されています。もし引数indexに、リストに格納された数以上の数値を指定した場合はnullを返します。
DOMTokenList.contains(token)	引数tokenに指定したトークンがリストに存在すればtrueを返します。なければfalseを返します。引数tokenは大文字・小文字を区別します。引数tokenは必須で、半角スペースを入れてはいけません。半角スペースを入れると、エラーになります。
DOMTokenList.add(token)	引数tokenに指定したトークンをリストに追加します。もしすでに指定のトークンがリストに存在していれば、何もしません。引数tokenは大文字・小文字を区別します。引数tokenは必須で、半角スペースを入れてはいけません。半角スペースを入れると、エラーになります。
DOMTokenList.remove(token)	引数tokenに指定したトークンをリストから削除します。もし指定のトークンがリストに存在しなければ、何もしません。引数tokenは大文字・小文字を区別します。引数tokenは必須で、半角スペースを入れてはいけません。半角スペースを入れると、エラーになります。
DOMTokenList.toggle(token)	引数tokenに指定したトークンがリストなければ追加し、あれば削除します。トークンが追加されればtrueを返し、削除されればfalseを返します。引数tokenは大文字・小文字を区別します。引数tokenは必須で、半角スペースを入れてはいけません。半角スペースを入れると、エラーになります。

class属性には、スペースで区切って複数のキーワードを指定することができますが、それぞれのキーワードのことをトークンと呼びます。classListプロパティから、そのトークンのリストを格納したDOMTokenListオブジェクトが得られます。これはJavaScriptの配列とは違いますので注意してください。

では、次のHTMLコードを使って、具体的にAPIの使い方を見ていきましょう。

第1章　DOMスクリプティングの基礎

⬇ HTMLコード

```
<span class="aaa bbb ccc" id="test"></span>
```

このspan要素には、3つのトークンが含まれているclass属性がマークアップされています。まず、このspan要素からDOMTokenListオブジェクトを取得します。

⬇ DOMTokenListオブジェクトの取得

```
var span = document.getElementById("test");
var tokenlist = span.classList;
```

span要素から取り出したDOMTokenListオブジェクトを使って、個々のトークンの値を繰り返し処理で取り出すには、次のようなコードを使います。

⬇ 個々のトークンの値を繰り返し処理で取り出す

```
for( var i=0; i<tokenlist.length; i++ ) {
  var token = tokenlist.item(i);
  ...
}
```

このように、DOMTokenListオブジェクトのlengthプロパティとitem()メソッドを使って、個々のトークンを抜き出すことができます。このコードでは、変数tokenに、aaa、bbb、cccが順に格納されていくことになります。

では、次に、DOMTokenListオブジェクトのcontains()メソッドを使って、ある文字列のトークンが含まれているかどうかを評価するコードをご覧ください。

⬇ ある文字列のトークンが含まれているかどうかを評価するコード

```
var span = document.getElementById("test");
var tokenlist = span.classList;
if( tokenlist.contains("bbb") ) {
  ...
}
```

このコードは、if文の条件式にcontains()メソッドを入れています。contains()メソッドはtrueかfalseを返しますので、このようにif文の条件式として、そのまま利用することができます。ここでは引数に"bbb"を引き渡しています。つまり、span要素のclass属性に"bbb"というトークンが存在すればtrueを、存在しなければfalseを返します。ここでは、span要素のclass属性に"bbb"というトークンが存在

しますので、if文の中の処理が実行されることになります。もしcontains()メソッドに "abc" を引数に渡したら、falseを返しますので、if文の中の処理は実行されません。

では最後に、add()、remove()、toggle()メソッドを使い方をサンプルを通して見ていきましょう。ここでは、ボタンを押すことで、span要素にセットされたclass属性のトークンを置き換えたり、切り替えたりします。

サンプルのイメージ

[置換] [切替]

aaa bbb ccc

ボタンの下には、span要素のclass属性の状態が表示されるようになっています。最初、class属性の値は"aaa bbb ccc"になっています。つまり、3つのトークンがあります。

「置換」ボタンを押すと、remove()メソッドを使ってbbbを削除します。次にadd()メソッドを使ってdddを新たに追加します。つまりbbbをdddに置換したのです。この時点で、span要素のclass属性の値は、以下の通りになります。

```
aaa ccc ddd
```

前述の手順でトークンを置換しようとすると、その順番が変わる点に注意してください。add()メソッドは、引数に指定されたトークンを最後に追加します。そのため、この例では、追加したdddは一番最後になるのです。

「切り替え」ボタンを押すと、toggle()メソッドを使って、aaaの追加・削除を繰り返します。最初に切り替えボタンを押すと、aaaがすでに存在しているため、aaaが削除されます。

```
ccc ddd
```

再度、「切り替え」ボタンを押すと、その時点ではaaaが存在していないため、新たにaaaが最後に追加されます。

```
ccc ddd aaa
```

第1章　DOMスクリプティングの基礎

このサンプルのスクリプトは、以下の通りです。

⬇ スクリプト

```
<!DOCTYPE html>
<html lang="ja">
<head>
<meta charset="UTF-8" />
<title>element.classListのサンプル</title>
<link rel="stylesheet" href="style.css" type="text/css" />
<script>

var span = null;
window.addEventListener("load", function() {
  // 対象となるspan要素
  span = document.getElementById("test");
  // コンソールを更新
  console_update()
}, false);

// bbbを削除して、dddを追加
function token_replace() {
  // class属性のDOMTokenListオブジェクト
  var tokenlist = span.classList;
  // トークンbbbを削除
  tokenlist.remove("bbb");
  // トークンdddを追加
  tokenlist.add("ddd");
  // コンソールを更新
  console_update()
}

// aaaの追加・削除を切り替える
function token_toggle() {
  // class属性のDOMTokenListオブジェクト
  var tokenlist = span.classList;
  // 切り替え
  tokenlist.toggle("aaa");
  // コンソールを更新
  console_update()
}

// span要素のマークアップをpre要素内に表示
```

```
function console_update() {
  var pre = document.getElementById("console");
  pre.innerHTML = span.className;
}

</script>
</head>
<body>

<h1>element.classList のサンプル </h1>

<p>
  <span class="aaa bbb ccc" id="test"></span>
  <input type="button" onclick="token_replace();" value=" 置換 " />
  <input type="button" onclick="token_toggle();" value=" 切り替え " />
</p>
<pre id="console"></pre>

</body>
</html>
```

　このAPIは、2010年12月現在、Firefox 4.0、Chrome 9.0に実装されています。

　なお、HTML5仕様では、DOMTokenListオブジェクトは、class属性以外にも、link要素、a要素、area要素のrel属性（element.relList）に対しても規定されています。

　class属性の値にキーワードを追加したり削除する処理は、今後、数多く出てきます。ここでは、Firefox 4.0、Chrome 9.0以外のブラウザーでも動作するよう、add()、remove()、toggle()の代わりになる関数を用意しましょう。先ほどのサンプルを書き換えると、次のようになります。

全ブラウザー対応のスクリプト

```
var span = null;
window.addEventListener("load", function() {
  // 対象となる span 要素
  span = document.getElementById("test");
  // コンソールを更新
  console_update()
}, false);

// bbb を削除して、ddd を追加
function token_replace() {
  // トークン bbb を削除
```

```
    class_remove(span, "bbb");
    // トークン ddd を追加
    class_add(span, "ddd");
    // コンソールを更新
    console_update()
}

// aaa の追加・削除を切り替える
function token_toggle() {
    // class 属性の DOMTokenList オブジェクト
    var tokenlist = span.classList;
    // 切り替え
    class_toggle(span, "aaa");
    // コンソールを更新
    console_update()
}

// span 要素のマークアップを pre 要素内に表示
function console_update() {
    var pre = document.getElementById("console");
    pre.innerHTML = span.className;
}

// 要素の class 属性にキーワードを追加する
function class_add(element, word) {
    if(element.classList) {
        // classList プロパティを実装している場合
        element.classList.add(word);
    } else {
        // classList プロパティを実装していない場合
        var w = word.replace(/([^a-zA-Z0-9])/, "\\$1", "g");
        var re = new RegExp("(^|\\s)" + w + "(\\s|$)");
        if( ! re.test(element.className) ) {
            element.className += " " + word;
        }
    }
}

// 要素の class 属性からキーワードを削除する
function class_remove(element, word) {
    if(element.classList) {
        // classList プロパティを実装している場合
        element.classList.remove(word);
```

```
  } else {
    // classList プロパティを実装していない場合
    var w = word.replace(/([^a-zA-Z0-9])/, "\\$1", "g");
    var re = new RegExp("(^|\\s)" + w + "(\\s|$)");
    if( re.test(element.className) ) {
      var c = element.className;
      c = c.replace(re, " ");
      c = c.replace(/\s+/, " ");
      c = c.replace(/^\s/, "");
      c = c.replace(/\s$/, "");
      element.className = c;
    }
  }
}

// 要素のclass属性からキーワードを切り替える
function class_toggle(element, word) {
  if(element.classList) {
    element.classList.toggle(word);
  } else {
    var w = word.replace(/([^a-zA-Z0-9])/, "\\$1", "g");
    var re = new RegExp("(^|\\s)" + w + "(\\s|$)");
    if( re.test(element.className) ) {
      class_remove(element, word);
    } else {
      class_add(element, word);
    }
  }
}
```

本書では、以降、ここで紹介したclass_add()関数、class_remove()関数、class_toggle()関数を使っていきます。

カスタム・データ属性

HTML5では、ウェブ制作者が独自に考案した属性を要素にマークアップできるようになりました。属性名の最初にdata-を加えれば、それ以降は、好きな名前の属性を要素にマークアップできます。

マークアップ例

```
<div id="ranking" data-resource="custom.txt" data-total-num="6">...</div>
```

第1章　DOMスクリプティングの基礎

また、HTML5仕様では、カスタム・データ属性にアクセスするためのAPIも規定されています。

⬇ カスタム・データ属性を操作するAPI

| element.dataset | 該当の要素にセットされたカスタム・データ属性を格納したDOMStringMapオブジェクトを返します。 |

DOMStringMapオブジェクトとは、名前と値の対をいくつも格納した連想配列のようなものです。JavaScriptのオブジェクトと同じように、名前を指定することで、値を取り出すことができます。また、その逆に、値をセットすることもできます。

前述のマークアップ例から、カスタム・データ属性の値を取り出すには、次の通りとなります。

⬇ サンプル・スクリプト

```
var div = document.getElementById("ranking");
var value1 = div.dataset.resource;
alert( value1 );
var value2 = div.dataset["total-num"];
alert( value2 );
```

このスクリプトでは、data-resource属性とdata-total-num属性の値を取り出して、アラート表示していますが、dataset属性の使い方が異なる点に注意してください。

カスタム・データ属性の名前から、先頭のdata-を除いた部分が、datasetプロパティから呼び出すための名前になります。通常は、div.dataset.resourceのように、datasetプロパティに続きドットを入れ、その後に、その呼び出し名を記述すれば、該当の属性の値が取り出せます。しかし、その名前にハイフンが入っていると、ドットでつなげて呼び出すことはできませんので、dataset["total-num"]という表記にしなければいけません。

なお、2010年12月現在で、datasetプロパティを実装したブラウザーはChrome 9.0のみです。そのため、カスタム・データ属性をマークアップで使い、その値をJavaScriptから取り出したい場合は、getAttribute()メソッドを使う必要があります。

⬇ getAttribute()メソッドを使った例

```
var value1 = div.getAttribute("data-resource");
var value2 = div.getAttribute("data-total-num");
```

では、カスタム・データ属性を使ったサンプルを見てみましょう。このサンプルでは、カスタム・データ属性を、テンプレート・パラメータとして使っています。

1.6 要素と属性の操作

▼ サンプルHTML

```
scripts/custom.html
<!DOCTYPE html>
<html lang="ja">
<head>
<meta charset="UTF-8" />
<title> カスタム・データ属性のサンプル </title>
<link rel="stylesheet" href="style.css" type="text/css" />
<link rel="stylesheet" href="custom.css" type="text/css" />
<script src="custom.js"></script>
</head>
<body>

<h1> カスタム・データ属性のサンプル </h1>
<div id="ranking" data-resource="custom.txt">
  <div class="display" data-offset="0" data-limit="3">now loading ...</div>
  <div class="display" data-offset="3" data-limit="3">now loading ...</div>
</div>

</body>
</html>
```

　このサンプルでは、ブラウザーのランキングを表示することを想定していますが、そのランキングの内容は、XMLHttpRequestを使って、テキスト・データとして取得します。取得したテキストを加工して、所定の領域に表示させます。

　表示させる領域となるdiv要素には、data-resource="custom.txt"とマークアップされています。これは、XMLHttpRequestを使って取得するデータのURLを想定しています。取得するテキスト・データの内容は、次の通りです。

▼ テキスト・データの内容

```
Internet Explorer
Firefox
Chrome
Safari
Opera
Sleipnir
Lunascape
```

　また、取得したデータを、分割して、いくつかのdiv要素に表示させますが、それぞれのdiv要素には、

第1章　DOMスクリプティングの基礎

data-offsetとdata-limitというカスタム・データ属性がセットされています。これらは、ランキング表示のオフセット値とリミット値を定義しています。オフセットが0で、リミットが3なら、1位から3位までを表し、オフセットが3で、リミットが3なら、4位から6位までを表します。

◉ 実行結果

```
1. Internet Explorer    4. Safari
2. Firefox              5. Opera
3. Chrome               6. Sleipnir
```

　このように、好きな位置で、好きな数だけ分割して表示する仕組みを、データ・カスタム属性を使って実現しています。では、スクリプトを見ていきましょう。

◉ サンプル・スクリプト

```
(function () {

// addEventListener() メソッドを実装していなければ終了
if( ! window.addEventListener ) { return; }

// グローバル変数を定義
var displays = null; // ランキング表示用の div 要素の NodeList

// window オブジェクトに load イベントのリスナーをセット
window.addEventListener("load", function() {
  // ランキング表示する div 要素の NodeList を取得
  var ranking = document.getElementById("ranking");
  if( ! ranking ) { return; }
  displays = ranking.getElementsByClassName("display");
  if( displays.length == 0 ) { return; }
  // ランキング・データの URL をカスタム・データ属性から取得
  var url = get_custom_data(ranking, "resource");
  // XHR でデータ・テキストを取得
  var xhr = new XMLHttpRequest();
  xhr.onreadystatechange = callback;
  xhr.open("GET", url);
  xhr.send();
}, false);

// custom.txt をロードした後の処理
function callback() {
  if( this.readyState != 4 ) { return; }
  if( this.status != 200 ) { return; }
```

```
// 取得したテキスト・データを行に分割して配列に格納
var data = this.responseText;
var lines = data.split("\n");
var list = [];
for( var i=0; i<lines.length; i++ ) {
  var line = lines[i];
  if(line) {
    list.push(line);
  }
}
// データをランキング表示用のdiv要素にセット
for( var i=0; i<displays.length; i++ ) {
  var div = displays.item(i);
  // カスタム・データ属性からオフセット値とリミット値を取得
  var offset = get_custom_data(div, "offset");
  var limit = get_custom_data(div, "limit");
  offset = parseInt(offset);
  limit = parseInt(limit);
  if(limit == 0) { continue; }
  // ランキング表示用のol要素を生成し、div要素の中を置換
  var ol = document.createElement("ol");
  ol.start = offset + 1;
  for( var n=offset; n<offset+limit; n++ ) {
    if( n >= list.length ) { break; }
    var li = document.createElement("li");
    li.appendChild(document.createTextNode(list[n]));
    ol.appendChild(li);
  }
  div.innerHTML = "";
  div.appendChild(ol);
}


// カスタム・データ属性の値を取得
function get_custom_data(element, name) {
  if(element.dataset) {
    return element.dataset[name];
  } else {
    return element.getAttribute("data-" + name);
  }
}

})();
```

第1章 DOMスクリプティングの基礎

　このスクリプトの一番大事なポイントは、get_custom_data()関数です。このサンプルでは、datasetプロパティが存在しなければ、getAttribute()メソッドで、カスタム・データ属性の値を取り出しています。このサンプルは、Internet Explorer 9、Firefox 4.0、Opera 11、Chrome 9.0、Safari 5.0すべてで動作します。

　なお、このサンプルは、HTMLを次のように書き換えるだけで、3分割することも可能です。

サンプルHTML

```
<div id="ranking" data-resource="custom.txt">
  <div class="display" data-offset="0" data-limit="2">now loading ...</div>
  <div class="display" data-offset="2" data-limit="2">now loading ...</div>
  <div class="display" data-offset="4" data-limit="2">now loading ...</div>
</div>
```

実行結果

1. Internet Explorer
2. Firefox
3. Chrome
4. Safari
5. Opera
6. Sleipnir

1.7 Selectors API

❖ Selectors APIとは何か

これまでHTMLドキュメントにある要素を取り出すDOMアクセサーをいくつか紹介してきましたが、複雑な階層構造を持ったHTMLドキュメントから特定の要素や、あるルールに一致する要素のリストを取り出すのは、とても面倒な場合があります。

例えば、次のマークアップを考えてみましょう。

● サンプルHTML

```
<body>

<header>
  <h1>Selectors API のサンプル 1</h1>
  <form action="search.cgi">
    <p>サイト内検索：<input type="input" name="q" placeholder="検索キーワード" /></p>
  </form>
</header>
<section>
  <h2>参加申込フォーム</h2>
  <form action="app.cgi">
    <p><label>姓：<input type="text" name="name1" /></label></p>
    <p><label>名：<input type="text" name="name2" /></label></p>
    <p>
      性別：
      <label><input type="radio" name="gender" value="1" />男性</label>
      <label><input type="radio" name="gender" value="2" />女性</label>
    </p>
    <p><input type="submit" value="申込" /></p>
  </form>
</section>

</body>
```

このHTMLには、form要素が2つあります。そして、それぞれには、input要素が入れられています。では、2つ目のform要素にあるinpu要素のうち、テキストボックスのみを取り出して、それを無効にする処理を考えてみましょう。

第1章 DOMスクリプティングの基礎

これまで紹介してきたDOMアクセサーを駆使すると、いろいろな書き方があるでしょうが、次のようにスクリプトを書くことができます。

🔽 サンプル・スクリプト

```
// 最初の section 要素
var section = document.getElementsByTagName("section").item(0);
// section 要素内の最初の form 要素
var form = section.getElementsByTagName("form").item(0);
// form 要素内にある input 要素のリスト
var inputs = form.getElementsByTagName("input");
// type 属性が text となる input 要素だけ無効にする
for( var i=0; i<inputs.length; i++ ) {
  var input = inputs.item(i);
  // type 属性が text でなければ無視
  if( input.type != "text" ) { continue; }
  // 無効にする
  input.disabled = true;
}
```

ご覧の通り、とても面倒な手順が必要になってきます。これをもっと簡単にアクセスできる方法がないかと考え出されたのが、Selectors APIです。これは、CSSのセレクターの表記を使って、要素を抽出するためのAPIです。

前述のサンプルをSelectors APIで書き直すと、次のようになります。

🔽 サンプル・スクリプト

```
// 2つ目の form 要素にあるテキストボックスの input 要素のリスト
var inputs = document.querySelectorAll("body>section>form input[type=text]");
// type 属性が text となる input 要素だけ無効にする
for( var i=0; i<inputs.length; i++ ) {
  var input = inputs.item(i);
  // 無効にする
  input.disabled = true;
}
```

最初の行にあるquerySelectorAll()メソッドに注目してください。このメソッドの引数に、CSSのセレクターと同じフォーマットで、セレクターを指定し、狙ったinput要素のリストを、たった1行で抜き出しています。

Selectors APIは、W3Cが規定している仕様なのですが、2つのレベルがあります。

1.7 Selectors API

- W3C Selectors API Level 1
  http://www.w3.org/TR/selectors-api/

- W3C Selectors API Level 2
  http://www.w3.org/TR/selectors-api2/

　2010年9月現在で、Level 1は勧告候補になっており、かなり安定した仕様となっています。それに対して、Level 2はまだ草案ですので、変更される可能性があります。Level 1は、Internet Explorer 8をはじめ、最新のブラウザーであれば、すでに実装されています。本書では、このLevel 1について詳しく説明していきます。

　Selectors API Level 1で規定されているAPIは以下の2つのメソッドです。

⬇ Selectors APIのメソッド

メソッド	説明
document.querySelector(selectors) element.querySelector(selectors)	該当のドキュメントまたは要素の中から、引数に与えたセレクターに一致する要素のうち、一番最初に一致した要素のノード・オブジェクトを返します。たとえ、セレクターに一致する要素が複数存在していたとしても、返されるのは最初の1つだけです。セレクターに一致する要素が1つも見つからない場合は、nullを返します。
document.querySelectorAll(selectors) element.querySelectorAll(selectors)	該当のドキュメントまたは要素の中から、引数に与えたセレクターに一致する要素のノード・オブジェクトのリストを格納したNodeListオブジェクトを返します。セレクターに一致する要素が1つも見つからなくても、要素数が0のNodeListオブジェクトを返します。

　これら2つのメソッドは、documentオブジェクトに対しても、要素のノード・オブジェクトに対しても利用可能です。1つの要素だけを抜き出したいのか、それとも、リストとして抜き出したいのかによって、これら2つのメソッドを使い分けます。

⌘ セレクター

これら2つのメソッドの引数に指定するセレクターは、CSS3の仕様で規定されています。

- W3C Selectors Level 3
  http://www.w3.org/TR/css3-selectors/

CSSのセレクターについては、本書のテーマではありませんので詳細な説明を割愛しますが、先の仕様で規定されているセレクターのパターンをここにリストアップしておきます。

ただし、Selectors APIでは、疑似要素の指定は非推奨となっています。仕様上、疑似要素をパターンに指定してもエラーにはなりませんが、何も要素を得ることができません。そのため、下表では疑似要素については割愛しています。

下表のパターンにあるEは要素名を表します。また、レベルの列の数字は、該当のセレクターが規定されたCSSのバージョン番号を表しています。

セレクター・パターン

パターン	意味	レベル
*	すべての要素。	2
E	E要素。	1
E[foo]	E要素のうち、"foo"という属性を持つ要素。該当の属性の値が存在するかどうかは関係がありません。例えば、空文字列をセットした属性や論理属性でも、指定の属性が存在してればヒットします。	2
E[foo="bar"]	E要素のうち、"foo"という属性を持ち、その値に"bar"がセットされたもの。	2
E[foo~="bar"]	E要素のうち、"foo"という属性を持ち、その値がスペース区切りのキーワードのリストであり、そのうちの1つのキーワードが"bar"に完全一致するもの。	2
E[foo^="bar"]	E要素のうち、"foo"という属性を持ち、その値が"bar"に前方一致するもの。	3
E[foo$="bar"]	E要素のうち、"foo"という属性を持ち、その値が"bar"に後方一致するもの。	3
E[foo*="bar"]	E要素のうち、"foo"という属性を持ち、その値が"bar"を含んでいるもの。	3
E[foo¦="en"]	E要素のうち、"foo"という属性を持ち、その値がハイフン区切りのリストであり、その最初（一番左）の値が"en"に一致するもの。これは言語コードを想定したものです。HTML5でいえば、langコンテンツ属性の値を評価するものです。そのため、p[lang¦="en"]といった使い方をします。	2
E:root	E要素のうち、ドキュメントのルートとなるもの。通常のHTMLドキュメントであれば、html要素を指します。	3

パターン	意味	レベル
E:nth-child(n)	E要素のうち、その親要素から見て、上から数えてn番目の子要素となるもの。なお、最初の要素は1番目として数えます。nには、奇数番目を表すodd、偶数番目を表すevenという定数を指定することも可能です。また、4n+1といった表記も可能です。これは、4の倍数に1を加えた位置だけが対象になります。nは0から開始されます。従って、この場合は、1, 5, 9, 13,…番目が対象になることを意味します。また、+の代わりに-を使って、4n-3でという表記も可能です。ただし、計算結果が0以下の値になる場合は、無視されます。そのため、4n-3は、先ほどの4n+1と同じ意味になります。なお、oddは2n+1と、そして、evenは2nと同等になります。	3
E:nth-last-child(n)	E要素のうち、その親要素から見て、下から数えてn番目の子要素となるもの。nの使い方は、E:nth-child(n)の使い方と同じです。	3
E:nth-of-type(n)	E要素のうち、親要素から見てn番目の子要素に当たるもの。nの使い方は、E:nth-child(n)の使い方と同じです。	3
E:nth-last-of-type(n)	E要素のうち、親要素から見てn番目の子要素に当たり、かつそれが親要素から見て最後にE要素となるもの。nの使い方は、E:nth-child(n)の使い方と同じです。	3
E:first-child	E要素のうち、その親要素から見て、最初の子要素となるもの。これは、E:nth-child(1)と同等です。	2
E:last-child	E要素のうち、その親要素から見て、最後の子要素となるもの。これは、E:nth-last-child(1)と同等です。	3
E:first-of-type	E要素のうち、その親要素から見て、最初のE要素となるもの。これは、E:nth-of-type(1)と同等です。	3
E:last-of-type	E要素のうち、その親要素から見て、最後のE要素となるもの。これは、E:nth-last-of-type(1)と同等です。	3
E:only-child	E要素のうち、その親要素から見て、唯一の子要素となるもの。	3
E:only-of-type	E要素のうち、その親要素から見て、唯一のE要素となるもの。	3
E:empty	E要素のうち、テキスト・ノードも含めて、子要素を一切持たないもの。	3
E:link E:visited	E要素のうち、ハイパーリンクとなるもので、そのリンク先にまだ訪れていない(:link)、または、すでに訪れた(:visited)もの。	1
E:active E:hover E:focus	E要素のうち、所定のユーザー・アクションの最中となるもの。マウス・ポインターをリンクに当てた状態がhover、フォーカスが当たった状態がfocusとなります。そして、リンクをマウスでクリックするなどしてアクティブになった状態がactiveとなります。	1, 2
E:target	E要素のうち参照URIのターゲットとなるもの。これはページ内アンカーを想定したものです。例えば、<a href="#dst" id="src"></a>というリンクがあったとして、そのリンク先が<h2 id="dst"><h2>だとします。a#src:targetは、このh2要素を指すことになります。	3
E:lang(fr)	E要素のうち、言語が"fr"となるもの。langコンテンツ属性がセットされているかどうかは、直接的には関係ありません。もしlangコンテンツ属性に所定の言語コードがセットされているものだけを明示的に抽出したい場合は、E[lang|="fr"]を使います。	2

第1章 DOMスクリプティングの基礎

パターン	意味	レベル
E:enabled E:disabled	E要素のうち、ユーザー・インタフェースとなるもので、それが有効（:enabled）または無効（:disabled）となっているもの。	3
E:checked	E要素のうち、ユーザー・インタフェースとなるもので、チェックされているもの（ラジオ・ボタンやチェックボックス）。	3
E.warning	E要素のうち、classが"warning"となるもの。	1
E#myid	E要素のうち、IDが"myid"に一致するもの。	1
E:not(s)	E要素のうち、指定のセレクターsに一致しないもの。	3
E F	E要素の子孫に当たるF要素。	1
E > F	E要素の子要素に当たるF要素。	2
E + F	E要素の直後にくるF要素。	2
E ~ F	E要素より後ろにくるF要素。	3

　どのセレクター・パターンが利用できるかについては、ブラウザーの実装次第ですが、CSSで機能するのであれば、Selectors APIでも機能するはずです。

　また、Selectors APIのメソッドの引数に指定するセレクターは、セレクター・グループも許可されています。つまり、カンマで区切って、複数のセレクターを同時に指定することができます。

🔽 セレクター・グループを指定した例

```
var headings = document.querySelectorAll("h1, h2, h3, h4, h5, h6");
```

　この例は、ページからh1～h6までの見出し要素すべてを取り出します。
　ここでは、CSS3で新たに導入されたセレクターを使ったサンプルをご覧頂きましょう。ここで紹介するサンプルは、いずれも、Internet Explorer 9、Firefox 4.0、Opera 11、Safari 5.0、Chrome 9.0で動作します。
　このサンプルでは、nav要素を使ってナビゲーション・リンクがマークアップされています。しかし、そのナビゲーションのうち、その時点で表示されているページと一致するものについては、ハイパー・リンクを解除して、太字で表示させます。

🔽 動作結果

サンプル・スクリプト

```html
<!DOCTYPE html>
<html lang="ja">
<head>
<meta charset="UTF-8" />
<title>Selectors API のサンプル 1</title>
<link rel="stylesheet" href="style.css" type="text/css" />
<style>
#gnav>ul>li>a.show {
  font-weight: bold;
}
</style>
<script>
(function () {

// addEventListener() メソッドを実装していなければ終了
if( ! window.addEventListener ) { return; }
// querySelector() メソッドを実装していなければ終了
if( ! document.querySelector ) { return; }

// window オブジェクトに load イベントのリスナーをセット
window.addEventListener("load", function() {
  // このページの URL
  var url = document.URL;
  // このページのファイル名
  var m = document.URL.match(/\/([a-zA-Z0-9\.\-\_]+)[^\/]*$/);
  var fname = m ? m[1] : null;
  if( ! fname ) { return; }
  // nav 要素から、このページの a 要素を抽出
  var a = document.querySelector('#gnav>ul>li>a[href$="/' + fname + '"]');
  if( ! a ) { return; }
  // 該当の a 要素の href 属性を削除
  a.removeAttribute("href");
  // 該当の a 要素の class 属性にキーワードを追加
  class_add(a, "show");
}, false);

// 要素の class 属性にキーワードを追加する
function class_add(element, word) {
  if(element.classList) {
    // classList プロパティを実装している場合
    element.classList.add(word);
  } else {
```

第1章　DOMスクリプティングの基礎

```
    // classList プロパティを実装していない場合
    var w = word.replace(/([^a-zA-Z0-9])/, "¥¥$1", "g");
    var re = new RegExp("(^|¥¥s)" + w + "(¥¥s|$)");
    if( ! re.test(element.className) ) {
      element.className += " " + word;
    }
  }
}


})();
</script>
</head>
<body>

<h1>Selectors API のサンプル 1</h1>

<nav id="gnav">
  <ul>
    <li><a href="./Selectors_API_sample1.html">サンプル 1</a></li>
    <li><a href="./Selectors_API_sample2.html">サンプル 2</a></li>
    <li><a href="./Selectors_API_sample3.html">サンプル 3</a></li>
  </ul>
</nav>

</body>
</html>
```

現在、表示されているページがリンク先となっているa要素を特定するところに注目してください。

⬇現在、表示されているページがリンク先となっているa要素を特定する

```
var a = document.querySelector('#gnav>ul>li>a[href$="/' + fname + '"]');
```

このように、たった1行で、必要な要素を抜き出しています。ここでは、id属性に"#gnav"がセットされた要素（nav要素のこと）の直下にあるul要素の直下にあるli要素の直下にあるa要素を狙い撃ちしています。さらに、a要素の属性の値に対して条件を加えています。ここでは、href属性の値を後方一致で評価しています。

a要素が特定できたら、そのclass属性に"show"というキーワードを追加しています。

:visited疑似クラスのプライバシー問題

　CSSには、すでに訪問済みのリンクに適用する:visited疑似クラスがあります。CSSからスタイリングとして使う限りにおいては問題はありませんが、JavaScriptから扱えるとなると、プライバシーの問題が出てきます。

　JavaScriptから、W3C DOM Level 2 Style仕様に規定されているgetComputedStyle()メソッドを使うと、その時点でのスタイリング結果を得ることが可能となります。そこから、ページに埋め込まれたハイパー・リンクが訪問済みかどうかを、JavaScriptを通して把握することが可能となります。サイト運営者もしくは第三者が、その結果をサーバーに送信するなどして、こういった情報を把握することが技術的に可能になります。

　どのページにアクセスしたことがあるか、という情報は、プライバシーにかかわる情報のため、以前から多くの議論がありました。getComputedStyle()メソッドに限らず、:visited疑似クラスを扱うことができるSelectors APIも同じ問題を抱えることになります。そのため、Selectors APIの仕様では、ブラウザーに対して、:visited疑似クラスがセレクターに指定された場合、実際に訪問したかどうかにかかわらず、訪問していないとして処理することを推奨しています。つまり、もしブラウザーがこれに従っていれば、次のコードを書いたとしても、ヒットする要素はないということになります。

:visited疑似クラスがセレクターに指定された場合

```
var links = document.querySelectorAll(":visited")
```

　すでに、近年の最新版のブラウザーの多くは、Selectors APIのメソッドの引数に:visitedを指定しても、エラーにはなりませんが、何も返しません。リンク先へ訪問したかどうかを区別するアクションについては、今後は、控えた方が良いでしょう。

Selectors APIが返すNodeListオブジェクトはライブではない

　document.imagesプロパティや、getElementsByClassName()メソッドが返すオブジェクトはライブである、つまり、その時点のドキュメントの状態をリアルタイムに反映することはすでに紹介しました。ところが、Selectors APIが返すNodeListオブジェクトはライブではありません。つまり、一度、Selectors APIでNodeListオブジェクトを取り出してしまうと、その後、ドキュメントに変更が発生しても、それが反映されません。

　例えば、ある時点で、document.imagesプロパティを使って、HTMLドキュメント内にあるimg要素を格納したNodeListオブジェクトを、querySelectorAll()メソッドで取り出したとしましょう。その後、img要素を1つ削除したとします。しかし、先ほどのNodeListオブジェクトに格納されているimg要素の数は、減ることはありません。

第1章　DOMスクリプティングの基礎

⬇ サンプル・スクリプト

```html
<!DOCTYPE html>
<html lang="ja">
<head>
<meta charset="UTF-8" />
<title>Selectors API のサンプル</title>
<link rel="stylesheet" href="style.css" type="text/css" />
<script>

window.addEventListener("load", function() {
  // img 要素の NodeList オブジェクト
  var imgs = document.querySelectorAll("img");
  // この時点の NodeList オブジェクトの要素の数
  alert( imgs.length ); // 5 個
  // img 要素を 1 つ削除
  var delimg = document.getElementsByTagName("img").item(0);
  delimg.parentNode.removeChild(delimg);
  // この時点の NodeList オブジェクトの要素の数
  alert( imgs.length ); // 5 個のまま
}, false);

</script>
</head>
<body>

<h1>Selectors API のサンプル</h1>

<p>
  <img src="ie.png" alt="Internet Explorer" />
  <img src="firefox.png" alt="Firefox" />
  <img src="opera.png" alt="Opera" />
  <img src="safari.png" alt="Safari" />
  <img src="chrome.png" alt="Chrome" />
</p>

</body>
</html>
```

　このように、Selectors APIを使って取り出したオブジェクトは、その時点のHTMLドキュメントの状態をリアルタイムに反映しませんので、利用の際には、この点を留意してください。

1.8 イベント

ウェブ・アプリケーションとイベント

　ウェブ・アプリケーションの作成において、イベントの知識は必須となります。HTML5で新たに加わったさまざまなAPIは、数多くのイベントを扱います。イベントに関しては、HTML5仕様とは直接関係がありませんが、HTML5で追加されたAPIを使ったウェブ・アプリケーション製作の基礎知識として、簡単に解説します。

イベント・ハンドラとイベント・リスナー

　イベントが発生した際に、JavaScriptからそれをキャッチする方法は2つあります。イベント・ハンドラとイベント・リスナーです。

イベント・ハンドラの記述例

```
window.onload = function() { ... };
```

イベント・リスナーの記述例

```
window.addEventListener("load", function() { ... }, false);
```

　この例では、いずれも、windowオブジェクトでloadという名前のイベントが発生したときに、...の部分に記述されたコードを実行します。このイベントが発生したときに実行させる関数のことをコールバック関数と呼びます。
　では、イベント・ハンドラとイベント・リスナーの違いは何でしょうか。それは、それらを定義できる数です。イベント・ハンドラは、1つしか定義できません。例えば、次のコードでは、最初に定義した関数は無効となります。つまり、後から定義した関数で上書きされてしまうのです。

イベント・ハンドラを複数指定した場合

```
window.onload = function() {
  alert("1番目のハンドラ"); // 表示されません。
};

window.onload = function() {
  alert("2番目のハンドラ"); // これが表示されます。
};
```

一方、イベント・リスナーは、いくつでも定義することができます。次のコードでは、2つのイベント・リスナーがセットされていますが、いずれもwindowオブジェクトに対してセットしています。しかし、いずれのリスナーも動作します。

イベント・リスナーを複数指定した場合

```
window.addEventListener("load", function() {
  alert("1番目のリスナー "); // 表示されます。
}, false);

window.addEventListener("load", function() {
  alert("2番目のリスナー "); // 表示されます。
}, false);
```

近年、JavaScriptの利用度が増し、あらゆるウェブ・サイトでサイト運営者が作成したJavaScriptが動作しています。さらに、jQueryなどのJavaScriptライブラリーも併用することが多くなりました。

このように、1つのページに数多くのJavaScriptが読み込まれると、イベント・ハンドラでは、上書きされてしまう可能性が出てしまいます。つまり、後から読み込まれたJavaScriptで定義されたイベント・ハンドラが優先することになります。ページに組み込まれたJavaScriptすべてを把握できるのであれば、イベント・ハンドラでも問題を回避することが可能でしょう。しかし、スクリプトの保守性を考えると、できればイベント・ハンドラの利用は避けたいところです。特に、ページがロードされたときに発生するloadイベントに関しては、さまざまなスクリプトで扱いますので、注意が必要です。

とはいえ、イベント・ハンドラは短いコードで手軽に実現できることもあり、完全に否定する必要はありません。例えば、特定の要素に対してイベントを扱いたい場合で、他のスクリプトが扱うことがないと確信できる場合は、イベント・ハンドラでも構わないでしょう。

このように、イベント・ハンドラとイベント・リスナーのメリットとデメリット、そして、利用シーンに応じて、使い分けられるようにするのが良いでしょう。本書では、状況に応じて、イベント・ハンドラとイベント・リスナーのいずれも使っていきます。

⌘loadイベント

これまでJavaScriptを実行するに当たり、ページがブラウザーにロードされるのを待つためにloadイベントのイベント・リスナーをセットすることが多かったといえます。しかし、loadイベントは、ページに組み込まれたあらゆる外部リソースのロードが完了しない限り発生しません。つまり、ページに組み込まれたJavaScriptファイルやスタイル・シート、またスタイル・シートから呼び出される画像などのリソース、ページに組み込まれた画像などがロードされない限り、loadイベントは発生しません。

ページから組み込まれる外部リソースが少なければ、さほど気になりませんが、数多くの外部リソー

スをロードするページであれば、loadイベントの発生が、体感できるほどに遅れることになります。

　ブラウザーがどのような順番でそれぞれの外部リソースをロードしようとするのかを知っておくことは重要です。次のサンプルHTMLをご覧ください。

HTML

```html
<!DOCTYPE html>
<html lang="ja">
<head>
<meta charset="UTF-8" />
<title>タイムライン</title>
<link rel="stylesheet" href="style.css" type="text/css" />
<script src="script.js"></script>
</head>
<body>

<h1>タイムライン</h1>
<p><img src="pic.jpg" alt="" /></p>

</body>
</html>
```

　このサンプルHTMLでは、link要素を使ってCSSファイルを1つ、script要素を使ってjsファイルを1つ読み込みます。さらに、本文では、img要素を使って画像ファイルを読み込みます。CSSファイルでは、次の通り、背景イメージとして、1つの画像ファイルを読み込みます。

CSS

```css
body {
  background-image: url("bg.jpg");
  background-repeat: no-repeat;
}
```

　このサンプルHTMLにブラウザーを使ってアクセスすると、次の通り、このページに必要なリソースをロードしようとします。このタイムラインはChromeの結果ですが、そのほかのブラウザーでも、ほぼ同様です。

第1章 DOMスクリプティングの基礎

タイムライン

ブラウザーは、まず本体となるHTMLを読み込みます。次に、CSSファイルとjsファイルを読み込みます。そして、これらのロードが完了したら、画像をロードします。

このように、すべてのリソースを同時に読み込むわけではありません。また、このサンプルでは、ロードすべき画像が多くないため、画像については同時に読み込もうとしていますが、数が多くなると、分割して読み込もうとします。

もしページに数多くの外部リソースが組み込まれていると、すべてのリソースのロードが完了する時間が長くなることを意味します。loadイベントは、これらすべてのリソースが完了してから発生します。そのため、loadイベントの発生を待ってJavaScriptの処理を実行すると、ページによっては、その起動タイミングが遅くなります。

DOMContentLoadedイベント

loadイベントの発生を待ってからスクリプトを実行する理由は、多くの場合、DOMツリーにアクセスしたいためです。少なくとも、ページを構成するHTMLファイルが読み込まれ、ブラウザー内でDOMツリーが構成された後でないと、DOMアクセサーを使って、要素にアクセスすることはできません。

しかし、多くのシーンでは、DOMツリーにアクセスさえできれば良く、HTMLファイル以外の外部リソースを必要としません。そのため、外部リソースのロードを待たずして、DOMツリーが構成されてから、できる限り早くスクリプトを実行したいところです。

これを実現するのが、DOMContentLoadedイベントです。このイベントは、本体のHTMLがロードされ、それに関連するスクリプトがロードされ、そして、ブラウザー内部でDOMが構成された時点で、発生します。つまり、本文に組み込まれた画像やCSSから呼び出される画像などの読み込みを待たずして、DOMContentLoadedイベントが発生します。

これまで、DOMContentLoadedイベントは標準ではありませんでした。また、Internet Explorerには実装されていなかったこともあり、このイベントの利用は限定的でした。しかし、HTML5仕様で初めてDOMContentLoadedイベントが規定されましたので、HTML5仕様が勧告に至った際には、この

イベントは標準になります。また、Internet Explorer 9にもDOMContentLoadedイベントが実装されたこともあり、今後は、このイベントをよく使うことになるでしょう。本書では、特に理由がない限り、以降はloadイベントではなく、DOMContentLoadedイベントを使います。

まず、DOMContentLoadedイベントがどこで発生するのかを把握しましょう。loadイベントはwindowオブジェクトで発生します。しかし、DOMContentLoadedイベントはdocumentオブジェクトで発生します。実際には、ほとんどのブラウザーで、windowオブジェクトでもDOMContentLoadedイベントが発生しますが、HTML5仕様ではdocumentオブジェクトで発生することとしています。そのため、windowオブジェクトで利用するのは避けた方が良いでしょう。

loadイベントには、それに対応するonloadイベント・ハンドラが用意されているのはご存じの通りです。旧来より、次のようなコードがよく使われてきました。

● onloadイベント・ハンドラ

```
window.onload = function() { ... };
```

しかし、DOMContentLoadedイベントに対応するイベント・ハンドラは存在しませんので注意してください。DOMContentLoadedイベントは必ずイベント・リスナーから補足しなければいけません。

● DOMContentLoadedイベントのリスナー

```
document.addEventListener("DOMContentLoaded", function() { ... }, false);
```

DOMContentLoadedイベントは、発生タイミングが早いという点で、非常に便利なイベントなのですが、1点、注意が必要です。DOMContentLoadedイベントはスタイルシートによるスタイリングが完了する前に発生してしまいます。そのため、もし、JavaScriptから要素の座標情報を扱う場合、問題が発生します。

次のサンプルでは、img要素を使って画像が1つ組み込まれています。ただし、このサンプルでは、そのimg要素にwidthコンテンツ属性とheightコンテンツ属性がマークアップされていません。また、CSSを使ってスタイリングも行っています。スクリプトでは、DOMContentLoadedイベント発生時とloadイベント発生時それぞれにおける起動タイミングと、その時点におけるh2要素の座標を表示します。h2要素はimg要素よりも後にマークアップされていますので、h2要素の座標は、img要素のレンダリング位置やレンダリング寸法に大きく影響を受けることになります。

第1章　DOMスクリプティングの基礎

HTML

```
<!DOCTYPE html>
<html lang="ja">
<head>
<meta charset="UTF-8" />
<title>DOMContentLoaded イベント </title>
<link rel="stylesheet" href="style.css" type="text/css" />
<script src="DOMContentLoaded.js"></script>
</head>
<body>

<h1>DOMContentLoaded イベント </h1>
<p><img src="big.jpg"/></p>
<h2 id="target">この h2 要素の位置 </h2>
<dl>
  <dt>DOMContentLoaded イベント発生時 </dt>
  <dd id="pos1">-</dd>
  <dt>load イベント発生時 </dt>
  <dd id="pos2">-</dd>
</dl>
</body>
</html>
```

スクリプト

```
(function () {

var start = Date.now()

// DOMContentLoaded イベント発生時の処理
document.addEventListener("DOMContentLoaded", function() {
  // イベント発生時間
  var msg = (Date.now() - start) + "ms 後 : "
  // h2 要素
  var h2 = document.querySelector("#target");
  // h2 要素の位置座標
  msg += " 座標 (" + h2.offsetLeft + ", " + h2.offsetTop + ")";
  document.querySelector("#pos1").innerHTML = msg;
}, false);

// load イベント発生時の処理
window.addEventListener("load", function() {
  // イベント発生時間
```

```
  var msg = (Date.now() - start) + "ms後 : "
  // h2要素
  var h2 = document.querySelector("#target");
  // h2要素の位置座標
  msg += " 座標 (" + h2.offsetLeft + ", " + h2.offsetTop + ")";
  document.querySelector("#pos2").innerHTML = msg;
}, false);

})();
```

この結果は以下の通りです。

●動作結果

```
■このh2要素の位置
DOMContentLoadedイベント発生時
    1ms後 : 座標 (8, 75)
loadイベント発生時
    567ms後 : 座標 (8, 830)
```

DOMContentLoadedイベントとloadイベントの起動タイミングが大きく違う点に注目してください。また、h2の座標が大きく異なります。

DOMContentLoadedイベントが発生した時点では、まだCSSによるスタイリングが完了していません。さらに、img要素の画像もロードされていません。HTML側では、img要素にwidthコンテンツ属性とheightコンテンツ属性を指定していません。そのため、この時点ではimg要素によって表示される画像の寸法がまだ分からないのです。つまりCSSと画像表示を無効にした状態でページを表示させた場合の座標だと考えてください。

それに対して、loadイベントが発生した時点では、CSSによるスタイリングが完了し、img要素の画像のロードも完了しており、最終的な形でレンダリングされています。

これらの違いが、h2要素の座標の違いに現れているのです。このように要素の座標を扱う場合には、これまで通り、loadイベントの発生を待ってから処理を行うようにしましょう。

1.9 タイマー

⌘ タイマーとは何か

　タイマーとは、所定の時間が経過したら、特定の処理を実行する機能です。以前からすべてのブラウザーにタイマー機能は実装されていましたが、HTML5仕様で改めて仕様化されました。

タイマーのメソッド

handle = window.setTimeout(callback, timeout) handle = window.setTimeout(callback, timeout, arg1, ...)	時限タイマーをセットします。timeoutミリ秒後に関数callbackを実行します。第三引数以降に値をセットすると、それらはcallbackへの引数として引き渡されます。この関数は、時限タイマーを識別するためのID (handle) を返します。
window.clearTimeout(handle)	setTimeout()メソッドが返したhandleを引数に渡すと、該当の時限タイマーがキャンセルされます。
handle = window.setInterval(callback, timeout) handle = window.setInterval(callback, timeout, arg1, ...)	繰り返しタイマーをセットします。timeoutミリ秒間隔で関数callbackを繰り返し実行します。第三引数以降に値をセットすると、それらはcallbackへの引数として引き渡されます。この関数は、繰り返しタイマーを識別するためのID (handle) を返します。
window.clearInterval(handle)	setInterval()メソッドが返したhandleを引数に渡すと、該当の繰り返しタイマーがキャンセルされます。

　これらのタイマーの引数にはミリ秒を引き渡しますが、その時間は保証されるわけではありません。CPUの負荷状況、他の処理との兼ね合いなどから、遅れる場合がありますので注意してください。
　setTimeout()メソッドとsetInterval()メソッドの第二引数を省略した場合は、0が指定されたとして処理されます。setTimeout()メソッドであれば、タイマーをセットした直後にコールバック関数が実行されることになります。setInterval()メソッドであれば、CPUの負荷が許す限り、できる限り短い間隔で何度もコールバック関数が呼び出されることになります。
　setTimeout()メソッドとsetInterval()メソッドはオプションで3つ目以降の引数を受け取ります。もし3つ目以降に引数があれば、それらは、そのまま第一引数に指定したコールバック関数の引数として引き渡されます。カンマで区切って、いくつでも引数をセットすることが可能です。
　このsetTimeout()メソッドとsetInterval()メソッドの第三引数以降については、すべてのブラウザーでサポートしているわけではありません。2010年12月現在の最新ブラウザーでは、Firefox 4.0、Opera 11、Safari 5.0、Chorme 9.0がサポートしています。Internet Exploer 9はこれらのメソッドの第三引数以降は無視されます。

setTimeout()メソッドとsetInterval()メソッドは、セットしたタイマーを識別するためのIDを返しますが、0より大きい整数の数値として返します。この数値そのものに意味はありませんが、clearTimeout()やclearInterval()メソッドを使ってタイマーをキャンセルする際に必要となります。

⌘ タイマーを使用したサンプル

次のサンプルは、簡単なストップ・ウォッチです。ボタンを押すことでストップ・ウォッチがスタートし、もう一度ボタンを押すと止まります。

⬇ サンプルの結果

01:23.403 stop

⬇ HTML

```
<p class="watch">
  <span class="min">00</span>:<span class="sec">00.000</span>
  <button>start</button>
</p>
```

⬇ スクリプト

```
document.addEventListener("DOMContentLoaded", function() {
  // 分を表す span 要素
  var span_min = document.querySelector('p.watch>span.min');
  // 秒を表す span 要素
  var span_sec = document.querySelector('p.watch>span.sec');
  // ボタンを表す button 要素
  var button = document.querySelector('p.watch>button');
  // タイマーの識別 ID を格納する変数を定義
  var handle = 0;
  // button 要素に click イベントのリスナーをセット
  button.addEventListener("click", function() {
    if( handle ) {
      // 繰り返しタイマーをキャンセル
      window.clearInterval(handle);
      handle = 0;
      // ボタン表記を変更
      button.textContent = "start";
    } else {
      // 現在の時間（開始時間）
```

第1章　DOMスクリプティングの基礎

```javascript
        var stime = ( new Date() ).getTime() / 1000;
        // 繰り返しタイマーをセット
        handle = window.setInterval(start, 0, stime, span_min, span_sec);
        // ボタン表記を変更
        button.textContent = "stop";
      }
  }, false);
}, false);

function start(stime, span_min, span_sec) {
  // 現在の時間
  var now = ( new Date() ).getTime() / 1000;
  // 経過秒数を算出
  var diff = now - stime;
  // 分と秒を算出
  var min = parseInt( diff / 60 );
  var sec = (diff % 60).toFixed(3);
  // span 要素にセット
  span_min.textContent = (min<10) ? "0"+min : min;
  span_sec.textContent = (sec<10) ? "0"+sec : sec;
}
```

このサンプルでは、documentオブジェクトにDOMContentLoadedイベントのリスナーをセットして、ページがロードされてからスクリプトが実行されるようにしています。ページがロードされたときに実行される処理を詳しく見ていきましょう。

まず、このサンプルで必要な要素のオブジェクトを取得しておきます。

⬇必要な要素のオブジェクトの取得

```javascript
// 分を表す span 要素
var span_min = document.querySelector('p.watch>span.min');
// 秒を表す span 要素
var span_sec = document.querySelector('p.watch>span.sec');
// ボタンを表す button 要素
var button = document.querySelector('p.watch>button');
```

このサンプルでは、ストップ・ウォッチを繰り返しタイマーを使って実現しますので、事前にタイマー識別IDをセットするための変数を用意しておきます。

🔽 タイマー識別IDをセットするための変数の用意

```
// タイマーの識別IDを格納する変数を定義
var handle = 0;
```

　タイマーがセットされると、その識別IDは0より大きい整数になりますので、ここでは、タイマーが起動していないことを表すために、0で初期化しておきます。

　次にbutton要素にclickイベントのリスナーをセットします。ボタンがクリックされると、まず計測が始まっているのか、それとも停止中なのかを判定しなければいけません。ここではその判定に、タイマー識別ID（handle）の値を評価しています。計測中であれば、タイマー識別IDの値は0より大きい整数値ですので、それをif文の条件式にそのまま適用します。

🔽 button要素にclickイベントのリスナーをセットする

```
// button要素にclickイベントのリスナーをセット
button.addEventListener("click", function() {
  if( handle ) {
    // 計測中
  } else {
    // 停止中
  }
}, false);
```

　では、計測中だったときの処理を見ていきましょう。計測中であれば、計測を止めなければいけません。そのため、clearInterval()を使って、起動している繰り返しタイマーをキャンセルします。そして、タイマー識別ID（handle）の値を0にセットしておきます。タイマーがキャンセルされたからといって自動的にhandleの値が0になるわけではありませんので、注意してください。最後に、ボタンの表記をtextContentプロパティを使って書き換えておきます。

🔽 計測中だったときの処理

```
// 繰り返しタイマーをキャンセル
window.clearInterval(handle);
handle = 0;
// ボタン表記を変更
button.textContent = "start";
```

　次に停止中だったときの処理を見ていきましょう。停止していれば、計測を開始しなければいけません。そのため、setInterval()を使って繰り返しタイマーをセットします。しかし、ストップ・ウォッチを

実現するためには、開始してからの秒数を算出しなければいけません。そのため、タイマーをセットする前に、開始時間を表す秒数（stime）を取り出しておきます。

🔽 停止中だったときの処理

```
// 現在の時間（開始時間）
var stime = ( new Date() ).getTime() / 1000;
// 繰り返しタイマーをセット
handle = window.setInterval(start, 0, stime, span_min, span_sec);
// ボタン表記を変更
button.textContent = "stop";
```

　setInterval()には、コールバック関数startを第一引数にセットし、第二引数に0をセットしています。こうすることで、ブラウザーはできる限り短い間隔で関数startを繰り返し実行することになります。ここでは第三引数以降の3つの引数が指定されています。これら3つの値は、コールバック関数startの引数としてそのまま引き渡されます。

　なお、このサンプルは、setInterval()に第三引数以降を指定していますので、Internet Explorerでは動作しません。

1.10 モーダル・ダイアログ

⌘ window.alert()、window.confirm()、window.prompt()

モーダル・ダイアログといえば、window.alert()、window.confirm()、window.prompt()はよくご存じのことでしょう。これまで、この当たり前の機能ですら、ウェブ標準としての仕様が存在していませんでしたが、HTML5で初めてウェブ標準として規定されました。

これらのメソッドには、表示したいテキストを引数に与えるだけで、ダイアログが表示されます。

ダイアログのメソッド

window.alert(message)	引数messageのテキストの内容を表示したアラート・ダイアログを表示します。
window.confirm(message)	引数messageのテキストの内容を表示した確認ダイアログを表示します。通常、確認ダイアログには「OK」と「キャンセル」ボタンが表示されます。「OK」が押されるとtrueを、「キャンセル」が押されるとfalseを返します。
window.prompt(message) window.prompt(message, default)	引数messageのテキストの内容を表示した入力ダイアログを表示します。通常、入力ダイアログにはテキスト入力フィールド、そして「OK」と「キャンセル」ボタンが表示されます。「OK」が押されるとテキスト入力フィールドに入力された文字を、「キャンセル」が押されるとnullを返します。第二引数defaultにテキストが指定されると、入力フィールドにはじめからセットされた状態で入力ダイアログが表示されます。

次の図は、Firefox 4.0が表示するダイアログです。

alert()の利用例

```
window.alert("これはアラート・ダイアログです。");
```

alert()の利用例の実行画像

第1章　DOMスクリプティングの基礎

confirm()の利用例

```
window.confirm("これは確認ダイアログです。");
```

confirm()の利用例の実行画像

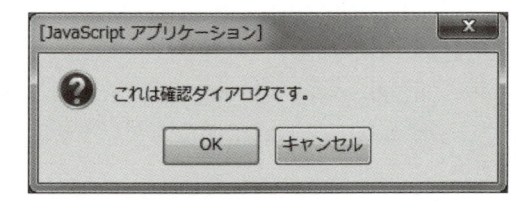

prompt()の利用例

```
window.prompt("これは入力ダイアログです。", "デフォルト値も指定できます。");
```

prompt()の利用例の実行画像

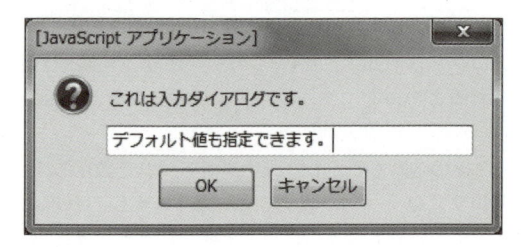

　これらのメソッドはwindowsオブジェクトに組み込まれていますが、通常、ほとんどのシーンでは、スクリプトでwindow.を明示的に指定しなくても利用可能です。

　これらのダイアログは、モーダル・ダイアログと呼ばれますが、モーダルの意味を理解しておきましょう。これらのダイアログが表示されると、スクリプトの処理はそこで止まることになります。そして、ブラウザーは、そのダイアログにユーザーが応答しない限り、その他のユーザー操作を一切受け付けなくなります。これをモーダルと呼びます。

　このモーダルという制限は、これまで説明してきたイベント・リスナーやタイマーとは大きく異なります。イベント・リスナーやタイマーは、スクリプトでコールバックを定義しますが、その時点でコールバックが実行されるわけではありません。イベントが発生したとき、または、タイマーによってコールバックが呼び出されます。そのため、コールバックがセットされた後、そのコールバックの実行を待たずして、すぐにその後のコードが実行されることになります。つまり、コールバックが呼び出されるまでの間、ブラウザーはスクリプトの処理を止めたり、ユーザーの操作を制限することはありません。

　モーダル・ダイアログは、ユーザーの操作を大幅に制限することになりますので、利用シーンを十分に検討した方が良いでしょう。

　では、alert()、confirm()、prompt()を使って、簡単なダイアログを表示させてみましょう。次のサン

プルはページがロードされると入力ダイアログが表示されます。

🔹 **入力ダイアログで文字を入力した状態**

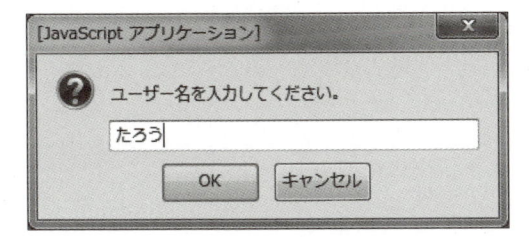

[JavaScript アプリケーション]
ユーザー名を入力してください。
たろう
OK　キャンセル

入力ダイアログに文字を入力してOKを押すと、確認ダイアログが表示されます。

🔹 **確認ダイアログ**

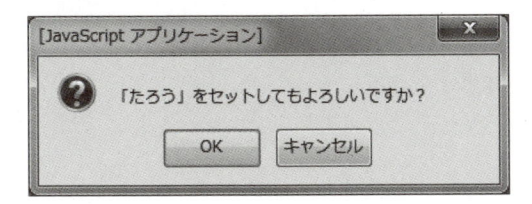

[JavaScript アプリケーション]
「たろう」をセットしてもよろしいですか？
OK　キャンセル

確認ダイアログでOKを押すと、入力した値がページに反映されます。

🔹 **反映前**

ようこそ、ゲストさん。

🔹 **反映後**

ようこそ、たろうさん。

しかし、確認ダイアログでキャンセルを押すと、再度、入力ダイアログが表示されます。
　入力ダイアログに何も文字を入れずにOKを押すと、アラート・ダイアログが表示されます。そして、アラート・ダイアログでOKを押すと、再度、入力ダイアログが表示されます。

🔹 **アラート・ダイアログ**

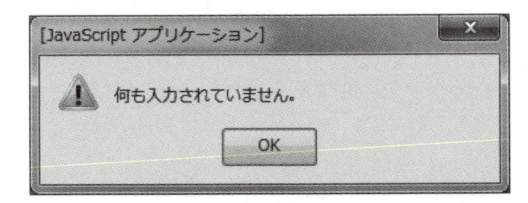

[JavaScript アプリケーション]
何も入力されていません。
OK

入力ダイアログでキャンセルを押すと、入力の有無にかかわらず、終了します。

第1章　DOMスクリプティングの基礎

HTML

```
<p> ようこそ、<span id="user"> ゲスト </span> さん。</p>
```

HTMLには、入力されたユーザー名を表するためのspan要素がマークアップされています。

スクリプト

```
document.addEventListener("DOMContentLoaded", function() {
  while( true ) {
    // 入力ダイアログを表示
    var user = window.prompt(" ユーザー名を入力してください。");
    // 入力状況に応じて処理を分岐
    if( user == null ) {
      // キャンセルが押されたら終了
      break;
    } else if( user == "" ) {
      // 何も入力がないのに OK が押されたらアラート
      window.alert(" 何も入力されていません。");
    } else {
      // 入力され OK が押されたら確認ダイアログを表示
      var message = " 「" + user + "」をセットしてもよろしいですか？ ";
      var res = window.confirm(message);
      // 確認ダイアログで OK が押されたら値を span 要素にセットし終了
      if( res == true ) {
        document.querySelector('#user').textContent = user;
        break;
      }
    }
  }
}, false);
```

このスクリプトはwhile文を使ったループになっています。入力プロンプトでユーザー名を確定するか、もしくはキャンセルを押すまで、何度も入力プロンプトが表示されることになります。

ループの中では、まずprompt()メソッドを使って入力ダイアログを表示します。入力ダイアログの入力結果を変数userに格納しています。その後、この変数userをif文の条件式に使っています。この条件式では、userの値がnullの場合と、userの値が空文字列の場合とで、処理を分けている点に注目してください。

prompt()の戻り値による条件分岐

```
var user = window.prompt(" ユーザー名を入力してください。");
```

```
if( user == null ) {
    // 入力ダイアログでキャンセル・ボタンが押された
} else if( user == "" ) {
    // 入力ダイアログで何も入力せずにOKボタンが押された
} else {
    // 入力ダイアログで何か入力してからOKボタンを押した
}
```

　prompt()メソッドが返す値は、nullの場合と空文字列の場合では意味が異なります。prompt()メソッドがnullを返した場合は、入力ダイアログでキャンセル・ボタンを押したことを意味します。そのため、この場合、このサンプルではbreakを使ってループを抜けています。もしprompt()メソッドが空文字列を返した場合は、入力ダイアログに何も入力せずにOKボタンを押したことを意味します。そのため、この場合、このサンプルではalert()メソッドを使ってアラートを表示しています。

　入力ダイアログに何か入力してからOKボタンを押すと、confirm()メソッドを使って確認ダイアログを表示させています。confirm()メソッドは、OKボタンが押されるとtrueを返しますので、その戻り値をif文の条件式として使います。

⬇ confirm()の戻り値による条件分岐

```
var res = window.confirm(message);
if( res == true ) {
    // 確認ダイアログでOKボタンが押された
}
```

　このように、alert()、confirm()、prompt()は、ユーザーとの対話を手っ取り早く実現できる便利な機能といえます。例えば、XMLHttpRequestと組み合わせれば、ちょっとした簡単な入力フォームのインタフェースとしても活用できるでしょう。

⌘カスタムのモーダル・ダイアログ

　HTML5仕様では、これまで解説してきたalert()、confirm()、prompt()の他にもモーダル・ダイアログを規定しています。それは、自由にデザイン可能なモーダル・ダイアログです。

⬇ モーダル・ダイアログを表示するメソッド

window.showModalDialog(url) window.showModalDialog(url, argument)	第一引数urlに指定したページをダイアログとして表示します。第二引数には、ダイアログ側に引き渡したい値をセットすることができます。このメソッドは、モーダル・ダイアログが終了した際に、ダイアログ側で指定された値を返します。

showModalDialog()メソッドには、引数に、ダイアログとなるHTMLのURLを指定します。つまり、showModalDialog()メソッドが作り出すダイアログとは、ただ単にウェブ・ページなのです。そして、そのページをモーダル・ダイアログとして利用するのです。分かりやすくいえば、window.open()メソッドを使って、別のウィンドウを開いたのとよく似た状況だとお考えください。ただし、それがモーダルである点が異なります。

showModalDialog()メソッドは、もともとはInternet Explorerの独自機能でしたが、HTML5でウェブ標準として採用されることになりました。今では、Internet Explorer 9はもちろんのこと、Firefox 4.0、Safari 5.0、Chrome 9.0にも実装されています。Opera 11にはまだ実装されていません。

showModalDialog()メソッドは、window.open()メソッドのように、開くウィンドウのサイズを指定できる引数が規定されていません。HTML5仕様の通りにshowModalDialog()メソッドを呼び出すと、想定するサイズを大きく上回るサイズでウィンドウが表示されてしまいます。

それであれば、ダイアログ側のJavaScriptでwindow.resize()メソッドを使って、自身のウィンドウのサイズを調整するという方法を思いつくでしょう。ところが、Internet Explorerでは、ダイアログ側でwindow.resize()メソッドを呼び出すとエラーになってしまいます。もしInternet Explorerでも動作させたい場合は困ってしまいます。

showModalDialog()メソッドは、HTML5仕様では第二引数までしか規定されていませんが、実際にはshowModalDialog()メソッドを実装したブラウザーは第三引数を受け取ることができます。第三引数に、ダイアログの横幅と高さを指定することが可能です。HTML5仕様に準拠した方法ではありませんが、現状では、次のようにshowModalDialog()メソッドを呼び出すのが現実的といえます。

⬇ 第三引数を指定したshowModalDialog()メソッドの呼び出し

```
var opt = "dialogwidth=200px; dialogheight=100px;"
var return_value = window.showModalDialog("dialog.html", argument, opt);
```

では、次にモーダル・ダイアログ側について解説しましょう。カスタムのモーダル・ダイアログは、自分でHTMLとして用意しなければいけません。ブラウザーは、そのHTMLをモーダル・ウィンドウとして表示するだけです。しかし、モーダルであるゆえに、そのダイアログが表示された時点で、ユーザーは何もできなくなってしまいます。唯一、ユーザーができることは、表示されたモーダル・ダイアログを表す子ウィンドウの上の×印を押して、それを閉じることだけです。カスタムのモーダル・ダイアログは、それを閉じることで終了を意味することになります。しかし、さすがに、ブラウザーが用意したウィンドウの上の×印をユーザーに押させるというのは、非常に分かりにくいといえるでしょう。そのため、モーダル・ダイアログを閉じるためのボタンなど、ユーザーに必要となるインタフェースをすべて自分で用意しなければいけません。

ダイアログ側のHTMLには、いくつかのスクリプトを組み込む必要があります。まず、当然のことな

がら、ダイアログを閉じるためのボタンには、window.close()メソッドをセットしなければいけないでしょう。しかし、ダイアログとは閉じるだけではありません。何かしらユーザーに入力を求めたり、いくつものボタンを用意してそれを押させることもあるでしょう。このように、ユーザーの操作をダイアログ側で判定し、それを、呼び出し元のスクリプトに渡してあげる必要があります。それを実現するのは、次のプロパティです。

▼モーダル・ダイアログ側で使うプロパティ

window.dialogArguments	呼び出し元のshowModalDialog()メソッドの第二引数に指定された値が格納されています。読み取り専用のプロパティのため、値をセットすることはできません。
window.returnValue	値をセットすると、その値が呼び出し元のshowModalDialog()メソッドの戻り値となります。

　これらはいずれもダイアログ側で使うプロパティです。そのため、ここでいうwindowオブジェクトとは、ダイアログ側のウィンドウを表すことになりますので注意してください。

　ダイアログ側でwindow.returnValueプロパティに何も値をセットしなかった場合、呼び出し元のshowModalDialow()メソッドが返す値は、ブラウザーによって異なります。2010年12月現在、Internet Explorer 9、Safari 5.0、Chrome 9.0はundefinedを返しますが、Firefox 4.0はnullを返します。そのため、呼び出し元でshowModalDialow()メソッドの戻り値を評価しなければいけない場合は、ダイアログ側でwindow.returnValueプロパティにnullや空文字列などを明示的にセットして、ブラウザー間で差異が発生しないようにすると良いでしょう。

　では、サンプルを通して、カスタムのモーダル・ダイアログの扱い方を見ていきましょう。次のサンプルは、ユーザー名が太字で表示されています。その横にはボタンが用意されています。このボタンを押すと、カスタムのモーダル・ダイアログが表示されます。

　このモーダル・ダイアログには、ユーザー名を入力するテキスト入力フィールド、そして決定ボタン、キャンセル・ボタンが用意されています。テキスト入力フィールドには、呼び出し元で表示されていたユーザー名がプリセットされます。ユーザー名を変更して決定ボタンを押すと、呼び出し元のページに表示されたユーザー名の部分が、モーダル・ダイアログで入力されたユーザー名に置き換わります。どちらのボタンを押しても、モーダル・ウィンドウが閉じられます。

第1章　DOMスクリプティングの基礎

🔽 カスタムのモーダル・ダイアログ

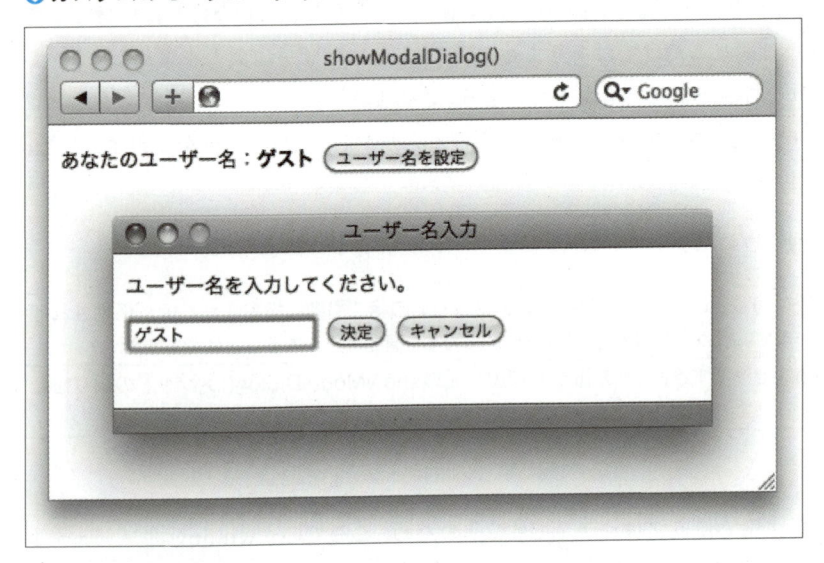

🔽 呼び出し元のHTML

```
<p>
  あなたのユーザー名：<span id="user">ゲスト</span>
  <button>ユーザー名を設定</button>
<p>
```

🔽 呼び出し元のスクリプト

```
document.addEventListener("DOMContentLoaded", function() {
  // button 要素
  var button = document.querySelector('button');
  // button 要素に click イベントのリスナーをセット
  button.addEventListener("click", function() {
    // ユーザー名を取得
    var span = document.querySelector('#user');
    // モーダル・ダイアログを表示
    var opt = "dialogwidth=400px; dialogheight=100px;"
    var new_user = window.showModalDialog("dialog.html", span.textContent, opt);
    // モーダル・ダイアログで入力されたユーザー名を表示
    if( new_user ) {
      span.textContent = new_user;
    }
  }, false);
}, false);
```

呼び出し元のスクリプトでは、showModalDialog()メソッドの第一引数にモーダル・ウィンドウを構成するHTMLファイルのURLを、第二引数には、呼び出し元のページに表示されているユーザー名を、そして、HTML5仕様準拠ではありませんが、第三引数には、モーダル・ウィンドウの表示サイズを制御するためのオプション文字列をセットしています。

モーダル・ウィンドウが閉じられると、showModalDialog()メソッドの戻り値が変数new_userに格納されます。もし変数new_userに何かしらの値がセットされていれば、span要素に表示されていたユーザー名を置き換えます。

では、ダイアログ側のHTMLを見ていきましょう。HTMLには、ユーザー名を入力するためのinput要素、そして決定ボタンとキャンセル・ボタンのためにbutton要素が2つマークアップされています。

ダイアログ側のHTML

```html
<p>ユーザー名を入力してください。</p>
<p>
  <input type="text" id="user" />
  <button id="ok">決定</button>
  <button id="cancel">キャンセル</button>
</p>
```

ダイアログ側のスクリプト

```javascript
document.addEventListener("DOMContentLoaded", function() {
  // 呼び出し元から送られてきた引数を取得
  var user = window.dialogArguments;
  // テキスト・フィールドの値にセット
  document.querySelector('#user').value = user;
  // 決定ボタンにclickイベントのリスナーをセット
  document.querySelector('#ok').addEventListener("click", function() {
    // 呼び出し元への戻り値をセット
    window.returnValue = document.querySelector('#user').value;
    // モーダル・ダイアログを閉じる
    window.close();
  }, false);
  // キャンセル・ボタンにclickイベントのリスナーをセット
  document.querySelector('#cancel').addEventListener("click", function() {
    // 呼び出し元への戻り値をセット
    window.returnValue = "";
    // モーダル・ダイアログを閉じる
    window.close();
  }, false);
}, false);
```

第1章　DOMスクリプティングの基礎

　ダイアログ側のスクリプトでは、ページがロードされたら、window.dialogArgumentsプロパティから、呼び出し元のshowModalDialog()メソッドの第二引数に指定された値を取り出しています。

⬇ showModalDialog()メソッドの第二引数に指定された値の取得

```
// 呼び出し元から送られてきた引数を取得
  var user = window.dialogArguments;
```

　決定ボタンを表すbutton要素には、clickイベントのリスナーをセットしています。このボタンが押されると、まず、window.returnValueプロパティに、テキスト入力フィールドに入力された値をセットします。

⬇ テキスト入力フィールドに入力された値のセット

```
// 呼び出し元への戻り値をセット
window.returnValue = document.querySelector('#user').value;
```

　これで、モーダル・ウィンドウが閉じられたときには、呼び出し元のshowModalDialog()メソッドが、この値を返すことになります。
　次に、モーダル・ウィンドウを閉じるために、window.close()メソッドを呼び出しています。

⬇ モーダル・ウィンドウを閉じる

```
// モーダル・ダイアログを閉じる
window.close();
```

　このサンプルでは、ユーザーにボタンを押させることで、カスタムのモーダル・ダイアログを表示させている点に注目してください。showModalDialog()メソッドで表示するモーダル・ダイアログは、ポップアップ・ブロックの対象になります。そのため、ページがロードされた時点で、ユーザーの操作なしに自動的にカスタム・ダイアログを表示させようとすると、ポップアップ・ブロックの警告が表示されることになります。この点は、alert()、confirm()、prompt()と異なりますので、注意してください。

1.11 ページURLを扱うLocation API

❖Location APIとは何か

ブラウザーに表示しているページのURLをJavaScriptからアクセスすることができます。

◉ Location APIのプロパティ

| window.location
document.location | 現在表示されているページのURLを表すLocationオブジェクトを返します。このプロパティにURLをセットすれば、Locationオブジェクトのhrefプロパティを変更することになり、該当のページへ飛ぶことが可能です。 |

　window.locationプロパティおよびdocument.locationプロパティは、いずれも、現在表示されているページのURLを表すLocationオブジェクトを返します。しかし、URLを表す文字列をセットすると、そのURLへ表示ページを移動します。

◉ URLを表す文字列のセット

```
window.location = "http://www.html5.jp";
```

　window.locationプロパティおよびdocument.locationプロパティが返すLocationオブジェクトには、ページ遷移に関するメソッドとプロパティが規定されています。

◉ ページ遷移に関するメソッドとプロパティ

location.href	現在のページのURLを返します。URLをセットして、表示ページを移動することができます。
location.assign(url)	引数urlのURLのページへ移動します。
location.replace(url)	現在の表示ページを、引数urlのURLのページに置き換えます。
location.reload()	現在の表示ページを再読み込みします。
location.resolveURL(url)	引数urlに相対URLを指定すると、それを絶対URLに変換した値を返します。

　このLocationオブジェクトのhrefプロパティと、前述のdocument.URLプロパティはいずれも現在表示しているページのURLを表しますが、読み取り専用のプロパティかどうかという点で異なります。document.URLプロパティは読み取り専用のため値をセットできないのに対し、Locationオブジェクトのhrefプロパティは値をセットすることが可能です。
　assign()メソッドとreplace()メソッドの違いに注意してください。いずれも引数にURLをセットすれ

ば、指定のページへ表示ページが切り替わりますが、閲覧履歴の扱いが異なります。assign()メソッドは前のページと後のページのいずれも閲覧履歴に記録します。しかし、replace()メソッドは閲覧履歴を上書きすることになります。つまり、前のページが閲覧履歴に残らないことになります。

閲覧履歴を残した上でページを遷移したい場合は、以下のいずれかのコードが有効です。

閲覧履歴を残した上でページを遷移する例①

```
window.location = "http://www.html5.jp";
```

閲覧履歴を残した上でページを遷移する例②

```
window.location.href = "http://www.html5.jp";
```

閲覧履歴を残した上でページを遷移する例③

```
window.location.assign("http://www.html5.jp");
```

それに対して、次のコードは、閲覧履歴に旧ページが残らず、新ページに上書きされます。

閲覧履歴を上書きする例

```
window.location.replace("http://www.html5.jp");
```

この場合、ブラウザーの戻るボタンを使って前のページに戻ることができません。

resolveURL()は、引数に相対URLを指定するとhttp://から始まる絶対URLを返してくれる便利なメソッドです。例えば、現在のページがhttp://www.html5.jp/test/index.htmlだとします。

resolveURL()の使用例

```
var url = window.location.resolveURL("../dummy.html")
```

このコードからhttp://www.html5.jp/dummy.htmlを得ることができます。ただし、2010年12月現在で、resolveURL()メソッドを実装したブラウザーはありません。

1.11 ページURLを扱うLocation API

⌘ URL分解プロパティ

LocationオブジェクトにはURL分解プロパティが規定されています。次のURLを例に説明します。

```
http://www.html5.jp:80/test/location.html?arg1=a&arg2=b#chapter1
```

LocationオブジェクトのURL分解プロパティを使うと、このURLの文字列を意味があるパーツに分解することができます。

⬇ URL分解プロパティ

プロパティ	意味	該当部分
location.protocol	スキーム	http:
location.host	ホストとポート番号	ww.html5.jp:80
location.hostname	ホスト	www.html5.jp
location.port	ポート番号	80
location.pathname	パス	/test/location.html
location.search	クエリー	?arg1=a&arg2=b
location.hash	フラグメント識別子	#chapter1

これらのプロパティに値をセットすることで、表示ページを変更することが可能です。次のサンプルはいくつかの章を持った長いページです。キーボードの右矢印を押すと次の章に移動し、左矢印を押すと前の章に戻ります。

⬇ 右矢印キーを押して移動

矢印キーを押して表示位置を変更する際に、URLのフラグメント識別子を更新します。ブラウザーには、個々の章の閲覧履歴が残り、前に見ていた章に「戻る」ボタンを押して戻ることができます。

第1章　DOMスクリプティングの基礎

🔽 HTML

```
<section id="c1">
  <h1>第 1 章 </h1>
  <p>...</p>
</section>
<section id="c2">
  <h1>第 2 章 </h1>
  <p>...</p>
</section>
<section id="c3">
  <h1>第 3 章 </h1>
  <p>...</p>
</section>
```

　それぞれの章はid属性がセットされたsection要素でマークアップされています。スクリプト側では、左矢印または右矢印キーが押されたら、URLのフラグメント識別子を更新して、表示位置を変更させます。

🔽 スクリプト

```
document.addEventListener("DOMContentLoaded", function() {
  // 章番号
  var no = 0;
  // document オブジェクトに keyup イベントのリスナーをセット
  document.addEventListener("keyup", function(event) {
    // 現在の章番号
    var m = window.location.hash.match(/^c(¥d+)$/);
    if( m ) {
      no = parseInt(m[1]);
    }
    // 押されたキーのコード
    var code = event.keyCode;
    // 左矢印、右矢印でなければ終了
    if( code != 37 && code != 39 ) { return; }
    // 押されたキーに応じて次の章番号を定義
    var next = no;
    if( code == 37 ) {
      // 左矢印が押された場合
      next --;
    } else if( code == 39 ) {
      // 右矢印が押された場合
```

```
      next ++;
    }
    // 次の章番号のsection要素
    var section = document.querySelector('#c' + next);
    // 次の章番号のsection要素があればフラグメント識別子を更新
    if( section ) {
      window.location.hash = "#c" + next;
      no = next;
    }
  }, false);
}, false);
```

　このサンプルは、2010年12月現在で最新のInternet Explorer 9、Firefox 4.0、Opera 11、Safari 5.0、Chrome 9.0すべてで動作します。

第1章　DOMスクリプティングの基礎

1.12　閲覧履歴を扱うHistory API

⌘History APIとは何か

　ブラウザーでいろいろなページを閲覧していくと、その履歴が記録されていきます。ブラウザーの戻るボタンを押すことで、見てきたページに戻れることはご存じのことでしょう。この閲覧履歴はブラウザーのタブごとに記録されています。このタブごとに記録された閲覧履歴は永久的に保存されるのではなく、タブを閉じた時点でクリアされます。この閲覧履歴のことを**セッション・ヒストリー**と呼びます。そして、個々の閲覧履歴の情報を**エントリー**と呼びます。

　ここでは、JavaScriptからセッション・ヒストリーにアクセスするAPIを解説していきます。windowオブジェクトのhistoryプロパティはHistoryオブジェクトを返します。このHistoryオブジェクトにセッション・ヒストリーにアクセスするためのメソッドやプロパティが規定されています。

セッション・ヒストリーにアクセスするためのメソッドやプロパティ

window.history.length	セッション・ヒストリーに記録されているエントリーの数を返します。このプロパティは読み取り専用のため、値をセットすることはできません。
window.history.go([delta])	引数deltaに数値を指定すると、現在閲覧しているエントリーから見て、指定した数だけ後ろに記録されているエントリーのページに移動します。負の数値を指定すれば履歴を戻り、正の数値を指定すれば履歴を進めることになります。引数deltaは必須ではありません。もしこの引数を省略したら、0が指定されたものとして処理されます。もし引数deltaに0が指定されると、現在表示しているページが再読み込みされます。つまり、window.location.reload()メソッドが呼び出されたのと同じ結果になります。セッション・ヒストリーに、引数deltaに相当するページがなければ何もしません。
window.history.back()	セッション・ヒストリーに記録された前のエントリーのページに戻ります。これはwindow.history.go(-1)と同じです。該当のエントリーがなければ何もしません。
window.history.forward()	セッション・ヒストリーに記録された次のエントリーのページに進みます。これはwindow.history.go(1)と同じです。該当のエントリーがなければ何もしません。
window.history.pushState(data, title [, url])	現在表示しているページの状態に対するエントリーを新規に追加します。セッション・ヒストリーに、現在のエントリーより後ろのエントリーがあれば、それらはすべて破棄されます。引数の詳細は後述します。

| window.history.replaceState(data, title [,url]) | 現在表示しているページに該当するエントリーを置き換えます。引数の詳細は後述します。 |

　ここでは、HTML5で新たに導入されたpushState()メソッドとreplaceState()メソッドについて解説します。これらのメソッドは、2010年12月現在の最新のブラウザーでは、Firefox 4.0、Safari 5.0、Chrome 9.0がサポートしています。

　近年、JavaScriptを使ったサイトやアプリケーションでは、同じページにも関わらず、ユーザーの操作によって、状態が次々に変化します。ところが、ページが同じですので、セッション・ヒストリーに履歴が残りません。もし前の状態に戻したい場合、ブラウザーの戻るボタンを押しても、前の状態に戻るのではなく、別のページに戻ってしまいます。

　pushState()メソッドとreplaceState()メソッドは、このようなシーンを想定してHTML5に追加されたものです。pushState()メソッドはセッション・ヒストリーにエントリーを追加し、replaceState()メソッドは現在のエントリーをアップデートします。特に、pushState()メソッドは、ページが同じであっても、JavaScriptから仮想的なセッション・ヒストリーを追加することができます。

　pushState()メソッドとreplaceState()メソッドは、最大3つの引数を取ります。第一引数には、popstateイベントが発生したときのイベント・オブジェクトに引き渡したい情報をセットします。セッション・ヒストリーに関するイベントについては、後述します。

　第二引数には該当の履歴セッションのタイトルを指定します。この情報は、ユーザーが履歴を戻る際に参考にする情報として使われることを想定したものです。ブラウザーによっては、この情報をユーザーに表示することがないかもしれませんが、ユーザーにとって理解ができる意味のあるタイトルをセットしてください。

　第三引数はオプションですが、URLをセットします。もし該当の状態に固有のURLをセットしたいのであれば、第三引数に該当のURLをセットします。通常は、同じページにおける状態を別々のエントリーとしてセッション・ヒストリーに入れるわけですから、全く別のページのURLを指定することはないでしょう。そのため、この引数には、?を含めたクエリー部分、または、#を含めたフラグメント識別子のみをセットすることになります。

　では、セッション・ヒストリーを追加するサンプルをご覧頂きましょう。次のサンプルは、見出しと、ちょっとしたコンテンツがマークアップされています。見出しをクリックすると、コンテンツが非表示になります。再度、見出しをクリックすると、コンテンツが現れます。このコンテンツの表示・非表示の状態をセッション・ヒストリーに追加します。

第1章　DOMスクリプティングの基礎

段落を表示した状態

段落を非表示にした状態

　コンテンツの表示と非表示に合わせて、URLも変わっている点に注目してください。ここでは、?open=trueと?open=falseをURLに追加することで、それぞれの状態にパーマネント・リンクを用意しています。

HTML

```
<h1>pushState() メソッドのサンプル </h1>
<div id="contents" class="open">
  <p> このコンテンツは上の見出しをクリックすると非表示になります。</p>
</div>
```

1.12 閲覧履歴を扱う History API

　HTMLでは、コンテンツを表示するためのdiv要素にclass属性をマークアップしてあります。CSSを使って、このコンテンツの表示と非表示を切り替えます。

◉ CSS

```
.close {
  display: none;
}
.open {
  display: block;
}
```

　スクリプトでは、見出しがクリックされたら、div要素のclass属性の値（classNameプロパティの値）を"open"と"close"の間で切り替えることで、コンテンツの表示と非表示を実現しています。

◉ スクリプト

```
document.addEventListener("DOMContentLoaded", function() {
  // URL からクエリー部分を取得
  var q = window.location.search;
  // パラメータを取得しフラグをセット
  var open = true;
  if( q.match(/^¥?open¥=false$/) ) {
    open = false;
  }
  // コンテンツ表示のdiv要素の表示・非表示の切り替え
  toggle(open);
  // h1 要素にclick イベントのリスナーをセット
  document.querySelector('h1').addEventListener("click", function() {
    // フラグを反転
    open = open ? false : true;
    // div 要素の表示・非表示切り替え
    toggle(open);
    // セッション・ヒストリーに追加
    var title = document.title + (open ? " - open" : " - close");
    var url = "?open=" + open;
    window.history.pushState(open, title, url);
  }, false);
}, false);

// コンテンツ表示のdiv 要素の表示・非表示の切り替え
function toggle(open) {
```

第1章 DOM スクリプティングの基礎

```
  var div = document.querySelector('#contents');
  div.className = open ? "open" : "close";
}
```

このスクリプトでは、まずwindow.location.searchプロパティから、アクセスがあったURLのクエリー部分を取り出しています。

⬇ アクセスがあったURLのクエリー部分の取り出し

```
// URL からクエリー部分を取得
var q = window.location.search;
```

そして、そのクエリー部分が?open=falseかどうかを評価し、コンテンツを表示するのか非表示にするのかを判定しています。

⬇ コンテンツを表示するのか非表示にするのかの判定

```
// パラメータを取得しフラグをセット
var open = true;
if( q.match(/^\?open\=false$/) ) {
  open = false;
}
```

もしクエリー部分が?open=falseに一致すれば、変数openの値をfalseにセットします。そうでなければtrueがセットされた状態になります。以降、この変数openの値を使って、コンテンツを表示するのかどうかを制御します。

次に、コンテンツの表示・非表示を変数openの値に応じて切り替えます。

⬇ コンテンツの表示・非表示の切り替え

```
// コンテンツ表示の div 要素の表示・非表示の切り替え
 toggle(open);
```

このtoggle()関数については後述します。

次に、h1要素にclickイベントのリスナーをセットします。

1.12 閲覧履歴を扱う History API

● click イベントのリスナーのセット

```
// h1要素にclickイベントのリスナーをセット
document.querySelector('h1').addEventListener("click", function() {
  ...
};
```

h1要素がクリックされると、まず表示・非表示を表すフラグ変数openの値をtrueとfalseの間で反転させます。そして、div要素の表示・非表示を切り替えるtoggle()関数を実行します。

● フラグの反転とdiv要素の表示・非表示切り替え

```
// フラグを反転
open = open ? false : true;
// div要素の表示・非表示切り替え
toggle(open);
```

これで、h1要素がクリックされると、div要素の表示・非表示が切り替わることになります。
最後に、pushState()メソッドを使って、セッション・ヒストリーに今の状態を追加します。

● セッション・ヒストリーに今の状態を追加する

```
// セッション・ヒストリーに追加
var title = document.title + (open ? " - open" : " - close");
var url = "?open=" + open;
window.history.pushState(open, title, url);
```

pushState()メソッドの第一引数には変数openを与えています。このサンプルでは、セッション・ヒストリーに関連するイベントを扱っていませんので、特にこの値が役に立つことはありませんが、pushState()メソッドの第一引数は必須ですので、省略することはできません。

第二引数には、ページ・タイトルをdocument.titleプロパティから取得し、その後ろに、" - open"または" - close"を加えた値をセットしています。

第三引数には、今の状態を表すためのパーマネント・リンクとなるURLをセットしています。

では、コンテンツ表示のdiv要素の表示・非表示を切り替えるtoggle()関数を見ていきましょう。この関数は、表示・非表示の状態を保持している変数openを引数として受け取ります。

第1章　DOMスクリプティングの基礎

▼ toggle()関数

```
// コンテンツ表示のdiv要素の表示・非表示の切り替え
function toggle(open) {
  var div = document.querySelector('#contents');
  div.className = open ? "open" : "close";
}
```

このtoggle()関数は、div要素のclassNameプロパティの値を、変数openの値がtrueなら"open"に、変数openの値がfalseなら"close"にセットします。こうすることで、CSSが適用され、div要素の表示・非表示が変数openの値に合わせて切り替わります。

このサンプルを使ってコンテンツの表示・非表示を何度か切り替えると、次のように、セッション・ヒストリーが追加されているのが分かります。

▼ セッション・ヒストリーの追加状況の確認（Firefox 4.0）

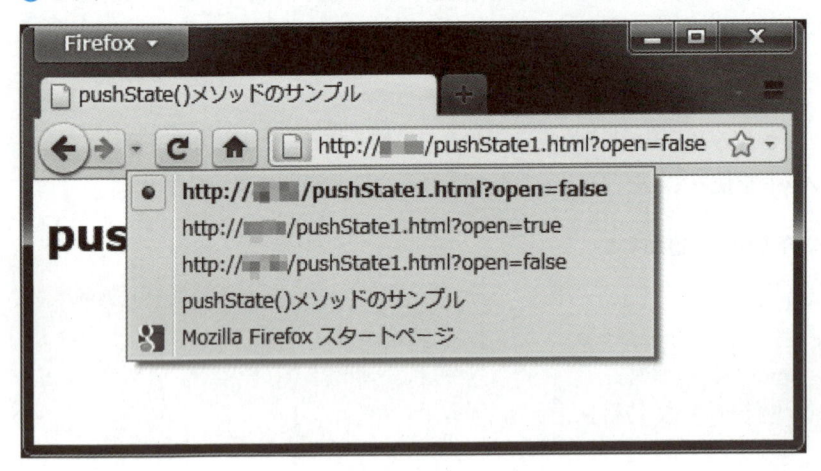

⌘ セッション・ヒストリーの関連イベント

先ほどのサンプルは一見便利そうに見えますが、実は、全く役に立ちません。いざ、ブラウザーの戻るボタンを押すと、URLは変化するものの、コンテンツの表示状態が変化しません。

pushState()メソッドは、ただ単にセッション・ヒストリーにエントリーを加えるだけで、そのときの状態を記録して再現してくれるわけではありません。スクリプト側でそのページの状態を再現しなければいけないのです。

ユーザーがセッション・ヒストリーのエントリーを移り変わったときには、イベントが発生します。このイベントをきっかけに、該当のセッション・ヒストリーの状態を再現してあげる必要があります。セッション・ヒストリーに関連するイベントは、popstateイベント、hashchangeイベント、pageshowイベント、pagehideイベントが規定されており、いずれもwindowオブジェクトで発生します。

1.12 閲覧履歴を扱うHistory API

● popstate イベント

popstateイベントは、セッション・ヒストリーのエントリーにあるページがブラウザーにロードされる都度、発生します。このイベントのリスナーで受け取るイベント・オブジェクトには、stateプロパティがセットされます。

🔽 popstate イベントのプロパティ

| event.state | window.history.pushState()メソッド、および、window.history.replaceState()の第一引数にセットされた値が格納されます。遷移したエントリーが、これらのメソッドによって作られたものでない場合は、nullがセットされます。 |

🔽 popstate イベントの使用例

```
// セッション・ヒストリーにエントリーを追加
window.history.pushState("データ", "タイトル");
// windowオブジェクトにpopstateイベントのリスナーをセット
window.addEventListener("popstate", function(event) {
  if( event.state == null ) { return; }
  var data = event.state; // "データ"という文字列が格納されます
}, false);
```

このイベントとstateプロパティは、2010年12月現在、Firefox 4.0、Safari 5.0、Chrome 9.0がサポートしています。ただし、Safari 5.0の場合、window.history.pushState()メソッド、および、window.history.replaceState()によって用意されたセッション・ヒストリーのエントリーに遷移したときだけに発生します。

● hashchange イベント

セッション・ヒストリーのエントリーに遷移するとき、その前後のエントリーのURLが、フラグメント識別子のみが異なる場合、このイベントが発生します。つまり、URLの#以降の部分だけが変わる場合に、このイベントが発生します。

このイベントのリスナーで受け取るイベント・オブジェクトには、2つのプロパティがセットされます。

🔽 hashchange イベントのプロパティ

| event.oldURL | 遷移する前のエントリーのURLを返します。このプロパティは読み取り専用のため、値をセットすることはできません。 |
| event.newURL | 遷移後(今表示されている)のエントリーのURLを返します。このプロパティは読み取り専用のため、値をセットすることはできません。 |

第1章　DOMスクリプティングの基礎

🔽 hashchange イベントの使用例

```
window.addEventListener("hashchange", function(event) {
  var old = event.oldURL; // http://example.jp/h.html
  var new = event.newURL; // http://example.jp/h.html#hash
}, false);
```

　このイベントは、2010年12月現在、Internet Explorer 9、Firefox 4.0、Opera 11、Safari 5.0、Chrome 9.0すべてがサポートしています。ただし、oldURLプロパティとnewURLプロパティをサポートしているのはOpera 11とChrome 9.0のみです。

● pageshow イベント

　セッション・ヒストリーを移動したとき、その移動先が別のページだった場合、その移動先のページがブラウザーに読み込まれたら、その移動先のページのwindowオブジェクトでpageshowイベントが発生します。同じページだとしても、URLのクエリー部分（URLの?以降の部分）が異なる場合も、このイベントの発生対象となります。
　このイベントのリスナーで受け取るイベント・オブジェクトには、persistedプロパティがセットされます。

🔽 pageshow イベントのプロパティ

event.persisted	以前に表示したときの元の状態を維持して表示することを表します。元の状態とは、例えば、スクロール位置や、テキスト入力フィールドなどに入力されていた文字などです。もし表示するページに初めてアクセスした場合はfalseがセットされますが、すでに表示したページに戻ってきた場合はtrueがセットされています。このプロパティは読み取り専用のため、値をセットすることはできません。

🔽 pageshow イベントの使用例

```
window.addEventListener("pageshow", function(event) {
  var p = event.persisted; // true または false
}, false);
```

　このイベントとpersistedプロパティは、2010年12月現在、Firefox 4.0、Safari 5.0、Chrome 9.0がサポートしています。ただし、Chrome 9.0では、persistedプロパティの値は常にfalseになります。

● pagehide イベント

　セッション・ヒストリーを移動したとき、その移動先が別のページだった場合、その移動前のページのwindowオブジェクトでpagehideイベントが発生します。

　このイベントのリスナーで受け取るイベント・オブジェクトには、persistedプロパティがセットされます。これは、pageshowイベントと同様です。

⚓ pagehide イベントのプロパティ

event.persisted	以前に表示したときの元の状態を維持して表示することを表します。元の状態とは、例えば、スクロール位置や、テキスト入力フィールドなどに入力されていた文字などです。通常は常にtrueがセットされます。このプロパティは読み取り専用のため、値をセットすることはできません。

⚓ pagehide イベントの使用例

```
window.addEventListener("pagehide", function(event) {
  var p = event.persisted; // 通常は true
}, false);
```

　このイベントとpersistedプロパティは、2010年12月現在、Firefox 4.0、Safari 5.0、Chrome 9.0がサポートしています。ただし、Chrome 9.0では、persistedプロパティの値は常にfalseになります。

● セッション・ヒストリーの関連イベントの使用例

　では、前述のサンプルを改良して、ブラウザーの戻るボタンを押してセッション・ヒストリーを戻っても、そのときの状態を再現するようにしてみましょう。

⚓ スクリプト

```
document.addEventListener("DOMContentLoaded", function() {
  // URL からクエリー部分を取得
  var q = window.location.search;
  // パラメータを取得しフラグをセット
  var open = true;
  if( q.match(/^\?open\=false$/) ) {
    open = false;
  }
  // コンテンツ表示の div 要素の表示・非表示の切り替え
  toggle(open);
  // セッション・ヒストリーを置き換える
```

```javascript
    var title = document.title + (open ? " - open" : " - close");
    var url = "?open=" + open;
    window.history.replaceState(open, title, url);
    // h1 要素に click イベントのリスナーをセット
    document.querySelector('h1').addEventListener("click", function() {
      // フラグを反転
      open = open ? false : true;
      // div 要素の表示・非表示切り替え
      toggle(open);
      // セッション・ヒストリーに追加
      var title = document.title + (open ? " - open" : " - close");
      var url = "?open=" + open;
      window.history.pushState(open, title, url);
    }, false);
    // window オブジェクトに popstate イベントのリスナーをセット
    window.addEventListener("popstate", function(event) {
      // pushState() によって作られたエントリーでなければ終了
      if( event.state == null ) { return; }
      // div 要素の表示・非表示切り替え
      toggle(event.state);
    }, false);
}, false);

// コンテンツ表示の div 要素の表示・非表示の切り替え
function toggle(open) {
  var div = document.querySelector('#contents');
  div.className = open ? "open" : "close";
}
```

このスクリプトの改良点は2つです。まず1つ目は、このページに初めてアクセスしたときのセッション・ヒストリーのエントリーを、replaceState() メソッドを使って置き換えています。

🔽 セッション・ヒストリーのエントリーの置き換え

```javascript
// セッション・ヒストリーを置き換える
var title = document.title + (open ? " - open" : " - close");
var url = "?open=" + open;
window.history.replaceState(open, title, url);
```

こうすることで、ブラウザーの戻るボタンを使って、初めてページにアクセスしたときの状態に戻っ

たときも、状態が再現できることになります。

2つ目の改良点は、windowオブジェクトにpopstateイベントのリスナーをセットしている点です。

● windowオブジェクトにpopstateイベントのリスナーをセットする

```
// window オブジェクトに popstate イベントのリスナーをセット
window.addEventListener("popstate", function(event) {
  // pushState() によって作られたエントリーでなければ終了
  if( event.state == null ) { return; }
  // div 要素の表示・非表示切り替え
  toggle(event.state);
}, false);
```

　セッション・ヒストリーを遷移する都度、popstateイベントが発生しますが、イベント・オブジェクトのstateプロパティの値がnullかどうかを評価しています。もしpopState()メソッドやreplaceStaet()メソッドによって作られたエントリーでない場合は、stateプロパティの値がnullになります。ここでは、そのような状況を除外しています。

　次に、div要素の表示・非表示を切り替えるtoggle()関数を呼び出していますが、引数にイベント・オブジェクトのstateプロパティの値を渡しています。

　このスクリプトでは、セッション・ヒストリーのエントリーを追加したり置き換えたりするためにpopState()メソッドやreplaceState()メソッドを使いましたが、それぞれの第一引数には、div要素の表示・非表示の状態を表している変数openをセットしています。このイベント・オブジェクトのstateプロパティには、その変数openの値が引き継がれてるはずですので、それをtoggle()関数の引数に使っているのです。

1.13 Navigatorオブジェクト

⌘ Navigatorオブジェクトとは何か

window.navigatorプロパティはNavigatorオブジェクトを返します。ブラウザーのユーザー・エージェント文字列を取得するときなどによく使われていることはご存じの通りです。Navigatorオブジェクトは、ブラウザーのさまざまな状態を表す情報を保持しています。

⌘ ブラウザー識別情報

Navigatorオブジェクトには、ブラウザーの名前、バージョン、OSの名前などの情報が格納されています。

⬇ Navigatorオブジェクトのブラウザー識別情報プロパティ

window.navigator.appName	ブラウザーの名前を返します。読み取り専用のプロパティですので、値をセットすることはできません。
window.navigator.appVersion	ブラウザーのバージョンを返します。読み取り専用のプロパティですので、値をセットすることはできません。
window.navigator.platform	OSの名前を返します。読み取り専用のプロパティですので、値をセットすることはできません。
window.navigator.userAgent	ウェブ・サーバーへ送信するUser-Agentヘッダーの値を返します。読み取り専用のプロパティですので、値をセットすることはできません。

以前は、これらの情報は、利用したいAPIがブラウザーに実装されているかどうかを判定する際に使われてきました。しかし、このような判定にブラウザーの名前やバージョンを使うのは適切ではありません。それは、ブラウザーの名前やバージョンは、特定のAPIの実装を保証するものではないからです。また、近年、各種ブラウザーのバージョンアップの間隔が短くなる傾向があります。ブラウザーの種類やバージョンを元に判定したスクリプトは、何度も修正に追われることになりますので、運用上、問題になります。

もし特定のAPIの実装をチェックしたいのであれば、該当のAPIに規定されたオブジェクトの有無をチェックするようにしましょう。

addEventListener メソッドの実装チェックの例

```
if( document.addEventListener ) {
    // 実装されている場合の処理
} else {
    // 実装されていない場合の処理
}
```

　ブラウザーの名前やバージョンによって判定するのは、オブジェクトによる判定がうまくいかない場合の最後の手段としてください。例えば、あるブラウザーでAPIは実装されているものの、不具合があり正常に動作しないといった場合です。
　以下は、ブラウザーごとに調べたプロパティの値です。

Internet Explorer（Windows 7）

プロパティ	値
appName	Microsoft Internet Explorer
appVersion	5.0 (compatible; MSIE 9.0; Windows NT 6.1; Trident/5.0)
platform	Win32
userAgent	Mozilla/5.0 (compatible; MSIE 9.0; Windows NT 6.1; Trident/5.0; SLCC2; .NET CLR 2.0.50727; .NET CLR 3.5.30729; .NET CLR 3.0.30729; Media Center PC 6.0; Media Center PC 5.0; SLCC1; .NET4.0C)

Firefox 4.0（Windows 7）

プロパティ	値
appName	Netscape
appVersion	5.0 (Windows)
platform	Win32
userAgent	Mozilla/5.0 (Windows NT 6.1; rv:2.0b6) Gecko/20100101 Firefox/4.0b6

Opera 11（Mac OS X）

プロパティ	値
appName	Opera
appVersion	9.80 (Macintosh; Intel Mac OS X 10.6.5; U; ja)
platform	MacIntel
userAgent	Opera/9.80 (Macintosh; Intel Mac OS X 10.6.5; U; ja) Presto/2.7.39 Version/11.00

Safari 5.0（Mac OS X）

プロパティ	値
appName	Netscape
appVersion	5.0 (Macintosh; U; Intel Mac OS X 10_6_4; ja-jp) AppleWebKit/533.18.1 (KHTML, like Gecko) Version/5.0.2 Safari/533.18.5
platform	MacIntel
userAgent	Mozilla/5.0 (Macintosh; U; Intel Mac OS X 10_6_4; ja-jp) AppleWebKit/533.18.1 (KHTML, like Gecko) Version/5.0.2 Safari/533.18.5

Chrome 9.0（Windows 7）

プロパティ	値
appName	Netscape
appVersion	5.0 (Windows; U; Windows NT 6.1; en-US) AppleWebKit/534.13 (KHTML, like Gecko) Chrome/9.0.597.19 Safari/534.13
platform	Win32
userAgent	Mozilla/5.0 (Windows; U; Windows NT 6.1; en-US) AppleWebKit/534.13 (KHTML, like Gecko) Chrome/9.0.597.19 Safari/534.13

基本的には、appNameプロパティとappVersionプロパティは、userAgentプロパティの値を分割したものになります。platformプロパティの値は、userAgentプロパティの値に含まれませんが、基本的には、ほとんど同じ情報をuserAgentプロパティから得ることが可能です。

ネットワーク接続情報

ブラウザーは必ずしもネットに接続された状態で使われるとは限りません。HTML5には、オフラインでもスクリプトを動作できるアプリケーション・キャッシュAPIと呼ばれる仕組みが導入されました。アプリケーション・キャッシュAPIは本書の範囲ではありませんので詳細は省きますが、Navigatorオブジェクトには、ブラウザーがオンラインの状態なのかオフラインの状態なのかを判定するプロパティが規定されています。

Navigatorオブジェクトのネットワーク接続情報プロパティ

window.navigator.onLine	確実にネットワークに接続できていないと判定できる場合にfalseを、そうでなければtrueを返します。読み取り専用のプロパティですので、値をセットすることはできません。

このプロパティは、ブラウザーがオフラインと断定できない限りはtrueを返します。これは、場合によっては、ネットから切断されているにもかかわらずtrueを返す場合があることを意味しています。ブ

ラウザー側では、実際に通信を始めることで、本当にネットワークに接続できているかどうかが分かります。そのため、ネットワークから切断された直後は、ブラウザー側ではオフラインになっていることに気づかないことになります。

もしonLineプロパティを使ってネットワーク接続状況を扱う場合には、その点に留意してください。

● onLineプロパティの使用例

```
if( window.navigator.onLine == true ) {
   // オンライン時の処理
} else {
   // オフライン時の処理
}
```

onLineプロパティは、2010年12月現在、Internet Explorer 9、Firefox 4.0、Opera 11、Safari 5.0、Chrome 9.0でサポートされています。

1.14 ブラウザー・インタフェース

⌘ 各種バーが表示されているかどうかを判定するプロパティ

ブラウザーには、アドレスバー（ロケーションバー）、メニューバー、スクロールバー、ステータスバーなどさまざまなユーザー・インタフェースが表示されます。HTML5仕様では、これらの各種バーが表示されているかどうかを判定するプロパティが規定されています。

⚓ 各種バーが表示されているかどうかを判定するプロパティ

window.locationbar.visible	ロケーションバーが表示されていればtrueを、表示されていなければfalseを返します。
window.menubar.visible	メニューバーが表示されていればtrueを、表示されていなければfalseを返します。
window.personalbar.visible	パーソナルバーが表示されていればtrueを、表示されていなければfalseを返します。
window.scrollbars.visible	スクロールバーが表示されていればtrueを、表示されていなければfalseを返します。
window.statusbar.visible	ステータスバーが表示されていればtrueを、表示されていなければfalseを返します。
window.toolbar.visible	ツールバーが表示されていればtrueを、表示されていなければfalseを返します。

　これらのプロパティは、もともとはNetscapeに実装されていたものですが、現在では、いくつかのブラウザーが実装しており、HTML5でウェブ標準として採用されました。これらのプロパティは、HTML5仕様では、trueまたはfalseを返すことになっています。また、値をセットした場合は、無視することになっています。つまり、値をセットしても、エラーにはなりませんが、バーの表示・非表示を切り替えることはできませんので注意してください。

　2010年12月現在の最新のブラウザーでは、Firefox 4.0、Safari 5.0、Chrome 9.0がこれらのプロパティをサポートしています。しかし、Firefox4.0、Chrome 9.0では、バーの表示・非表示の状態にかかわらず、どのプロパティも常にtrueを返します。

　Internet Explorer 9とOpera 11には、これらのプロパティは実装されていません。Internet Explorer 9でこれらのプロパティにアクセスしようとするとエラーになりますので注意してください。Opera 11でこれらのプロパティにアクセスしてもエラーにはなりませんが、undefinedを返します。。

　Safari 5.0は、バーの表示・非表示に応じた値を返します。次の図は、Mac OS XのSafari 5.0で、ロケーションバー、パーソナルバー、ステータスバー、ツールバーを非表示にした状態を表しています。

1.14 ブラウザー・インタフェース

なお、Mac OS XのSafari 5.0では、メニューの「ツールバーを隠す」を選択すると、ロケーションバー、パーソナルバー、ツールバーが非表示になったと解釈されます。

● バーを表示した状態

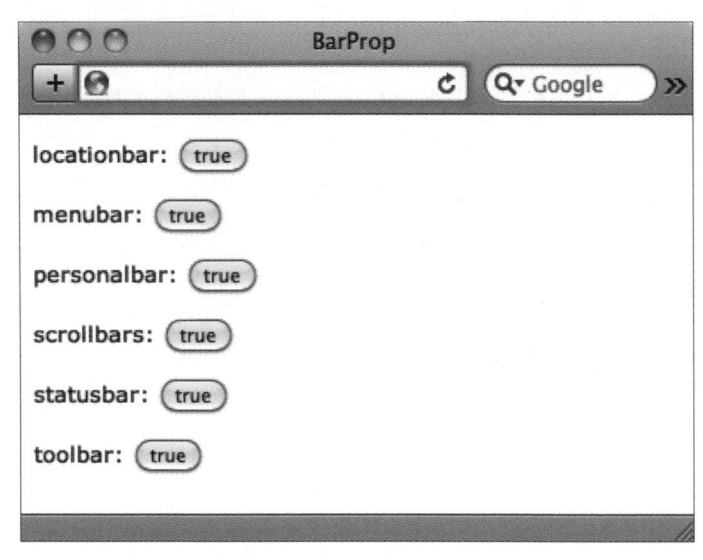

```
BarProp
locationbar: true
menubar:     true
personalbar: true
scrollbars:  true
statusbar:   true
toolbar:     true
```

● バーを非表示にした状態

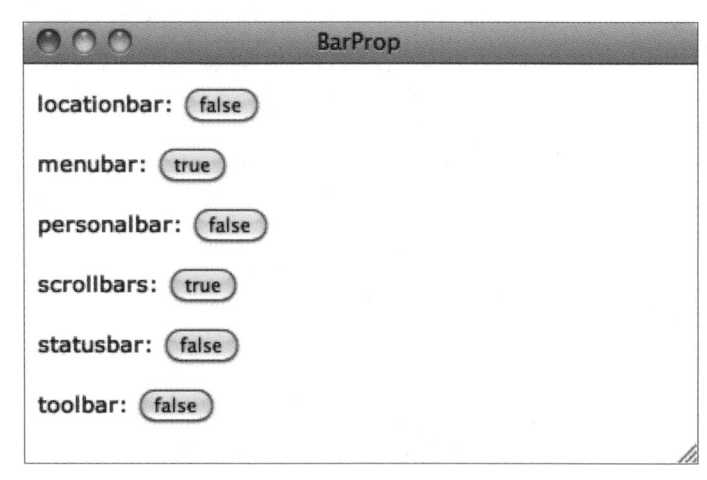

```
BarProp
locationbar: false
menubar:     true
personalbar: false
scrollbars:  true
statusbar:   false
toolbar:     false
```

1.15 フォーカス

⌘ フォーカスとは何か

フォーカスには、ドキュメントそのもののフォーカスと、ドキュメントの中にある要素のフォーカスがあります。ここでは、HTML5で規定されているフォーカスに関するプロパティやメソッドについて解説します。しかし、これまでの他の説明とは異なり、使うべきではない機能について説明します。

⌘ ドキュメントのフォーカス

ドキュメントのフォーカスは、実質的にブラウザーのウィンドウをフォーカスすることになります。そのため、利用するユーザーにとっては、非常に煩わしい動作をする場合がありますので、利用においては十分に必要性を考えるようにしましょう。

ドキュメントのフォーカスに関するプロパティ・メソッド

document.activeElement	ドキュメント内でフォーカスされた要素があれば、その要素のオブジェクトを返します。もしフォーカスが当たっている要素がなければbody要素のオブジェクトを返します。
document.hasFocus()	ドキュメントがフォーカスされていればtrueを、そうでなければfalseを返します。
window.focus() 非推奨！	ウィンドウをフォーカスしますが、このメソッドの利用は非推奨です。HTML5仕様では、ブラウザーに対して、このメソッドが呼び出されたら、ユーザーに対して何かしらの通知を表示することが推奨されています。
window.blur() 非推奨！	ウィンドウのフォーカスを外しますが、このメソッドの利用は非推奨です。HTML5仕様では、ブラウザーに対して、このメソッドが呼び出されても無視することが推奨されています。

window.focus()とwindow.blur()メソッドは、旧来からどのブラウザーにも実装されていたこともあり、HTML5仕様に含められていますが、その利用を非推奨としています。ユーザーから見ても、勝手にウィンドウのフォーカスが制御されるのは煩わしいだけで、ほとんどのシーンでユーザーにとってメリットはありません。

過去には、これらのメソッドが本来の用途を逸脱して乱用されてきた経緯があります。例えば、window.open()を使って、ブラウザー・ウィンドウを立ち上げつつも、そのウィンドウでblur()メソッドを呼び出すことで、新たに作られたウィンドウを利用者に気づきにくくすることができます。そして、このウィンドウで、ユーザーに気づかれないように、悪意のある処理を行うことも可能になってしまいます。また、表示回数を基準に報酬がもらえる広告などに悪用されることもありました。

ロードされた瞬間にフォーカスが外れるコード

```
window.onload = function() {
  window.blur();
};
```

このようなコードを書けば、そのページがロードされた瞬間にフォーカスが外れてしまいます。もし複数のウィンドウがデスクトップ上に起動されていれば、ブラウザーによっては、そのウィンドウが完全に隠れてしまいます。しかし、2010年12月現在の最新のバージョンであるFirefox 4.0、Opera 11、Safari 5.0、Chrome 9.0では、HTML5仕様の推奨通り、window.blur()の呼び出しは無視されます。

window.focus()やwindow.blur()は、これまでJavaScript関連の情報として当たり前のように紹介されていましたが、このような経緯もあり、HTML5ではwindow.focus()とwindow.blur()は非推奨とされています。

ウィンドウのフォーカスについては、ユーザーの意志に任せるべきであり、ウェブ制作者が制御するものではありませんので注意してください。

要素のフォーカス

要素にフォーカスを当てることは、利用シーンによっては利便性を向上させます。しかし、要素からフォーカスを外すことは弊害をもたらします。

要素のフォーカスに関するプロパティ・メソッド

element.focus()	要素にフォーカスを当てます。
element.blur() 非推奨！	要素からフォーカスを外します。このメソッドの利用は非推奨です。

では、なぜHTML5仕様では、要素からフォーカスを外すelement.blur()の利用が非推奨とされているのかを説明しましょう。これは、アクセシビリティからの理由です。

テキスト入力フィールドやチェックボックスといったフォーム・コントロールは、フォーカスが当たると、フォーカスが当たったことが分かるように、コントロールの回りに色を付けたり点線を付けたりします。これをフォーカス・リングと呼びます。次の図は、2つのチェックボックスが表示されていますが、左側のチェックボックスはフォーカスが当たっていない状態を、右側のチェックボックスはフォーカスが当たってフォーカス・リングが表示された状態を示しています。ブラウザーによって、フォーカス・リングのスタイルは異なります。

第1章　DOMスクリプティングの基礎

🔽 **Safari 5.0のフォーカス・リング（Windows 7）**

🔽 **Internet Explorer 6.0のフォーカス・リング（Windows XP）**

　ブラウザーによっては、キーボードのタブ・キーを押しながらフォーカスを変えない限りフォーカス・リングが表示されませんが、Internet Explorer 6.0では、マウスでクリックしたときもフォーカス・リングが表示されます。
　これを嫌って、次のようなコードを使って、フォーカス・リングの表示を回避するテクニックがありました。

🔽 **フォーカス・リングの表示を回避するコード**

```
<input type="checkbox" name="agree" value="1" onfocus="this.blur();" />
```

　このチェックボックスは、フォーカスが当たるとすぐにblur()メソッドが呼び出され、フォーカスが外れてしまいます。一見、チェックボックスが機能しなくなるのではないかと心配になりますが、マウスでチェックボックスにチェックを入れることは可能です。これを逆手に取り、マウスでチェックボックスにチェックを入れたときに、フォーカス・リングが表示されないようにしているのです。
　ところが、フォーカスが当たったときにblur()メソッドが呼び出されてしまうと、このチェックボックスをキーボードで操作することができなくなります。当然、フォーカスが当たっても、すぐにフォーカスが外れてしまうわけですから、キーボードを使って、そのチェックボックスにチェックを入れられないのです。
　このように、要素に対してblur()メソッドを呼び出すことは、アクセシビリティ上、弊害をもたらします。フォーカス・リングのスタイリングは、CSSのoutlineプロパティを使うようにしてください。
　とはいえ、CSSのoutlineプロパティにnoneを指定してフォーカス・リングを表示させないのは、アクセシビリティ上、好ましくありません。この場合、ブラウザーは該当のコントロールにフォーカスを当てますが、ユーザーはどこにフォーカスが当たっているか全く分からなくなりますので注意してください。

第 2 章

Forms

HTML5では、ウェブ・フォームの機能が大幅に向上しました。input要素には数多くのタイプが追加され、さまざまなUIをスクリプトなしに実現できます。しかし、UIだけではなく、ユーザーの入力チェックには欠かせないAPIが数多く盛り込まれています。本章では、HTML5 Formsを使ったウェブ・フォームの作り方を解説していきます。

第2章　Forms

2.1 フォームの基礎

⌘HTML5で充実した入力用ユーザー・インタフェース

　ウェブ・ページで、ユーザー入力を受け付けるためには、テキスト入力フィールドやラジオボタンといったフォーム・コントロールを使ってきました。しかし、ユーザー入力インタフェースとしては、決して充実しているとはいえませんでした。

　HTML5では、このような状況を踏まえ、input要素にさまざまなタイプが追加されました。スクリプトを使うことなしに、さまざまな入力用のユーザー・インタフェースを用意することができます。HTML5 FormsのAPIを解説する前に、ここでは、簡単にHTML5で新たに導入されたコントロールや、input要素に追加された属性の意味、そして、バリデーションについて知っておきましょう。

⌘新コントロール

　新たに導入されたコントロールは、input要素のtype属性に所定の値を指定することで利用することができます。ただ、2010年12月現在では、ほとんどのブラウザーでUIが実装されていませんが、Operaは以前より先行して実装しています。また、一部のUIについては、FirefoxやChromeやSafariも実装しています。下表のUIは、Windows版のOpera 11が実装しているUIです。

⚓ HTML5で新たに導入されたコントロール

マークアップ	説明	ユーザー・インタフェース例
`<input type="search"/>`	検索入力フィールド。	あいうえお
`<input type="tel"/>`	電話番号入力フィールド。	03-1234-5678
`<input type="url"/>`	URL入力フィールド。入力値はURLのフォーマットに基づいた文字列に限られます。	http://www.html5.jp
`<input type="email"/>`	メールアドレス入力フィールド。入力値はメールアドレスのフォーマットに基づいた文字列に限られます。	info@example.jp
`<input type="datetime"/>`	日時入力フィールド。入力値は所定の日時フォーマットに基づいた文字列に限られます。タイムゾーンはUTC固定となります。最後にZがつきます（例：2010-12-15T12:00Z）。	2010-12-15 12:00 UTC カレンダーUI

マークアップ	説明	ユーザー・インタフェース例
`<input type="date"/>`	日付入力フィールド。入力値は所定の日付フォーマットに基づいた文字列に限られます（例：2010-12-15）。	
`<input type="month"/>`	年月入力フィールド。入力値は所定の年月フォーマットに基づいた文字列に限られます（例：2010-12）。	
`<input type="week"/>`	週入力フィード。入力値は所定の週フォーマットに基づいた文字列に限られます（例：2010-W50）。	
`<input type="time"/>`	時刻入力フィールド。入力値は所定の時刻フォーマットに基づいた文字列に限られます（例：12:00）。	
`<input type="datetime-local"/>`	日時入力フィールド。入力値は所定の日時フォーマットに基づいた文字列に限られます（例：2010-12-15T12:00）。	
`<input type="number"/>`	数値入力フィールド。入力値は数値を表す文字列に限られます。	
`<input type="range"/>`	範囲付き数値入力フィールド。入力値は、指定の範囲内の数値を表す文字列に限られます。	
`<input type="color"/>`	色入力フィールド。入力値は、所定の色を表す文字列に限られます（例：#000000）。	

このように、さまざまなUIが追加されましたが、tel、url、emailについては、見た目は通常のテキスト入力フィールドです。ただし、url、emailは、入力できる文字列に制限がある点が、通常のテキスト入力フィールドと異なります。

⌘入力値に制約を設ける属性

HTML5では、input要素に新たなタイプが追加されたことに伴い、属性も数多く追加されました。ここでは、入力値に制約を設ける属性について解説します。

これまで、input要素の入力値に制約を設ける属性といえば、maxlengthコンテンツ属性しかありませんでした。しかし、HTML5では、コントロールの種類に応じて、さまざまな属性が追加されました。

⬇ input要素の入力に制約を設ける属性

属性	説明	利用可能なタイプ

max	最大値を指定します。
	例：10以下の数値
	`<input type="number" name="n1" max="10" />`
	例：2012-12以前の年月
	`<input type="month" name="m1" max="2012-12" />`
	例：17:00以前の時刻
	`<input type="time" name="t1" max="17:00" />`
		datetime、date、month、week、time、datetime-local、number、range

min	最小値を指定します。
	例：0以上の数値
	`<input type="number" name="n2" min="0" />`
	例：2010-01以降の年月
	`<input type="month" name="m2" min="2010-01" />`
	例：09:00以降の時刻
	`<input type="time" name="t2" min="09:00" />`
		datetime、date、month、week、time、datetime-local、number、range

pattern	入力を許すパターンを正規表現で指定します。
	例：郵便番号
	`<input type="text" name="zip" pattern="\d{3}-\d{4}" />`
	例：電話番号を03に限定
	`<input type="tel" name="tel" pattern="03-[\d-]+" />`
		text、search、url、tel、email、password

required	入力または選択が必須であることを指定します。
	例：
	`<input type="text" name="r1" required="required" />`
	`<input type="url" name="r2" required="required" />`
		text、search、url、tel、email、password、datetime、date、month、week、time、datetime-local、number、checkbox、radio、file

属性	説明	利用可能なタイプ

step	入力できる値のステップ（刻み）を指定します。
	例：0以上の偶数のみ
	`<input type="number" name="e" min="0" step="2" />`
	例：0以上で小数点第1位の小数
	`<input type="number" name="f" min="0" step="0.1" />`
	例：2010-07-03から毎週土曜日のみ
	`<input type="date" name="d" min="2010-07-03" step="7" />`
		datetime、date、month、week、time、datetime-local、number、range

⌘ バリデーション

HTML5で新たに導入されたフォームの機能は、ユーザー・インタフェースだけではありません。本書でも以降で大きく扱いますが、HTML5では、バリデーション機能が規定されました。バリデーションとは、入力チェック機能のことです。

先ほど入力に制約を加える属性を紹介しましたが、もし、この制約に反した値を入力して、フォームをサブミットすると、HTML5仕様では、ブラウザー上にエラーが表示されることになっています。

入力制約は属性だけではありません。input要素のタイプも一種の制約を加えることになります。例えば、urlタイプのinput要素では、URLに相当しない文字列を入力してサブミットすれば、制約違反になります。また、emailタイプのinput要素に、メールアドレスに相当しない文字列を入力しても、制約違反となります。

2010年12月現在の最新バージョンのブラウザー（ベータ版を含む）で、制約違反があった場合に、ブラウザー上にエラーを表示する機能を実装しているのは、Firefox 4.0とOpera 11のみです。

⬇ サンプルHTML

```
<input type="text" name="zip" pattern="¥d{3}¥-¥d{4}" title="郵便番号：999-9999形式で入力してください。" />
```

もし、この入力フィールドに郵便番号とは関係がない値を入力してサブミットすると、次のエラー・メッセージが表示されます。

⬇ 制約違反のエラー・メッセージ

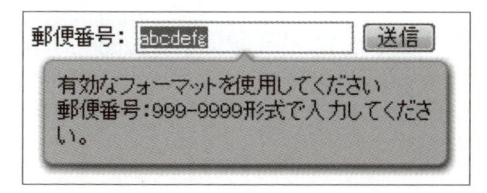

郵便番号： abcdefg ［送信］
有効なフォーマットを使用してください
郵便番号：999-9999形式で入力してください。

input要素にtitle属性がマークアップされている点に注目してください。title属性の値は、このよう

なエラー・メッセージに挿入されることになります。また、エラーにならなくても、マウス・ポインターをコントロールに当てると、ツールチップとして表示されます。

⬇ ツールチップ表示

このように、コントロールのtitle属性は、フォームにおいてはとても重要な役割を果たします。ツールチップとして、そして、エラー・メッセージとして、そのどちらでも違和感がないテキストをtitle属性に入れるようにしましょう。

このように、ブラウザーがフォームのバリデーションの仕組みを一通り用意してくれることで、マークアップのみで、ある程度の入力支援を実現できるのです。ただし、問題もあります。

このバリデーションのタイミングは、フォームをサブミットするときです。マークアップだけでは、自由にバリデーションのタイミングを制御できません。さらに、エラー・メッセージは、フォーム内にあるすべてのエラーを同時に表示せず、上から順に1つだけ表示します。また、エラー・メッセージも、title属性の値が使われますが、それ以外の部分については、マークアップだけではカスタマイズできません。

多くのシーンでは、ブラウザーが用意した仕組みでは、かえって不都合が生じることもあるでしょう。また、デザインについても、ウェブ制作者側で自由にカスタマイズしたいところです。それを実現するのが、以降で解説するフォーム・バリデーションAPIなのです。

⌘ バリデーションの対象となるコントロール

HTML5のバリデーション機能は、必ずしも、すべてのフォーム関連要素で有効になるわけではありません。HTML5ではバリデーションの候補となる要素が規定されています。その候補となる要素は、以下の通りです。さらに、要素によっては、バリデーションの候補となるための条件が付けられています。

⬇ バリデーションの候補となる要素と条件

要素	条件
button要素	typeコンテンツ属性に"reset"または"button"がセットされている場合は、バリデーションから除外されます。つまり、typeコンテンツ属性に"submit"がセットされているか、typeコンテンツ属性がない場合のみ、バリデーション候補となります。
input要素	なし
select要素	なし
textarea要素	なし

上記の表にない要素は、常にバリデーションの対象から除外されます。

⌘バリデーションを回避する方法

状況によっては、バリデーションを使いたくない場合があります。その場合には、以下のいずれかの方法で、フォームのサブミット時にバリデーションを回避することができます。

● form要素のnovalidateコンテンツ属性

　form要素にnovalidateコンテンツ属性をセットすると、このform要素に関連付けられたフォーム・コントロールすべてが、サブミット時のバリデーションの対象から除外されることになります。

⬇ form要素のnovalidateコンテンツ属性を使用する方法

```
<form novalidate="novalidate">...</form>
```

　JavaScriptを使って、form要素のノード・オブジェクトのnoValidateプロパティにtrueをセットしても、同じ効果が得られます。

● サブミット・ボタン要素のformnovalidateコンテンツ属性

　typeコンテンツ属性に"submit"がセットされたinput要素や、typeコンテンツ属性がセットされていない、または、typeコンテンツ属性に"submit"がセットされたbutton要素は、フォームのサブミット・ボタンになります。これらの要素にformnovalidateコンテンツ属性をセットすると、該当のフォーム要素に関連付けられたフォーム・コントロールすべてが、サブミット時のバリデーションの対象から除外されることになります。

⬇ サブミット・ボタン要素のformnovalidateコンテンツ属性を使用する方法

```
<input type="submit" value=" 送信 " novalidate="novalidate" />
```

　JavaScriptを使って、これらの要素のノード・オブジェクトのformNoValidateプロパティにtrueをセットしても、同じ効果が得られます。

　これらの方法で、サブミット時にバリデーションを回避したとしても、バリデーションに関連するAPIは利用することができます。バリデーションのタイミングや挙動、そして、エラー・メッセージの表示方法などをAPIを使ってカスタマイズする場合、デフォルトの挙動を止めるために、これらのコンテンツ属性を使うことができるでしょう。

2.2 フォームのイベント

⌘ フォームに関連するイベント

ここでは、フォームに関連するイベントを紹介しましょう。HTML5では、これまでよく使われてきたchangeイベントやsubmitイベントの他にも、いくつかのイベントが追加されました。ここでは、旧来のイベントも含めて、フォーム関連のイベントを解説します。

⌘ changeイベントとformchangeイベント

フォーム・コントロールの値の変更が確定すると、該当のフォーム・コントロールの要素でchangeイベントが発生します。さらに、このイベントに引き続き、該当のフォームのform要素からformchangeイベントが発生します。

changeイベントは、文字入力操作中にリアルタイムに発生するのではなく、入力が確定したときに発生します。セレクトメニューであれば、選択項目を変更した時点で発生しますが、テキスト入力フィールドであれば、文字を入力後、フォーカスが外れたときに発生します。この点がinputイベントとの大きな違いですので注意してください。

2010年12月現在、Internet Explorer 9、Firefox 4.0、Opera 11、Safari 5.0、Chrome 9.0のいずれもchangeイベントをサポートしています。formchangeイベントをサポートしているのは、Opera 11のみです。

⌘ inputイベントとforminputイベント

input要素やtextarea要素で文字入力操作が行われると、ほぼリアルタイムに該当のフォーム・コントロールの要素（input要素またはtextarea要素）からinputイベントが発生します。この場合、このイベントに引き続き、該当のフォームのform要素からforminputイベントも発生します。

このイベントの発生タイミングは「ほぼ」リアルタイムといいましたが、これには理由があります。HTML5仕様では、ブラウザーに対して、1文字ずつ入力した直後にこのイベントをリアルタイムに発生させるのではなく、例えば、キー・ストローク後100ミリ秒だけ待ってから、このイベントを発生させても良いとしています。つまり、相当に早い文字入力すべてに追随する必要がないということになります。そのため、ブラウザーによっては、若干の発生タイミングの違いが出るかもしれません。

2010年12月現在、Firefox 4.0、Opera 11、Safari 5.0、Chrome 9.0のいずれもinputイベントをサポートしています。ただし、Internet Explorer 9はinputイベントをサポートしていません。forminputイベントをサポートしているのは、Opera 11のみです。

ここでは、HTML5で新たに導入されたforminputイベントの使い方を見ていきましょう。このサン

プルには、数字を入力するフィールドが3つ用意されています。それぞれのフィールドに数字を入力すると、リアルタイムに、それら3つの数値の和が計算され、それが表示されます。なお、このサンプルは、Opera 10.60以上で動作します。

● サンプルの結果

3 + 7 + 11 = 21

● HTML

```
<form>
  <p>
    <input type="number" name="a" value="0" /> +
    <input type="number" name="b" value="0" /> +
    <input type="number" name="c" value="0" /> =
    <output for="a b c">0</output>
  </p>
</form>
```

● サンプル・スクリプト

```
document.addEventListener("DOMContentLoaded", function() {
  // form 要素
  var form = document.querySelector("form");
  // form 要素に forminput イベントのリスナーをセット
  form.addEventListener("forminput", calc, false);
}, false);

function calc(event) {
  // form 要素
  var form = document.querySelector("form");
  // HTMLFormControlsCollection オブジェクト
  var ctrls = form.elements;
  // 変数を入力する input 要素
  var a = form.elements.namedItem("a");
  var b = form.elements.namedItem("b");
  var c = form.elements.namedItem("c");
  // 計算結果を表示する output 要素
  var output = form.querySelector("output");
  // 計算結果を output 要素に表示
  var sum = parseInt(a.value) + parseInt(b.value) + parseInt(c.value);
  output.value = sum;
}
```

forminputイベントを使うことで、form要素に対してイベント・リスナーを1回セットするだけで完了します。もしinputイベントで同じことを実現しようとすると、数字を入力するフィールドすべてに、inputイベントのリスナーをセットする必要があります。コードをシンプルにする手段として、forminput要素は非常に役に立つといえます。

⌘ invalidイベント

フォーム・コントロールのバリデーションが行われたとき、バリデーション対象のコントロールのうち、バリデーション・エラーとなる要素で、invalidイベントが発生します。

フォーム・コントロールのバリデーションが行われるのは、次のタイミングです。

- フォームがサブミットされたとき
- form要素からcheckValidity()メソッドが呼び出されたとき
- コントロール要素からcheckValidity()メソッドが呼び出されたとき

2010年12月現在、Firefox 4.0、Opera 11、Safari 5.0、Chrome 9.0がinvalidイベントをサポートしています。

invalidイベントの詳細については、「フォーム・バリデーションAPI」の節で詳しく説明します。

⌘ selectイベント

テキスト入力フィールドやテキストエリアで、入力されたテキストの一部またはすべてが選択状態になると、そのコントロール要素でselectイベントが発生します。

⚓ テキストが選択された状態

あいうえお

2010年12月現在、Internet Explorer 9、Firefox 4.0、Opera 11、Safari 5.0、Chrome 9.0のいずれもselectイベントをサポートしています。

selectイベントの詳細については、「テキストの選択状態」の節で詳しく説明します。

⌘ submitイベント

フォームがサブミットされるときに、該当のform要素でsubmitイベントが発生します。これは以前からどのブラウザーでも実装されてるイベントです。

フォームのサブミット前に行いたい何かしらの処理を、submitイベントのリスナーにセットする場合が多いでしょう。このサンプルでは、「投稿」ボタンを押すと、フォームをサブミットする前に確認ダイアログを表示させています。

⬇ サンプルの結果

⬇ サンプルHTML

```
<form action="post.cgi" method="post">
  <p>
    <label>
      コメント
      <input type="text" name="comment" />
    </label>
    <input type="submit" value=" 投稿 " />
  </p>
</form>
```

⬇ サンプル・スクリプト

```
// addEventListener() メソッドを実装していなければ終了
if( ! document.addEventListener ) { return; }
// Selectors API を実装していなければ終了
if( ! document.querySelector ) { return; }

document.addEventListener("DOMContentLoaded", function() {
  // form 要素
  var form = document.querySelector("form");
  // form 要素に submit イベントのリスナーをセット
  form.addEventListener("submit", post, false);
```

第2章　Forms

```
}, false);

function post(event) {
  // デフォルト・アクションをキャンセル
  event.preventDefault();
  // 確認ダイアログを表示
  var res = confirm(" 本当に送信してもよろしいですか？ ");
  // OK ならフォームをサブミット
  if(res == true) {
    var form = event.target;
    form.submit();
  }
}
```

　このサンプルでは、form要素に対してsubmitイベントのリスナーをセットしています。イベント・リスナーとなるpost()関数では、フォームのサブミット前に行いたい処理が書かれています。この場合、event.preventDefaultメソッドを使って、デフォルト・アクションをキャンセルしなければいけない点に注意してください。もしデフォルト・アクションをキャンセルしないと、確認ダイアログで「いいえ」を選択したとしても、フォームがサブミットされていまいます。確認画面で「はい」が選択されたときだけ、本来のデフォルト・アクションと同じform.submit()メソッドを呼び出します。

　このサンプルは、Internet Explorer 9をはじめ最新のブラウザーであれば動作します。Internet Explorer 8以下のバージョンについては、addEventListener()メソッドがサポートされていないため、動作しませんが、フォームのサブミットはできる点に注目してください。つまり、古いブラウザーでも、一応、コメントを投稿できるようになっています。

2.3 フォーム・バリデーションAPI

⌘ フォーム・バリデーションAPIとは何か

　HTML5のバリデーションの機能に関して、HTML5仕様では、JavaScriptから扱うことができるAPIが規定されています。入力値の制約に適合しているかどうかの状態を知るためのプロパティや、バリデーションを実行するためのメソッドなどが用意されています。

　このAPIを使うことで、入力チェックについては、HTML5で規定されたブラウザー実装のバリデーション機能に任せつつ、JavaScriptでは、そのバリデーションの結果を受けて、それをどのように表示するのか、また、どのタイミングでバリデーションを行うのかを、自由にカスタマイズすることができます。

　ここでは、いくつかのサンプルを通して、これらAPIの使い方を解説していきます。

⌘ バリデーションを任意のタイミングで実行

● バリデーションを任意のタイミングで実行するメソッド

input.checkValidity()	該当のinput要素のバリデーションを行い、その結果を返します。すべてOKであればtrueを、そうでなければfalseを返します。

　通常は、フォームのバリデーションは、フォームをサブミットするタイミングで、バリデーション候補となっているフォーム・コントロールすべてに対して行われます。しかし、利用シーンによっては、サブミットする前に何かしらのタイミングで、特定のフォーム・コントロールに対してだけ、強制的に実行させたい場合もあるでしょう。

　このように、個別にバリデーションを強制的に実行させるには、checkValidity()メソッドを使います。次のサンプルは、いくつかのページを遷移しながら質問に回答するアンケート・フォームです。各ページに1つの質問が用意され、全部で3つの質問があります。そして最後にサーバーに送信するためのページが表示されます。

● サンプルの結果（1番目のページ）

第2章　Forms

● サンプルの結果（2番目のページ）

● サンプルの結果（3番目のページ）

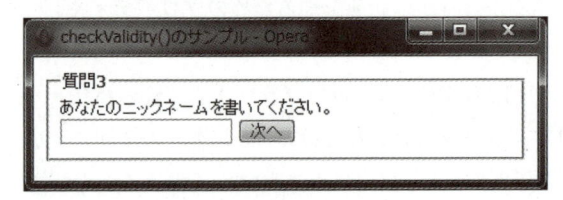

● サンプルの結果（4番目のページ）

　これらの質問の回答は必須としています。そのため、もし何も入力せずに「次へ」ボタンを押すと、Operaであれば、エラーが表示され、次の画面へ遷移できないようにしてあります。

● エラー表示

　このサンプルは、あたかもページが遷移しているかのように見えますが、実は、1枚のページとして作られています。

🔽 HTML

```html
<form action="enq.cgi" method="post" id="qform">
  <fieldset id="question1" class="question">
    <legend>質問 1</legend>
    <p>あなたの好きな言葉を書いてください。</p>
    <p>
      <input type="text" id="q1" name="q1" required="required" />
      <input type="button" data-qnum="1" value=" 次へ " />
    </p>
  </fieldset>
  <fieldset id="question2" class="question">
    <legend>質問 2</legend>
    <p>あなたの嫌いな言葉を書いてください。</p>
    <p>
      <input type="text" id="q2" name="q2" required="required" />
      <input type="button" data-qnum="2" value=" 次へ " />
    </p>
  </fieldset>
  <fieldset id="question3" class="question">
    <legend>質問 3</legend>
    <p>あなたのニックネームを書いてください。</p>
    <p>
      <input type="text" id="q3" name="q3" required="required" />
      <input type="button" data-qnum="3" value=" 次へ " />
    </p>
  </fieldset>
  <fieldset id="question4" class="question">
    <legend>終了</legend>
    <p>ご回答ありがとうございました。「送信」ボタンを押してください。</p>
    <p><input type="submit" value=" 送信 " /></p>
  </fieldset>
</form>
```

　遷移する各ページとなる部分をfieldset要素でマークアップしています。また、テキスト入力フィールドとなるinput要素にはrequiredコンテンツ属性がマークアップされています。

　この1枚のページを、複数のページに分割してみせるのは簡単です。単純に、各fieldset要素のstyle.displayプロパティに"none"をセットし、見せたい部分だけ、それを解除しているだけです。

　問題は、バリデーションのタイミングです。本来であれば、4ページ目の送信ボタンを押したときに初めてバリデーションが実行されます。しかし、これでは、非常に使い勝手が悪くなります。このサンプルでは、いかにして、各ページが遷移するタイミングでバリデーションを実行させるかという点が大

第2章　Forms

事なポイントです。それを実現するのが、checkValidity()メソッドです。

▼ サンプル・スクリプト

```javascript
// addEventListener() メソッドを実装していなければ終了
if( ! document.addEventListener ) { return; }
// Selectors API を実装していなければ終了
if( ! document.querySelector ) { return; }

// document オブジェクトに DOMContentLoaded イベントのリスナーをセット
document.addEventListener("DOMContentLoaded", function() {
  var form = document.querySelector("#qform");
  if( ! form ) { return; }
  // validate API が実装されていなければ終了
  if( ! form.checkValidity ) { return; }
  // 質問ボックスのリスト
  var fieldsets = form.querySelectorAll('fieldset');
  // 質問1 だけを表示
  show_question(1);
  // 次へボタンに click イベントのリスナーをセット
  var btns = form.querySelectorAll('input[type="button"]');
  for( var i=0; i<btns.length; i++ ) {
    var btn = btns.item(i);
    btn.addEventListener("click", click_next, false);
  }
}, false);

function show_question(num) {
  // 質問ボックスのリスト
  var form = document.querySelector("#qform");
  var fieldsets = form.querySelectorAll('fieldset');
  // 指定質問番号を除いて非表示
  for( var i=0; i<fieldsets.length; i++ ) {
    var fieldset = fieldsets.item(i);
    if( fieldset.id == "question" + num ) {
      fieldset.style.display = 'block';
    } else {
      fieldset.style.display = 'none';
    }
  }
}

// 次へボタンが押されたときの処理
```

```
function click_next(event) {
  var btn = event.target;
  // 質問番号を取得
  var num = btn.getAttribute("data-qnum");
  // 入力フィールド
  var input = document.querySelector("#q" + num);
  // バリデート
  var is_valid = input.checkValidity();
  // バリデートOKなら次の画面へ
  if(is_valid == true) {
    show_question( parseInt(num) + 1 );
  }
}
```

このスクリプトでは、click_next()関数に注目してください。この関数は、1ページ目から3ページ目までに用意した「次へ」ボタンが押されたときに実行されます。そのためのイベント・リスナーが事前にセットされています。

● 「次へ」ボタンが押されたときに実行されるイベント・リスナー

```
// 次へボタンにclickイベントのリスナーをセット
var btns = form.querySelectorAll('input[type="button"]');
for( var i=0; i<btns.length; i++ ) {
  var btn = btns.item(i);
  btn.addEventListener("click", click_next, false);
}
```

このclick_next()関数が呼び出されると、該当のページにあるテキスト入力フィールドのinput要素に対して、checkValidity()関数を呼び出しています。これらinput要素にはrequiredコンテンツ属性がマークアップされていますので、もし何も入力されていなければ、バリデーション・エラーになります。

● checkValidity()関数

```
// 次へボタンが押されたときの処理
function click_next(event) {
  var btn = event.target;
  // 質問番号を取得
  var num = btn.getAttribute("data-qnum");
  // 入力フィールド
  var input = document.querySelector("#q" + num);
```

第2章　Forms

```
  // バリデート
  var is_valid = input.checkValidity();
  // バリデートOKなら次の画面へ
  if(is_valid == true) {
    show_question( parseInt(num) + 1 );
  }
}
```

　バリデーション・エラーであればページを遷移せず、エラーがなければ次のページへ遷移しなければいけません。バリデーション・エラーかどうかを判定するために、checkValidity()メソッドを呼び出して、その結果を知る必要があります。もしエラーがなければ、このメソッドはtrueを返します。そして、もしエラーがあればfalseを返します。

● checkValidity()メソッドの返り値の評価

```
var is_valid = input.checkValidity();
```

　このサンプルでは、checkValidity()メソッドの結果がtrueであれば、次のページへ遷移するようにしてあります。

バリデーション・エラーのデザインをカスタマイズ

● バリデーション・エラーのデザインをカスタマイズするために必要となるプロパティ

form.noValidate	該当のform要素にnovalidateコンテンツ属性がセットされていればtrueを、そうでなければfalseを返します。値をセットすることも可能です。
element.validity.valid	該当のコントロールを表す要素にバリデーションでエラーがなければtrueを、エラーがあればfalseを返します。読み取り専用のプロパティですので、値をセットすることはできません。

　先ほどのサンプルでは、バリデーション・エラーの表示については、ブラウザーが実装しているユーザー・インタフェースに任せていました。しかし、2つ問題があります。

　1つ目は、ブラウザーの実装の問題です。Operaであれば、バリデーション・エラーのユーザー・インタフェースが実装されているため、ユーザーに対して、どんな入力エラーがあったのかを通知することができます。しかし、Firefox 4.0、Safari 5.0、Chrome 9.0は、バリデーションAPIを実装しているものの、バリデーション・エラーの表示を行うユーザー・インタフェースが実装されていません。そのため、これらのブラウザーでは、先ほどのサンプルのバリデーションは機能するものの、ユーザーにとっては、どうしてページが遷移しないのかが分からなくなります。

2つ目は、デザインの問題です。将来的に多くのブラウザーが、バリデーション・エラーの表示を扱うユーザー・インタフェースを実装するでしょうが、恐らく、そのデザインは統一されることはないでしょう。また、ページのデザインによっては、ブラウザーが実装したインタフェースのデザインとうまくマッチしないこともあるでしょう。やはり、エラー・メッセージは、利用シーンに応じて、ウェブ制作者側で自由にデザインしたいものです。

次のサンプルは、以上の問題を解決するための、1つの方法を示しています。このサンプルでは、ログイン画面を想定してます。ユーザー名とパスワードを入力するためのテキスト入力フィールドと「ログイン」ボタンが用意されています。

●ログイン画面

ユーザー名	
パスワード	
ログイン	

もし所定のフォーマットでない文字が入力された場合、または、何も入力せずに「ログイン」ボタンを押すと、次のようなエラーを表示します。

●エラー表示

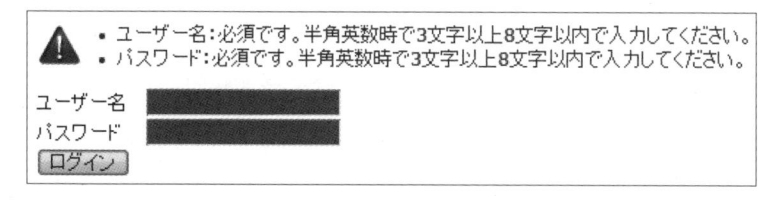

⚠ ・ユーザー名：必須です。半角英数時で3文字以上8文字以内で入力してください。
　・パスワード：必須です。半角英数時で3文字以上8文字以内で入力してください。

ユーザー名	
パスワード	
ログイン	

もしマークアップだけでバリデーションを行うとすると、2つのテキスト入力フィードでバリデーション・エラーがあったとしても、1つしか表示されません。しかし、このサンプルでは、すべてのエラーをまとめてフォーム上部に表示するようにしてあります。さらに、バリデーション・エラーが発生しているテキスト入力フィールドの背景を赤色に変更しています。

では、HTMLをご覧ください。テキスト入力フィールドのinput要素には、requiredコンテンツ属性がセットされていますので、入力必須となります。さらにpatternコンテンツ属性を使って、入力内容を半角英数字3〜8文字に制限しています。

もう一つ注目してほしい点があります。それはtitleコンテンツ属性です。このサンプルでは、エラー・エラーメッセージとして、このtitleコンテンツ属性の値を流用しています。

第2章　Forms

📥 サンプルHTML

```
<form action="login.cgi" method="post" id="login">
  <p>
    <label>
      <span class="header">ユーザー名</span>
      <input type="text" name="user" required="required" pattern="[a-zA-Z0-9]{3,8}" title="ユーザー名：必須です。半角英数時で 3 文字以上 8 文字以内で入力してください。" />
    </label>
  </p>
  <p>
    <label>
      <span class="header">パスワード</span>
      <input type="password" name="pass" required="required" pattern="[a-zA-Z0-9]{3,8}" title="パスワード：必須です。半角英数時で 3 文字以上 8 文字以内で入力してください。" />
    </label>
  </p>
  <p><input type="submit" value="ログイン" /></p>
</form>
```

　では、スクリプトをご覧頂きましょう。このサンプルを実現するに当たり、いくつか注意しなければいけない点があります。

　まずは、デフォルトのバリデーション機能を無効にするという点です。本来であれば、バリデーション・エラーがあると、ブラウザーが実装しているバリデーション・エラーを表示するためのユーザー・インタフェースが使われてしまいます。ここでは、独自にエラーを表示させたいわけですから、それを無効にしておかなければいけません。

　次に、デフォルトのバリデーション機能を無効にしたにもかかわらず、どのようにしてバリデーションの結果を得るのか、という点が重要です。

　以上を踏まえて、スクリプトをご覧ください。

📥 スクリプト

```
// addEventListener() メソッドを実装していなければ終了
if( ! document.addEventListener ) { return; }
// Selectors API を実装していなければ終了
if( ! document.querySelector ) { return; }

// document オブジェクトに DOMContentLoaded イベントのリスナーをセット
document.addEventListener("DOMContentLoaded", function() {
```

23 フォーム・バリデーションAPI

```javascript
    var form = document.querySelector("#login");
    if( ! form ) { return; }
    // validate API が実装されていなければ終了
    if( ! form.checkValidity ) { return; }
    // form 要素の noValidate プロパティを true に変更
    form.noValidate = true;
    // form 要素に submit イベントのリスナーをセット
    form.addEventListener("submit", validate, false);
}, false);

// サブミットされたときの処理
function validate(event) {
  // デフォルト・アクションをキャンセル
  event.preventDefault();
  // 対象の form 要素
  var form = event.target;
  // バリデート
  var errs = [];
  var ctrls = form.querySelectorAll('input[type="text"],
input[type="password"]');
  for( var i=0; i<ctrls.length; i++ ) {
    // コントロールのオブジェクト
    var ctrl = ctrls.item(i);
    // エラー・スタイルを解除
    class_remove(ctrl, "err");
    // バリデートが OK なら次へ
    if(ctrl.validity.valid == true) { continue; }
    // エラー配列に入れる
    errs.push(ctrl);
  }
  // バリデートが通れば、フォームをサブミットして終了
  if(errs.length == 0) {
    form.submit();
    return;
  }
  // エラー・メッセージ生成
  var msgs = [];
  for( var i=0; i<errs.length; i++ ) {
    // エラーになったコントロール
    var ctrl = errs[i];
    // エラー・スタイルをセット
    class_add(ctrl, "err");
    // title 属性の値をエラー・メッセージ格納配列に入れる
```

第2章　Forms

```
      msgs.push(ctrl.title);
    }
    // エラーメッセージ表示用のul要素を生成し、
    // form要素の手前に挿入
    var ul = document.querySelector("#errs");
    if( ! ul ) {
      ul = document.createElement("ul");
      ul.id = "errs";
      ul.className = "errs";
      form.parentNode.insertBefore(ul, form);
    }
    // エラー内容（li要素）を挿入
    ul.innerHTML = "";
    for( var i=0; i<errs.length; i++ ) {
      var li = document.createElement("li");
      li.appendChild( document.createTextNode(msgs[i]) );
      ul.appendChild(li);
    }
  }

// 要素のclass属性にキーワードを追加する
function class_add(element, word) {/* 前章を参照のこと */}

// 要素のclass属性からキーワードを削除する
function class_remove(element, word) {/* 前章を参照のこと */}
```

　まず、DOMContentLoadedイベントのリスナーをご覧ください。このリスナーに定義したコードは、ページがロードされた時点で実行されるわけですが、以下のコードが入れられています。

⬇ バリデーション機能をオフにする

```
form.noValidate = true;
```

　form要素のnoValidateプロパティをtrueにセットすることで、該当のフォームのバリデーション機能がオフになります。つまり、フォームをサブミットしたときに、バリデーション・エラーがあったとしても、ブラウザーが実装したバリデーション・エラーは表示されません。こうすることで、独自に作るバリデーション・エラー表示を、ブラウザーが妨げないようにします。
　次に、フォームがサブミットされたときに実行されるvalidate()関数をご覧ください。ここで注目すべき点は、以下のコードです。

各フォーム・コントロールの処理

```
for( var i=0; i<ctrls.length; i++ ) {
  // コントロールのオブジェクト
  var ctrl = ctrls.item(i);
  // エラー・スタイルを解除
  class_remove(ctrl, "err");
  // バリデートがOKなら次へ
  if(ctrl.validity.valid == true) { continue; }
  // エラー配列に入れる
  errs.push(ctrl);
}
// バリデートが通れば、フォームをサブミットして終了
if(errs.length == 0) {
  form.submit();
  return;
}
```

　各フォーム・コントロールをループで処理しています。このループの中では、ctrl.validity.validプロパティを使って、バリデーション・エラーがあるかどうかを評価しています。このctrl.validityは、ValidityStateオブジェクトですが、これは、リアルタイムにバリデーションの結果を保持しているオブジェクトです。checkValidity()メソッドを呼び出す必要もありません。ここでは、ValidityStateオブジェクトのvalidプロパティを使って、バリデーションの結果を得ています。

　もしすべてのコントロールでエラーがなければ、form.submit()メソッドを使って、サブミットしています。また、エラーが1つでも見つかれば、各コントロールのinput要素にマークアップされたtitleコンテンツ属性の値をエラー・メッセージとして採用し、ul要素とli要素を使って、それを表示させています。

　このサンプルでは、エラー・メッセージの表示のデザインや、エラーがあったコントロールのデザインのいずれも、スタイルシートに任せています。そのため、このスクリプトでは、class属性の値を操作しているだけです。こうすることで、スタイルシートを編集するだけで、自由にデザインをカスタマイズすることができるようになります。

第2章　Forms

⌘バリデーションの結果をリアルタイムで取得

　先ほどのサンプルでは、「ログイン」ボタンを押した時点で、バリデーションの結果を表示する方式を採用していましたが、次は、別の方式をご紹介しましょう。

⚓ リアルタイムでバリデーションした結果①

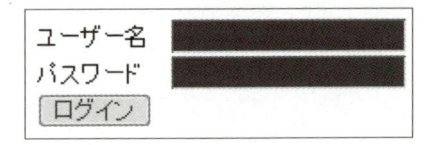

⚓ リアルタイムでバリデーションした結果②

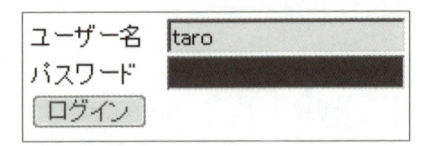

⚓ リアルタイムでバリデーションした結果③

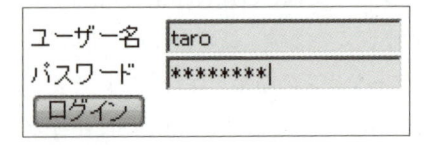

　このサンプルは、入力フィールドに関しては先ほどのサンプルと同じですが、バリデーションの結果を、テキスト入力に合わせてリアルタイムで表示します。何も入力されていない最初の状態では、テキスト入力フィールドの背景が赤色になっています。そして、適切な値が入力されると、その場で、テキスト入力フィールドの背景が薄い緑色に変わります。1つでもバリデーション・エラーが残っていると、サブミット・ボタンが無効にされたままとなり、ボタンを押してフォームをサブミットすることはできないようにしています。すべての入力フィールドが適切に入力されると、サブミット・ボタンが有効になり、フォームを送信できるようになります。

　このサンプルのHTMLは、先ほどのサンプルと全く同じですので、スクリプトから見ていきましょう。

2.3 フォーム・バリデーションAPI

● スクリプト

```javascript
// addEventListener() メソッドを実装していなければ終了
if( ! document.addEventListener ) { return; }
// Selectors API を実装していなければ終了
if( ! document.querySelector ) { return; }

// document オブジェクトに DOMContentLoaded イベントのリスナーをセット
document.addEventListener("DOMContentLoaded", function() {
  var form = document.querySelector("#login");
  if( ! form ) { return; }
  // validate API が実装されていなければ終了
  if( ! form.checkValidity ) { return; }
  // form 要素の noValidate プロパティを true に変更
  form.noValidate = true;
  // コントロールに input イベントのリスナーをセット
  var ctrls = get_controls(form);
  for( var i=0; i<ctrls.length; i++ ) {
    var ctrl = ctrls.item(i);
    ctrl.addEventListener("input", function(event){
      validate_control(event.target);
    }, false);
    validate_control(ctrl);
  }
}, false);

// 入力対象のコントロールのリストを取得
function get_controls(form) {
  var ctrls = form.querySelectorAll('input[type="text"], input[type="password"]');
  return ctrls;
}

// コントロールの入力エラーをチェック
function validate_control(ctrl) {
  // 指定のコントロールの入力エラー状態をチェック
  if(ctrl.validity.valid == true) {
    class_remove(ctrl, "err");
    class_add(ctrl, "ok");
  } else {
    class_remove(ctrl, "ok");
    class_add(ctrl, "err");
  }
```

第2章　Forms

```
  // フォーム全体に入力エラーがないかをチェック
  var ctrls = get_controls(ctrl.form);
  var valid = true;
  for( var i=0; i<ctrls.length; i++ ) {
    if( ctrls.item(i).validity.valid == false ) {
      valid = false;
      break;
    }
  }
  // サブミット・ボタン
  var btn = ctrl.form.querySelector('input[type="submit"]');
  btn.disabled = valid ? false : true;
}

// 要素のclass属性にキーワードを追加する
function class_add(element, word) {/* 前章を参照のこと */}

// 要素のclass属性からキーワードを削除する
function class_remove(element, word) {/* 前章を参照のこと */}
```

このスクリプトで重要なポイントは2つです。まず、DOMContentLoadedイベントのイベント・リスナーに書かれたコードをご覧ください。テキスト入力フィールドのinput要素に対して、inputイベントのリスナーをセットしています。こうすることで、テキスト入力フィールドに文字が入力される都度、バリデーションの結果を評価するvalidate_control()関数が実行されます。

◉ inputイベントのリスナーをセットする

```
for( var i=0; i<ctrls.length; i++ ) {
  var ctrl = ctrls.item(i);
  ctrl.addEventListener("input", function(event){
    validate_control(event.target);
  }, false);
  validate_control(ctrl);
}
```

inputイベントのリスナーをセットした後に、バリデーションの結果を評価するvalidate_control()関数を呼び出しています。こうすることで、ページがロードされたときには、まだ何も入力されていない状態ですから、バリデーション・エラーとなるはずです。

次に、validate_control()関数をご覧ください。この関数は、引数に指定された要素に対して、バリデーションの結果を調べます。バリデーションの結果は、ctrl.validity.validプロパティの値を評価すること

で得られます。エラーがあれば背景を赤色に、エラーがなければ背景を緑色に変更します。実際には、class属性の値をセットして、異なるスタイルを適用することで、背景の色を制御しています。

● バリデーションの結果を調べる

```
if(ctrl.validity.valid == true) {
  class_remove(ctrl, "err");
  class_add(ctrl, "ok");
} else {
  class_remove(ctrl, "ok");
  class_add(ctrl, "err");
}
```

なお、このサンプルは、Firefox 4.0、Opera 11、Safari 5.0、Chrome 9.0で動作します。

バリデーション・エラーの理由を取得

● バリデーション・エラーの理由を取得するプロパティ

element.validity.valueMissing	requiredコンテンツ属性がセットされているにもかかわらず、未入力の場合にはtrueを、そうでなければfalseを返します。requiredコンテンツ属性がセットされたinput要素やtextarea要素が対象となります。読み取り専用のプロパティですので、値をセットすることはできません。
element.validity.typeMismatch	コントロールのタイプで制約されているフォーマットで値が入力されていない場合にはtrueを、そうでなければfalseを返します。emailやurlタイプのinput要素が対象となります。読み取り専用のプロパティですので、値をセットすることはできません。
element.validity.patternMismatch	patternコンテンツ属性に指定されたパターンに一致しない値が入力されている場合にはtrueを、そうでなければfalseを返します。読み取り専用のプロパティですので、値をセットすることはできません。
element.validity.tooLong	maxlengthコンテンツ属性に指定された最大長を超えて値が入力されている場合にはtrueを、そうでなければfalseを返します。maxlengthコンテンツ属性がセットされたinput要素やtextarea要素が対象となります。読み取り専用のプロパティですので、値をセットすることはできません。

これまでのサンプルでは、バリデーション・エラーがあるかどうかだけを評価してきましたが、Forms APIでは、その理由を知ることもできます。input要素などのコントロールに規定されているvalidityプロパティから得られるValidityStateオブジェクトには、バリデーションの結果を表すvalidプロパティだけではなく、さまざまなプロパティが規定されています。このvalidプロパティ以外のプロパティは、バリデーション・エラーの理由を表すものばかりです。ここでは、その使い方をサンプルを通

第2章　Forms

して、ご紹介します。
　次は、バリデーション・エラーの原因に応じて、エラー・メッセージを定義し、それをアラート表示する簡単なサンプルです。

🔽 アラート表示

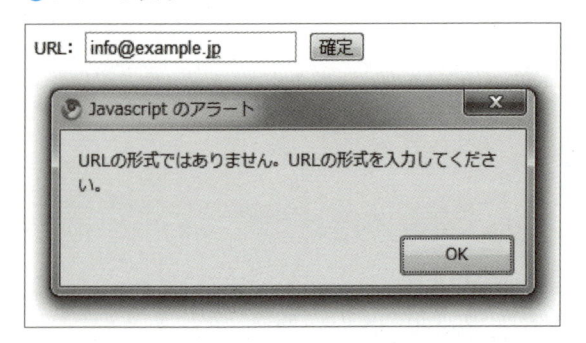

このサンプルには、URLを入力させるテキスト入力フィールドがあります。このフィールドは、typeコンテンツ属性に"url"がセットされたinput要素です。そして、このinput要素には、requiredコンテンツ属性とpatternコンテンツ属性とmaxlengthコンテンツ属性がマークアップされています。

🔽 HTML

```
<form action="post.cgi" method="post">
  <p>
    <label>
      URL：
      <input type="url" name="url" required="required" pattern="https?¥:¥/¥/.+" maxlength="50" title="URL：必須です。http:// から50文字以内で入力してください。" />
    </label>
    <input type="submit" value="確定" />
  </p>
</form>
```

　この入力フィールドをバリデートしてエラーになった場合、考えられる理由は4つあります。これらのマークアップによる入力制約の違反については、ValidityStateオブジェクトから判別することができます。

2.3 フォーム・バリデーション API

● エラーの理由の判別

エラーの理由	対応するマークアップ	true を返すプロパティ
未入力だった場合	required="required"	element.validity.valueMissing
URLでない形式を入力した場合	type="url"	element.validity.typeMismatch
http://またはhttps://から入力されなかった場合	pattern="https?¥:¥/¥/.+"	element.validity.patternMismatch
50文字を超えて入力された場合	maxlength="50"	element.validity.tooLong

　もしバリデーションの結果、エラーがあれば、表のいずれかのプロパティがtrueを返すはずです。このサンプルでは、これに応じて、独自にエラー・メッセージを用意して、それをアラート表示します。

● スクリプト

```
// addEventListener() メソッドを実装していなければ終了
if( ! document.addEventListener ) { return; }
// Selectors API を実装していなければ終了
if( ! document.querySelector ) { return; }

// document オブジェクトに DOMContentLoaded イベントのリスナーをセット
document.addEventListener("DOMContentLoaded", function() {
  var form = document.querySelector('form');
  if( ! form ) { return; }
  // validate API が実装されていなければ終了
  if( ! form.checkValidity ) { return; }
  // form 要素の noValidate プロパティを true に変更
  form.noValidate = true;
  // form 要素に submit イベントのリスナーをセット
  form.addEventListener("submit", validate, false);
}, false);

// サブミットされたときの処理
function validate(event) {
  // デフォルト・アクションをキャンセル
  event.preventDefault();
  // 対象の form 要素
  var form = event.target;
  // URL 入力の input 要素
  var input = form.querySelector('input[name="url"]');
  // バリデートが通れば、フォームをサブミットして終了
  if( input.validity.valid == true ) {
    form.submit();
    return;
```

第2章　Forms

```
  }
  // エラー・メッセージを、エラーの理由ごとに定義
  var msgs = {
    valueMissing    : 'URL が入力されていません。この項目は入力必須です。',
    typeMismatch    : 'URL の形式ではありません。URL の形式を入力してください。',
    patternMismatch : 'URL は http:// から入力してください。',
    tooLong         : 'URL が長すぎます。20 文字以内で入力してください。'
  };
  // エラーの理由を検索し、該当のエラー・メッセージをアラート表示
  var errs = [];
  for( var k in msgs ) {
    if( input.validity[k] == true ) {
      alert(msgs[k]);
      break;
    }
  }
}
```

　ここでは4種類のエラー理由を例に挙げましたが、そのほかにもいくつかの理由が存在します。詳細については、後述のフォームAPIリファレンスのValidityStateオブジェクトの節を参照してください。

独自のバリデーションを定義

独自のバリデーションを定義するメソッド・プロパティ

input.setCustomValidity(message)	該当のinput要素のバリデーションがNGだった場合のエラー・メッセージを、引数messageに与えた文字列にセットします。このメソッドを呼び出してエラー・メッセージをセットした時点で、バリデーション・エラーの状態になります。
input.validationMessage	該当のinput要素のバリデーションの結果がNGであれば、ブラウザーがユーザーに表示する予定のメッセージを返します。バリデーションの結果がOKの場合や、そもそもバリデーションの対象になっていない要素の場合は、空文字列を返します。読み取り専用のプロパティですので、値をセットすることはできません。

　これまでのサンプルでは、マークアップによって入力の制約を定義し、そのバリデーション・エラーの表示をJavaScriptを使って制御しました。しかし、ときには、マークアップだけでは実現できない入力チェックを行いたい場合もあるでしょう。この場合には、入力チェックのアルゴリズムをJavaScriptで用意して、独自のバリデーションを定義することが可能です。

　次のサンプルでは、前述のサンプルのURL入力欄に、独自のバリデーションを追加します。マーク

アップでも、requiredコンテンツ属性、patternコンテンツ属性、maxlengthコンテンツ属性によって、いくつかのバリデーションが定義されていますが、これらコンテンツ属性を使って定義できない複雑なバリデーションを追加してみましょう。

ここでは、入力されたURLのドメインがjpドメインとして適切かどうかをチェックします。トップ・レベル・ドメインがjpであるだけでなく、セカンド・レベル・ドメインの値に応じて、ドメインをドットで分割したときのパーツの数をチェックしています。

このフォームをサブミットしたとき、バリデーション・エラーがあれば、テキスト入力フィールドにエラーが表示されます。

▼ 標準のエラー・メッセージ

まず、未入力の状態でサブミットすると、スクリプトとは関係なく、上図のエラー・メッセージが表示されます。これは、ブラウザーにはじめから組み込まれているメッセージです。

▼ 独自のエラー・メッセージ

スクリプトによって追加された独自のバリデーション・エラーは、上図のように表示されます。ここでは、「jpドメインとして不適切なURLです。」が、スクリプトによって定義されたエラー・メッセージです。

このように、マークアップで定義されたバリデーションを流用しつつ、さらに、独自のバリデーションが追加できる点に注目してください。

第2章　Forms

HTML

```
<form action="post.cgi" method="post">
  <p>
    <label>
      URL：
      <input type="url" name="url" required="required" pattern="https?¥:¥/¥/.+" maxlength="50" title="jpドメインのURLをhttp://から50文字以内で入力してください。" />
    </label>
    <input type="submit" value="確定" />
  </p>
</form>
```

　このHTMLは、前述のサンプルとほぼ同じですが、input要素のtitleコンテンツ属性にセットした値が、今回のバリデーションにあわせて変更されています。

スクリプト

```
// addEventListener() メソッドを実装していなければ終了
if( ! document.addEventListener ) { return; }
// Selectors API を実装していなければ終了
if( ! document.querySelector ) { return; }

// document オブジェクトに DOMContentLoaded イベントのリスナーをセット
document.addEventListener("DOMContentLoaded", function() {
  var form = document.querySelector('form');
  if( ! form ) { return; }
  // validate API が実装されていなければ終了
  if( ! form.checkValidity ) { return; }
  // URL 入力の input 要素
  var input = form.querySelector('input[name="url"]');
  // input 要素に input イベントのリスナーをセット
  form.addEventListener("input", validate, false);
}, false);

// 文字が入力されているときの処理
function validate(event) {
  // URL 入力の input 要素
  var input = event.target;
  // カスタムのバリデーション
  if( ! is_jp_domain(input.value) ) {
    input.setCustomValidity("jp ドメインとして不適切な URL です。");
```

```
    } else {
      input.setCustomValidity("");
    }
  }

  // url の FQDN が jp ドメインとして適切かどうかをチェック
  function is_jp_domain(url) {
    // 入力された URL を小文字に変換
    var url = url.toLowerCase();
    // FQDN
    var m = url.match(/^https?¥:¥/¥/([^¥:¥/]+)/);
    if( ! m ) { return false; }
    var fqdn = m[1];
    // FQDN が適切かをチェック
    var parts = fqdn.split(/¥./);
    var tld = parts.pop();
    if(tld != "jp") { return false; }
    var sld = parts.pop();
    if( /^(ac|ad|co|ed|go|gr|lg|ne|or)$/.test(sld) ) {
      if( parts.length <= 2 ) { return false; }
    }
    //
    return true;
  }
```

このスクリプトでは、まず、DOMContentLoadedイベントのリスナーで、URL入力フィールドのinput要素に対して、inputイベントのリスナーをセットしています。文字が入力される都度、validate()関数が実行されることになります。

validate()関数の次のコードに注目してください。

jpドメインとして適切かどうかをチェックする

```
if( ! is_jp_domain(input.value) ) {
  input.setCustomValidity("jp ドメインとして不適切な URL です。");
} else {
  input.setCustomValidity("");
}
```

if文でis_jp_domain()関数を呼び出して、その結果を評価しています。この関数は、jpドメインとして適切かどうかをチェックする関数ですが、もしtrueが返ってこなければ、input.setCustomValidity()メソッドを使って、独自のエラー・メッセージをセットしています。

setCustomValidity()メソッドは、バリデーション・エラーのメッセージをセットするだけではありません。このメソッドを使って空でないメッセージがセットされると、ブラウザー内部では、該当のコントロールがバリデーション・エラーになっているとマークされます。つまり、input.validity.validプロパティがfalseにセットされるのです。そのため、フォームがサブミットされたときには、バリデーション・エラーのメッセージを表示するユーザー・インタフェースが表示されることになります。

なお、setCustomValidity()に空文字列を指定すると、つまり、input.setCustomValidity("")を呼び出すと、バリデーション・エラーを解除することができます。

先ほどのサンプルは、バリデーション・エラーのメッセージ表示のユーザー・インタフェースを実装したブラウザー（2010年12月現在ではFirefox 4.0とOpera 11のみ）しか機能しません。Safari 5.0、Chrome 9.0では、バリデーションAPIは実装されているものの、ユーザー・インタフェースは実装されていないため、バリデーション・エラーが発生しても何も表示されません。

では、先ほどのサンプルを改造して、ブラウザーが実装したメッセージ表示のユーザー・インタフェースに頼らず、アラート表示してみましょう。

アラート表示

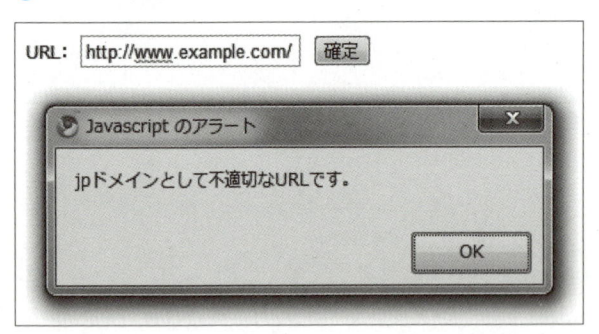

スクリプト

```
// addEventListener() メソッドを実装していなければ終了
if( ! document.addEventListener ) { return; }
// Selectors API を実装していなければ終了
if( ! document.querySelector ) { return; }

// document オブジェクトに DOMContentLoaded イベントのリスナーをセット
document.addEventListener("DOMContentLoaded", function() {
  var form = document.querySelector('form');
  if( ! form ) { return; }
  // validate API が実装されていなければ終了
  if( ! form.checkValidity ) { return; }
  // form 要素の noValidate プロパティを true に変更
  form.noValidate = true;
```

```javascript
  // form 要素に submit イベントのリスナーをセット
  form.addEventListener("submit", submit, false);
  // URL 入力の input 要素
  var input = form.querySelector('input[name="url"]');
  // input 要素に input イベントのリスナーをセット
  form.addEventListener("input", validate, false);
}, false);

// 文字が入力されているときの処理
function validate(event) {
  // URL 入力の input 要素
  var input = event.target;
  // カスタムのバリデーション
  if( ! is_jp_domain(input.value) ) {
    input.setCustomValidity("jp ドメインとして不適切な URL です。");
  } else {
    input.setCustomValidity("");
  }
}

// サブミットされたときの処理
function submit(event) {
  // デフォルト・アクションをキャンセル
  event.preventDefault();
  // 対象の form 要素
  var form = event.target;
  // URL 入力の input 要素
  var input = form.querySelector('input[name="url"]');
  // バリデートが通れば、フォームをサブミットして終了
  if( input.validity.valid == true ) {
    form.submit();
    return;
  }
  // エラーをアラート表示
  var msg = input.validationMessage;
  if( ! msg ) {
    msg = input.title;
  }
  alert(msg);
}

// url の FQDN が jp ドメインとして適切かどうかをチェック
function is_jp_domain(url) {/* 前述のサンプルと同じ */}
```

第2章　Forms

　このサンプルでは、form要素にsubmitイベントのリスナーをセットしています。submitイベントが発生すると、submit()関数が実行されるようになっています。submit()関数では、input.validity.validプロパティがtrueなら、つまりバリデーション・エラーがなければ、フォームをサブミットします。もしバリデーション・エラーがあれば、エラーをアラート表示しますが、この処理に注目してください。

⬇ エラーをアラート表示する

```
var msg = input.validationMessage;
if( ! msg ) {
  msg = input.title;
}
alert(msg);
```

　表示させたいメッセージを、input.validationMessageプロパティから取得しています。このプロパティは、バリデーション・エラーがあった場合、本来であれば、ブラウザーが表示する予定だったメッセージが格納されます。もし、このプロパティがHTML5仕様通りに実装されていれば、この値をalert関数に引き渡すだけで良いはずですが、ここでは、そのメッセージがセットされていなかった場合を想定して、input要素のtitieコンテンツ属性の値を表示するようにしてあります。

　これは、Opera 11向けの対処です。HTML5仕様では、setCustomValidity()メソッドでセットしたメッセージだけでなく、それ以外のバリデーション・エラーがあった場合も、validationMessageプロパティにメッセージがセットされることとなっていますが、2010年12月現在、Firefox 4.0、Safari 5.0、Chrome 9.0はそれに対応していますが、Opera 11は対応していません。

　もし未入力のバリデーション・エラーが発生したら、それは独自バリデーションではなく、requiredコンテンツ属性によるものです。この場合、ブラウザーごとのエラー・メッセージは、次のように変わってきます。

⬇ Safari 5.0の場合の未入力エラー・メッセージ

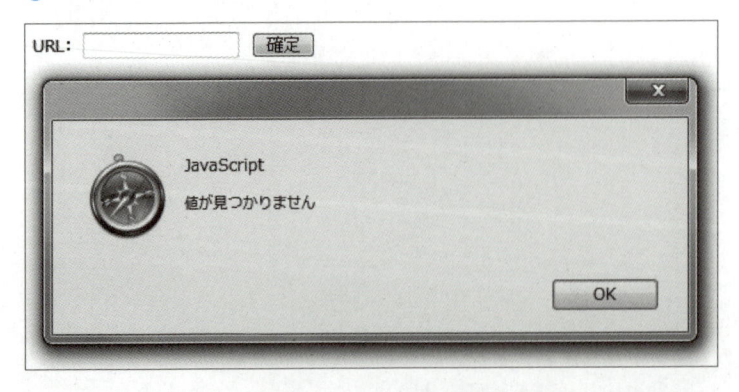

● Opera 11の場合の未入力エラー・メッセージ

Firefox 4.0、Safari 5.0、Chrome 9.0では、バリデーション・エラーの種類ごとに、メッセージが組み込まれていますので、validationMessageプロパティにはエラーの内容に合わせてたメッセージがセットされます。それに対して、Opera 11では、validationMessageプロパティにはsetCustomValidity()メソッドでセットしたメッセージしかセットされないため、このように未入力エラーの場合はvalidationMessageプロパティからメッセージを得ることができません。そのため、ここでは、input要素のtitleコンテンツ属性の値を表示しているわけです。

このようなブラウザーごとの対処が必要なのは、過渡期の現在だけでしょう。将来的には、どのブラウザーでも、HTML5仕様に合わせた実装になると期待されます。

⌘ フォーム・バリデーションAPIの注意点

これまで紹介してきたウェブ・フォームのサンプルには、実際にウェブ・サイトでの利用を想定した大事な配慮が込められています。それは、HTML5のバリデーションAPIをサポートしていないブラウザーへの対処、そして、JavaScriptを無効にしている、もしくは、JavaScriptが実行できないブラウザーへの対処です。

これまでのサンプルは、一部を除き、そのほとんどは、バリデーションAPIをサポートしていないブラウザーで表示した場合、バリデーション機能をユーザーに提供することはできませんが、フォーム本来の機能を邪魔することもありません。つまり、Internet Explorer 6でも、通常のフォームとしては機能します。

また、HTML5バリデーションAPIを実装したブラウザーの場合、JavaScriptを無効にしていたとしても、見た目や使い勝手は良くないかもしれませんが、マークアップによる入力制約については、ブラウザーが実装しているバリデーション・エラーの表示ユーザー・インタフェースによって、バリデーションが機能します。

ブラウザーの種類やバージョンを限定できる状況であれば問題ありませんが、通常のウェブ・サイトにおけるお問い合わせフォームや注文フォームでは、できる限り、古いブラウザーでも最低限の機能を提供するべきでしょう。

フォームにおける最小限の機能とは、サーバーにサブミットできることです。仮にJavaScriptが有効

第2章　Forms

でHTML5バリデーションAPIの実装を前提にフォームを作ってしまうと、古いブラウザーでは、フォームのサブミットすらできず、サイト運営においては機会損失になります。

　これまで紹介してきたサンプルの多くは、必要なAPIが実装されているかどうかを、できる限り早い段階で検知して、もし実装されていなければ、処理を中断するように配慮してあります。

🔽 ブラウザーのAPI実装検知の例

```
// addEventListener() メソッドを実装していなければ終了
if( ! document.addEventListener ) { return; }
// Selectors API を実装していなければ終了
if( ! document.querySelector ) { return; }
// validate API が実装されていなければ終了
if( ! form.checkValidity ) { return; }
```

　これまでのサンプルは、できる限りシンプルにするため、addEventListener()メソッドやquerySelector()メソッドの実装がなければ切り捨てていますが、状況によっては、代替手段を用意するのが良いでしょう。また、これらのサンプルでは、HTML5バリデーションAPIの実装については、checkValidity()メソッドの実装をもって判断しています。

　また、HTML5バリデーションAPIは、あくまでもユーザービリティの向上を目的としたものでしかありません。古いブラウザーやJavaScriptを無効にしたブラウザーであれば、いくら入力制約をマークアップしたり、JavaScriptを使ってバリデーション機能を作り込んだとしても、全く機能せず、どんな値でもサーバーに送りつけることができてしまいます。

　フォームを受け付けるサーバー側のプログラムでは、これまで通り、入力値のバリデーションは必須となりますので、注意してください。

2.4 テキストの選択状態

⌘ テキスト選択状態のAPI

　HTML5仕様では、テキスト入力フィールドやテキストエリアに入力された文字の選択状態を扱うAPIが規定されました。選択状態とは、文字をマウスでドラッグするなどして、コピーできる状態を表します。

⚓ テキストが選択された状態

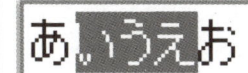

以前よりいくつかのブラウザーで実装されていましたが、Internet Explorer 8以前では実装されていませんでした。Internet Explorerは、独自のAPIを実装しており、これまでは、Internet Explorerとそれ以外のブラウザーとの間で処理を分けるしかありませんでした。しかし、Internet Explorer 9でこのAPIが実装されましたので、将来的には、同じコードで同じことが実現できることになります。ここでは、いくつかのサンプルを通して、テキスト選択状態のAPIを解説していきます。

⌘ すべてを選択状態にする

⚓ すべてを選択状態にするメソッド

input.select()	該当のinput要素がテキスト入力フィールドを表す場合、その値をすべて選択状態にします。

　まずは、select()メソッドについて解説します。このメソッドは、該当のコントロールに入力されているテキストすべてを選択状態にします。次のサンプルは、「選択」ボタンを押すと、テキスト入力フィールドにセットされていたテキストがすべて選択状態になり、ユーザーにコピーしやすいようにしています。

⚓ ボタンを押してテキストを選択した状態

第2章　Forms

HTML

```
<form>
  <p>以下のタグをコピーしてあなたのブログ記事に貼り付けてください。</p>
  <p>
    <input type="text" name="tag" value="..." readonly="readonly" size="50" />
    <input type="button" value=" 選択 " />
  </p>
</form>
```

サンプル・スクリプト

```
// addEventListener() メソッドを実装していなければ終了
if( ! document.addEventListener ) { return; }
// Selectors API を実装していなければ終了
if( ! document.querySelector ) { return; }

// document オブジェクトに DOMContentLoaded イベントのリスナーをセット
document.addEventListener("DOMContentLoaded", function() {
  // ボタンの input 要素
  var btn = document.querySelector('input[type="button"]');
  // ボタンに click イベントのリスナーをセット
  btn.addEventListener("click", text_select, false);
}, false);

// テキスト入力フィードがフォーカスされたときの処理
function text_select(event) {
  // テキスト入力フィールドの input 要素
  var input = document.querySelector('input[type="text"]');
  // 入力文字すべてを選択状態にする
  input.select();
}
```

　このサンプルでは、ボタンのinput要素にclickイベントのリスナーをセットし、ボタンがクリックされたらtext_select()関数が実行されるようにしてあります。text_select()関数では、input.select()メソッドを使って、テキスト入力フィールドにセットされているテキストをすべて選択状態にしています。

⌘選択テキストの開始位置と終了位置

選択テキストの開始位置と終了位置のプロパティ

input.selectionStart	該当のinput要素がテキスト入力フィールドを表す場合、その値が選択状態になっていれば、その選択開始位置を返します。返される値はNumber型です。もしテキストが選択されていない状態であれば、入力カーソルの直後の文字の位置を返します。このプロパティに数値をセットして、選択開始位置を指定することも可能です。
input.selectionEnd	該当のinput要素がテキスト入力フィールドを表す場合、その値が選択状態になっていれば、その選択終了位置を返します。返される値はNumber型です。もしテキストが選択されていない状態であれば、入力カーソルの直後の文字の位置を返します。このプロパティに数値をセットして、選択終了位置を指定することも可能です。

　選択されているテキストの開始位置と終了位置を把握するには、selectionStartプロパティとselectionEndプロパティを使います。値をセットして、選択状態の位置を制御することも可能です。この位置とは、オフセットと呼ばれる数値です。最初の文字の左側を0として、そこから右へ向かって1文字ずつオフセット値が増えていきます。前述の図では、「あいうえお」のうち、「いうえ」が選択状態になっていますから、selectionStartプロパティの値は1、selectionEndプロパティの値は4となります。
　ここでは、これらのプロパティを使ったサンプルを2つご覧頂きます。最初のサンプルは、テキスト入力フィールドにセットされたテキストの一部を選択状態にすると、その選択された部分のテキストを読み取ってアラート表示します。

アラート表示

HTML

```
<form>
  <p><input type="text" name="txt" value="あいうおえかきくけこ" size="50" /></p>
</form>
```

第2章 Forms

◉スクリプト

```
// addEventListener() メソッドを実装していなければ終了
if( ! document.addEventListener ) { return; }
// Selectors API を実装していなければ終了
if( ! document.querySelector ) { return; }

// document オブジェクトに DOMContentLoaded イベントのリスナーをセット
document.addEventListener("DOMContentLoaded", function() {
  // テキスト入力フィールドの input 要素
  var input = document.querySelector('input[name="txt"]');
  // select イベントのリスナーをセット
  input.addEventListener("select", function(event) {
    var el = event.target;
    var stxt = el.value.substring(el.selectionStart, el.selectionEnd);
    alert(stxt);
  }, false);
}, false);
```

　このサンプルでは、テキスト入力フィールドのinput要素に対してselectイベントのリスナーをセットしています。selectイベントが発生すると、入力されていた文字列に対してsubstring関数を使って部分文字列を取り出しています。その引数に、selectionStartプロパティとselectionEndプロパティの値を使っています。

　selectionStartプロパティは、キャレットの位置を変更するためにも使われます。ブラウザーによっては、テキスト入力フィールドにフォーカスが当たると、入力されていた値すべてを選択状態にしてしまいます。そのようなブラウザーでは、autofocusコンテンツ属性がマークアップされていると、ページが表示される段階でフォーカスが当たってしまいます。自動的にフォーカスを当ててくれる機能は非常に便利なのですが、もし入力値がすべて選択状態になっていると不都合が生じます。ページが表示された後、もし誤ってキーボードのキーを打ってしまうと、プリセットされた値が消されてしまうからです。できることなら、フォーカスが当たったときには、プリセットされた文字列の最後にキャレットが置かれるようにしたいものです。次のサンプルは、それを実現したものです。

◉キャレットがテキストの最後に置かれた状態

あいうおえかきくけこ|

2.4 テキストの選択状態

● HTML

```html
<form>
    <p><input type="text" name="txt" value="あいうおえかきくけこ" size="50" autofocus="autofocus" /></p>
</form>
```

● スクリプト

```javascript
// addEventListener() メソッドを実装していなければ終了
if( ! document.addEventListener ) { return; }
// Selectors API を実装していなければ終了
if( ! document.querySelector ) { return; }

// document オブジェクトに DOMContentLoaded イベントのリスナーをセット
document.addEventListener("DOMContentLoaded", function() {
  // テキスト入力フィールドの input 要素
  var input = document.querySelector('input[name="txt"]');
  // focus イベントのリスナーをセット
  input.addEventListener("focus", function(event) {
    var el = event.target;
    // キャレットを最後に移動
    el.selectionStart = el.value.length;
  }, false);
  // キャレットを最後に移動
  if(input.autofocus == true) {
    input.selectionStart = input.value.length;
  }
}, false);
```

まず、テキスト入力フィールドのinput要素にfocusイベントのリスナーをセットします。focusイベントが発生したら、selectionStartプロパティに、プリセットされた文字列の最後のオフセットをセットします。これで、フォーカスが当たれば、すべてのテキストが選択された状態にならずに、キャレットがテキストの最後に置かれることになります。

しかし、これだけでは、autofocusコンテンツ属性をセットしたテキスト入力フィールドには効きません。なぜなら、autofocusコンテンツ属性がセットされている場合、DOMContentLoadedイベントが発生する前にフォーカスが当たってしまうからです。DOMContentLoadedイベントが発生した後では、autofocusコンテンツ属性によってフォーカスが当たったときのfocusイベントをキャッチできないのです。そのため、ここでは、input要素にautofocus属性がセットされていれば、つまり、autofocusプロパティの値がtrueであれば、キャレットの位置を最後に移動させる処理を追加しています。

第2章　Forms

⌘範囲を指定してテキストを選択状態にする

⬇範囲を指定してテキストを選択状態にするメソッド

| input.setSelectionRange(start, end) | 該当のinput要素がテキスト入力フィールドを表す場合、引数startに指定した位置から、引数endに指定した位置の範囲を表す部分テキストを選択状態にします。 |

　HTML5では、テキスト入力フィールドやテキストエリアに入力されたテキストをすべて選択状態にするselect()メソッドだけでなく、特定の範囲を指定して選択状態にするsetSelectionRange()メソッドを規定しています。

　次のサンプルでは、広告のテキストを受け付けるフォームを想定しています。広告テキストをテキストエリアに入力するのですが、もし禁止語句が含まれていると、チェック・ボタンを押したときに、該当の禁止ワードの部分を選択状態にします。

⬇禁止語句が選択された状態

```
広告文を入力してください。ただし、以下の語句は禁止しています。
　日本一　世界一　最高　ナンバー1　絶対　確実　完璧
チェック・ボタンを押すと、禁止語句をチェックし、該当箇所を選択状態にします。
あなたが欲しいバイクが確実に見つかります！

[チェック]
```

⬇HTML

```
<form>
    <p>広告文を入力してください。ただし、以下の語句は禁止しています。</p>
    <ul id="ngwords">
        <li>日本一</li>
        <li>世界一</li>
        <li>最高</li>
        <li>ナンバー1</li>
        <li>絶対</li>
        <li>確実</li>
        <li>完璧</li>
    </ul>
    <p>チェック・ボタンを押すと、禁止語句をチェックし、該当箇所を選択状態にします。</p>
    <p><textarea name="ad" cols="50" rows="2"></textarea></p>
    <p><input type="button" value="チェック" /></p>
</form>
```

24 テキストの選択状態

● スクリプト

```
// addEventListener() メソッドを実装していなければ終了
if( ! document.addEventListener ) { return; }
// Selectors API を実装していなければ終了
if( ! document.querySelector ) { return; }

// document オブジェクトに DOMContentLoaded イベントのリスナーをセット
document.addEventListener("DOMContentLoaded", function() {
  // ボタンに click イベントのリスナーをセット
  var btn = document.querySelector('input[type="button"]');
  btn.addEventListener("click", check, false);
}, false);

// 禁止語句のチェック
function check() {
  // textarea 要素
  var textarea = document.querySelector('textarea[name="ad"]');
  // 禁止語句の評価
  var li_list = document.querySelectorAll('ul#ngwords>li');
  for( var i=0; i<li_list.length; i++ ) {
    // 禁止語句
    var ngword = li_list.item(i).textContent;
    if( ! ngword ) { continue; }
    // 禁止語句の存在をチェック
    var offset = textarea.value.indexOf(ngword);
    if(offset == -1) { continue; }
    // 禁止語句の部分を選択状態にする
    textarea.setSelectionRange(offset, offset + ngword.length);
    break;
  }
}
```

　このサンプルでは、ボタンが押されると、check()関数が実行されます。この関数では、まず、HTMLにマークアップされている禁止語句のリストを取り出します。そして、その禁止語句を1つずつ、テキストエリア内の入力テキストに含まれていないかをチェックします。もし禁止語句が含まれていれば、setSelectionRange()メソッドを使って、該当箇所を選択状態にしています。

　setSelectionRange()メソッドには2つの引数を与えます。1つ目は選択範囲の開始位置を表すオフセット、2つ目は終了位置を表すオフセットです。このサンプルでは、indexOf()関数を使って禁止語句の開始位置のオフセットを取得しています。終了位置は、開始位置のオフセットに、禁止語句の文字数を足した値となります。

第2章 Forms

2.5 HTML5で新たに導入されたフォーム関連要素

⌘ 3つの新要素

　HTML5では、これまでフォームに使われてきたinput要素やtextarea要素などの他に、新たな要素が導入されました。処理結果を出力するために使うoutput要素、プログレスバーを表すprogress要素、ゲージを表すmeter要素です。

　これらの要素は、input要素のように、フォームがサブミットされたときに、その値がサーバーに送信されることはありません。では、なぜ、フォーム関連要素として規定されているのでしょうか。それは、他のフォーム関連要素と同様に、formプロパティ、labelsプロパティが規定されているからです。formプロパティは、該当のコントロールが関連付けられているform要素のノード・オブジェクトを返します。また、labelsプロパティは、該当のコントロールと関連付けられているlabel要素のリストを表すNodeListオブジェクトを返します。

　フォームと関連付ける点については他のコントロール要素と同じですので説明しませんが、ここでは、これら新要素の基本を説明していきます。

⌘ output要素

⬇ output要素のプロパティ

output.defaultValue	該当のoutput要素のデフォルト値を返します。デフォルト値とは、この要素に入れられたテキスト（正確には、textarea.textContentプロパティが返す文字列）を表します。もしvalueプロパティを使って、この要素の値が変更されたとしても、defaultValueプロパティの値は変わりません。値をセットすることも可能です。
output.value	該当のoutput要素の現在の値を返します。値をセットすることも可能です。

　output要素は、JavaScriptを使って処理した結果を表示させるために使います。ただ単に表示するだけであればoutput要素でなくても良いはずですが、なぜ、output要素が必要なのでしょうか。

　もちろん、処理結果の出力というセマンティクスを与えるという理由もありますが、もっと大きな理由があります。それは、リセット可能である点です。また、これが、output要素がフォーム関連要素として分類されている所以でもあります。

　output要素がリセット可能ということは、当然、デフォルト値と現在の値の両方を保持することになります。まずデフォルト値ですが、これは、output要素のコンテンツ、つまり開始タグと終了タグの間に入れられた値がデフォルト値になります。当初は、この値が、現在値にもなります。input要素のよう

に、valueコンテンツ属性をマークアップしてデフォルト値を指定するわけではありませんので注意してください。

　現在値は、JavaScriptからvalueプロパティに値を指定することでセットすることができます。そして、valueプロパティに値をセットすると、レンダリングでもリアルタイムにその値が適用されます。これについてはinput要素と同じです。

　デフォルト値は、valueプロパティに値をセットしても、変更されません。そのため、defaultValueプロパティからいつでもデフォルト値を取得することができます。この点も、input要素と同様です。

　output要素の現在値を更新する際には、valueプロパティを更新するだけでなく、output要素をサポートしていないブラウザー向けに、contentTextプロパティなどを使って、output要素のコンテンツも書き換えるのが良いでしょう。

　2010年12月現在、Firefox 4.0、Opera 11、Chrome 9.0がoutput要素をサポートしています。

　では、output要素を使ったサンプルを見ていきましょう。次のサンプルでは、テキストエリアに入力された文字数をリアルタイムでoutput要素にセットして表示させます。

サンプルの結果（Opera 11）

```
コメント
あいうえおかきくけこさしすせそたちつてとな
にぬねのはひふへほまみむめもやいゆえよらり
るれろわゐうゑをん|

入力文字数:51文字  リセット
```

HTML

```html
<form>
  <p><label for="comment"> コメント </label></p>
  <p><textarea name="comment" id="comment" rows="3" cols="40"></textarea></p>
  <p>
    <label> 入力文字数 :<output for="comment">0</output> 文字 </label>
    <input type="reset" value=" リセット " />
  </p>
</form>
```

　HTMLには、文字数の結果を表示するためにoutput要素がマークアップされています。デフォルト値に0をセットしている点に注目してください。

第2章　Forms

⬇ スクリプト

```javascript
// document オブジェクトに DOMContentLoaded イベントのリスナーをセット
document.addEventListener("DOMContentLoaded", function() {
  // textarea 要素
  var textarea = document.querySelector('#comment');
  // textarea 要素に input イベントのリスナーをセット
  textarea.addEventListener("input", count, false);
}, false);

// テキストエリアの入力文字数を表示
function count(event) {
  // textarea 要素
  var textarea = event.target;
  // テキストエリアの入力文字数
  var num = textarea.textLength;
  // 結果を表示する output 要素
  var output = textarea.form.querySelector('output');
  // 結果を output 要素にセット
  output.value = num;
  // output 要素をサポートしていないブラウザー向けに
  // output 要素のコンテンツも書き換える
  if( output.defaultValue === undefined ) {
    output.textContent = num;
  }
}
```

　スクリプトでは、テキストエリアに対してinputイベントのリスナーをセットしています。文字入力が発生する度に、count()関数が実行されることになります。文字数はtextarea要素に規定されているtextLengthプロパティを使います。textarea.value.lengthプロパティでは文字数を表すとは限りませんので注意してください。

　取得した文字数は、output.valueプロパティにセットします。これで、output要素をサポートしたブラウザーに、その文字数が表示されます。しかし、output要素をサポートしていないブラウザーでは、その値が表示されませんので、textContentプロパティにその値をセットしています。

　output要素をサポートしているかどうかは、output.defaultValueの値がundefinedかどうかで判定しています。defaultValueプロパティの値がundefinedであれば、該当のブラウザーはoutput要素をサポートしていないことになります。

　このサンプルでは、output要素をサポートしたブラウザーであれば、リセット・ボタンを押すと、テキストエリアの入力文字がリセットされるだけでなく、output要素もリセットされ、デフォルト値に戻ります。

progress要素

progress要素のプロパティ

progress.value	該当のprogress要素にセットされたvalueコンテンツ属性の値をNumber型で返します。valueコンテンツ属性がセットされていなければ0を返します。値をセットすることも可能です。
progress.max	該当のprogress要素にセットされたmaxコンテンツ属性の値をNumber型で返します。valueコンテンツ属性がセットされていなければ1を返します。値をセットすることも可能です。
progress.position	該当のprogress要素が表す進捗率（現在値を最大値で割った値）を0～1の小数値で返します。もし進捗率を算出できない場合は-1を返します。値をセットすることも可能です。

progress要素はHTML5で新たに導入された要素です。名前の通り、プログレスバーを表す要素です。何かしらのタスクの進捗度合いを表します。この要素はマークアップ上のセマンティクスのためだけではなく、実際にプログレスバーとしてレンダリングされることを想定した要素です。

HTML5仕様は、ブラウザーに対して、プラットフォームの慣例に従ったプログレスバーを表示することを推奨しています。つまり、Windowsなら、Windows OS上で表示されるプログレスバーと同じようなデザインでレンダリングされることになります。

2010年12月現在で、Opera 11とChrome 9.0がprogress要素を実装していますが、プラットフォームによって、そのデザインが異なります。

Windows 7版Chrome 9.0のレンダリング結果

0%	:	`<progress value="0" max="100">0%</progress>`
25%	:	`<progress value="25" max="100">25%</progress>`
50%	:	`<progress value="50" max="100">50%</progress>`
75%	:	`<progress value="75" max="100">75%</progress>`
100%	:	`<progress value="100" max="100">100%</progress>`
未確定	:	`<progress max="100">未確定</progress>`

MacOS X版Chrome9.0のレンダリング結果

0%	:	`<progress value="0" max="100">0%</progress>`
25%	:	`<progress value="25" max="100">25%</progress>`
50%	:	`<progress value="50" max="100">50%</progress>`
75%	:	`<progress value="75" max="100">75%</progress>`
100%	:	`<progress value="100" max="100">100%</progress>`
未確定	:	`<progress max="100">未確定</progress>`

紙面では分かりにくいかもしれませんが、Windows 7では緑色のプログレスバーが、MacOS Xでは青色のプログレスバーが表示されます。

　この要素は、通常のウェブ・サイトのページで使うだけではなく、ウェブ・アプリケーションでの利用を想定したものといっても良いでしょう。WindowsなどのOSネイティブ・アプリケーションを作成する際に使われる開発環境には、必ずといっても良いほど、そのOSで使われるコンポーネントを簡単に利用できるようになっています。それと同じように、ウェブの技術で、ネイティブ・アプリケーションの製作と同じようなメリットを享受できるのです。

　progress要素には、valueコンテンツ属性とmaxコンテンツ属性が規定されていますが、valueコンテンツ属性にはタスクの進捗の度合いを表す数値を、maxコンテンツ属性にはタスク完了時における度合いを表す数値を指定します。

　APIでは、コンテンツ属性に対応したプロパティが用意されており、maxコンテンツ属性にはmaxプロパティが、valueコンテンツ属性にはvalueプロパティが対応します。さらに、もう1つのプロパティが規定されています。それは、positionプロパティです。これに対応するコンテンツ属性はなく、JavaScriptからしかアクセスできません。このプロパティは、maxとvalueの値から、その進捗率を0から1の間の数値で返します。positionプロパティは読み取り専用ですので、値をセットすることはできません。

　valueコンテンツ属性が指定されていないprogress要素は、未確定プログレスバーと呼びます。これは、進捗率が確定できないけれども、何かしら進行中であることを表します。状況によっては、進捗率が把握できない場合があるでしょう。このような場合に、未確定プログレスバーとしてprogress要素を使うことができます。

　では、progress要素を使ったサンプルをご覧頂きましょう。このサンプルでは、XMLHttpRequestを使って、大きなCSVファイルをロードします。ファイルをロードしている間は、ダウンロードの進捗をリアルタイムでプログレスバーとして表示します。

⬇ Windows 7版 Chrome 9.0での結果①

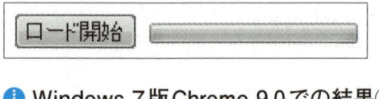

⬇ Windows 7版 Chrome 9.0での結果②

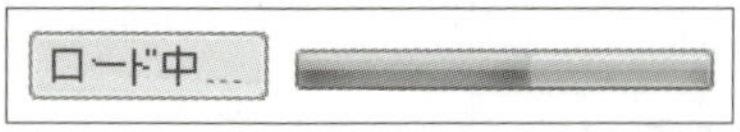

⬇ Windows 7版 Chrome 9.0での結果③

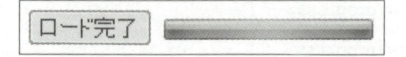

🔽 HTML

```
<p>
  <button> ロード開始 </button>
  <progress value="0"></progress>
</p>
```

　HTMLでは、progress要素にvalue="0"がセットされています。これによって、このprogress要素が表すプログレスバーは、未確定ではないことを表します。未確定プログレスバーとしてマークアップしてしまうと、デザイン上、あたかも、すでにダウンロードが始まっているかのように見えてしまいますので、注意してください。

🔽 スクリプト

```
// progress 要素
var progress = null;
// button 要素
var button = null;
// ロードするファイルのトータルのサイズ
var total = undefined;
// ロード済みのファイルのデータのサイズ
var loaded = undefined;

// document オブジェクトに DOMContentLoaded イベントのリスナーをセット
document.addEventListener("DOMContentLoaded", function() {
  progress = document.querySelector('progress');
  button = document.querySelector('button');
  button.addEventListener("click", data_load, false);
}, false);

// ロード開始
function data_load() {
  // ボタンを無効にして表記を変更
  button.disabled = true;
  button.textContent = ' ロード中 ...';
  // XMLHttpRequest
  var xhr = new XMLHttpRequest();
  // progress イベントのハンドラをセット
  xhr.onprogress = progress_handler;
  // load イベントのハンドラをセット
  xhr.onload = load_handler;
  // ファイルをロード
```

第2章 Forms

```javascript
  xhr.open("GET", "KEN_ALL.CSV");
  xhr.send();
}

// progress のハンドラ
function progress_handler(event) {
  // ロードするファイルのトータルのサイズ
  total = event.total;
  // ロード済みのファイルのデータのサイズ
  loaded = event.loaded;
  // プログレスバーをアップデート
  update_progress();
}

// load イベントのハンドラ
function load_handler(event) {
  // ロード済みのサイズをファイルのトータルのサイズに合わせる
  loaded = total;
  // プログレスバーをアップデート
  update_progress();
  // ボタンの表記を変更
  button.textContent = 'ロード完了';
}

// プログレスバーをアップデート
function update_progress() {
  if( isNaN(total) || isNaN(loaded) ) { return; }
  if( ! progress ) { return; }
  // progress 要素の max と value 属性の値をセット
  progress.max = total;
  progress.value = loaded;
  // 進捗の比率を取得
  rate = progress.position;
  // progress 要素をサポートしていないブラウザー用
  if( ! rate && total > 0 ) {
    rate = loaded / total;
  }
  progress.textContent = parseInt( rate * 100 ) + '% (' + loaded + '/' + total + ')';
}
```

このサンプルで注目すべき点は、プログレスバーをアップデートするupdate_progress()関数の処理です。max、value、positionプロパティの使い方を、ここから把握してください。

また、progress要素をサポートしていないブラウザー向けにも対処している点に注目してください。このサンプルは、W3C Progress events 1.0で規定されているAPIを使っています。そのため、このAPIに対応していないブラウザーでは、進捗率が把握できません。2010年12月現在で、Firefox 4.0、Chrome 9.0がXMLHttpRequestからProgress eventsの利用をサポートしています。

- W3C Progress events 1.0
    http://dev.w3.org/2006/webapi/progress/Progress.html

しかし、このサンプルでは、XMLHttpRequestのloadイベントさえ実装されていれば、CSVファイルのロードは完了するように作られています。また、Progress eventを実装してはいるけれども、progress要素をサポートしていないブラウザーでは、進捗率が文字で表示されるようになっています。

◉ Windows 7版 Firefox 4.0での結果①

◉ Windows 7版 Firefox 4.0での結果②

◉ Windows 7版 Firefox 4.0での結果③

progress要素をサポートしているブラウザーはまだ多くないため、進捗を表す情報を、progress要素の中に入れることを推奨します。こうすることで、progress要素をサポートしていないブラウザーでは、未知の要素として処理され、その中にあるコンテンツがそのまま表示されることになります。

⌘meter要素

⚓meter要素のプロパティ

meter.value	該当のmeter要素にセットされたvalueコンテンツ属性の値をNumber型で返します。valueコンテンツ属性がセットされていなければ0を返します。値をセットすることも可能です。
meter.min	該当のmeter要素にセットされたminコンテンツ属性の値をNumber型で返します。minコンテンツ属性がセットされていなければ0を返します。値をセットすることも可能です。
meter.max	該当のmeter要素にセットされたmaxコンテンツ属性の値をNumber型で返します。maxコンテンツ属性がセットされていなければ1を返します。値をセットすることも可能です。
meter.low	該当のmeter要素にセットされたlowコンテンツ属性の値をNumber型で返します。値をセットすることも可能です。
meter.high	該当のmeter要素にセットされたhighコンテンツ属性の値をNumber型で返します。値をセットすることも可能です。
meter.optimum	該当のmeter要素にセットされたoptimumコンテンツ属性の値をNumber型で返します。値をセットすることも可能です。

　meter要素も、progress要素と同様、HTML5で新たに導入された要素で、ゲージを表します。ゲージとは、何かしらの決まった範囲の中で値が変動し、その値に応じて、善し悪しが測られるものと考えてください。

　代表的なゲージとして、自動車のメーターが挙げられるでしょう。例えば、タコメータ（エンジンの回転数を表すメーター）であれば、低い回転数であればエンジンにとっては負担が少なく良い状態です。回転数が高くなりすぎると、エンジンにとって負荷が高くなり、場合によってはエンジンが壊れる可能性すら出てきます。これは非常に危険な状態を表しているため、よく「レッドゾーン」ともいわれます。

　燃料計も代表的なゲージの1つでしょう。満タンが最も良い状態を表し、ガス欠が最も良くない状態です（燃費という観点からは、必ずしもそうではありませんが）。

　このように、meter要素は、有限の範囲内で、良い状態、悪い状態というものを持った計測結果に使います。progress要素とは全く用途が異なりますので注意してください。また、低い値が悪くて、高い値が良いとは限りません。それは状況次第です。先ほどのタコメータでは、低い値が良くて、高い値が悪いということになります。

　meter要素は、progress要素と同様に、プラットフォームの慣例に従って、ゲージがレンダリングされることとなっています。自動車のメーターとは違い、通常は、横軸のバーとして表示されます。

　meter要素には、value、min、max、low、high、optimumというゲージの値を表す6つのコンテンツ属性と、それに対応する同じ名前のプロパティが規定されています。

　valueはゲージが指す値です。minとmaxは、それぞれゲージが表す最小値と最大値です。この範囲内でゲージが指す値を指定することができます。

2.5 HTML5で新たに導入されたフォーム関連要素

lowとhighは、ゲージの範囲を、最大で3つの領域に分割するために指定します。つまり、lowより低い領域、lowとhighの間の領域、highより高い領域に分割できます。もしlowとhighが同じ値で、それがminともmaxとも等しくなければ、そのゲージは2つの領域に分割されることになります。

そして、optimumは最適値を表します。optimumによって、最大3つに分割された領域のうち、どの領域が最適なのかを指定することになります。

2010年12月現在で、Opera 11とChrome 9.0がmeter要素をサポートしています。

では、先ほどのタコメータをmeter要素で表してみましょう。ここでは、0〜10000rpmの範囲でメーターを表すとします。この場合、min="0"、max="10000"となります。8000rpmを超えると注意喚起、9000rpmを超えると警告となるよう、メーターを3つの領域に分けるとすると、low="8000"、high="9000"となります。最適な領域は8000rpm未満ですから、optimum="0"としておきましょう。この場合のmeter要素のマークアップとレンダリング結果は、以下の通りとなります。

タコメータのレンダリング結果 (Windows 7、Chrome 9.0)

6800rpm	:	`<meter value="5000" min="0" low="8000" high="9000" max="10000" optimum="0">6800rpm</meter>`
8500rpm	:	`<meter value="8500" min="0" low="8000" high="9000" max="10000" optimum="0">8500rpm</meter>`
9500rpm	:	`<meter value="9500" min="0" low="8000" high="9000" max="10000" optimum="0">9500rpm</meter>`

次は、最適な領域が高い領域となる事例を見てみましょう。次のサンプルは燃料計を想定しています。ここでは0Lから73Lの範囲で燃料計を表すとします。この場合、min="0"、max="73"となります。20L未満で注意喚起、10L未満で警告となるよう、燃料計を3つの領域に分けるとすると、high="20"、low="10"となります。最適な値とは満タン、つまりmaxと同じ値となるべきですから、optimum="73"となります。この場合のmeter要素のマークアップとレンダリング結果は、以下の通りとなります。

燃料計のレンダリング結果 (Windows 7、Chrome 9.0)

73L	:	`<meter value="73" min="0" low="10" high="20" max="73" optimum="73">73L</meter>`
15L	:	`<meter value="15" min="0" low="10" high="20" max="73" optimum="73">15L</meter>`
9L	:	`<meter value="9" min="0" low="10" high="20" max="73" optimum="73">9L</meter>`

先ほどの2つのサンプルは、いずれも、3つに分割された領域のうち、最適値を含む領域をゲージが指し示していれば緑色で、最適領域の隣の領域を指し示していれば黄色で、そして、最適領域から2つ離れた領域を指し示していれば赤色でレンダリングされます。

では、最後に、最適値が、3つの領域のうち、真ん中の領域にある場合に、どのようにレンダリングされるかを見てみましょう。ここでは、熱帯魚を飼育するときに使う水温計を想定しましょう。この水温計は0〜40℃を範囲とします。この場合、min="0"、max="40"となります。20℃〜32℃を最適な温度の

第2章　Forms

範囲とすると、low="20"、high="32"となります。最適値は、この最適温度の範囲の中にあれば良いので、optimum="25"とします。

🔽 水温計のレンダリング結果（Windows 7、Chrome 9.0）

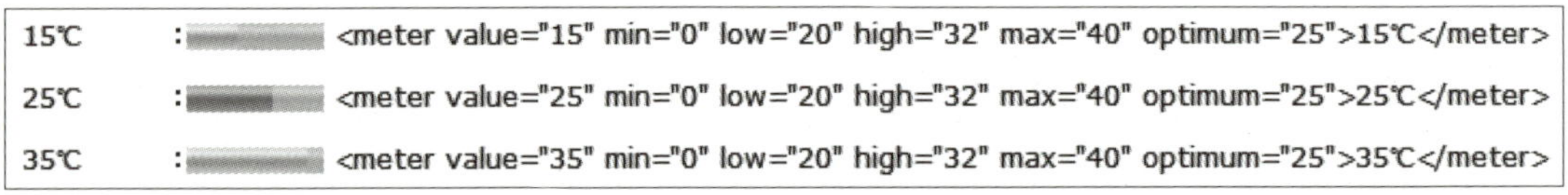

15℃	：	`<meter value="15" min="0" low="20" high="32" max="40" optimum="25">15℃</meter>`
25℃	：	`<meter value="25" min="0" low="20" high="32" max="40" optimum="25">25℃</meter>`
35℃	：	`<meter value="35" min="0" low="20" high="32" max="40" optimum="25">35℃</meter>`

20℃以下または32℃以上であれば黄色で、その間であれば緑色で表示されます。

では、meter要素のAPIを使ったスクリプトのサンプルを見ていきましょう。次のサンプルは、output要素で使ったサンプルに機能を追加したものです。テキストエリアに文字が入力されると、リアルタイムで、入力文字数がoutput要素にセットされるだけでなく、meter要素にも値をセットします。

さらに、output要素をサポートしていないブラウザーでも、リセット・ボタンを押したら、output要素に表示されている値をリセットする仕組みも追加されています。もちろん、meter要素の値もリセットします。正確には、フォームのリセット・メカニズムではなく、ただ単に、JavaScriptから値を0にセットします。

このサンプルでは、テキストエリアの入力文字数の上限を50文字とします。そして、40文字を超えると注意喚起を表すためにmeter要素が黄色で表示されるように、そして、50文字を超えると警告を表すためにmeter要素が赤色で表示されるようにしています。

🔽 40文字以下の場合（緑色のゲージ）

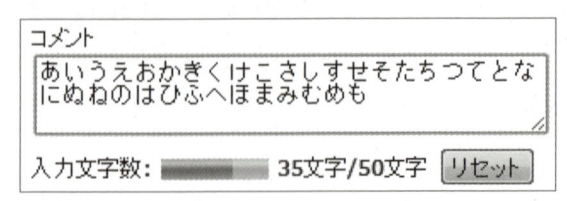

```
コメント
あいうえおかきくけこさしすせそたちつてとな
にぬねのはひふへほまみむめも

入力文字数：　[====    ]　35文字/50文字　[リセット]
```

🔽 40文字を超えた場合（黄色のゲージ）

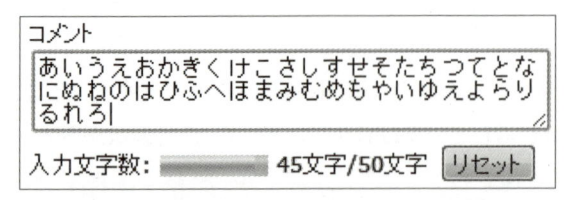

```
コメント
あいうえおかきくけこさしすせそたちつてとな
にぬねのはひふへほまみむめもやいゆえよらり
るれろ|

入力文字数：　[======  ]　45文字/50文字　[リセット]
```

2.5 HTML5で新たに導入されたフォーム関連要素

⬇ 50文字を超えた場合（赤色のゲージ）

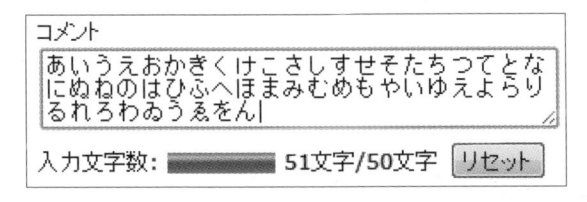

⬇ リセット・ボタンを押した場合（背景がグレーのゲージ）

HTMLには、output要素のサンプルにmeter要素を追加しています。

⬇ HTML

```
<form>
  <p><label for="comment">コメント</label></p>
  <p><textarea name="comment" id="comment" rows="3" cols="40"></textarea></p>
  <p>
    <label>入力文字数：
      <meter min="0" max="51" low="40" high="50" optimum="0" value="0"></meter>
      <output for="comment">0</output>文字/50文字
    </label>
    <input type="reset" value="リセット" />
  </p>
</form>
```

meter要素のコンテンツ属性に注目してください。テキストエリアには、入れようと思えば、何文字でも文字を入力することができます。とはいえ、meter要素には、そのゲージが表す有限の範囲が必要です。上限が無限というわけにはいきません。ここでは、50文字を超えたかどうかを判定するためにmeter要素を使うわけですから、max="51"としています。また、40文字を超えたら注意喚起、50文字を超えたら警告を表したいわけですから、low="40"、high="50"としています。最適値は、ここでは、40以下であれば何でも構いませんので、ここでは、optimum="0"としています。

第2章　Forms

⬇ スクリプト

```javascript
// document オブジェクトに DOMContentLoaded イベントのリスナーをセット
document.addEventListener("DOMContentLoaded", function() {
  // textarea 要素に input イベントのリスナーをセット
  var textarea = document.querySelector('#comment');
  textarea.addEventListener("input", count, false);
  // form 要素に reset イベントのリスナーをセット
  textarea.form.addEventListener("reset", formreset, false);

}, false);

// テキストエリアの入力文字数を表示
function count(event) {
  // textarea 要素
  var textarea = event.target;
  // テキストエリアの入力文字数
  var num = textarea.textLength;
  // 結果を表示する output 要素
  var output = textarea.form.querySelector('output');
  // 結果を output 要素にセット
  output.value = num;
  // output 要素をサポートしていないブラウザー向けに
  // output 要素のコンテンツも書き換える
  if( output.defaultValue === undefined ) {
    output.textContent = num;
  }
  // meter 要素をアップデート
  var meter = textarea.form.querySelector('meter');
  meter.value = num > meter.max ? meter.max : num;
}

function formreset(event) {
  // form 要素
  var form = event.target;
  // output 要素をサポートしていないブラウザー向けに
  // output 要素のコンテンツも書き換える
  var output = form.querySelector('output');
  if( output.defaultValue === undefined ) {
    output.textContent = "0";
  }
  // meter 要素の値を 0 に更新
  var meter = form.querySelector('meter');
  meter.value = 0;
```

```
}
```

　このスクリプトでは、まず、textarea要素にinputイベントのリスナーをセットしています。さらに、form要素にresetイベントのリスナーもセットしています。

　テキストエリアに文字が入力される度に起動されるcount()関数では、次のコードに注目してください。

⬇ meter要素のvalueプロパティに値をセットする

```
meter.value = num > meter.max ? meter.max : num;
```

　meter要素のvalueプロパティに値をセットしています。変数numは文字数が格納されていますが、三項演算子を使って条件分岐しています。文字数を表すnumは、meter要素の最大値meter.maxを超える可能性があります。そのため、もしnumがmeter.maxを超えている場合は、meter.valueにmeter.maxを、超えていなければnumをセットするようにしています。

　とはいえ、実際には、meter.valueに、meter.maxより大きい値をセットしてもエラーにはなりません。その場合、meter.valueは、meter.maxと同じ値になります。

　次に、リセット・ボタンが押されたときに起動されるformreset()関数をご覧ください。ここでは、本来、form要素に備わっているリセット・メカニズムはそのまま使いたいため、stopDefaultAction()メソッドを使ってデフォルト・アクションをキャンセルしていない点に注意してください。

　リセット・ボタンが押されたとき、output要素はリセット対象のコントロールですので、output要素をサポートしたブラウザーであればデフォルト値にリセットされます。しかし、output要素をサポートしていないブラウザーではリセットされませんので、output.textContentプロパティに"0"をセットします。

　meter要素は、もともとリセット対象のコントロールではありません。そのため、たとえブラウザーがmeter要素をサポートしていたとしても、リセットされることはありません。そのため、明示的にmeter.valueプロパティに0をセットしています。

第2章　Forms

2.6　フォームAPIリファレンス

⌘大幅に拡充されたフォームに関連するAPI

　HTML5では、フォームに関連するAPIが大幅に拡充されました。ここでは、一気に、フォーム関連要素ごとに規定されているAPIをすべて紹介します。HTML5で新たに導入されたAPIだけではなく、旧来から利用されてきたAPIも掲載してあります。

● form要素のプロパティ

form.acceptCharset	該当のform要素にセットされたaccept-charsetコンテンツ属性の値を返します。値をセットすることも可能です。
form.action	該当のform要素にセットされたactionコンテンツ属性の値を返します。値をセットすることも可能です。
form.autocomplete	該当のform要素にセットされたautocompleteコンテンツ属性の値を返します。値をセットすることも可能です。
form.enctype	該当のform要素にセットされたenctypeコンテンツ属性の値を返します。値をセットすることも可能です。
form.method	該当のform要素にセットされたmethodコンテンツ属性の値を返します。値をセットすることも可能です。
form.name	該当のform要素にセットされたnameコンテンツ属性の値を返します。値をセットすることも可能です。
form.noValidate	該当のform要素にnovalidateコンテンツ属性がセットされていればtrueを、そうでなければfalseを返します。値をセットすることも可能です。
form.target	該当のform要素にセットされたtargetコンテンツ属性の値を返します。値をセットすることも可能です。
form.elements	該当のフォームに関連付けられたフォーム・コントロールを表す要素のリストを格納したHTMLFormControlsCollectionオブジェクトを返します。HTMLFormControlsCollectionオブジェクトの詳細については後述します。対象となる要素は、button要素、fieldset要素、input要素、keygen要素、object要素、output要素、select要素、textarea要素です。ただし、imageタイプのinput要素は除外されます。
form.length	該当のフォームに関連付けられたフォーム・コントロールの数を返します。ただし、imageタイプのinput要素は除外されます。読み取り専用のプロパティですので、値をセットすることはできません。
form.item(index) form[index] form(index)	該当のフォームに関連付けられたフォーム・コントロールのうち、引数indexに指定した順番で格納されているコントロールを表す要素ノード・オブジェクトを返します。順番は0から順に数えます。なお、imageタイプのinput要素は除外されます。

2.6 フォーム API リファレンス

form.namedItem(name) form[name] form(name)	該当のフォームに関連付けられたフォーム・コントロールのうち、引数nameの値がid属性もしくはname属性にセットされたフォーム・コントロールを表す要素ノード・オブジェクトを返します。もし該当する要素が複数存在した場合は、該当する要素すべてを格納したNodeListオブジェクトを返します。また、該当する要素が1つもない場合は、nullを返します。なお、imageタイプのinput要素は除外されます。
form.submit()	該当のフォームをサブミットします。
form.reset()	該当のフォームをリセットします。
form.checkValidity()	該当のフォームに関連付けられたフォーム・コントロールすべてのバリデーションを行い、その結果を返します。すべてOKであればtrueを、そうでなければfalseを返します。もしバリデーションの結果がNGだった場合は、invalidイベントが発生することになります。
form.dispatchFormInput()	該当のフォームに関連付けられたフォーム・コントロールすべてからforminputイベントを発生させます。
form.dispatchFormChange()	該当のフォームに関連付けられたフォーム・コントロールすべてからformchangeイベントを発生させます。

● fieldset要素のプロパティ

fieldset.disabled	該当のfieldset要素にdisabledコンテンツ属性がセットされていればtrueを、そうでなければfalseを返します。値をセットすることも可能です。
fieldset.form	該当のfieldset要素が関連付けられているform要素のノード・オブジェクトを返します。対象のform要素がなければnullを返します。読み取り専用のプロパティですので、値をセットすることはできません。
fieldset.name	該当のfieldset要素にセットされたnameコンテンツ属性の値を返します。値をセットすることも可能です。
fieldset.type	文字列"fieldset"を返します。読み取り専用のプロパティですので、値をセットすることはできません。
fieldset.elements	該当のfieldset要素内にあるフォーム・コントロールを表す要素のリストを格納したHTMLFormControlsCollectionオブジェクトを返します。HTMLFormControlsCollectionオブジェクトの詳細については後述します。対象となる要素は、button要素、fieldset要素、input要素、keygen要素、object要素、output要素、select要素、textarea要素です。
fieldset.willValidate	該当のfieldset要素がバリデーションの対象であればtrueを、そうでなければfalseを返します。なお、fieldset要素は常にバリデーションの対象から外れますので、このプロパティは常にfalseを返すことになります。読み取り専用のプロパティですので、値をセットすることはできません。
fieldset.validity	該当のfieldset要素のバリデーションの結果を格納したValidityStateオブジェクトを返します。ValidityStateオブジェクトの詳細は後述します。読み取り専用のプロパティですので、値をセットすることはできません。

fieldset.validationMessage	該当のfieldset要素のバリデーションの結果がNGであれば、ブラウザーがユーザーに表示する予定のメッセージを返します。バリデーションの結果がOKの場合や、そもそもバリデーションの対象になっていない要素の場合は、空文字列を返します。なお、fieldset要素は常にバリデーションの対象から外れますので、このプロパティは常に空文字列を返すことになります。読み取り専用のプロパティですので、値をセットすることはできません。
fieldset.checkValidity()	該当のfieldset要素のバリデーションを行い、その結果を返します。すべてOKであればtrueを、そうでなければfalseを返します。なお、fieldset要素は常にバリデーションの対象から外れますので、このプロパティは常にtrueを返すことになります。
fieldset.setCustomValidity(message)	該当のfieldset要素のバリデーションがNGだった場合のエラー・メッセージを、引数messageに与えた文字列にセットします。このメソッドを呼び出してエラー・メッセージをセットした時点で、バリデーション・エラーの状態になります。

legend要素のプロパティ

legend.form	該当のlegend要素が関連付けられているform要素のノード・オブジェクトを返します。対象のform要素がなければnullを返します。読み取り専用のプロパティですので、値をセットすることはできません。

label要素のプロパティ

label.form	該当のlabel要素が関連付けられているform要素のノード・オブジェクトを返します。対象のform要素がなければnullを返します。読み取り専用のプロパティですので、値をセットすることはできません。
label.htmlFor	該当のlabel要素にセットされたforコンテンツ属性の値を返します。値をセットすることも可能です。
label.control	該当のlabel要素と関連付けられているコントロールのノード・オブジェクトを返します。該当のlabel要素に関連付けられるコントロールとは、forコンテンツ属性に指定された値をid属性に持つコントロール、または、該当のlabel要素の中に入れられているコントロールを表します。なお、label要素と関連付けられるコントロールは、button要素、input要素、keygen要素、meter要素、output要素、progress要素、select要素、textarea要素です。対象のコントロールがなければnullを返します。

input要素のプロパティ

input.accept	該当のinput要素にセットされたacceptコンテンツ属性の値を返します。値をセットすることも可能です。

input.alt	該当のinput要素にセットされたaltコンテンツ属性の値を返します。値をセットすることも可能です。
input.autocomplete	該当のinput要素にセットされたautocompleteコンテンツ属性の値を返します。値をセットすることも可能です。
input.autofocus	該当のinput要素にautofocusコンテンツ属性がセットされていればtrueを、そうでなければfalseを返します。値をセットすることも可能です。
input.defaultChecked	該当のinput要素にcheckedコンテンツ属性がセットされていればtrueを、そうでなければfalseを返します。値をセットすることも可能です。
input.checked	該当のinput要素がチェックされているならtrueを、そうでなければfalseを返します。値をセットすることも可能です。
input.disabled	該当のinput要素にdisabledコンテンツ属性がセットされていればtrueを、そうでなければfalseを返します。値をセットすることも可能です。
input.form	該当のinput要素が関連付けられているform要素のノード・オブジェクトを返します。対象のform要素がなければnullを返します。読み取り専用のプロパティですので、値をセットすることはできません。
input.files	該当のinput要素でファイルが選択された場合、該当のファイルへアクセスできるFileListオブジェクトを返します。FileListオブジェクトの詳細は、ドラッグ＆ドロップの章で解説します。読み取り専用のプロパティですので、値をセットすることはできません。
input.formAction	該当のinput要素にセットされたformactionコンテンツ属性の値を返します。値をセットすることも可能です。
input.formEnctype	該当のinput要素にセットされたformenctypeコンテンツ属性の値を返します。値をセットすることも可能です。
input.formMethod	該当のinput要素にセットされたformmethodコンテンツ属性の値を返します。値をセットすることも可能です。
input.formNoValidate	該当のinput要素にformnovalidateコンテンツ属性がセットされていればtrueを、そうでなければfalseを返します。値をセットすることも可能です。
input.formTarget	該当のinput要素にセットされたformtargetコンテンツ属性の値を返します。値をセットすることも可能です。
input.height	該当のinput要素にセットされたheightコンテンツ属性の値を返します。返される値はString型です。数値として処理したい場合はparseInt()関数などを使ってNumber型に変換すると良いでしょう。値をセットすることも可能です。
input.indeterminate	該当のinput要素がチェックボックスの場合、不確定状態かどうかを返します。このプロパティは、通常はfalseとなります。しかし、JavaScript経由でtrueに変更することが可能です。trueに変更すると、該当のチェック可能なコントロールは、見た目上、チェックボックスが覆い隠されたかのようにレンダリングされ、実際にチェックされている状態なのかが分からなくなります。これを不確定状態と呼びます。 ● 不確定状態 ■ 同意する このプロパティを変更しても、チェック状態は変更されません。あくまでも見た目にしか影響しません。Internet Explorer 9、Firefox 4.0、Chrome 9.0がチェックボックスの不確定状態に対応しています。

第2章　Forms

input.list	該当のinput要素にlistコンテンツ属性がセットされている場合、その値がid属性の値に一致するdatalist要素が存在すれば、そのdatalist要素のノード・オブジェクトを返します。該当のdatalist要素がなければnullを返します。このプロパティは、input要素のlistコンテンツ属性の値を返すわけではないので、注意してください。
input.max	該当のinput要素にセットされたmaxコンテンツ属性の値を返します。返される値はString型です。数値として処理したい場合はparseInt()関数などを使ってNumber型に変換すると良いでしょう。値をセットすることも可能です。
input.maxLength	該当のinput要素にセットされたmaxlengthコンテンツ属性の値を返します。返される値はNumber型です。値をセットすることも可能です。
input.min	該当のinput要素にセットされたminコンテンツ属性の値を返します。返される値はString型です。数値として処理したい場合はparseInt()関数などを使ってNumber型に変換すると良いでしょう。値をセットすることも可能です。
input.multiple	該当のinput要素にmultipleコンテンツ属性がセットされていればtrueを、そうでなければfalseを返します。値をセットすることも可能です。
input.name	該当のinput要素にセットされたnameコンテンツ属性の値を返します。値をセットすることも可能です。
input.pattern	該当のinput要素にセットされたpatternコンテンツ属性の値を返します。値をセットすることも可能です。
input.placeholder	該当のinput要素にセットされたplaceholderコンテンツ属性の値を返します。値をセットすることも可能です。
input.readOnly	該当のinput要素にreadonlyコンテンツ属性がセットされていればtrueを、そうでなければfalseを返します。値をセットすることも可能です。
input.required	該当のinput要素にrequiredコンテンツ属性がセットされていればtrueを、そうでなければfalseを返します。値をセットすることも可能です。
input.size	該当のinput要素にセットされたsizeコンテンツ属性の値を返します。返される値はNumber型です。値をセットすることも可能です。
input.src	該当のinput要素にセットされたsrcコンテンツ属性の値を返します。値をセットすることも可能です。
input.step	該当のinput要素にセットされたstepコンテンツ属性の値を返します。返される値はString型です。数値として処理したい場合はparseInt()関数などを使ってNumber型に変換すると良いでしょう。値をセットすることも可能です。
input.type	該当のinput要素にセットされたtypeコンテンツ属性の値を返します。値をセットすることも可能です。
input.defaultValue	該当のinput要素にセットされたvalueコンテンツ属性の値を返します。返される値はString型です。値をセットすることも可能です。
input.value	該当のinput要素に入力（または選択）されている値を返します。返される値はString型です。値をセットすることも可能です。

2.6 フォームAPIリファレンス

input.valueAsDate	該当のinput要素が日時を表すタイプであり、入力（または選択）されている値が日時として解釈可能な場合、そのDateオブジェクトを返します。そうでなければ、nullを返します。Dateオブジェクトを指定して、値をセットすることも可能です。その場合、該当のinput要素の値は、セットしたDateオブジェクトが表す日時にセットされることになります。nullをセットすれば、該当のinput要素の値は未指定（空）の状態となります。該当のinput要素が日時を表すタイプでない場合、このプロパティに値をセットしようとすると、エラーになります。
input.valueAsNumber	該当のinput要素が日時の入力にふさわしいタイプであり、入力（または選択）されている値が日時として解釈可能な場合、その該当の日時を表すtime値を返します。そうでなければ、nullを返します。time値とは、1970年1月1日 00:00:00UTCから該当の日時までのミリ秒です。time値を指定して、値をセットすることも可能です。その場合、該当のinput要素の値は、セットしたtime値が表す日時にセットされることになります。該当のinput要素が日時を表すタイプでない場合、このプロパティに値をセットしようとすると、エラーになります。
input.selectedOption	該当のinput要素がサジェストを表す場合（list属性がセットされ、list属性で指定した値をid属性に持つdatalist要素が存在する場合）、サジェストから選択された値を表すoption要素のノード・オブジェクトを返します。該当のopiton要素がなければnullを返します。読み取り専用のプロパティですので、値をセットすることはできません。
input.width	該当のinput要素にセットされたwidthコンテンツ属性の値を返します。返される値はString型です。数値として処理したい場合はparseInt()関数などを使ってNumber型に変換すると良いでしょう。値をセットすることも可能です。
input.stepUp(n)	該当のinput要素にセットされたstepコンテンツ属性の値（なければデフォルト値が適用されます）に、引数nで掛け合わせた値だけ、該当のinpu要素の値を増やします。引数nが指定されなければ、1（倍）が適用されます。
input.stepDown(n)	該当のinput要素にセットされたstepコンテンツ属性の値（なければデフォルト値が適用されます）に、引数nで掛け合わせた値だけ、該当のinpu要素の値を減らします。引数nが指定されなければ、1（倍）が適用されます。
input.willValidate	該当のinput要素がバリデーションの対象であればtrueを、そうでなければfalseを返します。読み取り専用のプロパティですので、値をセットすることはできません。
input.validity	該当のinput要素のバリデーションの結果を格納したValidityStateオブジェクトを返します。ValidityStateオブジェクトの詳細は後述します。読み取り専用のプロパティですので、値をセットすることはできません。
input.validationMessage	該当のinput要素のバリデーションの結果がNGであれば、ブラウザーがユーザーに表示する予定のメッセージを返します。バリデーションの結果がOKの場合や、そもそもバリデーションの対象になっていない要素の場合は、空文字列を返します。読み取り専用のプロパティですので、値をセットすることはできません。
input.checkValidity()	該当のinput要素のバリデーションを行い、その結果を返します。すべてOKであればtrueを、そうでなければfalseを返します。

input.setCustomValidity(message)	該当のinput要素のバリデーションがNGだった場合のエラー・メッセージを、引数messageに与えた文字列にセットします。このメソッドを呼び出してエラー・メッセージをセットした時点で、バリデーション・エラーの状態になります。
input.labels	該当のinput要素に関連付けられたlabel要素を格納したNodeListオブジェクトを返します。読み取り専用のプロパティですので、値をセットすることはできません。
input.select()	該当のinput要素がテキスト入力フィールドを表す場合、その値をすべて選択状態にします。
input.selectionStart	該当のinput要素がテキスト入力フィールドを表す場合、その値が選択状態になっていれば、その選択開始位置を返します。返される値はNumber型です。もしテキストが選択されていない状態であれば、入力カーソルの直後の文字の位置を返します。このプロパティに数値をセットして、選択開始位置を指定することも可能です。
input.selectionEnd	該当のinput要素がテキスト入力フィールドを表す場合、その値が選択状態になっていれば、その選択終了位置を返します。返される値はNumber型です。もしテキストが選択されていない状態であれば、入力カーソルの直後の文字の位置を返します。このプロパティに数値をセットして、選択終了位置を指定することも可能です。
input.setSelectionRange(start, end)	該当のinput要素がテキスト入力フィールドを表す場合、引数startに指定した位置から、引数endに指定した位置の範囲を表す部分テキストを選択状態にします。

● button要素のプロパティ

button.autofocus	該当のbutton要素にautofocusコンテンツ属性がセットされていればtrueを、そうでなければfalseを返します。値をセットすることも可能です。
button.disabled	該当のbutton要素にdisabledコンテンツ属性がセットされていればtrueを、そうでなければfalseを返します。値をセットすることも可能です。
button.form	該当のbutton要素が関連付けられているform要素のノード・オブジェクトを返します。対象のform要素がなければnullを返します。読み取り専用のプロパティですので、値をセットすることはできません。
button.formAction	該当のbutton要素にセットされたformactionコンテンツ属性の値を返します。値をセットすることも可能です。
button.formEnctype	該当のbutton要素にセットされたformenctypeコンテンツ属性の値を返します。値をセットすることも可能です。
button.formMethod	該当のbutton要素にセットされたformmethodコンテンツ属性の値を返します。値をセットすることも可能です。
button.formNoValidate	該当のbutton要素にformnovalidateコンテンツ属性がセットされていればtrueを、そうでなければfalseを返します。値をセットすることも可能です。
button.formTarget	該当のbutton要素にセットされたformtargetコンテンツ属性の値を返します。値をセットすることも可能です。

button.name	該当のbutton要素にセットされたnameコンテンツ属性の値を返します。値をセットすることも可能です。
button.type	該当のbutton要素にセットされたtypeコンテンツ属性の値を返します。値をセットすることも可能です。
button.value	該当のbutton要素にセットされたvalueコンテンツ属性の値を返します。値をセットすることも可能です。
button.willValidate	該当のbutton要素がバリデーションの対象であればtrueを、そうでなければfalseを返します。読み取り専用のプロパティですので、値をセットすることはできません。
button.validity	該当のbutton要素のバリデーションの結果を格納したValidityStateオブジェクトを返します。ValidityStateオブジェクトの詳細は後述します。読み取り専用のプロパティですので、値をセットすることはできません。
button.validationMessage	該当のbutton要素のバリデーションの結果がNGであれば、ブラウザーがユーザーに表示する予定のメッセージを返します。バリデーションの結果がOKの場合や、そもそもバリデーションの対象になっていない要素の場合は、空文字列を返します。読み取り専用のプロパティですので、値をセットすることはできません。
button.checkValidity()	該当のbutton要素のバリデーションを行い、その結果を返します。すべてOKであればtrueを、そうでなければfalseを返します。
button.setCustomValidity(message)	該当のbutton要素のバリデーションがNGだった場合のエラー・メッセージを、引数messageに与えた文字列にセットします。このメソッドを呼び出してエラー・メッセージをセットした時点で、バリデーション・エラーの状態になります。
button.labels	該当のbutton要素に関連付けられたlabel要素を格納したNodeListオブジェクトを返します。読み取り専用のプロパティですので、値をセットすることはできません。

select要素のプロパティ

select.autofocus	該当のselect要素にautofocusコンテンツ属性がセットされていればtrueを、そうでなければfalseを返します。値をセットすることも可能です。
select.disabled	該当のselect要素にdisabledコンテンツ属性がセットされていればtrueを、そうでなければfalseを返します。値をセットすることも可能です。
select.form	該当のselect要素が関連付けられているform要素のノード・オブジェクトを返します。対象のform要素がなければnullを返します。読み取り専用のプロパティですので、値をセットすることはできません。
select.multiple	該当のselect要素にmultipleコンテンツ属性がセットされていればtrueを、そうでなければfalseを返します。値をセットすることも可能です。
select.name	該当のselect要素にセットされたnameコンテンツ属性の値を返します。返される値はNumber型です。値をセットすることも可能です。
select.size	該当のselect要素にセットされたsizeコンテンツ属性の値を返します。値をセットすることも可能です。

第2章 Forms

select.type	該当のselect要素にmultipleコンテンツ属性がセットされていれば文字列"select-multiple"を返します。そうでなければ文字列"select-one"を返します。読み取り専用のプロパティですので、値をセットすることはできません。
select.options	該当のselect要素の中にあるoption要素のリストを格納したHTMLOptionsCollectionオブジェクトを返します。HTMLOptionsCollectionオブジェクトの詳細については、後述します。
select.length	該当のselect要素の中にあるoption要素の数をNumber型で返します。これはHTMLOptionsCollectionオブジェクトのlengthプロパティと連動しています。このプロパティには値をセットすることが可能です。option要素の数より小さい数値を指定すると、指定の数を超えた分のoption要素が切り取られます。逆に、option要素の数より大きい数値を指定すると、超過分のoption要素が追加されます。
select.item(index)	引数indexに指定した位置にあるoption要素のノード・オブジェクトを返します。HTMLOptionsCollectionオブジェクトのitem()メソッドと同じです。
select.namedItem(name)	引数nameがnameコンテンツ属性またはidコンテンツ属性の値に一致するoption要素のノード・オブジェクトを返します。該当するoption要素が複数存在する場合は、NodeListオブジェクトを返します。該当するoption要素が1つもなければnullを返します。このメソッドは、HTMLOptionsCollectionオブジェクトのnamedItem()メソッドと同じです。
select.add(element[, before])	引数elementに指定したoption要素のノード・オブジェクトを、該当のselect要素の中に追加します。第二引数はオプションです。もし第二引数に既存のoption要素のノード・オブジェクトを指定すると、そのoption要素の手前に、第一引数に指定したoption要素のノード・オブジェクトを追加します。このメソッドは、HTMLOptionsCollectionオブジェクトのadd()メソッドと同じです。
select.remove(index)	引数indexの位置にあるoption要素を削除します。このメソッドは、HTMLOptionsCollectionオブジェクトのremove()メソッドと同じです。
select.selectedOptions	該当のselect要素の中にあるoption要素が表す選択肢のうち、現在、選択されているoption要素のリストを格納したHTMLCollectionオブジェクトを返します。読み取り専用のプロパティですので、値をセットすることはできません。
select.selectedIndex	該当のselect要素の中にあるoption要素が表す選択肢のうち、現在、選択されているoption要素のindexをNumber型で返します。indexは上から順に0から数えた数字です。もし複数の選択肢が選択されていれば、そのうち最初の選択肢を表すoption要素のindexを返します。何も選択されていなければ-1を返します。indexをこのプロパティにセットして、選択されたoption要素を変更することも可能です。
select.value	該当のselect要素の中にあるoption要素が表す選択肢のうち、現在、選択されているoption要素の値を返します。もし複数の選択肢が選択されていれば、そのうち最初の選択肢を表すoption要素の値を返します。何も選択されていなければ空文字列を返します。値をこのプロパティにセットして、選択されたoption要素を変更することも可能です。もしセットした値と同じ値を持つoption要素が複数存在する場合は、そのうち、最初のoption要素が選択された状態となります。

select.willValidate	該当のselect要素がバリデーションの対象であればtrueを、そうでなければfalseを返します。読み取り専用のプロパティですので、値をセットすることはできません。
select.validity	該当のselect要素のバリデーションの結果を格納したValidityStateオブジェクトを返します。ValidityStateオブジェクトの詳細は後述します。読み取り専用のプロパティですので、値をセットすることはできません。
select.validationMessage	該当のselect要素のバリデーションの結果がNGであれば、ブラウザーがユーザーに表示する予定のメッセージを返します。バリデーションの結果がOKの場合や、そもそもバリデーションの対象になっていない要素の場合は、空文字列を返します。読み取り専用のプロパティですので、値をセットすることはできません。
select.checkValidity()	該当のselect要素のバリデーションを行い、その結果を返します。すべてOKであればtrueを、そうでなければfalseを返します。
select.setCustomValidity(message)	該当のselect要素のバリデーションがNGだった場合のエラー・メッセージを、引数messageに与えた文字列にセットします。このメソッドを呼び出してエラー・メッセージをセットした時点で、バリデーション・エラーの状態になります。
select.labels	該当のselect要素に関連付けられたlabel要素を格納したNodeListオブジェクトを返します。読み取り専用のプロパティですので、値をセットすることはできません。

● datalist要素のプロパティ

datalist.options	該当のdatalist要素の中にあるoption要素のリストを格納したHTMLCollectionオブジェクトを返します。

● optgroup要素のプロパティ

optgroup.disabled	該当のoptgroup要素にdisabledコンテンツ属性がセットされていればtrueを、そうでなければfalseを返します。値をセットすることも可能です。
optgroup.label	該当のoptgroup要素にセットされたlabelコンテンツ属性の値を返します。値をセットすることも可能です。

option 要素のプロパティ

option.disabled	該当の option 要素に disabled コンテンツ属性がセットされていれば true を、そうでなければ false を返します。値をセットすることも可能です。
option.form	該当の option 要素が関連付けられている form 要素のノード・オブジェクトを返します。対象の form 要素がなければ null を返します。読み取り専用のプロパティですので、値をセットすることはできません。
option.label	該当の option 要素にセットされた label コンテンツ属性の値を返します。値をセットすることも可能です。
option.defaultSelected	該当の option 要素に selected コンテンツ属性がセットされていれば true を、そうでなければ false を返します。値をセットすることも可能です。
option.selected	該当の option 要素が選択されていれば true を、そうでなければ false を返します。値をセットすることも可能です。
option.value	該当の option 要素に value コンテンツ属性がセットされていれば、その値を返します。value コンテンツ属性がセットされていなければ、該当の option 要素の中に入れられたテキスト (正確には、option.textContent プロパティが返す文字列) を返します。値をセットすることも可能です。
option.text	該当の option 要素の中に入れられたテキスト (正確には、option.textContent プロパティが返す文字列) を返します。値をセットすることも可能です。
option.index	該当の option 要素の index を返します。index とは、親要素となる select 要素の中にある option 要素のうち、該当の option 要素が何番目に位置するかを表す数字です。index は 0 から数えます。読み取り専用のプロパティですので、値をセットすることはできません。

textarea 要素のプロパティ

textarea.autofocus	該当の textarea 要素に autofocus コンテンツ属性がセットされていれば true を、そうでなければ false を返します。値をセットすることも可能です。
textarea.cols	該当の textarea 要素にセットされた cols コンテンツ属性の値を Number 型で返します。値をセットすることも可能です。
textarea.disabled	該当の textarea 要素に disabled コンテンツ属性がセットされていれば true を、そうでなければ false を返します。値をセットすることも可能です。
textarea.form	該当の textarea 要素が関連付けられている form 要素のノード・オブジェクトを返します。対象の form 要素がなければ null を返します。読み取り専用のプロパティですので、値をセットすることはできません。
textarea.maxLength	該当の textarea 要素にセットされた maxLength コンテンツ属性の値を Number 型で返します。値をセットすることも可能です。
textarea.name	該当の textarea 要素にセットされた name コンテンツ属性の値を返します。値をセットすることも可能です。
textarea.placeholder	該当の textarea 要素にセットされた placeholder コンテンツ属性の値を返します。値をセットすることも可能です。
textarea.readOnly	該当の textarea 要素に readonly コンテンツ属性がセットされていれば true を、そうでなければ false を返します。値をセットすることも可能です。

2.6 フォームAPIリファレンス

textarea.required	該当のtextarea要素にrequiredコンテンツ属性がセットされていればtrueを、そうでなければfalseを返します。値をセットすることも可能です。
textarea.rows	該当のtextarea要素にセットされたrowsコンテンツ属性の値をNumber型で返します。値をセットすることも可能です。
textarea.wrap	該当のtextarea要素にセットされたwrapコンテンツ属性の値を返します。値をセットすることも可能です。
textarea.type	文字列"textarea"を返します。読み取り専用のプロパティですので、値をセットすることはできません。
textarea.defaultValue	該当のtextarea要素の中に入れられたテキスト（正確には、textarea.textContentプロパティが返す文字列）を返します。値をセットすることも可能です。
textarea.value	該当のtextarea要素が構成するテキストエリアに入力されている値を返します。値をセットすることも可能です。
textarea.textLength	該当のtextarea要素が構成するテキストエリアに入力されている値の文字数をNumber型で返します。読み取り専用のプロパティですので、値をセットすることはできません。
textarea.willValidate	該当のtextarea要素がバリデーションの対象であればtrueを、そうでなければfalseを返します。読み取り専用のプロパティですので、値をセットすることはできません。
textarea.validity	該当のtextarea要素のバリデーションの結果を格納したValidityStateオブジェクトを返します。ValidityStateオブジェクトの詳細は後述します。読み取り専用のプロパティですので、値をセットすることはできません。
textarea.validationMessage	該当のtextarea要素のバリデーションの結果がNGであれば、ブラウザーがユーザーに表示する予定のメッセージを返します。バリデーションの結果がOKの場合や、そもそもバリデーションの対象になっていない要素の場合は、空文字列を返します。読み取り専用のプロパティですので、値をセットすることはできません。
textarea.checkValidity()	該当のtextarea要素のバリデーションを行い、その結果を返します。すべてOKであればtrueを、そうでなければfalseを返します。
textarea.setCustomValidity(message)	該当のtextarea要素のバリデーションがNGだった場合のエラー・メッセージを、引数messageに与えた文字列にセットします。このメソッドを呼び出してエラー・メッセージをセットした時点で、バリデーション・エラーの状態になります。
textarea.labels	該当のtextarea要素に関連付けられたlabel要素を格納したNodeListオブジェクトを返します。読み取り専用のプロパティですので、値をセットすることはできません。
textarea.select()	該当のtextarea要素が構成するテキストエリアに入力されている値をすべて選択状態にします。
textarea.selectionStart	該当のtextarea要素が構成するテキストエリアに入力されている値が選択状態になっていれば、その選択開始位置を返します。返される値はNumber型です。もしテキストが選択されていない状態であれば、入力カーソルの直後の文字の位置を返します。このプロパティに数値をセットして、選択開始位置を指定することも可能です。

第2章　Forms

textarea.selectionEnd	該当のtextarea要素が構成するテキストエリアに入力されている値が選択状態になっていれば、その選択終了位置を返します。返される値はNumber型です。もしテキストが選択されていない状態であれば、入力カーソルの直後の文字の位置を返します。このプロパティに数値をセットして、選択終了位置を指定することも可能です。
textarea.setSelectionRange(start, end)	該当のtextarea要素が構成するテキストエリアに入力されている値のうち、引数startに指定した位置から、引数endに指定した位置の範囲を表す部分テキストを選択状態にします。

● keygen要素のプロパティ

keygen.autofocus	該当のkeygen要素にautofocusコンテンツ属性がセットされていればtrueを、そうでなければfalseを返します。値をセットすることも可能です。
keygen.challenge	該当のkeygen要素にセットされたchallengeコンテンツ属性の値を返します。値をセットすることも可能です。
keygen.disabled	該当のkeygen要素にdisabledコンテンツ属性がセットされていればtrueを、そうでなければfalseを返します。値をセットすることも可能です。
keygen.form	該当のkeygen要素が関連付けられているform要素のノード・オブジェクトを返します。対象のform要素がなければnullを返します。読み取り専用のプロパティですので、値をセットすることはできません。
keygen.keytype	該当のkeygen要素にセットされたkeytypeコンテンツ属性の値を返します。値をセットすることも可能です。
keygen.name	該当のkeygen要素にセットされたnameコンテンツ属性の値を返します。値をセットすることも可能です。
keygen.type	文字列"keygen"を返します。読み取り専用のプロパティですので、値をセットすることはできません。
keygen.willValidate	該当のkeygen要素がバリデーションの対象であればtrueを、そうでなければfalseを返します。読み取り専用のプロパティですので、値をセットすることはできません。
keygen.validity	該当のkeygen要素のバリデーションの結果を格納したValidityStateオブジェクトを返します。ValidityStateオブジェクトの詳細は後述します。読み取り専用のプロパティですので、値をセットすることはできません。
keygen.validationMessage	該当のkeygen要素のバリデーションの結果がNGであれば、ブラウザーがユーザーに表示する予定のメッセージを返します。バリデーションの結果がOKの場合や、そもそもバリデーションの対象になっていない要素の場合は、空文字列を返します。読み取り専用のプロパティですので、値をセットすることはできません。
keygen.checkValidity()	該当のkeygen要素のバリデーションを行い、その結果を返します。すべてOKであればtrueを、そうでなければfalseを返します。
keygen.setCustomValidity(message)	該当のkeygen要素のバリデーションがNGだった場合のエラー・メッセージを、引数messageに与えた文字列にセットします。このメソッドを呼び出してエラー・メッセージをセットした時点で、バリデーション・エラーの状態になります。

| textarea.labels | 該当のkeygen要素に関連付けられたlabel要素を格納したNodeListオブジェクトを返します。読み取り専用のプロパティですので、値をセットすることはできません。 |

🔽 output要素のプロパティ

output.htmlFor	該当のoutput要素にセットされたforコンテンツ属性の値が参照する要素のリストを格納したDOMSettableTokenListオブジェクトを返します。DOMSettableTokenListオブジェクトの詳細については後述します。読み取り専用のプロパティですので、値をセットすることはできません。
output.form	該当のoutput要素が関連付けられているform要素のノード・オブジェクトを返します。対象のform要素がなければnullを返します。読み取り専用のプロパティですので、値をセットすることはできません。
output.name	該当のoutput要素にセットされたnameコンテンツ属性の値を返します。値をセットすることも可能です。
output.type	文字列"output"を返します。読み取り専用のプロパティですので、値をセットすることはできません。
output.defaultValue	該当のoutput要素のデフォルト値を返します。デフォルト値とは、この要素に入れられたテキスト（正確には、textarea.textContentプロパティが返す文字列）を表します。もしvalueプロパティを使って、この要素の値が変更されたとしても、defaultValueプロパティの値は変わりません。値をセットすることも可能です。
output.value	該当のoutput要素の現在の値を返します。値をセットすることも可能です。
output.willValidate	該当のoutput要素がバリデーションの対象であればtrueを、そうでなければfalseを返します。なお、output要素は常にバリデーションの対象から外れますので、このプロパティは常にfalseを返すことになります。読み取り専用のプロパティですので、値をセットすることはできません。
output.validity	該当のoutput要素のバリデーションの結果を格納したValidityStateオブジェクトを返します。ValidityStateオブジェクトの詳細は後述します。読み取り専用のプロパティですので、値をセットすることはできません。
output.validationMessage	該当のoutput要素のバリデーションの結果がNGであれば、ブラウザーがユーザーに表示する予定のメッセージを返します。バリデーションの結果がOKの場合や、そもそもバリデーションの対象になっていない要素の場合は、空文字列を返します。なお、output要素は常にバリデーションの対象から外れますので、このプロパティは常に空文字列を返すことになります。読み取り専用のプロパティですので、値をセットすることはできません。
output.checkValidity()	該当のoutput要素のバリデーションを行い、その結果を返します。すべてOKであればtrueを、そうでなければfalseを返します。なお、output要素は常にバリデーションの対象から外れますので、このプロパティは常にtrueを返すことになります。

第2章　Forms

output.setCustomValidity(message)	該当のoutput要素のバリデーションがNGだった場合のエラー・メッセージを、引数messageに与えた文字列にセットします。このメソッドを呼び出してエラー・メッセージをセットした時点で、バリデーション・エラーの状態になります。
output.labels	該当のoutput要素に関連付けられたlabel要素を格納したNodeListオブジェクトを返します。読み取り専用のプロパティですので、値をセットすることはできません。

● progress要素のプロパティ

progress.value	該当のprogress要素にセットされたvalueコンテンツ属性の値をNumber型で返します。valueコンテンツ属性がセットされていなければ0を返します。値をセットすることも可能です。
progress.max	該当のprogress要素にセットされたmaxコンテンツ属性の値をNumber型で返します。valueコンテンツ属性がセットされていなければ0を返します。値をセットすることも可能です。
progress.position	該当のprogress要素が表す進捗率（現在値を最大値で割った値）を0〜1の小数値で返します。もし進捗率を算出できない場合は-1を返します。値をセットすることも可能です。
progress.form	該当のprogress要素が関連付けられているform要素のノード・オブジェクトを返します。対象のform要素がなければnullを返します。読み取り専用のプロパティですので、値をセットすることはできません。
progress.labels	該当のprogress要素に関連付けられたlabel要素を格納したNodeListオブジェクトを返します。読み取り専用のプロパティですので、値をセットすることはできません。

● meter要素のプロパティ

meter.value	該当のmeter要素にセットされたvalueコンテンツ属性の値をNumber型で返します。valueコンテンツ属性がセットされていなければ0を返します。値をセットすることも可能です。
meter.min	該当のmeter要素にセットされたminコンテンツ属性の値をNumber型で返します。minコンテンツ属性がセットされていなければ0を返します。値をセットすることも可能です。
meter.max	該当のmeter要素にセットされたmaxコンテンツ属性の値をNumber型で返します。maxコンテンツ属性がセットされていなければ0を返します。値をセットすることも可能です。
meter.low	該当のmeter要素にセットされたlowコンテンツ属性の値をNumber型で返します。lowコンテンツ属性がセットされていなければ0を返します。値をセットすることも可能です。

meter.high	該当のmeter要素にセットされたhighコンテンツ属性の値をNumber型で返します。highコンテンツ属性がセットされていなければ0を返します。値をセットすることも可能です。
meter.optimum	該当のmeter要素にセットされたoptimumコンテンツ属性の値をNumber型で返します。optimumコンテンツ属性がセットされていなければ0を返します。値をセットすることも可能です。
meter.form	該当のmeter要素が関連付けられているform要素のノード・オブジェクトを返します。対象のform要素がなければnullを返します。読み取り専用のプロパティですので、値をセットすることはできません。
meter.labels	該当のmeter要素に関連付けられたlabel要素を格納したNodeListオブジェクトを返します。読み取り専用のプロパティですので、値をセットすることはできません。

⌘HTMLFormControlsCollectionオブジェクト

　HTMLFormControlsCollectionオブジェクトは、form.elementsまたはfieldset.elementsから得られるオブジェクトですが、基本的には、HTMLCollectionオブジェクトと同じです。ただし、namedItem()メソッドを使った場合、複数の要素が該当すると、RadioNodeListオブジェクトが返される点が異なります。

⬇ HTMLFormControlsCollectionオブジェクトのプロパティ・メソッド

collection.length	リストの数を返します。読み取り専用のプロパティですので、値をセットすることはできません。
collection.item(index) collection[index] collection(index)	引数indexに指定された位置に格納された要素ノードのオブジェクトを返します。なお、indexは0から数えます。また、リストに格納されている要素は、HTML上で上から見つかった順番で格納されています。もし引数indexに、リストに格納された数以上の数値を指定した場合はnullを返します。
collection.namedItem(name) collection[name] collection(name)	引数nameに、name属性またはid属性の値が一致する要素のみを取り出します。もし該当する要素が複数存在した場合は、該当する要素のリストを表すRadioNodeListオブジェクトを返します。もし引数nameに指定した名前を持った要素がリストになければ、nullを返します。

　2010年12月現在、Internet Explorer 9、Internet Explorer 8、Firefox 4.0、Opera 11、Safari 5.0、Chrome 9.0のいずれもこのオブジェクトをサポートしています。

⌘RadioNodeListオブジェクト

　RadioNodeListオブジェクトは、form.elementsやfieldset.elementsプロパティから得られたHTMLFormControlsCollectionに実装されているnamedItem()メソッドから得られるオブジェクトです。基本的には、NodeListオブジェクトと同じですが、valueプロパティが追加されています。

⬇ RadioNodeListオブジェクトのプロパティ・メソッド

RadioNodeList.length	リストの数を返します。読み取り専用のプロパティですので、値をセットすることはできません。
RadioNodeList.item(index) RadioNodeList[index] RadioNodeList(index)	引数indexに指定された位置に格納された要素ノードのオブジェクトを返します。なお、indexは0から数えます。また、リストに格納されている要素は、HTML上で上から見つかった順番で格納されています。もし引数indexに、リストに格納された数以上の数値を指定した場合はnullを返します。
RadioNodeList.value	リストがラジオボタンの場合、チェックされているラジオボタンの値、つまり、そのinput要素のvalueプロパティの値を返します。値をセットすることで、指定の値を持ったラジオボタンをチェックした状態にすることもできます。

　2010年12月現在、valueプロパティは、Internet Explorer 9、Firefox 4.0がサポートしています。

⌘HTMLOptionsCollectionオブジェクト

　HTMLOptionsCollection オブジェクトは、select.optionsプロパティから得られるオブジェクトですが、該当のselect要素の中にあるoption要素のリストを表すオブジェクトです。基本的には、HTMLCollectionオブジェクトと同じです。ただし、namedItem()メソッドを使った場合、複数の要素が該当すると、NodeListオブジェクトが返される点と、add()メソッドとremove()メソッドが追加されている点が異なります。

⬇ HTMLOptionsCollectionオブジェクトのプロパティ・メソッド

collection.length	リストの数を返します。読み取り専用のプロパティですので、値をセットすることはできません。
collection.item(index) collection[index] collection(index)	引数indexに指定された位置に格納された要素ノードのオブジェクトを返します。なお、indexは0から数えます。また、リストに格納されている要素は、HTML上で上から見つかった順番で格納されています。もし引数indexに、リストに格納された数以上の数値を指定した場合はnullを返します。
collection.namedItem(name) collection[name] collection(name)	引数nameに、name属性またはid属性の値が一致する要素のみを取り出します。もし該当する要素が複数存在した場合は、該当する要素のリストを表すNodeListオブジェクトを返します。もし引数nameに指定した名前を持った要素がリストになければ、nullを返します。

collection.add(element[, before])	引数elementに指定したoption要素のノード・オブジェクトを追加します。第二引数はオプションです。もし第二引数に既存のoption要素のノード・オブジェクトを指定すると、そのoption要素の手前に、第一引数に指定したoption要素のノード・オブジェクトを追加します。このメソッドは、select要素のノード・オブジェクトのadd()メソッドと同じです。
collection.remove(index)	引数indexの位置にあるoption要素を削除します。このメソッドは、select要素のノード・オブジェクトのremove()メソッドと同じです。

　2010年12月現在、Internet Explorer 9、Internet Explorer 8、Firefox 4.0、Opera 11、Safari 5.0、Chrome 9.0のいずれもこのオブジェクトをサポートしています。

⌘DOMSettableTokenListオブジェクト

　DOMSettableTokenListオブジェクトは、output.htmlForプロパティから得られるオブジェクトです。基本的には、element.classListプロパティから得られるDOMTokenListオブジェクトと同じですので、classListAPIの節をご覧ください。

　ただし、DOMSettableTokenListオブジェクトは、DOMTokenListオブジェクトに、valueプロパティが追加されています。

⬇ DOMSettableTokenListオブジェクトのプロパティ・メソッド

DOMSettableTokenList.value	oputput要素のforコンテンツ属性にマークアップされた値をそのまま返します。値をセットすることも可能です。

　2010年12月現在で、Firefox 4.0とChrome 9.0がこのオブジェクトをサポートしています。

⌘ValidityStateオブジェクト

　ValidityStateオブジェクトは、バリデーション候補となるコントロールの要素オブジェクトに規定されたvalidityプロパティから得られるオブジェクトで、バリデーションの結果となる情報が格納されています。下表では、element.validityがValidityStateオブジェクトを表しています。

⬇ ValidityStateオブジェクトのプロパティ・メソッド

element.validity.valueMissing	requiredコンテンツ属性がセットされているにもかかわらず、未入力の場合にはtrueを、そうでなければfalseを返します。requiredコンテンツ属性がセットされたinput要素やtextarea要素が対象となります。読み取り専用のプロパティですので、値をセットすることはできません。

element.validity.typeMismatch	コントロールのタイプで制約されているフォーマットで値が入力されていない場合にはtrueを、そうでなければfalseを返します。emailやurlタイプのinput要素が対象となります。読み取り専用のプロパティですので、値をセットすることはできません。
element.validity.patternMismatch	patternコンテンツ属性に指定されたパターンに一致しない値が入力されている場合にはtrueを、そうでなければfalseを返します。読み取り専用のプロパティですので、値をセットすることはできません。
element.validity.tooLong	maxlengthコンテンツ属性に指定された最大長を超えて値が入力されている場合にはtrueを、そうでなければfalseを返します。maxlengthコンテンツ属性がセットされたinput要素やtextarea要素が対象となります。読み取り専用のプロパティですので、値をセットすることはできません。
element.validity.rangeUnderflow	minコンテンツ属性に指定された最小値よりも小さい値が入力されている場合にはtrueを、そうでなければfalseを返します。読み取り専用のプロパティですので、値をセットすることはできません。
element.validity.rangeOverflow	maxコンテンツ属性に指定された最大値よりも大きい値が入力されている場合にはtrueを、そうでなければfalseを返します。読み取り専用のプロパティですので、値をセットすることはできません。
element.validity.stepMismatch	stepコンテンツ属性に指定されたステップに違反した値が入力されている場合にはtrueを、そうでなければfalseを返します。読み取り専用のプロパティですので、値をセットすることはできません。
element.validity.customError	setCustomValidity()メソッドで空文字列でないエラー・メッセージがセットされた場合にはtrueを、そうでなければfalseを返します。読み取り専用のプロパティですので、値をセットすることはできません。
element.validity.valid	バリデーションでエラーがなければtrueを、エラーがあればfalseを返します。もし、このプロパティがfalseであれば、前述の各種プロパティのいずれかがtrueになっているはずです。読み取り専用のプロパティですので、値をセットすることはできません。

　ValidityStateオブジェクトはライブです。つまり、リアルタイムで、該当のコントロールのバリデーション結果が反映されます。

　2010年12月現在で、Firefox4.0、Opera 11、Safari 5.0、Chrome 9.0がこのオブジェクトをサポートしています。

第 3 章

Canvas

HTML5の中でも注目度が高いCanvasは、JavaScriptを使って図を描くためのテクノロジーです。本章では、HTML5で規定されているCanvasの仕様を網羅的に解説していきます。

第 3 章　Canvas

3.1 Canvasの特徴

⌘ Canvasとは何か

　Canvasとは、ウェブ・ページにJavaScriptを使って図を描画するためのテクノロジーです。これまで、ウェブ・ページに図を表示するためには、静的な図であればimg要素を、短いアニメーションであればアニメーションGIFなどのアニメーションに対応した画像フォーマットを使ってきました。また、複雑な図を動的に描画したい場合は、Flashなどのプラグインに頼らざるを得ませんでした。

　Canvasは、動的なイメージを表現できるウェブ標準のテクノロジーとなります。これまでFlashなどのプラグインに頼らざるを得なかったビジュアル表現を、JavaScriptだけで実現できるようになります。

　Canvasは、HTML5が新たに規定したAPIの中でも、最も古くからブラウザーに実装されたAPIの1つです。Canvasは、Firefox 1.5、Opera 9.0、Safari 1.3、Chrome 1.0から実装されています。また、iPhoneやiPadに組み込まれているSafariにも実装されています。しかし、残念ながら、最もブラウザー・シェアが高いInternet ExplorerがCanvasを実装していなかったこともあり、実際のウェブ・サイトでのCanvasの利用は限定的でした。ところが、次期バージョンのInternet Explorer 9にCanvasが実装されたため、Internet Explorer 9が正式リリースした後、一般的なウェブ・サイトでのCanvasの利用が進むことでしょう。

　また、Apple社が提供しているiPhoneやiPadではFlashが組み込まれませんでした。そのため、iPhoneやiPad向けのウェブ・サイトやウェブ・アプリケーションにおいて、動的に図を描画するためには、Canvasを利用するしかないのが実情です。このように、Canvasは、今後ますますウェブにとって重要なテクノロジーになっていくことは間違いありません。

　Canvasには、Canvasならではの特徴があります。その利点を活かすためにも、その特徴を十分に理解し、適切なシーンで利用するようにしましょう。

⌘ ビットマップ・グラフィックス

　図を描くテクノロジーとして旧来よりSVGというテクノロジーがありました。Canvasによって描かれる図は、ビットマップ・グラフィックスです。それに対してSVGはベクター・グラフィックスと呼ばれ、その特徴は大きく異なります。

　SVGに代表されるベクター・グラフィックスをベースとしたテクノロジーでは、図形を描いた後からも、JavaScriptからそれをオブジェクトとして認識することが可能です。実際に、SVGはXML形式のマークアップで表現するためのテクノロジーですから、ブラウザー内部では、HTMLと同様に、DOMツリーを構成しています。そのため、図を描いた後に、描かれた個々のパーツをJavaScriptから操作す

ることが可能なのです。例えば、特定のパーツだけを指定して、その色を変えたり大きさを変えたり位置を変更することができるのです。

一方、Canvasは、ビットマップ・グラフィックスであるゆえに、前述のSVGの利点を全く活かすことができません。Canvasは、図を描いてしまったら、個々のパーツを認識することはできません。Canvasで認識できるのは、Canvas領域に描かれたピクセル単位の色情報だけです。それが円だとか四角であるといったパーツの情報を一切保持しないのです。Canvasでは、テキストを描くこともできますが、そのテキストですら、描いてしまった後はテキストとして認識できません。

⌘Canvasの利点

CanvasはSVGと比べて劣っているように感じるかもしれませんが、そもそも用途が違うと考えた方が良いでしょう。もちろん、Canvasには、SVGにない利点があります。

まず、描画が高速である点です。Canvasは、描いた図形を個々に認識しないため、ブラウザー内部では、それを描く処理を担うだけで済みます。SVGのようにDOMを構成する必要もありません。描画が高速であるゆえに、アニメーションに効果的です。

描いた図形の一部だけを動かすといった簡単なアニメーションであれば、SVGの方が扱いやすいといえます。しかし、画面全体を塗り替えてしまうようなアニメーションは、SVGでは非常に不効率です。Canvasであれば、1コマずつ全体を塗り替えたとしても、ブラウザーはストレスなく描画してくれます。つまり、映画のフィルムのように、映像のコマを1つずつJavaScriptから作り出し、それを連続して描画するのです。通常、このような操作はパフォーマンスの観点から無理があると倦厭されがちです。ところが、Canvasでは予想に反して、全く問題なく動いてしまいます。

Canvasのもう1つの利点は、ピクセル操作ができる点です。Canvasはビットマップ・グラフィックスであるゆえ、Canvas上のイメージのピクセル情報をJavaScriptから操作できるのです。ピクセル情報とは、色の情報を表します。これはSVGではできません。

例えば、Canvasでは、img要素で組み込まれた画像や、video要素で組み込まれたビデオの1コマを組み込むことが可能です。そして、Canvasに組み込んだイメージを加工することができます。これについては、詳しく後述します。

このように、CanvasとSVGは、その特徴が全く異なりますので、利用する際には、その利点を十分に検討した上で、適切なテクノロジーを採用するようにしましょう。

⌘Canvasの仕様

Canvasは、当初はHTML5仕様にすべて記載されていました。しかし現在はcanvas要素の仕様だけがHTML5仕様に残され、それ以外のAPIに関する仕様については、別の仕様書として分離されました。

第3章 Canvas

> ● HTML Canvas 2D Context
> http://www.w3.org/TR/2dcontext/

　現在は、二次元の図を描画するために規定された2D Contextのみが仕様化されていますが、将来的には3Dも視野に入れられています。本書では、2D Contextに的を絞って解説していきます。

3.2 canvas要素

⌘ canvas要素の用意

　Canvasは、HTML5で新たに導入されたcanvas要素に図を描画します。そのため、まず、事前にcanvas要素を用意する必要があります。

● canvas要素のマークアップ例

```
<canvas width="300" height="150"></canvas>
```

　canvas要素には、Canvas領域の幅を表すwidthコンテンツ属性と、高さを表すheightコンテンツ属性が規定されています。これらに指定する値は数値でなければいけません。そして、その長さの単位はピクセルです。

　これらの属性は必須ではありません。もし指定しなければ、デフォルト値が適用され、widthは300、heightは150となります。

　ブラウザーは、canvas要素の準備ができると、透明な黒で全体を塗りつぶした状態でレンダリングします。そのため、canvasに何も描かなければ、ページの背景が透けた状態になります。

⌘ canvas要素をサポートしているかの判定

　JavaScriptからcanvas要素に図を描く際、ブラウザーがcanvas要素をサポートしているかどうかを判定したい場合があるでしょう。いくつかの方法がありますが、ここでは、シンプルな方法をご紹介しましょう。

● canvas要素サポートの判定方法

```
if( window.HTMLCanvasElement ) { /* canvas要素をサポートしている場合の処理 */ }
```

　window.HTMLCanvasElementは、canvas要素のオブジェクトの元となるオブジェクトです。canvas要素をサポートしたブラウザーであれば、このオブジェクトが存在します。

3.3 座標系

⌘ Canvasの座標系

Canvasでは、図を描く際に座標を指定しなければいけません。ここでは、Canvasの座標系について詳しく見ていきましょう。次の図は、横が300ピクセル、高さが150ピクセルのCanvas領域を表しています。

⬇ Canvasの座標系

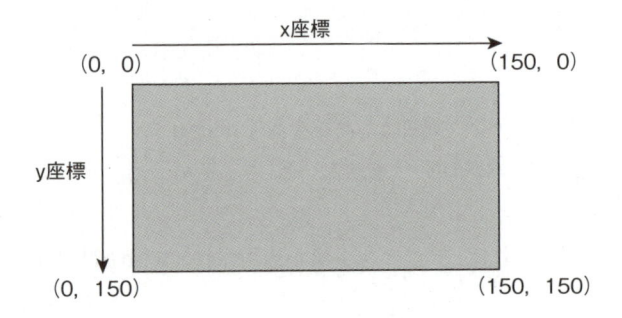

このように、x座標の値は右に向かって大きくなり、y座標の値は下に向かって大きくなります。そして、左上端が座標系の原点(0, 0)となります。

では、この座標をもう少し拡大してみてみましょう。次の図は、原点の近辺を拡大した図ですが、ピクセル・グリッドが描かれています。ピクセル・グリッドとは、個々のピクセルの枠を表した格子のことですが、コンピューターは、通常、このピクセル・グリッド単位で色を塗りつぶします。

⬇ ピクセル・グリッドと座標位置の関係

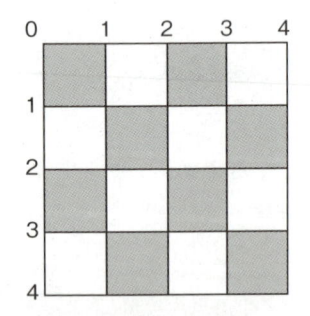

Canvasの座標(0, 0)は、Canvas領域の左上端の角の地点を表します。左上端のピクセル・グリッドを表すわけではありません。Canvasの座標は、ピクセル・グリッドの境界線が基準となっている点に注意してください。

3.4 2Dコンテキスト

⌘ 2Dコンテキスト・オブジェクトの取り出し

Canvasを使って図を描画するためには、まず、2Dコンテキスト・オブジェクトを取り出さなければいけません。

🔽 2Dコンテキスト・オブジェクトを取り出すメソッド

| context = canvas.getContext(contextId) | canvas要素から、contextIdに指定したタイプのコンテキスト・オブジェクトを返します。指定されたcontextIdがサポートされていない場合は、nullが返されます。 |

canvas要素のノード・オブジェクトからgetContext()メソッドを呼び出すことでコンテキスト・オブジェクトが得られます。このコンテキスト・オブジェクトを通して、Canvas上に図を描くためのメソッドやプロパティを使うことができるようになります。

getContext()メソッドには、種類を表す文字列を引数に指定しなければいけませんが、現時点では"2d"のみが規定されています。

🔽 Canvasの2Dコンテキストを取得するコード

```
var canvas = document.querySelector("canvas");
var context = canvas.getContext("2d");
```

⌘ 親となるcanvas要素のノード・オブジェクトの参照

2Dコンテキスト・オブジェクトから、親となるcanvas要素のノード・オブジェクトを参照することもできます。

第3章　Canvas

◉ 親となるcanvas要素のノード・オブジェクトを参照するプロパティ

| context.canvas | 該当の2Dコンテキスト・オブジェクトの親となるcanvas要素のノード・オブジェクトを返します。読み取り専用のため、別のcanvas要素のノード・オブジェクトをセットすることはできません。 |

　実践ではよくcanvas要素のノード・オブジェクトのwidthプロパティとheightプロパティからCanvasの寸法を取得します。Canvasでビットマップ・グラフィックを扱う場合、さまざまな処理をJavaScript関数に分離することが多くなりますが、その際に、2Dコンテキスト・オブジェクトからcanvas要素を参照できるのは非常に役に立ちますので、このcontext.canvasプロパティを覚えておくと便利です。

◉ Canvasの寸法の取得

```
function do_something(context) {
  // 2Dコンテキスト・オブジェクトからcanvas要素を参照
  var canvas = context.canvas;
  // canvas要素の横幅と縦幅を取得
  var w = canvas.width;
  var h = canvas.height;
  ...
}
```

　これで、Canvasに図を描画する準備が整いました。以降、この2Dコンテキスト・オブジェクトに規定されているさまざまなメソッドやプロパティを解説していきます。

3.5 矩形

🔲 矩形を描く

まずは、Canvasの中でも、最もシンプルな図形描画のメソッドから学んでいきましょう。ここで紹介するメソッドは、矩形を描きます。Canvasを使ったウェブ・アプリケーションを作る際には、とてもよく使うメソッドです。

矩形を描くメソッド

context.clearRect(x, y, w, h)	引数に指定された矩形の領域を、透明の黒でクリアします。
context.fillRect(x, y, w, h)	引数に指定された矩形の領域を塗りつぶします。
context.strokeRect(x, y, w, h)	引数に指定された矩形の輪郭を線で描きます。

これらのメソッドには、矩形を表す4つの引数を与えます。xとyは矩形の左上端の座標を表し、wとhはそれぞれ矩形の横幅と縦幅を表します。

引数と矩形の関係

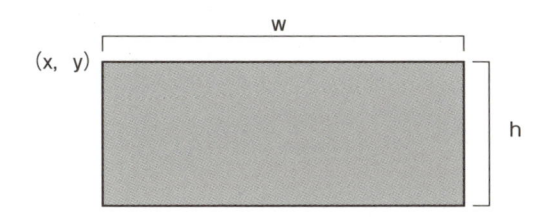

では、この3つのメソッドを使ったサンプルをご覧頂きましょう。このサンプルでは、3つの矩形を描いています。まず、一番外側に大きな矩形を塗りつぶしで描きます。そして、その中から、矩形の領域をクリアします。さらに、その中から、小さい矩形の領域の輪郭を描きます。

第3章　Canvas

● サンプルの結果

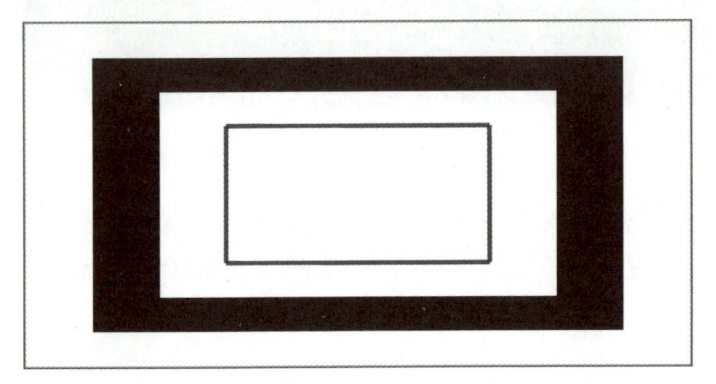

● スクリプト

```
document.addEventListener("DOMContentLoaded", function() {
  // 2D コンテキスト
  var canvas = document.querySelector("canvas");
  var context = canvas.getContext("2d");
  // 矩形（大）を塗りつぶす
  context.fillRect(30, 15, 240, 120);
  // 矩形（中）でクリアする
  context.clearRect(60, 30, 180, 90);
  // 矩形（小）の輪郭を描く
  context.strokeRect(90, 45, 120, 60);
}, false);
```

3.6 色

色を指定する

Canvasでは黒がデフォルトの色になります。そのため、前述のサンプルでは、塗りも線も黒で描画されました。Canvasで色を指定するためには、描画の前に、以下のプロパティに色情報をセットする必要があります。

色を指定するプロパティ

context.strokeStyle	現在の輪郭の色を表します。値をセットすることで、現在の輪郭の色を変更することができます。
context.fillStyle	現在の塗りつぶしの色を表します。値をセットすることで、現在の塗りつぶしの色を変更することができます。

これらのプロパティにセットできる値は、CSSで色を指定する際に使われる文字列です。"red"、"#ff0000"、"rbg(255, 0, 0)"、"rgba(255, 0, 0, 0.5)"といったフォーマットの文字列を指定することができます。W3C HTML Canvas 2D Context仕様上は、W3C CSS Color Module Level 3で規定されたフォーマットが利用できることとなっています。

- W3C CSS Color Module Level 3
  http://www.w3.org/TR/css3-color/

ブラウザーが対応していれば、"hsl(0, 100%, 50%)"や"hsla(0, 100%, 50%, 0.5)"といったフォーマットを指定することが可能です。

一度セットした色をこれらのプロパティから取り出すと、セットしたときのフォーマットがどれであろうが、所定のフォーマットで返されます。もしアルファ値（透明度）が1（完全に不透明）なら"#ff0000"のフォーマットで返されます。もしアルファ値が1未満（透過）なら"rgba(255, 0, 0, 0.5)"のフォーマットで返されます。例えば、strokeStyleプロパティに"red"をセットしたとしましょう。その後に、strokeStyleプロパティの値を取得すると、その値は#ff0000となります。

これらプロパティのデフォルト値は#000000（黒）です。値がセットされない限り、輪郭の線の色も塗りつぶしの色も黒になります。

次のサンプルは、矩形を黄色で塗りつぶし、さらにその輪郭を茶色で描いています。

徹底解説　HTML5APIガイドブック　ビジュアル系API編 | 215

第3章　Canvas

● サンプルの結果

● スクリプト

```
document.addEventListener("DOMContentLoaded", function() {
    // 2D コンテキスト
    var canvas = document.querySelector("canvas");
    var context = canvas.getContext("2d");
    // 塗りつぶし色をセット
    context.fillStyle = "#ffff00"; // 黄色
    // 矩形を塗りつぶす
    context.fillRect(30, 15, 240, 120);
    // 輪郭線の色をセット
    context.strokeStyle = "#663300"; // 茶色
    // 矩形を輪郭を描く
    context.strokeRect(30, 15, 240, 120);
}, false);
```

3.7 半透明

半透明度を指定する

Canvasで描画する図形の色を半透明にする方法は2つあります。1つは、先ほど紹介した通り、fillStyleプロパティとstrokeStyleプロパティに、rgba(255, 0, 0, 0.5)といったフォーマットの色を指定する方法です。塗りつぶし描画と輪郭描画の透明度を別々に扱いたい場合に使います。もう1つの方法は、あらゆる描画を一定の半透明度で描画するためのプロパティです。

半透明度を指定するプロパティ

context. globalAlpha	現在のレンダリング処理に適用するアルファ値を返します。値をセットしてアルファ値を変更することができます。指定できる値は0.0～1.0の範囲です。0を指定すると完全に透明に、1を指定すると完全に不透明になります。デフォルトは1です。

globalAlphaプロパティを使うと、それ以降に描くすべての図形は、指定の半透明度で描画されることになります。また、塗りつぶし描画と輪郭描画は区別されず、どちらにも、指定の半透明度が適用されます。

次のサンプルは、複数の矩形をずらしながら描画します。塗りつぶしだけではなく、輪郭描画も行っています。塗りつぶしの色は個別に指定しますが、輪郭の色は指定していません。従って、デフォルトの黒が輪郭描画に適用されます。

このサンプルでは、矩形描画の前に、globalAlphaプロパティに0.2をセットしています。そのため、塗りつぶしと輪郭のいずれも半透明になっています。

サンプルの結果

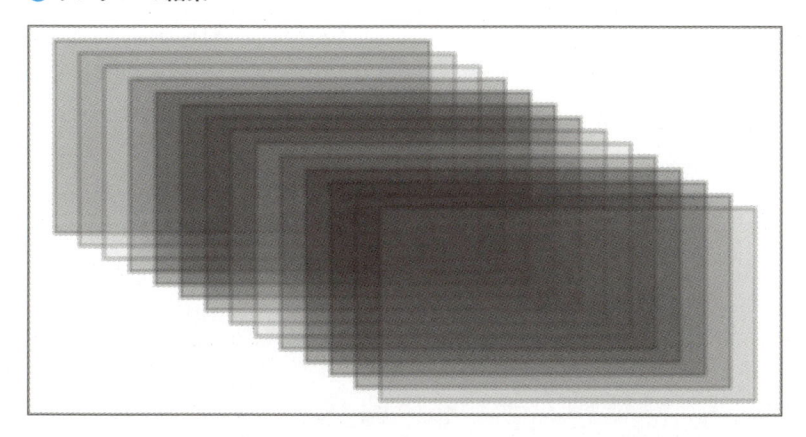

第3章　Canvas

スクリプト

```javascript
document.addEventListener("DOMContentLoaded", function() {
  // 2D コンテキスト
  var canvas = document.querySelector("canvas");
  var context = canvas.getContext("2d");
  // グローバル・アルファを定義
  context.globalAlpha = 0.2;
  // 色のバリエーションを定義
  var colors = ["red", "orange", "yellow", "green", "blue", "purple"];
  // 矩形を位置をずらしながら描画
  for( var i=0; i<14; i++ ) {
    // 色を決定
    context.fillStyle = colors[ i % colors.length ];
    // 矩形を描画
    var x = 10 * ( i + 1 );
    var y = 5 * ( i + 1 );
    context.fillRect(x, y, 150, 75);
    context.strokeRect(x, y, 150, 75);
  }
}, false);
```

3.8 グラデーション

⌘グラデーションを指定する

Canvasでは2つのタイプのグラデーションが規定されています。線形グラデーションと円形グラデーションです。これらのグラデーションには、さまざまな色をいくつでもセットすることができます。

グラデーションを指定するメソッド

gradient = context.createLinearGradient(x0, y0, x1, y1)	座標(x0, y0)と座標(x1, y1)を結んだ直線に沿った線形グラデーションを表すCanvasGradientオブジェクトを返します。
gradient = context.createRadialGradient(x0, y0, r0, x1, y1, r1)	中心座標(x0, y0)で半径がr0の円から、中心座標(x1, y1)で半径がr1の円に向かう円形グラデーションを表すCanvasGradientオブジェクトを返します。
gradient.addColorStop(offset, color)	グラデーションを表すCanvasGradientオブジェクトに対して色をセットします。offsetには0〜1の範囲の数値を指定します。0は開始位置を、1は終了位置を表します。

　Canvasでグラデーションを表現するためには、まずCanvasGradientオブジェクトを取得します。線形グラデーションならcreateLinearGradient()メソッドを、円形グラデーションならcreateRadialGradient()メソッドを使います。

　次に、得られたCanvasGradientオブジェクトに対して、addColorStop()メソッドを使って色をセットしていきます。

　最後に、そのグラデーションを輪郭線に適用したいなら、strokeStyleプロパティにCanvasGradientオブジェクトをセットします。また、そのグラデーションを塗りつぶしに適用したいなら、fillStyleプロパティにCanvasGradientオブジェクトをセットします。

　fillStyleプロパティやstrokeStyleプロパティにグラデーションをセットした後に図形を描画すれば、グラデーションが適用されて描画されます。

スクリプト

```
// 線形グラデーションのCanvasGradientオブジェクトを取得
var gradient = context.createLinearGradient(0, 75, 300, 75);
// 色をセット
gradient.addColorStop(0.0, "#ff0000"); // 赤
```

```
gradient.addColorStop(0.5, "#ffa500"); // 橙
gradient.addColorStop(1.0, "#ffff00"); // 黄
// 線形グラデーションをセット
context.fillStyle = gradient;
// 図形を描画
context.fillRect(0, 0, 300, 150);
```

⌘線形グラデーション

次のサンプルは、日本でいわれる虹を構成する7色（赤、橙、黄、緑、青、藍、紫）の線形グラデーションを再現しています。左から右に向けて7色のグラデーションを描画します。

⬇ サンプルの結果

⬇ スクリプト

```
document.addEventListener("DOMContentLoaded", function() {
  // 2D コンテキスト
  var canvas = document.querySelector("canvas");
  var context = canvas.getContext("2d");
  // 線形グラデーションを表す CanvasGradient オブジェクトを取得
  var gradient = context.createLinearGradient(0, 75, 300, 75);
  // 色をセット
  gradient.addColorStop(0.2, "#ff0000"); // 赤
  gradient.addColorStop(0.3, "#ffa500"); // 橙
  gradient.addColorStop(0.4, "#ffff00"); // 黄
  gradient.addColorStop(0.5, "#008000"); // 緑
  gradient.addColorStop(0.6, "#0000ff"); // 青
  gradient.addColorStop(0.7, "#4b0082"); // 藍
  gradient.addColorStop(0.8, "#800080"); // 紫
  // 線形グラデーションをセット
  context.fillStyle = gradient;
```

```
    // 矩形を塗りつぶす
    context.fillRect(0, 0, 300, 150);
}, false);
```

このサンプルにおける線形グラデーションの方向とオフセットの関係は下図の通りとなります。線形グラデーションの方向は、createLinearGradient()メソッドを使って、開始点が(0, 75)、終了点が(300, 75)となるようセットしています。つまり、Canvas領域の左端から右端に向かって線形グラデーションがセットされています。

そして、addColorStop()メソッドを使って、オフセット位置を0.2から0.8にかけて0.1ずつずらしながら色をセットしています。

次の図は、このサンプルにおける線形グラデーションの開始点と終了点、そして色のオフセット位置を示しています。

🔽**オフセットと色の関係**

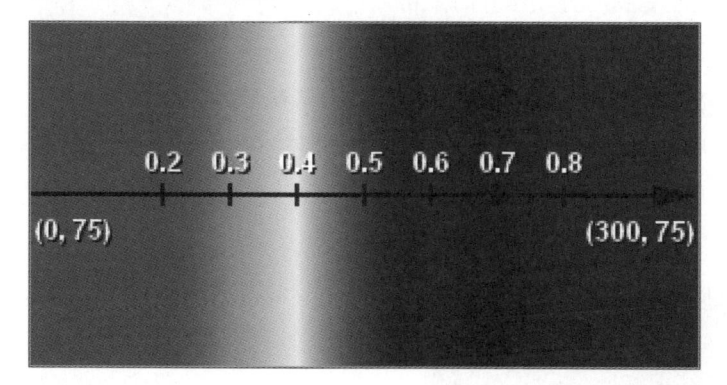

このように、オフセット位置は、線形グラデーションの開始点を基準に、終了点までの距離に対する割合を表します。

このサンプルでは、開始点の位置、つまりオフセットが0の地点の色と、終了点の位置、つまりオフセットが1の地点の色を指定していません。この場合は、addColorStop()メソッドで定義されたオフセットのうち、最も近いオフセット位置の色が適用されます。このサンプルでは、オフセット位置0.2の位置に赤がセットされているため、開始点の位置から赤色となります。そして、オフセット位置0.8の位置に紫色がセットされているため、それ以降も紫色となります。

なお、createLinearGradient()メソッドによる線形グラデーションの方向の定義は、その直線を垂直に平行移動した場所であれば、どの座標を指定しても結果は同じになります。このサンプルにおいては、以下のいずれも同じ結果になります。

第3章　Canvas

▼線形グラデーションの方向の定義①

```
createLinearGradient(0, 75, 300, 75)
```

▼線形グラデーションの方向の定義②

```
createLinearGradient(0, 0, 300, 0)
```

▼線形グラデーションの方向の定義③

```
createLinearGradient(0, 150, 300, 150)
```

　では、次に、線形グラデーションの方向を斜め向きにした場合の例を見てみましょう。ここでは、createLinearGradient()メソッドの引数を次のようにセットしています。

▼スクリプト

```
var gradient = context.createLinearGradient(0, 0, 300, 150);
```

　このサンプルでは、Canvas領域の左上端を開始点、右下端を終了点とする線形グラデーションを定義しています。それ以外のコードは、前述のサンプルと同じです。この結果は、次の図の通りとなります。

▼サンプルの結果

　このように、createLinearGradient()メソッドで指定する開始点と終了点を変えれば、自由な方向にグラデーションをセットすることができます。

円形グラデーション

円形グラデーションは、線形グラデーションと比べ、グラデーションの方法が直線的ではなく、同心円状に広がっていく点が違うだけです。円形グラデーションを定義するcreateRadialGradient()は6つの引数を取ります。これらの引数には、円形グラデーションが開始される位置を表す円と、円形グラデーションが終了する円を指定します。それぞれの円は、円の中心のx座標とy座標、そして半径で表されます。

サンプルの結果

スクリプト

```javascript
document.addEventListener("DOMContentLoaded", function() {
  // 2D コンテキスト
  var canvas = document.querySelector("canvas");
  var context = canvas.getContext("2d");
  // 円形グラデーションを表す CanvasGradient オブジェクトを取得
  var gradient = context.createRadialGradient(150, 75, 10, 150, 75, 75);
  // 色をセット
  gradient.addColorStop(0.0, "#ffff00"); // 黄
  gradient.addColorStop(1.0, "#00aa00"); // 緑
  // 円形グラデーションをセット
  context.fillStyle = gradient;
  // 矩形を塗りつぶす
  context.fillRect(0, 0, 300, 150);
}, false);
```

このサンプルでは、円形グラデーションを定義する際に、中心が同じで半径が異なる2つの円を指定しています。そして、addColorStop()メソッドを使って、オフセット0の位置の色を黄色に、オフセット1の位置の色を緑色にセットしています。

次の図は、この2つの円とグラデーションの関係を表すために、2つの円の輪郭を加えたものです。

第3章　Canvas

2つの円とグラデーションの関係

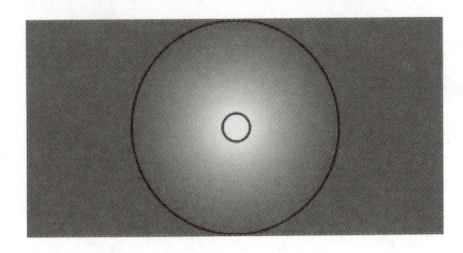

　内側の円が円形グラデーションの開始を表す円で、外側の円が円形グラデーションの終了を表す円です。Canvasの円形グラデーションでは、開始円の内側は、円形グラデーションのオフセット位置の色のうち、オフセットが最も0に近い位置に定義された色で塗りつぶされます。逆に、終了円の外側は、オフセットが最も1に近い位置に定義された色で塗りつぶされます。

　では、開始円と終了円の中心座標をずらすとどうなるかをご覧頂きましょう。

2つの円の中心をずらした場合の結果

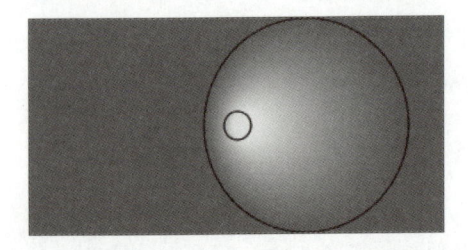

　このサンプルでは、createRadialGradient()メソッドを次のように呼び出しています。先ほどのサンプルと比べて、終了円の中心x座標を大きくした、つまり右にずらしただけです。

スクリプト

```
var gradient = context.createRadialGradient(150, 75, 10, 200, 75, 75);
```

　円形グラデーションは、あたかも円錐の2地点をカットし、その側面にグラデーションをかけ、それを上から見たかのように、領域が塗りつぶされます。

3.9 パスを使った複雑な図形

⌘ 矩形以外の描き方

これまで矩形の描き方と色の指定方法を解説してきましたが、Canvasはそのほかにもさまざまな図形を描くための手段を提供しています。しかし、fillRect()メソッドなどのように、1つのメソッドを呼び出して描画するのではなく、パスという概念を使って描画することになります。

⌘ パスとは

パスとは図の輪郭を表す線の集まりです。例えば、四角形であれば、4つの直線の集まりです。そして、それぞれの直線には、座標という情報を持っています。Canvasでは、いろいろなメソッド使ってパスに線を付け足していきます。もちろん、線とは直線だけではありません。円弧や二次曲線も加えることができます。そして、最後に、そのパスに沿って線を描いたり、塗りつぶしたりするのです。

では、まず手始めに直線の集まりである多角形を表すパスを定義するために必要なメソッドを取り上げましょう。

多角形を表すパスを定義するメソッド

context.beginPath()	パスをリセットします。
context.moveTo(x, y)	指定の座標から始まるサブパスを新たに作ります。
context.closePath()	サブパスが閉じられるよう、そのサブパスの終了位置と開始位置を直線で結びます。そして、そのサブパスの開始位置、つまりサブパスを閉じた際に引いた直線の終点で、新たなサブパスを作ります。
context.lineTo(x, y)	サブパスの最終位置から、指定の座標に向けて直線を加えます。
context.fill()	現在の塗りつぶしスタイルで、サブパスを塗りつぶします。
context.stroke()	現在の輪郭描画スタイルで、サブパスに沿った輪郭を描きます。

パスを使って図形を描く場合は、まずbiginPath()メソッドを呼び出してパスをリセットします。何か図形を描く際には、必ず最初にこのメソッドを呼び出してください。そうしないと、以前に定義したパスが残ってしまい、その続きを描くことになってしまうからです。

次に、これから描こうとする図形の最初の座標をmoveTo()メソッドを使って定義します。moveTo()メソッドには、その座標のx座標とy座標を引数に与えます。

それからは、必要な数だけlineTo()メソッドを使って直線を加えていきます。lineTo()メソッドには、加えたい直線の終点のx座標とy座標を指定します。すると、lineTo()メソッドを呼び出す前の時点でのパスの最終地点から、lineTo()メソッドに指定した地点までを結んだ直線がパスに加えられます。

lineTo()メソッドで直線を加えた後に、最後にclosePath()メソッドを呼び出して、図形を閉じます。これは必須ではありません。場合によっては、線だけを引くために、図形を閉じたくない場合もあるでしょう。closePath()メソッドは必要に応じて呼び出してください。

この時点でパスは定義されたものの、まだCanvas上には何も描かれていません。Canvas上に、定義したパスが表す図形を描く場合、もし塗りつぶした状態で描きたいならfill()メソッドを、輪郭だけを描きたいならstroke()メソッドを呼び出します。これらのメソッドに引数はありません。

以上がCanvasで多角形のパスを定義するための一通りの手順です。では、まず手始めに三角形を表すパスを定義してみましょう。

● サンプルの結果

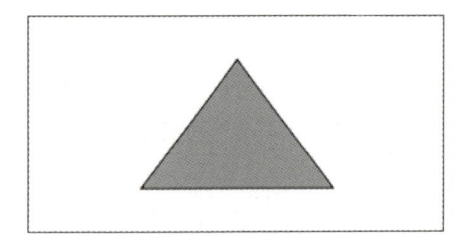

● スクリプト

```javascript
document.addEventListener("DOMContentLoaded", function() {
  // 2D コンテキスト
  var canvas = document.querySelector("canvas");
  var context = canvas.getContext("2d");
  // 三角形のパス
  context.beginPath();
  context.moveTo(150, 30);
  context.lineTo(220, 120);
  context.lineTo(80, 120);
  context.closePath();
  // 黄色で塗りつぶす
  context.fillStyle = "#ffff00";
  context.fill();
  // 茶色で輪郭を描く
  context.strokeStyle = "#440000";
  context.stroke();
}, false);
```

このサンプルでは、三角形を表すパスを定義した後に、fill()メソッドを呼び出して塗りつぶしただけでなく、さらにstroke()メソッドを呼び出して輪郭も描いています。

❖ サブパスとは

前節ではサブパスという用語が出てきましたが、前節においてはパスもサブパスも同義ととらえて問題ありませんでした。しかし、正確にいうと、線の集まりがサブパスであり、そのサブパスをいくつか集めたものがパスなのです。前節では、パスの中にサブパスが1つしかなかったということなのです。

では、サブパスが複数存在するというのは、どういうことなのかを説明しましょう。次のサンプルは、Canvas上に2つの三角形を描いています。

▼ サンプルの結果

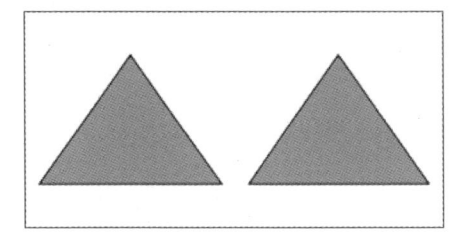

▼ スクリプト

```
document.addEventListener("DOMContentLoaded", function() {
  // 2Dコンテキスト
  var canvas = document.querySelector("canvas");
  var context = canvas.getContext("2d");
  // パスをリセット
  context.beginPath();
  // 三角形のサブパス（左側）
  context.moveTo(75, 30);
  context.lineTo(140, 120);
  context.lineTo(10, 120);
  context.closePath();
  // 三角形のサブパス（右側）
  context.moveTo(225, 30);
  context.lineTo(290, 120);
  context.lineTo(160, 120);
  context.closePath();
  // 黄色で塗りつぶす
  context.fillStyle = "#ffff00";
  context.fill();
  // 茶色で輪郭を描く
  context.strokeStyle = "#440000";
  context.stroke();
}, false);
```

徹底解説　HTML5APIガイドブック　ビジュアル系API編 | 227

第3章 Canvas

このサンプルでは、それぞれの三角形がサブパスを表しています。1つの三角形はlineTo()メソッドを繰り返して一筆書きのように描いています。しかし、2つ目の三角形を定義する際に、moveTo()メソッドを呼び出して、座標を移動します。moveTo()メソッドは新たなサブパスを定義する役割も持っていますので、この2つ目の三角形は、1つ目のサブパスとは異なるサブパスということになります。ちなみに、closePath()メソッドもサブパスを終了し、新たなサブパスを作る役割を持っています。

このように、同じ塗りつぶしスタイル、同じ輪郭描画スタイルで良いのであれば、サブパスをどんどん追加していき、最後にfill()メソッドやstorke()メソッドを呼び出してCanvas上に描画するのが効率的です。ただ、この場合、2つ目以降のサブパスの定義の前でbeginPath()メソッドを呼び出してはいけないという点に注意してください。beginPath()メソッドは、その時点でCanvasが保持しているパスをリセットしてしまうからです。

逆に、塗りつぶしスタイルや輪郭描画スタイルを変えて図形を描画したいのであれば、beginPath()を呼び出してからそれぞれの図形のサブパスを定義し、その直後にfill()メソッドやstroke()メソッドを使って描画しなければいけません。

次のサンプルは、塗りつぶしの色と輪郭の色を変えて2つの三角形を描いています。beginPath()メソッド、fillStyleプロパティ、strokeStyleプロパティ、fill()メソッド、stroke()メソッドの呼び出しタイミングに注目してください。

◉ サンプルの結果

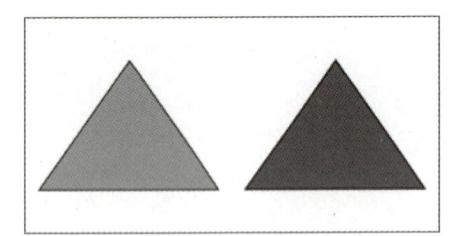

◉ スクリプト

```
document.addEventListener("DOMContentLoaded", function() {
  // 2D コンテキスト
  var canvas = document.querySelector("canvas");
  var context = canvas.getContext("2d");
  /* ------------------------------------------------
   * 左側の三角形
   * ------------------------------------------------ */
  // 三角形のパスの定義
  context.beginPath();
  context.moveTo(75, 30);
  context.lineTo(140, 120);
```

```
    context.lineTo(10, 120);
    context.closePath();
    // 黄色で塗りつぶす
    context.fillStyle = "#ffff00";
    context.fill();
    // 茶色で輪郭を描く
    context.strokeStyle = "#440000";
    context.stroke();
    /* -------------------------------------------------
     * 右側の三角形
     * ------------------------------------------------- */
    // 三角形のパスの定義
    context.beginPath();
    context.moveTo(225, 30);
    context.lineTo(290, 120);
    context.lineTo(160, 120);
    context.closePath();
    // 赤色で塗りつぶす
    context.fillStyle = "#ff0000";
    context.fill();
    // 黒色で輪郭を描く
    context.strokeStyle = "#000000";
    context.stroke();
}, false);
```

■サブパスが交差した場合の塗りつぶし

　先ほど、2つのサブパスを使ったサンプルをご覧頂きましたが、その際にはそれぞれのサブパスが形成する三角形は重なっていませんでした。しかし、それらが重なった場合、fill()メソッドで図形を塗りつぶす際に注意すべき点があります。

　次のサンプルは、2つのサブパスを作り、まとめて描画しています。1つ目のサブパスは三角形を形成し、2つ目のサブパスは、1つ目のサブパスで作られた三角形の中に収まるように配置された四角形を形成します。

● スクリプト

```
document.addEventListener("DOMContentLoaded", function() {
    // 2Dコンテキスト
    var canvas = document.querySelector("canvas");
    var context = canvas.getContext("2d");
    // パスをリセット
    context.beginPath();
```

```
    // 外側の三角形のサブパス（右回り）
    context.moveTo(150, 30);
    context.lineTo(220, 120);
    context.lineTo(80, 120);
    context.closePath();
    // 内側の四角形のサブパス（左回り）
    context.moveTo(125, 75);
    context.lineTo(125, 100);
    context.lineTo(175, 100);
    context.lineTo(175, 75);
    context.closePath();
    // 黄色で塗りつぶす
    context.fillStyle = "#ffff00";
    context.fill();
    // 茶色で輪郭を描く
    context.strokeStyle = "#440000";
    context.stroke();
}, false);
```

恐らくこのコードを見て、三角形も四角形も黄色で塗りつぶされると思われる方が多いのではないでしょうか。ところが、この場合、内側の四角形は塗りつぶされず、その四角形の部分をくり抜いたように塗りつぶされます。

⬇ サンプルの結果

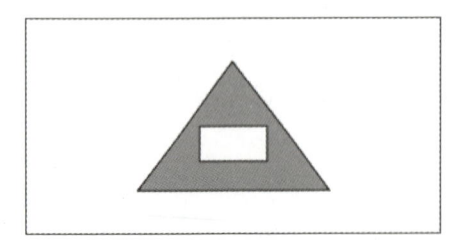

実は、それぞれのサブパスの向きが反対の場合、この現象が起こります。このサンプルでは、外側の三角形は、頂点から右回りにパスが定義されています。それに対して内側の四角形は、左上端から左回りにパスが定義されています。そのため、内側の四角形は塗りつぶされないのです。

これを非ゼロ巻き数規則（non-zero winding number rule）といいます。Canvasでは、多角形に限らず、円弧も含め、複数のサブパスが重なった場合には、非ゼロ巻き数規則が適用されます。このように、内側をくり抜いたような図形を描きたい場合は、非ゼロ巻き数規則を知っておくと非常に便利です。

もし、内側の四角形のサブパスを、外側の三角形のサブパスと同様に右回りで定義すると、その四角

形はくり抜かれず、同じ黄色で塗りつぶされてしまいます。四角形と三角形のいずれも左回りでサブパスを定義したとしても、同様です。

非ゼロ巻き数規則を使うと、次のような図を簡単に描くことができます。このサンプルは、半径を徐々に小さくしながら複数の円を表すサブパスを作り、最後にfill()メソッドで塗りつぶしています。ここでは、arc()メソッドを使っていますが、その詳細については、次の節をご覧ください。

⬇ サンプルの結果

⬇ スクリプト

```javascript
document.addEventListener("DOMContentLoaded", function() {
  // 2D コンテキスト
  var canvas = document.querySelector("canvas");
  var context = canvas.getContext("2d");
  // 反時計回りかどうかのフラグ
  var anticlockwise = true;
  // パスをリセット
  context.beginPath();
  // 円のサブパスを作る関数
  var make_circle = function(r) {
    // サブパスを生成
    context.moveTo(150 + r, 75);
    context.arc(150, 75, r, 0, Math.PI*2, anticlockwise);
    context.closePath();
    // 反時計回りフラグを反転
    anticlockwise = anticlockwise ? false : true;
  }
  // 同心円状に複数の円のサブパスを生成
  for( var i=200; i>=10; i-=10 ) {
    make_circle(i);
  }
  // 緑色で塗りつぶす
  context.fillStyle = "green";
  context.fill();
}, false);
```

変数anticlockwiseの値は、make_circle()関数が呼び出される都度、trueとfalseとの間で反転します。そして、arc()メソッドで生成される円のサブパスが作られる向きが、都度、反転することになります。そのため、非ゼロ巻き数規則によって、塗りつぶしが交互に行われることになるのです。

円弧

Canvasには、円弧を描くためのメソッドが2種類用意されています。状況に応じて使い分けます。それぞれのメソッドの特徴を見ていきましょう。

● 中心位置と半径を指定して円弧を描く

中心位置と半径を指定して円弧を描くためのメソッド

context.arc(x, y, radius, startAngle, endAngle, anticlockwise)	中心座標が (x, y) で半径radiusの円周に沿って、anticlockwiseの方向に、角度startAngleから角度endAngleまでのパスを定義します。startAngleとendAngleが表す角度の単位はラジアンです。これらの角度は円の右側を基準に時計回り（右回り）に増えていきます。anticlockwiseにtrueを指定すると反時計回り（左回り）、falseを指定すると時計回り（右回り）になります。

arcTo()メソッドは、単純に円を描きたい場合に便利なメソッドです。このメソッドには、円の中心のx座標、y座標、半径、開始角度、終了角度、円弧を描く方向の6つの引数を指定します。開始角度と終了角度の単位はラジアンですので注意してください。

まず最初に真円を描くサンプルをご覧頂きましょう。

サンプルの結果

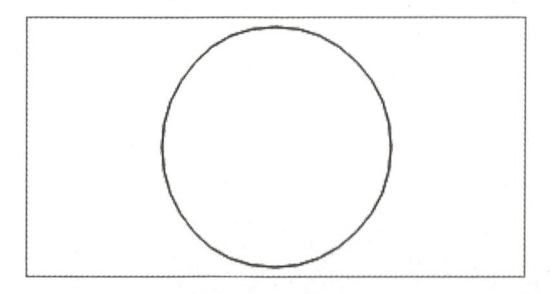

スクリプト

```
document.addEventListener("DOMContentLoaded", function() {
  // 2Dコンテキスト
  var canvas = document.querySelector("canvas");
  var context = canvas.getContext("2d");
  // 真円のサブパスを定義
  context.arc(150, 75, 70, 0, Math.PI * 2, true);
  // 輪郭を描く
  context.stroke();
}, false);
```

このサンプルでは、arc()メソッドを使って、中心座標が(150, 70)、半径が70の円周のうち、0ラジアン（0°）の地点からMath.PI * 2ラジアン（360°）の位置まで、反時計回りで円弧を描いています。補助線を引くと、次の図のようになります。

補助線入りの結果

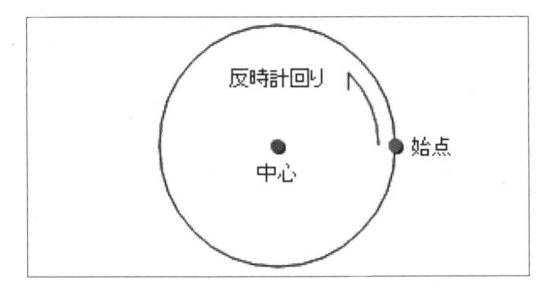

ラジアンという単位は、通常の生活にはなじみがないので直感で分かりにくいですが、度数をラジアンに変換する式に機械的に当てはめてください。

```
deg * Math.PI / 180
```

degは度数です。例えば、45°であれば、45 * Math.PI / 180となります。

次は円弧を描くサンプルをご覧頂きましょう。次のサンプルは、始点を0°の位置（円の右側）とし、終点の135°の位置（時計回り）としています。まずは、始点と終点を、反時計回りで描くとどうなるかを補助線入りでご覧頂きましょう。

第3章　Canvas

サンプルの結果

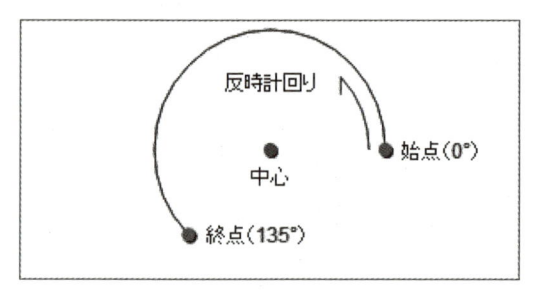

スクリプト

```
context.arc(150, 75, 70, 0, 135 * Math.PI / 180, true);
```

次に、arc()メソッドのanticlockwiseをtrue（反時計回り）からfalse（時計回り）に変更するとどうなるかをご覧ください。

サンプルの結果

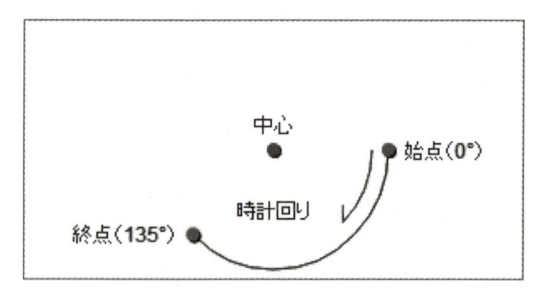

スクリプト

```
context.arc(150, 75, 70, 0, 135 * Math.PI / 180, false);
```

● 始点と終点を指定して円弧を描く

始点と終点を指定して円弧を描くためのメソッド

context.arcTo(x1, y1, x2, y2, radius)	パスの最終地点から(x1, y1)に向かって直線が引かれ、その直線と(x1, y1)から(x2, y2)までの直線の2直線に接する半径radiusの円弧が、当初の直線となめらかにつながるように描かれます。このメソッドが呼び出されると、円弧の終点がサブパスの最終地点になります。

234　徹底解説　HTML5APIガイドブック　ビジュアル系API編

arcTo()メソッドは、2つの直線を円弧でつなげる場合に便利なメソッドです。arcTo()メソッドには4つの引数を与えます。次のサンプルから、その関係を把握してください。

⬇ サンプルの結果

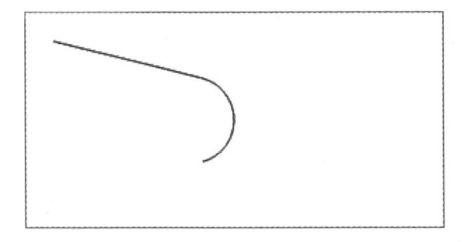

⬇ スクリプト

```
document.addEventListener("DOMContentLoaded", function() {
  // 2Dコンテキスト
  var canvas = document.querySelector("canvas");
  var context = canvas.getContext("2d");
  // サブパスを定義
  context.beginPath();
  context.moveTo(20, 20);
  context.arcTo(250, 75, 20, 130, 30);
  // 輪郭を描く
  context.stroke();
}, false);
```

このサンプルでは、まずmoveTo()メソッドを使って座標(20, 20)をパスに追加しています。arcTo()メソッドは、現在のサブパスの最終地点から、仮想的に、引数に指定された座標(x1, y1)、つまり、ここでは(250, 75)に向かって直線が引かれると考えてください。さらに、(x1, y1)から、引数に指定された座標(x2, y2)に向かって直線が引かれると考えてください。

このとき、引数radiusに指定された値が半径となる円を考えます。つまり、ここでは半径が30の円を想定します。そして、先ほど仮想的に引いた2本の直線に接するように、その円を配置します。

以上の結果が次の図となります。グレーで引かれた線が先ほどの仮想的な線を表します。そして黒の線が、arcTo()メソッドによって実際に描画される線となります。

第3章　Canvas

⬇ 補助線入りの結果

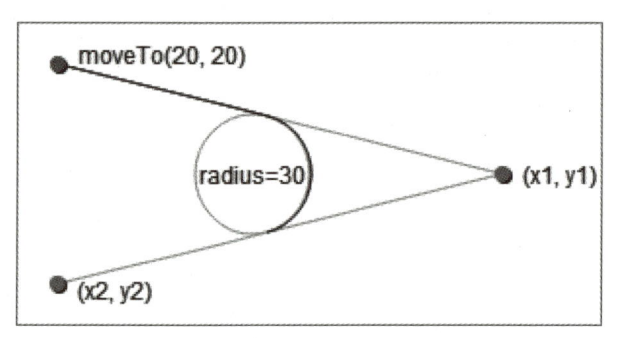

arcTo()メソッドは、引数に指定した座標(x2, y2)まで線を描画するわけではない点に注意してください。arcTo()によって追加されるサブパスの終点は、2つ目の仮想直線と円との接点となります。

では、実際によく使うシーンを想定したサンプルをご覧頂きましょう。次のサンプルは、三角形を描画しますが、それぞれの頂点を丸くしています。この丸くなった頂点を描画するために、arcTo()を使っています。

⬇ サンプルの結果

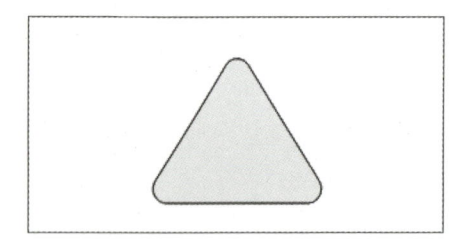

⬇ スクリプト

```
document.addEventListener("DOMContentLoaded", function() {
  // 2D コンテキスト
  var canvas = document.querySelector("canvas");
  var context = canvas.getContext("2d");
  // サブパスを定義
  context.beginPath();
  context.moveTo(150, 130);
  context.arcTo(220, 130, 150, 20, 10);
  context.arcTo(150, 20, 80, 130, 10);
  context.arcTo(80, 130, 220, 130, 10);
  context.closePath();
  // 黄色で塗りつぶす
  context.fillStyle = "#ffff00";
  context.fill();
```

```
    // 茶色で輪郭を描く
    context.strokeStyle = "#440000";
    context.stroke();
}, false);
```

　このサンプルでは、moveTo()メソッドを使って、三角形の底辺の中心をパスの開始位置としています。そして、arcTo()メソッドを使って、左回りに直線と円弧を描いています。arcTo()メソッドに指定する2地点の座標は、いずれも三角形の頂点に相当する座標です。

⌘ ベジェ曲線

　ベジェ曲線は、自由な曲線を描くために使います。ベジェ曲線は、フォントなどにも使われていますし、ベクター・グラフィックを扱うソフトウェアでもベジェ曲線を描くための機能が用意されていますので、ご存じの方も多いことでしょう。

　ベクター・グラフィックを扱うソフトでは、マウス操作で曲線を変形できる工夫がなされていますので、直感的に分かりやすいといえます。しかし、Canvasでベジェ曲線を描く場合、そうはいきません。事前に、どのような曲線が描かれるのかを、ある程度は予測できるようにした方が良いでしょう。数学的な意味を理解する必要はありませんので、ここでは、直感的なイメージでベジェ曲線の基礎を理解しておきましょう。

　Canvasには、ベジェ曲線のパスを作り出すメソッドが2種類用意されています。1つは三次ベジェ曲線と呼ばれるもので、もう1つは二次ベジェ曲線と呼ばれるものです。それぞれについて、詳しく見ていきましょう。

● 三次ベジェ曲線

　三次ベジェ曲線で曲線を描くためには、まず4つの制御点と呼ばれる位置を決めなければいけません。次の図をご覧ください。P_0、P_1、P_2、P_3が制御点になります。

⚓ t=0.4の場合

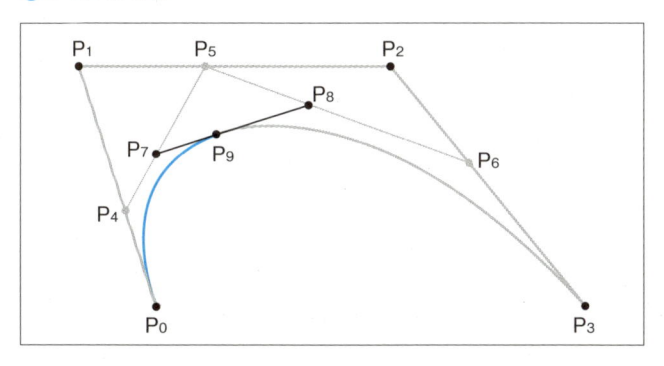

三次ベジェ曲線をサポートしたベクター・グラフィックを扱うソフトでは、P0→P1、P3→P2の2本の直線のことを「方向線」または「ハンドル」と呼ぶことがあります。また、三次ベジェ曲線の始点となるP0、そして終点となるP3のことを「アンカー・ポイント」と呼ぶことがあります。本書でも、「方向線」と「アンカー・ポイント」という用語を使っていきますので、覚えておいてください。

三次ベジェ曲線によって描かれる曲線は、方向線の始点、つまり、ここではP0とP3の地点で、それぞれの方向線に接するように描かれます。

では、三次ベジェ曲線の1点を特定する方法から見ていきましょう。P0〜P3の制御点を直線で結び、3つの直線を作ります。そして、直線P0→P1、直線P1→P2、直線P2→P3を分割する特定の位置をそれぞれP4、P5、P6とします。これらの分割位置の比率は同じとします。上の図では、0.4:(1-0.4)の比率を取ったものです。

次に、P4、P5、P6を直線で結び、2つの直線を作ります。先ほどと同様に、この直線P4→P5、直線P5→P6を0.4:(1-0.4)の比率で分割した地点をそれぞれP7、P8とします。

最後に、P7とP8を直線で結び、この直線P7→P8を0.4:(1-0.4)の比率で分割した地点をP9とします。このP9がベジェ曲線の1点を表します。

ここでは、直線を分割する比率を0.4:(1-0.4)としましたが、この0.4の値を0〜1の間でシームレスに動かしてP9を求め、そのP9の集合が表す線が三次ベジェ曲線となります。

次の図は、直線を分割する比率を0.8:(1-0.8)としたものです。

🔽 t=0.8の場合

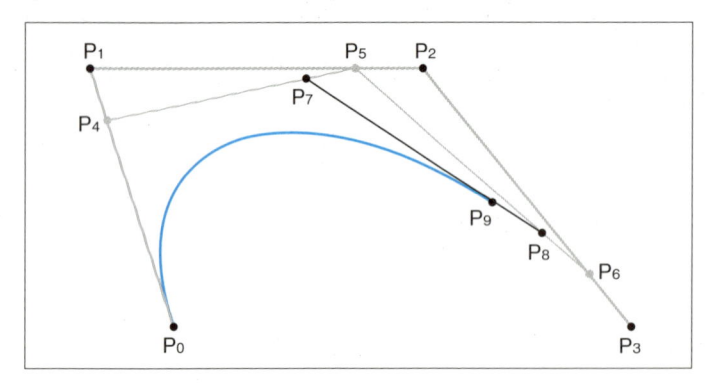

この直感的な理解については、英語版のウィキペディアに掲載されたアニメーションをご覧になるのが良いでしょう。

● Bézier curve - Wikipedia
　http://en.wikipedia.org/wiki/File:Bezier_3_big.gif

三次ベジェ曲線は、制御点を動かすことで、さまざまな曲線を表現することもできます。ここにいくつかをご紹介しましょう。

🔽 三次ベジェ曲線のパターン

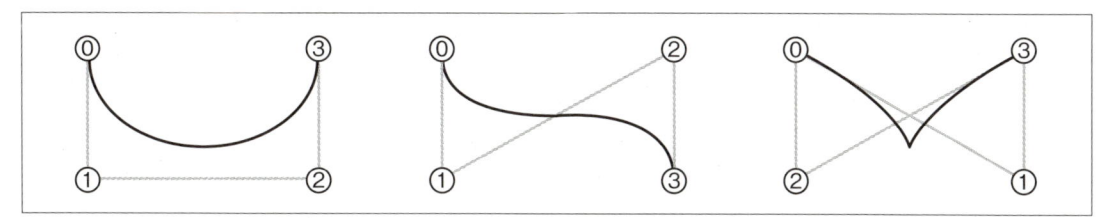

　概ね、これらのパターンを覚えておけば、ある程度、三次ベジェ曲線をイメージすることができるでしょう。
　Canvasで三次ベジェ曲線のパスを作るメソッドは、bezierCurveTo()です。

🔽 三次ベジェ曲線のパスを作るメソッド

| context.bezierCurveTo(cp1x, cp1y, cp2x, cp2y, x, y) | 4つの制御点を使ったベジェ曲線のパスを作ります。4つの制御点は、このメソッドを呼び出す時点のサブパスの最終地点の座標、(cp1x, cp1y)、(cp2x, cp2y)、(x, y)となります。このメソッドが呼び出されると、その時点のサブパスの最終地点は(x, y)となります。 |

　bezierCurveTo()には、3つの制御点の座標を引数に与えます。4つではありませんので注意してください。4つの制御点のうち、最初の制御点は、このメソッドが呼び出されるときにおけるサブパスの最終地点となります。
　次のサンプルは三次ベジェ曲線を使って、ハートを描いています。

🔽 サンプルの結果

第3章　Canvas

スクリプト

```
document.addEventListener("DOMContentLoaded", function() {
  // 2D コンテキスト
  var canvas = document.querySelector("canvas");
  var context = canvas.getContext("2d");
  // ハートを描画
  context.beginPath();
  context.moveTo(150, 30);
  context.bezierCurveTo(130, 0, 80, 0, 80, 50);
  context.bezierCurveTo(80, 90, 120, 100, 150, 140);
  context.bezierCurveTo(180, 100, 220, 90, 220, 50);
  context.bezierCurveTo(220, 0, 170, 0, 150, 30);
  context.closePath();
  // グラデーションで塗りつぶす
  var grad = context.createRadialGradient(150, 70, 0, 150, 40, 150);
  grad.addColorStop(0, "#ffaaaa");
  grad.addColorStop(1, "#ff0000");
  context.fillStyle = grad;
  context.fill();
  // 輪郭線を描画する
  context.strokeStyle = "#990000";
  context.stroke();
}, false);
```

　このハートは、4つの三次ベジェ曲線を使って描いています。ハートの上部のくぼんだ地点から開始し、左回りに描いています。4つの三次ベジェ曲線と、それぞれの制御点、そして方向線を入れると、次の図のようになります。白丸はアンカー・ポイントを、黒丸は方向線の先端のポイントを表しています。

補助線を入れた結果

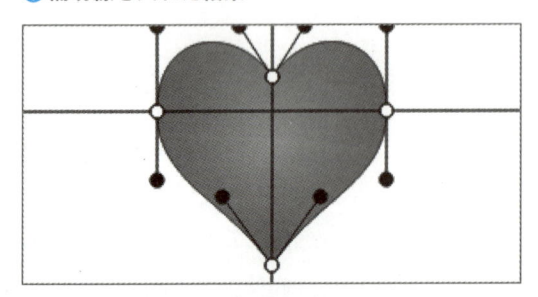

　三次ベジェ曲線をなめらかにつなげるには、隣り合うベジェ曲線のアンカー・ポイント、つまり最初の三次ベジェ曲線の終点と次の三次ベジェ曲線の始点を同じ座標とし、さらに、それぞれの方向線を一

直線上に並べます。こうすることで、2つの三次ベジェ曲線がなめらかな曲線としてつなげられることになります。

● 二次ベジェ曲線

二次ベジェ曲線は、三次ベジェ曲線から制御点を1つ減らしたものです。つまり、2つのアンカー・ポイントから同じ地点に方向線を延ばしたものととらえると分かりやすいでしょう。

二次ベジェ曲線で曲線を描くためには、まず3つの制御点の位置を決めなければいけません。次の図をご覧ください。P0、P1、P2が制御点になります。

🔽 t=0.4の場合

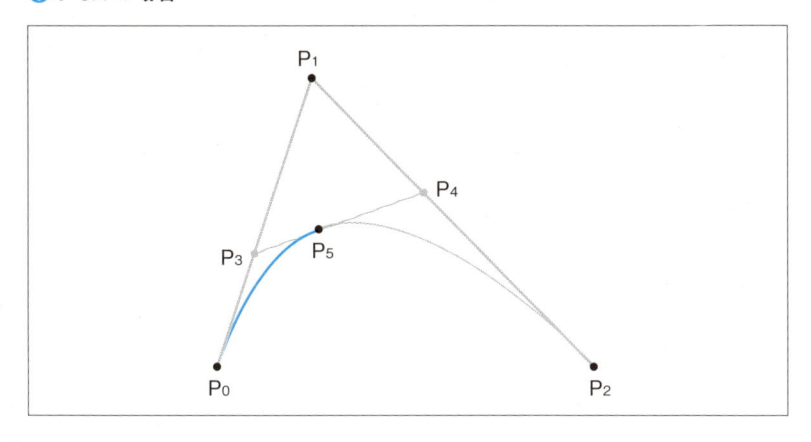

二次ベジェ曲線によって描かれる曲線は、方向線の始点、つまり、ここではP0とP2の地点で、それぞれの方向線に接するように描かれます。そして、それぞれの方向線はいずれもP1に向かって延びます。この点が三次ベジェ曲線と違う点です。

では、二次ベジェ曲線の1点を特定する方法から見ていきましょう。P0、P1、P2の制御点を直線で結び、2つの直線を作ります。そして、直線P0→P1、直線P1→P2の直線を分割する特定の位置をそれぞれP3、P4とします。これらの分割位置の比率は同じとします。上の図では、0.4:(1-0.4)の比率を取ったものです。

次に、P3、P4を直線で結び、1つの直線を作ります。先ほどと同様に、この直線P3→P4を0.4:(1-0.4)の比率で分割した地点をP5とします。このP5が二次ベジェ曲線の1点を表します。

ここでは、直線を分割する比率を0.4:(1-0.4)としましたが、この0.4の値を0〜1の間でシームレスに動かしてP5を求め、そのP5の集合が表す線が二次ベジェ曲線となります。

次の図は、直線を分割する比率を0.8:(1-0.8)としたものです。

t=0.8の場合

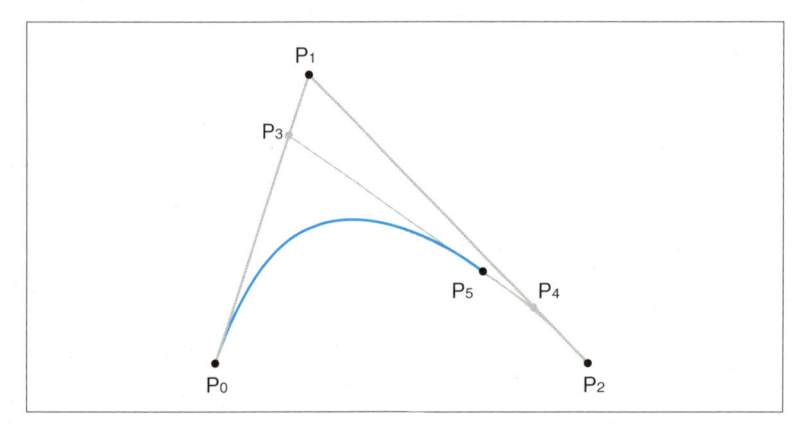

Canvasで二次ベジェ曲線のパスを作るメソッドは、quadraticCurveTo()です。

二次ベジェ曲線のパスを作るメソッド

| context.quadraticCurveTo(cpx, cpy, x, y) | 3つの制御点を使った二次ベジェ曲線のパスを作ります。3つの制御点は、このメソッドを呼び出す時点のサブパスの最終地点の座標、(cpx, cpy)、(x, y)となります。このメソッドが呼び出されると、その時点のサブパスの最終地点は(x, y)となります。 |

quadraticCurveTo()には、2つの制御点の座標を引数に与えます。3つではありませんので注意してください。3つの制御点のうち、最初の制御点は、このメソッドが呼び出されるときにおけるサブパスの最終地点となります。

次のサンプルは二次ベジェ曲線を使って、たまご型を描いています。

サンプルの結果

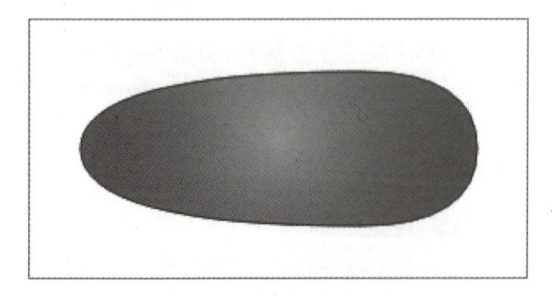

3.9 パスを使った複雑な図形

● スクリプト

```
document.addEventListener("DOMContentLoaded", function() {
  // 2D コンテキスト
  var canvas = document.querySelector("canvas");
  var context = canvas.getContext("2d");
  // たまご型を描画
  context.beginPath();
  context.moveTo(200, 30);
  context.quadraticCurveTo(30, 30, 30, 75);
  context.quadraticCurveTo(30, 120, 200, 120);
  context.quadraticCurveTo(270, 120, 270, 75);
  context.quadraticCurveTo(270, 30, 200, 30);
  context.closePath();
  // グラデーションで塗りつぶす
  var grad = context.createRadialGradient(150, 70, 0, 150, 40, 150);
  grad.addColorStop(0, "#ffaaaa");
  grad.addColorStop(1, "#ff0000");
  context.fillStyle = grad;
  context.fill();
  // 輪郭線を描画する
  context.strokeStyle = "#990000";
  context.stroke();
}, false);
```

このたまご型は、4つの二次ベジェ曲線を使って描いています。上部の中心から右よりの地点から開始し、左回りに描いています。4つの二次ベジェ曲線と、それぞれの制御点、そして方向線を入れると、次の図のようになります。白丸はアンカー・ポイントを、黒丸は方向線の先端のポイントを表しています。

● 補助線を入れた結果

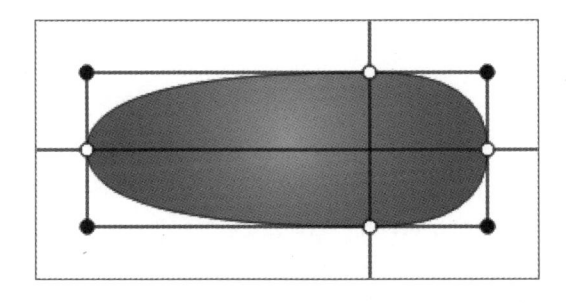

第3章　Canvas

矩形

　矩形を描くメソッドにclearRect()、fillRect()、strokeRect()が用意されていることはすでに説明しましたが、同じく矩形のサブパスを作るrect()メソッドが用意されています。

矩形のサブパスを作るメソッド

| context.rect(x, y, w, h) | 引数に指定された矩形の領域を表すサブパスを作ります。 |

　rect()メソッドの引数は、clearRect()、fillRect()、strokeRect()と全く同じです。rect()メソッドは、矩形の左上端の座標が(x, y)で、横幅がw、縦幅がhの矩形を表すサブパスを作ります。つまり、(x, y)、(x+w, y)、(x+w, y+h)、(x, y+h)の4地点を頂点とした矩形を表すサブパスを作ることになります。

　rect()は、clearRect()、fillRect()、strokeRect()と違い、サブパスを作るだけで、描画は行いません。矩形を描画するためには、サブパスを作る他のメソッドと同様に、最後に、fill()またはstroke()メソッドを呼び出さなければいけません。

　rect()メソッドは、呼び出されると、現在のパスに、新たなサブパスを追加することになります。また、矩形を表すサブパスが作られた後、そのサブパスは閉じたものとして記録されます。つまり、rect()メソッドは、呼び出されると、まずmoveTo(x, y)メソッドを呼び出し、矩形を表すサブパスを作った後にclosePath()メソッドを呼び出したのと同じことになります。そのため、rect()メソッドを使う場合、moveTo()メソッドとclosePath()メソッドを呼び出す必要はありません。仮にこれらのメソッドを呼び出したとしても、呼び出さなかった場合と結果は同じになります。

　結局のところ、rect()メソッドは、lineTo()メソッドを使った次のコードと同じ結果となります。

lineTo()を使った矩形のサブパスの作成

```
context.moveTo(x, y);
context.lineTo(x+w, y);
context.lineTo(x+w, y+h);
context.lineTo(x, y+h);
context.closePath();
```

　なお、rect()メソッドは、(x, y)、(x+w, y)、(x+w, y+h)、(x, y+h)の順番にパスを作ることになります。wとhが0より大きければ実質的には右回りに矩形を作ることになります。そして、(x, y)を矩形の右下の地点としてwとhに0より小さい値を指定すれば、左回りに矩形を描くことになります。実は、2D Contextの仕様では、以前はwとhに0より小さい値を指定してはいけないことになっていましたが、現在ではそれが認められています。とはいえ、2010年12月現在でそれに対応したブラウザーはありません。

　もし、非ゼロ巻き数規則を使って、入れ子になった矩形を交互に色を塗りたい場合、左回りの矩形にはlineTo()メソッドを使わざるを得ません。

サンプルの結果

スクリプト

```
document.addEventListener("DOMContentLoaded", function() {
  // 2D コンテキスト
  var canvas = document.querySelector("canvas");
  var context = canvas.getContext("2d");
  // 反時計回りかどうかのフラグ
  var anticlockwise = true;
  // パスをリセット
  context.beginPath();
  // 同心状に複数の矩形円のサブパスを生成
  for( var i=canvas.width; i>=50; i-=50 ) {
    // rect() の引数を算出
    var w = i;
    var h = w * canvas.height / canvas.width;
    var x = (canvas.width - w) / 2;
    var y = (canvas.height - h) / 2;
    // 矩形のサブパスを生成
    if( anticlockwise == true ) {
      // 左回りに矩形を作る
      context.moveTo(x, y);
      context.lineTo(x, y+h);
      context.lineTo(x+w, y+h);
      context.lineTo(x+w, y);
      context.closePath();
    } else {
      // 右回りに矩形を作る
      context.rect(x, y, w, h);
    }
    // 反時計回りフラグを反転
    anticlockwise = anticlockwise ? false : true;
  }
  // 黒で塗りつぶす
  context.fillStyle = "black";
  context.fill();
}, false);
```

3.10 線のスタイル

線のスタイルに関するCanvasの機能

これまでさまざまな図形を描き、その輪郭線を描いてきましたが、Canvasには、色を変えるだけではなく、線の太さ、線の両端の形状、線の接続形状など、いくつかの機能がプロパティとして用意されています。ここでは、線のスタイルに関するCanvasの機能について解説していきます。

線幅

線幅を指定するプロパティ

context.lineWidth	線の太さを返します。値をセットして線の太さを変更することができます。

このプロパティには、線の太さを表す数値を指定します。デフォルト値は1です。線の太さを変更したい場合、実際に輪郭線を描画する前、つまり、stroke()メソッドを呼び出す前に、値を変更しておかなければいけません。

次のサンプルは、線の太さを変えて引いた直線です。

サンプルの結果

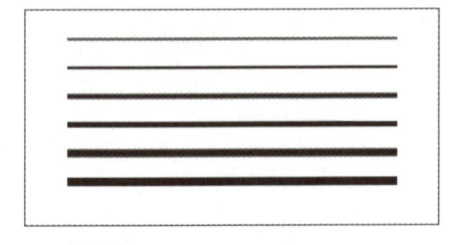

スクリプト

```
document.addEventListener("DOMContentLoaded", function() {
  // 2D コンテキスト
  var canvas = document.querySelector("canvas");
  var context = canvas.getContext("2d");
  // 直線を描画
  for( var i=1; i<=6; i++ ) {
    context.beginPath();
    context.moveTo(30, 20*i);
    context.lineTo(270, 20*i);
```

```
        context.lineWidth = i;
        context.stroke();
    }
}, false);
```

　このサンプルの一番上の直線は太さが1です。そして、下にいくにつれて、太さが1ずつ増えていきます。一番下の直線の太さは6です。このサンプルの結果を見て、太さが1と2の直線は、実際には同じ太さで色が若干違って見える点に気づいたのではないでしょうか。

　実は、Canvasの描画は、どのブラウザーでもアンチエイリアスが効いています。そのため、指定した座標によっては、ピクセル・グリッドで表現できず、このようにアンチエイリアスを効かせて描画されることになります。この点について、もう少し深く見ていきましょう。

罫線の位置とピクセル・グリッドの関係

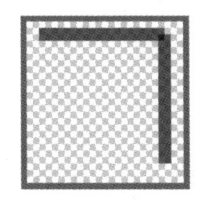

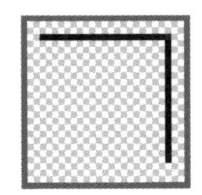

左側のコード

```
ctx.moveTo(2, 2);
ctx.lineTo(22, 2);
ctx.lineTo(22, 22);
```

右側のコード

```
ctx.moveTo(2, 2.5);
ctx.lineTo(22.5, 2.5);
ctx.lineTo(22.5, 22);
```

　この図はいずれも直線が描かれたCanvasを拡大表示したものです。背景の格子模様は、それぞれがピクセル・グリッドを表しています。双方ともlineWidthプロパティに1をセットし、strokeStyleプロパティに"#000000"をセットした上で描画したものです。同じ太さ、同じ色で描画したにもかかわらず、全く違って見えます。

　左側の図では、罫線の座標に整数をしているのに対し、右側の図では、罫線の座標に小数点以下を使って指定しています。そして、右側の方が、期待通りの描画結果になっています。

第3章 Canvas

　Canvasの座標系は、ピクセル・グリッドの中心を基準にしているのではなく、ピクセル・グリッドの境界が基準になっています。そのため、もし座標に整数を指定し、太さを1にした直線を引こうとすると、ピクセル・グリッドにピッタリ収めることができません。この状況において、どのブラウザーでもアンチエイリアスが効くことになります。つまり、本来の直線の両側にあるピクセル・グリッド双方を使って描画されますが、その代わり、半透明にすることで、遠目で見れば、あたかも細い線が引かれているように見せているのです。

　細い線を厳密に描きたい場合は、このような座標位置を0.5だけずらすことを覚えておくと便利です。

⌘ 線端形状

▼ 線端形状を指定するメソッド

context.lineCap	線端形状を表す文字列を返します。値をセットして、線端形状を変更することができます。利用可能な線端形状を表す文字列は、"butt"、"round"、"square"です。それ以外の値は無視されます。

　線の両端の形状は、その線が細ければ気になりませんが、太い線を引いた場合は気になります。Canvasでは3種類の線端形状が用意されています。lineCapプロパティに、線端形状を表す文字列をセットするとこで、これから描画する線端形状を変更することができます。

　lineCapプロパティに"butt"を指定すると、直線の両端の座標でピッタリと線が切られた状態になります。"butt"はlineCapプロパティのデフォルト値です。

　lineCapプロパティに"round"を指定すると、両端の座標からはみ出して、両端に半円が付加されます。そして、"square"を指定すると、両端の座標からはみ出して、矩形が付加されます。いずれも、両端の座標からはみ出す長さは、線幅の半分の長さとなります。

　次の図は、先端形状を変えて引いた黒色の直線を表しています。両端の白丸の地点が、直線の開始位置と終了位置を表しています。線の両端の座標と、先端形状の位置関係を理解してください。

▼ 線端形状の比較

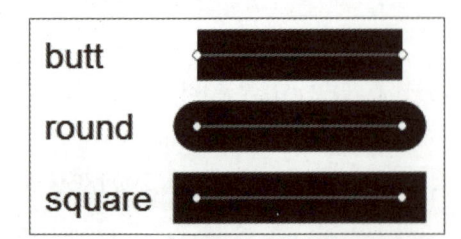

接続形状

接続形状を指定するメソッド

context.lineJoin	現在の接続形状を表す文字列を返します。値をセットして、接続形状を変更することができます。利用可能な接続形状を表す文字列は、"bevel"、"round"、"miter"です。それ以外の値は無視されます。
context.miterLimit	現在のマイター限界比率を返します。値をセットして、マイター限界比率を変更することができます。

2本の線を角度を変えてつなげた場合、その接続地点の形状を指定するのが、lineJoinプロパティです。このプロパティには、"bevel"、"round"、"miter"のいずれかを指定することができます。それぞれの特徴を図で表すと次のようになります。

線端形状の比較

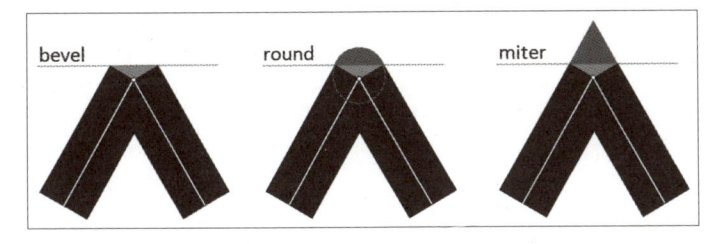

本来、太さがある2つの線を角度を変えてつなげると、黒の部分の領域が描画されることになるはずです。つまり、"bevel"の図でいえば、グレーの部分が描画されずに、くぼんだ状態で描画されるはずです。しかし、Canvasでは、lineJoinプロパティにどの値をセットしても、このグレーの部分は必ず塗りつぶされます。この状態が"bevel"です。

"bevel"の状態から、グレー部分の上側に円弧を加えて塗りつぶした状態が"round"となります。その円弧は、中心が2つの線の接続点で、半径が線の太さの半分となる円の円弧です。2つの線の外側と接するよう、なめらかに線がつなげられます。

"bevel"の状態から、グレー部分の上側に三角形を加えて塗りつぶした状態が"miter"となります。その三角形は、2つの線の外側を接続点方向へ延長して作られる三角形となります。つまり、"miter"を指定すると、2つの直線がとがった状態で接続されることになります。lineJoinプロパティは、"miter"がデフォルト値です。

では、実際に、それぞれの接続形状で2直線をつなげたサンプルを見てみましょう。

第3章 Canvas

▼ サンプルの結果

▼ スクリプト

```
document.addEventListener("DOMContentLoaded", function() {
  // 2D コンテキスト
  var canvas = document.querySelector("canvas");
  var context = canvas.getContext("2d");
  // 線の共通属性
  context.lineWidth = 20;
  context.strokeStyle = "black";
  // lineJoin の値
  var types = ['bevel', 'round', 'miter'];
  // 3 種類の線を描画
  for( i=0; i<3; i++ ) {
    // 線の座標を定義
    var x0 = 100 * i + 10;
    var y0 = 120;
    var x1 = x0 + 40;
    var y1 = 50;
    var x2 = x1 + 40;
    var y2 = 120;
    // 線を描画
    context.beginPath();
    context.moveTo(x0, y0);
    context.lineTo(x1, y1);
    context.lineTo(x2, y2);
    context.lineJoin = types[i];
    context.stroke();
  }
}, false);
```

　lineJoinプロパティが"miter"のとき、2つの直線が極端な鋭角で接続されると、その先端が2直線の接続点から相当に遠い位置になってしまいます。Canvasでは、先端が極端に遠い場合は、"bevel"とし

て扱います。接続点先端の位置の距離をマイター長と呼びます。そして、"bevel"として扱われるときの距離をマイター限界と呼び、事前に定義します。マイター長が、事前に定義したマイター限界を超えた場合に、"bevel"として扱われることになります。

⬇ マイター長さとマイター限界

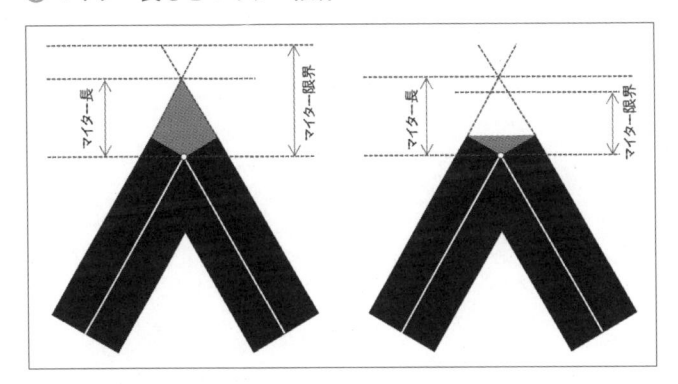

この図は、同じ角度で接続された2直線が表示されていますが、それぞれ、マイター限界がマイター長より長い場合と短い場合を表しています。左側の図は、マイター長がマイター限界を超えていないため、先端まで塗りつぶされます。しかし、右側の図は、マイター長がマイター限界を超えてしまったため、先端まで塗りつぶされず、lineJoinプロパティが"bevel"だったとして塗りつぶされます。

このマイター限界の長さを定義するのがmiterLimitプロパティです。ただし、距離を表す数値を指定するのではなく、線幅の半分の長さの倍数を指定します。デフォルト値は10です。そのため、デフォルト値では、相当に鋭角に2直線を接続しない限り、先端が切り取られることはありません。

では、実際にCanvasを使って、miterLimitプロパティの値を変化させるとどうなるかを比較してみましょう。

⬇ サンプルの結果

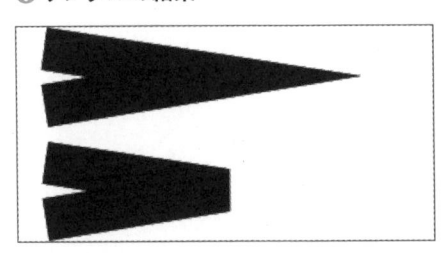

⬇ スクリプト

```
document.addEventListener("DOMContentLoaded", function() {
  // 2D コンテキスト
```

第3章　Canvas

```
    var canvas = document.querySelector("canvas");
    var context = canvas.getContext("2d");
    // 線の共通属性
    context.lineWidth = 30;
    context.strokeStyle = "black";
    context.lineJoin = "miter";
    // 1つ目の2直線接続 (miterLimit=7)
    context.miterLimit = 7;
    context.beginPath();
    context.moveTo(20, 15);
    context.lineTo(150, 35);
    context.lineTo(20, 55);
    context.stroke();
    // 2つ目の2直線接続 (miterLimit=3)
    context.miterLimit = 3;
    context.beginPath();
    context.moveTo(20, 95);
    context.lineTo(150, 115);
    context.lineTo(20, 135);
    context.stroke();
}, false);
```

このサンプルでは、2直接を接続した図を2つ描画しています。上側はmiterLimitプロパティの値を7に、下側は3としています。これら2つの図は、いずれも、2直線の角度は同じです。また、線幅は30です。従って、マイター限界は、30の半分である15に、miterLimitの値をかけた値となります。つまり、上側のマイター限界は15×7＝105、下側のマイター限界は15×3＝45となります。

このサンプル結果に、マイター限界を表す補助線を入れると、次のようになります。

⬇ 補助線入りのサンプルの結果

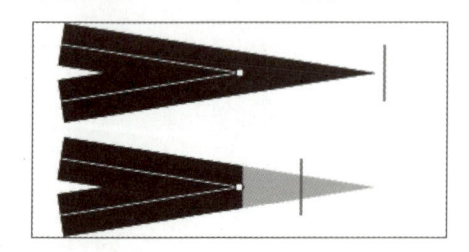

上側の図は、先端の位置がマイター限界より手前ですので、先端まで描画されています。一方、下側の図は、先端の位置がマイター限界を超えていますので、先端まで描画されません。

3.11 テキスト

⌘ Canvasのテキスト描画

　Canvasには図形だけでなくテキストも描くことができます。HTMLやSVGコンテンツ上のテキストとは異なり、描いてしまったテキストは、選択してコピーすることもできず、もはやビットマップに過ぎませんが、Canvasでグラフィックを扱う上では、必要不可欠な機能といえるでしょう。

　Canvasのテキスト描画は、文字の大きさやフォントなどといったCSSと同様のスタイリングが可能になっています。また、テキストの配置位置もきめ細かく定義することができます。さらに、Canvasのテキスト描画では、描画しようとするテキストが実際に描画されるとどれくらいの幅になるのかすら取得することができます。テキストを扱う上で必要な機能は十分に揃っているといえます。

⌘ テキストの描画

⬇ テキストを描画するメソッド

context.fillText(text, x, y [, maxWidth])	テキストtextを座標(x, y)の位置に塗りつぶしで描画します。引数maxWidthは描画するテキストの最大幅を表しますが、これが引数に与えられると、そのテキストはその幅を超えないように描画されます。
context.strokeText(text, x, y [, maxWidth])	テキストtextを座標(x, y)の位置に輪郭描画します。引数maxWidthは描画するテキストの最大幅を表しますが、これが引数に与えられると、そのテキストはその幅を超えないように描画されます。
context.font	現在のフォント設定を返します。値をセットしてフォントを変更することができます。その構文は、CSSのfontプロパティと同じです。CSSフォント値として構文解析できない値は無視されます。

　テキストをCanvas上に描画するには、fillText()またはstrokeText()メソッドを使います。fillText()メソッドは指定のテキストを塗りつぶして描画しますが、strokeText()メソッドは、指定のテキストの個々の文字の輪郭だけを描画します。

　どちらのメソッドにも、テキストを描画する座標を指定しますが、その座標は、デフォルトでは、描画テキストの左下端を表します。つまり、指定の座標の右上にテキストが描画されることになります。この座標に対するテキストの描画位置については、後述のtextAlignプロパティとtextBaselineプロパティで調整可能です。

　指定のテキストにタブ文字、改行を表す文字(LFおよびCR)、改頁文字(FF)が含まれていた場合、

第3章　Canvas

それらの文字は半角スペースに変換されます。テキストに¥tを入れてもタブ・インデントされるわけではありませんし、¥nや¥rを入れても改行されることはありませんので注意してください。

　テキストのフォントの定義には、fontプロパティを使います。fontプロパティには、CSSのfontプロパティと全く同じフォーマットの文字列をセットすることができます。そのため、フォント・サイズや、フォント・スタイル（イタリックやボールド）なども一緒に指定することができます。

　フォントの色は、fontプロパティでは指定できませんが、CanvasのfillStyleプロパティやstorokeプロパティに色を指定することで、テキストの色を変えることができます。

　次のサンプルは、Canvasに色が異なるテキストを2つ描画します。一方はfillText()メソッドで、もう一方はstrokeText()メソッドで描画しています。それぞれの違いを理解してください。また、2つの黒丸は、それぞれ、fillText()メソッドとstrokeText()メソッドに指定した座標を表しています。

⚓ サンプルの結果

⚓ スクリプト

```
document.addEventListener("DOMContentLoaded", function() {
  // 2D コンテキスト
  var canvas = document.querySelector("canvas");
  var context = canvas.getContext("2d");
  // テキストを定義
  var text = "Canvas¥n で文字描画 ";
  // フォントを定義
  context.font = "italic bold 26px 'HG 正楷書体 -PRO'";
  // テキストを青色で塗りつぶし描画
  context.fillStyle = "blue";
  context.fillText(text, 20, 50);
  // テキストを緑色で輪郭描画
  context.strokeStyle = "green";
  context.strokeText(text, 20, 100);
}, false);
```

　このサンプルでは、描画する文字に¥nが入れられていますが、実際には改行として描画されず、半

角スペースとして描画される点に注意してください。

　先ほどのサンプルのfillText()メソッドとstrokeText()メソッドに、テキストの最大幅を表す第4引数を指定してみましょう。ここでは、fillText()メソッドには、テキストの最大幅をCanvas領域の横幅の半分となる150を指定しています。そして、strokeText()メソッドには、さらに小さい幅の100を指定しています。

スクリプト

```
context.fillText(text, 20, 50, 150);
context.strokeText(text, 20, 100, 100);
```

サンプルの結果（Internet Explorer 9）

サンプルの結果（Opera 11）

　このように、指定のテキストの最大幅に合わせて、テキストが縮小表示されます。ただし、縮小方法はブラウザーによって異なります。Internet ExploerとFirefoxは、文字の高さはそのままに、横幅だけを縮小します。つまり、各文字が縦長になります。それに対して、Operaではフォントのサイズそのものを小さくしています。なお、2010年12月現在、Chrome 9.0とSafari 5.0は、この機能をサポートしていません。

　W3C HTML Canvas 2D Context仕様では、文字の縮小方法については規定しておらず、ブラウザーに任されています。そのため、どちらの結果も間違っているわけではありません。このブラウザーの差異がある点を留意した上で、この機能を使うようにしてください。

第3章　Canvas

⌘Webフォントの利用

　Canvasのテキストのフォントは、CSSで読み込み可能であれば何でも構いません。近年、話題になっているCSS3のWebフォントを利用することも可能です。つまり、@font-faceを使って組み込まれたフォントであれば、Canvasでも利用することが可能です。

　次のサンプルは、Googleが提供しているGoogle Font Directoryを使ってテキストを描画しています。

> ● Google font directory
> http://code.google.com/webfonts

🔽 Webフォントを使った結果

fillText() with Web Fonts

Google Font Directory

[再描画]

🔽 スクリプト

```
<!DOCTYPE html>
<html lang="ja">
<head>
<meta charset="UTF-8" />
<title>fillText() with Web Fonts</title>
<link rel="stylesheet" href="style.css" type="text/css" />
<link href='http://fonts.googleapis.com/css?family=Reenie+Beanie'
rel='stylesheet' type='text/css'>
<style>
h1 { font-family: 'Reenie Beanie'; }
</style>

<script>
(function () {

window.addEventListener("load", function(){
```

```
    // 描画処理
    draw();
    // ボタンにclickイベントのリスナーをセット
    var button = document.querySelector("button");
    button.addEventListener("click", draw, false);
  }, false);

  // 描画処理
  function draw() {
    // 2Dコンテキスト
    var canvas = document.querySelector("canvas");
    var context = canvas.getContext("2d");
    // Canvasをクリア
    context.clearRect(0, 0, canvas.width, canvas.height);
    // テキストを定義
    var text = "Google Font Directory";
    // フォントを定義
    context.font = "bold 34px 'Reenie Beanie'";
    // テキストを塗りつぶし描画
    context.fillText(text, 20, 80);
  }

})();
</script>
</head>
<body>

<h1>fillText() with Web Fonts</h1>
<canvas width="300" height="150"></canvas>
<p><button>再描画</button></p>

</body>
</html>
```

　このサンプルは、Internet Explorer 9、Firefox 4.0、Opera 11、Safari 5.0、Chrome 9.0で動作します。しかし、Webフォントを利用するに当たり、注意しなければいけない点が2点あります。

　まず1点目の問題は、Canvasで利用するWebフォントが、ページ内のコンテンツにも使われていないと、該当のWebフォントがロードされない点です。そのため、このサンプルでは、style要素の中で、h1要素に対して、Webフォントを適用するようにしてあります。

　2点目の問題はスクリプトの実行タイミングです。指定のWebフォントでテキストを描画したいなら、Canvasでテキストを描画する時点で、そのWebフォントのロードが完了していなければいけませ

ん。これまでのサンプルではdocumentオブジェクトでDOMContentLoadedイベントが発生したら処理が開始するようにしてきましたが、これではHTMLのロードは完了しているものの、それ以外のファイルはロードされていません。そのため、ここでは、windowオブジェクトでloadイベントが発生したら処理が開始されるようにしてあります。こうすることで、jsファイルやcssファイルなどの外部ファイルのロードが完了してから処理が実行されるようになります。

しかし、SafariとChromeは、Webフォントのロードが完了しているかどうかにかかわらず、それ以外のコンテンツのロードが完了すればloadイベントを発生させてしまいます。そのため、このサンプルのように小さなHTMLでは、Webフォントのロードが完了する前にloadイベントが発生してしまい、正しく描画されません。

Webフォントを使う場合、ページのロードのタイミングで描画するためには、window.setTimeout()を使って、loadイベントの発生からさらに数秒後に処理を実行させることも可能ですが、必ずしも指定の秒数後にWebフォントのロードが完了しているとは限りません。

実際には、このサンプルのように、「再描画」用のボタンを用意するなどの回避策を用意した方が良いでしょう。

⌘アライメント

⚓アライメントを指定するメソッド

context.textAlign	現在のテキストのアラインメント設定を返します。値をセットして、アラインメントを変更することができます。
context.textBaseline	現在のベースライン・アラインメント設定を返します。値をセットして、ベースライン・アラインメントを変更することができます。

fillText()やstrokeText()メソッドでテキストを描画する際、デフォルトでは、指定の座標に対して右上にテキストが描画されることになります。しかし、指定の座標に対して、上下左右の位置関係を調整することができます。

textAlignプロパティは左右の調整を行い、textBaselineプロパティは上下の調整を行います。

● 左右の位置調整

textAlignプロパティには、"start"、"end"、"left"、"right"、"center"のいずれかの文字列を指定します。fillText()メソッドでテキストの描画位置座標のx座標を同じにして、それぞれの位置関係を見てみましょう。黒丸はfillText()メソッドに指定した座標を表しています。

🔽 **textAling の位置関係**

```
start           .日本語
end         日本語.
left            .日本語
right       日本語.
center       日本語
             .
```

　"start"と"left"は基準位置に対して右側に、"end"と"right"は左側に、そして"center"は中心位置にテキストを描画することになります。

　"start"と"left"、そして"end"と"right"の結果は同じですが、これは日本語や英語のように、テキストが左から右に向かう言語の場合の現象でしかなく、本来の意味は大きく違います。

　"start"と"end"は、文字の進行方向に対する基準となります。"start"はテキストの開始位置を表し、"end"はテキストの終了位置となります。従って、日本語や英語のように、左から右に向かう言語では、"start"はテキストの左側、"end"は右側を表すことになります。それに対して、アラビア語のように右から左に向かう言語の場合は、日本語や英語とは逆となり、"start"はテキストの右側、"end"はテキストの左側を表すことになります。

　テキストの方向は、HTMLドキュメントの内容に依存します。html要素が<html lang="ja">となっていれば、そのHTMLドキュメントは基本的には左から右に向かう言語で書かれたとして解釈されます。そのため、Canvasにおいても、同様に解釈されます。

　それに対して、html要素が<html lang="ar" dir="rtl">となっていれば、そのHTMLドキュメントは基本的には右から左に向かう言語で書かれたとして解釈されます。また、次のようにして、canvas要素だけにテキストの方向を指定することも可能です。

🔽 **canvas要素だけにテキストの方向を指定する**

```
<canvas dir="rtl"></canvas>
<canvas style="direction:rtl;"></canvas>
```

　次の例は、先ほどの例から、html要素を<html lang="ar" dir="rtl">に変更し、Canvasに表示する文字をアラビア語に変更したものです。"start"と"end"が、先ほどの日本語とは逆になっている点に注目してください。

第3章　Canvas

▼ textAlingの位置関係（アラビア語）

start	اللغة العربية
end	اللغة العربية
left	اللغة العربية
right	اللغة العربية
center	اللغة العربية

　"left"と"right"は、テキストの方向にかかわらず固定となります。"left"はテキストの左側、"right"はテキストの右側を表します。

● 上下の位置調整

　textBaselineプロパティは、テキストの上下の位置調整を行います。このプロパティに指定できる値は、"top"、"hanging"、"middle"、"alphabetic"、"ideographic"、"bottom"のいずれかです。デフォルトは"alphabetic"です。これらの値のそれぞれの意味は、下記の通りです。

▼ textBaselineプロパティに指定できる値

top	emボックスの上端
hanging	インド語派言語のベースライン
middle	emボックスの真ん中
alphabetic	アルファベット文字のベースライン
ideographic	表意文字のベースライン
bottom	emボックスの下端

　em（エム）とは、CSSの単位として使われるemと同じです。現在使われているフォントにおける文字の高さを表します。そのため、最も分かりやすい基準位置で、どの言語でも、重要な基準となります。textBaselineプロパティの値のうち、"top"、"middle"、"buttom"がemボックスを基準としています。それ以外の位置は、文字のベースラインと呼ばれる基準位置を表します。通常、どの言語の文字も、何かしらの軸に合わせて文字を並べますが、それをベースラインと呼びます。これは、言語に依存しています。

　"alphabetic"はアルファベットなどの欧米で使われる文字のベースラインですが、大文字の下端となる位置を表します。多くの欧米フォントでは、小文字のpやyは、このベースラインを超えて下にはみ出しています。

"ideographic"は表意文字用のベースラインですが、日本や中国で使われるの漢字、日本で使われるひらがなやカタカナ、韓国で使われるハングル文字が該当します。これらの文字は、横向きに書かれる場合、文字の下端を揃えますが、その位置に相当します。日本語のフォントの多くは、"ideographic"と"bottom"がほぼ同じです。

"hanging"はインド語派言語によく見られるベースラインで、代表的な文字としてはヒンディーで使われるデーヴァナーガリー文字が挙げられます。これらの言語の文字は、中心よりやや上のあたりに横線が入った文字が多く、その位置を基準に並べられます。

ベースラインの位置関係

```
              top
         middle                                             hanging
ideographic         漢字  한글  Alphabet Français  हिन्दी
              bottom                                        alphabetic
```

日本語を扱う上で、"ideographic"と"bottom"の違いを知っておくことは重要です。"bottom"はフォントの領域の下限位置を表しますので、必ずしも文字の下限にピッタリと揃うわけではありません。それに対して、"ideographic"は文字の下限位置に相当します。これは、Windowsに組み込まれている「メイリオ」フォントを使うとよく分かります。一般的な日本語フォントは、フォント領域（emボックス）に対してほぼ中央に配置されていますが、「メイリオ」フォントは、フォント領域に対して上方に文字が配置されています。そのため、"ideographic"と"bottom"では大きく表示位置が異なってきます。

bottomの場合の比較

```
    メイリオ    MS Pゴシック
```

ideographicの場合の比較

```
    メイリオ    MS Pゴシック
```

これらの図は、fillText()メソッドを使って実際に2つの文字列を描いています。左側のフォントは「メイリオ」で、右側のフォントは「MS Pゴシック」で描いていますが、fillText()メソッドに指定したy座標は同じです。これらはInternet Explorer 9で表示した結果です。

textBaselineプロパティに"bottom"を指定した場合、それぞれのテキストの描画位置が大きく違って

いるのが分かります。それに対して"ideographic"を指定した場合は、文字の位置が一致しているのが分かります。

　このようにきめ細やかな文字のベースラインが規定されていますが、少なくとも2010年12月現在では、すべてのブラウザーで同じように描画されないのが実情です。実践においては、文字のベースラインではなく、emボックスを基準とした"top"、"middle"、"bottom"を使うのが無難でしょう。

文字長の計測

文字長を計測するメソッド

metrics = context.measureText(text)	現在のフォントにおける指定テキストの長さを持ったTextMetricsオブジェクトを返します。
metrics.width	measureText()メソッドに引き渡したテキストの幅を前もって返します。

　measureText()メソッドは、引数にテキストを指定して呼び出すと、そのテキストの幅の情報を格納したTextMetricsオブジェクトを返します。テキストの幅は、TextMetricsオブジェクトのwidthプロパティから取得することができます。

　このメソッドとプロパティの特徴は、実際にテキストをCanvasに描かなくても、その幅を得ることができる点です。

　次のサンプルは、長いフレーズをCanvasに描きますが、Canvasの横幅をはみ出さないよう、適切な場所で改行して描画します。

サンプルの結果

```
 The canvas element provides scripts
with a resolution-dependent bitmap
canvas, which can be used for rendering
graphs, game graphics, or other visual
images on the fly.
```

3.11 テキスト

📜 **スクリプト**

```
document.addEventListener("DOMContentLoaded", function() {
  // 2Dコンテキスト
  var canvas = document.querySelector("canvas");
  var context = canvas.getContext("2d");
  // テキストを定義
  var text = "The canvas element provides scripts with a resolution-dependent
bitmap canvas, which can be used for rendering graphs, game graphics, or other
visual images on the fly.";
  // フォントを定義
  context.font = "16px 'Arial'";
  // 単語に分割
  var words = text.split(" ");
  // 行の長さを判定しながら描画
  var line = "";       // 行テキスト
  var line_y = 25;     // 行のy座標
  var line_max_width = canvas.width - 20; // 行幅
  var w;
  while( w = words.shift() ) {
    // 行の長さを計測
    var metrix = context.measureText(line + " " + w);
    var line_width = metrix.width;
    // 次の単語を加えて行長を超えるなら描画
    if( line_width > line_max_width ) {
      context.fillText(line, 10, line_y);
      line = w;
      line_y += 25;
    } else {
      line += " " + w;
    }
  }
  // 残りの行を描画
  if( line != "" ) {
    context.fillText(line, 10, line_y);
  }
}, false);
```

このスクリプトでは、まずテキストを半角スペースで区切って、英単語ごとに配列に保存します。

第3章　Canvas

◉英単語ごとに配列に保存する

```
// 単語に分割
var words = text.split(" ");
```

そして、while文で単語を1つずつ取り出しながら、処理を行います。

◉単語を1つずつ取り出し処理を行う

```
while( w = words.shift() ) {
  ...
}
```

このループの中では、該当の単語を行に追加したときの長さを事前に計測しておきます。

◉単語を行に追加したときの長さを事前に計測する

```
// 行の長さを計測
var metrix = context.measureText(line + " " + w);
var line_width = metrix.width;
```

もし、該当の単語を行に加えてしまうと1行の横幅を超えてしまうようであれば、その単語を加える前の行を描画します。超えないようであれば、その単語を行に追加します。

◉行長と1行の横幅を比較して処理する

```
// 次の単語を加えて行長を超えるなら描画
if( line_width > line_max_width ) {
  context.fillText(line, 10, line_y);
  ...
  else {
  line += " " + w;
```

264 ｜徹底解説　HTML5APIガイドブック　ビジュアル系API編

3.12 シャドー

図形に影を入れる

Canvasに描く図形には、影を入れることができます。影の色、影の位置、影のぼかしレベルをプロパティで調整して描画します。

図形に影を入れるメソッド

context.shadowColor	現在の影の色を返します。値をセットして、影の色を変更することができます。CSS色として構文解析できない値は無視されます。デフォルトは、透明な黒です。
context.shadowOffsetX context.shadowOffsetY	現在の影のオフセットを返します。値をセットして、影のオフセットを変更することができます。デフォルトは、いずれも0です。
context.shadowBlur	影に適用する「ぼかし」のレベルを返します。値をセットして、ぼかしレベルを変更することができます。デフォルトは0です。

Canvasで描く図形は、通常、影が描画されることはありません。しかし、以下の2つの条件のどちらも満たしたとき、これから描こうとする図形に影が描画されます。

- shadowColorにアルファ値が0でない色（完全に透明ではない色）がセットされている。
- shadowBlurが0ではない、または、shadowOffsetXが0でない、または、shadowOffsetYが0でない。

各プロパティのデフォルト値は、影が描画されない条件になります。そのため、上記の条件を満たすよう値をセットする必要があります。

では、Canvasの影の特徴がよく分かるサンプルをご覧頂きましょう。次のサンプルは、背景に緑の円を描いています。次に透明ではない青色の影を定義してから、半透明の赤色の矩形を描いています。

サンプルの結果

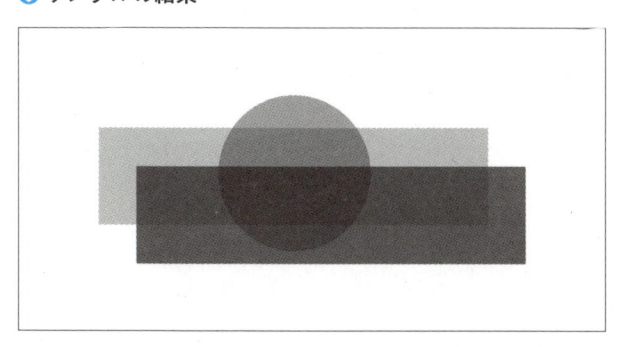

第3章 Canvas

🔽 スクリプト

```
document.addEventListener("DOMContentLoaded", function() {
  // 2D コンテキスト
  var canvas = document.querySelector("canvas");
  var context = canvas.getContext("2d");
  // 背景の円（緑）
  context.beginPath();
  context.arc(150, 75, 40, 0, Math.PI * 2, true);
  context.fillStyle = "rgba(0, 255, 0, 0.3)";
  context.fill();
  // 影（青）
  context.shadowColor = "blue";
  context.shadowOffsetX = 20;
  context.shadowOffsetY = 20;
  // 矩形（半透明の赤）
  context.beginPath();
  context.rect(50, 50, 200, 50);
  context.fillStyle = "rgba(255, 0, 0, 0.5)";
  context.fill();
}, false);
```

矩形の色を半透明にしたのは、背景と影の関係をご覧頂きたかったからです。結果をご覧頂くと分かる通り、Canvasの影とは、ただ単に親の図形を、shadowOffsetXプロパティの値だけ右に、shadowOffsetYプロパティの値だけ下に、そして、shadowColorプロパティの色を使ってコピーしたものを、親の図形の裏側に描いたものなのです。影としてずらした部分だけを描いているわけではありません。

また、shadowColorプロパティには"blue"をセットしていますが、これは半透明ではありません。しかし、結果をご覧になると分かるように、最初に描いた円が透けて見えることから、実際には影も半透明に描画されています。Canvasで描く影は、親となる図形のアルファ値を引き継ぐのです。

次に影の「ぼかし」について見ていきましょう。影である以上、はやりぼかしを入れたいところですが、shadowBlurプロパティを使えば、簡単に影にぼかしを入れることができます。このプロパティにセットする値は、ぼかしのレベルです。値が大きくなるほど、ぼかしが大きく効くことになります。ぼかしが描画される距離を指定するものではありませんので注意してください。

次のサンプルは、円とテキストに影を付けたものですが、それぞれにshadowBlurプロパティを使って影にぼかしを入れています。

3.12 シャドー

● サンプルの結果

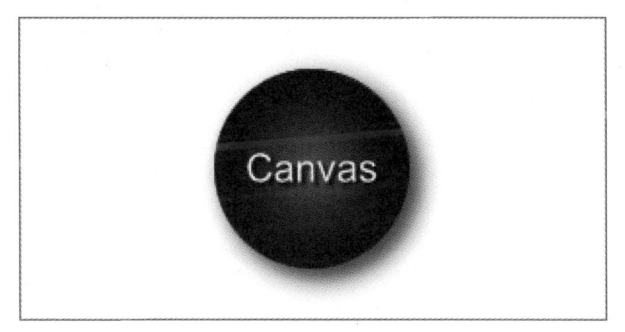

● スクリプト

```
document.addEventListener("DOMContentLoaded", function() {
  // 2D コンテキスト
  var canvas = document.querySelector("canvas");
  var context = canvas.getContext("2d");
  // 円の影
  context.shadowColor = "#666666";
  context.shadowOffsetX = 5;
  context.shadowOffsetY = 5;
  context.shadowBlur = 10;
  // 円の描画
  context.beginPath();
  context.arc(150, 75, 50, 0, Math.PI * 2, true);
  var grad = context.createRadialGradient(150, 75, 0, 150, 75, 50);
  grad.addColorStop(0,'#888888');
  grad.addColorStop(1,'#000000');
  context.fillStyle = grad;
  context.fill();
  // 文字の影
  context.shadowColor = "#000000";
  context.shadowOffsetX = 2;
  context.shadowOffsetY = 2;
  context.shadowBlur = 2;
  // 文字の描画
  context.fillStyle = "#ffffff";
  context.textAlign = "center";
  context.textBaseline = "middle";
  context.font = "20px Arial";
  context.fillText("Canvas", 150, 75);
}, false);
```

第3章　Canvas

　円の影も、文字の影も、それぞれを実際に描画する前に定義している点に注目してください。
　文字の影の定義では、shdowColorプロパティに#000000（黒）を、shadowOffsetXとshadowOffsetYプロパティにそれぞれ2をセットし、shadowBlurプロパティに2をセットして若干のぼかしを入れています。文字そのものの色は白色ですから、あたかも浮き出たかのように文字が描画されることになります。

3.13 パターン

⌘ パターンで塗りつぶす

　strokeStyleやfillStyleプロパティを使って、輪郭描画や塗りつぶしの色やグラデーションを指定できることを紹介しましたが、これらのプロパティにはパターンを指定することもできます。つまり、特定の図形を、指定のイメージを背景として塗りつぶすことができます。そのイメージは、連続して並べて全体を埋め尽くしたり、横一列に並べたり、縦一列に並べたり、1つだけ描画することもできます。これは、CSSのbackground-imageプロパティとbackground-repeatプロパティによく似ています。これをCanvasでも実現するのが、createPattern()メソッドです。

⬇ パターンで塗りつぶすためのメソッド

pattern = context.createPattern(image, repetition)	引数imageが表すイメージを、引数repetitionに指定された向きに繰り返し描画を行うためのCanvasPatternオブジェクトを返します。引数imageには、img要素、canvas要素、video要素のいずれかのノード・オブジェクトを指定することができます。引数repetitionには、"repeat"（両方向）、"repeat-x"（水平方向のみ）、"repeat-y"（垂直方向のみ）、"no-repeat"（なし）のいずれかを指定することができます。もし引数repetitionが空かnullなら、"repeat"が採用されます。

　createPattern()メソッドを呼び出すと、CanvasPatternオブジェクトが返ってきます。このCanvasPatternオブジェクトをstrokeStyleプロパティやfillStyleプロパティにセットすることで、これから描こうとする図形の塗られる領域を、指定のイメージで埋めます。

　次のサンプルは、HTMLにマークアップされたimg要素のイメージをパターンとして組み込んで矩形を描いています。createPattern()の第二引数は"repeat"にしていますので、パターンのイメージは、矩形の中に埋め尽くされるように並べられます。

第3章　Canvas

サンプルの結果

HTML

```
<p>
  パターン用の画像：
  <img src="pattern.png" width="20" height="20" alt="..." id="pattern" />
</p>
<p><canvas width="300" height="150"></canvas></p>

スクリプト
window.addEventListener("load", function() {
  // 2D コンテキスト
  var canvas = document.querySelector("canvas");
  var context = canvas.getContext("2d");
  // パターンを描いた img 要素
  var img = document.querySelector("#pattern");
  // パターンを生成して fillStyle にセット
  var pattern = context.createPattern(img, "repeat");
  context.fillStyle = pattern;
  // 矩形のパスを作り、輪郭描画と塗りつぶしをする
  context.beginPath();
  context.rect(50, 25, 200, 100);
  context.fill();
  context.stroke();
}, false);
```

　Canvasのパターンは、Canvas領域の左上端を基準に並べられます。rect()メソッドで描いた矩形の左上端を基準に並べられていない点に注目してください。

　createPattern()メソッドの第二引数に"repeat-x"を指定すると、パターンのイメージがCanvasの左上端から横一行に並べられます。また、"repeat-y"を指定すると、Canvasの左上端から縦一列に並べられます。そして"no-repeat"を指定すると、Canvasの左上端に1つだけ描画されることになります。従って、もしこのサンプルで、createPattern()メソッドの第二引数に"repeat-x"、"repeat-y"、"no-repeat"の

いずれかを指定すると、パターンが現れないことになります。

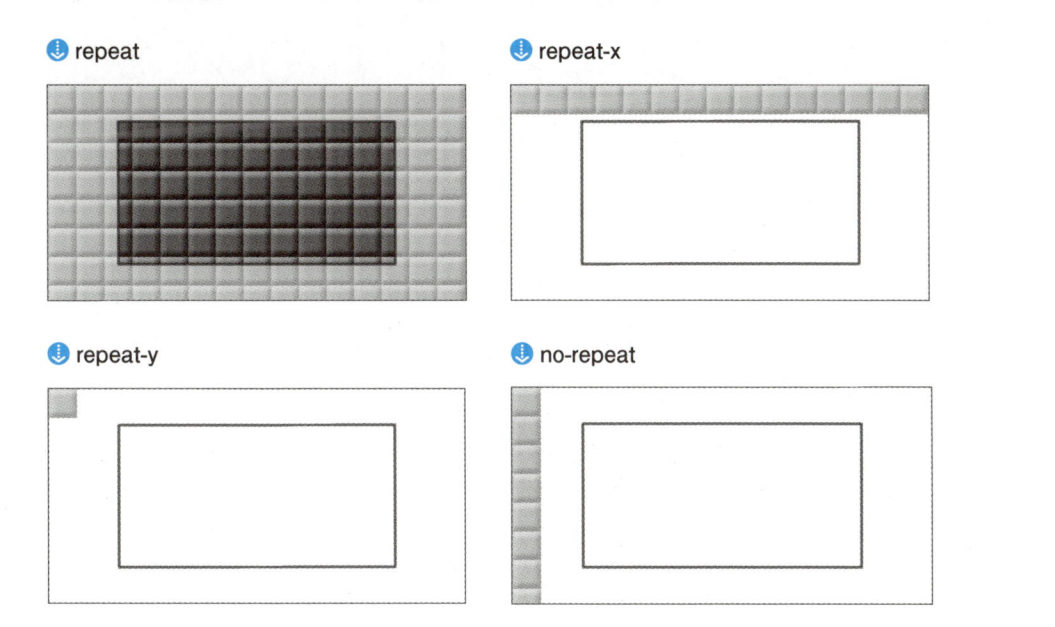

◉ repeat

◉ repeat-x

◉ repeat-y

◉ no-repeat

　Canvasの仕様上では、もしパターンとするイメージがまだ読み込まれていないにもかかわらずcreatePattern()メソッドでパターンを作ろうとすると、createPattern()メソッドはnullを返すことになっています。そのため、期待通りのパターンで図形が描かれず、実際には黒で塗りつぶされることになりますが、Safari 5.0、Chrome 9.0では次のように描画されます。なお、Firefox 4.0ではエラーになってしまい、JavaScriptの処理が止まってしまいます。

◉ Safari 5.0の場合の結果

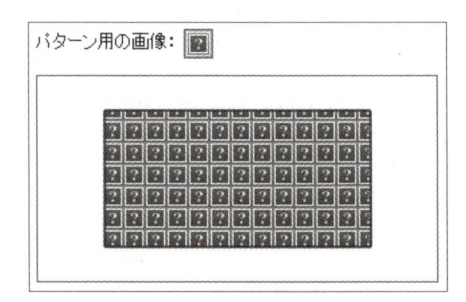

　いずれにせよ、Canvasはイメージの読み込みを待ってくれるわけではありません。そのため、パターンにしたいイメージの読み込みが完了してからCanvasの処理を行うようにしてください。
　なお、2010年12月現在、Firefox 4.0は"repeat-x"と"repeat-y"をサポートしていません。もしこれらの値を指定すると、"repeat"が指定されたとして処理されてしまいます。

3.14 イメージの組み込み

外部のイメージをCanvas内に取り込む

Canvasでは、パスなどを使って図形を描くだけでなく、外部のイメージをCanvas内に取り込むこともできます。外部のイメージとして、img要素を使った画像だけでなく、video要素を使ったビデオの1コマや、別のcanvas要素で作られたCanvasイメージも取り込むことができます。

外部のイメージをCanvas内に取り込むためのメソッド

context.drawImage(image, dx, dy) context.drawImage(image, dx, dy, dw, dh) context.drawImage(image, sx, sy, sw, sh, dx, dy, dw, dh)	引数imageが表すイメージをCanvasに描画します。引数imageには、img要素、video要素、canvas要素のノード・オブジェクトを指定することができます。第二引数以降はイメージを描画する位置や寸法を表します。

drawImage()メソッドは、指定のイメージを寸法を変えずにそのまま貼り付けるだけでなく、トリミングしたり、伸縮して貼り付けることができます。これらは、引数の数によって決まります。

drawImage(image, dx, dy)はimageをCanvasに貼り付けます。貼り付けるimageの左端上が、貼り付け先のCanvas座標(dx, dy)に来るよう、imageが貼り付けられます。貼り付けるimageの寸法はそのままとなります。

drawImage(image, dx, dy, dw, dh)はimageをCanvasに貼り付けます。貼り付けるimageの左端上が、貼り付け先のCanvas座標(dx, dy)に来るよう、imageが貼り付けられます。ただし、貼り付けるimageの幅がdw、高さがdhとなるよう伸縮されます。

drawImage(image, sx, sy, sw, sh, dx, dy, dw, dh)はimageのトリミングした領域をCanvasに貼り付けます。トリミングする領域は、imageの座標系において左上端が(sx, sy)、幅がsw、高さがshの領域となります。トリミングした領域の左端上が、貼り付け先のCanvas座標(dx, dy)に来るよう、トリミングした領域が貼り付けられます。ただし、トリミングした領域の幅がdw、高さがdhとなるよう伸縮されます。

drawImage()の引数の座標の位置関係

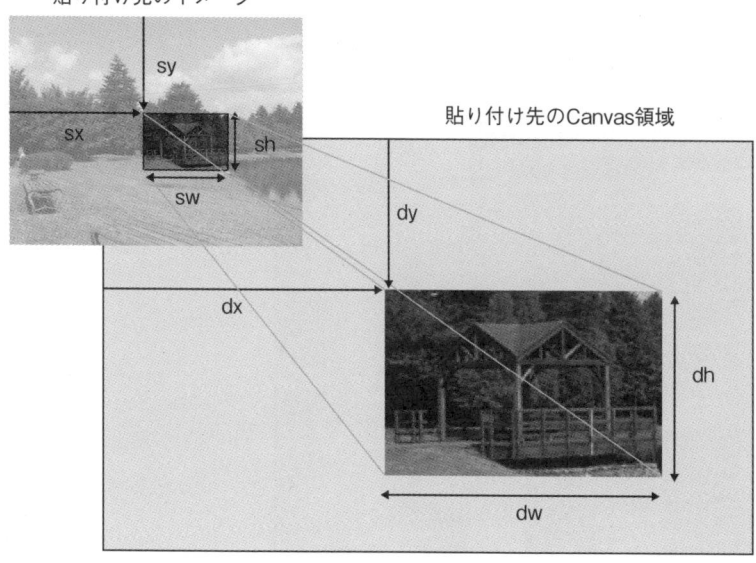

次のサンプルは、「シャッフル」ボタンを押すと、img要素でページに表示された画像をcanvas要素に置き換え、画像をいくつかのピースに分割して、それらをランダムに並べ替えます。

シャッフル前のimg要素のイメージ

第3章 Canvas

▼ シャッフル後のcanvas要素のイメージ

▼ HTML

```
<p><img src="pic.jpg" width="600" height="450" id="pic" /></p>
<p><button id="shuffle">シャッフル</button></p>
```

▼ スクリプト

```
window.addEventListener("load", function() {
  // img 要素
  var img = document.getElementById("pic");
  // button 要素
  var btn = document.getElementById("shuffle");
  // button 要素に click イベントのリスナーをセット
  btn.addEventListener("click", function(event){
    event.target.disabled = true;
    shuffle(img);
  }, false);
}, false);

// イメージをシャッフル
function shuffle(img) {
  // イメージの幅と高さ
  var w = parseInt(img.width);
```

```
    var h = parseInt(img.height);
    // canvas 要素を生成
    var canvas = document.createElement("canvas");
    canvas.width = w;
    canvas.height = h;
    var context = canvas.getContext("2d");
    // img 要素を canavs 要素に置き換える
    img.parentNode.insertBefore(canvas, img);
    img.parentNode.removeChild(img);
    // ピースの分割数
    var n1 = 4; // 横
    var n2 = 3; // 縦
    // ピースのサイズ
    var pw = w / n1;
    var ph = h / n2;
    // 各ピースの左上の座標を配列に格納
    var pp = [];
    for( var y=0; y<h; y+=ph ) {
      for( var x=0; x<w; x+=pw ) {
        pp.push([x, y]);
      }
    }
    // 各ピースをランダムに並べ替え
    var rpp = [];
    while( pp.length > 0 ) {
      var el = pp.splice( Math.floor(Math.random() * pp.length), 1 );
      rpp.push(el[0]);
    }
    // 各ピースを Canvas に貼り付ける
    for( var y=0; y<h; y+=ph ) {
      for( var x=0; x<w; x+=pw ) {
        // ピースを貼り付ける
        var p = rpp.shift();
        context.drawImage(img, p[0], p[1], pw, ph, x, y, pw, ph);
        // ピースに影を付ける
        draw_shadow(context, x, y, pw, ph);
      }
    }
}

// ピースに影を付ける
function draw_shadow(context, x, y, w, h) {
  // 影の幅
```

```
    var sw = 1;
    context.lineWidth = sw;
    var s = sw / 2;
    // 左側と上側を描画
    context.beginPath();
    context.moveTo(x+s, y+h-s);
    context.lineTo(x+s, y+s);
    context.lineTo(x+w-s, y+s);
    context.strokeStyle = "rgba(255, 255, 255, 0.3)";
    context.stroke();
    // 右側と下側を描画
    context.beginPath();
    context.moveTo(x+w-s, y+s);
    context.lineTo(x+w-s, y+h-s);
    context.lineTo(x+s, y+h-s);
    context.strokeStyle = "rgba(0, 0, 0, 0.3)";
    context.stroke();
}
```

⌘レイヤー

　ご存じのように、グラフィックを扱う多くのソフトではレイヤー機能が付いています。レイヤー機能があると、複数のレイヤーに分けて作図し、それを重ね合わせて1つのイメージにすることができます。これは、複雑なイメージを作る際には重宝します。

　ところが、Canvas単体にレイヤーという概念はありません。1つのCanvas上に、複雑に入り組んだ図形を組み合わせたイメージを作るのは非常に難しくなります。

　次のサンプルをご覧ください。これは、柵の中（柵の後ろ側）でグラデーションがセットされた円がゆっくりと左右に移動するアニメーションです。

⬇サンプルの結果

　もしこれを1つのCanvasで実現しようとすると、動いているのは円だけにもかかわらず、1コマずつ、

栅も円も描き直さなければいけません。このサンプルは非常に簡単な作図しかしていませんので、すべてを1コマずつ描いてもさほど問題はないでしょう。しかし、複雑な図形を数多く組み合わせた場合は、動かない図形までコマごとに描画するのは非常に不効率です。

実は、drawImage()メソッドは、Canvasでレイヤー機能を実現する手段として役に立ちます。drawImage()メソッドは、別のcanvas要素のイメージを取り込むことができます。つまり、スクリプトでレイヤーごとのcanvas要素を生成し、その中で作図しておきます。そして、最後に、レイヤーの役割を果たしているcanvas要素のイメージを、メインのcanvas要素にdrawImage()メソッドを使って重ね塗りしていきます。

● スクリプト

```javascript
(function () {

// カウンター
var counter = 0;

// ページがロードされたときに実行
document.addEventListener("DOMContentLoaded", function() {
  // 2Dコンテキスト
  var canvas = document.querySelector("canvas");
  var context = canvas.getContext("2d");
  // canvasのサイズ
  var w = canvas.width;
  var h = canvas.height;
  // 栅を描画したcanvas要素を生成
  var canvas1 = create_layer1(w, h);
  // 玉を描画するためのcanvas要素を生成
  var canvas2 = create_layer2(w, h);
  // 50msごとにcanvasを再描画
  window.setInterval(function(){
    // 玉を描画を更新する
    update_canvas2(canvas2);
    // メインのcanvasにレイヤーを重ね塗りする
    context.drawImage(canvas2, 0, 0);   // 玉
    context.drawImage(canvas1, 0, 0);   // 栅
  }, 50);
}, false);

// 玉を描画を更新する
function update_canvas2(canvas) {
  // 2Dコンテキスト
```

```
  var context = canvas.getContext("2d");
  // canvas要素の幅と高さ
  var w = canvas.width;
  var h = canvas.height;
  // カウンターを更新
  counter ++;
  if( counter >= w * 2 ) { counter = 1; }
  // 黒で全体を塗りつぶす
  context.fillStyle = "black";
  context.fillRect(0, 0, w, h);
  // 玉を描画
  var x = (counter > w) ? w - ( counter % w ) : counter;
  var y = h / 2;
  var r = 80;
  context.beginPath();
  context.arc(x, y, r, 0, Math.PI * 2, true);
  var grad  = context.createRadialGradient(x, y, 0, x, y, r);
  grad.addColorStop(0, 'white');
  grad.addColorStop(1, 'black');
  context.fillStyle = grad;
  context.fill();
}

// 玉を描画するためのcanvas要素を生成
function create_layer2(w, h) {
  var canvas = document.createElement("canvas");
  canvas.width = w;
  canvas.height = h;
  return canvas;
}

// 柵を描画したcanvas要素を生成
function create_layer1(w, h) {
  var canvas = document.createElement("canvas");
  canvas.width = w;
  canvas.height = h;
  var context = canvas.getContext("2d");
  var bw = 5; // 柵の太さ
  for( var x=20; x<canvas.width; x+=20 ) {
    var grad  = context.createLinearGradient(x, 0, x+bw, 0);
    grad.addColorStop(0,"#666666");
    grad.addColorStop(0.5,"#eeeeee");
    grad.addColorStop(1,"#666666");
```

```
    context.fillStyle = grad;
    context.fillRect(x, 0, bw, canvas.height);
  }
  return canvas;
}

})();
```

　このサンプルでは、柵を描くレイヤーと円を描くレイヤーの2つのレイヤーに分割しています。柵は動きませんので、最初に作図するだけで、それ以降はそのままにしておきます。玉のレイヤーは、時間の経過とともに玉を移動させなければいけませんので、コマごとに作り直します。そして、コマを描画する際には、最初に玉のレイヤーをdrawImage()メソッドで描画し、次に、柵のレイヤーをdrawImage()メソッドで描画します。こうすることで、あたかも柵の後ろ側で玉が動いているかのように見えるのです。

　このように、特にアニメーションにおいては、drawImage()メソッドを活用してレイヤーを作ることで、実行効率が良くなります。また、アニメーションではなくても、複雑な図形を重ねて表示させたい場合にも非常に有効です。Canvasを使ったアプリケーション製作においては非常に役に立つテクニックですので、ぜひ、活用してください。

3.15 合成

⌘ Porter-Duff合成

　コンピューターグラフィックスの分野において欠かせないテクニックの1つとして、イメージ合成が挙げられます。2つのイメージが重なった場合、それをどう表示させるのかを制御するのがイメージ合成です。このイメージ合成のテクニックは、動画の分野では、ドラマや映画ではすでに当たり前のように使われていますので、みなさんも知らない間にその効果を見ているはずです。また、グラフィックを扱うソフト、グラフィックを描画するさまざまなプラットフォームでもイメージ合成の機能が実装されています。もちろん、Canvasも例外ではありません。

　イメージの合成は、コンピューターグラフィックスの分野では有名なPorter-Duff合成に基づいています。Porter-Duff合成は、1984年にThomas Porter氏およびTom Duff氏の論文『Compositing Digital Images』で発表されたものですが、現在のコンピューターグラフィックスの分野では今なおイメージ合成の基礎となっています。

　余談ですが、Tom Duff氏は、論文発表当時、映画『スターウォーズ』や『インディージョーンズ』などで有名なルーカスフィルムで働いていました。Porter-Duff合成は、コンピューターグラフィックスが欠かせない映画製作での経験を活かして発表されたものといっても良いでしょう。その後、ベル研究所を経て、コンピューターグラフィックスを使った映画で有名なピクサー・アニメーション・スタジオに移籍しています。

　では、本題に戻りましょう。Porter-Duff合成は、2つのイメージの合成方法を13種類のパターンに分類しています。そして、アルファ・チャンネルという概念を導入し、ピクセル単位で、そこにどのアルファ値を使って描画するのかを提案しています。とはいえ、このうち1つは、どちらのイメージも表示しないというパターン、さらにもう1つは一方のイメージしか表示しないパターンです。これら2つは合成を使わなくても実現できますので、実質的には11種類と考えても差し支えありません。

　実は、すでにみなさんもPorter-Duff合成のパターンの1つを当たり前のように使っています。それはA over Bと呼ばれるパターンです。これは、1つ目のイメージの上に重ねるように2つ目のイメージを描くパターンです。当たり前すぎてPorter-Duff合成の恩恵を感じられないかもしれません。しかし、前節で紹介したdrawImage()メソッドを使ったレイヤー機能も、CanvasがPorter-Duff合成のA over Bをサポートしているからこそ実現できたのです。

　さて、これまで図形という用語ではなくイメージという用語をあえて使いましたが、これにはわけがあります。Porter-Duff合成はピクセル単位でアルファ値を計算する手法を提案したものです。合成する対象が図形かどうかは関係がありません。Canvasにおけるイメージ合成も同様です。Canvasではパスを使って図形を描きますが、Canavsにおけるイメージ合成ではパスが認識されるわけではなく、単

⌘ Canvasのイメージ合成パターン

Canvasでは、イメージの合成パターンをglobalCompositeOperationプロパティで定義します。

⬇ イメージ合成パターンを定義するためのメソッド

context. globalCompositeOperation	現在の合成処理パターンを表す文字列を返します。値をセットして、合成処理パターンを変更することができます。未知の値は無視されます。

では、2つのイメージの合成パターンを、Porter-Duff合成のパターン名、それに対応するCanvasのglobalCompositeOperationの値と合わせてご覧頂きましょう。

次の図は、2つの三角形が重なるように描画されています。右側のBと書かれた三角形が最初に描画され、左側のAと書かれた三角形が後に描画されています。そして最初に描画された右側の三角形は、Porter-Duff合成においてはB、Canvasにおいてはdestinationと呼びます。そして、後に描画された左側の三角形は、Porter-Duff合成においてはA、Canvasにおいてはsourceと呼びます。

次の各パターンでは、括弧内の文字列が、CanvasのglobalCompositeOperationプロパティに標準でセットできる値です。

⬇ 2つのイメージの合成パターン

A over B (source-over)		イメージAの全体を、イメージBの上に重ねて描画します。これは、Canvasのデフォルトのパターンです。
B over A (destination-over)		イメージAを、イメージBの裏に描画します。
A in B (source-in)		イメージAのうち、イメージBと重なる部分だけを表示します。それ以外の部分は、AもBも表示されません。

第3章　Canvas

B in A (destination-in)		イメージBのうち、イメージAと重なる部分だけを表示します。それ以外の部分は、AもBも表示されません。
A out B (source-out)		イメージAのうち、イメージBと重ならない部分だけを表示します。それ以外の部分は、AもBも表示されません。
B out A (destination-out)		イメージBのうち、イメージAと重ならない部分だけを表示します。それ以外の部分は、AもBも表示されません。
A atop B (source-atop)		イメージAがイメージBの上に重ねて描画されますが、イメージBの領域だけが表示されます。それ以外の部分は表示されません。
B atop A (destination-atop)		イメージAがイメージBの裏側に描画されますが、イメージAの領域だけが表示されます。それ以外の部分は表示されません。
A xor B (xor)		イメージAとイメージBが描画されますが、双方が重なった領域は描画されません。
A plus B (lighter)		イメージAとイメージBが描画されますが、双方が重なった部分の領域の色は、双方の色を足し合わせたものとなります。つまり、双方の色より明るい色になります。
A (copy)		Aのみが描画されます。

合成を使った描画

では、実際に合成を使った描画を見ていきましょう。次のサンプルは、「OK」という文字を描画していますが、その文字の中は、写真画像になっています。また文字ではない領域は、グラデーションが入った黒の背景になっています。

サンプルの結果

このサンプルは、3つのレイヤーを作り、それらを合成して描画します。1つ目は、「OK」という文字が描画されたレイヤーで、canvas要素を使って作成します。次は、文字の中に描画するための写真画像のイメージで、ただ単にimg要素を生成しsrc属性をセットしたものです。最後は黒の背景ですが、これはcanvas要素を使って生成します。

これら3つのレイヤーをdrawImage()メソッドを使って、メインのcanvas要素に描画しますが、描画の前にglobalCompositeOperationプロパティを使って、合成方法を調整します。

スクリプト

```
document.addEventListener("DOMContentLoaded", function() {
  // img 要素を生成
  var img = new Image();
  img.src = "pic.jpg";
  // img 要素の画像がロードされたら処理開始
  img.onload = function() {
    draw(img);
  };
}, false);

function draw(img) {
  // canvas 要素
  var canvas = document.querySelector("canvas");
  var context = canvas.getContext("2d");
```

```javascript
  var w = canvas.width;
  var h = canvas.height;
  // レイヤー用のcanvas要素を生成
  var canvas1 = create_canvas(w, h); // 文字
  var canvas2 = create_canvas(w, h); // 文字の手前の背景
  // 文字のレイヤー
  var context1 = canvas1.getContext("2d");
  context1.font = "bold normal 240px Arial";
  context1.textAlign = "center";
  context1.textBaseline = "middle";
  context1.fillText("OK", w/2, h/2);
  // 文字の手前の背景
  var context2 = canvas2.getContext("2d");
  var grad = context2.createRadialGradient(w/2, h/2, 0, w/2, h/2, w/2);
  grad.addColorStop(0, '#ffffff');
  grad.addColorStop(1, '#000000');
  context2.fillStyle = grad;
  context2.fillRect(0, 0, w, h);
  // 合成
  context.drawImage(canvas1, 0, 0);
  context.globalCompositeOperation = "source-in";
  context.drawImage(img, 0, 0);
  context.globalCompositeOperation = "destination-over";
  context.drawImage(canvas2, 0, 0);
};

function create_canvas(w, h) {
  var canvas = document.createElement("canvas");
  canvas.width = w;
  canvas.height = h;
  return canvas;
}
```

次の図は、globalCompositeOperationプロパティにセットした値が、いかにイメージ合成に作用したのかを表しています。

● イメージの合成

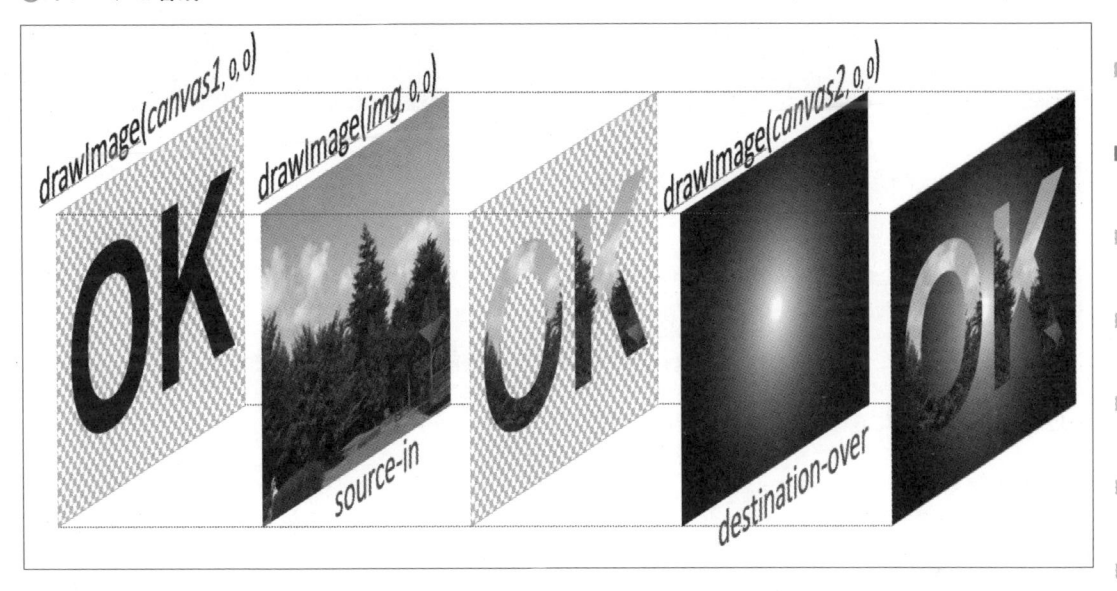

まず「OK」と描かれたcanvasイメージをdrawImage()で描きます。そして、globalCompositeOperationプロパティに"source-in"をセットしてから、写真画像をdrawImage()で描きます。この時点で、「OK」という文字の中だけに写真画像が描画された図形ができあがります。

次に、globalCompositeOperationプロパティに"destination-over"をセットしてから、黒の円形グラデーションが入ったcanvasイメージをdrawImage()で描きます。すると、それまで透明で何も描かれていなかったところだけに黒のグラデーション背景が描画され、最終的なイメージができあがります。

2010年12月現在、このサンプルが動作するのは、Firefox 4.0、Opera 11、Safari 5.0、Chrome 9.0です。Internet Explorer 9はglobalCompositeOperationプロパティをまだサポートしていません。

3.16 ピクセル操作

⌘ ビットマップ情報に直接アクセスする

　Canvasの特徴はビットマップ・グラフィックである点を冒頭に紹介しましたが、それを特徴付ける代表的な機能がピクセル操作です。Canvasは、パスで描こうが、drawImage()メソッドで外部のイメージを取り込もうが、それらを合成した後のビットマップ情報しか保持していません。その変わり、Canvasでは、そのビットマップ情報に直接アクセスできる機能が提供されています。

⬇ ビットマップ情報に直接アクセスするためのプロパティ・メソッド

imagedata = context.createImageData(sw, sh) imagedata = context.createImageData(imagedata)	引数を2つ与えると、幅sw、高さshの領域を表すImageDataオブジェクトを返します。ImageDataオブジェクトを引数に与えると、そのImageDataが表す領域と同じ寸法の ImageDataオブジェクトを返します。いずれの場合も、返されるImageDataオブジェクトが表す領域のすべてのピクセルは、透明な黒となります。
imagedata = context.getImageData(sx, sy, sw, sh)	現在Canvasに描かれているイメージのうち、左上端が(sx, sy)、幅がsw、高さがshの矩形領域を表すImageDataオブジェクトを返します。
imagedata.width imagedata.height	ImageDataオブジェクトが表すイメージの寸法を返します。
imagedata.data	ImageDataオブジェクトが表すイメージのすべてのピクセルの色情報を1次元配列として返します。1ピクセルを4つの整数で表します。それぞれ赤コンポーネント、緑コンポーネント、青コンポーネント、アルファ値です。それぞれの値は0〜255の範囲となります。
context.putImageData(imagedata, dx, dy) context.putImageData(imagedata, dx, dy, dirtyX, dirtyY, dirtyWidth, dirtyHeight)	引数に指定したImageDataオブジェクトのデータを描画します。そのイメージは、左上端が(dx, dy)の位置に描画されます。引数dirtyX、dirtyY、dirtyWidth、DirtyHeightが指定された場合は、引数に指定したImagedataオブジェクトが表すイメージのうち、その座標系において、左上端が(dirtyX, dirtyY)、幅がdirtyWidth、高さがdirtyHeightとなる矩形領域だけが、Canvasの座標(dx, dy)の右下に描画されます。なお、このメソッドによって描画されるイメージは、影（shadowColorプロパティなど）、イメージ合成（globalCompositeOperationプロパティ）、グローバル・アルファ（globalAlphaプロパティ）の影響を受けません。

Canvasのピクセル情報は、getImageData()メソッドを使って得ることができます。ただし、ここで得られる情報とは、Imagedataオブジェクトです。このオブジェクトには、widthプロパティ、heightプロパティ、dataプロパティが規定されています。実際のイメージデータは、dataプロパティにセットされています。

　dataプロパティはすべてのピクセル情報の色を順番に格納した一次元配列です。1ピクセルは、赤、緑、青、アルファの4つの数値で表されます。それぞれの数値は0～255の整数です。dataプロパティは、まず、左上端のピクセルから右に向かって、データが格納されます。右端のピクセルに到達したら、次は、1行下にある左端ピクセルの情報を格納し、また右に向かって各ピクセル情報を格納します。これを矩形領域の右下端のピクセルに到達するまで繰り返されます。

　従って、もし寸法が300×150の矩形領域を表すImageDataオブジェクトであれば、そのdataプロパティの一次元配列には、300×150×4＝18万個の数値が格納されることになります。

　なお、dataプロパティから得られる一次元配列は、Canvasの仕様上はCanvasPixelArrayと呼ばれるオブジェクトになります。CanvasPixelArrayオブジェクトは、data[0]という表記で配列内の値を取り出したり書き込むことができます。また、data.lengthプロパティから、その配列の要素数を得ることもできます。これ以外のAPIはありません。CanvasPixelArrayオブジェクトは、JavaScriptで使われる一般的な配列であるArrayオブジェクトとは異なりますので注意してください。

　次のサンプルは、img要素で組み込んだ画像を解析して、色補正によく使うヒストグラムを描いています。

　ヒストグラムとは、赤、緑、青コンポーネントのレベルの分布を表したものです。例えば赤コンポーネントは0～255までの整数値になるわけですが、すべてのピクセルは、この範囲の赤コンポーネントを持っています。そして、イメージのピクセルの赤コンポーネントを1つずつ調べていき、0～255の値のそれぞれで何ピクセル存在しているのかをグラフ化したものが赤コンポーネントのヒストグラムになります。

第3章　Canvas

● サンプルの結果

img要素の画像をdrawImage()メソッドを使って作業用のcanvas要素に取り込み、そこからgetImageData()メソッドを使って、ピクセルごとの色情報を取得しています。そして、赤、緑、青コンポーネントそれぞれのレベルの分布を計算し、それを折れ線で描いています。さらに、赤、緑、青コンポーネントのレベルの分布の平均も黒で塗りつぶして描画しています。

● HTML

```
<p><img src="pic.jpg" width="600" height="450" id="pic" /></p>
<p><canvas width="600" height="300"></canvas></p>
```

● スクリプト

```
window.addEventListener("load", function() {
  // img 要素
  var img = document.getElementById("pic");
  // 画像のサイズ
  var iw = parseInt(img.width);
  var ih = parseInt(img.height);
  // ヒストグラムを描画するための canvas 要素
```

```javascript
var canvas1 = document.querySelector("canvas");
context1 = canvas1.getContext("2d");
// 画像データを格納するための作業用 canvas 要素
var canvas2 = document.createElement("canvas");
canvas2.width = iw;
canvas2.height = ih;
var context2 = canvas2.getContext("2d");
// 画像を作業用 canvas に描画
context2.drawImage(img, 0, 0, iw, ih);
// ピクセルごとに色レベルを計算し分布を算出
var imagedata = context2.getImageData(0, 0, iw, ih);
var data = imagedata.data;
var data_num = data.length;
var histogram = {
  r: new Array(256),
  g: new Array(256),
  b: new Array(256),
  rgb: new Array(256)
};
for( var i=0; i<256; i++ ) {
  histogram.r[i] = 0;
  histogram.g[i] = 0;
  histogram.b[i] = 0;
}
for( var i=0; i<data_num; i+=4 ) {
  var r = data[i];
  var g = data[i+1];
  var b = data[i+2];
  histogram.r[r] ++;
  histogram.g[g] ++;
  histogram.b[b] ++;
}
// R, G, B それぞれの分布の平均値を算出
for( var i=0; i<256; i++ ) {
  var avg = ( histogram.r[i] + histogram.g[i] + histogram.b[i] ) / 3;
  histogram.rgb[i] = Math.round(avg);
}
// ヒストグラムに描画する最大値を定義
var max = Math.round( iw * ih / 50 );
// ヒストグラムを描画
var cw = canvas1.width;
var ch = canvas1.height;
context1.clearRect(0, 0, cw, ch); // canvas をクリア
```

```
    context1.fillStyle = "black"; // 棒の色
    var barw = cw / 256; // 棒グラフの1本の幅
    var types = ["rgb", "r", "g", "b"];
    var colors = { r:"red", g:"green", b:"blue", rgb:"black" };
    for( var t=0; t<4; t++ ) {
      var type = types[t];
      context1.beginPath();
      context1.moveTo(0, ch);
      for( var i=0; i<256; i++ ) {
        var h = ( histogram[type][i] / max ) * ch;
        context1.lineTo(barw/2 + barw*i, ch-h);
      }
      context1.lineTo(cw, ch);
      context1.strokeStyle = colors[type];
      if(type == "rgb") { context1.fill(); }
      context1.stroke();
    }
}, false);
```

　このサンプルでは、HTMLにマークアップされたcanvas要素とは別に、document.createElement()メソッドを使ってcanvas要素を作業用に生成しています。これは、img要素に表示されている写真画像を読み込むために使います。

img要素に表示されている写真画像を読み込む

```
// img 要素
var img = document.getElementById("pic");
...
// 画像データを格納するための作業用 canvas 要素
var canvas2 = document.createElement("canvas");
...
// 画像を作業用 canvas に描画
context2.drawImage(img, 0, 0, iw, ih);
```

　次に、canvasに読み込んだ写真画像のイメージから、getImageData()メソッドを使ってピクセル情報を取り出します。

ピクセル情報を取り出す

```
var imagedata = context2.getImageData(0, 0, iw, ih);
var data = imagedata.data;
var data_num = data.length;
```

そして、ピクセル情報の一次元配列から、赤、緑、青コンポーネントの値を取り出し、ヒストグラムの算出の基礎となる情報を蓄積していきます。

● 赤、緑、青コンポーネントの値を取り出す

```
for( var i=0; i<data_num; i+=4 ) {
  var r = data[i];
  var g = data[i+1];
  var b = data[i+2];
  histogram.r[r] ++;
  histogram.g[g] ++;
  histogram.b[b] ++;
}
```

for文でi+=4を使っている点に注目してください。ピクセル情報の一次元配列は4つの値で1ピクセル分を表しています。そのため、4つ飛ばしで、繰り返し処理を行っているのです。ループの中では、data[i]が赤コンポーネントを、data[i+1]が緑コンポーネントを、data[i+2]が青コンポーネントを表すことになります。data[i+3]はアルファ値を表しますが、ここでは使いませんので無視しています。

⌘ セキュリティー

getImageData()メソッドを使ってイメージ情報を取得しようとしたとき、もし、getImageData()メソッドの対象となるCanvas内に同一オリジンではないイメージが含まれていると、セキュリティー・エラーになりますので、注意してください。

なお、同一オリジンとは、例えば、ページのURLがhttp://www.example.jpの配下だとすれば、組み込みたいリソースもhttp://www.example.jpの配下だということです。なお、ポート番号も一致しなければいけません。

別のオリジンからイメージが組み込まれるのは、大きく分けて2つの場合が想定されます。1つは、drawImage()メソッドを使って別オリジンの画像データをCanvasに組み込んだ場合です。もう1つは、createPattern()メソッドを使って別オリジンの画像データからCanvasPatternオブジェクトを作り、それをfillStyleプロパティやstrokeStyleプロパティにセットした場合です。

実はこの時点で、該当のCanvasはブラウザー内部では汚染されたものとして記録されます。その後、その汚染されたCanvasからgetImageData()メソッドを呼び出した時点で、セキュリティー・エラーになります。

3.17 クリッピング

⌘ クリッピング領域を定義する

　図形を描く際に、ある閉じた領域の中だけに描画することを、クリッピングと呼びます。そして、クリッピングする領域のことをクリッピング領域と呼びます。Canvasでは、パスを使ってクリッピング領域を定義することができます。

クリッピング領域を定義するためのメソッド

context.clip()	このメソッドを呼び出すと、その時点でパスで定義された閉じた領域をクリッピング領域としてセットします。

　Canvasは、2Dコンテキストが生成された時点で、Canvasの領域全体をクリッピング領域としてセットします。clip()メソッドを使うことで、このデフォルトのクリッピング領域を、さらに小さい領域にセットします。

　clip()メソッドでセットするクリッピング領域は、非ゼロ巻き数規則が適用されます。つまり、clip()メソッドが呼び出される時点で、仮にfill()メソッドを呼び出したときに色が塗られる領域と同じ領域がクリッピング領域になります。

　一度、clip()メソッドでクリッピング領域をセットすると、それ以降に描かれる図形は、すべて、そのクリッピング領域の中でしか描画されなくなります。

　次のサンプルは、グラデーションが入った黒の背景に、写真イメージを貼り付けています。しかし、円のクリッピング領域を事前に定義しておくことで、写真イメージがその円の中だけに描画されています。

サンプルの結果

3.17 クリッピング

スクリプト

```javascript
document.addEventListener("DOMContentLoaded", function() {
  // img 要素を生成
  var img = new Image();
  img.src = "pic.jpg";
  // img 要素の画像がロードされたら処理開始
  img.onload = function() {
    draw(img);
  };
}, false);

function draw(img) {
  // canvas 要素
  var canvas = document.querySelector("canvas");
  var context = canvas.getContext("2d");
  var w = canvas.width;
  var h = canvas.height;
  // 背景
  var grad = context.createRadialGradient(w/2, h/2, 0, w/2, h/2, w/2);
  grad.addColorStop(0, '#ffffff');
  grad.addColorStop(1, '#000000');
  context.fillStyle = grad;
  context.fillRect(0, 0, w, h);
  // クリッピング領域のパスを作成
  context.beginPath();
  context.arc(w/2, h/2, Math.min(w, h) * 0.8 / 2, 0, Math.PI * 2, true);
  // 文字部分をクリッピング
  context.clip();
  // 写真を描画
  context.drawImage(img, 0, 0);
};
```

第3章　Canvas

3.18　座標空間の変換

⌘図形を変換する

　Canvasに描いた図形を、引き延ばしたり、縮小したり、回転する、といった操作をしたいことがあるでしょう。例えば、苦労してCanvasの中心に描いた図形を右に45°回転して半分のサイズに縮小しなければいけない場合を想像してみてください。恐らく、考えただけでも面倒な作業になりそうです。

　Canvasでは、このような図形の変換を簡単に実現する手段を提供しています。まずは、扱いやすいメソッドから見ていきましょう。

⌘拡大・縮小・回転・移動

⬇拡大・縮小・回転・移動のためのメソッド

context.scale(x, y)	右向きにx倍、下向きにy倍に座標系を伸縮させます。
context.rotate(angle)	座標系の左上端を中心にangleの角度だけ時計回り（右回り）に座標系を回転させます。angle単位はラジアンです。
context.translate(x, y)	右にx、左にyだけ座標系を移動します。

　Canvasの変形機能は、描いてしまった図形を変換するのではありませんので注意してください。描く前に座標系を変換させておくことになります。

　次の例は、背景としてCanvas領域の全体に格子状の模様を描いています。そして、黒色の矩形をCanvas領域の中心に位置するように座標を調整して描いています。scale()、rotate()、translate()を事前に呼び出すことで、どのように座標系が変換されるのかを示しています。

　変換しなかった場合は、次の図の通りとなります。

⬇変形しなかった場合の結果

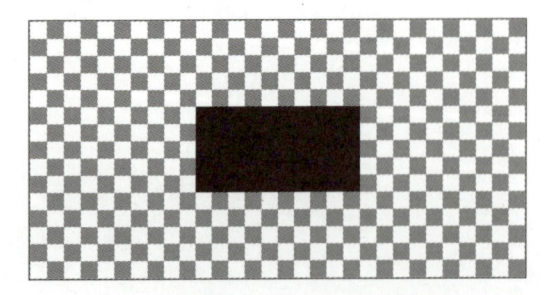

この図形を描画する前にcontext.scale()を呼び出すと、次の結果になります。

● context.scale()を適用した場合の結果

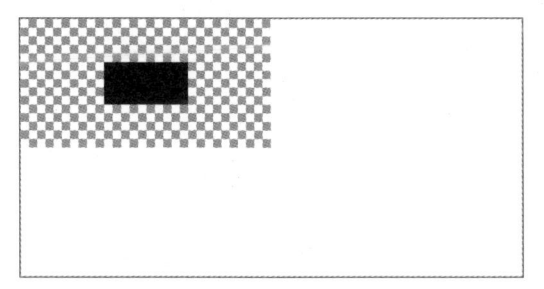

● スクリプト

```
document.addEventListener("DOMContentLoaded", function() {
  // 2D コンテキスト
  var canvas = document.querySelector("canvas");
  var context = canvas.getContext("2d");
  // 変換を適用する
  context.scale(0.5, 0.5);
  // 背景の格子模様を描く
  var yflag = true;
  for( var y=0; y<canvas.height; y+=10 ) {
    var xflag = true;
    for( var x=0; x<canvas.width; x+=10 ) {
      context.globalAlpha = xflag ^ yflag ? 0.3 : 0;
      context.fillRect(x, y, 10, 10);
      xflag = xflag ? false : true; // フラグを反転
    }
    yflag = yflag ? false : true; // フラグを反転
  }
  // 矩形をCanvasの中心に位置するよう描く
  var rw = 100;
  var rh = 50;
  var rx = (canvas.width - rw) / 2;
  var ry = (canvas.height - rh) / 2;
  context.globalAlpha = 1;
  context.fillRect(rx, ry, rw, rh);
}, false);
```

　このサンプルは、scale()メソッドを使って、座標系を横向きに0.5倍、縦向きに0.5倍に縮小しています。

第3章　Canvas

🔽 座標系を横向きに0.5倍、縦向きに0.5倍に縮小

```
context.scale(0.5, 0.5);
```

　Canavsに図形を描くときには、Canvas領域全体をカバーする座標をセットしていますが、scale()メソッドが事前に定義されているため、実際の座標系は縦横ともに半分に縮んでいます。そのため、実際に描かれる図形は、スクリプトで指定した座標値の半分の位置に描かれることになります。

　前述のコードのうち、scale()メソッドの呼び出しの部分をrotate()メソッドに置き換えると、次の結果になります。

🔽 rotate()メソッドに置き換える

```
context.rotate(15 * Math.PI / 180);
```

　これは右に15°だけ時計回りに回転します。

🔽 context.rotate()を適用した場合の結果

　最後に、translate()メソッドに置き換えると、次の結果になります。

🔽 translate()メソッドに置き換える

```
context.translate(30, 15);
```

　これは右に30、下に15だけ移動します。

⬇ context.translate()を適用した場合の結果

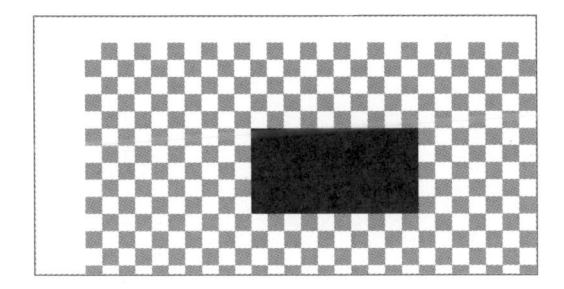

これまでの結果をご覧の通り、いずれの変換もCanvas領域の左上端が基準となります。これから描こうとする図形の位置が基準になるわけではありませんので注意してください。

変換の組み合わせ

scale()、rotate()、translate()メソッドによってCanvasの座標系を変換することはできますが、先ほどのサンプルをご覧になって、実際に利用できるシーンは限られると感じたのではないでしょうか。事実、実践では、これらのメソッドを1度だけ呼び出して終わることはほとんどないでしょう。多くのシーンでは、これらのメソッドを組み合わせることになります。

scale()、rotate()、translate()メソッドは、一度呼び出されると、Canvasの座標系は変換されたままとなります。つまり、それ以降に描く図形は、すべて変換された座標系上に描かれることになります。そして、これらのメソッドをもう一度呼び出すと、すでに変換された座標系をさらに変換することになります。

これを応用した例をご覧頂きましょう。まず、Canvas領域の中心に描かれるよう座標を調整して図形を描くとします。Canvasの座標系を変換して、実際には右に45°回転して半分のサイズに縮小して描画されるようにしてみましょう。この際、変換後の図形も、Canvas領域の中心に位置するようにします。

この場合、どの順番で変換を加えるのかを考えなければいけません。変換がなかった場合に描かれる図形を基準に、最終的な図形に変換するためには、どうしなければいけないかを考えてみましょう。

scale()、rotate()、translate()メソッドはいずれもCanvas座標系の左上端が基準となりますので、まずtranslate()メソッドを使って座標系をCanvas領域の左上端が中心となるよう移動しなければいけません。次に半分のサイズに縮小するためにscale()メソッドを使わなければいけません。次に45°回転させるためにrotate()メソッドを使わなければいけません。最後に、図形を中心に戻すためにtranslate()を使わなければいけません。つまり、translate()、scale()、rotate()、translate()の順番になります。

しかし、このように頭で考えた手順を実際にCanvasに適用すると、全く異なる結果になります。それは、Canvasの変換は、描いた図形を変換するのではなく、描く前に変換を定義するものだからです。そのため、スクリプトで変換を適用するには、実際に図形を描く前に、先ほどの手順と逆の順番で変換を

適用します。

🔽 変形しなかった場合の結果

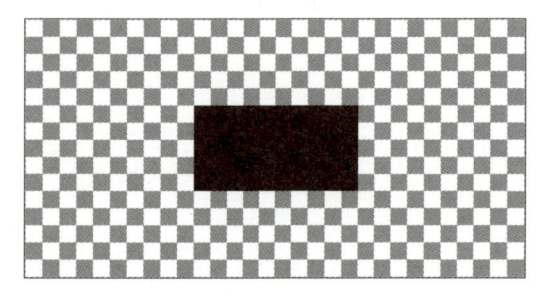

🔽 変形を適用した場合の結果

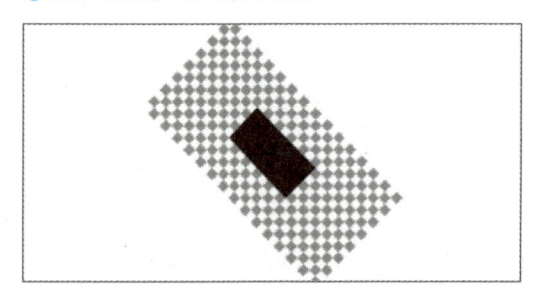

🔽 サンプル・コード

```
document.addEventListener("DOMContentLoaded", function() {
  // 2D コンテキスト
  var canvas = document.querySelector("canvas");
  var context = canvas.getContext("2d");
  // 変換を適用する
  context.translate(canvas.width / 2, canvas.height / 2);
  context.rotate(45 * Math.PI / 180);
  context.scale(0.5, 0.5);
  context.translate(-canvas.width / 2, -canvas.height / 2);
  // 背景の格子模様を描く
  var yflag = true;
  for( var y=0; y<canvas.height; y+=10 ) {
    var xflag = true;
    for( var x=0; x<canvas.width; x+=10 ) {
      context.globalAlpha = xflag ^ yflag ? 0.3 : 0;
      context.fillRect(x, y, 10, 10);
      xflag = xflag ? false : true; // フラグを反転
    }
    yflag = yflag ? false : true; // フラグを反転
```

```
  }
  // 矩形をCanvasの中心に位置するよう描く
  var rw = 100;
  var rh = 50;
  var rx = (canvas.width - rw) / 2;
  var ry = (canvas.height - rh) / 2;
  context.globalAlpha = 1;
  context.fillRect(rx, ry, rw, rh);
}, false);
```

　このサンプルでは、みなさんが理解しやすいよう、あえてCanvas領域の中心に位置するよう矩形のパスを定義しました。しかし、実際に変換を駆使した図形を描こうとすると、返って分かりにくいことが多いのです。それは、回転と縮小・拡大の基準位置がCanvas領域の左上端だからです。もし回転と縮小・拡大を行う場合は、Canvas領域の左端上が中心となるようパスを定義し、描画については、変換を使ってCanvas領域の中心に描画されるようにするのが良いでしょう。

　次のサンプルは、正確に円周上に頂点が均等に配置される星型の図形を描いています。そして、JavaScriptのタイマーを使って星形の図形を回転させます。実際にパスを描く際にはCanvasの左上端が中心となるよう座標が定義されています。そのおかげで、座標の計算がシンプルになっています。また、transform()メソッドで座標空間を移動させておくことで、実際には、Canvas領域の中心に星型の図形が描画されるようにしています。

⬇ サンプルの結果

⬇ サンプル・コード

```
document.addEventListener("DOMContentLoaded", function() {
  // ページ上のcanvas要素
  var canvas = document.querySelector("canvas");
  var context = canvas.getContext("2d");
  // 座標変換を定義（移動）
  context.translate(canvas.width / 2, canvas.height /2);
```

```
    // 星を 50ms ごとに描画し直す
    window.setInterval( function() {
      draw_star(canvas);
    }, 50);
}, false);

function draw_star(canvas) {
  // 2D コンテキスト
  var context = canvas.getContext("2d");
  // Canvas の幅と高さ
  var w = canvas.width;
  var h = canvas.height;
  // Canvas をクリア
  context.clearRect(-w, -h, w*2, h*2);
  // 座標変換を定義（回転）
  context.rotate(1 * Math.PI / 180);
  // 円周の半径を定義
  var r = Math.min(w, h) * 0.5;
  // 星の頂点座標を計算する関数を定義
  var sx = function(idx) {
    var rad = Math.PI * 2 * idx / 5;
    return r * Math.cos(rad);
  };
  var sy = function(idx) {
    var rad = Math.PI * 2 * idx / 5;
    return r * Math.sin(rad);
  };
  // 星を描画
  context.beginPath();
  context.moveTo(sx(0), sy(0));
  context.lineTo(sx(2), sy(2));
  context.lineTo(sx(4), sy(4));
  context.lineTo(sx(1), sy(1));
  context.lineTo(sx(3), sy(3));
  context.closePath();
  context.fill();
}
```

このサンプルでは、まずtranslate()メソッドを使って座標空間を移動しています。こうすることで、それ以降は、Canvas領域の左上端、つまり原点(0, 0)を中心に図形を描くと、自動的にCanvas領域の中央に描かれることになります。

次に、setInterval()を使って50msごとにdraw_star()関数が実行されるようにしています。ここでは、まずCanvas領域をクリアしていますが、その範囲に注目してください。本来であれば座標(0, 0)を基準に幅wで高さがhの領域をクリアすれば良いはずです。しかし、ここでは、座標(0, 0)を中心に図を描きますので、マイナスの領域まで削除しないといけません。そのため、座標(-w, -h)を基準に幅がwの2倍、高さがhの2倍の領域をクリアしています。

次に、rotate()メソッドを使って座標空間を1°だけ右に回転しています。こうすることで、この関数が呼び出される度に、座標空間が回転していくことになります。

最後に星を描くのですが、ここでは、回転や移動を一切考慮する必要はありません。単純に、座標(0, 0)を中心とした星を描けば良いのです。

⌘ 変換マトリックス

これまで見てきた拡大縮小、回転、移動の座標空間変換は、いずれも、背景に描いた格子が変換後も平行に描かれています。つまり矩形の格子の形が台形になることはありません。このように格子を描くラインが常に平行に維持される変換であれば、Canvasでは、拡大縮小、回転、移動だけでなく、あらゆる変換がサポートされています。例えば、格子が平行四辺形になる変換を定義することが可能です。

もともと、この変換は、数学的にはアフィン変換と呼ばれるもので、マトリックス（行列）を使って表現します。そのため、この座標変換を定義するものを変換マトリックスと呼んでいます。ここでは、数学的な意味を理解する必要はありませんので、何をすればどう変換されるのか、その現象を見ていきましょう。

⬇ 変換マトリックスを定義するためのメソッド

context.transform(a, b, c, d, e, f)	現在の変形に、指定の引数に対応した変換マトリックスを加えます。
context.setTransform(a, b, c, d, e, f)	現在の変形を、指定の引数に対応した変換マトリックスに変更します。

上記の通り、Canvasには、変換マトリックスを定義するメソッドが2つあります。transform()メソッドは、scale()、rotate()、translate()メソッドと同じく、現在の変換された座標の上に、さらに変換を重ねます。それに対してsetTransform()メソッドは、現在の変換を指定の引数に応じた変換にリセットすることになります。つまり、setTransform()メソッドを呼び出す前に定義した変換はすべて無効になります。

では、この2つのメソッドに与えなければいけない6つの引数の意味を見ていきましょう。まずデフォルト値を知っておかなければいけません。このデフォルト値は、実質的に何も変換が行われない状態を表します。これを恒等変換と呼びます。

第3章　Canvas

恒等変換

```
context.setTransform(1, 0, 0, 1, 0, 0)
```

　この恒等変換のパラメータを基準に、それぞれの値を変化させると、どのような変換が行われることになるのかをご覧ください。それぞれの図では、白でくり抜かれた中心の領域がCanvasの領域です。グレーで塗られた外側の領域は、実際にはブラウザー上に表示されない領域です。Canvasの領域には、格子線を引き、その上に正方形を描いてあります。これらの形がどのように変換されるのかをご覧ください。

● 引数a（デフォルト値：1）

　引数aを1より大きくすると、Canvas領域の左辺を基準に右向きに座標系が広がります。そして、1より小さくすると、Canvas領域の左辺に向かって座標系が縮みます。さらに0になった時点で、Canvasの座標系の横幅がなくなり何も表示されなくなります。さらに0より小さくすると、Canvas領域の外側に裏返ることになります。

引数aの作用

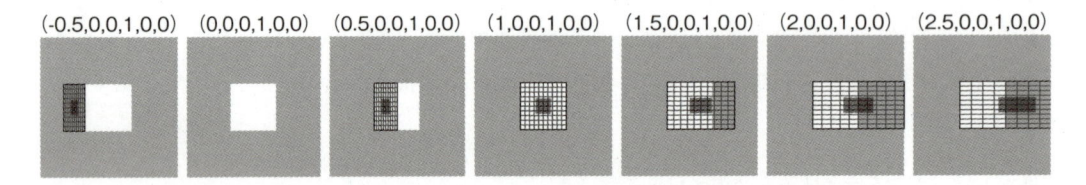

(-0.5,0,0,1,0,0)　(0,0,0,1,0,0)　(0.5,0,0,1,0,0)　(1,0,0,1,0,0)　(1.5,0,0,1,0,0)　(2,0,0,1,0,0)　(2.5,0,0,1,0,0)

引数aは、実質的に、scale(x, y)メソッドの引数xに相当します。

● 引数b（デフォルト値：0）

　引数bを0より大きくすると、Canvas領域の左辺はそのままに、右辺を下にスライドします。逆に、引数bを0より小さくすると、Canvas領域の左辺はそのままに、右辺を上にスライドします。いずれの場合も、Canvasの座標系の横幅は変わりません。

引数bの作用

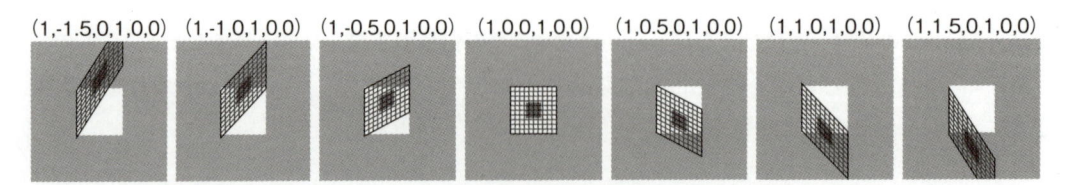

(1,-1.5,0,1,0,0)　(1,-1,0,1,0,0)　(1,-0.5,0,1,0,0)　(1,0,0,1,0,0)　(1,0.5,0,1,0,0)　(1,1,0,1,0,0)　(1,1.5,0,1,0,0)

3.18 座標空間の変換

● 引数c（デフォルト値：0）

引数cを0より大きくすると、Canvas領域の上辺はそのままに、下辺を右にスライドします。逆に、引数cを0より小さくすると、Canvas領域の上辺はそのままに、下辺を左にスライドします。いずれの場合も、Canvasの座標系の縦幅は変わりません。

🔽 引数cの作用

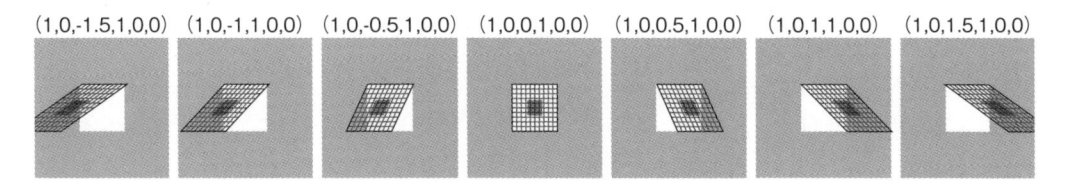

(1,0,-1.5,1,0,0) (1,0,-1,1,0,0) (1,0,-0.5,1,0,0) (1,0,0,1,0,0) (1,0,0.5,1,0,0) (1,0,1,1,0,0) (1,0,1.5,1,0,0)

● 引数d（デフォルト値：1）

引数dを1より大きくすると、Canvas領域の上辺を基準に下向きに座標系が広がります。そして、1より小さくすると、Canvas領域の上辺に向かって座標系が縮みます。さらに0になった時点で、Canvasの座標系の縦幅がなくなり何も表示されなくなります。さらに0より小さくすると、Canvas領域の外側に裏返ることになります。

🔽 引数dの作用

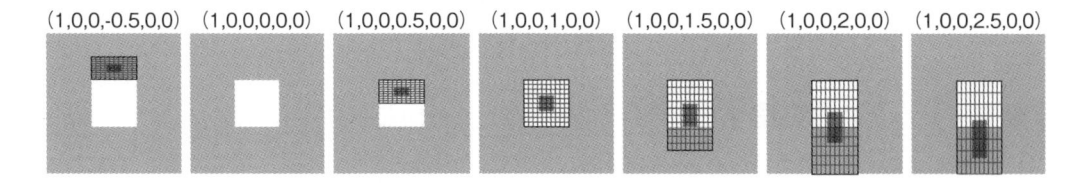

(1,0,0,-0.5,0,0) (1,0,0,0,0,0) (1,0,0,0.5,0,0) (1,0,0,1,0,0) (1,0,0,1.5,0,0) (1,0,0,2,0,0) (1,0,0,2.5,0,0)

引数dは、実質的に、scale(x, y)メソッドの引数yに相当します。

● 引数e（デフォルト値：0）

引数eを0より大きくすると、座標系をそのまま右にスライドします。逆に0より小さくすると、座標系をそのまま左にスライドします。

引数eの作用

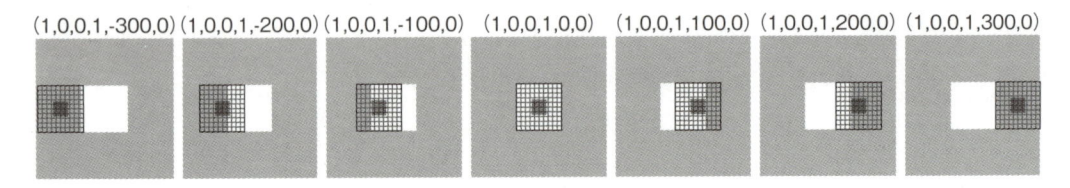

(1,0,0,1,-300,0) (1,0,0,1,-200,0) (1,0,0,1,-100,0) (1,0,0,1,0,0) (1,0,0,1,100,0) (1,0,0,1,200,0) (1,0,0,1,300,0)

引数eは、実質的に、translate(x, y)メソッドの引数xに相当します。

● 引数f（デフォルト値：0）

引数fを0より大きくすると、座標系をそのまま下にスライドします。逆に0より小さくすると、座標系をそのまま上にスライドします。

引数fの作用

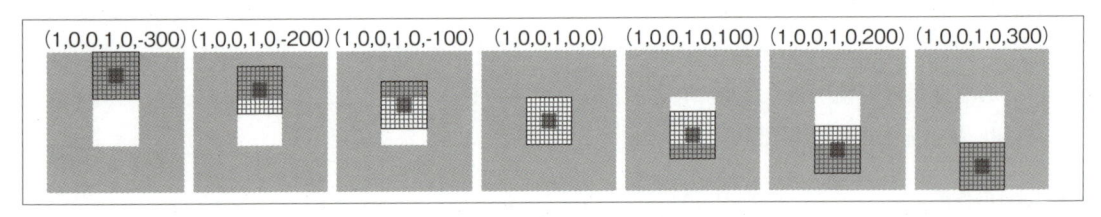

(1,0,0,1,0,-300) (1,0,0,1,0,-200) (1,0,0,1,0,-100) (1,0,0,1,0,0) (1,0,0,1,0,100) (1,0,0,1,0,200) (1,0,0,1,0,300)

引数fは、実質的に、translate(x, y)メソッドの引数yに相当します。

⌘ 変換マトリックスの応用

これまでsetTransform()およびtransform()メソッドの各引数の特徴を見てきましたが、実践においては、これらの引数のいくつかを同時に変化させるシーンが多いことでしょう。ここでは、これら座標変換を使ったサンプルをご紹介しましょう。

次のサンプルは、3つの画像を立方体の面に貼り付いたように描画しています。

元の画像

画像をCanvasに立体的に描画した結果

このサンプルでは、HTMLには、立方体の各面を表す画像ためのimg要素だけがマークアップされています。そしてそれらをdiv要素で囲んでいます。

サンプル・HTML

```
<div id="pic">
  <img src="pic1.jpg" width="100" height="100" id="pic1" alt="..." />
  <img src="pic2.jpg" width="100" height="100" id="pic2" alt="..." />
  <img src="pic3.jpg" width="100" height="100" id="pic3" alt="..." />
</div>
```

スクリプトでは、canvas要素を生成し、描画の後に、div要素をcanvas要素に置き換えています。

サンプル・コード

```
window.addEventListener("load", function() {
  // 画像
  var img1 = document.getElementById("pic1");
  var img2 = document.getElementById("pic2");
  var img3 = document.getElementById("pic3");
  // 2Dコンテキスト
  var canvas = document.createElement("canvas");
  canvas.width = 300;
```

```
    canvas.height = 150;
    var context = canvas.getContext("2d");
    // 立方体の幅（高さ）
    var wh = 100;
    // 立方体の正面の左上端座標
    var bx = 80;
    var by = 40;
    // 立方体の裏側面をずらす割合
    var dx = 0.5;
    var dy = 0.3;
    // 正面を描く
    context.translate(bx, by);
    context.drawImage(img1, 0, 0, wh, wh);
    // 右側面を描く
    context.setTransform(dx, -dy, 0, 1, bx+wh, by);
    context.drawImage(img2, 0, 0, wh, wh);
    // 上側面を描く
    context.setTransform(1, 0, -dx, dy, bx, by);
    context.drawImage(img3, 0, -100, wh, wh);
    // div 要素を canvas 要素に置き換える
    var div = document.getElementById("pic");
    div.parentNode.insertBefore(canvas, div);
    div.parentNode.removeChild(div);
}, false);
```

　このサンプルでは、各img要素のノード・オブジェクトをdrawImage()メソッドに与えて、各面を描画しています。drawImage()メソッドを呼び出す前にtranslate()やsetTransform()メソッドで座標空間を変換しています。

3.19 描画状態管理

⌘ 描画状態をまとめて管理する

これまで使ってきたfillStyle、strokeStyleといった描画に関するプロパティや、クリッピングや座標変換などの描画に関する状態は、一度セットしてしまうと、それ以降は、何かしらの値で上書きしない限り、永続的にその状態が続いてしまいます。

実際にさまざまな図形を描画する際に、これらの描画状態を刻々と変化させていきますが、すべての状態を個別にリセットするのは非常に面倒です。

Canvasには、これらの描画状態をまとめて管理する機能がサポートされています。

描画状態をまとめて管理するためのメソッド

context.save()	現在の描画状態をスタックの最後に加えます。
context.restore()	スタックの最後の描画状態を取り出し、それを現在の状態としてセットします。

まず描画状態とは、以下のものすべてを指します。

- scale()、rotate()、translate、transform()、setTransform()メソッドで定義した座標空間の変換
- clip()メソッドで定義したクリッピング
- 次のプロパティの値：strokeStyle, fillStyle, globalAlpha, lineWidth, lineCap, lineJoin, miterLimit, shadowOffsetX, shadowOffsetY, shadowBlur, shadowColor, globalCompositeOperation, font, textAlign, textBaseline

描画状態には、パスの情報は含まれませんので注意してください。

以上の描画状態をまとめてスタックとして管理できます。つまり、描画状態をいくつも保存できます。取り出す際には、最後に登録したものから取り出されていきます。配列とは違いますので、保存する位置まで指定することはできません。

save()メソッドを呼び出すと、その時点のCanvasの描画状態がスタックの最後に加えられます。そしてrestore()メソッドを呼び出すと、その時点でスタックに保存されている描画状態のうち、最後に保存された描画状態をスタックから抜き出して、それを現在のCanvasの描画状態としてセットします。そして、最後に保存されていた描画状態はスタックから削除されることになります。

複雑な図形を描く場合には、何かしらの単位で描画処理を関数にすることが多いといえます。しかし、そのときのCanvasの描画状態をすべて把握し、それをリセットしないと、別の関数でセットした状

態がそのまま引き継がれてしまいます。すでに挙げた通り、Canvasの描画状態を表すプロパティの数は少なくはありません。これらをすべて意識しながらコーディングするのは非常に不効率といえるでしょう。

　そこで、何かを描く都度、事前にsave()メソッドを呼び出し、そして処理が終わったらrestore()メソッドを呼び出します。こうすることで、それぞれの関数の処理では、処理が終わったときには必ず元の描画状態に戻ります。非常に複雑なCanvas描画を行う際には、このように「立つ鳥跡を濁さず」というルールを徹底すると良いでしょう。こうしておけば、どの描画処理でも、常にCanvasのデフォルトの状態から書き始めることができます。

　次のサンプルは、いくつかの図形やテキストを描画していますが、それぞれのパーツごとに関数として処理させています。それぞれの関数では、最初にsave()メソッドを呼び出し、最後にrestore()メソッドを呼び出しています。

💧 サンプルの結果

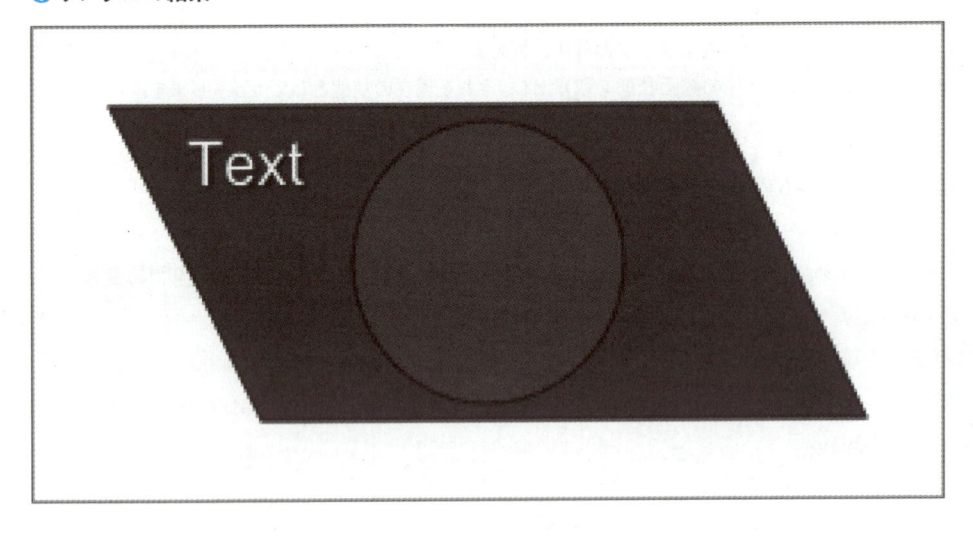

サンプル・コード

```javascript
document.addEventListener("DOMContentLoaded", function() {
  // 2Dコンテキスト
  var canvas = document.querySelector("canvas");
  var context = canvas.getContext("2d");
  // 平行四辺形を描画
  draw_parallelogram(context);
  // 円を描画
  draw_circle(context);
  // テキストを描画
  draw_text(context);
}, false);

// 平行四辺形を描画
function draw_parallelogram(context) {
  // 描画状態を保存
  context.save();
  // canvasの幅と高さ
  var w = context.canvas.width;
  var h = context.canvas.height;
  // 平行四辺形を描く
  context.transform(1, 0, 0.5, 1, w/2, h/2);
  context.beginPath();
  context.rect(-100, -50, 200, 100);
  context.fillStyle = "#aa0000";
  context.fill();
  context.strokeStyle = "#330000";
  context.stroke();
  // 描画状態を元に戻す
  context.restore();
}

// テキストを描画
function draw_text(context) {
  // 描画状態を保存
  context.save();
  // テキストを描画
  context.fillStyle = "white";
  context.shadowColor = "black";
  context.shadowOffsetX = 1;
  context.shadowOffsetY = 1;
  context.shadowBlur = 2;
  context.font = "20px 'Arial'";
```

```javascript
  context.fillText("Text", 50, 50);
  // 描画状態を元に戻す
  context.restore();
}

// 円を描画
function draw_circle(context) {
  // 描画状態を保存
  context.save();
  // canvas の幅と高さ
  var w = context.canvas.width;
  var h = context.canvas.height;
  // 円を描く
  context.beginPath();
  context.arc(w/2, h/2, 45, 0, Math.PI * 2, true);
  context.fillStyle = "#007700";
  context.fill();
  context.stroke(); // デフォルトの黒で描かれる
  // 描画状態を元に戻す
  context.restore();
}
```

3.20 パスの図形の外か中かを判定

◆図形の中にあるのか外にあるのかを判定する

Canvasで図を描く際、ある特定の座標が、描画した図形の中にあるのか外にあるのかを判定したい場合が出てきます。Canvasでは、パスで作られた図形であれば、特定の座標が、そのパスで作られた図形の中にあるのか外にあるのかを簡単に判定することができます。

▼図形の中にあるのか外にあるのかを判定するためのメソッド

| context.isPointInPath(x, y) | 引数に指定された座標(x, y)が、現在のパスの中にあればtrueを、そうでなければfalseを返します。 |

isPointInPath()メソッドは、言い方を変えれば、指定の座標が、現在のパスを使ってfill()メソッドを呼び出したときに色が塗られる領域であればtrueを、そうでなければfalseを返すことになります。パスの境界線上にある座標は、図形の中と判定されます。

矩形などの簡単な図形であれば、このメソッドを使うまでもなく、特定の座標が、該当の図形の中にあるのか外にあるのかを簡単に判定することができます。しかし、曲線を使った図形や、複数の図形が絡み合った場合などは、このメソッドは非常に有効といえるでしょう。

実践において、このメソッドは、マウスとの連動で非常に役に立ちます。次のサンプルは、Canvasを使ったボタンを描画しています。そして、マウス・ポインターをボタンの上に移動すると、ボタンをハイライトし、クリックするとアラート表示します。

▼ボタンにマウス・ポインターを乗せる前の結果

第3章　Canvas

● ボタンにマウス・ポインターを乗せたときの結果

● サンプル・コード

```
var context = null;

document.addEventListener("DOMContentLoaded", function() {
  // 2D コンテキスト
  var canvas = document.querySelector("canvas");
  context = canvas.getContext("2d");
  // 描画
  draw(false);
  // canvas に mousemove イベントのリスナーをセット
  canvas.addEventListener("mousemove", function(event) {
    // マウス・ポインターがボタンの上にあるかどうかを判定
    var flag = is_point_in_button(event);
    // 再描画
    draw(flag);
  }, false);
  // canvas に click イベントのリスナーをセット
  canvas.addEventListener("click", function(event) {
    // マウス・ポインターがボタンの上にあるかどうかを判定
    var flag = is_point_in_button(event);
    if( flag != true ) { return; }
    // クリック後の処理
    alert("Started!");
  }, false);
}, false);

// マウス・ポインターがボタンの上にあるかどうかを判定
function is_point_in_button(event) {
  // マウス・ポインターの座標
  var pos = get_mouse_position(event);
  // ボタンのクリック領域のパスを生成
  set_button_path(context);
  // マウス・ポインターがボタンの上にあるかどうかを判定
```

```
    var flag = context.isPointInPath(pos.x, pos.y);
    return flag;
}

// マウス・ポインターの座標
function get_mouse_position(event) {
    var rect = event.target.getBoundingClientRect();
    return {
        x: event.clientX - rect.left,
        y: event.clientY - rect.top
    };
}

// ボタンを描画
function draw(is_point_in_button) {
    // canvas の状態を保存
    context.save();
    // 背景を黒に近いグレーで塗りつぶす
    context.fillStyle = "#222222";
    context.fillRect(0, 0, 300, 150);
    // 丸いボタンの外側を描画
    context.beginPath();
    context.arc(150, 75, 70, 0, Math.PI * 2, true);
    context.closePath();
    var grad = context.createRadialGradient(150, 75, 60, 150, 75, 70);
    grad.addColorStop(0, "#666666");
    grad.addColorStop(0.5, "#ffffff");
    grad.addColorStop(1, "#666666");
    context.fillStyle = grad;
    context.fill();
    // 丸いボタンの内側を描画
    set_button_path(context);
    var grad = context.createRadialGradient(150, 75, 0, 150, 75, 65);
    var grad_colors = ["#555555", "#444444", "#333333", "#222222"];
    if(is_point_in_button == true) {
        grad_colors = ["#666666", "#555555", "#444444", "#333333"];
    }
    grad.addColorStop(0, grad_colors[0]);
    grad.addColorStop(0.5, grad_colors[1]);
    grad.addColorStop(0.9, grad_colors[2]);
    grad.addColorStop(1, grad_colors[3]);
    context.fillStyle = grad;
    context.fill();
```

```
  // ボタン・テキストを描画
  if(is_point_in_button == true) {
    context.fillStyle = "#ffffff";
  } else {
    context.fillStyle = "#888888";
  }
  context.shadowColor = "black";
  context.shadowOffsetX = -1;
  context.shadowOffsetY = -1;
  context.font = "26px Arial";
  context.textAlign = "center";
  context.textBaseline = "middle";
  context.fillText("START", 150, 75);
  // canvas の状態を元に戻す
  context.restore();
}

// ボタンのクリック領域のパスを生成
function set_button_path() {
  context.beginPath();
  context.arc(150, 75, 60, 0, Math.PI * 2, true);
  context.closePath();
}
```

　このサンプルでは、ボタンのクリック領域のパスを生成する処理を、set_button_path()関数として用意している点に注目してください。実際にボタンを描画するためにも使うのですが、マウス・ポインターが、ボタン領域に入っているかどうかを判定するためにも必要となります。

　マウス・ポインターがボタン領域に入っているかどうかを判定する処理は、is_point_in_button()関数で行っています。CanvasのisPointInPath()メソッドで判定する前に、set_button_path()関数を実行してボタン領域のパスを生成しています。これは描画するためではありません。

　CanvasのisPointInPath()メソッドは、現時点におけるパスの図形を基準に判定します。そのため、このメソッドを呼び出す直前に、判定用のパスを作っておかなければいけません。もちろん、偶然にも判定時点の最終のパスが、判定基準のパスと同じであれば、わざわざ再度パスを作る必要はありませんが、実践においては、このような簡単なものではなく、さまざまな図形を駆使してCanvasに描画するはずです。必ずしも最後のパスが、判定基準の図形と同じになるとは限りません。CanvasのisPointInPath()メソッドを使う際には、その点に十分気を付けてください。

3.21 Canvasの画像出力

canvas要素のノード・オブジェクトの画像出力に関するAPI

これまでCanvas 2DコンテキストのオブジェクトにされたAPIを紹介してきましたが、canvas要素のノード・オブジェクトにも画像出力に関するAPIが規定されています。

画像出力に関するメソッド

url = canvas.toDataURL([type, ...])	canvas要素に描画されたイメージをdata URL形式で返します。引数がなければ、PNGフォーマットの画像データとして、data URLが生成されます。第一引数には出力されるイメージの画像フォーマットを表すMIMEタイプを指定することができます。第一引数にタイプを指定した場合、第二引数以降は、該当のフォーマットに関連したパラメータを指定することができます。

data URLとは、画像データを文字列化したもので、その値をimg要素のsrc属性などにセットして利用することができます。画像をHTMLファイル内に埋め込む手法として使われます。data URLは、a要素のhref属性に指定することも可能です。

Canvasでは、canvas要素のノード・オブジェクトに規定されたtoDataURL()メソッドを使うことで、描かれたイメージを、data URL形式の文字列として得ることができます。例えば、PNG画像のdata URLは、以下のようになります。

```
data:image/png;base64,iVBORw0KG...Jggg==
```

実際には、data:の後に、MIMEタイプ（PNGであればimage/png）が続き、セミコロンの後にbase64,が続きます。その後は、イメージ・データをBase64エンコードした文字列が続きます。

HTMLでは、次のようにimg要素のsrc属性にdata URLをセットして、その画像を表示することができます。

img要素にdata URLをセットした例

```
<img src="data:image/png;base64,iVBORw0KG...Jggg==" alt="..." />
```

toDataURL()メソッドは、引数を与えずに呼び出すと、Canvasに描かれたイメージをPNG形式にしたイメージ・データのdata URLを返します。

第 3 章　Canvas

　このメソッドの利用ケースとしては、Canvasを使ったペイント・ツール・アプリケーションなどが挙げられます。ユーザーが自分で描いたイメージをWeb Storageに保存したり、XMLHttpRequestを使ってサーバーに送信し、サーバー側でイメージ・データをファイルにして保存しておくといったサービスが可能になります。

⬇ Sketchpad - Online Paint/Drawing application

http://mugtug.com/sketchpad/

　toDataURL()メソッドには、第一引数に、生成する画像フォーマットを表すMIMEタイプを指定することができます。image/pngは仕様上で実装が必須とされていますが、それ以外のフォーマットについてはブラウザー次第となります。
　toDataURL()メソッドの第一引数に"image/jpeg"が指定された場合、第二引数に品質レベルを表す0.0～1.0の数値を指定することができます。それ以外については、仕様上は規定されていません。
　次のサンプルは、簡単なペイント・ツールです。マウス・ボタンを押しながらマウスを動かすと黒色で線が描けます。クリア・ボタンを押すと、描いたイメージをクリアします。保存ボタンを押すと、描いたイメージを別ウィンドウ（または別のタブ）を開いて、そこにPNG画像として表示させます。

サンプルの結果

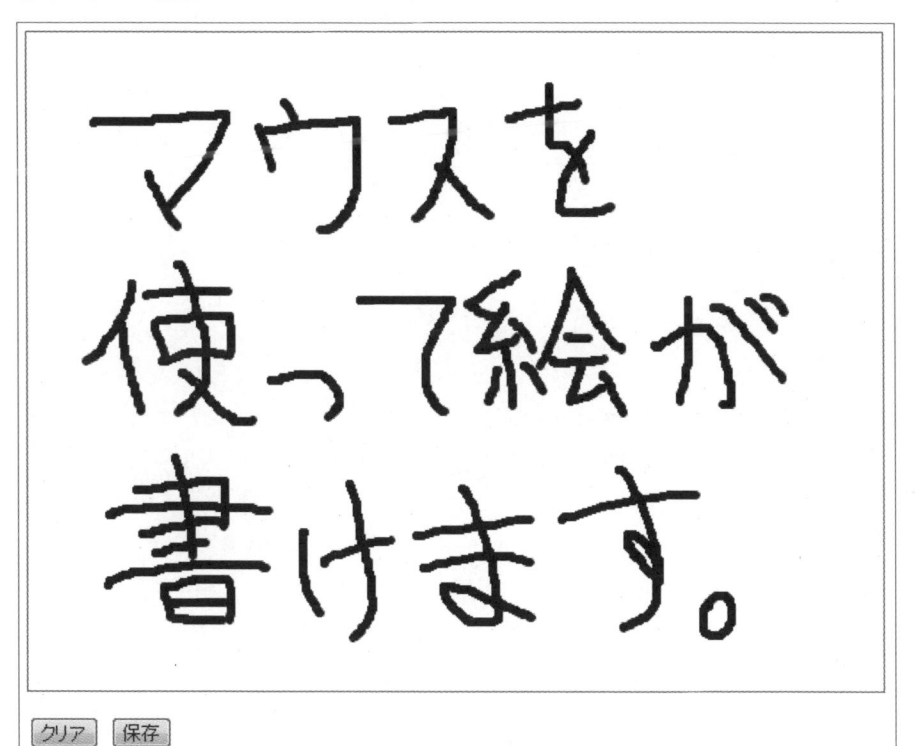

HTML

```
<p><canvas width="600" height="450"></canvas></p>
<p>
  <button id="clear">クリア</button>
  <button id="save">保存</button>
</p>
```

　このサンプルのHTMLには、canvas要素が1つ、そしてbutton要素が2つマークアップされています。button要素の1つはクリア・ボタンとして、もう1つは保存ボタンとして使います。
　では、スクリプトの全体をご覧ください。

第3章 Canvas

🔽 スクリプト

```
document.addEventListener("DOMContentLoaded", function() {
  // canvas 要素
  var canvas = document.querySelector("canvas");
  var context = canvas.getContext("2d");
  // 筆の属性
  context.lineWidth = 5;
  context.lineCap = "round";
  context.fillStyle = "black";
  context.strokeStyle = "black";
  // 描画中かどうかのフラグ
  var drawing = false;
  // canvas 要素に各種イベントのリスナーをセット
  canvas.addEventListener("mousedown", function(event) {
    event.preventDefault();
    drawing = true;
    var p = get_mouse_position(event);
    context.beginPath();
    context.arc(p.x, p.y, context.lineWidth / 2, 0, Math.PI*2, true);
    context.fill();
    context.beginPath();
    context.moveTo(p.x, p.y);
  }, false);
  canvas.addEventListener("mousemove", function(event) {
    event.preventDefault();
    if(drawing == true) {
      draw(event, context);
    }
  }, false);
  canvas.addEventListener("mouseup", function(event) {
    event.preventDefault();
    if(drawing == true) {
      draw(event, context);
      drawing = false;
    }
  }, false);
  canvas.addEventListener("mouseout", function(event) {
    event.preventDefault();
    if(drawing == true) {
      draw(event, context);
      drawing = false;
    }
  }, false);
```

3.21 Canvasの画像出力

```
  // 保存ボタンにclickイベントのリスナーをセット
  var save_btn = document.getElementById("save");
  save_btn.addEventListener("click", function() {
    // data URLを生成
    var data_url = canvas.toDataURL();
    // 新ウィンドウに表示
    window.open(data_url, "new image");
  }, false);
  // クリア・ボタンにclickイベントのリスナーをセット
  var clear_btn = document.getElementById("clear");
  clear_btn.addEventListener("click", function() {
    context.clearRect(0, 0, canvas.width, canvas.height);
  }, false);
}, false);

// canvasにイメージを描画
function draw(event, context) {
  var p = get_mouse_position(event);
  context.lineTo(p.x, p.y);
  context.stroke();
  context.beginPath();
  context.moveTo(p.x, p.y);
}

// マウス・ポインターの座標
function get_mouse_position(event) {
  var rect = event.target.getBoundingClientRect() ;
  return {
    x: event.clientX - rect.left,
    y: event.clientY - rect.top
  };
}
```

まず、スクリプトの骨子を見ていきましょう。ページがロードされたとき、このサンプルで使うcanvas要素のオブジェクトと2Dコンテキスト・オブジェクトを取得しておきます。

● canvas要素のオブジェクトと2Dコンテキスト・オブジェクトを取得する

```
// canvas要素
var canvas = document.querySelector("canvas");
var context = canvas.getContext("2d");
```

次に、マウスで描く筆のスタイルを定義します。このサンプルでは、マウスの動きに合わせて、短い直線をいくつもつなぎ合わせます。そのため、直線をつなぎ合わせる際に見た目に影響を受けるlineWidth、lineCap、fillStyle、strokeStyleを事前に定義しておきます。

筆のスタイルを定義する

```
// 筆の属性
context.lineWidth = 5;
context.lineCap = "round";
context.fillStyle = "black";
context.strokeStyle = "black";
```

このサンプルは、マウス・ボタンを押して動かしたときに線を描きます。そのため、スクリプト側で、描画中の状態なのか、そうでないのかを把握しておく必要があります。その状態を格納する変数をここで初期化しておきます。

描画中かどうかの状態を格納する変数を用意する

```
// 描画中かどうかのフラグ
var drawing = false;
```

マウスを使って図を描画するために、さまざまなイベントのリスナーをセットしておく必要があります。ここでは、mousedown、mousemove、mouseup、mouseout、mouseenterイベントのリスナーをセットしています。ただし、マウスのボタンを押しながらマウスを動かす操作は、場合によっては、テキストや要素を選択する操作と重なってしまいます。このようなデフォルト・アクションが発生してしまうと、マウスで絵を描く処理の妨げになります。そのため、マウス関連のイベント・リスナーでは、デフォルト・アクションをキャンセルするために、イベント・オブジェクトのpreventDefault()メソッドを呼び出しています。

デフォルト・アクションをキャンセルする

```
event.preventDefault();
```

では、それぞれのリスナーの処理を詳しく見ていきましょう。
まず、mousedownイベントのリスナーを見ていきましょう。mousedownイベントの発生は、描画が開始したことを意味します。そのため、このリスナーでは、絵を描く準備を行います。

⬇ mousedownイベントのリスナー

```
canvas.addEventListener("mousedown", function(event) {
  event.preventDefault();
  drawing = true;
  var p = get_mouse_position(event);
  context.beginPath();
  context.arc(p.x, p.y, context.lineWidth / 2, 0, Math.PI*2, true);
  context.fill();
  context.beginPath();
  context.moveTo(p.x, p.y);
}, false);
```

　まず描画中かどうかを表すフラグ変数drawingをtrueにしています。次に、get_mouse_position()関数を使ってマウス・ポインターの座標を取り出します。

　マウス・ボタンを押しただけでも、点を描く必要があります。そのため、ここでは、arc()メソッドを使って円を描いています。その後、beginPath()メソッドを使ってパスをリセットし、moveTo()メソッドを使い、マウス・ボタンが押された座標でパスの始点を定義します。

　次に、mousemoveイベントのリスナーを見ていきましょう。mousemoveイベントの発生は、描画中フラグ変数drawingがtrueであれば、描画が続けられていることを意味します。マウス・ボタンを押したままマウスを動かすと、その間に何度もmousemoveイベントが発生します。

⬇ mousemoveイベントのリスナー

```
canvas.addEventListener("mousemove", function(event) {
  event.preventDefault();
  if(drawing == true) {
    draw(event, context);
  }
}, false);
```

　このmousemoveイベントのリスナーでは、描画中なのであれば、draw()関数を呼び出して、描画処理を続けています。draw()関数については後述します。

　次に、mouseupイベントのリスナーを見ていきましょう。mouseupイベントの発生は、描画処理の終了を意味します。

第3章　Canvas

● mouseupイベントのリスナー

```
canvas.addEventListener("mouseup", function(event) {
  event.preventDefault();
  if(drawing == true) {
    draw(event, context);
    drawing = false;
  }
}, false);
```

　このmouseupイベントのリスナーでは、描画中であれば、draw()関数を呼び出して、最後の描画を行います。そして描画中を表すフラグ変数drawingにfalseをセットします。

　次に、mouseoutイベントのリスナーを見ていきましょう。mouseoutイベントの発生は、マウス・ポインターがcanvas要素から外れたことを意味します。これは、mouseupイベントと同じく、描画処理の終了を意味しますので、mouseupイベントのリスナーと同じとき処理を行います。

● mouseoutイベントのリスナー

```
canvas.addEventListener("mouseout", function(event) {
  event.preventDefault();
  if(drawing == true) {
    draw(event, context);
    drawing = false;
  }
}, false);
```

　以上で、マウス関連のイベントのリスナーの定義は終わりです。次に、ボタンを押したときの処理を見ていきましょう。

　保存ボタンを押したときの処理では、canvas要素のtoDataURL()メソッドを使って、その時点で描かれていたcanvas要素上のイメージをData URL形式のテキストとして取得します。そして、window.open()メソッドを使って、そのイメージを別のウィンドウ（またはタブ）に表示します。

保存ボタンを押したときの処理

```
// 保存ボタンにclickイベントのリスナーをセット
var save_btn = document.getElementById("save");
save_btn.addEventListener("click", function() {
  // data URLを生成
  var data_url = canvas.toDataURL();
  // 新ウィンドウに表示
  window.open(data_url, "new image");
}, false);
```

　window.open()メソッドの第一引数は、新規に開くウィンドウに表示するページのURLを指定します。ここでは、ページのURLの代わりにData URLをセットしています。こうすることで、canvas要素のイメージの結果が、PNG画像として、新ウィンドウ（またはタブ）に表示されることになります。
　次に、クリアボタンが押されたときの処理を見ていきましょう。

クリアボタンが押されたときの処理

```
// クリア・ボタンにclickイベントのリスナーをセット
var clear_btn = document.getElementById("clear");
clear_btn.addEventListener("click", function() {
  context.clearRect(0, 0, canvas.width, canvas.height);
}, false);
```

　このボタンが押されたときには、これまでcanvas要素に描かれていたイメージをクリアしたいわけですから、clearRect()メソッドを使ってcanvas領域全体をクリアします。
　最後に、各種マウス関連のイベントが発生したときに呼び出されるdraw()関数について見ていきましょう。この関数は、単純にその時点におけるマウスの座標を調べ、lineTo()メソッドでパスに直線を加えてから、stroke()メソッドで描画してます。そして、beginPath()メソッドを呼び出してパスをリセットしてから、moveTo()メソッドでサブパスを新規に作ります。

draw()関数

```
// canvasにイメージを描画
function draw(event, context) {
  var p = get_mouse_position(event);
  context.lineTo(p.x, p.y);
  context.stroke();
  context.beginPath();
  context.moveTo(p.x, p.y);
}
```

3.22 アニメーション

⌘ Canvasを使ってアニメーションを実現する

みなさんは、HTML5の機能の紹介として、派手なアニメーションを採用したデモを数多く見たことがあるでしょう。その多くはCanvasを使っているため、Canvasはアニメーションに対応した機能があると思われている方も多いのではないでしょうか。

残念ながらCanvasにはアニメーションに特化した機能はありません。Canvasを使ってアニメーションを実現するには、JavaScriptのタイマー関数を使わなければいけません。Canvasは、アニメーションの1コマを作るに過ぎないのです。つまりタイマー関数を使って、コマの一枚ずつをCanvasを使って描画します。しかし、Canvasのイメージ描画は非常に高速であること、近年のブラウザーの処理速度の大幅な向上によって、全く違和感のないアニメーションが実現できるようになりました。

すでに本書でもいくつかのサンプルでCanvasを使ったアニメーションを使っていますが、ここでは、改めてアニメーションの実現方法を解説します。

まずアニメーションを実現するためにはwindow.setInterval()などのJavaScriptのタイマー機能を使って、定期的にアニメーション・フレームを描かなければいけません。しかし、どれくらいの頻度で描けば良いのでしょうか。みなさんが作ろうとするアニメーションにもよりますが、概ね、1秒に24回程度の頻度でフレーム描画できれば違和感がないでしょう。1秒に24回の頻度は、映画やアニメーションと同じです。これ以上に短い間隔でフレームを描画しても、ブラウザーの負荷が高くなるだけで効果は見込めないでしょう。

⬇ タイマーの利用例

```
window.setInterval( function() {
  draw();
}, 42);
```

このコードでは、42ミリ秒ごとに、何かしらのイメージをCanvasに描くであろうdraw()関数を呼び出しています。42ミリ秒は、概ね1秒に24回の頻度を表すことになります。42ミリ秒はあくまでも目安でしかありませんので、実際にアニメーションを作る際には、微調整しましょう。

次のサンプルは、ランダムに100個の粒子を描きます。それぞれの粒子の大きさ、色、移動する方向はすべてランダムです。さらに、それぞれの粒子にはグラデーションを入れて球であるかのように見せています。それぞれの粒子がCanvas領域から見えなくなると、ランダムな位置から再描画されます。

100個の粒子

サンプル・コード

```
document.addEventListener("DOMContentLoaded", function() {
  // canvas 要素
  var canvas = document.querySelector("canvas");
  var context = canvas.getContext("2d");
  var w = canvas.width;
  var h = canvas.height;
  // 粒子の数
  var pnum = 100;
  // 粒子の情報を格納する配列
  var particles = init_particles(pnum, w, h);
  // アニメーション
  window.setInterval( function() {
    draw(context, w, h, particles);
  }, 42);
}, false);

// 全粒子の情報を初期化
function init_particles(n, w, h) {
  var particles = new Array();
  for( var i=0; i<n; i++ ) {
    var state = generate_particle_state(w, h);
    particles.push(state);
  }
  return particles;
```

```javascript
}

// 粒子の情報を生成
function generate_particle_state(w, h) {
  var colors = ["#ff0000", "#ffa500", "#ffff00", "#008000", "#0000ff",
"#4b0082", "#800080"];
  var state = {
    x: (w - 40) * Math.random() + 20, // 粒子の中心のx座標
    y: (h - 40) * Math.random() + 20, // 粒子の中心のy座標
    r: 5 + parseInt(16 * Math.random()), // 粒子の半径 (5〜20)
    c: colors[ parseInt( colors.length * Math.random() ) ], // 色
    s: 3 + parseInt(8 * Math.random()), // 移動スピード (3〜10)
    a: Math.PI * 2 * Math.random() // 粒子が移動する角度
  };
  return state;
}

// 全体を描画
function draw(context, w, h, particles) {
  context.save();
  // 背景を黒で塗りつぶす
  context.fillStyle = "#000000";
  context.fillRect(0, 0, w, h);
  // 粒子を描画
  var pn = particles.length;
  for( var i=0; i<pn; i++ ) {
    draw_particle(context, w, h, particles[i]);
  }
  //
  context.restore();
};

// 粒子を描画
function draw_particle(context, w, h, p) {
  context.save();
  // 粒子の次の座標を計算
  update_particle(p, w, h);
  // 円を描画
  context.beginPath();
  context.arc(p.x, p.y, p.r, 0, Math.PI*2, true);
  context.fillStyle = p.c;
  context.fill();
  // シャドーを描画
```

```
    var offset = p.r * 0.4
    var gx = p.x - offset;
    var gy = p.y - offset;
    var gr = p.r + offset;
    var grad = context.createRadialGradient(gx, gy, 0, gx, gy, gr);
    grad.addColorStop(0,'rgba(255, 255, 255, 0.5)');
    grad.addColorStop(1,'rgba(0, 0, 0, 0.7)');
    context.fillStyle = grad;
    context.fill();
    //
    context.restore();
}

// 粒子の次の座標を計算
function update_particle(p, w, h) {
    // 次の座標を計算
    p.x += p.s * Math.cos(p.a);
    p.y += p.s * Math.sin(p.a);
    // Canvas領域をはみ出したら座標をリセット
    if( p.x < -p.r || p.x > w + p.r || p.y < -p.r || p.y > h + p.r ) {
        p.x = w * Math.random();
        p.y = h * Math.random();
    }
}
```

このサンプルでは、window.setInterval()を使って42ミリ秒ごとにフレームを描くためのdraw()関数を呼び出しています。

⬇ 42ミリ秒ごとにフレームを描く

```
// アニメーション
window.setInterval( function() {
    draw(context, w, h, particles);
}, 42);
```

draw()関数では、まず、fillRect()メソッドを使ってCanvas領域全体を黒で塗りつぶしています。Canvasでアニメーションを実現するためには、必ず、画面を一旦クリアしなければいけません。そうしないと、次のフレームのイメージが重なるように描かれてしまいますので、注意してください。

第3章　Canvas

🔽 draw()関数

```
// 全体を描画
function draw(context, w, h, particles) {
  ...
  // 背景を黒で塗りつぶす
  context.fillStyle = "#000000";
  context.fillRect(0, 0, w, h);
  // 粒子を描画
  var pn = particles.length;
  for( var i=0; i<pn; i++ ) {
    draw_particle(context, w, h, particles[i]);
  }
  ...
};
```

　画面をクリアしたら、次に、100個の粒子を1つずつ描く処理を行います。この処理は、draw_particle()関数が行います。
　draw_particle()関数では、粒子の座標を計算してから、円を描き、グラデーションを加えています。

🔽 draw_particle()関数

```
// 粒子を描画
function draw_particle(context, w, h, p) {
  ...
  // 粒子の次の座標を計算
  update_particle(p, w, h);
  // 円を描画
  context.beginPath();
  context.arc(p.x, p.y, p.r, 0, Math.PI*2, true);
  ...
  var grad = context.createRadialGradient(gx, gy, 0, gx, gy, gr);
  ...
  context.fillStyle = grad;
  context.fill();
  ...
}
```

パフォーマンス

　先ほどのサンプルは、どのブラウザーでも、また、近年のパソコンであれば、なめらかに動作するでしょう。では、粒子の数を100個から1000個にしたらどうなるでしょうか。残念ながら、処理しきれずに、アニメーションの動きがかなり遅くなってしまいます。

1000個の粒子

　先ほどのサンプルは、本来なら、それぞれの粒子は移動するものの、そのイメージは変わりません。しかし、フレーム・イメージを作る度に粒子を描き直しています。これがフレームごとに1000回も繰り返されてしまうと、相当に重い処理になってしまいます。できることなら、一度描いた粒子を保持しておき、フレームを描く際には、それを移動するだけにするのが理想的といえるでしょう。これを実現するのがdrawImage()メソッドです。

　まず最初に1000個の粒子ごとにcanvas要素を作ります。このcanvas要素のサイズは粒子の直径で十分です。そして、そのcanvas要素の中に粒子を描いておき、スクリプト内で、そのcanvas要素を保持しておきます。フレームを描く際には、drawImage()メソッドに、粒子を描いたcanvas要素のオブジェクトと座標を引数に与え、それを1000回繰り返せば、フレーム・イメージの完成です。

　しかし、まだ改良の余地があります。実は、多くのブラウザーでは、drawImage()メソッドにcanvas要素のオブジェクトを与えるより、img要素のオブジェクトを与えた方がパフォーマンスが良くなります。そのため、粒子を描いたcanvas要素からtoDataURL()メソッドを使ってData URL形式に変換しておきます。そして、img要素を粒子ごとに作り、そのsrcプロパティに、そのData URLをセットしておきます。これで作られた1000個のimg要素をスクリプト内で保持しておくのです。フレーム・イメージを描画する際には、drawImage()メソッドに粒子のイメージを格納したimg要素と座標を指定し、これ

第3章　Canvas

を1000回繰り返せば、フレーム・イメージの完成です。
　以上の改良を加えたスクリプトは、以下の通りです。

⬇ 改良後のサンプル・コード

```javascript
document.addEventListener("DOMContentLoaded", function() {
  // canvas 要素
  var canvas = document.querySelector("canvas");
  var context = canvas.getContext("2d");
  var w = canvas.width;
  var h = canvas.height;
  // 粒子の数
  var pnum = 1000;
  // 粒子の情報を格納する配列
  var particles = init_particles(pnum, w, h);
  // アニメーション
  window.setInterval( function() {
    draw(context, w, h, particles);
  }, 42);
}, false);

// 全粒子の情報を初期化
function init_particles(n, w, h) {
  var particles = new Array();
  for( var i=0; i<n; i++ ) {
    var state = generate_particle_state(w, h);
    particles.push(state);
  }
  return particles;
}

// 粒子の情報を生成
function generate_particle_state(w, h) {
  var colors = ["#ff0000", "#ffa500", "#ffff00", "#008000", "#0000ff", "#4b0082", "#800080"];
  var state = {
    x: w * Math.random(), // 粒子の中心のx座標
    y: h * Math.random(), // 粒子の中心のy座標
    r: 5 + parseInt(16 * Math.random()), // 粒子の半径 (5～20)
    c: colors[ parseInt( colors.length * Math.random() ) ], // 色
    s: 3 + parseInt(8 * Math.random()), // 移動スピード (3～10)
    a: Math.PI * 2 * Math.random() // 粒子が移動する角度
  };
```

```
// 粒子描画用に canvas 要素を生成
var canvas = document.createElement("canvas");
var w = state.r * 2;
canvas.width = w;
canvas.height = w;
var context = canvas.getContext("2d");
// 円を描画
context.beginPath();
context.arc(w/2, w/2, w/2, 0, Math.PI*2, true);
context.fillStyle = state.c;
context.fill();
// シャドーを描画
var offset = w * 0.4;
var gx = w/2 - offset;
var gy = w/2 - offset;
var gr = w/2 + offset;
var grad = context.createRadialGradient(gx, gy, 0, gx, gy, gr);
grad.addColorStop(0,'rgba(255, 255, 255, 0.5)');
grad.addColorStop(1,'rgba(0, 0, 0, 0.7)');
context.fillStyle = grad;
context.fill();
// img 要素を生成し、Canvas イメージを DataURL 形式でセット
state.img = document.createElement("img");
state.img.src = canvas.toDataURL();
//
return state;
}

// 全体を描画
function draw(context, w, h, particles) {
  context.save();
  // 背景を黒で塗りつぶす
  context.fillStyle = "#000000";
  context.fillRect(0, 0, w, h);
  // 粒子を描画
  var pn = particles.length;
  for( var i=0; i<pn; i++ ) {
    var p = particles[i];
    update_particle(p, w, h);
    context.drawImage(p.img, p.x-p.r, p.y-p.r);
  }
  //
  context.restore();
```

```
};

// 粒子の次の座標を計算
function update_particle(p, w, h) {
  // 次の座標を計算
  p.x += p.s * Math.cos(p.a);
  p.y += p.s * Math.sin(p.a);
  // Canvas 領域をはみ出したら座標をリセット
  if( p.x < -p.r || p.x > w + p.r || p.y < -p.r || p.y > h + p.r ) {
    p.x = w * Math.random();
    p.y = h * Math.random();
  }
}
```

　このスクリプトでは、setInterval()を使ったタイマー設定より前に、1000個の粒子をinit_particles()関数で事前に用意します。

🔽 1000個の粒子を事前に用意する

```
// 粒子の情報を格納する配列
var particles = init_particles(pnum, w, h);
// アニメーション
window.setInterval( function() {
  draw(context, w, h, particles);
}, 42);
```

　init_particles()関数では、generate_particle_state()関数を1000回呼び出すことで、1000個の粒子を用意しています。

🔽 init_particles()関数

```
// 全粒子の情報を初期化
function init_particles(n, w, h) {
  var particles = new Array();
  for( var i=0; i<n; i++ ) {
    var state = generate_particle_state(w, h);
    particles.push(state);
  }
  return particles;
}
```

　generate_particle_state()関数では、document.createElement()メソッドを使ってcanvas要素を生成

します。

● generate_particle_state()関数

```
// 粒子の情報を生成
function generate_particle_state(w, h) {
  // 粒子描画用にcanvas要素を生成
  var canvas = document.createElement("canvas");
  // 円を描画
  ...
  // img要素を生成し、CanvasイメージをDataURL形式でセット
  state.img = document.createElement("img");
  state.img.src = canvas.toDataURL();
  //
  return state;
}
```

この粒子用のcanvas要素に粒子を描画してから、document.createElement()メソッドを使ってimg要素を生成し、粒子を描いたcanvas要素のtoDataURL()メソッドから得られるData URL形式のイメージ・データをimg要素のsrcプロパティにセットします。

これで、1つの粒子が1つのimg要素として準備できたことになります。

アニメーションが開始されると、draw()関数が42ミリ秒ごとに呼び出され、フレーム全体を描画します。draw()関数は、個々の粒子のイメージが格納されたimg要素を、drawImage()メソッドを使ってcanvas要素に描いています。これによって、1つのフレームに粒子を1000回描画しなければいけないことに違いはありませんが、その描画速度が大幅に改善されるのです。

● フレーム全体を描画する

```
// 全体を描画
function draw(context, w, h, particles) {
  ...
  // 粒子を描画
  var pn = particles.length;
  for( var i=0; i<pn; i++ ) {
    var p = particles[i];
    update_particle(p, w, h);
    context.drawImage(p.img, p.x-p.r, p.y-p.r);
  }
  ...
};
```

第3章　Canvas

　この改良したスクリプトでは、ブラウザーによっては、かなりパフォーマンスが改善されます。移動するだけのイメージを表現するのであれば、drawImage()メソッドが効果的である点を覚えておくと良いでしょう。

第4章

Video/Audio

HTML5ではビデオやオーディオをウェブ・ページに組み込むことができるようになりました。マークアップだけでもビデオやオーディオの再生は可能ですが、JavaScriptからAPIを使って多彩なマルチメディア表現ができる点が魅力です。本章では、ビデオやオーディオのAPIの仕様を網羅的に解説していきます。

第4章 Video/Audio

4.1 マークアップの概要

⌘ HTML5で新たに追加された要素

　HTML5では、ビデオ・ファイルを再生するvideo要素、オーディオ・ファイルを再生するaudio要素が新たに追加されました。これまでFlashやSilverLightといったプラグインを使わなければ実現できなかったメディア・ファイルの再生がマークアップだけで可能となったのです。

　近年、ブラウザーを通してビデオを見たりオーディオを聞いたりすることは当たり前になってきました。しかし、旧来のHTMLでは、その当たり前のことすら実現できなかったのです。

　HTML5では、マークアップによってビデオやオーディオを再生できるだけでなく、このようなメディアを自由に操ることができるAPIが規定されたことに大きな意義があります。再生や停止はもちろんのこと、早送りや巻き戻し、ボリューム調整といったメディア再生に必要な機能が一通り揃っています。独自のプレーヤーを用意したり、ウェブ・アプリケーションの一部としてビデオやオーディオを組み込むといったことが、JavaScriptを通して容易にできるようになりました。

　これらAPIを使うためには、まずvideo要素とaudio要素、そしてsource要素のマークアップについて知る必要があります。ここでは、これらの要素の使い方、そして、video要素とaudio要素で組み込んだビデオやオーディオを操作するためのAPIを詳細に解説します。

　ここでは以降を読み進めて頂くに当たり必要な用語を解説します。次の用語は、HTML5仕様で定義された用語です。

⚓ 用語解説

用語	意味
メディア要素	video要素およびaudio要素を意味します。
メディア・データ	ビデオやオーディオのデータを意味します。
メディア・リソース	ビデオやオーディオのファイルを意味します。

　本章で解説するAPIは、ほとんどがvideo要素とaudio要素のどちらでも使える共通のAPIとなります。そのため、それらを総称する用語を使います。

4.2 video 要素

video 要素のマークアップ

ビデオ・ファイルを再生するだけであれば、video 要素を次のようにマークアップします。

video 要素のマークアップ

```
<video src="video.mp4" width="480" height="272" controls="controls"></video>
```

src 属性にはビデオ・ファイルの URL をセットします。width 属性と height 属性はビデオの横幅と縦幅を表します。これらは必須ではありませんが、ページがロードされている途中にレイアウトが崩れるのを防ぐためにも、入れておいた方が良いでしょう。

video 要素の開始タグと終了タグの中にコンテンツを入れることも可能です。これは video 要素をサポートしていないブラウザーに対するフォールバック・コンテンツとなります。

video 要素のフォールバック・コンテンツ

```
<video src="video.mp4" width="480" height="272" controls="controls">
  <p>ご利用のブラウザーではビデオをご覧頂けません。
  ビデオを <a href="video.mp4">ダウンロード</a> してご覧ください。</p>
</video>
```

フォールバック・コンテンツに何を入れるかについては、video 要素の利用目的によって異なってきますが、video 要素をサポートしていないブラウザー利用者に対して、何かしらの代替手段を用意するのが良いでしょう。マークアップそしてアクセシビリティについては本書の範囲外ですので、以降のサンプルでは、フォールバック・コンテンツの記述は割愛します。

controls 属性は論理属性で、再生ボタンなどのビデオ操作のユーザー・インタフェースを表示するかどうかを制御する属性です。controls 属性は次のように記述しても構いません。

controls 属性の記述

```
<video src="video.mp4" width="480" height="272" controls></video>
```

controls 属性をセットすると、ブラウザーが用意したユーザー・インタフェースが表示されます。ユーザー・インタフェースが表示されないと再生できませんので、マークアップのみでビデオをページに埋め込みたい場合は、必ず controls 属性をセットしてください。

第4章　Video/Audio

　ユーザー・インタフェースは、ブラウザーによって異なります。以下の図は、それぞれのブラウザーでビデオ再生を開始したときを表しています。
　HTMLサンプルでは、MP4形式のファイルを再生することになっていますが、実際にはすべてのブラウザーで再生することはできません。これについては、コーデックの節で詳しく説明します。

🔽 Internet Explorer 9（Windows 7）

🔽 Firefox 4.0（Windows 7）

🔽 Opera 11（Windows 7）

🔽 Safari 5.0（Mac OS X）

🔽 Chrome 9.0（Windows 7）

🔽 iPad

4.2 video要素

iPhone（再生前）

iPhone（再生中）

　iPhoneはページに組み込まれた状態で再生されるわけではなく、全画面表示になった上で再生されます。

　video要素には、さまざまな属性が規定されています。下表はvideo要素に規定されている属性と、それに対応するプロパティの一覧です。

video要素の属性とプロパティ

属性	プロパティ名	説明
src	src	ビデオ・ファイルのURLを指定します。
poster	poster	ビデオが再生可能になる前に表示させたい画像ファイルのURLを指定します。
preload	preload	ユーザーがビデオを見る可能性について、ユーザーエージェントにヒントを与えます。ユーザーエージェントは、このヒントに応じて、事前にどれくらいのメディア・データをダウンロードしておくべきかについての参考にします。指定可能な値は"none"、"metadata"、"auto"のいずれかです。"none"はビデオが再生されるときまで何もダウンロードしない、"metadata"はビデオ・ファイルのメタ情報が格納されている部分だけを事前にダウンロードする、"auto"は事前に多くをダウンロードしておく、という意味になると期待しますが、HTML5仕様上は、この属性はあくまでもブラウザーに対してヒントを与えるに過ぎず、必ずしもブラウザーはそれに従わなければいけないわけではありません。ネットワーク状況、デバイス環境などに応じて、ブラウザーが最終的に判断することになります。実際にほとんどのブラウザーでは、"none"を指定してもメディア・データをダウンロードします。そのため、この属性は、メディア・データのダウンロードを完全に制御できるものではない点に注意してください。autoplay属性が指定されている場合、preload属性は無視されます。
autoplay	autoplay	ビデオが再生可能になったら即座に再生を開始することを指示する論理属性です。
loop	loop	ビデオの再生が終了したら最初に戻って再生を続けることを指示する論理属性です。

第4章　Video/Audio

属性	プロパティ名	説明
controls	controls	ビデオの再生や停止などのユーザー・インタフェースを表示させることを指示する論理属性です。
width	width	ビデオの横幅をCSSピクセルで指定します。widthプロパティは文字列として返します。値をセットして横幅を変更することができます。
height	height	ビデオの縦幅をCSSピクセルで指定します。heightプロパティは文字列として返します。値をセットして縦幅を変更することができます。
-	videoWidth	実際のビデオの横幅を数値で返します。読み取り専用のため、値をセットすることはできません。
-	videoHeight	実際のビデオの縦幅を数値で返します。読み取り専用のため、値をセットすることはできません。

論理属性のプロパティ

　論理属性となるautoplay属性、loop属性、controls属性は、マークアップの上では、autoplay、autoplay=""、autoplay="autoplay"といった表記が可能ですが、これらの属性に対応するプロパティは属性の値が返ってくるのではなく、trueまたはfalseを返します。プロパティに値をセットする場合も、trueまたはfalseをセットします。

　次のサンプルはビデオの下にボタンが用意されています。ボタンを押すと、ループ再生するのか、しないのかを切り替えることができます。ボタンを押すことで、video要素オブジェクトのloopプロパティの値をtrueからfalseへ、もしくは、falseからtrueへ反転させます。

▼loopプロパティがfalseの状態　　　　　▼loopプロパティがtrueの状態

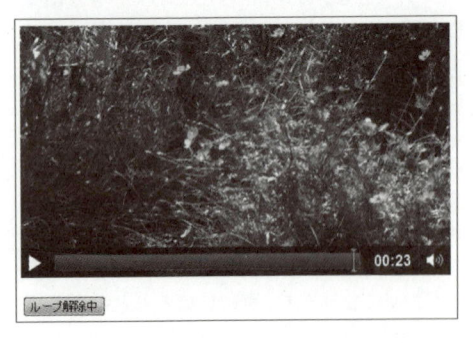

▼サンプルHTML

```
<p><video src="video.mp4" controls="controls" width="480" height="272"></video></p>
<p><button> ループ解除中 </button></p>
```

⬇ サンプル・コード

```
document.addEventListener("DOMContentLoaded", function() {
  // video要素オブジェクト
  var video = document.querySelector('video');
  // button要素オブジェクト
  var button = document.querySelector('button');
  // button要素にclickイベントのリスナーをセット
  button.addEventListener("click", function() {
    // loopプロパティの値を反転
    video.loop = video.loop ? false : true;
    // button要素のテキストを変更
    if( video.loop == true ) {
      button.textContent = "ループ中";
    } else {
      button.textContent = "ループ解除中";
    }
  }, false);
}, false);
```

このサンプルでは、botton要素にclickイベントのリスナーをセットしています。button要素がクリックされると、次のコードによって、loopプロパティの値がtrueとfalseの間で反転します。

⬇ loopプロパティの値を反転する

```
video.loop = video.loop ? false : true;
```

これは、loopプロパティの値がtrueだったらfalseに、そうでなければtrueに置き換えます。次に、loopプロパティの値を評価して、button要素の文字を置き換えています。

第4章　Video/Audio

loopプロパティの値を評価して、button要素の文字を置き換える

```
if( video.loop == true ) {
  button.textContent = "ループ中";
} else {
  button.textContent = "ループ解除中";
}
```

　ボタンを押した後にloopプロパティがtrueであれば、"ループ中"に、そうでなければ"ループ解除中"に、ボタンの表記をtextContentプロパティを使って置換します。

⌘表示寸法と実際の寸法

　video要素のwidth属性とheight属性を使って、ビデオの表示寸法を指定することができます。本来のビデオのサイズが、width属性とheight属性で指定した寸法より大きければ、それに収まるよう縮小されてビデオが再生されることになります。逆に、本来のビデオのサイズが、width属性とheight属性で指定した寸法より小さければ、それに収まるよう拡大されてビデオが再生されることになります。

　video要素オブジェクトには、videoWidthプロパティとvideoHeightプロパティが規定されています。たとえ、width属性とheight属性によって表示寸法が縮小または拡大されていたとしても、これらのプロパティから本来のビデオの寸法を取得することができます。

　次のサンプルはビデオをブラウザーの表示領域に対して天地中央に配置して自動的に再生します。そして、ビデオをクリックすると、ブラウザーの表示領域全体に拡大表示します。

本来のサイズで再生

拡大して再生

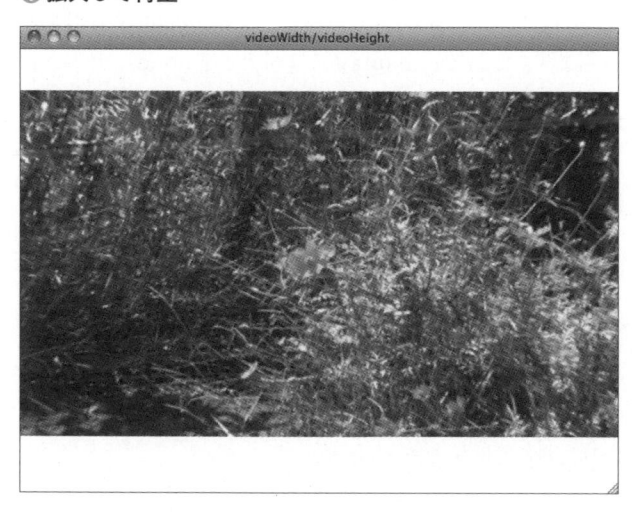

このサンプルは、拡大再生時に、video要素オブジェクトのwidthプロパティとheightプロパティにウィンドウ・サイズをセットしています。ビデオの縦横比が一致していなければ、図のように、中央にビデオがフィットするように配置される点に注目してください。

HTML

```
<video src="video.mp4" autoplay="autoplay" loop="loop" width="480"
height="272"></video>
```

video要素にautoplay属性をセットすることで自動的にビデオが再生されるようにしています。また、loop属性をセットすることでビデオを繰り返し再生するようにしています。

このvideo要素にはcontrols属性がセットされていません。そのため、ビデオを制御するためのユーザー・インタフェースは表示されません。

なお、iPhoneとiPadはautoplay属性をサポートしていません。この点については「再生と停止」の節で説明します。

CSS

```
video {
  position: absolute;
  display: none;
}
```

CSSでは、video要素に対してスタイルを定義しています。positionプロパティにabsoluteをセットして表示位置を自由に変更できるようにしておきます。そして、displayプロパティをnoneにセットして、当初は非表示としておきます。

では、スクリプトの全体をご覧ください。

🎤 スクリプト

```javascript
(function () {

// video 要素
var video = null;

// ページがロードされたときの処理
window.addEventListener("load", function() {
  // video 要素オブジェクト
  video = document.querySelector('video');
  // video 要素がクリックされたときの処理
  window.addEventListener("click", toggle_size, false);
  // ウィンドウ・サイズがリサイズされたときの処理
  window.addEventListener("resize", centering, false);
  // video 要素を天地中央に移動
  centering();
  video.style.display = "block";
}, false);


// video 要素がクリックされたときの処理
function toggle_size() {
  if( video.height == video.videoHeight ) {
    // ウィンドウ・サイズに合わせる
    video.width = document.documentElement.clientWidth;
    video.height = document.documentElement.clientHeight;
    // video 要素の位置を左端上に
    video.style.left = "0px";
    video.style.top = "0px";
  } else {
    // 本来のサイズに戻す
    video.width = video.videoWidth;
    video.height = video.videoHeight;
    // video 要素を天地中央に移動
    centering();
  }
}
```

```
// video 要素を天地中央に移動
function centering() {
  // ウィンドウ・サイズ
  var sw = document.documentElement.clientWidth;
  var sh = document.documentElement.clientHeight;
  // video 要素のサイズ
  var vw = video.width;
  var vh = video.height;
  // video 要素を天地中央に移動
  video.style.left = ( (sw - vw) / 2 ) + "px";
  video.style.top = ( (sh - vh) / 2 ) + "px";
}

})();
```

まず、スクリプトの骨子を見ていきましょう。このスクリプトでは、まず、windowオブジェクトにloadイベントのリスナーをセットしています。ビデオの再生の準備が整わない限り、このサンプルは動作しませんので、documentオブジェクトで発生するDOMContentLoadedイベントではなく、その後にwindowオブジェクトで発生するloadイベントを使っています。

● loadイベントのリスナーをセットする

```
window.addEventListener("load", function() {
  // video 要素オブジェクト
  video = document.querySelector('video');
  // video 要素がクリックされたときの処理
  window.addEventListener("click", toggle_size, false);
  // ウィンドウ・サイズがリサイズされたときの処理
  window.addEventListener("resize", centering, false);
  // video 要素を天地中央に移動
  centering();
  video.style.display = "block";
}, false);
```

ページがロードされたときの処理を細かく見ていきましょう。まず最初に、このサンプルで使うvideo要素のオブジェクトを取得しておきます。そして、video要素にclickイベントのリスナーをセットしておき、クリックされたらtoggle_size()関数が呼び出されるようにしています。

click イベントのリスナーをセットする

```
// video 要素がクリックされたときの処理
window.addEventListener("click", toggle_size, false);
```

次に、ウィンドウがリサイズされたときを補足するために、windowオブジェクトにresizeイベントのリスナーをセットしておきます。

resize イベントのリスナーをセットする

```
// ウィンドウ・サイズがリサイズされたときの処理
window.addEventListener("resize", centering, false);
```

もしウィンドウ・サイズが変更されたら、centering()関数が呼び出され、常にビデオが天地中央に配置されるよう、位置が調整されることになります。

以上の準備ができたら、CSSで非表示になっていたvideo要素の位置を、centering()関数を呼び出すことで天地中央に配置し、CSSのdisplayプロパティに"block"をセットすることで、ページに表示させます。

video 要素をページに表示する

```
// video 要素を天地中央に移動
centering();
video.style.display = "block";
```

では、次に、video要素がクリックされたときに呼び出されるtoggle_size()関数を見ていきましょう。

toggle_size()関数

```
// video 要素がクリックされたときの処理
function toggle_size() {
  if( parseInt(video.height) == video.videoHeight ) {
    // ウィンドウ・サイズに合わせる
    video.width = document.documentElement.clientWidth;
    video.height = document.documentElement.clientHeight;
    // video 要素の位置を左端上に
    video.style.left = "0px";
    video.style.top = "0px";
  } else {
    // 本来のサイズに戻す
    video.width = video.videoWidth;
```

```
      video.height = video.videoHeight;
      // video 要素を天地中央に移動
      centering();
    }
}
```

　この関数はビデオの表示寸法を切り替えます。もしビデオの表示寸法が本来のサイズと同じであれば、ウィンドウ寸法にフィットするよう拡大します。そうでなければ、ビデオの表示寸法を本来の寸法に戻します。

　まずvideo要素オブジェクトのheightプロパティとvideoHeightプロパティの値を比較しています。

⬇ heightプロパティとvideoHeightプロパティの値を比較する

```
if( video.height == video.videoHeight ) {
...
} else {
...
}
```

　もしビデオの表示寸法の縦幅が、実際のビデオの寸法の縦幅と同じであれば、つまり、ビデオが拡大も縮小もされておらず、本来の寸法で表示されていれば、video要素のwidthプロパティとheightプロパティに、ウィンドウの寸法をセットして、ビデオの表示寸法をウィンドウの寸法にフィットさせます。そして、video要素の配置位置を左端上に移動します。

⬇ ビデオの表示寸法をウィンドウの寸法にフィットさせる

```
// ウィンドウ・サイズに合わせる
video.width = document.documentElement.clientWidth;
video.height = document.documentElement.clientHeight;
// video 要素の位置を左端上に
video.style.left = "0px";
video.style.top = "0px";
```

　もしビデオの表示寸法の縦幅が、実際のビデオの寸法の縦幅と同じでなければ、つまり、ビデオの表示寸法が本来の寸法に対して拡大または縮小されていれば、video要素のwidthプロパティとheightプロパティに、本来の寸法を表すvideoWidthプロパティとvideoHeightプロパティの値をセットしています。そして、ビデオを天地中央に配置し直すためにcentering()関数を呼び出しています。

第4章　Video/Audio

● ビデオの表示寸法を本来の寸法にする

```
// 本来のサイズに戻す
video.width = video.videoWidth;
video.height = video.videoHeight;
// video 要素を天地中央に移動
centering();
```

では、ビデオを天地中央に配置するcentering()関数の処理を見ていきましょう。

● centering()関数

```
// video 要素を天地中央に移動
function centering() {
  // ウィンドウ・サイズ
  var sw = document.documentElement.clientWidth;
  var sh = document.documentElement.clientHeight;
  // video 要素のサイズ
  var vw = video.width;
  var vh = video.height;
  // video 要素を天地中央に移動
  video.style.left = ( (sw - vw) / 2 ) + "px";
  video.style.top = ( (sh - vh) / 2 ) + "px";
}
```

この関数では、まずブラウザーのウィンドウの寸法を取得しています。次に、video要素のwidthプロパティとheightプロパティからビデオの表示寸法を取得しています。

最後に、video要素のCSSにおけるleftプロパティとtopプロパティに、ビデオが天地中央に配置される値を算出した上で、それらをセットしています。

⌘ preloadとautobuffer

　以前のHTML5仕様草案では、autobuffer属性が規定されていました。この属性は論理属性で、preload属性と同様に、メディア・リソースのダウンロードを制御するものでした。

　ところが、現在のHTML5仕様草案では、autobuffer属性はpreload属性に置き換えられました。autobuffer属性を指定した状態は、preload属性に"auto"をセットした状態と同じです。

　video要素をサポートしたブラウザーのバージョンによっては、まだpreload属性に対応していないものがあります。もし、そのようなブラウザーに対しても、できる限り事前にメディア・データをダウンロードさせたい場合は、両方の属性を指定しておくことになります。

両方の属性を指定する

```
<video src="video.mp4" preload="auto" autobuffer="autobuffer" width="480" height="272" controls="controls"></video>
```

　もちろん、これはHTML構文上、正しくありません。将来的にはこのようなマークアップは不要となりますが、どうしてもautobuffer属性しかサポートしていないブラウザーでも、事前にできる限り多くのメディア・データをダウンロードさせたいのであれば、このようにマークアップしておくと良いでしょう。

⌘ video要素をサポートしているかの判定

　JavaScriptからvideo要素をサポートしているかどうかを判定したい場合があるでしょう。いくつかの方法がありますが、ここでは、シンプルな方法をご紹介しましょう。

video要素サポートの判定方法

```
if( window.HTMLVideoElement ) { /* video要素をサポートしている場合の処理 */ }
```

　window.HTMLVideoElementは、video要素のオブジェクトの元となるオブジェクトです。video要素をサポートしたブラウザーであれば、このオブジェクトが存在します。

第4章　Video/Audio

4.3　audio要素

❖audio要素のマークアップ

オーディオ・ファイルを再生するだけであれば、audio要素を次のようにマークアップします。

⬇ audio要素のマークアップ

```
<audio src="audio.mp3" controls="controls"></audio>
```

src属性にはオーディオ・ファイルのURLをセットします。controls属性は論理属性で、再生ボタンなどのオーディオ操作のユーザー・インタフェースを表示するかどうかを制御する属性です。controls属性は次のように記述しても構いません。

⬇ controls属性の記述

```
<audio src="audio.mp3" controls></audio>
```

controls属性をセットすると、ブラウザーが用意したユーザー・インタフェースが表示されます。ユーザー・インタフェースが表示されないと再生できませんので、マークアップのみでオーディオをページに埋め込みたい場合は、必ずcontrols属性をセットしてください。

ユーザー・インタフェースは、ブラウザーによって異なります。以下の図は、それぞれのブラウザーが用意するインタフェースを示しています。

HTMLサンプルでは、MP3形式のファイルを再生することになっていますが、実際にはすべてのブラウザーで再生することはできません。これについては、コーデックの節で詳しく説明します。

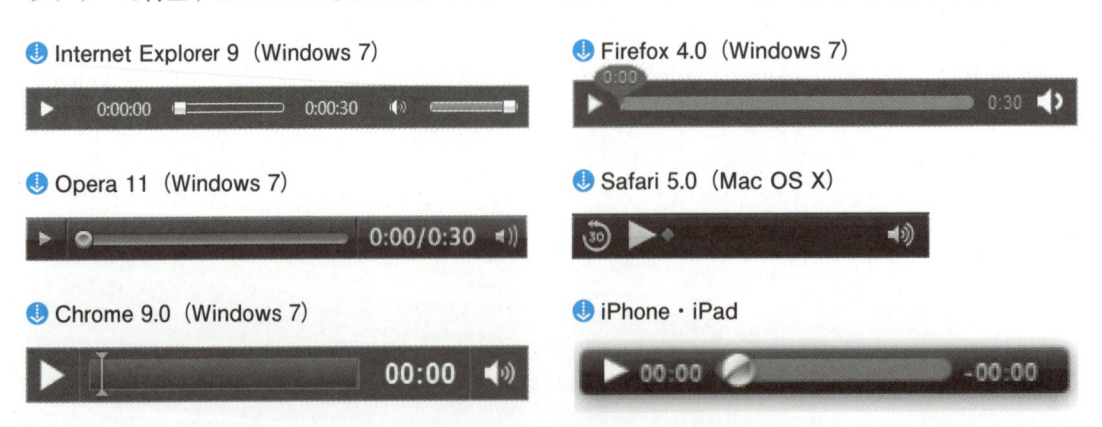

⬇ Internet Explorer 9（Windows 7）

⬇ Firefox 4.0（Windows 7）

⬇ Opera 11（Windows 7）

⬇ Safari 5.0（Mac OS X）

⬇ Chrome 9.0（Windows 7）

⬇ iPhone・iPad

audio要素には、さまざまな属性が規定されています。下表はaudio要素に規定されている属性と、それに対応するプロパティの一覧です。

video要素の属性とプロパティ

属性	プロパティ名	説明
src	src	オーディオ・ファイルのURLを指定します。
preload	preload	ユーザーがオーディオを聞く可能性について、ユーザーエージェントにヒントを与えます。ユーザーエージェントは、このヒントに応じて、事前にどれくらいのメディア・データをダウンロードしておくべきかについての参考にします。指定可能な値は"none"、"metadata"、"auto"のいずれかです。"none"はオーディオが再生されるときまで何もダウンロードしない、"metadata"はオーディオ・ファイルのメタ情報が格納されている部分だけを事前にダウンロードする、"auto"は事前に多くをダウンロードしておく、という意味になると期待しますが、HTML5仕様上、この属性はあくまでもブラウザーに対してヒントを与えるに過ぎず、必ずしもブラウザーはそれに従わなければいけないわけではありません。ネットワーク状況、デバイス環境などに応じて、ブラウザーが最終的に判断することになります。実際にほとんどのブラウザーでは、"none"を指定してもメディア・データをダウンロードします。そのため、この属性は、メディア・データのダウンロードを完全に制御できるものではない点に注意してください。autoplay属性が指定されている場合、preload属性は無視されます。
autoplay	autoplay	オーディオが再生可能になったら即座に再生を開始することを指示する論理属性です。
loop	loop	オーディオの再生が終了したら最初に戻って再生を続けることを指示する論理属性です。
controls	controls	オーディオの再生や停止などのユーザー・インタフェースを表示させることを指示する論理属性です。

基本的には、video要素とほとんど同じです。video要素と比べて、画面に関する属性やプロパティがなくなっただけです。上記の属性やプロパティの使い方については、video要素と全く同じです。

⌘Audio()

　Audio()をコンストラクタとして呼び出す、つまり、newを使って呼び出すと、audio要素をJavaScriptから簡単に生成することができます。

⬇ audio要素の生成

```
var audio = new Audio();
```

　これは次の要素を生成したのと同じです。

⬇ 生成した要素

```
<audio preload="auto"></audio>
```

　また、Audio()はオーディオ・ファイルのURLを引数に与えることができます。

⬇ オーディオ・ファイルのURLを引数に与える

```
var audio = new Audio("audio.mp3");
```

　これは次の要素を生成したのと同じです。

⬇ 生成した要素

```
<audio preload="auto" src="audio.mp3"></audio>
```

　本来は、audio要素の生成は次のように書きますが、Audio()を使うと1行で済みますので、とても便利です。

⬇ audio要素の生成

```
var audio = document.createElement("audio");
audio.preload = "auto";
audio.src = "audio.mp3";
```

　次のサンプルは、ボタンを押すと「ポン！」と効果音が鳴ります。

⬇ HTML

```
<p><button>Press!</button></p>
```

このようなシーンではオーディオ・ファイルを再生するためのユーザー・インタフェースは必要ありません。そのため、HTMLにはaudio要素をマークアップしていません。

🎵 スクリプト

```
window.addEventListener("load", function() {
  // audio 要素を生成
  var audio = new Audio("pon.mp3");
  // button 要素
  var button = document.querySelector('button');
  // button 要素に click イベントのリスナーをセット
  button.addEventListener("click", function() {
    // 効果音を再生
    audio.play();
  }, false);
}, false);
```

まず、Audio()を使ってaudio要素オブジェクトを生成しています。そして、ボタンが押されたら、audio要素オブジェクトのplay()メソッドを呼び出すようにしています。play()メソッドを呼び出すことでオーディオの再生が開始されます。play()メソッドについては後述します。

なお、このサンプルはMP3形式のオーディオ・ファイルを再生できるブラウザーで、かつ、Audio()を実装したブラウザーでのみ動作します。2010年12月時点では、Internet Explorer 9、Chrome 7.0、Safari 5.0、iPad、iPhoneで動作します。

他の形式のオーディオ・ファイルを用意することで、FirefoxやOperaでも動作するよう改良することが可能ですが、その詳細については後述します。

⌘audio要素をサポートしているかの判定

JavaScriptからaudio要素をサポートしているかどうかを判定したい場合があるでしょう。いくつかの方法がありますが、ここでは、シンプルな方法をご紹介しましょう。

🎵 audio要素サポートの判定方法

```
if( window.HTMLAudioElement ) { /* audio 要素をサポートしている場合の処理 */ }
```

window.HTMLAudioElementは、audio要素のオブジェクトの元となるオブジェクトです。audio要素をサポートしたブラウザーであれば、このオブジェクトが存在します。

第4章　Video/Audio

4.4　コーデック

⌘ コーデックとコンテナ

　ひとえにビデオ・ファイルやオーディオ・ファイルといっても、さまざまな種類が存在します。ビデオやオーディオのエンコード方式をコーデックと呼びます。また実際にビデオやオーディオを再生するためには、コンテナと呼ばれるデータ格納形式も考慮しなければいけません。ファイルの拡張子は主にコンテナの種類やコーデックとコンテナの組み合わせの総称を表しています。

　必ずしもコンテナからコーデックが特定できるわけではありません。さまざまな種類のコーデックでエンコードされたデータを格納できるコンテナもあります。

　ブラウザーによって再生可能なコーデックとコンテナが決まっています。2010年12月現在で、筆者が確認した代表的なコーデックとその対応ブラウザーは次の通りです。SafariはMac版で、それ以外のブラウザーはWindows版で確認しました。表のコーデック名の後の括弧は、代表的なファイルの拡張子を表しています。

⚓ 代表的なビデオ形式と対応ブラウザー

	Chrome 9.0	Firefox 4.0	Opera 11	Safari 5.0	IE9
H.264+AAC (.mp4)	○	×	×	○	○
Theora+Vorbis (.ogv)	○	○	○	×	×
VP8+Vorbis (.webm)	○	○	○	×	×

⚓ 代表的なオーディオ形式と対応ブラウザー

	Chrome 9.0	Firefox 4.0	Opera 11	Safari 5.0	IE9
AAC (.aac)	×	×	×	×	○
MP3 (.mp3)	○	×	×	○	○
Vorbis (.ogg)	○	○	○	×	×
WAVE (.wav)	○	○	○	○	×

　ご覧の通り、残念ながら、現時点ではどのブラウザーでも再生できる万能な形式はありません。ビデオもオーディオも、上記5つのブラウザーすべてで再生できるようにするためには、少なくとも2つの形式を用意する必要があります。本書では、ビデオにはH.264+AAC（.mp4）とVP8+Vorbis（.webm）を、オーディオにはMP3（.mp3）とVorbis（.ogg）を使っていきます。

　ただし、VP8+Vorbis（.webm）は2010年にGoogleから発表された新しいフォーマットですので、こ

れをサポートしたブラウザーは比較的新しいFirefox 4.0以上、Opera 10.60以上、Chrome 6.0以上となります。これらの古いバージョンではVP8+Vorbis（.webm）をサポートしていません。もし古いバージョンでもビデオを再生したい場合は、VP8+Vorbis（.webm）の代わりに、Theora+Vorbis（.ogv）を採用するのが良いでしょう。

　ブラウザーがサポートする形式は時代とともに変わってくる可能性はあります。将来的に1つの形式がどのブラウザーでも再生できるようになることが望まれます。

MIMEタイプ

　実際にサーバーにビデオ・ファイルやオーディオ・ファイルをアップロードしても、うまく再生できない場合があります。それはウェブ・サーバー側でMIMEタイプが設定されていないからです。特に、webmは2010年に発表された新しい形式のため、ほとんどのウェブ・サーバーではMIMEタイプが設定されていません。

　もしご利用のウェブ・サーバーがapacheもしくはapache互換であれば、ビデオやオーディオのファイルをアップロードしたディレクトリに、次の内容を記述した.htaccessファイルをアップロードしておくと良いでしょう。

.htaccessの内容

```
AddType video/mp4 .mp4
AddType video/ogg .ogv
AddType video/webm .webm
AddType audio/mp4 .acc
AddType audio/mpeg .mp3
AddType audio/ogg .ogg
AddType audio/wav .wav
```

第4章 Video/Audio

4.5 source要素

⌘source要素とは何か

これまでvideo要素やaudio要素にはsrc属性にファイルのURLをセットしてきました。しかし、これでは1種類のファイルしか指定できないため、あらゆるブラウザーでビデオやオーディオを再生することができません。これを解決するのがsource要素です。

source要素をvideo要素で使う例

```
<video controls="controls" width="480" height="272">
  <source src="video.mp4" type="video/mp4" />
  <source src="video.webm" type="video/webm" />
</video>
```

source要素をaudio要素で使う例

```
<audio controls="controls">
  <source src="audio.mp3" type="audio/mpeg" />
  <source src="audio.ogg" type="audio/ogg" />
</audio>
```

　source要素はvideo要素やaudio要素の中に入れて使います。そして、source要素にsrc属性をセットします。なお、source要素を使って複数のメディア・リソースをマークアップしたい場合は、そのメディア要素にsrc属性をセットしてはいけません。メディア要素にsrc属性をセットしてしまうと、source要素はメディア・リソースの選定から外れてしまいますので注意してください。
　source要素には、メディア・リソースのURLをセットするsrc属性に加え、そのファイルのタイプをセットするtype属性が規定されています。type属性には、src属性で指定したメディア・リソースのMIMEタイプをセットします。
　source要素は、メディア要素の中にいくつ入れても構いません。とはいえ、実際には2つあれば、メジャーなブラウザーすべてで再生可能になりますので、3つ以上を入れることは稀でしょう。
　メディア・リソース要素の中にsource要素が存在すれば、ブラウザーは、上から順にsource要素に指定されたメディア・リソースをチェックします。type属性がセットされていれば、そのMIMEタイプから再生可能かどうかを判定します。type属性がセットされていなければ、サーバーからダウンロードして再生可能かどうかを判定することになります。

4.5 source 要素

ブラウザーは再生可能なメディア・リソースを見つけたら、それを再生するメディア・リソースとして採用します。

source要素のtype属性は必須ではありませんが、無駄なトラフィックを発生させないためにも、type属性をセットしておくことをお勧めします。

source要素のtype属性に指定するMIMEタイプにはコーデック情報を追記することが可能です。

● コーデック情報を追記したMIMEタイプ

```
<source src='video.mp4' type='video/mp4; codecs="avc1.42E01E, mp4a.40.2"'>
```

実は、ビデオやオーディオは、video/mp4という情報だけでは、少なくとも再生できないことくらいは判定可能ですが、確実に再生できるのかどうかを判定することができません。この例は、H.264のベースライン・プロファイルのレベル3のビデオで、Low-ComplexityのAACオーディオで、MP4というコンテナとなるビデオ・ファイルが該当します。もちろん、これでも確実に再生できるかどうかは判定できませんが、より確実性が増します。もし利用するメディア・リソースの詳細なMIMEタイプ表記が分かるようであれば、コーデックまで指定するのが良いでしょう。

第4章　Video/Audio

4.6　MIMEタイプから再生可能かどうかを判定

⌘ どの形式なら再生できるのかを判定する

　suorce要素で複数のメディア・リソースを指定しておくことで、自動的にブラウザーが再生可能なメディア・リソースを採用してくれますが、もしメディア要素をHTML上にマークアップしない場合は、スクリプトから、どの形式なら再生できるのかを判定する必要があります。特に、効果音を出したいだけの場合は、HTML上にaudio要素をマークアップする必要はありませんので、スクリプトだけで判定したいところです。それには、canPlayType()メソッドを使います。

⚓ どの形式なら再生できるのかを判定するためのメソッド

| media.canPlayType(type) | 引数typeにMIMEタイプを指定すると、media要素（video要素またはaudio要素）が再生可能なタイプかどうかを文字列で返します。再生できないと判定したら空文字列を、そうでなければ"maybe"または"probably"を返します。 |

　canPlayType()メソッドによってMIMEタイプから再生可能かどうかを判定することができますが、前述の通り、MIMEタイプだけでは確実に再生できることを保証することはできません。そのため、このメソッドは"maybe"または"probably"という曖昧な結果を返します。もし'audio/mpeg'の形式でMIMEタイプを引数に指定し、それが再生できそうであれば"maybe"を返します。'audio/mpeg; codecs="mp3"'のようにコーデック情報を加えた形式のMIMEタイプを引数に指定して、それが再生できそうであれば"probably"を返します。

　次のサンプルはAudio()の解説で使ったサンプルを改良したものです。ボタンを押すと「ポン！」という音を再生します。このサンプルでは、2種類のオーディオ・ファイルを用意し、canPlayType()メソッドで再生可能なタイプを判定した上で、audio要素を生成しています。そのため、このサンプルは、Audio()を実装したブラウザーであれば動作します（Firefox、Opera、Safari、Chrome、iPad、iPhone）。

⚓ HTML

```
<p><button>Press!</button></p>
```

4.6 MIMEタイプから再生可能かどうかを判定

🔽 スクリプト

```javascript
window.addEventListener("load", function() {
  // audio 要素を生成
  if( ! window.Audio ) { return; }
  var audio = new Audio();
  // 再生可能なオーディオ形式を判定し src をセット
  if( audio.canPlayType('audio/mpeg') ) {
    audio.src = "pon.mp3";
  } else if( audio.canPlayType('audio/ogg') ) {
    audio.src = "pon.ogg";
  } else {
    return;
  }
  // button 要素
  var button = document.querySelector('button');
  // button 要素に click イベントのリスナーをセット
  button.addEventListener("click", function() {
    // 効果音を再生
    audio.play();
  }, false);
}, false);
```

このスクリプトでは、次のcanPlayType()メソッドを使った判定式に注目してください。

🔽 canPlayType()メソッドを使った判定式

```javascript
if( audio.canPlayType('audio/mpeg') ) {
  audio.src = "pon.mp3";
} else if( audio.canPlayType('audio/ogg') ) {
  audio.src = "pon.ogg";
} else {
  return;
}
```

canPlayType()メソッドには、コーデック情報がないMIMEタイプを引数に与えています。そのため、もし再生できそうであれば"maybe"という文字列が返ってきます。再生できないと判断されると空文字列を返します。そのため、ifの条件式として利用することができます。

4.7 採用されたファイルの判定

⌘ どのファイルが採用されたのかを判定する

source要素を使って複数のメディア・リソースを指定した場合、ブラウザーによって、どのファイルが採用されたか異なってきます。そのため、スクリプト側で、どのファイルが採用されたのかを判定したいときもあるでしょう。

🎵 どのファイルが採用されたのかを判定するためのメソッド

| media.currentSrc | 採用されたメディア・ファイルのURLを返します。もし何も採用されなかった場合は空文字列を返します。このプロパティは読み取り専用のため値をセットすることはできません。 |

たとえ、video要素、audio要素、source要素のsrc属性に相対パスでメディア・ファイルのURLがマークアップされていたとしても、currentSrcプロパティはhttp://から始まる完全なURLで返します。

次のサンプルは、audio要素の中に2つのsource要素がマークアップされています。source要素のsrc属性にはオーディオ・ファイルのURLが相対パスで指定されています。

スクリプトでは、実際に採用されたオーディオ・ファイルのURLをcurrentSrcプロパティから取り出し、それをページに表示します。

🎵 サンプルの結果

再生ファイル：http://www.html5.jp/test/audio.ogg

🎵 HTML

```
<audio controls="controls">
  <source src="audio.mp3" type="audio/mpeg" />
  <source src="audio.ogg" type="audio/ogg" />
</audio>
<p>再生ファイル： <span id="url">-</span></p>
```

4.7 採用されたファイルの判定

● スクリプト

```
window.addEventListener("load", function() {
  // audio 要素
  var audio = document.querySelector('audio');
  // 採用されたファイルの URL
  var url = audio.currentSrc;
  // 採用ファイルを表示
  var span = document.querySelector('#url');
  span.textContent = url;
}, false);
```

　このように、audio要素やsource要素にマークアップされたsrc属性の値が、そのままcurrentSrcプロパティから得られるわけではありませんので注意してください。

　video要素、audio要素、source要素のいずれのオブジェクトにも、srcプロパティが用意されています。これは、これらの要素にマークアップされたsrc属性の値を反映するものですが、currentSrcプロパティと同様、http://から始まる完全なURLに変換された値を返します。

　もし、採用されたメディア・リソースのsrc属性にマークアップされた値を取り出したい場合は、getAttribute()メソッドを使うしかありません。

　次のサンプルは、先ほどのサンプルを改造して、採用されたメディア・リソースのsrc属性の値を表示します。

● サンプルの結果

再生ファイル: **audio.ogg**

第4章　Video/Audio

🔽 スクリプト

```
window.addEventListener("load", function() {
  // audio 要素
  var audio = document.querySelector('audio');
  // 採用されたファイルの URL
  var url = audio.currentSrc;
  // audio 要素と source 要素のリスト
  var list = document.querySelectorAll('audio,source');
  // どれが採用されたかを判定
  var src = "";
  for( var i=0; i<list.length; i++ ) {
    var el = list.item(i);
    if( el.src == url ) {
      src = el.getAttribute("src");
      break;
    }
  }
  // 採用ファイルを表示
  var span = document.querySelector('#url');
  span.textContent = src;
}, false);
```

　このサンプルでは、currentSrcプロパティから採用された完全なURLを取得してから、audio要素とsource要素のsrcプロパティの値を1つずつチェックしています。srcプロパティも、currentSrcプロパティと同じく、http://から始まる完全なURLを返しますので、currentSrcプロパティとsrcプロパティは比較の対象として使うことができます。

　もしhttp://から始まる完全なURLが一致する要素が見つかれば、その要素のオブジェクトからgetAttribute()メソッドを使って、実際にsrc属性にマークアップされている値を取り出しています。

4.8 ネットワーク利用状況の把握

■ ダウンロードまでの遷移をリアルタイムで把握する

メディア要素のオブジェクトには、メディア・リソースの選定からダウンロードまでの遷移をリアルタイムで反映するnetworkStateプロパティが規定されています。

● ダウンロードまでの遷移をリアルタイムで把握するためのプロパティ

media.networkState	media要素（video要素またはaudio要素）のネットワークの利用状況を数値で返します。このプロパティは読み取り専用のため値をセットすることはできません。このプロパティが返す数値の意味は以下の通りです。 0：メディア・リソースを選定する前の初期状態（NETWORK_EMPTY） 1：アイドル中（NETWORK_IDLE） 2：メディア・リソースをダウンロード中（NETWORK_LOADING） 3：メディア・リソースが見つからない状態（NETWORK_NO_SOURCE）
media.NETWORK_EMPTY	常に0を返す定数です。
media.NETWORK_IDLE	常に1を返す定数です。
media.NETWORK_LOADING	常に2を返す定数です。
media.NETWORK_NO_SOURCE	常に3を返す定数です。

それぞれの状態には数値だけではなくNETWORK_EMPTYやNETWORK_LOADINGといった名前が規定されています。そして、その名前と同じプロパティが規定されており、そのプロパティは常に該当の状態を表す数値を返します。

● 数値を使った場合のnetworkStateプロパティの利用例

```
if( video.networkState == 1 ) { ... }
```

● 名前を使った場合のnetworkStateプロパティの利用例

```
if( video.networkState == video.NETWORK_IDLE ) { ... }
```

いずれの表記も結果は同じです。後者の方がコードが理解しやすいといえるでしょう。これについてはお好みに合わせて使い分けてください。

では、それぞれの状態について詳しく見ていきましょう。

ブラウザーがメディア要素を認識したとき、そのメディア要素はNETWORK_EMPTY（0）の状態です。

メディア・リソースのダウンロードが開始されると、該当のメディア要素はNETWORK_LOADING（2）の状態になります。

　通常は、当面必要なメディア・データが入手できたら、ダウンロードをやめ、待機します。このとき、該当のメディア要素はNETWORK_IDLE（1）の状態になります。その後は、再生状況に応じて、ダウンロードと待機を繰り返すことになります。つまり、NETWORK_LOADING（2）とNETWORK_IDLE（1）が繰り返されます。すべてのメディア・データがダウンロードされたら、最終的にはNETWORK_IDLE（1）に落ち着きます。

　もし再生可能なメディア・リソースが見つからなければ、そのメディア要素はNETWORK_NO_SOURCE（3）の状態になります。

　実際にJavaScriptからnetworkStateプロパティの値を参照する場合、NETWORK_EMPTY（0）を補足することはないといっても良いでしょう。なぜなら、通常、スクリプトが実行されるときには、すでに該当のメディア要素に指定されたメディア・リソースの選定が終わって、メディア・リソースのダウンロードが始まっているからです。

　メディア要素にsrc属性がなく、かつ、source要素が1つもない場合は、該当のメディア要素はNETWORK_EMPTY（0）の状態になります。

　実は、HTML5仕様は、過去にnetworkStateプロパティの規定に変更があり、現在の仕様と異なっていました。2010年12月時点で、Firefox 3.6とSafari 5.0は、古い仕様に基づいて実装されているため、前述の通りにはなりません。古い仕様ではNETWORK_NO_SOURCEの状態を表す数値は4でした。そして3が表す状態はNETWORK_LOADEDと呼ばれる状態（現在の仕様ではこの状態は廃止されました）でした。そのため、Firefox 3.6やSafari 5.0では、もし再生可能なメディア・リソースが見つからなければ、networkStateプロパティの値は4になります（現在の仕様では3になります）。

　Firefox 3.6やSafari 5.0でも問題なく動作するスクリプトを作る上では、当面の間は、再生可能なメディア・リソースが見つからなかった場合の判定にnetworkStateプロパティを使わない方が良いでしょう。そもそも、networkStateプロパティはネットワークの利用状況を把握するために使うのであって、メディア・リソースの再生の準備ができたかどうかを把握するために使うものではありません。その場合は、readyStateプロパティを使うべきでしょう。これについては後述します。

　なお、2010年12月時点で、Internet Explorer 9、Firefox 4.0、Opera 10.70、Chrome 9.0は現在の仕様に基づいて実装されています。

　次のサンプルのHTMLにはvideo要素がマークアップされています。そして、ビデオ・ファイルをダウンロードできるよう、リンクもマークアップされています。しかし、ビデオをロード中にファイルをダウンロードできないよう制限しています。

　ビデオをロード中かどうかについては、networkStateプロパティがNETWORK_LOADINGの状態、つまり2であるかどうかで判定しています。もしビデオをロード中にリンクがクリックされればアラート表示します。そうでなければ、ビデオ・ファイルをダウンロードさせます。

サンプルの結果

HTML

```
<video controls="controls" preload="auto" width="480" height="272">
  <source src="video.mp4" type="video/mp4" />
  <source src="video.webm" type="video/webm" />
</video>
<p id="dn">ダウンロード：<a href="video.mp4">MP4</a> | <a href="video.webm">WebM</a></p>
```

スクリプト

```
window.addEventListener("load", function() {
  // video 要素
  var video = document.querySelector('video');
  // a 要素のリスト
  var alist = document.querySelectorAll('#dn a');
  // a 要素に click イベントのリスナーをセット
  for( var i=0; i<alist.length; i++ ) {
    alist.item(i).addEventListener("click", function(event) {
      // デフォルト・アクションをキャンセル
      event.preventDefault();
      // networkState プロパティの値を判定
      if( video.networkState == video.NETWORK_LOADING ) {
        // NETWORK_LOADING 状態ならアラート表示
        alert("しばらく経ってから再度試してください。");
      } else {
        // NETWORK_LOADING 状態でなければダウンロードを許可
        window.open( event.currentTarget.href, "download" );
      }
    }, false);
```

第4章　Video/Audio

```
    }
}, false);
```

　このサンプルでは、ダウンロード用のa要素に対してclickイベントのリスナーをセットしています。a要素をクリックしたらダウンロードしてしまうため、それをキャンセルするために、デフォルト・アクションをキャンセルします。

⬇ デフォルト・アクションをキャンセルする

```
// デフォルト・アクションをキャンセル
event.preventDefault();
```

　そして、video要素オブジェクトのnetworkStateプロパティの値を判定し、それがvideo.NETWORK_LOADINGに等しければ、つまり、video要素がメディア・データをロード中であればalert()関数が呼び出されます。すでにa要素のデフォルト・アクションはキャンセルされていますので、a要素をクリックしたことで、ダウンロードが始まることはありません。

⬇ networkStateプロパティの値を判定する

```
// networkState プロパティの値を判定
if( video.networkState == video.NETWORK_LOADING ) {
  // NETWORK_LOADING 状態ならアラート表示
  alert(" しばらく経ってから再度試してください。");
```

　もしvideo要素がメディア・データをロード中でなければ、a要素のデフォルト・アクションに変わる処理を行います。ここでは、window.open()を使ってダウンロードを実現させています。

⬇ メディア・データをロード中でない場合の処理

```
} else {
// NETWORK_LOADING 状態でなければダウンロードを許可
  window.open( event.currentTarget.href, "download" );
}
```

　このサンプルでは、networkStateプロパティがNETWORK_LOADING（2）の状態かどうかのみを判定していますので、すべてのブラウザーで動作します。

4.9 再生と停止

⌘ メディア・リソースの再生と停止

メディア要素のAPIには、メディア・リソースを再生したり停止するメソッド、そして、停止中なのか、再生が終わったのかを判定できるプロパティが規定されています。

再生と停止に関するメソッド・プロパティ

media.play()	メディア・リソースの再生を現在の再生位置から開始します。もし現在の再生位置がリソースの最後なら、最初に戻って再生を開始します。
media.pause()	メディア・リソースの再生を停止します。
media.paused	再生が停止していればtrueを返します。停止していなければfalseを返します。このプロパティは読み取り専用のため値をセットすることはできません。
media.ended	再生が終了していれば、つまり、現在の再生位置がメディア・リソースの最後であればtrueを返します。そうでなければfalseを返します。このプロパティは読み取り専用のため値をセットすることはできません。

次のサンプルはビデオをクリックすると再生中であれば停止、停止中であれば再生を開始します。

HTML

```
<video autoplay="autoplay" width="480" height="272">
  <source src="video.mp4" type="video/mp4" />
  <source src="video.webm" type="video/webm" />
</video>
```

このvideo要素には、autoplay属性がセットされています。そのため、パソコン向けのブラウザーであれば、ビデオの再生が準備でき次第、再生が開始されます。

第4章　Video/Audio

⬇ スクリプト

```
window.addEventListener("load", function() {
  // video 要素
  var video = document.querySelector('video');
  // video 要素をクリックしたときに実行する関数
  var playback_toggle = function() {
    if( video.paused == true ) {
      video.play();
    } else {
      video.pause();
    }
  };
  // click イベントのリスナーをセット
  video.addEventListener("click", playback_toggle, false);
  // touchstart イベントのリスナーをセット (iPad用)
  video.addEventListener("touchend", playback_toggle, false);
}, false);
```

　このサンプルでは、video要素がクリックされたときにplayback()関数が呼び出されるようにしてあります。この関数では、その時点でビデオが再生中か停止中かをpausedプロパティを使って判定しています。もし停止中であれば、play()メソッドを呼び出してビデオ生成を開始します。再生中であれば、pause()メソッドを呼び出してビデオ再生を停止します。

⬇ ビデオが再生中か停止中かを判定する

```
if( video.paused == true ) {
  video.play();
} else {
  video.pause();
}
```

　このサンプルは、video要素を実装した最新ブラウザーすべてで動作します。さらに、iPadでも動作するよう作られています。このサンプルではvideo要素に対してclickイベントのリスナーをセットしています。

⬇ click イベントのリスナーをセットする

```
// click イベントのリスナーをセット
video.addEventListener("click", playback_toggle, false);
```

これによって、再生と停止を制御するわけですが、iPadでは、video要素上でclickイベントを補足することはできません。その代わり、iPadやiPhone用のSafariの独自実装であるtouchendイベントのリスナーをセットしています。

● touchendイベントのリスナーをセットする

```
// touchstart イベントのリスナーをセット (iPad用)
video.addEventListener("touchend", playback_toggle, false);
```

iPhoneは、ビデオをクリックしたときに全画面表示のプレーヤーが起動してしまいますので、このスクリプトがなかったとしても、ビデオ領域をタッチしただけで再生が開始されます。そして、全画面表示のビデオ・プレーヤー上で再生や停止を制御することになります。

⌘ iOSのSafariで無効にされている機能

先ほどのサンプルでは、パソコン向けのブラウザーであれば、video要素にマークアップされたautoplay属性によって、ビデオ再生の準備ができ次第、自動的にビデオが再生されます。ところが、iPadとiPhoneのSafariでは、autoplay属性は実装されているものの、意図的に機能しないようになっています。

本来であれば、play()メソッドを呼び出せば自動再生ができるはずです。しかし、iPadとiPhoneのSafariでは、ユーザーのアクションを伴わずにplay()メソッドを呼び出した場合も、意図的にそれが機能しないようになっています。

autoplay属性を強引に機能させるハックがネット上で紹介されることもありますが、これらのデバイスでは意図的に機能しないようにされているわけですから、無理に自動再生を実現するのはやめた方が良いでしょう。たとえハックを使ったとしても、将来的にそれが機能する保証はありません。

なお、iPadとiPhoneのSafariは、ユーザーのアクションをきっかけに呼び出されるplay()メソッドは機能するようになっています。先ほどのサンプルでは、video要素をタッチするというユーザー・アクションをトリガーにplay()メソッドを呼び出していますので、問題なく動作するのです。

iPadとiPhoneといったiOSのSafariでは、そのほかにも、意図的に無効になっている機能があります。

第 4 章　Video/Audio

🔽 iOS 用 Safari で無効にされている機能の一覧

無効にされている機能	説明
autoplay 属性	たとえ video 要素にマークアップされていたとしても、自動再生は行われません。
preload 属性	ユーザーがビデオ再生を開始するアクションを行わない限り、preload 属性がマークアップされていたとしても、メディア情報と最初のフレーム以外の一切のメディア・データをダウンロードしません。
load() メソッド	ユーザーがビデオ再生を開始するアクションを行わない限り、load() メソッドを呼び出しても機能しません。
play() メソッド	ユーザーがビデオ再生を開始するアクションを行わない限り、play() メソッドを呼び出しても機能しません。

　iOS の Safari でこのような制約が設けられているのは、パケット代を考慮しているためです。日本国内の多くの iPhone・iPad ユーザーは、WiFi を使うか、または 3G パケット定額制のプランを携帯電話会社と契約して利用していることでしょう。しかし、3G では従量課金のプランもあります。そして、iPhone や iPad は日本国内だけでなく世界中で販売されています。各国の携帯電話会社によって、その課金事情はさまざまです。このような従量課金のユーザーに無駄なパケット課金が発生しないようにするために、このような制約を設けているのです。

　あなたが作る iPhone・iPad 向けサイトやウェブ・アプリケーションに、パケット従量課金のユーザーがアクセスしてくるかもしれません。ユーザーのアクションの有無にかかわらず、勝手にメディア・リソースをダウンロードしてしまうようなハックは避けるべきといえるでしょう。

4.10 メディア・リソースのロード

⌘ 強制的にメディア要素をリセットする

load()メソッドを使うと、強制的にメディア要素をリセットすることができます。

⚓ 強制的にメディア要素をリセットするためのメソッド

media.load()	media要素（video要素またはaudio要素）をリセットし、メディア・リソースの選定を再度行い、メディア・リソースのロードを行います。

　load()メソッドは、名前からイメージする役割とは異なり、メディア要素をリセットするという役割を持ちます。そして、選定されたメディア・リソースを必要に応じて再読み込みすることになります。実際に読み込むメディア・データの量は、preload属性の値に依存します。もしpreload属性がセットされていなければ、ブラウザーの裁量で必要なだけメディア・リソースを再読み込みします。

　もし、このメソッドを呼び出す前と同じメディア・リソースが選定されたとすると、そのビデオやオーディオの再生位置は最初に戻されます。

　通常、メディア要素がHTMLにマークアップされていれば、自動的にload()メソッドが呼び出されたのと同じ処理が行われます。そのため、通常の再生において、このメソッドを使うことはありません。しかし、1つのvideo要素を使って、異なるビデオを切り替えて再生する場合は事情が異なります。

　次のサンプルは、select要素とvideo要素がマークアップされています。select要素からビデオを選択してからvideo要素をクリックすると、選択したビデオが再生されます。

⚓ ビデオ未選択の状態

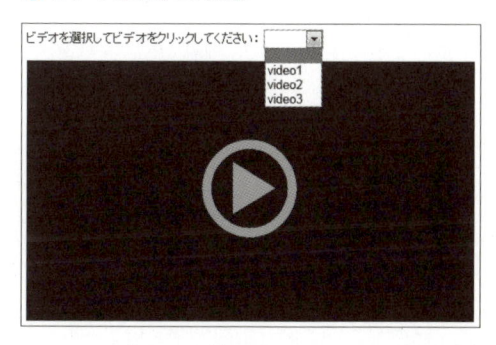

⚓ ビデオを選択した状態

ビデオが未選択の時点では、video要素のposter属性にセットした画像が表示されています。

ビデオを選択すると、該当のビデオが自動的に表示されます。ここでビデオ領域をクリックすると、該当のビデオが再生します。

HTML

```
<p>
ビデオを選択してビデオをクリックしてください：
<select name="list">
  <option value=""></option>
  <option value="video1">video1</option>
  <option value="video2">video2</option>
  <option value="video3">video3</option>
</select>
</p>
<p><video poster="poster.png" width="480" height="272"></video></p>
```

video要素には、src属性がセットされていません。そのため、当初は再生できるビデオが存在しないことになります。その状態で表示するための画像を用意して、poster属性にそのURLをセットしています。こうすることで、ビデオが未選択の状態では、その画像が表示されるようになります。

このサンプルのビデオ切り替えは、select要素の値が変更されたことを引き金にしてvideo要素のsrcプロパティの値を変更することで実現しています。HTML5仕様では、メディア要素のsrcプロパティの値が変更されると、自動的にload()メソッドを呼び出したときと同じ処理が行われることになっています。つまり、このサンプルでは、本来は、video要素のsrcプロパティの値を変更するだけで実現できるはずです。

ところが、実際にはsrcプロパティの値を変更しても、ブラウザーの種類やバージョンによってリセット処理が行われない場合があります。そこで、強制的にload()メソッドを呼び出すことで、どのブラウザーでも確実にビデオが切り替わるようにしています。

4.10 メディア・リソースのロード

🔽 スクリプト

```javascript
window.addEventListener("load", function() {
  // video 要素
  var video = document.querySelector('video');
  // video 要素をクリックしたときに実行する関数
  var playback_toggle = function() {
    if( video.paused == true ) {
      video.play();
    } else {
      video.pause();
    }
  };
  // click イベントのリスナーをセット
  video.addEventListener("click", playback_toggle, false);
  // touchstart イベントのリスナーをセット (iPad用)
  video.addEventListener("touchend", playback_toggle, false);
  // select 要素に change イベントのリスナーをセット
  var select = document.querySelector('select[name="list"]');
  select.addEventListener("change", set_video, false);
}, false);

function set_video() {
  // video 要素
  var video = document.querySelector('video');
  // select 要素
  var select = document.querySelector('select[name="list"]');
  // 選択されたビデオの名前
  var name = select.value;
  if( ! name.match(/^video[1-3]$/) ) { return; }
  // 再生可能な形式を判定し video 要素の src 属性をセット
  if( video.canPlayType('video/mp4') ) {
    video.src = name + ".mp4";
  } else if( video.canPlayType('video/webm') ) {
    video.src = name + ".webm";
  } else if( video.canPlayType('video/ogg') ) {
    video.src = name + ".ogv";
  } else {
    return;
  }
  // video 要素をリセット
  video.load();
}
```

select要素の値が変更されると、set_video()関数が呼び出されます。この関数では、canPlayType()メソッドを使って、再生可能なビデオ形式を判定した上で、video要素のsrcプロパティに適切なビデオ・ファイルのURLをセットしています。そして、最後にload()メソッドを呼び出すことで、video要素がリセットされ、選択されたビデオが確実に読み込まれます。

⌘ メディア・データの取得手順

ブラウザーは、メディア・データをサーバーからダウンロードする際、必ずしもファイル全体をダウンロードしようとはしません。再生されるかどうか分からないにもかかわらず、ページにアクセスした時点で、すべてをダウンロードするのは、サーバーの負荷、ネットワークの負荷、ブラウザーの負荷のどれをとっても非効率です。そのため、すぐに再生が開始されないのであれば、当面必要とされそうなデータのみをダウンロードします。

しかし、ブラウザーは、メディア・リソースのファイルの先頭部分だけをダウンロードするのではありません。実は、メディア・リソースの最初と最後を部分的にダウンロードします。これは、該当のメディア・リソースの尺といった情報を事前に取り出さなければいけないからです。

ブラウザーは、メディア・リソースをサーバーにリクエストする際に、HTTPヘッダーにRangeと呼ばれるヘッダーを付けます。Rangeヘッダーには、取得したいバイトの範囲が指定されます。

⬇ Rangeリクエスト・ヘッダー

```
...
Range: bytes=36450304-
...
```

これは、ブラウザーがサーバーに対して、36,450,304バイト以降のデータを要求したことになります。このリクエストに対して、サーバーは次のようなレスポンスヘッダーを返します。

⬇ レスポンス・ヘッダー

```
HTTP/1.1 206 Partial Content
...
Accept-Ranges: bytes
Content-Length: 4535
Content-Range: bytes 36450304-36454838/36454839
...
```

通常のファイルをリクエストした場合のレスポンス・コードは200 OKなのですが、バイトの範囲が限定されてリクエストされた場合のレスポンス・コードは206 Partial Contentになります。

ブラウザーは、1つのメディア・リソースを再生する前の準備段階で、このようなリクエストを何回もサーバーに送りつけます。

では、実際にどのような手順でメディア・データを取り出しているのかをご覧頂きましょう。次はブラウザーごとに、RangeヘッダーをどのようにLって、何回サーバーにリクエストを送ったのかを示しています。

Internet Explorer 9（95,542,005 バイトの mp4 ファイル）

1回目	Range: なし
2回目	Range: bytes=82120704-95542004
3回目	Range: bytes=95293440-95542004
4回目	Range: bytes=16384-82120703
5回目	Range: bytes=16384-82120703

Firefox 4.0（36,454,839 バイトの ogv ファイル）

1回目	Range: bytes=0-
2回目	Range: bytes=36438016-
3回目	Range: bytes=9564-

　Internet Explorer 9とFirefox 4.0のいずれも、まず範囲を限定せずにサーバーにリクエストを送りつけます。ただし、実際には、すべてのメディア・データをダウンロードするわけではありません。ある程度のデータを取得したら受信をやめて、その後、すぐにファイルの最後の部分だけをリクエストします。その後、最初にダウンロードしたメディア・データの続きから部分的にダウンロードします。

　細かい手順は、ブラウザーによって、また、preload属性の値によって、また、メディア・リソースのファイルのフォーマットなどによって異なるでしょうが、このように、再生前に何度もリクエストが発生することを覚えておくと良いでしょう。さらに、再生中も、まとめて残りのメディア・データをダウンロードするとは限りません。少しずつ、何回にも分けて、部分的にメディア・データをダウンロードする場合もあります。もしサーバー側のログを使ってビデオの視聴回数を計測したい場合には注意してください。

4.11 メディア・データのロード状況の把握

⌘ メディア・データのロード状況をリアルタイムで把握する

メディア要素のオブジェクトには、現在の再生位置に関するメディア・データのロード状況をリアルタイムで反映するreadyStateプロパティが規定されています。

⬇ メディア・データのロード状況を把握するためのプロパティ

media.readyState	現在の再生位置に関するメディア・データのロード状況を表す数値を返します。このプロパティは読み取り専用のため値をセットすることはできません。このプロパティが返す数値の意味は以下の通りです。 0：利用可能なメディア・リソースの情報が何も取得できていない、または、現在の再生位置を再生するためのメディア・データが取得できていない状態。（HAVE_NOTHING） 1：メディア・リソースの尺（時間の長さ）と寸法（ビデオの場合）が取得できた状態。ただし、まだ現在の再生位置を再生するためのメディア・データが取得できていない状態。（HAVE_METADATA） 2：現在の再生位置を表示するだけのメディア・データが取得できた状態。ただし、まだ現在の再生位置から再生を進めるためのメディア・データを取得できていない状態。（HAVE_CURRENT_DATA） 3：現在の再生位置から再生を進めるためのメディア・データを取得できた状態。ただし、まだ再生スピードにあわせてスムーズに再生できるだけのメディア・データは取得できていない状態。（HAVE_FUTURE_DATA） 4：再生スピードに合わせてスムーズに再生できるだけのメディア・データが取得できた状態（HAVE_ENOUGH_DATA）
media.HAVE_NOTHING	常に0を返す定数です。
media.HAVE_METADATA	常に1を返す定数です。
media.HAVE_CURRENT_DATA	常に2を返す定数です。
media.HAVE_FUTURE_DATA	常に3を返す定数です。
media.HAVE_ENOUGH_DATA	常に4を返す定数です。

それぞれの状態には数値だけではなくHAVE_NOTHINGやHAVE_METADATAといった名前が規定されています。そして、その名前と同じプロパティが規定されており、そのプロパティは常に該当の状態を表す数値を返します。

4.11 メディア・データのロード状況の把握

⬇ **数値を使った場合のreadyStateプロパティの利用例**

```
if( video.readyState == 1 ) { ... }
```

⬇ **名前を使った場合のreadyStateプロパティの利用例**

```
if( video.readyState == video.HAVE_METADATA ) { ... }
```

いずれの表記も結果は同じです。後者の方がコードが理解しやすいといえるでしょう。これについてはお好みに合わせて使い分けてください。

では、それぞれの状態について詳しく見ていきましょう。

通常、ブラウザーがメディア要素を認識した直後、readyStateプロパティの値はHAVE_NOTHING（0）の状態になっています。その後、メディア・リソースのロードが開始されます。ビデオの寸法や尺といったメタ情報に相当する部分のダウンロードが終わると、readyStateプロパティの値はHAVE_METADATA（1）の状態に遷移します。そして、最初のフレームのメディア・データがダウンロードできた時点で、HAVE_CURRENT_DATA（2）の状態に遷移します。そして、次のフレーム以降のメディア・データまでダウンロードできれば、HAVE_FUTURE_DATA（3）の状態に遷移し、その後、再生速度で再生できるだけの十分なメディア・データがダウンロードできればHAVE_ENOUGH_DATA（4）の状態に遷移します。

再生が開始された後、問題なく再生が続けられていれば、HAVE_ENOUGH_DATA（4）の状態のままになります。しかし、ネットワークが細いなどの理由で、再生速度にダウンロードが追いつかない場合は、随時、HAVE_CURRENT_DATA（2）やHAVE_FUTURE_DATA（3）の状態に遷移することになります。

次の例は前節で使ったサンプルを少しだけ改良したものです。select要素から再生したいビデオを選択した直後にビデオ領域をクリックしてビデオを再生しようとすると、まだビデオの再生の準備が終わっていない旨を伝えるアラートを表示します。

⬇ **ビデオの再生準備が完了する前に再生を開始しようとした場合**

第4章　Video/Audio

スクリプト

```
// video 要素をクリックしたときに実行する関数
var playback_toggle = function() {
  if( video.paused == true ) {
    if( video.readyState >= video.HAVE_FUTURE_DATA ) {
      video.play();
    } else {
      alert(" まだビデオの準備ができていません。");
    }
  } else {
    video.pause();
  }
};
```

　前節のスクリプトを元に、ビデオ領域がクリックされたときに呼び出されるplayback_toggle()関数を少し改造しています。再生を開始しようとしたとき、readyStateプロパティの値がHAVE_FUTURE_DATA の状態、つまり3以上であれば再生を開始するためにplay()メソッドを呼び出し、ビデオを再生します。しかし、readyStateプロパティの値がHAVE_FUTURE_DATA の状態に達していなければアラート表示するようにしています。

4.12 再生速度

⌘ 再生速度を変更する

メディア要素で再生するメディア・リソースは、再生速度を変更することができます。早送りはもちろんのこと、巻き戻し再生も可能です。

再生速度を変更するためのプロパティ

media.playbackRate	再生速度の比率を表した数値を返します。このプロパティのデフォルト値は1.0で、通常の速度（1倍速）を表します。2.0なら2倍速を表します。再生中に値をセットして再生速度を変更することができます。負の値を指定すると巻き戻し再生になります。
media.defaultPlaybackRate	デフォルトの再生速度の比率を表した数値を返します。値をセットしてデフォルトの再生速度を変更することができます。ただし、再生中にこの値を変更しても再生に何も影響を及ぼしません。しかし、この値を変更してから再生を開始すれば、defaultPlaybackRateプロパティの値に応じた速度で再生されます。

playbackRateプロパティとdefaultPlaybackRateプロパティを実装しているのは、2010年12月現在で、Safari 5.0のみです。Chorome 9.0は早送りには対応していますが、巻き戻しには対応していません。Internet Explorer 9もChorme 9.0と同様ですが、2倍速までしか対応していません。

playbackRateプロパティの値を変更して再生速度を変えたい場合、このプロパティに値をセットするのは再生が開始された後でなければいけません。再生の前に値を変更しても、再生が開始されたときに、playbackRateプロパティの値にはdefaultPlaybackRateプロパティの値がセットされてしまいますので注意してください。

次のサンプルは、再生速度を上げる＋ボタン、通常再生に戻す通常再生ボタン、再生速度を上げる-ボタンの3つのボタンを用意しています。真ん中の通常再生ボタンを押すと、1倍速の通常再生に戻ります。

再生速度は、真ん中の通常再生ボタンに表示されます。早送り状態であれば、＞3xといった表記になります。また、巻き戻し状態であれば<-2xといった表記になります。

第4章　Video/Audio

早送り

巻き戻し

HTML

```
<p>
<video controls="controls" autoplay="autoplay" loop="loop" width="480" height="272">
  <source src="video.mp4" type="video/mp4" />
  <source src="video.webm" type="video/webm" />
</video>
</p>
<menu>
  <li><button title=" 再生速度を下げる " id="fr">-</button></li>
  <li><button title=" 通常速度で再生 " id="pb">&gt; 1x</button></li>
  <li><button title=" 再生速度を上げる " id="ff">+</button></li>
</menu>
```

このサンプルでは、各ボタンを押すことで、video要素のplaybackRateプロパティの値を変更し、その結果を、真ん中のボタンの表記に反映します。

スクリプト

```
window.addEventListener("load", function() {
  // video 要素
  var video = document.querySelector('video');
  // 再生速度を変更する関数
  var change_rate = function(rate) {
    // 再生開始
    video.play();
    // 再生速度を変更
    video.playbackRate = rate;
    // 再生速度を表示
```

```
      var pb = document.querySelector('#pb');
      if( video.playbackRate >= 0 ) {
        pb.textContent = "> " + video.playbackRate + "x";
      } else {
        pb.textContent = "< " + video.playbackRate + "x";
      }
    };
    // +ボタンにclickイベントのリスナーをセット
    document.querySelector('#ff').addEventListener("click", function() {
      change_rate( video.playbackRate + 1 );
    }, false);
    // 再生ボタンにclickイベントのリスナーをセット
    document.querySelector('#pb').addEventListener("click", function() {
      change_rate(video.defaultPlaybackRate);
    }, false);
    // -ボタンにclickイベントのリスナーをセット
    document.querySelector('#fr').addEventListener("click", function() {
      change_rate( video.playbackRate - 1 );
    }, false);
  }, false);
```

　このサンプルでは、再生速度を変更するchange_rate()関数オブジェクトを事前に定義しています。この関数は、再生速度を引数として受け取り、その値をplaybackRateプロパティにセットします。そして、変更されたplaybackRateプロパティの値を使って真ん中の再生ボタンの表記を更新しています。

　3つのいずれのボタンが押されてもchange_rate()関数が呼び出されるよう、それぞれのボタンにはclickイベントのリスナーがセットされています。押されたボタンによって、change_rate()関数に引き渡す値が違っています。+ボタンを押した場合には、video要素のplaybackRateプロパティの値に1を加えた値を、-ボタンを押した場合には、1を引いた値を引数に与えています。真ん中の再生ボタンを押したときには、video要素のdefaultPlaybackRateプロパティの値を引数に与えています。これは、実際には1を引数に与えたのと同じことになります。

　なお、playbackRateプロパティに0がセットされると、再生が停止します。しかし、これは一時停止の状態ではありません。あくまでも再生中として認識されています。つまり、速度が0で再生中ということになります。そのため、playbackRateプロパティに0がセットされ再生が止まったとしても、pausedプロパティの値はfalseのままとなりますので注意してください。

第4章 Video/Audio

4.13 尺と再生位置

🔖 尺と再生位置を把握する

メディア要素には、再生するメディア・リソースの尺（時間の長さ）と、現在の再生位置を秒数で把握できるプロパティがあります。

⚓ 尺と再生位置を把握するためのプロパティ

media.duration	メディア・リソースの尺（時間の長さ）を秒数で返します。メディア・リソースが再生できない場合はNaNを返します。終わりが特定できないストリーミングの場合はInfinityを返します。このプロパティは読み取り専用のため値をセットすることはできません。
media.currentTime	現在の再生位置を秒数で返します。値をセットして、再生位置を変更することができます。
media.initialTime	メディア・リソースをロードしたときに最初に再生する位置を秒数で返します。メディア・ファイルの再生であれば、通常は0になります。このプロパティは読み取り専用のため値をセットすることはできません。
media.startOffsetTime	選択されたメディア・データがタイムライン情報として日付と時間を含むタイムスタンプを持っている場合に、メディアの初期再生位置の日時を表すDateオブジェクトを返します。メディア・データがタイムスタンプを持っていない場合は、NaNを返します。このプロパティは読み取り専用のため値をセットすることはできません。

　durationプロパティとcurrentTimeプロパティは、video要素を実装したブラウザーであれば、どのブラウザーでも利用可能です。しかし、2010年12月現在で、initialTimeプロパティとstartOffsetTimeプロパティをサポートしたブラウザーはありません。

　当初のHTML5仕様では、initialTimeプロパティではなく、startTimeプロパティが規定されていました。startTimeプロパティは、細かい定義においては若干の違いがありますが、一般的なビデオ・ファイルやオーディオ・ファイルの再生においては、実質的にinitialTimeプロパティと同じです。しかし、現在はstartTimeプロパティは廃止になり、2010年10月19日版の草案から、それがinitialTimeプロパティに置き換わったという経緯があります。また、その時点で、startOffsetTimeプロパティが新たに追加されました。

　廃止になったstartTimeプロパティであれば、Internet Explorer 9、Opera 11、Safari 5.0、Chrome 9.0に実装されています。新しく規定されたinitialTimeプロパティがブラウザーに実装されるまでは、startTimeプロパティの存在も意識しなければいけません。

　次のサンプルは、ビデオが停止中でも再生中でも、早送り方向にも巻き戻し方向にも5秒スキップが

できます。また、リアルタイムで、現在の再生位置を秒数で表示します。

サンプルの結果

HTML

```
<p>
<video controls="controls" preload="auto" width="480" height="272">
  <source src="video.mp4" type="video/mp4" />
  <source src="video.webm" type="video/webm" />
</video>
</p>
<menu>
  <li><button id="bk">最初に戻る</button></li>
  <li><button id="fr">&lt;&lt; 5秒スキップ</button></li>
  <li><button id="ff">5秒スキップ &gt;&gt;</button></li>
  <li>再生位置：<span id="time">-</span>秒</li>
</menu>
```

　このHTMLでは、スキップがすぐに開始できるよう、video要素にはpreload属性に"auto"をセットしてあります。そして、再生位置を表示するために、span要素を用意しています。

第4章　Video/Audio

スクリプト

```javascript
window.addEventListener("load", function() {
  // video 要素
  var video = document.querySelector('video');
  // span 要素
  var span = document.querySelector('#time');
  // 早送りボタンに click イベントのリスナーをセット
  document.querySelector('#ff').addEventListener("click", function() {
    if( video.currentTime + 5 > video.duration ) {
      video.currentTime = video.duration;
    } else {
      video.currentTime += 5;
    }
    span.textContent = video.currentTime.toFixed(3);
  }, false);
  // 「最初に戻る」ボタンに click イベントのリスナーをセット
  document.querySelector('#bk').addEventListener("click", function() {
    var stime;
    if( typeof( video.initialTime ) == "number" ) {
      stime = video.initialTime;
    } else if( typeof( video.startTime ) == "number" ) {
      stime = video.startTime;
    } else {
      stime = 0;
    }
    video.currentTime = stime;
    span.textContent = stime.toFixed(3);
  }, false);
  // 巻き戻しボタンに click イベントのリスナーをセット
  document.querySelector('#fr').addEventListener("click", function() {
    if( video.currentTime - 5 < 0 ) {
      video.currentTime = 0;
    } else {
      video.currentTime -= 5;
    }
    span.textContent = video.currentTime.toFixed(3);
  }, false);
  // video 要素に timeupdate イベントのリスナーをセット
  video.addEventListener("timeupdate", function() {
    span.textContent = video.currentTime.toFixed(3);
  }, false);
}, false);
```

早送りボタンまたは巻き戻しボタンが押されたときには、currentTimeプロパティの値に5を加えるか、5を引いています。
　早送りの場合、ビデオの尺を超えないようにするために、5を加えた値がdurationプロパティの値より大きいかどうかをチェックしています。もし5を加えた値がビデオの尺を超えるようなら、currentTimeプロパティに尺の長さ、つまりdrationプロパティの値をセットしています。

早送りの場合のチェック

```
if( video.currentTime + 5 > video.duration ) {
  video.currentTime = video.duration;
} else {
  video.currentTime += 5;
}
```

　巻き戻しボタンの場合も同様に、currentTimeプロパティから5を引いた値が0未満にならないようチェックしています。もし5を引いた値が0未満になるようであれば、currentTimeプロパティに0をセットしています。

巻き戻しの場合のチェック

```
if( video.currentTime - 5 < 0 ) {
  video.currentTime = 0;
} else {
  video.currentTime -= 5;
}
```

　最初に戻るボタンが押されると、再生位置を表すcurrentTimeプロパティに、initialTimeプロパティとstartTimeプロパティのいずれかが存在していれば、それをセットし、そうでなければ0をセットしています。これら2つのプロパティはブラウザーに実装されていなければundefinedを返します。そのため、このスクリプトでは、typeof()を使って、その値がnumber型かどうかをチェックしています。

第4章　Video/Audio

⬇ 最初に戻るボタンが押された場合のチェック

```
var stime;
if( typeof( video.initialTime ) == "number" ) {
  stime = video.initialTime;
} else if( typeof( video.startTime ) == "number" ) {
  stime = video.startTime;
} else {
  stime = 0;
}
video.currentTime = stime;
```

　現在の再生位置をリアルタイムで表示するために、video要素に対してtimeupdateイベントのリスナーをセットしています。メディア要素に関するイベントについての詳細は後述しますが、timeupdateイベントは、メディア・リソースが再生されている間、連続して何回も発生するイベントです。

⬇ timeupdate イベントのリスナーをセットする

```
video.addEventListener("timeupdate", function() {
  span.textContent = video.currentTime.toFixed(3);
}, false);
```

　currentTimeプロパティなどの再生位置を表すプロパティは、小数付きの数値を返します。かなり長い桁数まで返しますので、ここでは、toFixed(3)を使って小数点以下第3位までを表示するようにしています。

4.14 再生済みとバッファ済みの範囲

■再生された範囲とバッファされた範囲を把握する

メディア要素でメディア・リソースが再生された範囲、そして、すでにダウンロード済みでバッファされた範囲を把握することができます。

● 再生された範囲とバッファされた範囲を把握するためのプロパティ

media.played	すでに再生が終わったメディア・リソースの範囲を表すTimeRangesオブジェクトを返します。
media.buffered	すでにダウンロードされバッファされたメディア・リソースの範囲を表すTimeRangesオブジェクトを返します。

playedプロパティとbufferedプロパティは、TimeRangesオブジェクトを返します。このオブジェクトは時間の範囲を表しますが、その範囲は必ずしも1つとは限りません。

通常、ビデオやオーディオは、再生前にすべてのメディア・データがダウンロードされるわけではありません。再生が開始された後も、再生位置の先のメディア・データを必要に応じてダウンロードし続けます。ブラウザーが用意するインタフェースには再生位置を表すインジケータが表示されますが、それをクリックすることで、好きな位置にスキップすることが可能です。もしその位置がまだダウンロードされていない範囲の場合は、その位置からダウンロードを再開することになります。そのとき、バッファされた範囲や再生済みの範囲は不連続となります。

このように不連続の範囲を扱えるよう、TimeRangesオブジェクトにはいくつかのプロパティやメソッドが規定されており、これらを使って時間の範囲の情報を取り出します。

● 時間の範囲の情報を取り出すためのプロパティ・メソッド

TimeRanges.length	TimeRangesオブジェクトに格納されている範囲の数を返します。
TimeRanges.start(index)	TimeRangesオブジェクトに格納されている範囲のうち、index番目の範囲の開始時間（秒数）を返します。indexは0から数えます。
TimeRanges.end(index)	TimeRangesオブジェクトに格納されている範囲のうち、index番目の範囲の終了時間（秒数）を返します。indexは0から数えます。

通常、次のようなコードで、複数の時間の範囲を取り出します。

第4章　Video/Audio

🔽 TimeRangesオブジェクトの使い方

```
// video 要素
var video = document.querySelector('video');
var pr = video.played; // TimeRanges オブジェクト
for( var i=0; i<pr.length; i++ ) {
  var s = pr.start(i); // 範囲の開始位置
  var e = pr.end(i); // 範囲の終了位置
  /* 時間の範囲を使った処理 */
}
```

　このコードは、video要素のplayedプロパティを使って、TimeRangesオブジェクトを変数prに格納しています。そしてTimeRangesオブジェクトの変数prのlengthプロパティから、格納されている時間範囲の数を取り出して、for文で繰り返し処理に使います。

　for文の中では、pr.start(i)メソッドを使って時間範囲の開始位置、pr.end(i)メソッドを使って時間範囲の終了位置を取得します。これらの値は、いずれも浮動小数点数です。つまり、小数を伴った数値として、ビデオの再生位置の秒数を取得することになります。

　次のサンプルは、canvas要素を使って、ビデオの時間軸を再現したものです。上側のグラデーションが入ったバーは再生済みの時間帯を、下側のグレーの細い領域はバッファ済みの時間帯を表しています。また、現在再生中の位置も表示しています。

🔽 サンプルの結果

　この時間軸を表しているcanvas要素の領域をマウスでクリックすると、該当の位置へ再生位置がスキップします。この図は、Internet Explorer 9の結果をキャプチャーしたものです。最初にビデオが再生された後、しばらくして、別の位置をクリックし、そこからしばらく再生したものです。この結果から、playedプロパティやbufferedプロパティが返すTimeRangesオブジェクトが表す範囲が複数にな

るのが分かります。ブラウザーが用意したインタフェースからは、ここまで詳細な情報を読み取ることはできません。

HTML

```
<video controls="controls" width="480" height="272">
  <source src="long.mp4" type="video/mp4" />
  <source src="long.webm" type="video/webm" />
</video>
<canvas width="480" height="15"><canvas>
```

このサンプルでは、video要素で使うビデオ・ファイルとして、H.264とWebMを採用しています。

スクリプト

```
// ページがロードされたときの処理
window.addEventListener("load", function() {
  // video 要素
  var video = document.querySelector('video');
  // canvas 要素
  var cvs = document.querySelector('canvas');
  var ctx = cvs.getContext('2d');
  // canvas 要素に click イベントのリスナーをセット
  cvs.addEventListener("click", function(event) {
    skip_video(event, video, ctx);
  }, false);
  // タイマー設定（インジケータを描画）
  window.setInterval( function() {
    draw_indicator(video, ctx);
  }, 1000);
}, false);

// クリック位置に再生位置をスキップ
function skip_video(event, video, ctx) {
  // ビデオの尺が特定できなければ終了
  if( ! video.duration ) { return; }
  // canvas 要素内におけるクリック座標を特定
  var pos = get_mouse_position(event);
  // ビデオを再生位置にスキップ
  video.currentTime = video.duration * pos.x / ctx.canvas.width;
  // インジケータを描画
  draw_indicator(video, ctx);
}
```

```javascript
// インジケータを描画
function draw_indicator(video, ctx) {
  // ビデオの尺が特定できなければ終了
  if( ! video.duration ) { return; }
  // canvas 要素
  var cvs = ctx.canvas;
  // canvas の状態を保存
  ctx.save();
  // 背景を黒で塗りつぶす
  ctx.fillStyle = "#000000";
  ctx.fillRect(0, 0, cvs.width, cvs.height);
  // 再生済みの範囲を特定し描画
  var pr = video.played;   // TimeRanges オブジェクト
  if( pr ) {
    var grad = ctx.createLinearGradient(0, 0, 0, cvs.height*3/4);
    grad.addColorStop(0.0, "#999999");
    grad.addColorStop(0.4, "#aaaaaa");
    grad.addColorStop(1.0, "#444444");
    ctx.fillStyle = grad;
    for( var i=0; i<pr.length; i++ ) {
      var s = pr.start(i); // 範囲の開始位置
      var e = pr.end(i); // 範囲の終了位置
      // canvas に描画
      var x = cvs.width * ( s / video.duration );
      var w = cvs.width * ( ( e - s ) / video.duration );
      ctx.fillRect(x, 0, w, cvs.height*3/4);
    }
  }
  // バッファ済みの範囲を特定し描画
  var br = video.buffered; // TimeRanges オブジェクト
  if( br ) {
    ctx.fillStyle = "#aaaaaa";
    for( var i=0; i<br.length; i++ ) {
      var s = br.start(i); // 範囲の開始位置
      var e = br.end(i); // 範囲の終了位置
      // canvas に描画
      var x = cvs.width * ( s / video.duration );
      var w = cvs.width * ( ( e - s ) / video.duration );
      ctx.fillRect(x, cvs.height*3/4, w, cvs.height/4);
    }
  }
  // 現在再生中の位置を描画
```

4.14 再生済みとバッファ済みの範囲

```
    var cx = cvs.width * video.currentTime / video.duration;
    ctx.fillStyle = "#ffffff";
    ctx.shadowOffsetX = 1;
    ctx.shadowColor = "#000000";
    ctx.shadowBlur = 1;
    //
    ctx.beginPath();
    ctx.moveTo(cx-3, 0);
    ctx.lineTo(cx+3, 0);
    ctx.lineTo(cx+0.5, 3);
    ctx.lineTo(cx+0.5, cvs.height-3);
    ctx.lineTo(cx+3, cvs.height);
    ctx.lineTo(cx-3, cvs.height);
    ctx.lineTo(cx-0.5, cvs.height-3);
    ctx.lineTo(cx-0.5, 3);
    ctx.closePath();
    ctx.fill();
    // canvasの状態を元に戻す
    ctx.restore();
}

// マウス・ポインターの座標
function get_mouse_position(event) {
    var rect = event.target.getBoundingClientRect() ;
    return {
      x: event.clientX - rect.left,
      y: event.clientY - rect.top
    };
}
```

　まず、スクリプトの骨子を見ていきましょう。このスクリプトでは、まず、windowオブジェクトにloadイベントのリスナーをセットしています。ページがロードされたときの処理を細かく見ていきましょう。まず最初に、このサンプルで使う要素のオブジェクトを取得しておきます。

第4章　Video/Audio

⬇ オブジェクトを取得する

```
// video 要素
var video = document.querySelector('video');
// canvas 要素
var cvs = document.querySelector('canvas');
var ctx = cvs.getContext('2d');
```

　canvas要素については、事前にgetContext()メソッドを使って2Dコンテキストのオブジェクトも取り出しておきます。

　次に、canvas要素に対して、clickイベントのリスナーをセットしておきます。canvas要素がクリックされると、クリックされた場所に応じた位置にビデオをスキップするskip_video()関数が呼び出されることになります。

⬇ clickイベントのリスナーをセットする

```
// canvas 要素に click イベントのリスナーをセット
cvs.addEventListener("click", function(event) {
  skip_video(event, video, ctx);
}, false);
```

　最後に、1秒ごとにcanvas要素を再描画するdraw_indicator()関数を呼び出すためのタイマーをセットします。

⬇ タイマーをセットする

```
// タイマー設定（インジケータを描画）
window.setInterval( function() {
  draw_indicator(video, ctx);
}, 1000);
```

　では、個々の関数の処理を見ていきましょう。まずは、canvas要素がクリックされたときに、クリックされた場所に相当する位置にビデオをスキップするskip_video()関数の処理を見ていきましょう。

skip_video()関数

```
// クリック位置に再生位置をスキップ
function skip_video(event, video, ctx) {
  // ビデオの尺が特定できなければ終了
  if( ! video.duration ) { return; }
  // canvas 要素内におけるクリック座標を特定
  var pos = get_mouse_position(event);
  // ビデオを再生位置にスキップ
  video.currentTime = video.duration * pos.x / ctx.canvas.width;
  // インジケータを描画
  draw_indicator(video, ctx);
}
```

　この関数には、clickイベントが発生したときに用意されるイベント・オブジェクトevent、video要素のオブジェクトを表すvideo、そして、canvas要素の2Dコンテキスト・オブジェクトのctxの3つが引数に与えられます。

　まず最初に、video要素のdurationプロパティの値がなければ処理を終了しています。これは、まだビデオ再生の準備ができていないことを確認するためです。もしビデオ再生の準備ができた段階であれば、ビデオの尺が判定でき、durationプロパティには0より大きい数値がセットされているはずです。

　次に、get_mouse_position()関数を使って、canvas要素におけるクリック座標（pos）を取得します。そして、そのクリックされたx座標（pos.x）、ビデオの尺（video.duration）、canvas要素の横幅の長さ（ctx.canvas.width）を使って、スキップすべき秒数を計算し、それをvideo要素のcurrentTimeプロパティにセットします。これで、指定の位置へビデオがスキップすることになります。

　最後に、draw_indicator()関数を呼び出して、canvas要素を最新の状態に再描画しています。

　では、canvas要素を再描画するdraw_indicator()関数の詳細を見ていきましょう。まずは、再生済みの範囲を描画する処理を見ていきましょう。

再生済みの範囲を描画する

```
// 再生済みの範囲を特定し描画
var pr = video.played;   // TimeRanges オブジェクト
if( pr ) {
  /* 省略 */
  for( var i=0; i<pr.length; i++ ) {
    var s = pr.start(i); // 範囲の開始位置
    var e = pr.end(i);   // 範囲の終了位置
    // canvas に描画
    var x = cvs.width * ( s / video.duration );
    var w = cvs.width * ( ( e - s ) / video.duration );
```

```
    ctx.fillRect(x, 0, w, cvs.height*3/4);
  }
}
```

　まず、video要素のplayedプロパティを使って、TimeRangesオブジェクトを取得し、それを変数prに格納します。もしTimeRangesオブジェクトを取得できなければ、何も処理を行いません。

　TimeRangesオブジェクトprが取得できたら、for文を使って、個々の時間範囲を描画していきます。ここでは、pr.start(i)メソッドを使って時間範囲の開始秒数、pr.end(i)メソッドを使って時間範囲の終了秒数を、それぞれ変数sとeに格納しています。そして、canvas要素の横幅（cvs.width）、時間範囲の開始秒数（s）、ビデオの尺（video.duration）から、時間帯の開始位置を表すcanvas要素上のx座標（x）を計算します。さらに、canvas要素の横幅（cvs.width）、時間範囲の開始秒数（s）、時間範囲の終了秒数（e）、ビデオの尺（video.duration）から、canvas要素上の時間帯の幅を計算します。最後に、canvas要素の2Dコンテキスト・オブジェクト（ctx）のfillRect()メソッドを使って、該当の時間範囲をcanvas要素に描画しています。

　では、次に、バッファ済みの範囲を描画する処理を見ていきましょう。

⬇ バッファ済みの範囲を描画する

```
// バッファ済みの範囲を特定し描画
var br = video.buffered; // TimeRanges オブジェクト
if( br ) {
  ctx.fillStyle = "#aaaaaa";
  for( var i=0; i<br.length; i++ ) {
    var s = br.start(i); // 範囲の開始位置
    var e = br.end(i);   // 範囲の終了位置
    // canvas に描画
    var x = cvs.width * ( s / video.duration );
    var w = cvs.width * ( ( e - s ) / video.duration );
    ctx.fillRect(x, cvs.height*3/4, w, cvs.height/4);
  }
}
```

　まず、video要素のbufferedプロパティを使って、TimeRangesオブジェクトを取得し、それを変数brに格納します。もしTimeRangesオブジェクトを取得できなければ、何も処理を行いません。

　TimeRangesオブジェクトbrが取得できたら、for文を使って、個々の時間範囲を描画していきます。この処理については、基本的には、先ほどの再生済みの範囲を描画する処理とほとんど同じです。

　最後に、現在の再生位置を描画する処理を見ていきましょう。

現在の再生位置を描画する

```
// 現在再生中の位置を描画
var cx = cvs.width * video.currentTime / video.duration;
/* 省略 */
ctx.beginPath();
ctx.moveTo(cx-3, 0);
ctx.lineTo(cx+3, 0);
ctx.lineTo(cx+0.5, 3);
ctx.lineTo(cx+0.5, cvs.height-3);
ctx.lineTo(cx+3, cvs.height);
ctx.lineTo(cx-3, cvs.height);
ctx.lineTo(cx-0.5, cvs.height-3);
ctx.lineTo(cx-0.5, 3);
ctx.closePath();
ctx.fill();
```

　現在の再生位置は、video要素のcurrentTimeプロパティから取得することができます。そして、ビデオの尺はvideo要素のdurationプロパティから取得することができます。そして、canvas要素の横幅（cvs.width）を使って、現在再生値のcanvas要素上におけるx座標（cx）を計算します。

　canvas要素上のx座標が計算できたら、後は、その位置が中心となるキャレットのような図形を描きます。

現在再生位置を表す図形

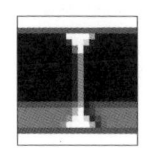

　なお、playedプロパティとbufferedプロパティは、ブラウザーによって実装状況が異なります。2010年12月現在での実装状況は下記の通りです。

第4章　Video/Audio

⬇ 2010年12月現在のplayedプロパティとbufferedプロパティの実装状況

ブラウザー	playedプロパティ	bufferedプロパティ
Internet Explorer 9	○	○
Firefox 4.0	×	○
Opera 11	× プロパティは存在するものの、TimeRangesオブジェクトのlengthプロパティは常に0を返すため、実質的に利用不可。	× プロパティは存在するものの、TimeRangesオブジェクトのlengthプロパティは常に0を返すため、実質的に利用不可。
Safari 5.0	○	△ 複数の範囲がサポートされておらず、常に1つの範囲を返す。
Chrome 9.0	○	△ 複数の範囲がサポートされておらず、常に1つの範囲を返す。

⌘ バッファの破棄

　HTML5仕様では、一度読み込んだバッファを必要に応じて破棄しても構わないとしています。とはいえ、パソコン向けのブラウザーであれば、よほど大きなメディア・リソースでない限り、一度読み込んだメディア・データは破棄されません。そのため、再生が終わった位置であれば、すぐに戻って再生を開始することができます。

　ところが、パソコン向けではないブラウザーの場合は、その限りではありません。例えば、iPadのSafariでは、再生が終わってからしばらくすると、過去のメディア・データは逐次破棄されていきます。

　長い尺のビデオなどを最後まで再生した後、最初に戻って再生を始めようとすると、その時点のバッファが破棄されていることがあります。この場合は、再度、サーバーからメディア・データをダウンロードすることになります。

　このように、ハードウェアの環境に合わせて、バッファの範囲が異なってきますので、注意してください。

4.15 シーク

⌘ シークの状態を把握する

シークとは、再生位置を探す行為を表します。シークは、ブラウザーが用意したユーザー・インタフェースのタイムラインをクリックすることで見たい位置をスキップさせたり、JavaScriptからメディア要素のcurrentTimeプロパティに値をセットして再生位置を変更したときなどに発生します。

メディア要素には、その時点でシーク中かどうかを把握できるプロパティと、シーク可能な範囲を把握できるプロパティが用意されています。

⬇ シークに関するプロパティ

media.seeking	シーク中であればtrueを、そうでなければfalseを返します。
media.seekable	シーク可能な範囲を表すTimeRangesオブジェクトを返します。

seekableプロパティは、playedプロパティやbufferedプロパティと同様に、TimeRangesオブジェクトを返し、その使い方は同じです。ただし、seekableプロパティが返す範囲は、ビデオやオーディオをファイルとして用意した場合は、そのメディア・リソース全体の時間の長さを表す範囲を1つだけ返します。つまり、seekableプロパティが返すTimeRangesオブジェクトのlengthプロパティは1になります。そして、start(0)メソッドは0を返し、end(0)メソッドはメディア要素のdurationプロパティと同じ値を返すことになります。

seekableプロパティが返す時間の範囲は、そのメディア・データがバッファできているかどうかは関係がありません。バッファに関係なく、常に、メディア・リソース全体の範囲を返します。

このようにseekableプロパティは分かりきった値を返すため、ビデオやオーディオをファイルとして用意した場合は、あまり使うことはありません。しかし、HTML5のメディア要素は、リアルタイム・ストリーミングについても考慮されています。リアルタイム・ストリーミングの場合は、ビデオやオーディオの始まりと終わりを特定できません。また、タイムシフト（追っかけ再生）などを実現する際に、シークできる範囲が無限というわけにはいきません。そのため、seekableプロパティを使って、ブラウザーがシークできる範囲を返す仕組みが用意されているのです。

seekingプロパティは、さまざまなシーンで使うことができます。例えば、シーク中は他の操作ができないよう制限したいときなどが考えられます。

次のサンプルは、前述のサンプルのskip_video()関数を少し改良したものです。canvas要素をクリックすると、指定の位置にビデオをスキップさせるのですが、ここでは、もしシーク中であれば、処理を中断する仕組みを加えています。さらに、そのシーク先がシーク可能な範囲かどうかもチェックします。

第4章 Video/Audio

● シーク中かどうかのチェックとシーク可能な範囲かどうかのチェック

```
// クリック位置に再生位置をスキップ
function skip_video(event, video, ctx) {
  // シーク中なら終了
  if( video.seeking == true ) { return; }
  // ビデオの尺が特定できなければ終了
  if( ! video.duration ) { return; }
  // canvas 要素内におけるクリック座標を特定
  var pos = get_mouse_position(event);
  // ビデオを再生位置を計算
  var tm = video.duration * pos.x / ctx.canvas.width;
  // シーク可能な範囲かどうかを判定
  var sr = video.seekable;
  if( sr && sr.length == 1 ) {
    if( tm < sr.start(0) || tm > sr.end(0) ) {
      return;
    }
  }
  // ビデオを再生位置にスキップ
  video.currentTime = tm;
  // インジケータを描画
  draw_indicator(video, ctx);
}
```

　seekingプロパティは、Internet Explorer 9、Firefox 4.0、Opera 11、Safari 5.0、Chrome 9.0いずれにも実装されています。

　seekableプロパティは、Internet Explorer 9、Safari 5.0、Chrome 9.0に実装されており、Firefox 4.0には実装されていません。Opera 11はseekableプロパティは存在するものの、seekableプロパティが返すTimeRangesオブジェクトのlengthプロパティが常に0を返すため、実質的に利用することはできません。

4.16 音量調整

⌘音量を変更する

メディア要素は、volumeプロパティを使って音量をスクリプトから変更することが可能です。また、mutedプロパティを使えば、消音にすることもできます。

音量を変更するためのプロパティ

media.volume	現在の音量を表す数値を返します。音量を表す数値は0.0～1.0の範囲で、0.0は最小音量（実質的に無音）、1.0は最大音量を表します。デフォルトは1.0です。値をセットして音量を変更することができます。
media.muted	消音が有効になっていればtrueを、そうでなければfalseを返します。mutedプロパティは、volumeプロパティより優先されます。volumeプロパティが0.0より大きい値だったとしても、mutedプロパティの値がtrueなら消音になります。値をセットして、消音を有効にしたり無効にすることができます。

音量を表すvolumeプロパティは0から1の間の値を取ります。このプロパティの値を変えるだけで音量を変えることができます。また、mutedプロパティをtrueにセットすれば消音にすることができます。ただし、mutedプロパティをtrueにセットしても、volumeプロパティの値が0になるわけではありませんので、注意してください。

次のサンプルは、音量調整と消音を制御できるインタフェースを用意しています。音量を上げるボタンと音量を下げるボタンを押すことで、音量を調整することができます。また、消音にするためのチェックボックスを設けています。

このサンプルでは、meter要素を使って現在の音量を表示するようにしています。meter要素をサポートしたブラウザーであれば、次の図のようになります。

サンプルの結果

第 4 章　Video/Audio

　もしmeter要素をサポートしていないブラウザーであれば、次の図のように、音量を表す数値を表示します。

🔽 **meter要素をサポートしていないブラウザーの場合**

🔽 **HTML**

```
<p>
<video controls="controls" preload="auto" width="480" height="272">
  <source src="video.mp4" type="video/mp4" />
  <source src="video.webm" type="video/webm" />
</video>
</p>
<menu>
  <li><button title="音量下げ" id="dn">&#x25bc;</button></li>
  <li><meter value="5" min="0" max="10" low="7" high="9" optimum="5" title="音量" id="vl"></meter></li>
  <li><button title="音量上げ" id="up">&#x25b2;</button></li>
  <li><label><input type="checkbox" title="消音" id="mt" />消音</label></li>
</menu>
```

　音量を表すmeter要素にはvalue="5" min="0" max="10"がマークアップされています。そのため、デフォルトでは、10段階のうち5の状態でバーが緑色で表示されます。

ボリュームがレベル5の状態（緑色のゲージ）

また、meter要素には、low="7" high="9" optimum="5"がマークアップされています。そのため、meter要素をサポートしているChromeでは、もし音量が10段階のうち7を超えた時点（8以上）でバーの色が黄色に、9を超えた時点（10になった時点）で赤色になります。

ボリュームがレベル8の状態（黄色のゲージ）

ボリュームがレベル10の状態（赤色のゲージ）

スクリプト

```javascript
window.addEventListener("load", function() {
  // video 要素
  var video = document.querySelector('video');
  // 音量を 0.5 にセット
  video.volume = 0.5;
  // meter 要素に値をセットする関数
  var update_meter = function() {
    var meter = document.querySelector('#vl');
    meter.value = (video.volume * 10).toFixed();
    meter.textContent = meter.value;
  };
  update_meter();
  // 音量下げボタンに click イベントのリスナーをセット
  document.querySelector('#dn').addEventListener("click", function() {
    var v = (video.volume - 0.1).toFixed(1);
    if( v < 0 ) { v = 0; }
    video.volume = v;
    update_meter();
  }, false);
  // 音量上げボタンに click イベントのリスナーをセット
  document.querySelector('#up').addEventListener("click", function() {
    var v = (video.volume + 0.1).toFixed(1);
```

第4章　Video/Audio

```
    if( v > 1 ) { v = 1; }
    video.volume = v;
    update_meter();
  }, false);
  // 消音チェックボックスにclickイベントのリスナーをセット
  var mt = document.querySelector('#mt');
  mt.addEventListener("click", function() {
    video.muted = mt.checked ? true : false;
  }, false);
}, false);
```

　メディア要素の音量は、デフォルトでは最大音量になっています。そのため、このスクリプトでは、まず、video要素の音量を10段階のうちレベル5にセットします。つまり、video要素のvolumeプロパティに0.5をセットします。

🎤 **音量をレベル5にセットする**

```
// 音量を0.5にセット
video.volume = 0.5;
```

　次に、音量を表示するためにmeter要素に値をセットする関数オブジェクトupdate_meterを事前に用意しておきます。

🎤 **関数オブジェクトを事前に用意する**

```
// meter要素に値をセットする関数
var update_meter = function() {
  var meter = document.querySelector('#vl');
  meter.value = (video.volume * 10).toFixed();
  meter.textContent = meter.value;
};
update_meter();
```

　この関数では、video要素のvolumeプロパティの値に10をかけ、toFixed()を使って四捨五入した値を、meter要素のvalueプロパティにセットしています。しかし、これだけでは、meter要素をサポートしていないブラウザーでは何も表示されません。そのため、meter要素のtextContentプロパティにも同じ値をセットします。こうすることで、meter要素をサポートしていないブラウザーでは、音量を表す数値が表示されることになります。

　関数オブジェクトupdate_meterを定義した直後に、それを呼び出して、現在の音量の状況を再描画

しています。

次に、音量下げボタンを表すbutton要素に、clickイベントのリスナーをセットします。このボタンが押されると、音量が1段階ずつ下がることになります。

● **音量下げボタンにclickイベントのリスナーをセットする**

```
// 音量下げボタンに click イベントのリスナーをセット
document.querySelector('#dn').addEventListener("click", function() {
  var v = (video.volume  - 0.1).toFixed(1);
  if( v < 0 ) { v = 0; }
  video.volume = v;
  update_meter();
}, false);
```

video要素のvolumeプロパティの値から0.1を引くことで、音量を1段階下げています。しかし、0.1を引いた後の値が0より小さい場合は、volumeプロパティに0をセットします。音量を下げたら、update_meter()関数を呼び出して、最新の音量を再描画しています。

次に、音量上げボタンを表すbutton要素に、clickイベントのリスナーをセットします。このボタンが押されると、音量が1段階ずつ上がることになります。

● **音量上げボタンにclickイベントのリスナーをセットする**

```
// 音量上げボタンに click イベントのリスナーをセット
document.querySelector('#up').addEventListener("click", function() {
  var v = (video.volume  + 0.1).toFixed(1);
  if( v > 1 ) { v = 1; }
  video.volume = v;
  update_meter();
}, false);
```

video要素のvolumeプロパティの値に0.1を加えることで、音量を1段階上げています。しかし、0.1を加えた後の値が1より大きい場合は、volumeプロパティに1をセットします。音量を上げたら、update_meter()関数を呼び出して、最新の音量を再描画しています。

最後に、チェックボックスにclickイベントのリスナーをセットします。チェックボックスにチェックを入れると消音に、チェックを外すと消音が解除されます。

第4章　Video/Audio

⚫︎チェックボックスにclickイベントのリスナーをセットする

```
// 消音チェックボックスに click イベントのリスナーをセット
var mt = document.querySelector('#mt');
mt.addEventListener("click", function() {
  video.muted = mt.checked ? true : false;
}, false);
```

　video要素のmutedプロパティの値を、trueとfalseの間で反転させることで、チェックボックスの状態を、実際の消音状況と同期させています。

　mutedプロパティやvolumeプロパティの値を変更すると、ブラウザーが用意したインタフェースにもそれが反映されます。次の図は、消音時のインタフェースを表しています。音量のアイコンが消音を表すアイコンに変わっています。

⚫︎消音時のユーザー・インタフェース

⚫︎消音マーク

4.17 エラー・ハンドリング

■ エラーを把握する

ビデオやオーディオはファイルのサイズが大きくなる傾向があるため、ダウンロード中にネットワークに関する問題が発生するなどして、必ずしも確実に再生できるとは限りません。また、ビデオやオーディオのエンコードが適切でないため、ブラウザーによっては再生できない場合も考えられます。

メディア要素には、メディア・リソースのダウンロードから再生の準備を行うまでの課程で、何かしらのエラーが発生したら、それを把握できるプロパティを用意しています。

▼ エラーを把握するためのプロパティ

media.error	現在のエラー状況を表すMediaErrorオブジェクトを返します。何もエラーがなければnullを返します。
MediaError.code	現在のエラー状況を表すコード番号を返します。番号の意味は下記の通りです。 1：ユーザーの操作によりメディア・リソースの取得が中止された。（MEDIA_ERR_ABORTED） 2：ネットワーク・エラーによりメディア・リソースの取得を停止した。（MEDIA_ERR_NETWORK） 3：メディア・リソースのデコードにおいてエラーが発生した。（MEDIA_ERR_DECODE） 4：src属性に指定されたメディア・リソースが不適切。（MEDIA_ERR_SRC_NOT_SUPPORTED）
MediaError.MEDIA_ERR_ABORTED	常に1を返す定数です。
MediaError.MEDIA_ERR_NETWORK	常に2を返す定数です。
MediaError.MEDIA_ERR_DECODE	常に3を返す定数です。
MediaError.MEDIA_ERR_SRC_NOT_SUPPORTED	常に4を返す定数です。

メディア要素のオブジェクトにはerrorプロパティが規定されています。errorプロパティは、もしエラーが発生していればMediaErrorオブジェクトを返します。MediaErrorオブジェクトにはcodeプロパティが規定されており、エラーの種類を表す1〜4の数値を返します。

それぞれのエラーには数値だけではなくMEDIA_ERR_NETWORKやMEDIA_ERR_DECODEといった名前が規定されています。そして、その名前と同じプロパティが規定されており、そのプロパティは常に該当のエラーを表す数値を返します。

第 4 章　Video/Audio

🔽 数値を使った場合のerrorプロパティの利用例

```
if( video.error.code == 4 ) { ... }
```

🔽 名前を使った場合のerrorプロパティの利用例

```
if( video.error.code == video.error.MEDIA_ERR_SRC_NOT_SUPPORTED ) { ... }
```

　いずれの表記も結果は同じです。後者の方がコードが理解しやすいといえるでしょう。これについてはお好みに合わせて使い分けてください。

　errorプロパティにエラーがセットされるときには、該当のメディア要素でerrorイベントが発生します。そのため、スクリプトでエラーを補足したい場合は、通常は、メディア要素にerrorイベントのリスナーをセットします。メディア要素で発生するイベントについての詳細は後述します。

🔽 errorイベントのリスナー

```
// audio 要素に error イベントのリスナーをセット
audio.addEventListener("error", function() {
  // エラーコードを取得
  var c = audio.error.code;
  /* エラーごとに処理 */
}, false);
```

　では、それぞれのエラーの状態について詳しく見ていきましょう。

　MEDIA_ERR_ABORTED（コード:1）は、ユーザー操作によってメディア・リソースのダウンロードが中止された場合に発生します。例えば、メディア・リソースをダウンロード中に別のページに遷移しようとしたときです。また、メディア・リソースをダウンロード中に、load()メソッドが呼び出されて、そのメディア要素がリセットされた場合も発生します。

　この状態は、ユーザーの意図的な操作を伴って発生するものですから、正確にいうとエラーではありません。そのため、この状態になったときにはerrorイベントは発生しません。もしこの状態になったときは、abortイベントが発生しているはずです。

　MEDIA_ERR_NETWORK（コード：2）は、メディア・リソースのダウンロード中にネットワークが切断されたなどの理由で、ダウンロードができなくなった場合などに発生します。

　MEDIA_ERR_DECODE（コード：3）は、ブラウザーがメディア・リソースをダウンロードして再生するためにメディア・データをデコードしようとしたものの、サポートしていない形式だった、または、メディア・データが壊れているなどの理由でデコードに失敗したときに発生します。

　MEDIA_ERR_SRC_NOT_SUPPORTED（コード：4）は、ブラウザーがメディア要素のsrc属性に指定されたメディア・リソースを再生できないと判定した場合に発生します。例えば、mp3形式のオー

ディオ・ファイルをFirefoxやOperaで再生しようとしたとき、または、ogg形式のオーディオ・ファイルをInternet Explorer 9やSafariで再生しようとしたときなどに発生します。また、メディア・リソースがサーバーに存在していなかった場合にも発生します。

　次のサンプルは、ページにオーディオの再生ボタンが用意されています。ページがロードされたらaudio要素を生成し、オーディオ再生の準備を行います。audio要素のsrc属性にはmp3形式のオーディオ・ファイルをセットしています。そして、audio要素にはerrorイベントのリスナーをセットしています。もしaudio要素でエラーが発生すれば、エラーの内容に応じたメッセージが表示されます。

　エラーが発生しない場合は、次のように再生ボタンを押すとオーディオが再生され、もう一度ボタンを押すと、オーディオの再生が停止します。次の図はInternet Explorer 9の結果です。

● 停止中

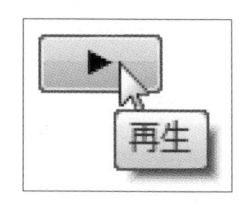

● 再生中

　もし、mp3形式のオーディオ・ファイルをサポートしていないブラウザーでアクセスすると、ボタンを押して再生しようとすると、MEDIA_ERR_SRC_NOT_SUPPORTED（コード：4）が発生するため、次のようなエラーが表示されます。次の図はFirefox 4.0の結果です。このエラーは、audio要素のsrc属性に指定したオーディオ・ファイルがサーバーに存在しなかった場合にも発生します。

● MEDIA_ERR_SRC_NOT_SUPPORTED（コード：4）エラー発生

第4章　Video/Audio

🔽 HTML

```
<p>
  <button id="play" title=" 再生 ">&#x25ba;</button>
  <span id="error"></span>
</p>
```

🔽 スクリプト

```
window.addEventListener("load", function() {
  // audio 要素を生成
  var audio = document.createElement("audio");
  audio.preload = "auto";
  audio.src = "audio.mp3";
  // エラーを表示する span 要素
  var span = document.querySelector('#error');
  // audio 要素に error イベントのリスナーをセット
  audio.addEventListener("error", function() {
    // エラーコードを取得
    var c = audio.error.code;
    // エラーメッセージを表示
    if( c == audio.error.MEDIA_ERR_NETWORK ) {
      span.textContent = " ネットワーク・エラーが発生しました。";
    } else if( c == audio.error.MEDIA_ERR_DECODE ) {
      span.textContent = " デコードに失敗しました。";
    } else if( c == audio.error.MEDIA_ERR_SRC_NOT_SUPPORTED ) {
      span.textContent = " 指定のオーディオが適切ではありません。";
    }
  }, false);
  // ボタンに click イベントのリスナーをセット
  var button = document.querySelector('#play');
  button.addEventListener("click", function() {
    if( audio.paused == true ) {
      audio.play();
      button.innerHTML = "&#x25ae;&#x25ae;";
      button.title = " 停止 ";
    } else {
      audio.pause();
      button.innerHTML = "&#x25ba;";
      button.title = " 再生 ";
    }
  }, false);
}, false);
```

このスクリプトでは、audio要素にerrorイベントのリスナーをセットしています。エラーが発生すると、このリスナーにセットした処理が実行されます。audio.error.codeプロパティからエラー・コードを取り出し、その値によって、それに適したエラー・メッセージをspan要素のtextContentプロパティにセットしています。ただし、MEDIA_ERR_ABORTED（コード：1）が発生した場合のメッセージが定義されていない点に注目してください。

エラー発生時の処理

```
// audio 要素に error イベントのリスナーをセット
  audio.addEventListener("error", function() {
    // エラーコードを取得
    var c = audio.error.code;
    // エラーメッセージを表示
    if( c == audio.error.MEDIA_ERR_NETWORK ) {
      span.textContent = "ネットワーク・エラーが発生しました。";
    } else if( c == audio.error.MEDIA_ERR_DECODE ) {
      span.textContent = "デコードに失敗しました。";
    } else if( c == audio.error.MEDIA_ERR_SRC_NOT_SUPPORTED ) {
      span.textContent = "指定のオーディオが適切ではありません。";
    }
  }, false);
```

errorイベントが発生したときには、MEDIA_ERR_ABORTED（コード：1）の状態になることはありませんので、それを扱う処理は不要となります。

4.18 イベント

⌘ メディア要素のイベント

メディア要素には、メディア・リソースのロードから再生中のアクション、そしてボリューム調整やシークといったアクションなど、あらゆるイベントが規定されています。ここでは、HTML5仕様で規定されているすべてのイベントについて解説していきます。

また、先ほど説明したnetworkStateプロパティとreadyStateプロパティは、イベントの発生と同時に状態が変わります。イベントが発生したときに、これらのプロパティの値がどのように遷移するのかについても表にまとめておきました。

⌘ ロードから再生前までのイベント

下表は、ブラウザーがメディア要素を認識してからメディア・リソースをダウンロードし、最初のフレームを表示して待機するまでに発生するイベントを、発生順に並べたものです。

⬇ ロードから再生前までのイベント

イベント名	発生タイミング	networkState	readyState
emptied	load()メソッドが呼び出されてメディア要素が初期化されたとき、ネットワーク・エラーなどの理由でメディア・リソースが全く取得できなかったとき、取得したメディア・データが壊れていたなどの理由でデコードができなかったとき、メディア・データの取得中に別のページに移動してしまったなどの理由で処理がユーザーによって中止されたときに発生します。	NETWORK_EMPTY（コード：0）	
loadstart	該当のメディア要素に適用するメディア・リソースの選定を開始したとき（実際にダウンロードを開始する前）。	NETWORK_LOADING（コード：2）	
progress	メディア・データをダウンロードしている最中に連続して発生します。このイベントの発生頻度は、HTML5仕様では、350ミリ秒（±200ミリ秒）、もしくは、1バイト受信する都度のいずれかとしています。	NETWORK_LOADING（コード：2）	

イベント名	発生タイミング	networkState	readyState
loadedmetadata	メディア・リソースの尺（時間の長さ）や寸法（ビデオの場合）を特定できたとき。		HAVE_METADATA（コード：1）、または、それ以上
loadeddata	メディア要素に採用したメディア・リソースの尺（時間の長さ）や寸法（ビデオの場合）を特定した後、最初の再生位置のメディア・データがロードされたとき。		HAVE_CURRENT_DATA（コード：2）、または、それ以上
canplay	再生の準備ができたとき。ただし、まだ再生速度に合わせてスムーズに再生できるほどのメディア・データをダウンロードできていない状態。		HAVE_FUTURE_DATA（コード：3）、または、それ以上
canplaythrough	再生速度に合わせてスムーズに再生できるほどのメディア・データをダウンロードできたとき。		HAVE_ENOUGH_DATA（コード：4）
suspend	当面必要なメディア・データのダウンロードが完了し、意図的にダウンロードを停止したとき。すべてのメディア・データがダウンロードできたかどうかは関係ありません。	NETWORK_IDLE（コード：1）	

　上記のイベントの発生順序はあくまでも理想です。実際にはブラウザーによって、また、ネットワーク状況によって、または、タイミングによっては、発生順が異なったり、発生しないイベントもあります。

　筆者が実際に試したところ、次のようなイベントが発生しました。あわせて、イベントが発生したときのreadyStateプロパティとnetworkStateプロパティの値も掲載してあります。

⬇ Internet Explorer 9 Platform Preview 7 (Windows 7)

```
readyState=0, networkState=0,
readyState=2, networkState=2, loadstart
readyState=2, networkState=2, loadedmetadata
readyState=2, networkState=2, loadedmetadata
readyState=2, networkState=2, loadeddata
readyState=2, networkState=2, canplay
readyState=2, networkState=2, pause
readyState=2, networkState=2, progress
readyState=3, networkState=2, progress
readyState=3, networkState=2, canplay
readyState=4, networkState=2, progress
readyState=4, networkState=2, canplaythrough
```

第4章 Video/Audio

🔽 Firefox 4.0 beta 7 (Windows 7)

```
readyState=0, networkState=0,
readyState=0, networkState=0, emptied
readyState=0, networkState=2, loadstart
readyState=0, networkState=2, progress
readyState=2, networkState=2, loadedmetadata
readyState=2, networkState=2, loadeddata
readyState=3, networkState=2, canplay
readyState=3, networkState=2, progress
readyState=3, networkState=2, progress
readyState=3, networkState=2, progress
readyState=3, networkState=2, progress
readyState=4, networkState=1, canplaythrough
readyState=4, networkState=1, progress
readyState=4, networkState=1, suspend
```

🔽 Opera 11 RC1 (Windows 7)

```
readyState=0, networkState=0,
readyState=0, networkState=2, emptied
readyState=0, networkState=2, loadstart
readyState=0, networkState=2, progress
readyState=4, networkState=2, loadedmetadata
readyState=4, networkState=2, loadeddata
readyState=4, networkState=2, canplay
readyState=4, networkState=2, canplaythrough
readyState=4, networkState=2, progress
readyState=4, networkState=2, progress
readyState=4, networkState=2, progress
readyState=4, networkState=2, progress
readyState=4, networkState=2, progress
readyState=4, networkState=2, progress
readyState=4, networkState=1, progress
```

🔽 Safari 5.0.3 (Mac OS X)

```
readyState=0, networkState=0,
readyState=0, networkState=2, loadstart
readyState=4, networkState=3, loadedmetadata
readyState=4, networkState=3, loadeddata
readyState=4, networkState=3, progress
readyState=4, networkState=3, canplay
readyState=4, networkState=3, canplaythrough
```

● Chrome 9.0.597.19 dev (Windows 7)

```
readyState=0, networkState=0,
readyState=0, networkState=2, emptied
readyState=0, networkState=2, loadstart
readyState=0, networkState=1, suspend
readyState=0, networkState=1, suspend
readyState=4, networkState=2, loadedmetadata
readyState=4, networkState=2, loadeddata
readyState=4, networkState=2, canplay
readyState=4, networkState=2, canplaythrough
readyState=4, networkState=1, suspend
```

　このように、ブラウザーによって全く同じ結果になるわけではありません。しかし、概ね、loadstart、loadedmetadata、loadeddata、canplay、canplaythroghtイベントはどのブラウザーもほぼ同じ順番で発生します。もしメディア・リソースのローディングに関するイベントを扱いたい場合は、これらの共通で発生するイベントを使うようにすると良いでしょう。

　ただし、これらのメディア・リソースのロードに関するイベントを扱う際に、いつの時点でイベント・リスナーをセットするのかを気を付けなければいけません。

　ブラウザーは、windowオブジェクトでloadイベントを発したとき、つまり、ページのロードが終わったときには、すでにメディア要素の再生の準備ができてしまいます。そのため、もしwindowオブジェクトにloadイベントのリスナーをセットして、その中で、メディア要素のイベント・リスナーをセットしても、前述のイベントをほとんど補足することはできないでしょう。

　前述の例は、ページがロードされた後に、意図的にload()メソッドを呼び出して、メディア要素を初期化して確認したものです。このような場合は、前述のイベントを補足できますが、そうでなければ注意してください。

　前述のイベントは、メディア・データ再生中にも発生します。ブラウザーは再生しながらも、さらにその先のメディア・データを必要に応じてダウンロードします。そのため、progress、suspendなどのイベントが随時発生することになります。また、再生中に、スムーズに再生できるだけのメディア・データのダウンロードが追いつかない場合は、一時的に再生が止まりますが、しばらくすると、再生に必要なメディア・データのダウンロードが終わり、再生が再開されます。この際に、loadeddataイベント、canplayイベント、canplaythroughイベントが発生します。

第 4 章　Video/Audio

再生および一時停止で発生するイベント

再生が開始されてから、一時停止などのさまざまなアクションが発生する可能性があります。以下は、再生の開始、そして、再生中、そして停止に至る間に発生しうるイベントです。

再生および一時停止で発生するイベント

イベント名	発生タイミング	networkState	readyState
play	再生が開始されたとき。ユーザーが再生ボタンを押したとき、play()メソッドが呼び出されたときが該当します。メディア要素にautoplay属性がセットされている場合には、再生が開始された時点で自動的に発生します。このイベントが発生すると、pausedプロパティの値がfalseになります。このイベントは、再生が開始されたときにのみ発生します。一旦、再生が開始されたら、その後は、再生が停止され、再度、再生が開始されるまで発生することはありません。		
playing	次のフレームが入手できたことによって、再生が開始、または、再開したとき。このイベントが発生したとき、pausedプロパティはfalseです。このイベントはplayイベントが発生すると同時に発生しますが、再生中においても、もしネットワーク環境が悪く、次に再生するフレームが入手できなかったため、一時的に再生が泊まっていた状態から復帰したときにも発生します。		HAVE_FUTURE_DATA (3)、または、それ以上
timeupdate	再生中に連続して発生します。HTML5仕様では、15ミリ秒〜250ミリ秒の間隔で発生することとしています。ビデオのフレーム単位に発生するのではありませんので注意してください。		
pause	再生が停止されたとき。ユーザーが停止ボタンを押したとき、pause()メソッドが呼び出されたときが該当します。このイベントが発生すると、pausedプロパティの値がtrueになります。		

イベント名	発生タイミング	networkState	readyState
waiting	次のフレームのメディア・データが入手できないため、待機することになったとき。この時点では、ブラウザーはネットワーク・エラーが発生したと認識していません。待機することで、次のメディア・データが入手できると判断している状況です。このイベントが発生したときには、実際には再生が停止した状態になっていますが、pausedプロパティの値はfalseのままです。		HAVE_CURRENT_DATA（2）、または、それ以下
stalled	メディア・データをダウンロードしようとしているにもかかわらず、期待通りにそれが入手できないとき。	NETWORK_LOADING（2）	
ended	再生がメディア・データの尺の最後に至ったとき。このイベントが発生したときには、endedプロパティの値がtrueになります。		

　メディア・データが完全にダウンロードでき、問題なく最後まで再生ができた場合を想定しましょう。まず再生が開始されると、playイベント、playingイベントが発生します。再生中はtimeupdateイベントが連続して何度も発生します。最後まで再生が行き着くと、endedイベントが発生します。

　playイベントとplayingイベントの違いには注意してください。playイベントは再生を開始したときだけに発生しますが、playingは再生を開始したときだけでなく、再生中に何度も発生する可能性があります。

　ビデオの寸法が大きかったり高品質なビデオの場合、ビデオをスムーズに再生するために必要なネットワーク帯域が確保できない場合があります。このとき、ビデオが一時的に止まってしまいます。しかし、このとき、pausedプロパティはtrueになりません。再生を停止しない限り、メディア要素は再生中であると認識しています。しばらくすると、当面の再生に必要なメディア・データのダウンロードが終わり、再生が再開します。このとき、playingイベントが発生します。

　waitingイベントとstalledイベントは、前述のシナリオと同様に、ビデオをスムーズに再生するために必要なネットワーク帯域が確保できない場合に発生します。このような状況に陥り再生が止まってしまうとstalledイベントが発生します。その後、メディア・データの受信を待ちますが、このときwaitingイベントが発生します。その後、スムーズに再生できるほどのメディア・データがダウンロードできればcanplaythroughイベントが発生し、再生が再開され、playingイベントが発生します。

　メディア・データのダウンロード中は何度もprogressイベントが発生することになります。再生が再開された後は、timeupdateイベントが何度も発生することになります。

第4章 Video/Audio

とはいえ、これらは瞬間的に遷移しますので、すべてのイベントが期待通りにスクリプトから補足できるとは限りません。すべてのイベントが期待通りの順番で発生することを期待したスクリプトを組むことがないよう注意してください。

timeupdateイベントの発生タイミングは、HTML5仕様では15ミリ秒～250ミリ秒と規定されていますが、実際には、最新のバージョンであれば、どのブラウザーも200～250ミリ秒程度の間隔で発生します。

Internet Explorer 9、Safari 5.0、Chrome 9.0は、いずれも250ミリ秒程度の間隔で発生します。Opera 11は200ミリ秒程度の間隔で発生します。

ところが、Firefox 3.6はビデオであればフレーム（コマ）ごとに発生します。つまり、1秒間に24コマ（24fps）のビデオであれば、40～42ミリ秒程度の間隔でtimeupdateイベントが発生します。これは、例えば字幕表示のタイミングを正確に把握するために配慮されたもので、当時としては、先進的でした。しかし、残念ながら、他のブラウザーはそれに追随することはありませんでした。

ブラウザーによってtimeupdateイベントの発生タイミングが大きく異なると、timeupdateイベントを使った処理を作る際に問題が起こります。timeupdateイベントは、他のイベントに比べて発生頻度が多いため、timeupdateイベントが発生したときに実行させたい処理が複雑になると、パフォーマンスに大きな影響を及ぼしてしまいます。そのため、Firefox 3.6以外のブラウザーでは問題なく動作するスクリプトが、Firefox 3.6では相当に負荷を与えてしまうことになります。

しかし、Firefox 4.0では、他のブラウザーに合わせて、250ミリ秒程度の間隔でtimeupdateイベントを発生するように変更されました。Firefox 4.0のtimeupdateイベントの発生頻度が他のブラウザーとほぼ同じに変更されことは歓迎すべきことでしょう。

なお、ビデオのフレームごとに何か処理を行いたい場合には、window.setTimeout()やwindow.setInterval()といったタイマーを使うしか方法がありません。もちろん、これらのタイマーを使ったとしても、正確にフレームごと処理が行えるわけではありませんが、処理が軽いのであれば、ある程度は、フレーム間隔に近い頻度で処理することができるでしょう。

各種操作に関連するイベント

シークされたとき、再生速度が変更されたとき、音量が変更されたときなど、あらゆるユーザーの操作がイベントとして発生します。

各種操作に関連するイベント

イベント名	発生タイミング	networkState	readyState
seeking	シークが開始されたとき。このとき、seekingプロパティの値はtrueになります。		
seeked	シークが終了したとき。このとき、seekingプロパティの値はfalseになります。		
ratechange	再生速度が変更されたとき。つまり、defaultPlaybackRateプロパティ、または、playbackRateプロパティが更新されたとき。		
durationchange	尺が変更されたとき。つまり、durationプロパティの値が更新されたとき。		
volumechange	音量が変更された、または、消音の状態が切り替わったとき。つまり、volumeプロパティ、または、mutedプロパティの値が更新されたとき。		

durationchangeイベントはdurationプロパティの値が更新されたときに発生しますが、前述の通り、durationプロパティは読み取り専用のプロパティのため値をセットすることはできません。では、なぜ、このイベントが発生するのでしょうか。

メディア・リソースの尺（時間の長さ）は、loadedmetadataイベントが発生した時点で、すでに判明しているはずです。ところが、実際には、この時点では正確な尺ではなく、見積もり情報を一時的に採用する場合があります。その後、ある程度のメディア・データがダウンロードされ、正確な値が判明した時点で、durationプロパティの値が更新される場合があります。このような状況で、durationchangeイベントが発生することがあるのです。

⌘ エラーに関連するイベント

メディア要素では、メディア・リソースのロードから再生に至るまでに何かしらの問題が発生するとイベントが発生します。

⚓ エラーに関連するイベント

イベント名	発生タイミング	networkState	readyState
error	メディア・データの取得において、何かしらのエラーが発生したとき。このイベントが発生すると、errorプロパティから得られるエラー・コードはMEDIA_ERR_NETWORK (2)、または、それ以上の値となります。	NETWORK_EMPTY、または、NETWORK_IDLE	
abort	エラーではない理由で、メディア・データのダウンロードを中止したとき。このイベントが発生すると、errorプロパティから得られるエラー・コードはMEDIA_ERR_ABORTED (1) となります。	NETWORK_EMPTY、または、NETWORK_IDLE	

errorイベントとabortイベントが発生すると、メディア要素のerrorプロパティにMediaErrorオブジェクトがセットされます。MediaErrorオブジェクトのcodeプロパティには、該当のエラー番号がセットされますが、errorイベントが発生した場合は2～4のいずれかの値が、abortイベントが発生した場合は1がセットされます。

4.19 カスタム・プレーヤー

⌘ より便利な機能を組み込んだプレーヤーを作る

　ブラウザーが用意するメディア要素のユーザー・インタフェースは必要最小限の機能に限定されています。デザインもブラウザーによって大きく異なります。そして、メディア要素からマウス・ポインターを外すと、そのインタフェースは消えてしまいます。

　これまで解説してきたAPIやイベントを駆使すれば、ブラウザーが用意したインタフェースより便利な機能を組み込んだプレーヤーを作ることも可能です。ここでは、これまで解説してきた仕様のまとめとして、簡易カスタム・オーディオ・プレーヤーを作ってみましょう。

⬇ 簡易カスタム・オーディオ・プレーヤー（Safari）

　このプレーヤーには、再生ボタンが用意され、このボタンを押すことで、再生を開始したり停止することができます。再生ボタンの右にはリセット・ボタンが用意されています。リセット・ボタンを押すと、audio要素をリセットします。つまり、再度、オーディオが読み込まれ、再生位置が最初に戻ることになります。プレーヤーの真ん中には再生位置を表示するインジケータが用意されています。現在の再生位置を表すインジケータだけでなく、文字で再生位置の秒数とオーディオの尺を表示します。プレーヤーの右側には、オーディオの状態を文字で表示します。

⬇ HTML

```
<div id="player">
  <audio>
    <source src="audio.mp3" type="audio/mpeg" />
    <source src="audio.ogg" type="audio/ogg" />
  </audio>
  <button title=" 再生 " class="pl">&#x25ba;</button>
  <button title=" リセット " class="rt">&#x21bb;</button>
  <canvas width="200" height="15"></canvas>
  <span title=" 状態 " class="st"> 準備中 </span>
</div>
```

第4章　Video/Audio

　HTMLには、非常にシンプルに必要最小限の要素だけをマークアップしています。audio要素に加え、ボタンはbutton要素、再生位置を表示するインジケータにはcanvas要素、そして状態を表示する領域にはspan要素を使っています。これをCSSでスタイリングします。

CSS

```css
#player {
  padding: 0;
  width: 480px;
  font-family: Arial;
  font-size: 12px;
  color: #fff;
  text-align: left;
  /* 角を丸くする */
  -moz-border-radius: 5px;
  border-radius: 5px;
  /* 線形グラデーション */
  background: #666666;
  background: linear-gradient(top, #bbb, #444 20%, #555 80%, #222);
  background: -moz-linear-gradient(top, #bbb, #444 20%, #555 80%, #222);
  background: -webkit-gradient(linear, left top, left bottom,
    color-stop(0, #bbb), color-stop(20%, #333),
    color-stop(80%, #555), color-stop(100%, #222)
  );
}
#player button {
  margin: 5px;
  font-size: 12px;
  text-align: center;
  width: 30px;
  color: #fff;
  border: 1px solid #000;
  text-shadow: #000 1px 1px 1px;
  font-family: Arial;
  vertical-align: middle;
  /* 角を丸くする */
  -moz-border-radius: 5px;
  border-radius: 5px;
  /* 線形グラデーション */
  background: #666666;
  background: linear-gradient(top, #bbb, #444 20%, #555 80%, #222);
  background: -moz-linear-gradient(top, #bbb, #444 20%, #555 80%, #222);
```

```
    background: -webkit-gradient(linear, left top, left bottom,
      color-stop(0, #bbb), color-stop(20%, #333),
      color-stop(80%, #555), color-stop(100%, #222)
    );
}
#player canvas {
  border-top: 1px solid #000;
  border-right: 1px solid #999;
  border-bottom: 1px solid #999;
  border-left: 1px solid #000;
  vertical-align: middle;
}
#player span {
  display: inline-block;
  vertical-align: middle;
  padding-left: 5px;
  padding-right: 5px;
}
```

　プレーヤーの全体やボタンにグラデーションを入れるために、backgroundプロパティの値に-moz-や-webkit-といったベンダー・プレフィックスを使っています。このサンプルでは、Firefox、Safari、Chromeであればグラデーションが入ったきれいなプレーヤーが表示されます。しかし、グラデーションに対応していないInternet Explorer 9とOperaでは、これらのベンダー・プレフィックスが入った値は無視されますが、プレーヤーを利用する上では不都合がないようにしています。

簡易カスタム・オーディオ・プレーヤー（Internet Explorer 9）

　では、以上を踏まえて、スクリプトの全体像をご覧ください。

スクリプト

```
document.addEventListener("DOMContentLoaded", function() {
  // audio 要素
  var audio = document.querySelector('#player audio,video');
  // 状態を表示する span 要素
  var span_st = document.querySelector('#player span.st');
  // 再生位置を表示する canvas 要素の準備
  var canvas = document.querySelector('#player canvas');
```

```javascript
  // canvas 要素に click イベントのリスナーをセット
  canvas.addEventListener("click", function(event) {
    // クリック位置に応じてオーディオをシーク
    click_seek(event, audio, canvas);
    // 再生位置情報をアップデート
    update_timeline(audio, canvas);
  }, false);
  // audio 要素に timeupdate イベントのリスナーをセット
  audio.addEventListener("timeupdate", function() {
    // 再生位置情報をアップデート
    update_timeline(audio, canvas);
  }, false);
  // audio 要素に error イベントのリスナーをセット
  audio.addEventListener("error", function() {
    // エラーを表示
    show_error(audio, span_st);
  }, false);
  // audio 要素にその他各種イベントのリスナーをセット
  var events = [
    "loadstart", "loadedmetadata", "play", "pause",
    "waiting", "stalled", "canplaythrough",
    "seeking", "seeked", "ended"
  ];
  for( var i=0; i<events.length; i++ ) {
    audio.addEventListener(events[i], function(event) {
      // イベントに応じて状態を表示
      show_event_status(event, span_st);
      // 再生位置情報をアップデート
      update_timeline(audio, canvas);
    }, false);
  }
  // 再生ボタンに click イベントのリスナーをセット
  var pl = document.querySelector('#player button.pl');
  pl.addEventListener("click", function(event) {
    // 再生ボタンが押されたときの処理
    click_play_button(event, audio);
  }, false);
  // リセット・ボタンに click イベントのリスナーをセット
  var rt = document.querySelector('#player button.rt');
  rt.addEventListener("click", function() { audio.load(); }, false);
}, false);

// 再生ボタンが押されたときの処理
```

```
function click_play_button(event, audio) {
  var pl = event.currentTarget;
  if( audio.paused == true ) {
    // 再生開始
    audio.play();
    // 表記を変更
    pl.innerHTML = "&#x25ae;&#x25ae;";
    pl.title = " 停止 ";
  } else {
    // 再生停止
    audio.pause();
    // 表記を変更
    pl.innerHTML = "&#x25ba;";
    pl.title = " 再生 ";
  }
}

// イベントに応じて状態を表示
function show_event_status(event, span_st) {
  if( event.type == "loadstart" ) {
    span_st.textContent = " 準備中 ";
  } else if( event.type == "loadedmetadata" ) {
    span_st.textContent = " メタ情報取得完了 ";
  } else if( event.type == "play" ) {
    span_st.textContent = " 再生開始 ";
  } else if( event.type == "pause" ) {
    span_st.textContent = " 一時停止中 ";
  } else if( event.type.match(/^(waiting|stalled)$/) ) {
    span_st.textContent = " バッファリング中 ...";
  } else if( event.type == "canplaythrough" ) {
    span_st.textContent = " バッファリング完了 ";
  } else if( event.type == "seeking" ) {
    span_st.textContent = " シーク中 ";
  } else if( event.type == "seeked" ) {
    span_st.textContent = " シーク完了 ";
  } else if( event.type == "ended" ) {
    span_st.textContent = " 終了 ";
  }
}

// エラーを表示
function show_error(audio, span_st) {
  if( audio.error.code == audio.error.MEDIA_ERR_NETWORK ) {
```

```
      span_st.textContent = " ネットワーク・エラー ";
    } else if( audio.error.code == audio.error.MEDIA_ERR_DECODE ) {
      span_st.textContent = " デコード失敗 ";
    } else if( audio.error.code == audio.error.MEDIA_ERR_SRC_NOT_SUPPORTED ) {
      span_st.textContent = " 不適切なオーディオ ";
    }
}

// クリック位置に応じてオーディオをシーク
function click_seek(event, audio, canvas) {
  // canvas 要素内におけるクリック座標を特定
  var pos = get_mouse_position(event);
  // クリックされた位置の秒数を特定
  var tm = audio.duration * pos.x / canvas.width;
  // 再生位置をセット
  audio.currentTime = tm;
}

// 再生位置情報をアップデート
function update_timeline(audio, canvas) {
  // canvas の 2D コンテキスト
  var ctx = canvas.getContext('2d');
  // canvas の状態を保存
  ctx.save();
  // 背景を黒で塗りつぶす
  ctx.fillStyle = "#444444";
  ctx.fillRect(0, 0, canvas.width, canvas.height);
  // 現在の再生位置と尺
  var c = audio.currentTime.toFixed(1);
  var d = audio.duration.toFixed(1);
  // canvas 要素を再描画
  ctx.fillStyle = "#777777";
  ctx.fillRect(0, 0, canvas.width * c / d, canvas.height);
  ctx.shadowOffsetX = 1;
  ctx.shadowOffsetY = 1;
  ctx.shadowBlur = 1;
  ctx.shadowColor = "#000000";
  ctx.textAlign = "center";
  ctx.textBaseline = "middle";
  ctx.font = "12px Arial";
  ctx.fillStyle = "#ffffff";
  var text = c + "s / " + d + "s";
  ctx.fillText(text, canvas.width/2, canvas.height/2);
```

```
  // canvas の状態を戻す
  ctx.restore();
}

// マウス・ポインターの座標
function get_mouse_position(event) {
  var rect = event.target.getBoundingClientRect() ;
  return {
    x: event.clientX - rect.left,
    y: event.clientY - rect.top
  };
}
```

まず、スクリプトの骨子を見ていきましょう。このスクリプトでは、まず、documentオブジェクトにDOMContentLoadedイベントのリスナーをセットしています。こうすることで、できる限り早い段階でaudio要素の状態を把握できるようにします。

ページがロードされたときの処理を細かく見ていきましょう。まず最初に、このサンプルで使う要素のオブジェクトを取得しておきます。

オブジェクトを取得する

```
// audio 要素
var audio = document.querySelector('#player audio,video');
// 状態を表示する span 要素
var span_st = document.querySelector('#player span.st');
// 再生位置を表示する canvas 要素の準備
var canvas = document.querySelector('#player canvas');
```

次に、canvas要素とaudio要素に、さまざまなイベントのリスナーをセットしていきます。

canvas要素にclickイベントのリスナーをセットする

```
// canvas 要素に click イベントのリスナーをセット
canvas.addEventListener("click", function(event) {
  // クリック位置に応じてオーディオをシーク
  click_seek(event, audio, canvas);
  // 再生位置情報をアップデート
  update_timeline(audio, canvas);
}, false);
```

第4章　Video/Audio

　このコードでは、現在再生位置を表示するインジケータ用のcanvas要素にclickイベントのリスナーをセットしています。インジケータをクリックすると、該当の再生位置にオーディオをシークするために、click_seek()関数を呼び出しています。そして、インジケータを最新の状態に再描画するためにupdate_timeline()関数を呼び出しています。これらの関数の詳細は後述します。

🔽 auido要素にtimepudateイベントのリスナーをセットする

```
// audio 要素に timeupdate イベントのリスナーをセット
audio.addEventListener("timeupdate", function() {
  // 再生位置情報をアップデート
  update_timeline(audio, canvas);
}, false);
```

　このコードでは、auido要素にtimepudateイベントのリスナーをセットしています。再生が開始されると、停止されるまでは何度もupdate_timeline()メソッドが呼び出され、常に、最新の状態にインジケータがcanvas要素に描画されることになります。

🔽 audio要素にerrorイベントのリスナーをセットする

```
// audio 要素に error イベントのリスナーをセット
audio.addEventListener("error", function() {
  // エラーを表示
  show_error(audio, span_st);
}, false);
```

　このコードでは、audio要素にerrorイベントのリスナーをセットしています。audio要素がメディア・データをロードしてから再生するまでに、何かしらのエラーが発生したら、show_error()関数が呼び出されます。この関数は、span要素に、エラーに応じたメッセージを表示します。この関数の詳細は後述します。

🔽 audio要素で発生するさまざまなイベントのリスナーをセットする

```
// audio 要素にその他各種イベントのリスナーをセット
var events = [
  "loadstart", "loadedmetadata", "play", "pause",
  "waiting", "stalled", "canplaythrough",
  "seeking", "seeked", "ended"
];
for( var i=0; i<events.length; i++ ) {
  audio.addEventListener(events[i], function(event) {
```

```
    // イベントに応じて状態を表示
    show_event_status(event, span_st);
    // 再生位置情報をアップデート
    update_timeline(audio, canvas);
  }, false);
}
```

このコードでは、audio要素で発生するさまざまなイベントのリスナーをまとめてセットしています。いずれかのイベントが発生すると、そのときのaudio要素の状態を表すメッセージをspan要素に表示します。この処理を担うのがshow_event_status()関数です。その後、canvas要素で作られたインジケータを最新の状態にするため、update_timeline()関数が呼び出されます。show_event_status()関数の詳細については後述します。

⏬ 再生ボタンにclickイベントのリスナーをセットする

```
// 再生ボタンにclickイベントのリスナーをセット
var pl = document.querySelector('#player button.pl');
pl.addEventListener("click", function(event) {
  // 再生ボタンが押されたときの処理
  click_play_button(event, audio);
}, false);
```

このコードでは、再生ボタンを表すbutton要素に対して、clickイベントのリスナーをセットしています。再生ボタンが押されると、click_play_button()関数が呼び出され、再生中であれば停止し、停止中であれば再生を開始します。click_play_button()関数については後述します。

⏬ リセット・ボタンにclickイベントのリスナーをセットする

```
// リセット・ボタンにclickイベントのリスナーをセット
var rt = document.querySelector('#player button.rt');
rt.addEventListener("click", function() { audio.load(); }, false);
```

このコードでは、リセット・ボタンを表すbutton要素に対して、clickイベントのリスナーをセットしています。リセット・ボタンが押されると、audio要素のload()メソッドが呼び出され、audio要素がリセットされることになります。つまり、再度、メディア・リソースが再読み込みされ、再生位置が最初に戻ります。

以上でスクリプトの骨子を説明しましたが、次は、個々の処理について見ていきましょう。まずは、再生ボタンを表すbutton要素でclickイベントが発生したときに呼び出されるclick_play_button()関数を見ていきましょう。

第4章　Video/Audio

🔽 click_play_button()関数

```
// 再生ボタンが押されたときの処理
function click_play_button(event, audio) {
  var pl = event.currentTarget;
  if( audio.paused == true ) {
    // 再生開始
    audio.play();
    // 表記を変更
    pl.innerHTML = "&#x25ae;&#x25ae;";
    pl.title = " 停止 ";
  } else {
    // 再生停止
    audio.pause();
    // 表記を変更
    pl.innerHTML = "&#x25ba;";
    pl.title = " 再生 ";
  }
}
```

　この関数には引数に、clickイベントが発生したときに用意されるイベント・オブジェクトevent、そしてaudio要素を表すaudioが与えられています。
　まずは、イベント・オブジェクトeventのcurrentTargetプロパティから、イベントが発生した要素を取り出します。

🔽 イベントが発生した要素を取り出す

```
var pl = event.currentTarget;
```

　このplには、再生ボタンを表すbutton要素のオブジェクトが格納されることになります。
　この関数では、オーディオが再生中であれば停止を、停止中であれば再生を開始しなければいけません。そのため、audio.pausedプロパティの値を評価して、それを判定しています。

🔽 audio.pausedプロパティの値を評価する

```
if( audio.paused == true ) {
  // 停止中だったときの処理
} else {
  // 再生中だったときの処理
}
```

もし停止中であれば、audio要素のplay()メソッドを呼び出して再生を開始させます。そして、再生ボタンの表記を変更します。

● 再生を開始させる

```
// 再生開始
audio.play();
// 表記を変更
pl.innerHTML = "&#x25ae;&#x25ae;";
pl.title = " 停止 ";
```

もし再生中であれば、audio要素のpause()メソッドを呼び出して再生を停止させます。そして、再生ボタンの表記を変更します。

● 再生を停止させる

```
// 再生停止
audio.pause();
// 表記を変更
pl.innerHTML = "&#x25ba;";
pl.title = " 再生 ";
```

再生ボタンの表記の変更には、innerHTMLプロパティとtitleプロパティを使います。innerHTMLプロパティを変更すれば、ボタンの表記そのものが変更されます。titleプロパティの値を変更すると、マークアップ上のtitle属性の値を変更することになります。

このボタンは、表記に記号を使っています。人によっては、この記号の意味が分からない場合や誤解を与える場合が想定されます。そのため、できる限り利用者に誤解がないヒントを与えるためにtitle属性に誰もが意味が分かる文字を入れています。実は、title属性に値をセットすると、マウス・ポインターをボタンに乗せたときに、その内容が表示されます。title属性はユーザービリティやアクセシビリティの向上に役に立ちますので、積極的に使うと良いでしょう。

● title属性の値の表示

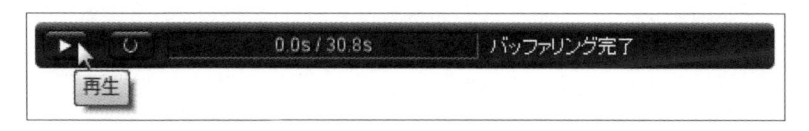

次の関数は、audio要素で発生するさまざまなイベントが発生したときに、audio要素の状態を表示するために呼び出されるshow_event_status()関数です。この関数には引数に、イベント・オブジェクトevent、そして、メッセージを表示するspan要素のオブジェクトspan_stが与えられています。

第4章　Video/Audio

🎤 show_event_status()関数

```
// イベントに応じて状態を表示
function show_event_status(event, span_st) {
  if( event.type == "loadstart" ) {
    span_st.textContent = " 準備中 ";
  } else if( event.type == "loadedmetadata" ) {
    span_st.textContent = " メタ情報取得完了 ";
  } else if( event.type == "play" ) {
    span_st.textContent = " 再生開始 ";
  } else if( event.type == "pause" ) {
    span_st.textContent = " 一時停止中 ";
  } else if( event.type.match(/^(waiting|stalled)$/) ) {
    span_st.textContent = " バッファリング中...";
  } else if( event.type == "canplaythrough" ) {
    span_st.textContent = " バッファリング完了 ";
  } else if( event.type == "seeking" ) {
    span_st.textContent = " シーク中 ";
  } else if( event.type == "seeked" ) {
    span_st.textContent = " シーク完了 ";
  } else if( event.type == "ended" ) {
    span_st.textContent = " 終了 ";
  }
}
```

　この関数では、イベント・オブジェクトeventのtypeプロパティから、発生したイベントを判定して、それぞれのイベントに適したメッセージをspan要素にセットしています。
　エラーが発生したときは、さらに細かくメッセージを分けるために、別にshow_error()関数を用意しています。

🎤 show_error()関数

```
// エラーを表示
function show_error(audio, span_st) {
  if( audio.error.code == audio.error.MEDIA_ERR_NETWORK ) {
    span_st.textContent = " ネットワーク・エラー ";
  } else if( audio.error.code == audio.error.MEDIA_ERR_DECODE ) {
    span_st.textContent = " デコード失敗 ";
  } else if( audio.error.code == audio.error.MEDIA_ERR_SRC_NOT_SUPPORTED ) {
    span_st.textContent = " 不適切なオーディオ ";
  }
}
```

この関数では、audio.error.codeの値を判定しています。コードを見やすくするよう、数値で評価するのではなく、audio.error.MEDIA_ERR_NETWORKといった定数を使って評価しています。audio.error.MEDIA_ERR_ABORTEDを評価していない点に注意してください。errorイベントが発生したときにはaudio.error.MEDIA_ERR_ABORTEDにはなりません。これは、abortイベントが発生したときの状態です。そのため、あえて除外してあります。

　では、次にシークについて見ていきましょう。このオーディオ・プレーヤーは、現在再生位置を表示するインジケータをクリックすると、該当の位置へシークします。インジケータをクリックすると、click_seek()関数が呼び出されます。この関数には引数に、クリックされたときに用意されるイベント・オブジェクトevent、audio要素のオブジェクトaudio、インジケータを表示しているcanvas要素のオブジェクトcanvasが与えられています。

● click_seek()関数

```
// クリック位置に応じてオーディオをシーク
function click_seek(event, audio, canvas) {
  // canvas要素内におけるクリック座標を特定
  var pos = get_mouse_position(event);
  // クリックされた位置の秒数を特定
  var tm = audio.duration * pos.x / canvas.width;
  // 再生位置をセット
  audio.currentTime = tm;
}
```

　この関数では、まず、canvas要素におけるクリック位置の座標を判定しています。そして、オーディオの尺（audio.duration）、クリック位置のx座標（pos.x）、そして、canvas要素の幅（canvas.width）から、クリック位置に相当する秒数（tm）を計算しています。その秒数を、audio.currentTimeプロパティにセットすることで、オーディオが指定の秒数にシークされます。

　では次に、現在再生位置を指し示すインジケータを最新の状態に描画するupdate_timeline()関数を見ていきましょう。この関数は、audio要素でtimeupdateイベントが発生する都度、何度も呼び出されます。また、そのほかのイベントが発生する都度、呼び出されます。そのため、ほぼリアルタイムにインジケータが更新されることになります。この関数には引数に、audio要素を表すオブジェクトaudio、インジケータを表示するcanvas要素のオブジェクトcanvasが与えられています。

第4章　Video/Audio

update_timeline()関数

```javascript
// 再生位置情報をアップデート
function update_timeline(audio, canvas) {
  // canvas の 2D コンテキスト
  var ctx = canvas.getContext('2d');
  // canvas の状態を保存
  ctx.save();
  // 背景を黒で塗りつぶす
  ctx.fillStyle = "#444444";
  ctx.fillRect(0, 0, canvas.width, canvas.height);
  // 現在の再生位置と尺
  var c = audio.currentTime.toFixed(1);
  var d = audio.duration.toFixed(1);
  // canvas 要素を再描画
  ctx.fillStyle = "#777777";
  ctx.fillRect(0, 0, canvas.width * c / d, canvas.height);
  ctx.shadowOffsetX = 1;
  ctx.shadowOffsetY = 1;
  ctx.shadowBlur = 1;
  ctx.shadowColor = "#000000";
  ctx.textAlign = "center";
  ctx.textBaseline = "middle";
  ctx.font = "12px Arial";
  ctx.fillStyle = "#ffffff";
  var text = c + "s / " + d + "s";
  ctx.fillText(text, canvas.width/2, canvas.height/2);
  // canvas の状態を戻す
  ctx.restore();
}
```

この関数で重要なポイントは、現在の再生時間と、オーディオの尺の判定です。

現在の再生時間とオーディオの尺の判定

```javascript
// 現在の再生位置と尺
  var c = audio.currentTime.toFixed(1);
  var d = audio.duration.toFixed(1);
```

audio要素のcurrentTimeプロパティから現在の再生位置を表す秒数 (c) を取り出します。そして、durationプロパティからオーディオの尺 (d) を取り出します。ここでは、細かい小数点以下の端数は不要ですので、小数点第1位までをtoFixed(1)を使って取り出しています。

インジケータには、canvas要素の2DコンテキストのfillRect()メソッドを使ってグレーの矩形を描きます。その横幅は、canvas要素の幅に対して、現在再生位置がどの位置に相当するのかを計算することで得られます。

グレーの矩形を描く

```
ctx.fillStyle = "#777777";
ctx.fillRect(0, 0, canvas.width * c / d, canvas.height);
```

さらに、canvas要素の2DコンテキストのfillText()メソッドを使って、インジケータ中央に文字で現在再生位置とオーディオの尺を描画します。

現在再生位置とオーディオの尺を描画する

```
ctx.textAlign = "center";
ctx.textBaseline = "middle";
/* 省略 */
var text = c + "s / " + d + "s";
ctx.fillText(text, canvas.width/2, canvas.height/2);
```

canvas要素の天地中央に文字を描画するために、2Dコンテキスト（ctx）のtextAlignプロパティに"center"を、textBaselineプロパティに"middle"をセットしている点に注目してください。こうすることで、fillText()メソッドに指定するテキスト描画の座標に、canvas要素の天地中央の座標をセットすれば良いことになります。

以上で、カスタム・プレーヤーの説明は終わりです。メディア要素にはあらゆるイベントが規定されているため、このような独自のプレーヤーを作ることができるのです。canvas要素を組み合わせることで、見た目も自由に操ることができます。

ここでは、非常に簡単なプレーヤーを作りましたが、ブラウザーが用意するインタフェースよりも高度な機能を備えたプレーヤーを作ることもできるでしょう。

このサンプルではオーディオを扱いましたが、ビデオでも全く同じです。このサンプルのaudio要素をvideo要素に置き換え、ビデオの横幅に合わせてプレーヤーの幅をCSSで調整するだけで、ビデオ・プレーヤーとしても動作します。

第4章　Video/Audio

🔽 簡易ビデオ・プレーヤー（Safari）

🔽 ビデオ・プレーヤーの場合のHTML

```
<div id="player">
  <video width="480" height="272">
    <source src="video.mp4" type="video/mp4" />
    <source src="video.webm" type="video/webm" />
  </video>
  <button title=" 再生 " class="pl">&#x25ba;</button>
  <button title=" リセット " class="rt">&#x21bb;</button>
  <canvas width="200" height="15"></canvas>
  <span title=" 状態 " class="st"> 準備中 </span>
</div>
```

4.20 ビデオをCanvasに取り込む

◆ ビデオとcanvas要素を組み合わせる

　これまでビデオに関しては、ただ単に再生するだけのサンプルをご覧頂いてきました。しかし、canvas要素と組み合わせることで、動的にビデオの映像に手を加えることが可能となります。

　Canvasの章で解説した通り、canvas要素のAPIにはdrawImage()メソッドが用意されていますが、このメソッドを使って、video要素の1コマをcanvas要素に書き込むことができます。これを利用して、プレーヤーの再生位置インジケータにマウス・ポインターを当てると、その位置のコマをサムネイル表示するサンプルをご覧頂きましょう。

◆ サンプルの結果

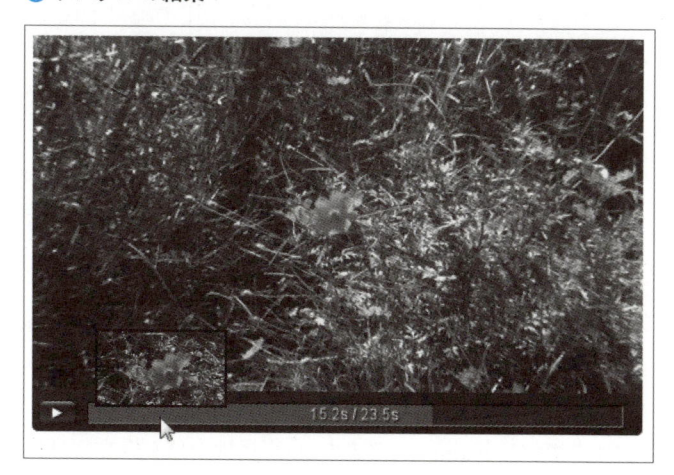

　このサンプルは、すでに再生が終わった位置であれば、インジケータにマウス・ポインターを当てると、その近辺のコマのサムネイルを、マウス・ポインターの情報に表示します。

◆ HTML

```
<div id="player">
  <video autoplay="autoplay" width="480" height="272">
    <source src="video.mp4" type="video/mp4" />
    <source src="video.webm" type="video/webm" />
  </video>
  <!-- 再生ボタン -->
  <button title=" 停止 " class="pl">&#x25ae;&#x25ae;</button>
```

第4章　Video/Audio

```
<!-- 現在再生位置を表示するインジケータ -->
<canvas width="420" height="15" class="timeline"></canvas>
</div>
```

　基本的には、前節のカスタム・プレーヤーのサンプルとほとんど同じですが、ここでは、不要な部品を削って、さらにシンプルにしてあります。

● CSS

```
#thumbnail {
  margin: 0;
  position: absolute;
  border: 2px solid black;
  display: none;
}
#thumbnail.show {
  display: block;
}
```

　CSSも前節のカスタム・プレーヤーのサンプルとほとんど同じですが、上記のCSSを追加しています。これは、サムネイル表示用のcanvas要素に適用するスタイルです。サムネイル表示用のcanvas要素はスクリプトの中で生成され、id属性に"thumbnail"がセットされます。この時点でページにcanavs要素を追加してもCSSのdisplayプロパティの値が"none"のため、表示されることはありません。表示させる時点で、サムネイル表示用のcanvas要素のclass属性の値に"show"をセットすることで、ページに表示される仕組みとなります。逆に非表示にする際には、canvas要素のclass属性の値を空文字列にセットします。
　では、スクリプトの全体をご覧ください。

● スクリプト

```
document.addEventListener("DOMContentLoaded", function() {
  // video要素
  var video = document.querySelector('#player video');
  // 再生位置を表示するcanvas要素
  var canvas = document.querySelector('#player canvas.timeline');
  // サムネイル表示用のcanvas要素を生成
  var canvas2 = document.createElement("canvas");
  canvas2.id = "thumbnail";
```

```js
    canvas2.width = 100;
    canvas2.height = parseInt(canvas2.width * video.height / video.width);
    document.body.appendChild(canvas2);
    // サムネイルを格納するcanvas要素を準備
    var thumbs = new Array(10);
    //
    // 再生位置を表示するcanvas要素にclickイベントのリスナーをセット
    canvas.addEventListener("click", function(event) {
      // クリック位置に応じてビデオをシーク
      click_seek(event, video, canvas);
      // 再生位置情報をアップデート
      update_timeline(video, canvas);
    }, false);
    // 再生ボタンにclickイベントのリスナーをセット
    var pl = document.querySelector('#player button.pl');
    pl.addEventListener("click", function(event) {
      // 再生ボタンが押されたときの処理
      click_play_button(event, video);
    }, false);
    // video要素にtimeupdateイベントのリスナーをセット
    video.addEventListener("timeupdate", function() {
      // 再生位置情報をアップデート
      update_timeline(video, canvas);
      // サムネイルを取得
      get_thumbnail(video, thumbs, canvas2.width, canvas2.height);
    }, false);
    // 再生位置を表示するcanvas要素にmousemoveイベントのリスナーをセット
    canvas.addEventListener("mousemove", function(event) {
      // サムネイルを表示
      show_thumbnail(event, video, canvas, canvas2, thumbs);
    }, false);
    // 再生位置を表示するcanvas要素にmouseoutイベントのリスナーをセット
    canvas.addEventListener("mouseout", function(event) {
      // サムネイルを非表示
      canvas2.className = "hide";
    }, false);
  }, false);

  // サムネイルを取得
  function get_thumbnail(video, thumbs, w, h) {
    // サムネイルのインデックス番号
    var index = parseInt( video.currentTime * 10 / video.duration );
    // すでにサムネイルを取得済みなら終了
```

```javascript
  if( thumbs[index] ) { return; }
  // 作業用のcanvas要素を生成
  var cvs = document.createElement("canvas");
  cvs.width = w;
  cvs.height = h;
  // サムネイルを取得
  var ctx = cvs.getContext('2d');
  ctx.drawImage(video, 0, 0, video.width, video.height, 0, 0, w, h);
  // 配列にサムネイルのcanvas要素を格納
  thumbs[index] = cvs;
}

// サムネイルを表示
function show_thumbnail(event, video, canvas, canvas2, thumbs) {
  // canvas要素内におけるマウス・ポインター座標を特定
  var pos = get_mouse_position(event);
  // マウス・ポインターの位置の秒数を特定
  var tm = video.duration * pos.x / canvas.width;
  // サムネイルのインデックス番号
  var index = parseInt( tm * 10 / video.duration );
  // サムネイルが生成されていなければ非表示にして終了
  if( ! thumbs[index] ) {
    canvas2.className = "";
    return;
  }
  // サムネイルをcanvas要素に表示
  var ctx2 = canvas2.getContext('2d');
  ctx2.drawImage(thumbs[index], 0, 0);
  // サムネイルの座標を変更
  canvas2.style.left = parseInt(event.pageX - canvas2.width/2)+ "px";
  canvas2.style.top = parseInt(event.pageY - canvas2.height - 10) + "px";
  // サムネイルを表示
  canvas2.className = "show";
}

// 再生ボタンが押されたときの処理
function click_play_button(event, video) {
  // 押されたbutton要素
  var pl = event.currentTarget;
  if( video.paused == true ) {
    // 再生開始
    video.play();
    // 表記を変更
```

```
    p1.innerHTML = "&#x25ae;&#x25ae;";
    p1.title = " 停止 ";
  } else {
    // 再生停止
    video.pause();
    // 表記を変更
    p1.innerHTML = "&#x25ba;";
    p1.title = " 再生 ";
  }
}

// クリック位置に応じてビデオをシーク
function click_seek(event, video, canvas) {
  // canvas 要素内におけるクリック座標を特定
  var pos = get_mouse_position(event);
  // クリックされた位置の秒数を特定
  var tm = video.duration * pos.x / canvas.width;
  // 再生位置をセット
  video.currentTime = tm;
}

// 再生位置情報をアップデート
function update_timeline(video, canvas) {
  // canvas の 2D コンテキスト
  var ctx = canvas.getContext('2d');
  // canvas の状態を保存
  ctx.save();
  // 背景を黒で塗りつぶす
  ctx.fillStyle = "#444444";
  ctx.fillRect(0, 0, canvas.width, canvas.height);
  // 現在の再生位置と尺
  var c = video.currentTime.toFixed(1);
  var d = video.duration.toFixed(1);
  // canvas 要素を再描画
  ctx.fillStyle = "#777777";
  ctx.fillRect(0, 0, canvas.width * c / d, canvas.height);
  ctx.shadowOffsetX = 1;
  ctx.shadowOffsetY = 1;
  ctx.shadowBlur = 1;
  ctx.shadowColor = "#000000";
  ctx.textAlign = "center";
  ctx.textBaseline = "middle";
  ctx.font = "12px Arial";
```

第4章　Video/Audio

```
  ctx.fillStyle = "#ffffff";
  var text = c + "s / " + d + "s";
  ctx.fillText(text, canvas.width/2, canvas.height/2);
  // canvasの状態を戻す
  ctx.restore();
}

// マウス・ポインターの座標
function get_mouse_position(event) {
  var rect = event.target.getBoundingClientRect() ;
  return {
    x: event.clientX - rect.left,
    y: event.clientY - rect.top
  };
}
```

　まずは、ページがブラウザーに読み込まれたとき (documentオブジェクトにDOMContentLoadedイベントが発生したとき) に実行される処理を見ていきましょう。
　サムネイルを表示するためにcanvas要素を新規に生成しています。

🔽 canvas要素を新規に生成する

```
// サムネイル表示用の canvas 要素を生成
var canvas2 = document.createElement("canvas");
canvas2.id = "thumbnail";
canvas2.width = 100;
canvas2.height = parseInt(canvas2.width * video.height / video.width);
document.body.appendChild(canvas2);
```

　まずcreateElement()メソッドを使ってcanvas要素を生成します。そして、id属性に"thumbnail"をセットします。これは、先ほどのCSSのスタイルが適用されるようにするためです。
　このcanvas要素の横幅は100ピクセル固定にしてあります。しかし、縦幅については、ビデオの縦横率を合わせるよう計算しています。もし、サムネイルの大きさを変えたいのであれば、横幅の100を変更するだけで良いようになっています。
　サムネイル表示用のcanvas要素ができたら、document.bodyオブジェクトにappendChild()メソッドを使って、そのcanvas要素を追加しています。つまり、body要素の一番最後に、ここで作ったcanvas要素が追加されたことになります。ただし、この時点では、CSS側でdisplayプロパティに"none"がセットされているため、ページに表示されることはありません。
　次に、サムネイルを格納するための配列を準備しておきます。

配列を準備する

```
// サムネイルを格納するcanvas要素を準備
var thumbs = new Array(10);
```

このコードでは、配列の要素数を10にしています。このサンプルでは、ビデオのフレーム単位でサムネイルを作るのではなく、ビデオの尺を10に分割して、その中の最初のフレームだけを保存します。

このサンプルで最も注目すべきイベント・リスナーのセットについて見ていきましょう。

timeupdateイベントのリスナーをセットする

```
// video要素にtimeupdateイベントのリスナーをセット
video.addEventListener("timeupdate", function() {
    // 再生位置情報をアップデート
    update_timeline(video, canvas);
    // サムネイルを取得
    get_thumbnail(video, thumbs, canvas2.width, canvas2.height);
}, false);
```

このコードでは、video要素にtimeupdateイベントが発生したときに、再生位置を表示するインジケータを更新するupdate_timeline()関数に加え、get_thumbnail()関数を呼び出しています。update_timeline()関数は、前節のサンプルと同じです。get_thumbnail()関数は、その時点で再生されたコマをcanvas要素に保存します。つまり、再生されている間、何度もこの関数が呼び出されることになります。get_thumbnail()関数については後ほど解説します。

mousemoveイベントのリスナーをセットする

```
// 再生位置を表示するcanvas要素にmousemoveイベントのリスナーをセット
canvas.addEventListener("mousemove", function(event) {
    // サムネイルを表示
    show_thumbnail(event, video, canvas, canvas2, thumbs);
}, false);
```

このコードでは、再生位置を表示するインジケータとなるcanvas要素にmousemoveイベントが発生したときに、show_thumbnail()関数が呼び出されるよう、イベント・リスナーをセットしています。show_thumbnail()関数は、マウス・ポインターの位置から、ビデオの再生位置を判定して、その近辺のコマのサムネイルを表示します。つまり、マウス・ポインターをインジケータの上で動かすと、その近辺のビデオのコマが表示されることになります。show_thumbnail()関数については後ほど解説します。

第4章　Video/Audio

⬇ mouseout イベントのリスナーをセットする

```
// 再生位置を表示する canvas 要素に mouseout イベントのリスナーをセット
canvas.addEventListener("mouseout", function(event) {
  // サムネイルを非表示
  canvas2.className = "hide";
}, false);
```

このコードも、再生位置を表示するインジケータとなるcanvas要素にイベント・リスナーをセットしています。mouseoutイベントが発生したら、サムネイルを非表示にします。つまり、インジケータからマウスを外すと、サムネイルが消えるようにしています。サムネイルを消すために、サムネイル表示用のcanvas要素のclass属性に"hide"をセットします。これは、先ほどのCSSの説明の通りです。

以上でスクリプトの骨子を説明しましたが、次は、個々の処理について見ていきましょう。まずは、video要素でtimeupdateイベントが発生したときに呼び出されるget_thumbnail()関数を見ていきましょう。

⬇ get_thumbnail()関数

```
// サムネイルを取得
function get_thumbnail(video, thumbs, w, h) {
  // サムネイルのインデックス番号
  var index = parseInt( video.currentTime * 10 / video.duration );
  // すでにサムネイルを取得済みなら終了
  if( thumbs[index] ) { return; }
  // 作業用の canvas 要素を生成
  var cvs = document.createElement("canvas");
  cvs.width = w;
  cvs.height = h;
  // サムネイルを取得
  var ctx = cvs.getContext('2d');
  ctx.drawImage(video, 0, 0, video.width, video.height, 0, 0, w, h);
  // 配列にサムネイルの canvas 要素を格納
  thumbs[index] = cvs;
}
```

この関数には引数に、video要素を表すvideo、サムネイルを格納する配列となるthumbs、サムネイルの幅と高さを表すwとhが与えられています。

まず最初に、ビデオの尺（video.duration）と現在再生位置（video.currentTime）から、サムネイルのインデックス番号を計算しています。このサンプルでは、ビデオのすべてのコマを保存することはしません。パフォーマンスを考慮して、トータルで10個のサムネイルだけを保存します。ここでは、現在の

再生位置が、その10個のうちどれに相当するのかを計算しているのです。つまり、0～9のいずれかになります。

サムネイルを格納する配列thumbsには最大10個のcanvas要素が格納されることになりますが、もし、すでに該当の位置に相当するサムネイルが保存されていれば、処理は終了となります。

⬇ サムネイルが保存されているか判定する

```
// サムネイルのインデックス番号
var index = parseInt( video.currentTime * 10 / video.duration );
// すでにサムネイルを取得済みなら終了
if( thumbs[index] ) { return; }
```

もし、まだ該当のサムネイルが生成されていなければ、サムネイル用に新たにcanvas要素を生成します。このcanvas要素の横幅はサムネイルの横幅を、縦幅にはサムネイルの縦幅をセットしておきます。

⬇ サムネイル用のcanvas要素を生成する

```
// 作業用のcanvas要素を生成
var cvs = document.createElement("canvas");
cvs.width = w;
cvs.height = h;
```

drawImage()メソッドを使って、その時点のビデオのコマのビットマップ情報を、そのcanvas要素にセットします。ここでは、ビデオ画像を縮小したものをcanvasにセットしなければいけません。この縮小の処理を、drawImage()メソッドに任せます。drawImage()メソッドの引数の数に注目してください。

⬇ ビデオ画像を縮小したものをcanvasにセットする

```
// サムネイルを取得
var ctx = cvs.getContext('2d');
ctx.drawImage(video, 0, 0, video.width, video.height, 0, 0, w, h);
```

ビデオvideoの領域の座標(0, 0)を原点に、横幅video.width、縦幅video.heightの領域をコピーの対象にしています。つまり、これはビデオ全体を表しています。これを、コピー先のcanvas要素における座標(0, 0)に、横幅w、縦幅hのサイズに縮小して、canvasにコピーしています。wとhは、サムネイル表示用のcanvasの横幅と縦幅を表しています。

最後に、配列thumbsに、そのcanvas要素をセットしています。

第4章　Video/Audio

配列にcanvas要素をセットする

```
// 配列にサムネイルのcanvas要素を格納
thumbs[index] = cvs;
```

　以上で、サムネイルを作る処理が完成です。ビデオが再生されれば、かなりの頻度でこの関数が呼び出され、確実にサムネイルが生成されることになります。
　では、次に、サムネイルを表示するshow_thumbnail()関数の処理を見ていきましょう。この関数は、インジケータのcanvas要素上でmousemoveイベントが発生する度に呼び出されます。

show_thumbnail()関数

```
// サムネイルを表示
function show_thumbnail(event, video, canvas, canvas2, thumbs) {
  // canvas要素内におけるマウス・ポインター座標を特定
  var pos = get_mouse_position(event);
  // マウス・ポインターの位置の秒数を特定
  var tm = video.duration * pos.x / canvas.width;
  // サムネイルのインデックス番号
  var index = parseInt( tm * 10 / video.duration );
  // サムネイルが生成されていなければ非表示にして終了
  if( ! thumbs[index] ) {
    canvas2.className = "";
    return;
  }
  // サムネイルをcanvas要素に表示
  var ctx2 = canvas2.getContext('2d');
  ctx2.drawImage(thumbs[index], 0, 0);
  // サムネイルの座標を変更
  canvas2.style.left = parseInt(event.pageX - canvas2.width/2)+ "px";
  canvas2.style.top = parseInt(event.pageY - canvas2.height - 10) + "px";
  // サムネイルを表示
  canvas2.className = "show";
}
```

　この関数には引数に、mousemoveイベントが発生したときに用意されたイベント・オブジェクトevent、video要素を表すvideo、インジケータを表示するcanvas要素を表すcanvas、サムネイルを表示するcanvas要素を表すcanvas2、サムネイルを格納する配列のthumbsが与えられています。
　まずはじめに、インジケータを表示するcanvas要素におけるマウス・ポインターの座標（pos）を取得しています。そして、そのx座標（pos.x）と、インジケータを表示するcanvas要素の横幅（canvas.

width)、そして、ビデオの尺（video.duration）から、マウス・ポインターが指し示している位置に相当するビデオの秒数（tm）を算出します。

ビデオの秒数を算出する

```
var tm = video.duration * pos.x / canvas.width;
```

次に、ビデオの秒数（tm）とビデオの尺（video.duration）から、そのビデオの秒数の位置が、10個に区切った領域のうち、どれに相当するのかを算出してます。つまり、0～9のいずれかの数値が変数indexに格納されます。

どの領域に相当するのかを算出する

```
var index = parseInt( tm * 10 / video.duration );
```

インデックス番号が割り出せたら、サムネイルを格納している配列thumbsから、すでにサムネイルが生成済みかどうかをチェックします。もし生成済みでなければ、サムネイルを非表示にして、この関数の処理を終了します。

サムネイルが生成済みかどうかをチェックする

```
if( ! thumbs[index] ) {
  canvas2.className = "";
  return;
}
```

サムネイルが生成されていれば、サムネイル表示用canvas要素となるcanvas2に対して、drawImage()メソッドを使って、そのサムネイルを描きます。該当のサムネイルは、thumbs[index]に格納されているはずです。thumbs[index]はcanvas要素オブジェクトですから、これを直接drawImage()メソッドの引数に与えています。

サムネイルを描く

```
var ctx2 = canvas2.getContext('2d');
ctx2.drawImage(thumbs[index], 0, 0);
```

これでサムネイルには、必要なコマの画像がセットされたわけですが、次に、マウス・ポインターの上方に表示されるよう、サムネイルの表示位置の変更を行います。サムネイル表示用のcanvas要素は、

body要素の子要素として追加されました。そのため、座標計算では、ページ全体に対する座標空間を前提としなければいけません。ここでは、mousemoveイベントのイベント・オブジェクトeventにセットされているpageXプロパティとpageYプロパティから、ページ全体に対するマウス・ポインターの座標を取得しています。そして、計算した座標を、サムネイル表示用のcanvas要素のスタイルにセットしています。

⬇サムネイルの表示位置を変更する

```
canvas2.style.left = parseInt(event.pageX - canvas2.width/2)+ "px";
canvas2.style.top = parseInt(event.pageY - canvas2.height - 10) + "px";
```

　最後に、サムネイルが表示されるよう、サムネイル用のcanvas要素のclass属性の値を"show"に変更します。

⬇サムネイル用のcanvas要素のclass属性の値を変更する

```
canvas2.className = "show";
```

　以上で、サムネイル表示の処理の説明は終わりです。canvas要素の2DコンテキストのdrawImage()メソッドの第一引数にvideo要素をセットできることをぜひ覚えておいてください。video要素だけでは実現できなかった便利な機能を作り出すことができるようになります。

4.21 字幕を入れる

⌘ ビデオやオーディオに字幕を入れる

2010年12月現在で、公開版のW3C HTML5仕様の草案には、ビデオに字幕を入れる仕組みは規定されていません。しかし、現在、HTML5仕様の生みの親であるWHATWGでは、ビデオやオーディオに字幕を入れる仕組みが検討されています。

WHATWGが策定しているHTML5仕様には、track要素が新たに追加されています。W3CのHTML5仕様にも、track要素とその関連APIが追加される予定です。本書が出版された頃には、W3C HTML5仕様の草案にも追加されているでしょう。track要素はvideo要素やaudio要素の中に入れて使い、track要素の属性にビデオに入れる字幕の情報をマークアップします。

🎬 track要素のマークアップ例

```
<video src="video.mp4" controls="controls">
  <track kind="subtitles" src="subtitles.srt" charset="UTF-8" srclang="ja" />
</video>
```

track要素には、字幕そのものをマークアップするのではなく、src属性に字幕ファイルのURLをセットします。charset属性は字幕ファイルの文字エンコーディング名を、srclang属性には言語を表す名前をセットします。track要素の詳細は、WHATWGのサイトに公開されています。

●WHATWG - HTML5

http://www.whatwg.org/specs/web-apps/current-work/multipage/video.html#the-track-element

WHATWGの仕様では、字幕ファイルにWebSRTと呼ばれるフォーマットを採用しています。WebSRTの詳細は、WHATWGのサイトに公開されています。

●WHATWG - WebSRT

http://www.whatwg.org/specs/web-apps/current-work/websrt.html

通常、WebSRTのファイルの拡張子は.srtとなり、そのMIMEタイプはtext/srtとなります。
では、WebSRTのフォーマットの概要を見ていきましょう。WebSRTは非常にシンプルで、誰でも

簡単に作ることができます。次の例は、WebSRTの典型的な記述方法です。

🔽 **WebSRTの例**

```
1
00:00:03.000 --> 00:00:05.040
みなさん、いかがお過ごしでしょうか。

2
00:00:7.900 --> 00:00:9.080
今日も相変わらず暑いですねぇ。

3
00:00:13.006 --> 00:00:15.284
今年は例年と比較して猛暑が続いています。

4
00:00:17.025 --> 00:00:22.003
熱中症に気を付けましょう。水分を十分に補給してください。
```

　まず、識別子を記述します。通常は重複がないよう数字を1から順に割り振ります。これをキュー識別子と呼びます。次に改行を1つ入れてから、字幕を表示する時間帯を記述します。時、分、秒をそれぞれ2桁で記述し、それぞれをコロンで区切ります。そして、ドットを入れてから3桁でミリ秒を記述します。これをキュー・タイミングと呼びます。そして、改行を1つ入れ、字幕の文字を記述します。これをキュー・テキストと呼びます。この3行のひとかたまりをキューと呼びます。

　track要素には、Timed track APIと呼ばれる字幕を扱うAPIが規定されています。とはいえ、track要素は策定が始まって間もないこともあり、2010年12月現在でそれを実装したブラウザーはありません。track要素やTimed track APIは、当分の間は利用することができませんので、ここでは、track要素は使わず、WebSRTフォーマットのファイルを使って、字幕を表示するスクリプトを作ってみましょう。

🔽 **字幕を表示したビデオ**

⚓ HTML

```
<video width="480" height="272" controls="controls" data-track-src="track.
srt">
  <source src="video.mp4" type="video/mp4" />
  <source src="video.webm" type="video/webm" />
</video>
```

video要素には、HTML5で規定されているカスタム・データ属性を使います。このサンプルでは、data-track-srcという名前のカスタム・データ属性をマークアップしています。この属性の値にWebSRTファイルのURLをセットしておきます。

⚓ CSS

```
.srt {
  position: absolute;
  padding-top: 3px;
  padding-bottom: 3px;
  color: white;
  font-size: 16px;
  text-align: center;
  text-shadow: 1px 1px 1px black;
  background-color: rgba(0, 0, 0, 0.5);
  display: none;
  white-space: nowrap;
  overflow: hidden;
}
```

このサンプルでは、字幕を表示するために、video要素の上にdiv要素を重ねます。CSSでは、そのdiv要素のスタイルをセットしておきます。字幕の文字は白色ですが、ビデオの背景色によっては非常に読みにくくなります。そのため、div要素の背景を半透明の黒色にセットし、さらに、文字には黒の影を表示するようにしてあります。

CSSのdisplayプロパティにはnoneがセットされていますので、当初は、字幕表示用のdiv要素は非表示になります。スクリプト側で、必要に応じて、displayプロパティの値を変更して、表示と非表示を切り替えることになります。

では、スクリプトの全体をご覧ください。

第4章　Video/Audio

🎤 スクリプト

```
window.addEventListener("load", function() {
  // video 要素
  var video = document.querySelector('video');
  // カスタム・データ属性 data-track-src から字幕ファイルの URL を取得
  var srt_url = video.getAttribute("data-track-src");
  // 字幕ファイルを XMLHttpRequest を使って取得
  var srt = null;
  var xhr = new XMLHttpRequest();
  xhr.onreadystatechange = function() {
    if( this.readyState != 4 ) { return; }
    if( this.status != 200 ) { return; }
    srt = parse_srt(this.responseText);
  };
  xhr.open("GET", srt_url);
  xhr.send();
  // 字幕を表示するための div 要素を生成
  var div = document.createElement("div");
  div.className = "srt";
  video.parentNode.insertBefore(div, video);
  div.style.width = video.width + "px";
  div.style.left = video.offsetLeft + "px";
  div.style.top = (video.offsetTop + parseInt(video.height) - 70) + "px";
  // video 要素に timeupdate イベントのリスナーをセット
  video.addEventListener("timeupdate", function() {
    // 再生位置から字幕テキストを取得
    var text = get_cue_text(srt, video.currentTime);
    // 字幕テキストを描画
    if( text == "" ) {
      div.style.display = "none";
    } else {
      div.style.display = "block";
      div.textContent = text;
    }
  }, false);
}, false);

// 字幕ファイルを解析
function parse_srt(txt) {
  if( ! txt ) { return; }
  // 改行（CRLF, CR）を LF に統一
  txt = txt.replace(/(\r\n|\r)/, "\n");
  // 空白行（\n が 2 個以上連続）でキューごとのテキストに分割
```

```javascript
  var cues = txt.split(/\n{2,}/);
  // キューごとにタイミングとテキストを抽出
  var srt = [];
  var cue_num = cues.length;
  for( var i=0; i<cue_num; i++ ) {
    var cue = cues[i];
    var lines = cue.split(/\n/);
    //
    var id = lines.shift(); // キュー・識別子（使わない）
    var timing = lines.shift(); // キュー・タイミング
    var text = lines.join(); // キュー・テキスト
    if(text == "") { continue; }
    // キュー・タイミングを解析（開始秒数を算出）
    var m1 = timing.match(/^(\d{2,})\:(\d{2})\:(\d{2})(\.\d{3}) \-\-\> /);
    if( !m1 ) { continue; }
    var sh = convert_string_to_number( m1[1] );
    var sm = convert_string_to_number( m1[2] );
    var ss = convert_string_to_number( m1[3] );
    var sf = parseFloat( m1[4] );
    var s = (sh * 3600) + (sm * 60) + ss + sf;
    // キュー・タイミングを解析（終了秒数を算出）
    var m2 = timing.match(/ \-\-\> (\d{2,})\:(\d{2})\:(\d{2})(\.\d{3})/);
    if( !m2 ) { continue; }
    var eh = convert_string_to_number( m2[1] );
    var em = convert_string_to_number( m2[2] );
    var es = convert_string_to_number( m2[3] );
    var ef = parseFloat( m2[4] );
    var e = (eh * 3600) + (em * 60) + es + ef;
    //
    srt.push([s, e, text]);
  }
  //
  return srt;
}

// 数字文字列を数値に変換
function convert_string_to_number(string) {
  string = string.replace(/^0+/, "");
  if( string == "" ) {
    return 0;
  } else {
    return parseInt(string);
  }
}
```

```
}
// 再生位置から字幕テキストを取得
function get_cue_text(srt, sec) {
  // まだsrtファイルが解析できていなければ終了
  if( srt == null ) { return ""; }
  // 現在再生位置（秒）から該当の字幕テキストを検索
  for( var i=0; i<srt.length; i++ ) {
    var s = srt[i][0];
    var e = srt[i][1];
    var text = srt[i][2];
    // タイミングが一致しているかを評価
    if( sec >= s && sec <= e ) {
      return text;
    }
  }
  return "";
}
```

まず、スクリプトの骨子を見ていきましょう。ページがロードされたとき、まず最初に、このサンプルで使うvideo要素のオブジェクトを取得しておきます。そして、カスタム・データ属性data-track-srcの値をgetAttribute()メソッドで取得します。

カスタム・データ属性の値を取得する

```
// video 要素
var video = document.querySelector('video');
// カスタム・データ属性data-track-src から字幕ファイルのURL を取得
var srt_url = video.getAttribute("data-track-src");
```

次に、カスタム・データ属性data-track-srcにセットされていたWebSRTファイルのURLから、XMLHttpRequestを使ってWebSRTファイルを取得します。

WebSRTファイルを取得する

```
// 字幕ファイルをXMLHttpRequest を使って取得
var srt = null;
var xhr = new XMLHttpRequest();
xhr.onreadystatechange = function() {
  if( this.readyState != 4 ) { return; }
  if( this.status != 200 ) { return; }
```

```
  srt = parse_srt(this.responseText);
};
xhr.open("GET", srt_url);
xhr.send();
```

WebSRTファイルの取得が完了すると、WebSRTフォーマットを解析するparse_srt()関数を通して、その解析結果が変数srtに格納されます。

次に、字幕を表示するためのdiv要素を生成します。

⬇ 字幕を表示するためのdiv要素を生成する

```
// 字幕を表示するためのdiv要素を生成
var div = document.createElement("div");
div.className = "srt";
video.parentNode.insertBefore(div, video);
div.style.width = video.width + "px";
div.style.left = video.offsetLeft + "px";
div.style.top = (video.offsetTop + parseInt(video.height) - 70) + "px";
```

字幕用div要素をcreateElement()を使って新規に生成し、CSSで定義したスタイルが適用されるよう、class属性（classNameプロパティ）に"srt"をセットします。そして、insertBefore()を使って、video要素の直前にdiv要素を挿入しています。こうすることで、video要素の親要素と、div要素の親要素が同じになり、配置位置の計算が容易になります。

div要素の配置位置は、video要素のoffsetLeftプロパティとoffsetTopプロパティから算出します。これらのプロパティは、親要素から見た相対位置を表します。これらの値をdiv要素のstyle.leftプロパティとstyle.topプロパティに適用すれば、video要素と同じ位置に配置されることになります。とはいえ、これでは、ビデオの左上端にdiv要素が配置されていますので、div要素のstyle.topプロパティにはvideo.heightプロパティの値を加えて、ビデオの下方に配置されるよう調整します。

ただし、字幕の表示位置はvideo要素の最下部でない点に注意してください。このサンプルでは、video要素にcontrols属性をマークアップして、ブラウザーが用意するユーザー・インタフェースを表示させています。このユーザー・インタフェースは、どのブラウザーでも、ビデオ画面下方に表示されますが、この表示位置と字幕用のdiv要素が重なってしまうと、字幕が見にくいばかりでなく、ブラウザーのユーザー・インタフェースが使えなくなってしまいます。そのため、字幕用のdiv要素は、ユーザー・インタフェースが表示される領域と重ならないよう、ビデオの最下部ではなく、やや上方に位置するよう調整してあります。

最後に、video要素にtimeupdateイベントのリスナーをセットします。

第4章　Video/Audio

● timeupdate イベントのリスナーをセットする

```
// video 要素に timeupdate イベントのリスナーをセット
video.addEventListener("timeupdate", function() {
  // 再生位置から字幕テキストを取得
  var text = get_cue_text(srt, video.currentTime);
  // 字幕テキストを描画
  if( text == "" ) {
    div.style.display = "none";
  } else {
    div.style.display = "block";
    div.textContent = text;
  }
}, false);
```

　timeupdate イベントが発生する都度、get_cue_text()関数を使って、現在の再生位置から該当の字幕テキストを特定し、それを字幕表示用のdiv要素に入れます。timeupdate イベントは、ビデオの再生が始まると、ほとんどのブラウザーでは250ミリ秒程度の間隔で発生します。そのため、WebSRTファイルに記述されたキュー・タイミングの小数点以下のミリ秒部分を正確に反映することはできません。とはいえ、ほとんどのシーンでは、250ミリ秒の間隔でも十分に実用に耐えられます。

　字幕表示用のdiv要素に字幕テキストをセットする際にはtextContentプロパティを使っている点に注目してください。WebSRTフォーマットはi要素、b要素、ruby要素、rt要素の利用を認めていますが、ここでは、簡略化のため、タグは許可せず、すべてテキストとして扱っています。

　もしタグを使いたい場合は、textContentプロパティの代わりにinnerHTMLプロパティを使いますが、セキュリティーには十分注意してください。もしWebSRTファイルに不正な値が埋め込まれていると、クロスサイト・スクリプティングの脆弱性を抱えることになります。今回はXMLHttpRequestを使っているため、自サイトからしかWebSRTファイルをダウンロードできません。そのため、本来なら不正な値が埋め込まれることはないはずですが、可能性はゼロではありません。

　また、このサンプルではWebSRTフォーマットを使いましたが、JSONなどを使って字幕ファイルを用意し、別のサイトからそのファイルを取得することも可能でしょう。このように、自分で責任が持てないファイルの値をinnerHTMLプロパティでそのまま表示することがないように注意しましょう。

　では次に、WebSRTフォーマットを解析するparse_srt()関数の詳細を見ていきましょう。

● WebSRT フォーマットのテキスト・データが空であれば終了する

```
// 字幕ファイルを解析
function parse_srt(txt) {
  if( ! txt ) { return; }
```

この関数は、XMLHttpRequestによって取得したWebSRTフォーマットのテキスト・データを引数に受け取ります。もし受け取ったデータが空であれば終了します。

次に、受け取ったテキスト・データの改行をLFに統一した後、キューごとに分割します。

改行をLFに統一しキューごとに分割する

```
// 改行（CRLF, CR）を LF に統一
txt = txt.replace(/(\r\n|\r)/, "\n");
// 空白行（\n が 2 個以上連続）でキューごとのテキストに分割
var cues = txt.split(/\n{2,}/);
```

WebSRTフォーマットは、改行にCRLF（\r\n）、CR（\r）、LF（\n）のいずれも認めています。改行コードが統一されていないと処理が分かりにくくなりますので、ここでは、すべての改行をLF（\n）に統一しています。そして、WebSRTのテキスト・データを空白行で分割します。これで、キューごとのかたまりとして分割されることになります。

キューごとに分割されたら、それぞれの解析を行います。

キューごとに解析を行う

```
// キューごとにタイミングとテキストを抽出
var srt = [];
var cue_num = cues.length;
for( var i=0; i<cue_num; i++ ) {
  var cue = cues[i];
  var lines = cue.split(/\n/);
  //
  var id = lines.shift(); // キュー・識別子（使わない）
  var timing = lines.shift(); // キュー・タイミング
  var text = lines.join(); // キュー・テキスト
  if(text == "") { continue; }
```

キューのデータは、1行目がキュー識別子、2行目がキュー・タイミング、3行目以降はキュー・テキストになっているはずです。キューを表すテキスト・データを\nで分割し配列lineに格納し、shift()メソッドを使って、それぞれの値を抜き出しています。キュー・テキストについては、必ずしも1行とは限りませんので、join()メソッドを使って、残った行を連結しています。

次にキュー・タイミングの解析です。キュー・タイミングの行は必ず次のフォーマットになってるはずです。

第4章　Video/Audio

```
00:00:13.006 --> 00:00:15.284
```

これを踏まえて、正規表現を使って、時、分、秒、ミリ秒を抜き出しています。以下は開始時間を判定する正規表現です。

⬇ 開始時間を判定する

```
// キュー・タイミングを解析（開始秒数を算出）
var m1 = timing.match(/^(¥d{2,})¥:(¥d{2})¥:(¥d{2})(¥.¥d{3}) ¥-¥-¥> /);
if( !m1 ) { continue; }
```

それぞれの時、分、秒、ミリ秒が抜き出せたら、それらの値を数値に変換しておきます。

⬇ 時、分、秒、ミリ秒の値を数値に変換する

```
var sh = convert_string_to_number( m1[1] );
var sm = convert_string_to_number( m1[2] );
var ss = convert_string_to_number( m1[3] );
var sf = parseFloat( m1[4] );
```

時、分、秒は、10未満の場合は先頭に0を加えて2桁になっています。この場合は、そのまま計算式に使えませんので、convert_string_to_number()関数を使って数値に変換しています。ミリ秒に相当するm1[4]には、.284 といった具合に、先頭がドットで始まります。これはparseFloat()を使うことで、数値に変換できます。

それぞれの値を数値として取得できたら、時、分、秒、ミリ秒の値を使って、秒数に変換します。

⬇ 秒数に変換する

```
var s = (sh * 3600) + (sm * 60) + ss + sf;
```

以上は開始時間の計算でしたが、終了時間も同様の計算を行います。

⬇ 終了時間の計算を行う

```
    // キュー・タイミングを解析（終了秒数を算出）
    var m2 = timing.match(/ ¥-¥-¥> (¥d{2,})¥:(¥d{2})¥:(¥d{2})(¥.¥d{3})/);
    if( !m2 ) { continue; }
    var eh = convert_string_to_number( m2[1] );
    var em = convert_string_to_number( m2[2] );
```

```
    var es = convert_string_to_number( m2[3] );
    var ef = parseFloat( m2[4] );
    var e = (eh * 3600) + (em * 60) + es + ef;
    //
    srt.push([s, e, text]);
  }
  //
  return srt;
}
```

　開始時間と終了時間の秒数が計算できたら、配列srtにテキストもあわせて格納しておきます。すべてのキューの解析が終わったら、解析結果を格納した配列srtを返して、この関数の処理は終了です。
　先ほど使ったconvert_string_to_number()関数の詳細を見ていきましょう。この関数は、先頭が0で始まる2桁の文字列を数値に変換します。

● convert_string_to_number()関数

```
// 数字文字列を数値に変換
function convert_string_to_number(string) {
  string = string.replace(/^0+/, "");
  if( string == "" ) {
    return 0;
  } else {
    return parseInt(string);
  }
}
```

　引数から受け取った文字列の先頭の0をすべて取り除きます。もしこの時点で空文字列になってしまったら0と判定し終了です。そうでなければ、parseInt()を使って数値に変換して終了します。
　では、最後に、再生位置から字幕テキストを取得するget_cue_text()関数を見ていきましょう。この関数はtimeupdateイベントが発生する都度、呼び出されます。引数には、parse_srt()関数によるWebSRTの解析結果が格納された変数srtと、ビデオの現在の再生時間を表す変数secが与えられます。

● get_cue_text()関数

```
// 再生位置から字幕テキストを取得
function get_cue_text(srt, sec) {
  // まだsrtファイルが解析できていなければ終了
  if( srt == null ) { return ""; }
  // 現在再生位置（秒）から該当の字幕テキストを検索
```

```
  for( var i=0; i<srt.length; i++ ) {
    var s = srt[i][0];
    var e = srt[i][1];
    var text = srt[i][2];
    // タイミングが一致しているかを評価
    if( sec >= s && sec <= e ) {
      return text;
    }
  }
  return "";
}
```

　この関数は、最初に変数srtがnullかどうかを判定しています。このサンプルは、WebSRTファイルをXMLHttpRequestによって取得しますので、必ずしもビデオの再生が開始された直後から利用できるかどう保証できません。そのため、もし利用できないようであれば、処理を終了します。

　後は、変数srtに格納されたキューの情報を最初から順に調べていき、キュー・タイミングが、ビデオの現在再生時間に該当するかをチェックします。もし該当のキューが見つかれば、そのキュー・テキストを返し、見つからなければ空文字列を返します。

　このサンプルは、説明を簡単にするため、timeupdateイベントが発生する都度、WebSRTファイルのデータを最初から調べ直しています。もし、尺が長いビデオで、WebSRTファイルのデータが大きくなるようなら、パフォーマンスを考慮したロジックを考えなければいけないでしょう。

　以上で字幕表示のサンプルの説明は終わりです。もう少し工夫をすれば、カラオケ・ボックスのように、歌詞をメロディの進捗に合わせて色を変えながら表示することもできるでしょう（この場合は、timeupdateイベントを使うのではなく、setInterval()を使った方が良いかもしれません）。

　また、字幕はアクセシビリティの観点からも非常に重要です。字幕がないビデオやオーディオは、目や耳にハンディキャップを負った人にとっては、内容を理解するのが難しいといえます。

　健常者にとっても、例えば、音を出せない環境（職場など、音を出すことで他人に迷惑をかける環境や、逆にうるさすぎて音が聞こえにくい環境など）でビデオやオーディオのコンテンツを再生したいときに字幕は役立ちます。また、英語コンテンツに日本語の字幕を付けたり、逆に、日本語コンテンツに英語の字幕を付けて世界に発信するといったシーンが想定されます。

　ただし、字幕表示の仕組みを各自が異なる方法で作らなければならない現状では、スクリーン・リーダーといった支援テクノロジーも対応できません。早く、track要素やTimed track APIといった標準仕様が確定し、ブラウザーに実装されることが望まれます。標準仕様が確定すれば、検索エンジンのロボットが字幕ファイルを解析して、ウェブに公開されたビデオやオーディオを、今よりも的確に検索できるようになる時代が来るかもしれません。

第 5 章

テキスト編集

通常のウェブ・ページ上のテキストを選択したときの情報を扱う Text Selection API、そして WISYWIG エディタのために考え出された Editing API が HTML5 で標準化されました。これらの API は、すでに最新のブラウザーには実装されており、すぐにでも利用可能な API です。本章ではこれら HTML5 で標準化された仕様を解説していきます。

第5章　テキスト編集

5.1 編集可能なドキュメントと要素

⌘ ウェブ・コンテンツのテキスト編集

　ウェブ・コンテンツのテキスト編集といえば、通常は、テキスト入力フィールドやテキストエリアを想像するでしょう。しかし、HTML5では、通常のコンテンツも編集できるようにするための仕組みが規定されています。

　編集できる範囲は、要素に限定することもできますし、ドキュメント全体にすることもできます。ここでは、それぞれの方法について解説していきます。

⌘ 要素を編集可能にする

　どの要素でもcontenteditableコンテンツ属性をマークアップすることで、その要素のコンテンツが編集可能になります。

⬇ contenteditableコンテンツ属性をマークアップしたp要素

```
<p contenteditable="true">この段落は編集することができます。</p>
```

⬇ 編集可能な状態のp要素

```
この段落は編集することができます。
```

　contenteditableコンテンツ属性には所定のキーワードを指定します。論理属性ではありませんので注意してください。

⬇ contenteditableコンテンツ属性に指定可能な値

キーワード	意味
contenteditable="true"	編集可能であることを意味します。
contenteditable="false"	編集不可であることを意味します。これがデフォルト値です。
contenteditable=""	空文字列を指定すると、"true"が指定されたと見なされ、編集可能であることを意味します。

　このように要素の編集可否については2つの状態が規定されていますが、ブラウザー内部では、"inherit"という状態を持っています。contenteditableコンテンツ属性が指定されていない要素はすべて

この"inherit"状態として扱われます。

"inherit"状態とは、親要素の編集可否の状態を継承することを意味します。つまり、もし親要素が編集可能であれば、その子要素も編集可能となります。

contenteditableコンテンツ属性に関連して、要素オブジェクトには2つのプロパティが規定されています。

▼ テキスト編集に関するプロパティ

element.contentEditable	該当の要素が編集可能かどうかを文字列で返します。編集可能であれば"true"を、編集不可であれば"false"を、継承の状態であれば"inherit"を返します。このプロパティに値をセットして編集可否をセットすることができます。
element.isContentEditable	該当の要素が編集可能ならtrueを、そうでなければfalseを返します。このプロパティは読み取り専用のため、値をセットすることはできません。

contentEditableプロパティは、JavaScriptのtrueやfalseといった真偽値ではなく、文字列を返しますので注意してください。値をセットするときも、文字列としてセットしてください。

次のサンプルは、もともとは編集できないp要素の段落を、ボタンを押すことで編集可能にします。また、その後、再びボタンを押すと、編集不可に戻します。

▼ サンプルの結果

```
この段落は編集することができます。

[保存]
```

▼ HTML

```
<p id="p"> この段落は編集することができます。</p>
<p><button> 編集 </button>
```

▼ スクリプト

```
document.addEventListener("DOMContentLoaded", function() {
  // button 要素に click イベントのリスナーをセット
  button = document.querySelector('button');
  button.addEventListener("click", function() {
    // p要素
    var p = document.querySelector('#p');
    // 編集可能かどうかで条件分岐
    if( p.isContentEditable == false ) {
```

第5章 テキスト編集

```
        // 編集不可なら編集可能に変更
        p.contentEditable = "true";
        // フォーカスを当てる
        p.focus();
        // ボタンの表記を変更
        button.textContent = " 保存 ";
    } else {
        // 編集可能なら編集不可に変更
        p.contentEditable = "false";
        // ボタンの表記を変更
        button.textContent = " 編集 ";
    }
  }, false);
}, false);
```

　このスクリプトから、isContentEditableプロパティとcontentEditableプロパティの使い方の違いに注目してください。

　isContentEditableプロパティはJavaScriptの真偽値を返します。そのため、次のような条件式を書くことができます。

⬇ isContentEditableプロパティを用いた条件式

```
if( p.isContentEditable == false ) {
```

　しかし、contentEditableプロパティは文字列として値を扱いますので、JavaScriptの真偽値であるtrueではなく、文字列としての"true"をセットしています。

⬇ contentEditableプロパティに値をセットする

```
p.contentEditable = "true";
```

　これは、Internet Explorer 9、Firefox 4.0、Opera 11、Safari 5.0、Chrome 9.0のいずれもサポートしています。

⌘ ドキュメント全体を編集可能にする

ドキュメント全体を編集可能にするためには、documentオブジェクトのdesignModeプロパティを使います。

⬇ ドキュメント全体を編集可能にするためのプロパティ

document.designMode	ドキュメントが編集可能かどうかを文字列で返します。編集可能であれば"on"を、編集不可であれば"off"を返します。このプロパティに値をセットして編集可否をセットすることができます。

要素と違い、マークアップではドキュメント全体を編集可能にすることはできませんので注意してください。

通常、メインのページ全体を編集可能にすることはないといっても良いでしょう。このdesignModeプロパティは、主にiframe要素やobject要素を使って組み込むコンテンツを編集可能にするために使います。

まずメインのページのHTMLにiframe要素を用意しておきます。

⬇ メインのページのHTML

```
<iframe src="edit.html" width="300" height="80"></iframe>
```

ここでは編集用のコンテンツとして、edit.htmlを組み込んでいます。edit.htmlのHTMLコードは次のようにします。

⬇ 編集対象のedit.htmlのHTMLコード

```
<!DOCTYPE html>
<html lang="ja">
<head>
<meta charset="UTF-8" />
<title></title>
<script>
window.onload = function() {
  document.designMode = "on";
};
</script>
</head>
<body></body>
</html>
```

edit.htmlは、body要素の中にコンテンツが何もないHTMLです。ただし、window.onloadイベント・ハンドラを使って、document.designModeプロパティの値を"on"にセットしています。こうすることで、edit.htmlがブラウザーにロードされたときには、edit.htmlのコンテンツが編集可能な状態になります。

⬇編集可能なiframe要素のコンテンツ

```
自由に文字を入力することができます。|
```

これは、あたかもtextarea要素で用意したテキストエリアかのようです。後ほど、この仕組みを使って、WISYWIGエディタの作り方を解説していきます。

5.2 Text Selection API

⌘ 選択したテキストの情報を取得する

　HTML5仕様では、ユーザーがウェブ・ページに表示されているテキストを選択したとき、そのテキストの情報を取得するためのAPIが規定されています。もともとはFirefoxに独自に実装されていたAPIですが、HTML5で正式にウェブ標準として仕様に盛り込まれました。2010年12月現在、最新のブラウザーであるInternet Explorer 9、Firefox 4.0、Opera 11、Safari 5.0、Chrome 9.0のいずれにもText Selection APIが実装されています。

　「Forms」の章の「テキストの選択状態」の節でもテキスト入力フィールドやテキスト・エリアでテキストを選択したときに使うAPIを解説しましたが、これもText Selection APIの一部です。しかし、ここで解説するText Selection APIは、それ以外の領域のテキストを選択した場合を扱います。

　次の図は、ウェブ・ページのテキストが選択された状態を表しています。

▼テキストが選択された状態

私は次の国に訪問したことがあります。
- アメリカ合衆国
- フランス共和国
- 大韓民国

⌘ 選択範囲を取り出す

　Text Selection APIでは、選択されたテキストの範囲をSelectionオブジェクトとして提供します。

▼選択範囲を取り出すためのメソッド

window.getSelection() document.getSelection()	選択されたテキストの範囲を表すSelectionオブジェクトを返します。また、toString()を使って、格納されたテキストの範囲を連結した文字列を得ることができます。

　Selectionオブジェクトは、windowオブジェクトのgetSelection()メソッドから取得します。ただし、これまでのブラウザーの実装状況を反映してdocumentオブジェクトにもgetSelection()メソッドが規定されています。HTML5仕様では、windowオブジェクトとdocumentオブジェクトのいずれのgetSelection()メソッドも、同じSelectionオブジェクトを返すこととしています。

　ところが、実際にはブラウザーによってdocumentオブジェクトのgetSelection()メソッドが返す値が

異なります。Internet Explorer 9、Safari 5.0、Chrome 9.0では、documentオブジェクトのgetSelection()メソッドは、windowオブジェクトのgetSelection()メソッドと同様にSelectionオブジェクトを返します。しかし、Firefox 4.0、Opera 11では、documentオブジェクトのgetSelection()メソッドは、Selectionオブジェクトではなく、選択された文字列そのものをString型で返します。そのため、ブラウザーの互換性を考慮するなら、documentオブジェクトのgetSelection()メソッドは使わない方が良いでしょう。

　Selectionオブジェクトは、選択されたテキストの情報を扱うためのさまざまなメソッドやプロパティが規定されていますが、toString()を通すことで、そのテキスト情報を簡単に取得することができます。

　次のサンプルは、マウスを使ってテキストを選択すると、選択されたテキストの範囲をアラート表示します。

▼ サンプルの実行結果（Firefox 4.0）

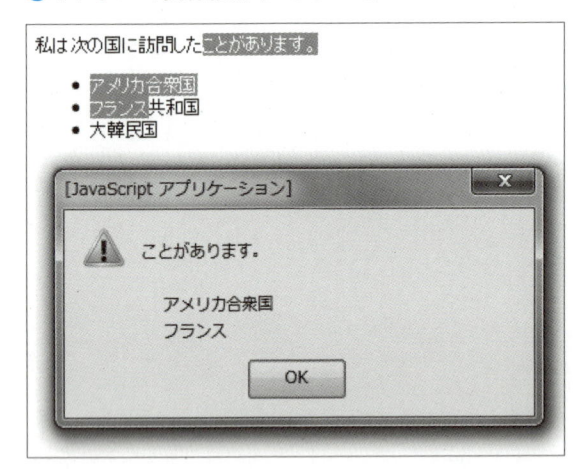

▼ HTML

```
<p> 私は次の国に訪問したことがあります。</p>
<ul>
   <li> アメリカ合衆国 </li>
   <li> フランス共和国 </li>
   <li> 大韓民国 </li>
</ul>
```

スクリプト

```
document.addEventListener("DOMContentLoaded", function() {
  // document オブジェクトに select イベントのリスナーをセット
  document.addEventListener("mouseup", function() {
    // Selection オブジェクト
    var selection = window.getSelection();
    // 選択されたテキスト
    var text = selection.toString();
    // 選択されたテキストをアラート表示
    if( text ) {
      alert( text );
    }
  }, false);
}, false);
```

このサンプルでは、documentオブジェクトにmouseupイベントのリスナーをセットしています。マウス・ボタンを押して、それを離したときに、選択されたテキストを調べて、その内容をアラート表示しています。

まずは、windowオブジェクトのgetSelection()メソッドからSelectionオブジェクトを取得します。そして、SelectionオブジェクトにtoString()メソッドを適用して、選択されたテキストをString型の値として取得しています。

ところが、現状、SelectionオブジェクトからtoString()メソッドを適用して得られるテキストは、ブラウザー間の互換性がありません。特に、改行、タブなどの扱いがブラウザーによって異なります。

先ほどご覧頂いたFirefox 4.0が返すテキストは、あたかも、ページに表示されているレイアウトに合わせる形で改行やタブを挿入します。これは、Internet Explorer 9とOpera 11も同様です。

Opera 11の場合

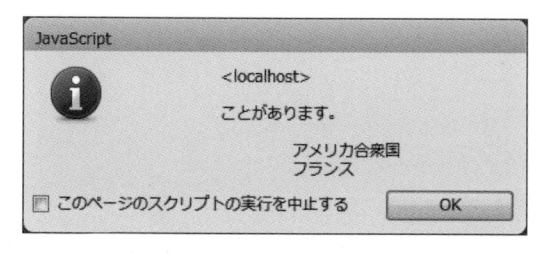

Chrome 9.0とSafari 5.0では、改行は挿入されているものの、タブが挿入されることはありません。

第 5 章　テキスト編集

🔽 Chrome 9.0 の場合

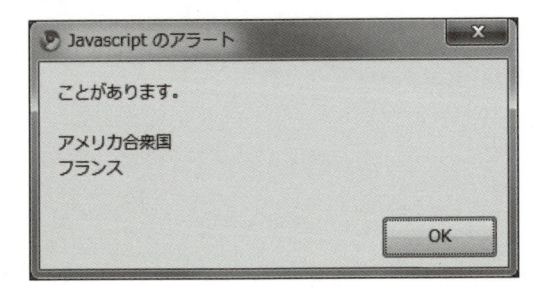

このように、いずれのブラウザーも、純粋にテキストだけを抽出して連結したものを返すわけではありませんので注意してください。とはいえ、これらの差異を知っておけば、手っ取り早く選択されたテキストを取り出す手段として役に立つでしょう。

⌘ 複数の範囲を選択する

先ほどはSelectionオブジェクトからテキストを簡単に抽出する方法を解説しましたが、以降はSelectionオブジェクトに規定されているメソッドやプロパティを解説していきます。これらの手段を使うことで、さらに詳細な選択テキストの情報を取得したり、逆に、選択するテキストをスクリプトから制御することもできます。

まずは、Selectionオブジェクトが持っている情報は何なのかを理解しておきましょう。テキストを選択状態にしたとき、その範囲とは通常は1つです。ところが、必ずしも1つとは限りません。Firefox 4.0では複数のテキストの範囲を同時に選択することが可能です。Window版ならCtrlキーを押しながら、Mac OS X版であればcommandキーを押しながらマウスでテキストを選択することで、複数の範囲を同時に選択状態にすることができます。

🔽 Firefox 4.0 で複数の範囲を選択した状態

Selectionオブジェクトは、その時点における選択状態の情報をまとめて格納しています。これを前提に、SelectionオブジェクトのAPIをご覧ください。

　HTML5のText Selection APIは、W3Cが策定したDOM Level 2 Traversal and Rangeと呼ばれる仕様で規定されているRangeというオブジェクト・モデルに基づいています。

- Document Object Model (DOM) Level 2 Traversal and Range Specification
  http://www.w3.org/TR/DOM-Level-2-Traversal-Range/

　この仕様は、テキストの選択範囲が要素をまたがる場合も想定し、その選択状況を把握したり、状態を操作するAPIを提供します。HTML5のText Selection APIは、このRangeオブジェクトを容易に扱うためのメソッドやプロパティを規定したものなのです。もし、さらにきめ細かな操作をしたい場合は、SelectionオブジェクトのgetRange()メソッドを使って、Rangeオブジェクトを取得し、そのRangeオブジェクトに規定されたAPIを操作することになります。Rangeオブジェクトについては本書では触れませんので、詳細は、前述の仕様書を参考にしてください。

　では、Selectionオブジェクトに規定されたAPIの詳細を見ていきましょう。

選択範囲の開始位置と終了位置

選択範囲の開始位置と終了位置に関するプロパティ

selection.isCollapsed	何も選択されていなければtrueを、何か選択されていればfalseを返します。このプロパティは読み取り専用ですので、値をセットすることはできません。
selection.anchorNode	選択範囲の開始位置を含んだDOMノードのオブジェクトを返します。何も選択されていなければnullを返します。このプロパティは読み取り専用ですので、値をセットすることはできません。選択範囲が複数存在する場合は、最後の選択範囲が対象となります。
selection.anchorOffset	選択範囲の開始位置を含んだDOMノードから見て、その選択範囲の開始位置のオフセット値を返します。何も選択されていなければ0を返します。このプロパティは読み取り専用ですので、値をセットすることはできません。選択範囲が複数存在する場合は、最後の選択範囲が対象となります。
selection.focusNode	選択範囲の終了位置を含んだDOMノードのオブジェクトを返します。何も選択されていなければnullを返します。このプロパティは読み取り専用ですので、値をセットすることはできません。選択範囲が複数存在する場合は、最後の選択範囲が対象となります。
selection.focusOffset	選択範囲の終了位置を含んだDOMノードから見て、その選択範囲の終了位置のオフセット値を返します。何も選択されていなければ0を返します。このプロパティは読み取り専用ですので、値をセットすることはできません。選択範囲が複数存在する場合は、最後の選択範囲が対象となります。

選択範囲というのは、必ずしも1つの要素の中にマークアップされたテキストに収まるとは限りません。次のマークアップを想定しましょう。

HTML

```
<p>私は次の国に訪問したことがあります。</p>
<ul>
   <li>アメリカ合衆国</li>
   <li>フランス共和国</li>
   <li>大韓民国</li>
</ul>
```

このコンテンツを次のように選択したとしましょう。

テキストが選択された状態

この選択範囲は、p要素のテキストの途中から始まり、2つ目のli要素のテキストの途中で終わっています。このような状態において、開始位置のDOMノードを取り出すにはanchorNodeプロパティを、終了位置のDOMノードを取り出すにはfocusNodeプロパティを使います。

しかし、取り出せる値にDOMノードという用語を使っているには理由があります。これらのプロパティから得られるノードは要素ノードとは限らないからです。実は、この状況で取得できるノードとは、テキスト・ノードになります。通常、マウスを使ってテキストを選択した場合は、テキスト・ノードのオブジェクトのテキストを選択したことになりますので、anchorNodeプロパティとfocusNodeプロパティは、該当のテキスト・ノードのオブジェクトを返すことになります。p要素やli要素のオブジェクトではありませんので注意してください。

この例では、anchorNodeプロパティは、「私は次の国に訪問したことがあります。」に相当するテキスト・ノード・オブジェクトを返します。そして、focusNodeプロパティは「フランス共和国」に相当するテキスト・ノード・オブジェクトを返します。

次に、選択範囲の開始位置が、anchorNodeプロパティが返すテキスト・ノードから見て、どの位置に相当するのかを返すのがanchorOffsetプロパティです。この例では、「私は次の国に訪問したことがあります。」から見て10文字目を超えた位置から選択されていますので、anchorOffsetプロパティは10を返します。

選択範囲の終了位置が、focusNodeプロパティが返すテキスト・ノードから見て、どの位置に相当するのかを返すのがfocusOffsetプロパティです。この例では、「フランス共和国」から見て4文字目までが選択されていますので、focusOffsetプロパティは4を返します。

スクリプト

```
scripts/anchorNode.html
// document オブジェクトに mouseup イベントのリスナーをセット
document.addEventListener("mouseup", function() {
  // Selection オブジェクト
  var selection = window.getSelection();
  // 何も選択されていなければ終了
  if( selection.isCollapsed == true ) { return; }
  // 選択範囲の開始位置を含むテキスト・ノード
  var anchor_node = selection.anchorNode;
  // 選択範囲の開始位置
  var anchor_offset = selection.anchorOffset;
  // 選択範囲の終了位置を含むテキスト・ノード
  var focus_node = selection.focusNode;
  // 選択範囲の終了位置
  var focus_offset = selection.focusOffset;
  // 選択範囲の結果を表示
  var msg = anchor_node.nodeValue + "(" + anchor_offset + ")\n";
  msg += focus_node.nodeValue + "(" + focus_offset + ")";
  alert(msg);
}, false);
```

このサンプルは、マウス・ボタンを押してから放した時点で、選択されたテキストの情報をアラート表示します。ただし、何も選択されていなければ、アラート表示されません。それを判定するために、SelectionオブジェクトのisCollapsedプロパティを使っています。isCollapsedプロパティは、何も選択されていなければtrueを返しますので、その場合は処理を終了しています。

もし何か選択されていれば、SelectionオブジェクトのanchorNodeプロパティからテキスト・ノード・オブジェクトを取り出し、そのテキストの内容を、nodeValueプロパティを使ってアラート・ウィンドウに表示させています。テキストの終了位置も同様です。また、テキスト・ノードが表すテキストの後ろには、括弧内に、SelectionオブジェクトのanchorOffsetプロパティとfocusOffsetプロパティから得られた開始位置と終了位置を表示します。

第5章　テキスト編集

サンプルの結果

(画像：リストと、「私は次の国に訪問したことがあります。(10) フランス共和国(4)」と表示されたJavaScriptアプリケーションダイアログ)

⌘選択範囲のセットと削除

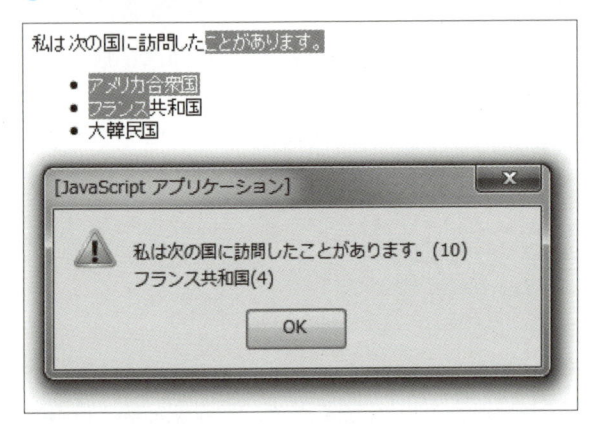

選択範囲のセットと削除に関するメソッド

selection.selectAllChildren(parentNode)	現在の選択範囲を、引数に指定した要素の中にあるテキストの全範囲に変更します。
selection.deleteFromDocument()	現在の選択範囲を削除します。

　SelectionオブジェクトのselectAllChildren()メソッドは、引数に要素のオブジェクトを指定すると、その配下にあるテキストすべてを選択状態にします。引数に指定する要素は、必ずしも、テキストしか含んでいない要素である必要はありません。

　次のサンプルはul要素とli要素を使ってリストをマークアップしたものです。SelectionオブジェクトのselectAllChildren()にul要素のオブジェクトを引き渡すことで、リストすべてのテキストを選択状態にしています。

サンプルの結果

(画像：アメリカ合衆国、フランス共和国、大韓民国のリストと「選択」ボタン)

472　徹底解説　HTML5APIガイドブック　ビジュアル系API編

HTML

```html
<ul>
  <li> アメリカ合衆国 </li>
  <li> フランス共和国 </li>
  <li> 大韓民国 </li>
</ul>
<p><button> 選択 </button>
```

スクリプト

```javascript
document.addEventListener("DOMContentLoaded", function() {
  // button 要素に click イベントのリスナーをセット
  button = document.querySelector('button');
  button.addEventListener("click", function() {
    // ul 要素
    var ul = document.querySelector('ul');
    // Selection オブジェクト
    var selection = window.getSelection();
    // ul 要素のテキストのすべてを選択状態にする
    selection.selectAllChildren(ul);
  }, false);
}, false);
```

⌘ 選択範囲を解除してキャレット位置を移動する

⬇ 選択範囲を解除してキャレット位置を移動するためのメソッド

selection.collapse(parentNode, offset)	現在の選択範囲を解除します。そしてDOMノードparentNodeに開始位置と終了位置がともにoffsetの位置となる選択範囲をセットします。つまり実質的に空の選択範囲が作られ、キャレットの位置を指定の位置にセットすることになります。
selection.collapseToStart()	現在の選択範囲の終了位置を開始位置と同じにして、選択範囲を空にします。実質的に、キャレットの位置を選択されていた範囲の開始位置にセットすることになります。
selection.collapseToEnd()	現在の選択範囲の開始位置を終了位置と同じにして、選択範囲を空にします。実質的に、キャレットの位置を選択されていた範囲の終了位置にセットすることになります。

　Selectonオブジェクトには選択された範囲の長さを0にするメソッドが用意されています。選択された範囲を削除するのではありませんので注意してください。

　選択範囲の長さを0にするという処理は、結果的にキャレットの位置を移動することにつながります。どの位置にキャレットを移動するかによって、使うメソッドが異なります。

　collapse()メソッドは、現在の選択範囲の有無にかかわらず、明示的に指定位置にキャレットを移動します。collapse()メソッドの第一引数にはキャレットを置きたい位置を含んだテキスト・ノード・オブジェクトを、第二引数には、第一引数に指定したテキストから見て、どの位置にキャレットを置きたいかを指定します。

　次のサンプルにはp要素でマークアップされた段落が1つあります。編集ボタンを押すと、その段落のテキストが編集可能になり、キャレットの位置が4つ目の文字の後ろに置かれます。その後、保存ボタンを押すと、p要素が編集可能な状態から編集できない状態に戻ります。

⬇ 編集前

私は次の国に訪問したことがあります。
[編集]

⬇ 編集中

私は次の|国に訪問したことがあります。
[保存]

HTML

```
<p id="p"> 私は次の国に訪問したことがあります。</p>
<p><button> 編集 </button>
```

スクリプト

```
document.addEventListener("DOMContentLoaded", function() {
  // button 要素に click イベントのリスナーをセット
  button = document.querySelector('button');
  button.addEventListener("click", function() {
    // p 要素
    var p = document.querySelector('#p');
    // 編集可能かどうかで条件分岐
    if( p.contentEditable == "false" ) {
      // 編集不可なら編集可能に変更
      p.contentEditable = "true";
      // Selection オブジェクト
      var selection = window.getSelection();
      // p 要素のテキストすべてを選択状態にする
      selection.selectAllChildren(p);
      // キャレットの位置を 4 番目の文字の次に置く
      selection.collapse(p.firstChild, 4);
      // ボタンの表記を変更
      button.textContent = " 保存 ";
    } else {
      // 編集可能なら編集不可に変更
      p.contentEditable = "false";
      // ボタンの表記を変更
      button.textContent = " 編集 ";
    }
  }, false);
}, false);
```

　このサンプルでは、collapse()メソッドの第一引数にp要素の中にあるテキストを表すテキスト・ノード・オブジェクト（p.firstChild）を、第二引数に4を引き渡しています。これによって、p要素の中のテキストのうち、4番目の文字の後ろにキャレットが置かれることになります。

　collapse()メソッドは、あくまでも呼び出す前に存在していた選択範囲を置き換えるものです。もし何も選択されていない状態でcollapse()メソッドを呼び出しても、何も起こりません。このサンプルでは、SelectionオブジェクトのselectAllChildren()を事前に呼び出すことで、一旦、p要素のテキストすべてを選択状態にして、選択範囲を事前に作っています。

キャレットが存在している状態は、見た目は何も選択されていないように感じるかもしれません。しかし、実際には文字数が0の選択範囲がキャレット位置に存在しています。もし文字数が0の選択範囲が存在しないと、キャレットも表示されないことになります。

このサンプルのcollapse()メソッドをcollapseToStart()に置き換えると、p要素のテキストの先頭にキャレットが置かれます。また、collapseToEnd()に置き換えると、p要素のテキストの最後にキャレットが置かれます。

複数の選択範囲を扱う

複数の選択範囲を扱うためのプロパティ・メソッド

selection.rangeCount	選択範囲の数を返します。このプロパティは読み取り専用ですので、値をセットすることはできません。
selection.getRangeAt(index)	index番目に格納されている選択範囲を表すrangeオブジェクトを返します。indexは0から数えます。
selection.addRange(range)	引数にrangeオブジェクトを与えると、その範囲を現在の選択範囲のリストに追加します。
selection.removeRange(range)	引数に指定したrangeオブジェクトに相当する範囲を、現在の選択範囲リストから削除します。
selection.removeAllRanges()	現在の選択範囲リストにあるすべての選択範囲を削除します。

Firefoxでは、同時に複数のテキストの範囲を選択することができるのは前述の通りですが、Selectionオブジェクトには、その個々の範囲を扱うためのメソッドやプロパティが規定されています。

選択範囲の情報は、Rangeオブジェクトという形でブラウザーに保存されています。SelectionオブジェクトのgetRangeAt()メソッドを使って、その個々の選択範囲を表すRangeオブジェクトを取得することができます。このRangeオブジェクトは、前述のDOM Level 2 Traversal and Rangeという仕様で規定されたオブジェクトに相当します。ただし、ここでは、Rangeオブジェクトが何かを気にする必要はありません。このRangeオブジェクトは、addRange()メソッドやremoveRange()メソッドの引数に必要なオブジェクトであることだけを知っていれば十分です。

通常、テキスト編集を伴うウェブ・アプリケーションを作るときには、選択範囲は1つという前提で作ることが多いでしょう。ここでは、Firefoxなど、テキストを複数選択できてしまうブラウザーに対して、1つの範囲しか選択できないよう制限するサンプルをご覧頂きましょう。

HTML

```
<p contenteditable="true">この段落は編集することができます。</p>
```

スクリプト

```
document.addEventListener("DOMContentLoaded", function() {
  // p要素にmouseupイベントのリスナーをセット
  p = document.querySelector('p[contenteditable="true"]');
  p.addEventListener("mouseup", function() {
    // Selectionオブジェクト
    var selection = window.getSelection();
    // 選択範囲の数
    var n = selection.rangeCount;
    // もし選択範囲が1つ以下なら終了
    if( n <= 1 ) { return; }
    // 最後の選択範囲
    var range = selection.getRangeAt(n-1);
    // 最後の選択範囲を削除
    selection.removeRange(range);
  }, false);
}, false);
```

このスクリプトでは、編集可能なp要素に対して、mouseupイベントのリスナーをセットしています。通常、マウスでテキストを選択する場合、マウス・ボタンを戻したときがテキスト選択の確定を表すからです。

テキストを選択してからマウス・ボタンが戻されると、まず、SelectionオブジェクトのrangeCountプロパティから選択範囲の数を調べます。

選択範囲の数を調べる

```
// 選択範囲の数
var n = selection.rangeCount;
```

もしその数が1以下であれば終了します。終了しなければ、選択範囲が2つ以上存在していることになります。

次に、SelectionオブジェクトのgetRangeAt()メソッドから、最後の選択範囲を表すRangeオブジェクトを取り出します。

第5章　テキスト編集

🔽最後の選択範囲を取り出す

```
// 最後の選択範囲
var range = selection.getRangeAt(n-1);
```

　getRangeAt()メソッドに与える引数は0から数えたインデックス番号ですので、選択範囲を表すnから1を引いた値を指定します。最後に該当のRangeオブジェクトをremoveRange()メソッドの引数に与えれば、該当の選択範囲が解除されます。

🔽選択範囲を解除する

```
// 最後の選択範囲を削除
selection.removeRange(range);
```

　これで、Firefoxなどの複数のテキスト範囲を選択できるブラウザーでは、もし2つ目の範囲を選択しようとしても、すぐに解除されてしまい、結果的に1つの範囲しか選択できないようになります。

5.3 Editing API

⌘ WISYWIGエディタを実現するEditing API

みなさんは、WISYWIGエディタという言葉を聞いたことがあることでしょう。WISYWIGエディタとは、ウェブ・ページ上でテキスト編集を行う仕組みですが、テキストを太字にしたりイタリックにしたり、リストを作ったりと、あたかもワード・プロセッサーかのような機能を提供します。すでに、多くのJavaScriptライブラリーが存在し、誰でも自身のサイトにWISYWIGエディタを組み込んで、textarea要素を次のようなユーザー・インタフェースを伴ったテキスト編集エリアにしてくれます。

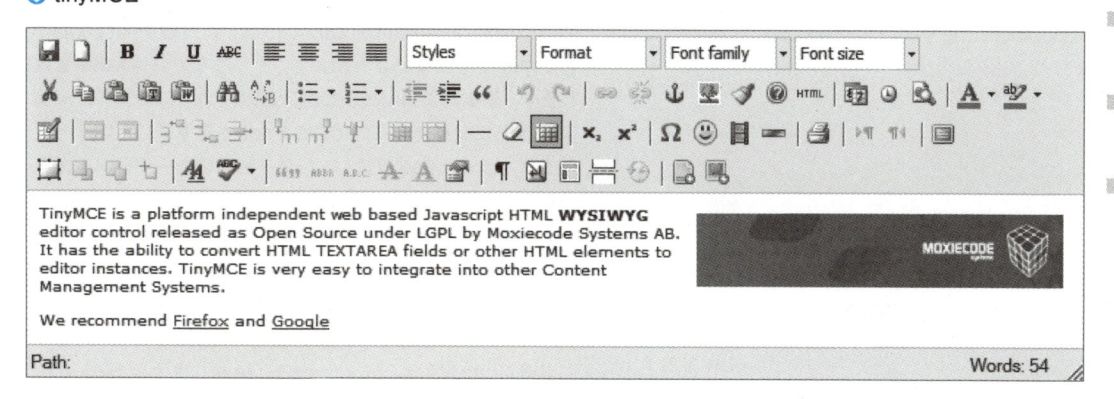

🔹 tinyMCE

http://tinymce.moxiecode.com/

機能の豊富さはさまざまですが、今では、さまざまなサイトやウェブ・アプリケーションでWISYWIGエディタが使われています。

HTML5は、このようなWISYWIGエディタをウェブ標準のAPIで作れるよう、Editing APIを規定しました。前述のText Selection APIと組み合わせることで、とても簡単にオリジナルのWISYWIGエディタを作ることができるようになります。

このEditing APIは、もともとはInternet Explorerに実装されていた機能です。その後、いくつかのブラウザー・ベンダーが同様の機能を追随して実装してきた経緯があります。2010年12月現在で最新版となるInternet Explorer 9、Firefox 4.0、Opera 11、Safari 5.0、Chrome 9.0にはすでに実装されています。

まずは、Editing APIで規定されているメソッドをご覧ください。

第5章　テキスト編集

🔵 Editing APIで規定されているメソッド

document.execCommand(commandID) document.execCommand(commandID, showUI) document.execCommand(commandID, showUI, value)	第一引数commandIDに指定したコマンドを、現在のテキストの選択範囲に対して実行します。第二引数と第三引数は、第一引数に指定したcomanndIDに依存します。通常、第二引数は、コマンドに対応したユーザー・インタフェースを表示するかどうかを表す真偽値（trueまたはfalse）を指定します。第三引数は、コマンドが必要とする追加情報を指定します。
document.queryCommandSupported(commandID)	引数に指定したcommandIDに相当する処理をブラウザーがサポートしていればtrueを、そうでなければfalseを返します。
document.queryCommandEnabled(commandID)	引数に指定したcommandIDに相当する処理が、このメソッドを呼び出したときに実行可能ならtrueを、そうでなければfalseを返します。
document.queryCommandIndeterm(commandID)	引数に指定したcommandIDに相当する処理が実行可能かどうか確定できないならtrueを、そうでなければfalseを返します。基本的にHTML5仕様で規定されたコマンドは未確定の状態になりませんので、必ずfalseを返すことになっています。commandIDに、ベンダー独自のキーワードを指定したときに異なる値を返すことが想定されます。2010年12月現在、Opera 11はこのメソッドをサポートしていませんが、それ以外のブラウザーはすべてサポートしています。
document.queryCommandState(commandID)	引数に指定したcommandIDに相当する処理を実行するに当たり、何かしらの状態をtrueまたはfalseで返します。この意味は、指定したcommandIDに依存します。ほとんどのコマンドでは、このメソッドに意味はなく、常にfalseを返すことと規定されていますが、commandIDがbold、italic、subscript、superscriptの場合にのみ、所定の状態に応じて真偽値のtrueまたはfalseを返すこととされています（詳細は後述）。
document.queryCommandValue(commandID)	引数に指定したcommandIDに相当する処理を実行するに当たり、何かしらの値を返します。この意味は、指定したcommandIDに依存します。ほとんどのコマンドでは、このメソッドに意味はなく、常に文字列 "false" を返すことと規定されていますが、commandIDがbold、italic、subscript、superscriptの場合にのみ、queryCommandState()メソッドの値に連動した文字列 "true" または "false" を返すことになっています（詳細は後述）。2010年12月現在、Chrome 9.0が仕様に完全に準拠しています。Internet Explorer 9もこのメソッドをサポートしていますが、文字列ではなく真偽値として返します。Firefox 4.0、Opera 11は常に空文字列を返し、Safari 5.0は常に真偽値のfalseを返します。

これらのメソッドには、いずれも、第一引数にcommandIDと呼ばれるコマンドを表すキーワードを指定しなければいけません。commandIDに指定できるキーワードはHTML5仕様で定められています。

例えば、commandIDとして"bold"をexecCommand()メソッドの第一引数に指定すると、そのときに選択されていたテキストの範囲が太字になります。このように、WISYWIG エディタに必要な機能がcommandIDとして一通り規定されています。

では、選択されたテキストの範囲を太字にするだけの簡単なサンプルを見ていきましょう。

Editing APIは、旧来からブラウザーに独自に実装されてきたこともあり、互換性がないのが実情です。特にFirefoxは他のブラウザーと大きく異なる点がありますので、その点も踏まえて解説していきます。

サンプルの結果 (Chrome 9.0)

このサンプルは、左側のテキスト入力エリアと、右側の結果表示エリアがあります。その間にボタンが用意されています。左側のテキスト入力エリアでテキストを選択状態にしてからボタンを押すと、右側の結果表示エリアにHTML化したテキストを表示します。

左側のテキスト入力エリアはiframe要素です。そして、右側の結果表示エリアはtextarea要素です。

HTML

```
<iframe src="edit.html" width="300" height="80"></iframe>
<button>太字</button>
<textarea rows="3" cols="60"></textarea>
```

iframe要素のsrcコンテンツ属性にedit.htmlをセットしていますが、これはbody要素の中に何もコンテンツがないHTMLです。

iframe要素のコンテンツとなるHTML

```
<!DOCTYPE html>
<html lang="ja">
<head>
<meta charset="UTF-8" />
<title></title>
</head>
<body></body>
</html>
```

第5章　テキスト編集

では、スクリプトの全体をご覧ください。

スクリプト

```javascript
window.addEventListener("load", function() {
  // 適用する comamndID を定義
  var command_id = "bold";
  // iframe 要素
  var iframe = document.querySelector('iframe');
  // iframe 要素のコンテンツの window オブジェクトと document オブジェクト
  var win = iframe.contentWindow;
  var doc = win.document;
  // iframe 要素のコンテンツを編集可能にセット
  doc.designMode = "on";
  // textarea 要素
  var textarea = document.querySelector('textarea');
  // button 要素に click イベントのリスナーをセット
  document.querySelector('button').addEventListener("click", function() {
    // Selection オブジェクト
    var selection = win.getSelection();
    // 選択範囲がなければ終了
    if( selection.rangeCount == 0 ) { return; }
    // ブラウザーが commandID に "bold" をサポートしているかをチェック
    var supported = true;
    try {
      supported = doc.queryCommandSupported(command_id);
    } catch(e) {};
    if( supported == false ) { return; }
    // 現在利用可能かどうかをチェック
    try {
      supported = doc.queryCommandEnabled(command_id);
    } catch(e) {};
    if( supported == false ) { return; }
    // 選択範囲を太字に変更
    doc.execCommand(command_id, false, null);
    // textarea 要素に値をセット
    textarea.value = doc.body.innerHTML;
    // iframe 要素のコンテンツにフォーカスを戻す
    iframe.focus();
  }, false);
}, false);
```

このスクリプトでは、document オブジェクトの DOMContentLoaded イベントに対してリスナーを

セットするのではなく、windowオブジェクトにloadイベントのリスナーをセットしている点に注目してください。

⬇ windowオブジェクトにloadイベントのリスナーをセットする

```
window.addEventListener("load", function() {
```

このサンプルはiframe要素に組み込まれるHTMLがロードされるまで処理を待つ必要があります。documentオブジェクトのDOMContentLoadedイベントが発生するときには、まだiframe要素のsrcコンテンツ属性に指定したedit.htmlが読み込まれておらず、処理を進めることができませんので注意してください。

ページがロードされたら、まず、commandIDを定義しています。このサンプルでは太字を使いたいため、"bold"を定義しておきます。

⬇ commandIDを定義する

```
// 適用する comamndID を定義
var command_id = "bold";
```

このサンプルでは、iframe要素が編集エリアの役割を果たします。そのため、事前にiframe要素が作るwindowオブジェクトとdocumentオブジェクトを取得しておきます。

⬇ windowオブジェクトとdocumentオブジェクトを取得する

```
// iframe 要素のコンテンツの window オブジェクトと document オブジェクト
var win = iframe.contentWindow;
var doc = win.document;
```

以降は、Editing APIのメソッドを使うときは、このiframe要素のdocumentオブジェクト（変数doc）を使います。

次に、iframe要素のコンテンツを編集可能にしなければいけません。そのため、ここでは、iframe要素のdocumentオブジェクト（変数doc）のdesignModeプロパティに"on"をセットしています。

⬇ iframe要素のコンテンツを編集可能にする

```
// iframe 要素のコンテンツを編集可能にセット
doc.designMode = "on";
```

これで、iframe要素の中は、あたかもtextarea要素で作ったテキストエリアのような状態になり、自由に文字を入力できるようになります。

このスクリプトでは、ボタンに対してclickイベントのリスナーをセットしています。

clickイベントのリスナーをセットする

```
button.addEventListener("click", function() {
  ...
}, false);
```

ボタンが押されたら、iframe要素のwindowオブジェクト（変数win）のgetSelection()メソッドを使ってSelectionオブジェクトを取得します。そして、SelectionオブジェクトのrangeCountプロパティから、選択範囲またはキャレットが存在しているかどうかをチェックします。もし、選択範囲もキャレットもなければ終了します。

選択範囲またはキャレットが存在しているかどうかをチェックする

```
// Selectionオブジェクト
var selection = win.getSelection();
// 選択範囲がなければ終了
if( selection.rangeCount == 0 ) { return; }
```

次に、queryCommandSupported()メソッドを使って、コマンド"bold"がブラウザーにサポートされているかどうかをチェックします。ただし、ここではFirefox対策を施しています。

コマンド"bold"がサポートされているかどうかをチェックする

```
// ブラウザーがcommandIDに "bold" をサポートしているかをチェック
var supported = true;
try {
  supported = doc.queryCommandSupported(command_id);
} catch(e) {};
if( supported == false ) { return; }
```

2010年12月現在、Firefox 4.0にはqueryCommandSupported()メソッドが存在しているものの、いざ呼び出すとJavaScriptエラーになってしまいます。そのため、ここではJavaScriptエラーが発生しても処理が終了してしまわないよう、try-catch文を使っています。Firefox 4.0では、結果的に、コマンド"bold"がブラウザーにサポートされているかどうかをチェックしないことになりますが、他のブラウザーではチェックすることになります。

次に、queryCommandEnabled()メソッドを使って、コマンド"bold"が現在利用可能な状態かどうかをチェックします。

● コマンド"bold"が現在利用可能な状態かどうかをチェックする

```
// 現在利用可能かどうかをチェック
try {
  supported = doc.queryCommandEnabled(command_id);
} catch(e) {};
if( supported == false ) { return; }
```

queryCommandEnabled()メソッドは、その時点で、選択されているテキストの範囲に対して、実際に"bold"が適用できるのかどうかを判定してくれます。

2010年12月現在、Firefox 4.0にはqueryCommandEnabled()メソッドが存在しているものの、もしサポートしていないコマンドを引数に指定するとJavaScriptエラーになってしまいます。そのため、ここでも、try-catch文を使っています。

以上で選択テキストを太字にする準備はできました。次はexecCommand()メソッドを使って、選択テキストを太字にするだけです。

● 選択テキストを太字にする

```
// 選択範囲を太字に変更
doc.execCommand(command_id, false, null);
```

このサンプルでは、execCommand()メソッドに第二引数と第三引数を指定しています。本来は、commandIDが"bold"のとき、これらの引数は不要です。ここで第二引数と第三引数をあえて指定しているのはFirefox対策です。HTML5仕様では、第一引数に指定したcommandIDが第二引数と第三引数を必要としていない場合は省略しても良いことになっています。実際に、Firefox以外のブラウザーでは省略することが可能です。しかし、Firefoxでこれらの引数を省略してしまうとJavaScriptエラーになってしまいます。そのため、あえて、第二引数にfalseを、第三引数にnullを指定しています。HTML5仕様では、第二引数と第三引数が不要な場合、もし指定されたとしても無視するだけとしていますので、他のブラウザーに対して問題が発生することはありません。

これで、選択テキストが無事に太字になりました。最後に、iframe要素内のテキストが実際にどのようなマークアップになっているのかをtextarea要素に書き出します。

第5章　テキスト編集

🔽 **textarea要素に書き出す**

```
// textarea要素に値をセット
textarea.value = doc.body.innerHTML;
```

このように、iframe要素のdocumentオブジェクトのbodyプロパティからinnerHTMLプロパティを使えば、テキスト編集後のHTMLコードを取得することができます。

最後に大事な処理が残っています。それはフォーカスを戻すことです。

🔽 **フォーカスを戻す**

```
// iframe要素のコンテンツにフォーカスを戻す
iframe.focus();
```

これまでの一連の処理は、ボタンが押されたときに実行されるわけですが、そのとき、フォーカスがボタンに移ってしまいます。実際にWISYWIGエディタとして使う場合、フォーカスがボタンに移ってしまうと使いづらくなります。そのため、最後にiframe要素に対してfocus()メソッドを呼び出して、フォーカスを戻しているのです。

⌘生成されるHTMLコード

これまでスクリプトにおけるブラウザーの互換性対策の話をしてきましたが、Editing APIで作られるHTMLコードにも互換性がありません。先ほどご覧頂いたChrome 9.0の結果は、HTML5仕様に準拠していますが、旧来からEditing APIを実装していたブラウザーでは、その結果が大きく異なります。

Safari 5.0はChrome 9.0と結果が同じです。つまり、HTML5仕様に準拠しています。"bold"を適用したテキストの範囲は、b要素の開始タグと終了タグで囲まれることになります。

🔽 **Safari 5.0の場合**

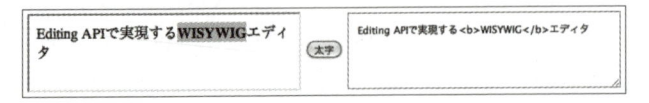

Editing APIの元祖であるInternet Explorerでは"bold"を適用したテキストの範囲は、strong要素の開始タグと終了タグで囲まれることになります。

🔽 **Internet Explorer 9の場合**

Opera 11では、Internet Explorer 9と同様に、"bold"が適用されたテキストの範囲は、strong要素の開始タグと終了タグで囲まれることになります。

● Opera 11の場合

では、最後にFirefox 4.0の結果を見てみましょう。

● Firefox 4.0の場合

Firefox 4.0では、span要素を使って選択テキストがマークアップされてしまいます。そして、styleコンテンツ属性にインライン・スタイルを定義することで太字にします。Mozillaは、当時、Internet Explorerを参考に実装したにも関わらず、意図的にInternet Explorerとは異なる実装をしたのです。

WISYWIGエディタという用途でテキストを太字にする場合、そのセマンティクス（意味）をブラウザーが解釈するのは難しいといえます。つまり、同じ太字にするにも、strong要素の方が適しているのか、それともb要素の方が適しているのかを判断することはできません。

結局のところ、Mozillaは、見た目だけを太字にするのであれば、CSSを適用するのが妥当と考えたのでしょう。これは、当時としては理にかなった決断だったといえるのではないでしょうか。

以上の通り、Editing APIによって生成されるHTMLコードは、ブラウザーによって異なります。HTML5仕様にはある程度の指針は規定されていますが、すべてのブラウザーで結果が全く同じになるほどの詳細まで規定されていません。ここで紹介したboldコマンドだけでなく、他のコマンドでも差異が発生します。Editing APIを使ったWISYWIGエディタを作る場合には、生成されるHTMLコードに差異があること前提としなければいけない点に留意してください。

❖ iframe要素を採用する理由

先ほどのサンプルは編集領域にiframe要素を使っています。しかし、すでにここまで読み進めた読者であれば、わざわざiframe要素を使うのではなく、contenteditableコンテンツ属性に"true"をセットしたdiv要素で簡単に実現できるのではないかと思われたのではないでしょうか。

確かに先ほどのサンプルは、contenteditableコンテンツ属性に"true"をセットしたdiv要素で代用することが可能です。しかし、あえてiframe要素を採用したのは、次の3つの理由からです。

1つ目の理由は、contenteditableコンテンツ属性に"true"をセットしたdiv要素で編集領域を作ると、

Safari 5.0がクラッシュしてしまうからです。コンテンツが空で編集可能にしたdiv要素に対して文字を入力し、その後、テキストを選択した上でexecCommand()メソッドを実行すると、ブラウザーが強制終了してしまう現象に見舞われます。そのため、現状では、iframe要素を使う方式でないと、Safariを救済することができません。

2つ目の理由はセキュリティーです。仮にSafariが将来的にクラッシュの問題を解決したとしましょう。それでも問題が残ります。Editing APIではさまざまなHTMLコードを扱うことができます。実践においては、外部から読み込んだHTMLコードを、編集領域にプリセットすることも考えられるでしょう。

この場合、そのHTMLコードに何が記述されているか完全に把握することはできません。場合によってはscript要素を埋め込まれ、メインのページに対して悪影響を及ぼすことも考えられます。そのほかにも危険を及ぼしそうな要素として、object要素、embed要素、iframe要素などが考えられます。もちろん、仮にこのような要素が編集領域に組み込まれたとしても、近年のブラウザーであれば悪影響が発生しないよう考慮されているはずですが、できる限りの対策は打っておきたいものです。

近年のブラウザーは、セキュリティー対策の一環として、iframe要素のコンテンツから呼び出されるJavaScriptの実行に大きな制限を課しています。そのため、仮にiframe要素のコンテンツにスクリプトが埋め込まれていたとしても、その影響は限定的です。安全に確実なWISYWIGエディタを実現するためにも、iframe要素の方が適しているといえます。

3つ目の理由はスタイリングの問題です。もしdiv要素を使って編集領域を作ってしまうと、ページのスタイルがそのまま編集領域のdiv要素にも適用されてしまいます。例えば、ページのスタイルにb { font-style: normal; }というスタイルがセットされていたとしましょう。この場合、boldコマンドが実行されても、利用者から見たら違いが分かりません。そのほかにも、Editing APIでは、さまざまな要素を使ってHTMLコードが生成されますので、ページのスタイルが編集領域にまで適用されてしまうと、とても使いづらいエディタになってしまいます。

できることなら、編集領域には全くスタイルを適用しない（ブラウザーのデフォルト・スタイルのみを適用する）か、または、編集領域だけに独立したスタイルを適用したいものです。iframe要素であれば、親のページのスタイルの影響を受けることがありません。

以上の理由から柔軟なWISYWIGエディタをEditing APIで実現する場合にiframe要素を推奨しましたが、ページ内のdiv要素などにcontenteditableコンテンツ属性に"true"をセットして編集領域を用意することを完全に否定してするものではありません。編集機能が限定され、プリセットされるHTMLコードが完全に把握できる環境であれば、contenteditableコンテンツ属性を使う方法は非常に役に立ちます。利用シーンに応じて使い分けるようにしてください。

5.4 コマンド

⌘ commandID

　以上、Editing APIの使い方を解説してきましたが、以降は、コマンドの名前を表すcommandIDすべてについて詳細に解説していきます。commandIDが表すコマンドは、WISYWIGエディタでいえば、ボタンを押したときの処理に相当します。先ほどは太字を表す"bold"コマンドを紹介しましたが、そのほかにも、文字をイタリック体にしたり、リストを作ったり、リンクを作ったりといった、さまざまなコマンドが規定されています。

　各ブラウザーは独自に数多くのコマンドを実装していますが、ここでは、HTML5仕様で規定されたコマンドに限り、そのコマンドが表す意味と、その挙動を詳しく解説していきます。

⌘ 太字（bold）

太字（bold）

commandID	bold
説明	選択テキストの範囲を太字にしたり、太字を解除します。
document.execCommand()の呼び出し方	document.execCommand("bold", false, null) ※第二引数、第三引数は未使用となります。
document.queryCommandState("bold")が返す値	選択テキストまたはキャレットがb要素の中であればtrueを、そうでなければfalseを返します。trueを返すときは太字を解除することになり、falseを返すときは選択テキストを太字にすることになります。
document.queryCommandValue("bold")が返す値	document.queryCommandState("bold")が返す値がtrueなら文字列"true"を返し、そうでなければ文字列"false"を返します。 ※2010年12月現在、Chrome 9.0が仕様に完全に準拠しています。Internet Explorer 9もこのメソッドをサポートしていますが、文字列ではなく真偽値として返します。Firefox 4.0、Opera 11は常に空文字列を返し、Safari 5.0は常に真偽値のfalseを返します。
コマンド適用後の結果	適用前　Editing APIで実現するWISYWIGエディタ 適用後　Editing APIで実現するWISYWIGエディタ

第5章　テキスト編集

コマンド適用後のHTML	適用前：Editing APIで実現するWISYWIGエディタ 適用後 (Internet Explorer 9)：Editing APIで実現する\WISYWIG\エディタ 適用後 (Firefox 4.0)：Editing APIで実現する\WISYWIG\エディタ 適用後 (Opera 11)：Editing APIで実現する\WISYWIG\エディタ 適用後 (Safari 5.0)：Editing APIで実現する\WISYWIG\エディタ 適用後 (Chrome 9.0)：Editing APIで実現する\WISYWIG\エディタ

このコマンドは、Internet Explorer 9、Firefox 4.0、Opera 11、Safari 5.0、Chrome 9.0のいずれにも実装されています。

斜体文字（italic）

斜体文字（italic）

commandID	italic
説明	選択テキストの範囲を斜体にしたり、斜体を解除します。
document.execCommand()の呼び出し方	document.execCommand("italic", false, null) ※第二引数、第三引数は未使用となります。
document.queryCommandState("italic")が返す値	選択テキストまたはキャレットがi要素の中であればtrueを、そうでなければfalseを返します。trueを返すときは斜体を解除することになり、falseを返すときは選択テキストを斜体にすることになります。
document.queryCommandValue("italic")が返す値	document.queryCommandState("italic")が返す値がtrueなら文字列"true"を返し、そうでなければ文字列"false"を返します。 ※2010年12月現在、Chrome 9.0が仕様に完全に準拠しています。Internet Explorer 9もこのメソッドをサポートしていますが、文字列ではなく真偽値として返します。Firefox 4.0、Opera 11は常に空文字列を返し、Safari 5.0は常に真偽値のfalseを返します。
コマンド適用後の結果	適用前：Editing APIで実現するWISYWIGエディタ 適用後：Editing APIで実現する*WISYWIG*エディタ

コマンド適用後のHTML	適用前：Editing APIで実現するWISYWIGエディタ 適用後（Internet Explorer 9）：Editing APIで実現する\WISYWIG\エディタ 適用後（Firefox 4.0）：Editing APIで実現する\WISYWIG\エディタ 適用後（Opera 11）：Editing APIで実現する\WISYWIGエ\ディタ 適用後（Safari 5.0）：Editing APIで実現する\<i>WISYWIG\</i>エディタ 適用後（Chrome 9.0）：Editing APIで実現する\<i>WISYWIG\</i>エディタ

　このコマンドは、Internet Explorer 9、Firefox 4.0、Opera 11、Safari 5.0、Chrome 9.0のいずれにも実装されています。

下付き文字（subscript）

下付き文字（subscript）

commandID	subscript
説明	選択テキストの範囲を下付き文字にしたり、下付き文字を解除します。
document.execCommand()の呼び出し方	document.execCommand("subscript", false, null) ※第二引数、第三引数は未使用となります。
document.queryCommandState("subscript")が返す値	選択テキストまたはキャレットがsub要素の中であればtrueを、そうでなければfalseを返します。trueを返すときは下付き文字を解除することになり、falseを返すときは選択テキストを下付き文字にすることになります。
document.queryCommandValue("subscript")が返す値	document.queryCommandState("subscript")が返す値がtrueなら文字列"true"を返し、そうでなければ文字列"false"を返します。 ※2010年12月現在、Chrome 9.0が仕様に完全に準拠しています。Internet Explorer 9もこのメソッドをサポートしていますが、文字列ではなく真偽値として返します。Firefox 4.0、Opera 11は常に空文字列を返し、Safari 5.0は常に真偽値のfalseを返します。
コマンド適用後の結果	適用前　Editing APIで実現するWISYWIGエディタ 適用後　Editing APIで実現するWISYWIGエディタ
コマンド適用後のHTML	適用前：Editing APIで実現するWISYWIGエディタ 適用後：Editing APIで実現する_{WISYWIG\}エディタ

　このコマンドは、Internet Explorer 9、Firefox 4.0、Opera 11、Safari 5.0、Chrome 9.0のいずれに

も実装されています。

⌘上付き文字（superscript）

上付き文字（superscript）

commandID	superscript
説明	選択テキストの範囲を上付き文字にしたり、上付き文字を解除します。
document.execCommand()の呼び出し方	document.execCommand("superscript", false, null) ※第二引数、第三引数は未使用となります。
document.queryCommandState("superscript")が返す値	選択テキストまたはキャレットがsup要素の中であればtrueを、そうでなければfalseを返します。trueを返すときは上付き文字を解除することになり、falseを返すときは選択テキストを上付き文字にすることになります。
document.queryCommandValue("superscript")が返す値	document.queryCommandState("superscript")が返す値がtrueなら文字列"true"を返し、そうでなければ文字列"false"を返します。 ※2010年12月現在、Chrome 9.0が仕様に完全に準拠しています。Internet Explorer 9もこのメソッドをサポートしていますが、文字列ではなく真偽値として返します。Firefox 4.0、Opera 11は常に空文字列を返し、Safari 5.0は常に真偽値のfalseを返します。
コマンド適用後の結果	適用前 Editing APIで実現するWISYWIGエディタ 適用前 Editing APIで実現するWISYWIGエディタ
コマンド適用後のHTML	適用前：Editing APIで実現するWISYWIGエディタ 適用後：Editing APIで実現する<sup>WISYWIG</sup>エディタ

　このコマンドは、Internet Explorer 9、Firefox 4.0、Opera 11、Safari 5.0、Chrome 9.0のいずれにも実装されています。

⌘ カーソルの前の文字を削除（delete）

⚓ カーソルの前の文字を削除（delete）

commandID	delete
説明	選択テキストの範囲を削除します。もし選択範囲がなくカーソルのみが存在していれば、カーソルの手前の1文字を削除します。Windows PCのキーボードであれば、バックスペース・キーを押したのと同じ挙動となります。
document.execCommand()の呼び出し方	document.execCommand("delete", false, null) ※第二引数、第三引数は未使用となります。
コマンド適用後の結果	適用前：Editing APIで実現するWISYWIGエディタ 適用後：Editing APIで実現するエディタ
コマンド適用後のHTML	適用前：Editing APIで実現するWISYWIGエディタ 適用後：Editing APIで実現するエディタ

　deleteコマンドは、Windows PC向けのキーボードのバックスペース・キー、Mac向けのキーボードのデリート・キーを押したのと同じ挙動を想定したものです。もしテキストが選択された状態であれば、該当のテキスト範囲が削除されます。これは、Internet Explorer 9、Firefox 4.0、Opera 11、Safari 5.0、Chrome 9.0で問題なく動作します。

　もしテキストが選択されておらず、カーソルのみが存在している場合は、カーソルの直前の1文字を削除することになります。これは、Safari 5.0、Chrome 9.0で問題なく動作します。しかし、Internet Explorer 9、Firefox 4.0では何も削除されません。Windows版のOpera 11では、Windows PC向けキーボードにおけるデリート・キーを押したのと同じ挙動となってしまいます。つまり、カーソルの次の文字が消されてしまいます。

第5章　テキスト編集

⌘カーソルの次の文字を削除（forwardDelete）

⬇ カーソルの次の文字を削除（forwardDelete）

commandID	forwardDelete
説明	選択テキストの範囲を削除します。もし選択範囲がなくカーソルのみが存在していれば、カーソルの次の1文字を削除します。Windows PCのキーボードであれば、デリート・キーを押したのと同じ挙動となります。
document.execCommand()の呼び出し方	document.execCommand("forwardDelete", false, null) ※第二引数、第三引数は未使用となります。
コマンド適用後の結果	適用前 Editing APIで実現するWISYWIGエディタ 適用後 Editing APIで現するWISYWIGエディタ
コマンド適用後のHTML	適用前：Editing APIで実現するWISYWIGエディタ 適用後：Editing APIで現するWISYWIGエディタ

　2010年12月現在、forwardDelete コマンドを実装しているのは、Safari 5.0 と Chrome 9.0 のみです。Internet Explorer 9、Firefox 4.0、Opera 11 は、エラーにはなりませんが、何も起こりません。

⌘イメージ挿入（insertImage）

⬇ イメージ挿入（insertImage）

commandID	insertImage
説明	画像を新規に生成し、テキスト選択範囲をその画像に置き換えます。キャレットがあれば、その位置に画像が挿入されます。
document.execCommand()の呼び出し方	・画像URLをユーザーに問い合わせた上で画像を挿入したい場合： document.execCommand("insertImage", true, null) ・画像URLを直接セットして画像を挿入したい場合： document.execCommand("insertImage", false, url)

コマンド適用後の結果	適用前	Editing APIで実現するWISYWIGエディタ
	適用後	Editing APIで実現する [image] WISYWIGエディタ
コマンド適用後のHTML	適用前：Editing APIで実現するWISYWIGエディタ 適用後：Editing APIで実現する\<img src="image.png"\>WISYWIGエディタ	

insertImageコマンドは、execCommand()メソッドに与える引数によって挙動が違ってきます。

画像を新たに挿入したい場合は、次のようにexecCommand()メソッドの第二引数にtrueを指定します。

● 画像を新たに挿入したい場合

```
document.execCommand("insertImage", true, null)
```

この場合、次のような画像挿入のダイアログが表示されることになっています。

● 画像挿入のダイアログ

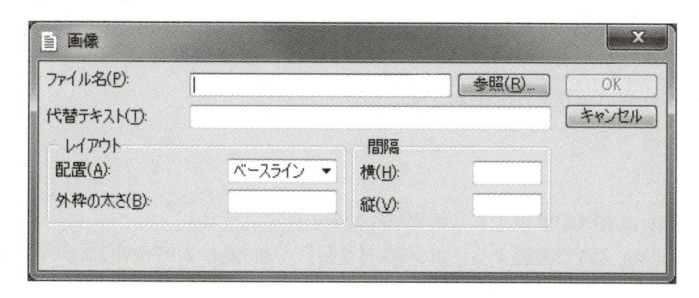

この画像挿入のダイアログを実装しているのは2010年12月現在で、Internet Explorer 9のみです。Opera 11では、ダイアログは表示されず、いきなり\<img src="null"\>が挿入されます。同様に、Safari 5.0、Chrome 9.0では\<img\>が挿入されます。Firefox 4.0では何も表示されず、またimg要素も挿入されません。

execCommand()メソッドの第二引数にfalseを指定し、第三引数に画像のURLの文字列をセットすると、ユーザーへの問い合わせなしにリンクが生成されます。

第5章 テキスト編集

ユーザーへの問い合わせなしにリンクを生成する

```
document.execCommand("insertImage", false, "image.png")
```

このパターンであれば、すべてのブラウザーがサポートしています。

Internet Explorer 9では、何かしらテキストが選択された状態でないと、画像を挿入することができません。キャレットしか存在しない状態では、何も起こりません。

⌘ HTMLコード挿入（insertHTML）

HTMLコード挿入（insertHTML）

commandID	insertHTML
説明	選択テキストの範囲を指定のHTMLコードで置き換えます。もし選択範囲がなくカーソルのみが存在していれば、その位置に指定のHTMLコードを挿入します。
document.execCommand()の呼び出し方	document.execCommand("insertHTML", false, HTMLcode) ※第二引数は未使用ですが、第三引数が必須ですので、第二引数にはfalseをセットしておきます。 ※第三引数には挿入したいHTMLコードを文字列として指定します。
コマンド適用後の結果	適用前：Editing APIで実現するWISYWIGエディタ 適用後：Editing APIで実現する【注目】WISYWIGエディタ
コマンド適用後のHTML	適用前：Editing APIで実現するWISYWIGエディタ 適用後：Editing APIで実現する<strong>【注目】</strong>WISYWIGエディタ

insertHTMLコマンドは、execCommand()メソッドの第三引数に指定したHTMLコードを、そのまま編集領域にあるキャレットの位置に挿入します。

スクリプト

```
doc.execCommand(command_id, false, "<strong>【注目】</strong>");
```

insertHTMLコマンドはInternet Explorer 9には実装されていません。

⌘テキスト挿入（insertText）

⬇ テキスト挿入（insertText）

commandID	insertText
説明	キャレットの位置でブロックに分割します。
document.execCommand()の呼び出し方	document.execCommand("insertText", false, text) ※第二引数は未使用ですが、第三引数が必須ですので、第二引数にはfalseをセットしておきます。 ※第三引数には挿入したいテキストを指定します。
コマンド適用後の結果	適用前：Editing APIで実現する|WISYWIGエディタ 適用後：Editing APIで実現する【挿入】|WISYWIGエディタ
コマンド適用後のHTML	適用前：Editing APIで実現するWISYWIGエディタ 適用後：Editing APIで実現する【挿入】WISYWIGエディタ

insertTextコマンドは、execCommand()メソッドの第三引数に指定したテキストをキャレット位置に挿入します。ただし、挿入されるテキストは、HTMLコードとして解釈されず、テキスト・ノードとして挿入されます。

HTMLタグが含まれたテキストを挿入すると、次のような結果となります。

⬇ スクリプト

```
doc.execCommand("insertText", false, "<strong>【挿入】</strong>");
```

⬇ 表示結果

Editing APIで実現する<strong>【挿入】</strong>WISYWIGエディタ

⬇ 生成HTMLコード

Editing API で実現する <strong>【挿入】</strong>WISYWIG エディタ

第5章　テキスト編集

insertTextコマンドはSafari 5.0、Chrome 9.0に実装されています。Internet Explorer 9、Firefox 4.0、Opera 11には実装されていません。

⌘改行挿入（insertLineBreak）

改行挿入（insertLineBreak）

commandID	insertLineBreak
説明	カーソル位置に改行を挿入します。
document.execCommand()の呼び出し方	document.execCommand("insertLineBreak", false, null) ※第二引数、第三引数は未使用となります。
コマンド適用後の結果	適用前：Editing APIで実現するWISYWIGエディタ 適用後：Editing APIで実現する WISYWIGエディタ
コマンド適用後のHTML	適用前：Editing APIで実現するWISYWIGエディタ 適用後：Editing APIで実現する\<br\>WISYWIGエディタ

2010年12月現在、insertLineBreakコマンドを実装しているのはSafari 5.0とChorme 9.0のみです。Internet Explorer 9、Firefox 4.0、Opera 11には実装されていません。

⌘順序リスト挿入（insertOrderedList）

順序リスト挿入（insertOrderedList）

commandID	insertOrderedList
説明	選択されたテキストの範囲を順序リストとしてol要素、li要素で構成します。
document.execCommand()の呼び出し方	document.execCommand("insertOrderedList", false, null) ※第二引数、第三引数は未使用となります。
コマンド適用後の結果	適用前：あいうえお／かきくけこ／さしすせそ 適用後：1. あいうえお　2. かきくけこ　3. さしすせそ

コマンド適用後のHTML	適用前：あいうえお
かきくけこ
さしすせそ
 適用後：<ol><li>あいうえお
</li><li>かきくけこ
</li><li>さしすせそ
</li></ol>

　このコマンドは、Internet Explorer 9、Firefox 4.0、Opera 11、Safari 5.0、Chrome 9.0のいずれにも実装されています。

非順序リスト挿入（insertUnorderedList）

非順序リスト挿入（insertUnorderedList）

commandID	insertUnorderedList
説明	選択されたテキストの範囲を非順序リストとしてul要素、li要素で構成します。
document.execCommand()の呼び出し方	document.execCommand("insertUnorderedList", false, null) ※第二引数、第三引数は未使用となります。
コマンド適用後の結果	適用前 あいうえお かきくけこ さしすせそ 適用後 ・あいうえお ・かきくけこ ・さしすせそ
コマンド適用後のHTML	適用前：あいうえお
かきくけこ
さしすせそ
 適用後：<ul><li>あいうえお
</li><li>かきくけこ
</li><li>さしすせそ
</li></ul>

　このコマンドは、Internet Explorer 9、Firefox 4.0、Opera 11、Safari 5.0、Chrome 9.0のいずれにも実装されています。

ブロック要素の置換（formatBlock）

ブロック要素の置換（formatBlock）

commandID	formatBlock
説明	編集可能なコンテンツの中で、選択テキストから見て直近の親となるフォーマット・ブロック候補要素を、指定のフォーマット・ブロック候補要素に置き換えます。

第5章　テキスト編集

document.execCommand()の呼び出し方	document.execCommand("formatBlock", false, tagname) ※第二引数は未使用ですが、第三引数が必須ですので、第二引数にはfalseをセットしておきます。 ※第三引数にはタグ名を文字列として指定します。 ※第三引数に指定可能なタグ名はフォーマット・ブロック候補として規定された要素の名前に限ります。
コマンド適用後の結果	※本文を参照してください。
コマンド適用後のHTML	※本文を参照してください。

　formatBlockコマンドを使う場合は、execCommand()メソッドの第三引数にフォーマット・ブロック候補となる要素のタグ名を文字列として指定します。フォーマット・ブロック候補として規定された要素は、以下の通りです。

```
section 要素、nav 要素、article 要素、aside 要素、h1 〜 h6 要素、hgroup 要素、header 要素、
footer 要素、address 要素、p 要素、pre 要素、blockquote 要素、div 要素
```

　フォーマット・ブロック候補として規定されていない要素の名前を第三引数に指定すると、execCommand()メソッドの呼び出しは無視されることになります。また、選択されたテキストから見て、編集可能な領域の中に、フォーマット・ブロック候補要素が親に存在しない場合も無視されます。
　次の例は、Opera 11を使って、編集エリアのテキストの一部を選択状態にしています。

⬇ テキストを選択した状態

```
Editing APIで実現するWSYWIGエディタ




```

　そして、次のコードを実行します。

⬇ スクリプト

```
document.execCommand("formatBlock", false, "blockquote");
```

　execCommand()メソッドの第三引数には"blockquote"を指定しています。このコードが実行されると、次のようになります。

⬇置き換わった状態

[図：Editing APIで実現するWISYWIGエディタ]

⬇生成されたHTML

```
<blockquote>Editing API で実現する WISYWIG エディタ </blockquote>
```

　このように、formatBlockコマンドは選択されたテキストの範囲だけをブロック化するのではありませんので注意してください。この例ではテキストを選択しましたが、選択されていなくても、カーソルが存在しているだけでも機能します。
　では、もう少し複雑なパターンを見てみましょう。編集エリアには、次のHTMLコードが事前にプリセットされています。

⬇HTML

```
<h3> 見出し </h3>
<p>Editing API で実現する <b>WISYWIG</b> エディタ </p>
```

　このテキストから、b要素に含まれるテキストの一部を選択します。

⬇テキストを選択した状態

[図：見出し／Editing APIで実現するWISYWIGエディタ]

　そして、先ほどのコードを実行すると、次の結果になります。

⬇置き換わった状態

[図：見出し／Editing APIで実現するWISYWIGエディタ]

生成されたHTML

```
<h3> 見出し </h3>
<blockquote>Editing API で実現する <b>WISYWIG</b> エディタ </blockquote>
```

　選択テキストを含むテキスト・ノードの親はb要素です。ところがb要素はフォーマット・ブロック候補要素ではありません。そのため、さらに親をたどってp要素に行き着きます。p要素はフォーマット・ブロック候補要素ですので、置換の対象になったのです。
　formatBlockコマンドの結果は、ブラウザーによって大きく異なります。先ほどの例で、各ブラウザーが返すHTMLコードは次の通りです。

Safari 5.0の結果

```
<h3> 見出し </h3>
<blockquote>Editing API で実現する WISYWIG エディタ <br></blockquote>
```

Firefox 4.0の結果

```
<h3> 見出し </h3>
<blockquote><p>Editing API で実現する <b>WISYWIG</b> エディタ </p></blockquote>
```

ブロック分割（insertParagraph）

ブロック分割（insertParagraph）

commandID	insertParagraph
説明	キャレットの位置でブロックに分割します。
document.execCommand()の呼び出し方	document.execCommand("insertParagraph", false, null) ※第二引数、第三引数は未使用となります。
コマンド適用後の結果	適用前：Editing APIで実現するWISYWIGエディタ 適用後：Editing APIで実現する WISYWIGエディタ
コマンド適用後のHTML	適用前：Editing APIで実現するWISYWIGエディタ 適用後：※本文を参照してください。

このコマンドは、Internet Explorer 9、Firefox 4.0、Opera 11、Safari 5.0、Chrome 9.0のいずれにも実装されていますが、生成されるHTMLコードは大きく異なります。

Internet Explorer 9では、キャレットしか存在しない場合は、何も起こりません。正確には、キャレットが存在していたとしても、ボタンを押す時点でキャレットがなくなってしまい、実質的に機能しません。その代わり、何か文字を選択した上でinsertParagraphコマンドを実行すると、選択された文字は削除され、その位置に空のp要素が挿入されます。

● Internet Explorer 9の場合

```
Editing API<P id="null"></P>WISYWIGエディタ
```

Opera 11では、裸のテキストの途中にキャレットを置き、その時点でinsertParagraphコマンドを実行すると、次のように、前後のテキストがp要素の中に入れられ、別々の段落になるようHTMLコードが生成されます。

● Opera 11の場合

```
<p>Editing APIで実現する</p><p>WISYWIGエディタ</p>
```

Safari 5.0とChrome 9.0では、キャレットの位置から後ろのテキストがdiv要素の中に入れられます。

● Safari 5.0、Chrome 9.0の場合

```
Editing APIで実現する<div>WISYWIGエディタ</div>
```

Firefox 4.0では、キャレットの位置でブロックを分割するのではなく、キャレットを含んだテキスト全体がp要素の中に入れられます。

● Firefox 4.0の場合

```
<p>Editing APIで実現するWISYWIGエディタ</p>
```

⌘リンク生成（createLink）

リンク生成（createLink）

commandID	createLink
説明	選択テキストの範囲をリンクにしたり、リンクを解除します。
document.execCommand()の呼び出し方	・リンク先URLをユーザーに問い合わせた上でリンクを生成したい場合 document.execCommand("createLink", true, null) ・リンク先URLを直接セットしてリンクを生成したい場合 document.execCommand("createLink", false, url)
コマンド適用後の結果	適用前：（Editing APIで実現するWISYWIGエディタ） 適用後：（Editing APIで実現するWISYWIGエディタ）
コマンド適用後のHTML	適用前：Editing APIで実現するWISYWIGエディタ 適用後：Editing APIで実現する<a href="http://example.jp">WISYWIG</a>エディタ

　リンク生成においては、execCommand()メソッドに与える引数によって挙動が違ってきます。

　リンクを新たに追加したい場合は、次のようにexecCommand()メソッドの第二引数にtrueを指定します。

スクリプト

```
document.execCommand("createLink", true, null)
```

　この場合、次のようなリンク定義のダイアログが表示されることになっています。

リンク定義のダイアログ

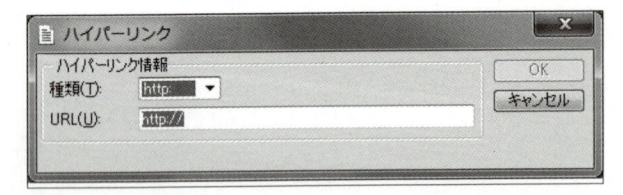

このリンク定義のダイアログを実装しているのは2010年12月現在で、Internet Explorer 9のみです。Firefox 4.0、Safari 5.0、Chrome 9.0では、何も表示されず、またリンクも生成されません。Opera 11では、hrefコンテンツ属性に "null" とセットされたa要素が生成されます（<a href="null">テキスト </a>）。

execCommand()メソッドの第二引数にfalseを指定し、第三引数にURLの文字列をセットすると、ユーザーへの問い合わせなしにリンクが生成されます。

⬇ スクリプト

```
document.execCommand("createLink", false, "http://example.jp")
```

このパターンであれば、すべてのブラウザーがサポートしています。

⌘ リンク解除（unlink）

⬇ リンク解除（unlink）

commandID	unlink
説明	選択テキストがa要素の一部、またはa要素を完全に含んでいれば、該当のa要素のリンクを解除（a要素の開始タグと終了タグを削除）します。
document.execCommand()の呼び出し方	document.execCommand("unlink", false, null) ※第二引数、第三引数は未使用となります。
コマンド適用後の結果	適用前 適用後
コマンド適用後のHTML	適用前：Editing APIで実現する<A href="http://example.jp">WISYWIG</A>エディタ 適用後：Editing APIで実現するWISYWIGエディタ

HTML5仕様では、ハイパーリングの一部だけを選択してunlinkコマンドを実行したら、該当のハイパーリングが解除されることとなっています。Internet Explorer 9ではその通りになります。

しかし、Firefox 4.0、Opera 11、Safari 5.0、Chrome 9.0では、選択されたテキストの部分だけが解除の対象になり、a要素が分離されます。

第 5 章　テキスト編集

Chrome 9.0 の結果

Chrome 9.0 が生成する HTML コード

```
Editing API で実現する <a href="http://example.jp">WI</a>SYW<a href="http://
example.jp">IG</a> エディタ
```

⌘すべてを選択（selectAll）

すべてを選択（selectAll）

commandID	selectAll
説明	フォーカスが当たっている編集可能な領域のコンテンツすべてを選択状態にします。
document.execCommand() の呼び出し方	document.execCommand("selectAll", false, null) ※第二引数、第三引数は未使用となります。
コマンド適用後の結果	適用前 適用後

　Internet Explorer 9、Firefox 4.0、Opera 11、Safari 5.0、Chrome 9.0 のいずれも、selectAll コマンドを実装しています。

⌘選択解除（unselect）

選択解除（unselect）

commandID	unselect
説明	フォーカスが当たっている編集可能な領域の選択状態を解除します。

506　徹底解説　HTML5API ガイドブック　ビジュアル系 API 編

document.execCommand()の呼び出し方	document.execCommand("unselect", false, null) ※第二引数、第三引数は未使用となります。
コマンド適用後の結果	適用前: Editing APIで実現するWISYWIGエディタ 適用後: Editing APIで実現するWISYWIGエディタ

　Internet Explorer 9、Opera 11、Safari 5.0、Chrome 9.0がunselectコマンドを実装しています。Firefox 4.0には実装されていません。

⌘元に戻す（undo）

元に戻す（undo）

commandID	undo
説明	直前のコマンドの実行を取り消します。
document.execCommand()の呼び出し方	document.execCommand("undo", false, null) ※第二引数、第三引数は未使用となります。

　このコマンドは、Internet Explorer 9、Firefox 4.0、Opera 11、Safari 5.0、Chrome 9.0のいずれにも実装されています。

⌘繰り返し（redo）

繰り返し（redo）

commandID	redo
説明	直前のコマンドの取り消し（undo）を戻します。
document.execCommand()の呼び出し方	document.execCommand("redo", false, null) ※第二引数、第三引数は未使用となります。

　このコマンドは、Internet Explorer 9、Firefox 4.0、Opera 11、Safari 5.0、Chrome 9.0のいずれにも実装されています。

第5章 テキスト編集

5.5 カスタムのWISYWIGエディタ

⌘ Text Selection APIとEditing APIを使ったWISYWIGエディタ

　これまで解説してきたText Selection APIとEditing APIを使って、カスタムのWISYWIGエディタを作ってみましょう。ここでは、通常のウェブ・フォームを想定して、textarea要素をWISYWIGエディタにします。さらに、フォームをサブミットすると、WISYWIGエディタによって生成されたHTMLコードをtextarea要素の値としてサーバーに送信します。

⬇ カスタムのWISYWIGエディタ

```
□ □ B I X₂ X² ≔ ≔ ⇔ ⇎ ◀ ▶
Text Selection APIとEditing APIで作るカスタムのWISYWIGエディタ
このWISYWIGエディタは次の機能を提供します。
 • 文字色の変更(赤と青)
 • 太字・斜体
 • 上付き文字 と 下付き文字
 • 順序リストと非順序リスト
 • ハイパーリンクの生成と解除
 • undoとredo

[送信]
```

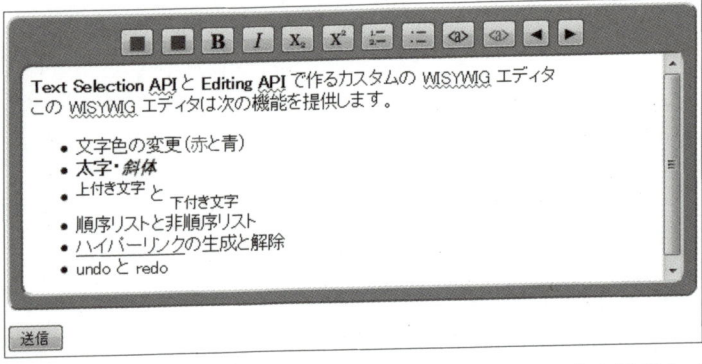

　このWISYWIGエディタは、図に書かれた通りの機能を提供します。それぞれのコマンドは、入力領域の上側にボタンとして用意しています。

⬇ HTML

```html
<form action="#">
  <div class="wisywig">
    <menu>
      <li><button type="button" data-command="insertHTML" data-value="red" title="赤"><img src="red.png" alt="赤" /></button></li>
      <li><button type="button" data-command="insertHTML" data-value="blue" title="青"><img src="blue.png" alt="青" /></button></li>
      <li><button type="button" data-command="bold" title="太字"><img src="b.png" alt="太字" /></button></li>
      <li><button type="button" data-command="italic" title="斜体"><img src="i.png" alt="斜体" /></button></li>
      <li><button type="button" data-command="subscript" title="下付き"><img src="sub.png" alt="下付き" /></button></li>
      <li><button type="button" data-command="superscript" title="上付き"><img
```

```
src="sup.png" alt=" 上付き " /></button></li>
      <li><button type="button" data-command="insertOrderedList" title=" 段落番
号 "><img src="ol.png" alt=" 段落番号 " /></button></li>
      <li><button type="button" data-command="insertUnorderedList" title=" 箇条
書き "><img src="ul.png" alt=" 箇条書き " /></button></li>
      <li><button type="button" data-command="createLink" title=" リンク生成
"><img src="link.png" alt=" リンク生成 " /></button></li>
      <li><button type="button" data-command="unlink" title=" リンク解除 "><img
src="unlink.png" alt=" リンク解除 " /></button></li>
      <li><button type="button" data-command="undo" title=" 元に戻す ">&#x25c4;</
button></li>
      <li><button type="button" data-command="redo" title=" やり直し ">&#x25ba;</
button></li>
    </menu>
    <textarea name="t" rows="3" cols="60"></textarea>
    <iframe src="edit.html"></iframe>
  </div>
  <p><input type="submit" value=" 送信 " />
</form>
```

HTMLには、form要素の中に、WISYWIGエディタの領域としてdiv要素を入れています。さらにその中には、menu要素とtextarea要素とiframe要素を入れています。

menu要素の中には、WISYWIGエディタのボタンを表すbutton要素を入れています。これらのbutton要素には、カスタム属性data-commandをマークアップし、その値にコマンド名をセットしています。これは、スクリプト側で、ボタンが押されたときに実行するコマンドを把握するためです。

● WISYWIGエディタのボタンを表すbutton要素

```
<button type="button" data-command="bold" title=" 太字 "><img ...></button>
```

赤と青を表すbutton要素に限っては、カスタム属性data-valueをマークアップしています。

● 赤と青を表すbutton要素

```
<button type="button" data-command="insertHTML" data-value="red" title=" 赤
"><img ...></button>
```

これは、スクリプト側で、ボタンが押されたときに、何色に変更すれば良いかを把握するためです。

次にtextarea要素がマークアップされていますが、これはサーバーにフォーム・サブミットで送信できるよう用意されたものです。

第 5 章　テキスト編集

⬇ textarea 要素

```
<textarea name="t" rows="3" cols="60"></textarea>
```

このtextarea要素は画面には表示させないよう、CSSを使って非表示にしています。

⬇ CSS を使って非表示にする

```
div.wisywig>textarea {
  display: none;
}
```

WISYWIGエディタ上でテキストを編集すると、そのHTMLコードがtextarea要素の値としてセットされます。

iframe要素には、src属性にedit.htmlをセットしています。これはbody要素のコンテンツが空のHTMLです。

⬇ iframe 要素

```
<iframe src="edit.html"></iframe>
```

⬇ edit.html

```
<!DOCTYPE html>
<html lang="ja">
<head>
<meta charset="UTF-8" />
<title></title>
</head>
<body></body>
</html>
```

以上のHTMLをCSSを使ってスタイリングすることで、前述の図のようなWISYWIGエディタを表現しています。

では、スクリプト全体をご覧ください。

5.5 カスタムのWISYWIGエディタ

スクリプト

```javascript
window.addEventListener("load", function() {
  var div = document.querySelector('div.wisywig');
  // iframe 要素
  var iframe = div.querySelector('iframe');
  // iframe 要素のコンテンツのwindowオブジェクトとdocumentオブジェクト
  var win = iframe.contentWindow;
  var doc = win.document;
  // iframe 要素のコンテンツを編集可能にセット
  doc.designMode = "on";
  // textarea 要素
  var textarea = div.querySelector('textarea');
  // menu 要素
  var menu = div.querySelector('menu');
  // button 要素に click イベントのリスナーをセット
  var buttons = menu.querySelectorAll('button');
  for( var i=0; i<buttons.length; i++ ) {
    var button = buttons.item(i);
    // コマンドの種類
    var command_id = button.getAttribute("data-command");
    // もしコマンドをサポートしていなければ無効にする
    if( ! is_supported(doc, command_id) ) { button.disabled = true; continue;}
    // リスナーをセット
    button.addEventListener("click", function(event) {
      // コマンド実行
      exec_command(event, win, doc);
      // フォーカスを iframe 要素に戻す
      iframe.focus();
    }, false);
  }
  // form 要素に submit イベントのリスナーをセット
  var form = document.forms.item(0);
  form.addEventListener("submit", function() {
    // textarea 要素に生成された HTML をセット
    textarea.value = doc.body.innerHTML;
  }, false);
}, false);

// コマンドを実行
function exec_command(event, win, doc) {
  // Selection オブジェクト
  var selection = win.getSelection();
```

```javascript
  // 選択範囲がなければ終了
  if( selection.rangeCount == 0 ) { return; }
  // 押されたボタン
  var button = event.currentTarget;
  // コマンドの種類
  var command_id = button.getAttribute("data-command");
  // 指定のコマンドが利用可能かどうかをチェック
  if( ! is_enabled(doc, command_id) ) { return; }
  // テキストが選択されているかどうかをチェック
  if( ! command_id.match(/^(unlink|undo|redo)$/) ) {
    if( selection.isCollapsed == true ) { return; }
  }
  // コマンドに応じて処理を分岐
  if( command_id == "insertHTML" ) {
    // 選択テキストを取得
    var text = selection.toString();
    // data-value 属性の値から色を取得
    var color = button.getAttribute("data-value");
    // 置き換える HTML コードを生成
    var code = '<span style="color:' + color + '">' + text + '</span>';
    // コマンド実行
    doc.execCommand("insertHTML", false, code);
  } else if( command_id == "createLink" ) {
    // 入力ダイアログを表示
    var url = window.prompt("URL を指定してください。", "http://");
    // 入力された URL の値をチェック
    if( url.match(/^http¥:¥/¥/[a-zA-Z0-9¥.¥-]+/) ) {
      // コマンド実行
      doc.execCommand(command_id, false, url);
    }
  } else {
    // コマンド実行
    doc.execCommand(command_id, false, null);
  }
}

// ブラウザーが指定のコマンドをサポートしているかをチェック
function is_supported(doc, command_id) {
  var supported = true;
  try {
    supported = doc.queryCommandSupported(command_id);
  } catch(e) {};
  return supported;
```

```
}

// 現在利用可能かどうかをチェック
function is_enabled(doc, command_id) {
  var supported = true;
  try {
    supported = doc.queryCommandEnabled(command_id);
  } catch(e) {
    supported = false;
  };
  return supported;
}
```

まず、スクリプトの骨子を見ていきましょう。このスクリプトでは、iframe要素のsrcコンテンツ属性に指定したedit.htmlがロードされてから処理する必要がありますので、documentオブジェクトのDOMContentLoadedイベントではなく、windowオブジェクトのloadイベントが発生してから処理が開始されるよう、リスナーをセットしています。

⬇ windowオブジェクトのloadイベントが発生してから処理を開始する

```
window.addEventListener("load", function() {
  ...
}, false);
```

ページがロードされたとき、まず最初に、このサンプルで使う各種要素のオブジェクトを取得しておきます。まずはiframe要素から見ていきましょう。

⬇ iframe要素のオブジェクトを取得する

```
var div = document.querySelector('div.wisywig');
// iframe 要素
var iframe = div.querySelector('iframe');
// iframe 要素のコンテンツの window オブジェクトと document オブジェクト
var win = iframe.contentWindow;
var doc = win.document;
```

このスクリプトでは、iframe要素に対してText Selection APIとEditing APIを使いますので、iframe要素のcontentWindowプロパティから、iframe要素のwindowオブジェクト（変数win）とdocumentオブジェクト（変数doc）を取得しておきます。以降、Text Selection APIとEditing APIは、

第5章　テキスト編集

この変数 win と doc に対して使っていくことになります。

次に、iframe 要素の document オブジェクトの designMode プロパティに "on" をセットします。

🔽 iframe 要素のコンテンツを編集可能にする

```
// iframe 要素のコンテンツを編集可能にセット
doc.designMode = "on";
```

これで、iframe 要素のコンテンツが編集可能になります。

次に、そのほかに必要な要素のオブジェクトを取得しておきます。

🔽 そのほかに必要な要素のオブジェクトを取得する

```
// textarea 要素
var textarea = div.querySelector('textarea');
// menu 要素
var menu = div.querySelector('menu');
```

最後に、menu 要素の中にある button 要素すべてに対して、準備を行っていきます。

🔽 button 要素に対して準備を行う

```
var buttons = menu.querySelectorAll('button');
for( var i=0; i<buttons.length; i++ ) {
  var button = buttons.item(i);
  ...
}
```

では、このループ内の各ボタンに対して実行する処理を見ていきましょう。まず、button 要素のカスタム属性 data-commnad にセットされた値を取得します。

🔽 コマンドの名前を取得する

```
// コマンドの種類
var command_id = button.getAttribute("data-command");
```

この値は、Editing API の execCommand() メソッドに指定するコマンドの名前になります。次に、このコマンドを、該当のブラウザーがサポートしているかどうかをチェックします。

5.5 カスタムのWISYWIGエディタ

🔽 コマンドがサポートされているかどうかをチェックする

```
// もしコマンドをサポートしていなければ無効にする
if( ! is_supported(doc, command_id) ) { button.disabled = true; continue;}
```

　ここでは、is_supported()関数を使って、ボタンに割り振られたコマンドがブラウザーにサポートされているかをチェックしています。is_supported()関数については後述します。もしブラウザーが該当のコマンドをサポートしていなければ、button要素のdisabledプロパティをtrueにセットして、ボタンを無効にします。つまり、そのボタンを押せないようにします。そして、これ以降の処理が行われないよう、ループを先送りします。

　該当のコマンドをブラウザーがサポートされていれば、該当のbutton要素にclickイベントのリスナーをセットします。

🔽 button要素にclickイベントのリスナーをセットする

```
button.addEventListener("click", function(event) {
  // コマンド実行
  exec_command(event, win, doc);
  // フォーカスをiframe要素に戻す
  iframe.focus();
}, false);
```

　ボタンがクリックされると、まずexec_command()関数が呼び出されます。これはEditing APIのexecCommand()メソッドを実行し、WISYWIGエディタの選択テキストに対して、指定のコマンド適用します。exec_command()関数については後述します。

　ボタンが押されると、フォーカスがWISYWIGエディタの編集領域からボタンに移ってしまいます。そのため、最後に、iframe要素のfocus()メソッド呼び出して、フォーカスをWISYWIGエディタの編集領域に戻します。

　最後に、form要素にsubmitイベントのリスナーをセットします。

🔽 form要素にsubmitイベントのリスナーをセットする

```
// form 要素に submit イベントのリスナーをセット
var form = document.forms.item(0);
form.addEventListener("submit", function() {
  // textarea 要素に生成された HTML をセット
  textarea.value = doc.body.innerHTML;
}, false);
```

第5章　テキスト編集

　フォームがサブミットされる前に、iframe要素で作られたWISYWIGエディタの編集結果をinnerHTMLプロパティを使ってHTMLコードとして取得します。それをtextarea要素のvalueプロパティにセットします。これで、WISYWIGエディタでの編集結果となるHTMLコードがサーバーに送信されることになります。

　以上で、ページがロードされたときの前処理が終わります。次は、個々の関数を詳しく見ていきましょう。

　まずは、exec_command()関数から見ていきましょう。この関数は、ボタンが押されたときに呼び出されます。

● exec_command()関数の引数

```
function exec_command(event, win, doc) {
  ...
}
```

　この関数は、ボタンが押されたときに生成されるイベント・オブジェクト、iframe要素のwindowオブジェクト、同じくdocumentオブジェクトの3つの引数を受け取ります。

　この関数では、まず最初に、iframe要素のwindowオブジェクトからSelectionオブジェクトを取得します。

● Selectionオブジェクトを取得する

```
// Selectionオブジェクト
var selection = win.getSelection();
// 選択範囲がなければ終了
if( selection.rangeCount == 0 ) { return; }
```

　もし1つも選択範囲がなければ終了します。ただし、SelectionオブジェクトのrangeCountプロパティは、テキストが選択されていなくても、キャレットさえ存在していれば1以上の値を返します。そのため、ここでは、WISYWIGエディタの編集領域にキャレットも選択テキストも存在しない場合を除外しています。

　次に、イベント・オブジェクトから押されたボタンのbutton要素のオブジェクトを取得します。

5.5 カスタムのWISYWIGエディタ

押されたボタンのオブジェクトを取得する

```
// 押されたボタン
var button = event.currentTarget;
// コマンドの種類
var command_id = button.getAttribute("data-command");
```

取得したbutton要素のオブジェクトから、getAttribute()メソッドを使って、HTML上にマークアップされたカスタム属性data-commandの値を取得しています。これは、Editing APIのexecCommand()メソッドに指定するコマンド名になります。

コマンド名が分かったら、今この時点で指定のコマンドが利用可能かどうかをチェックします。

コマンドが利用可能かどうかをチェックする

```
// 指定のコマンドが利用可能かどうかをチェック
if( ! is_enabled(doc, command_id) ) { return; }
```

このチェックはis_enabled()関数が行いますが、これについては後述します。もし今この時点で指定のコマンドが利用可能でないようであれば処理を終了します。

次に、テキストが選択されているかどうかを、コマンドの種類に応じてチェックします。

テキストが選択されているかどうかをチェックする

```
// テキストが選択されているかどうかをチェック
if( ! command_id.match(/^(unlink|undo|redo)$/) ) {
  if( selection.isCollapsed == true ) { return; }
}
```

今回のWISYWIGエディタで使うコマンドのうち、リンク解除のunlink、取りやめのundo、やり直しのredoは、キャレットさえ存在していれば良く、テキストが選択されている必要はありません。しかし、それ以外のコマンドはテキストが選択されていないと効果がありません。そのため、これらのコマンドに対して、テキストが選択されているかどうかを判定しています。この判定には、Text Selection APIのSelectionオブジェクトに規定されているisCollapsedプロパティを使います。もし何もテキストが選択されていなければ終了します。

最後に、Editing APIのexecCommand()メソッドを実行して、指定のコマンドをWISYWIGエディタに反映します。しかし、execCommand()はコマンドによって指定すべき引数が異なります。そのため、ここでは、コマンドに応じて処理を分岐しています。

第5章　テキスト編集

🔽 コマンドに応じて処理を分岐する

```
if( command_id == "insertHTML" ) {
  // 赤、緑ボタンが押された場合
  ...
} else if( command_id == "createLink" ) {
  // リンク生成ボタンが押された場合
  ...
} else {
  // 上記以外のボタンが押された場合
  doc.execCommand(command_id, false, null);
}
```

ここでは、insertHTMLコマンドとcreateLinkコマンドが指定された場合に個別の処理を行います。それ以外のコマンドは、execCommand()メソッドの第二引数と第三引数をそれぞれfalseとnullを指定すれば処理が完了します。

では、insertHTMLコマンドが指定された場合、つまり、赤と青のボタンが押されたときの処理を見てみましょう。

🔽 赤と青のボタンが押されたときの処理

```
// 選択テキストを取得
var text = selection.toString();
// data-value属性の値から色を取得
var color = button.getAttribute("data-value");
// 置き換えるHTMLコードを生成
var code = '<span style="color:' + color + '">' + text + '</span>';
// コマンド実行
doc.execCommand("insertHTML", false, code);
```

Editing APIのコマンドにテキストの色を変える機能はありません。そのため、ここでは、insertHTMLコマンドを使って、HTMLコードを作り直します。

まず、SelectionオブジェクトからtoString()メソッドを通して選択テキストの文字列を取得しておきます。そして、button要素にマークアップされているカスタム属性data-valueの値をgetAttribute()メソッド使って取得します。この値は、"red"または"blue"のはずです。

次に、先ほど取得した選択テキストの文字列をspan要素の中に入れたHTMLコードを作ります。ただし、指定の色でレンダリングされるよう、このspan要素にはstyle属性も加えておきます。

置き換えるHTMLコードができたら、execCommand()メソッドを使ってinsertHTMLコマンドを実行します。これで、選択テキストが指定の色に変わります。

では、createLinkコマンドが指定された場合、つまりリンク生成のボタンが押されたときの処理を見ていきましょう。createLinkコマンドは本来はリンク生成に必要な情報をユーザーに入力させるダイアログが表示されることになっています。しかし、現状ではInternet Explorerしかダイアログ表示を実装していないため、ここでは自力で解決しなければいけません。

● リンク生成のボタンが押されたときの処理

```javascript
// 入力ダイアログを表示
var url = window.prompt("URLを指定してください。", "http://");
// 入力されたURLの値をチェック
if( url.match(/^http¥:¥/¥/[a-zA-Z0-9¥.¥-]+/) ) {
  // コマンド実行
  doc.execCommand(command_id, false, url);
}
```

ユーザーにリンク先のURLを入力してもらうために、ここでは簡単にモーダル・ダイアログを表示するprompt()メソッドを使っています。

● URLの入力ダイアログ

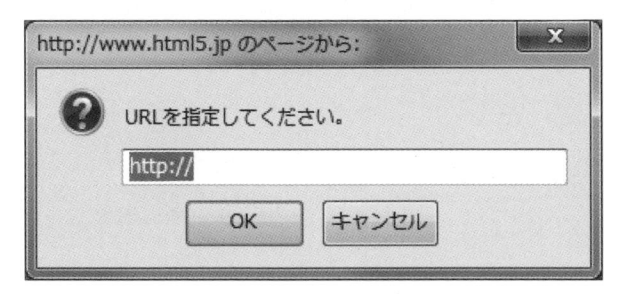

入力ダイアログにURLが入力されたら、その値がURLとして適切かどうかを評価し、問題なければ、execCommand()メソッドを実行します。

以上でコマンドの実行処理は終わりです。次は、残りの関数について見ていきましょう。

is_supported()関数は、ブラウザーが指定のコマンドをサポートしているかどうかをチェックします。

● is_supported()関数

```javascript
// ブラウザーが指定のコマンドをサポートしているかをチェック
function is_supported(doc, command_id) {
  var supported = true;
  try {
    supported = doc.queryCommandSupported(command_id);
```

```
    } catch(e) {};
    return supported;
}
```

　指定のコマンドをサポートしているかどうかはEditing APIのqueryCommandSupported()メソッドを使います。ただし、Firefoxは、サポートしていないコマンド名を引数に指定するとJavaScriptエラーになってしまいます。そのため、ここではtry-catch文を使って、JavaScriptが終了しないようにしています。

　queryCommandSupported()メソッドがfalseを返した、または、JavaScriptエラーになったら、指定のコマンドはサポートされていないとしてfalseを返します。そうでなければサポートされているとしてtrueを返します。

　次に、is_enabled()関数は、指定のコマンドが、今その時点で利用可能かどうかをチェックします。

● is_enabled()関数

```
// 現在利用可能かどうかをチェック
function is_enabled(doc, command_id) {
  var supported = true;
  try {
    supported = doc.queryCommandEnabled(command_id);
  } catch(e) {
    supported = false;
  };
  return supported;
}
```

　コマンドがその時点で利用可能かどうかはEditing APIのqueryCommandEnabled()メソッドを使います。しかし、Firefoxでは、このメソッドを呼び出すと常にJavaScriptエラーになってしまいますので、ここでもtry-catch文を使っています。ただし、JavaScriptエラーになった場合は、利用不可としてfalseを返すのではなく、trueを返すようにしています。Firefoxの場合、その時点で指定のコマンドが利用可能だとしても、queryCommandEnabled()メソッドを呼び出すとJavaScriptエラーになってしまうからです。

　以上で、Text Selection APIとEditing APIを使ったカスタムのWISYWIGエディタの解説は終わりです。このサンプルは非常にシンプルな機能しか提供しませんでしたが、他のコマンドも使い、ユーザー・インタフェースをさらに作り込むことで、高機能なWISYWIGエディタに仕立てることが可能になります。

第6章

ドラッグ＆ドロップ

ドラッグ＆ドロップは、今では当たり前のユーザー・インタフェースとして活用されています。しかし、HTML5が登場するまでは、ウェブ標準としてのドラッグ＆ドロップのAPIが存在していませんでした。ここでは、HTML5でウェブ標準となったドラッグ＆ドロップAPIの詳細を解説していきます。

第6章　ドラッグ＆ドロップ

6.1　ドラッグ＆ドロップの概要

⌘ ドラッグ＆ドロップのAPI

　みなさんは、ウェブ・ページ上のコンテンツをページ内でマウスを使ってドラッグ＆ドロップして、コンテンツを移動させるユーザー・インタフェースをご覧になったことがあるでしょう。今では当たり前のように使われているドラッグ＆ドロップですが、実は、これまでドラッグ＆ドロップを実現する機能はウェブ標準として規定されていませんでした。

　ウェブ標準として、mouseupやmousedownやmousemoveといった基本的なマウス関連のイベントが規定されており、メジャーなすべてのブラウザーに実装されていることはご存じの通りです。これまでのドラッグ＆ドロップの機能は、これらの既存のイベントを駆使して、あたかもドラッグ＆ドロップしているかのようにエミュレートしていたのです。いざドラッグ＆ドロップの機能を既存のイベントだけで作ろうとすると、意外なほどに面倒なことが分かります。

　実は、Internet Explorerは、バージョン4の時代からドラッグ＆ドロップのAPIを独自に実装し始め、バージョン5でほぼ完成した状態になりました。要素の移動だけでなく、ウェブ・ページ上の選択テキストをクリップボードに転送することも想定したAPIでした。このAPIでは、ドラッグ元からドラッグ先に選択テキストなどのデータを通知する仕組みが導入されたのですが、これをデータ転送と呼びます。このデータ転送の仕組みによって、スクリプト側で何がドラッグされ、そして、何がドロップされたのかを判定することができたのです。

　しかし、このAPIは当時はウェブ標準ではなく、また、他のブラウザーがそれを実装しなかったこともあり、あまり知られることはありませんでした。ところが、HTML5では、このInternet Explorerのドラッグ＆ドロップのAPIをウェブ標準として採用したのです。当初、HTML5仕様では、クリップボードを扱うことも想定していたのですが、現在は、クリップボードの扱いについては除外されており、ドラッグ＆ドロップの操作のみがウェブ標準として採用されています。

　2010年12月現在で、最新版のブラウザー（ベータ版を含む）では、すでにInternet Explorer 9、Firefox 4.0、Safari 5.0、Chrome 9.0がHTML5仕様で規定されたドラッグ＆ドロップの機能を実装しています。

　本章では、HTML5仕様で規定されたドラッグ＆ドロップの仕様について詳しく解説していきます。

6.2 ドラッグ&ドロップのイベント

ドラッグ&ドロップ関連のイベント

マウスで要素をドラッグしたりドロップすると、さまざまなイベントが発生します。次表はHTML5仕様で規定されているドラッグ&ドロップ関連のイベントです。ドラッグ&ドロップは、特定の要素をドラッグして、特定の要素の領域にドロップすることで実現しますので、ここでは、これら2つの要素に分けて解説します。

ドラッグ側の要素で発生するイベント

イベント	説明
dragstart	ドラッグ要素をドラッグしたとき、つまり、マウスボタンを押してドラッグし始めたときに、そのドラッグ要素で発生します。
drag	ドラッグ要素をドラッグしている最中、つまり、マウスボタンを押したまま移動し続けている間、そのドラッグ要素で連続して発生します。
dragend	ドラッグが終了したとき、つまり、ドラッグ中にマウスボタンを離したときに、そのドラッグ要素で発生します。

ドロップ側の要素で発生するイベント

イベント	説明
dragenter	ドラッグ要素がドロップ要素に入って来たときに、そのドロップ要素で発生します。
dragleave	ドラッグ要素がドロップ要素から出て行ったときに、そのドロップ要素で発生します。
dragover	ドラッグ要素がドロップ要素上でドラッグにより移動している間、そのドロップ要素で連続して発生します。
drop	ドラッグ要素がドロップ要素にドロップされたとき、そのドロップ要素で発生します。

これらのイベントを駆使して、ドラッグ&ドロップを実現します。とはいえ、必ずしもすべてのイベントを扱う必要はありません。まずは、img要素をドラッグ&ドロップする方法から見ていきましょう。img要素は最も少ないコードでドラッグ&ドロップを実現することができます。

次のサンプルは、ショッピング・カートを想定しています。商品一覧から商品をドラッグ&ドロップして、カートに移動します。

第6章　ドラッグ＆ドロップ

⬇ カートに商品を入れる前の状態

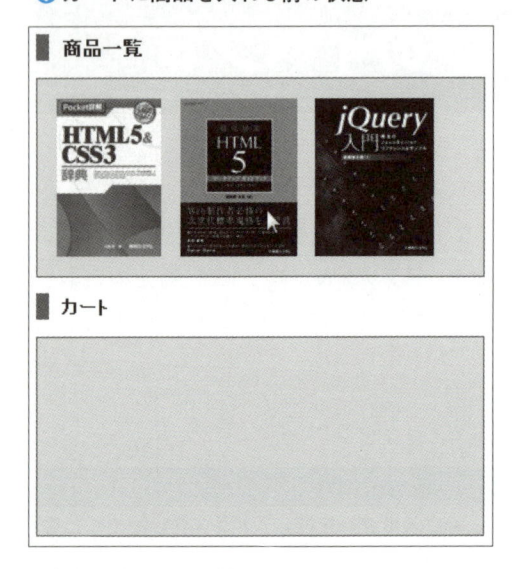

■ 商品一覧

■ カート

⬇ カートに商品をドラッグ中の状態

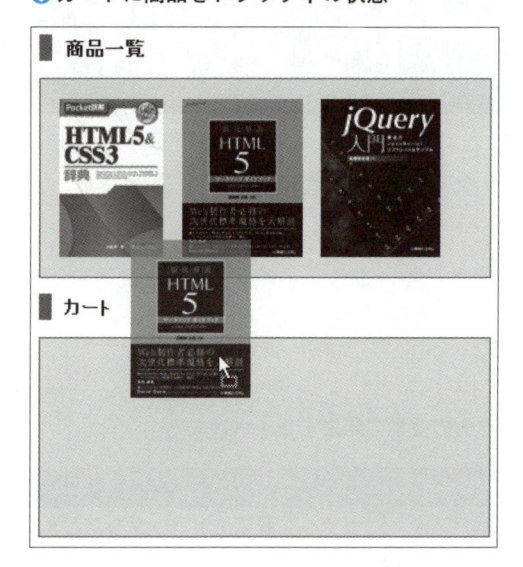

■ 商品一覧

■ カート

⬇ カートに商品をドロップした状態

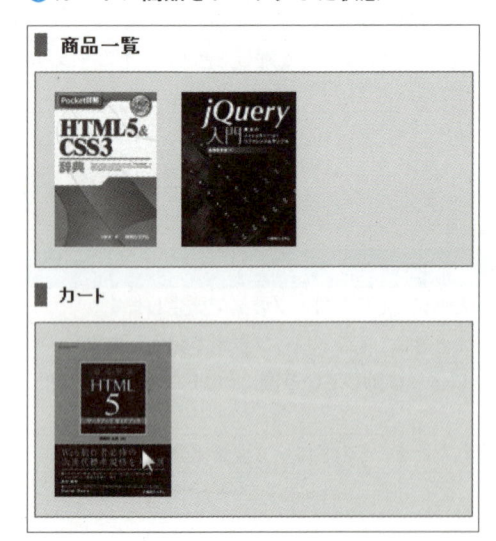

■ 商品一覧

■ カート

では、まずHTMLからご覧ください。

HTML

```html
<h2> 商品一覧 </h2>
<ul id="items">
  <li><img src="b1.jpg" id="b1" alt="" title="HTML5&amp;CSS3 辞典 " /></li>
  <li><img src="b2.jpg" id="b2" alt="" title=" 徹底解説 HTML5..." /></li>
  <li><img src="b3.jpg" id="b3" alt="" title="jQuery 入門 " /></li>
</ul>
<h2> カート </h2>
<ul id="cart"></ul>
```

　このHTMLでは、商品一覧がul要素でマークアップされています。それぞれのli要素の中には、商品画像を表示するためのimg要素を入れています。

　カートはul要素でマークアップされていますが、その中は何もマークアップされていない状態です。商品一覧から画像がドロップされたら、このul要素の中に、ドロップされたimg要素を入れたli要素が挿入されます。

　では、スクリプトの全体をご覧ください。

スクリプト

```javascript
document.addEventListener("DOMContentLoaded", function() {
  /* ---------------------------------------------------------
   * ■ドラッグ側の処理
   * --------------------------------------------------------- */
  // 商品一覧の画像のリスト
  var imgs = document.querySelectorAll('#items>li>img');
  for( var i=0; i<imgs.length; i++ ) {
    // img 要素
    var img = imgs.item(i);
    // img 要素に dragstart イベントのリスナーをセット
    img.addEventListener("dragstart", function(event) {
      // データ転送用のデータをセット
      event.dataTransfer.setData("text", event.target.id);
    }, false);
  }
  /* ---------------------------------------------------------
   * ■ドロップ側の処理
   * --------------------------------------------------------- */
  // カートの ul 要素に dragenter イベントのリスナーをセット
  var cart = document.querySelector('#cart');
  cart.addEventListener("dragenter", function(event) {
    // デフォルト・アクションをキャンセル
```

第6章　ドラッグ＆ドロップ

```
    event.preventDefault();
  }, false);
  // カートのul要素にdragoverイベントのリスナーをセット
  cart.addEventListener("dragover", function(event) {
    // デフォルト・アクションをキャンセル
    event.preventDefault();
  }, false);
  // カートのul要素にdropイベントのリスナーをセット
  cart.addEventListener("drop", function(event) {
    // デフォルト・アクションをキャンセル
    event.preventDefault();
    // データ転送により送られてきたデータ
    var id = event.dataTransfer.getData("text");
    // ドロップされたimg要素
    var img = document.getElementById(id);
    // li要素を生成しカートに追加
    var li = document.createElement("li");
    li.appendChild(img);
    cart.appendChild(li);
  }, false);
}, false);
```

　このスクリプトから、ドラッグ側とドロップ側それぞれに、どのようなイベントのリスナーをセットし、そのリスナーでは何をすべきかについて理解してください。

　まず、ドラッグ可能とするimg要素それぞれに対して、dragstartイベントのリスナーをセットします。これはドラッグが開始された時点で呼び出されます。

⬇ dragstartイベントのリスナーをセットする

```
img.addEventListener("dragstart", function(event) {
  event.dataTransfer.setData("text", event.target.id);
}, false);
```

　ここで注目すべき点は、イベント・オブジェクトのdataTransferプロパティです。このプロパティはDataTransferオブジェクトを返します。このDataTransferオブジェクトには、さまざまなメソッドやプロパティが規定されており、これを使って、ドロップ側に対して情報を送信することになります。

　DataTransferオブジェクトのsetData()メソッドには2つの引数を指定します。第一引数には送信したいデータの種類を表す文字列を指定します。ここではテキスト・データを転送したいため、"text"を第一引数に指定しています。第二引数には送信したいデータを指定します。ここでは、ドラッグされた

img要素のidコンテンツ属性の値を指定しています。

なぜ、データ転送が必要なのでしょうか。それは、ドロップ側で何がドロップされたかを把握するためです。このサンプルでは、ドラッグできるimg要素が複数ありますので、ドロップ側では何がドロップされるか分かりません。このデータ転送の仕組みを使うことで、ドラッグ側から個別にさまざまな情報をドロップ側に送ることができるのです。

以上で、ドラッグ側の準備は終わります。では、ドロップ側のスクリプトを見ていきましょう。ドロップ側では、最低3つのイベントのリスナーをセットする必要があります。それは、dragenterイベント、dragoverイベント、dropイベントです。しかし、dragenterイベントとdragoverイベントのリスナーでは、デフォルト・アクションをキャンセルするだけです。

⬇ dragenterイベントとdragoverイベントのリスナーの処理

```
cart.addEventListener("dragenter", function(event) {
  event.preventDefault();
}, false);
cart.addEventListener("dragover", function(event) {
  event.preventDefault();
}, false);
```

イベント・オブジェクトのpreventDefault()メソッドを呼び出すことで、該当のイベントのデフォルト・アクションをキャンセルすることができます。これらの処理は必須です。デフォルト・アクションをキャンセルしておかないとドロップできませんので注意してください。このデフォルト・アクションについては後述します。

最後はdropイベントのリスナーです。このリスナーでも、先ほどの2つのイベント・リスナーと同様に、デフォルト・アクションをキャンセルするために、イベント・オブジェクトのpreventDefault()メソッドを呼び出します。こうすることで、期待通りに、img要素をドロップすることが可能となります。

⬇ drapイベントのリスナーの処理

```
cart.addEventListener("drop", function(event) {
  event.preventDefault();
  var id = event.dataTransfer.getData("text");
  ...
}, false);
```

このdropイベントのリスナーでは、何がドロップされたのかを把握する必要があります。ドラッグ側のimg要素にセットしたdragstartイベントのリスナーで、データ転送の仕組みを使って該当のimg要素のid属性の値を送信するようにしました。そのため、dropイベントのリスナーでは、その送信された

値を受け取ることができます。データ転送で送信された値を受け取るには、イベント・オブジェクトのdataTransferプロパティから得られるDataTransferオブジェクトに規定されているgetData()メソッドを使います。

　これで、何がドロップされたかを判定することができます。後は、img要素のid属性の値から、該当のimg要素を取り出し、それをカート側に移動することで完成となります。

　このサンプルでは最も簡単な例を取り上げましたが、HTML5仕様のドラッグ＆ドロップAPIは、さらに高度な機能が規定されています。このようなAPIは、event.dataTransferプロパティ、つまりDataTransferオブジェクトに規定されています。このAPIを理解することで、ドラッグ＆ドロップの機能を最大限に活かすことができるようになります。

6.3 デフォルト・アクション

⌘ デフォルト・アクションとは何か

　先ほどのサンプルでは、ドロップ側の要素に対して、dragenterイベントとdragoverイベントのリスナーをセットして、デフォルト・アクションをキャンセルしました。では、これらのイベントのデフォルト・アクションとは何でしょうか。そして、なぜ、そのデフォルト・アクションをキャンセルしなければいけないのでしょうか。

　まずはデフォルト・アクションとは何かを理解しましょう。例えば、フォームのサブミット・ボタンであれば、そのclickイベントのデフォルト・アクションは、そのフォームをサブミットすることです。hrefコンテンツ属性を持つa要素であれば、そのclickイベントのデフォルト・アクションは、該当のリンク先にページを移動することです。このように、さまざまな要素で発生するイベントごとにデフォルト・アクションを持っています。

　しかし、JavaScriptを使って、こういった動作を止めたい場合が出てきます。ドラッグ&ドロップも例外ではありません。次の表は、イベントごとに規定されているデフォルト・アクションを示しています。

● ドラッグ側の要素で発生するイベントのデフォルト・アクション

イベント	デフォルト・アクション
dragstart	ドラッグ&ドロップ操作の初期化をします。
drag	ドラッグを継続します。
dragend	何がどこにドロップされるかによって変わります。

● ドロップ側の要素で発生するイベントのデフォルト・アクション

イベント	デフォルト・アクション
dragenter	ドラッグ対象がドロップの対象となることを拒否します。
dragleave	なし。
dragover	ドラッグ操作を無効にします。
drop	何がどこにドロップされるかによって変わります。

　dragenterイベントとdragoverイベントは、いずれも本来はドラッグ&ドロップの対象になるはずがなかった要素をドロップできないようにすることが、デフォルト・アクションとして定義されているのです。このおかげで、通常は、選択テキストや画像などのページ上のコンテンツをドラッグして、同じ

ページ内の別の場所でドロップしても、何も起こらないのです。

　ドロップできるようにするために、dragenterイベントとdragoverイベントのデフォルト・アクションをキャンセルしなければいけないのです。

　dragstartイベントのデフォルト・アクションは、ドロップ&ドロップの操作の準備を行うことです。もし、dragstartイベントのデフォルト・アクションをキャンセルしてしまうと、ドラッグできたはずの要素ですら、ドラッグできなくなってしまいます。

　dragendイベントとdropイベントのデフォルト・アクションは状況によって変わります。例えば、デスクトップ上の画像ファイルをドロップすれば、現在表示されているページをその画像の表示に置き換えてしまいます。また、ページ上のテキストを選択して、それをテキスト入力フィールドやテキスト・エリアにドロップすれば、その選択テキストがコピーされます。

6.4 任意の要素をドラッグする

⌘draggableコンテンツ属性

　先ほどのサンプルでは、img要素をドラッグしましたが、実は、img要素はもともとドラッグ可能な要素として規定されています。実際にページ上に表示された画像をマウスでドラッグすることができます。とはいえ、img要素はドラッグ＆ドロップのAPIを使わない限り、ページ内にドロップすることはできません。しかし、デスクトップの上であれば、該当の画像をドロップして保存することが可能です。

　このように、img要素はもともとドラッグ可能だったため、先ほどのサンプルは最もシンプルにドラッグ＆ドロップを実現できたのです。

　hrefコンテンツ属性がマークアップされたa要素もドラッグ可能です。このようなa要素が表すハイパーリンクをクリックせずに、デスクトップにドラッグしてドロップすると、Windowsであればショートカット・ファイルがデスクトップに生成されます。

　しかし、HTML5仕様で規定されたドラッグ＆ドロップは、これらの要素だけでなく、任意の要素もドラッグできるよう考案されています。HTML5では、すべての要素で利用可能なグローバル属性として、draggableコンテンツ属性を新たに規定しました。

　draggableコンテンツ属性に"true"をセットすると、該当の要素はドラッグ可能になります。"false"をセットすれば、明示的にドラッグができないようにすることができます。

⚓ draggableコンテンツ属性の指定

```
<div draggable="true"> ドラッグ可能 </div>
<div draggable="false"> ドラッグ不可 </div>
```

⚓ ドラッグ可能なdiv要素

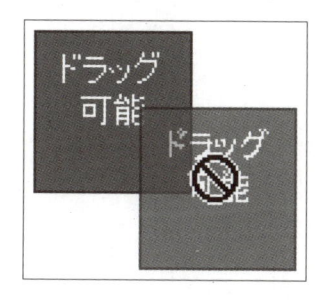

　このように、これまでドラッグできなかったdiv要素がドラッグできるようになりました。draggableコンテンツ属性に対応したプロパティも規定されています。

第6章　ドラッグ＆ドロップ

● ドラッグに関するプロパティ

| element.draggable | ドラッグ可能であればtrueを、そうでなければfalseを返します。値をセットして、ドラッグ可否を変更することができます。 |

　draggableコンテンツ属性とdraggableプロパティのいずれを使っても構いません。ただし、2010年12月現在で、最新バージョン（ベータ版含む）では、これらに対応したブラウザーは、Chrome 9.0とSafari 5.0のみです。

　仮にdraggableコンテンツ属性やdraggableプロパティを使ってdiv要素をドラッグ可能にしたとしても、これだけでは何もできません。ドラッグ＆ドロップAPIを使うことで、ページ内でドロップすることができるようになります。

　前述のサンプルを改良して、img要素ではなく、li要素を丸ごとドラッグ＆ドロップできるようにしましょう。さらに、このサンプルでは、li要素の中にテキストも入れています。

● カートに商品を入れる前の状態　　　● カートに商品をドラッグ中の状態

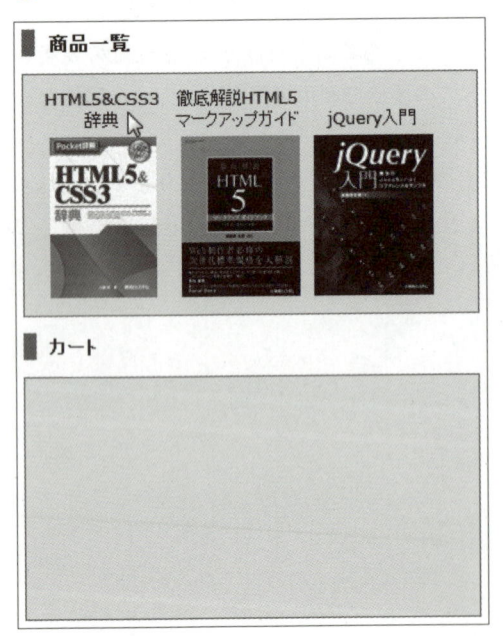

カートに商品をドロップした状態

商品一覧

カート

では、まずHTMLからご覧ください。

HTML

```
<h2>商品一覧</h2>
<ul id="items">
  <li id="b1" draggable="true">HTML5&amp;CSS3辞典 <img src="b1.jpg" alt="" /></li>
  <li id="b2" draggable="true">徹底解説HTML5...<img src="b2.jpg" alt="" /></li>
  <li id="b3" draggable="true">jQuery入門 <img src="b3.jpg" alt="" /></li>
</ul>

<h2>カート</h2>
<ul id="cart"></ul>
```

　HTMLでは、li要素に対してdraggableコンテンツ属性をtrueにセットしてあります。これでli要素が丸ごとドラッグ可能になります。

第6章　ドラッグ＆ドロップ

スクリプト

```
document.addEventListener("DOMContentLoaded", function() {
  /* ------------------------------------------------------
   * ■ドラッグ側の処理
   * ------------------------------------------------ */
  // 商品一覧の画像のリスト
  var list = document.querySelectorAll('#items>li');
  for( var i=0; i<list.length; i++ ) {
    // li 要素
    var li = list.item(i);
    // li 要素に dragstart イベントのリスナーをセット
    li.addEventListener("dragstart", function(event) {
      // データ転送用のデータをセット
      event.dataTransfer.setData("text", event.currentTarget.id);
    }, false);
  }
  /* ------------------------------------------------------
   * ■ドロップ側の処理
   * ------------------------------------------------ */
  // カートの ul 要素に dragenter イベントのリスナーをセット
  var cart = document.querySelector('#cart');
  cart.addEventListener("dragenter", function(event) {
    // デフォルト・アクションをキャンセル
    event.preventDefault();
  }, false);
  // カートの ul 要素に dragover イベントのリスナーをセット
  cart.addEventListener("dragover", function(event) {
    // デフォルト・アクションをキャンセル
    event.preventDefault();
  }, false);
  // カートの ul 要素に drop イベントのリスナーをセット
  cart.addEventListener("drop", function(event) {
    // デフォルト・アクションをキャンセル
    event.preventDefault();
    // データ転送により送られてきたデータ
    var id = event.dataTransfer.getData("text");
    // ドロップされた li 要素
    var li = document.getElementById(id);
    // li 要素を ul 要素に追加
    cart.appendChild(li);
  }, false);
}, false);
```

このスクリプトでは、ドラッグ対象となるli要素に対してdragstartイベントのリスナーをセットしています。そして、DataTransferオブジェクトのsetData()メソッドを使って、li要素のid属性の値をセットしています。

id属性の値をセットする

```
event.dataTransfer.setData("text", event.currentTarget.id);
```

li要素のid属性の値として、event.currentTarget.idを使っている点に注目してください。li要素の中にはテキストもあればimg要素もあります。もしテキストやimg要素をドラッグしてしまうと、event.targetプロパティはli要素ではなくテキスト・ノード・オブジェクト、またはimg要素のオブジェクトを返します。そのため、ここでは、どこをクリックしてドラッグを開始したとしても、イベント・リスナーがセットされたli要素を取得するためにevent.currentTargetプロパティを使っています。

ドロップ側のdropイベントのリスナーでは、DataTransferオブジェクトのgetData()メソッドを使って、転送されてきたli要素のid属性の値を取り出します。

id属性の値を取り出す

```
var id = event.dataTransfer.getData("text");
```

ドロップされたli要素のオブジェクトを取得し、ドロップ側のul要素に追加すれば、li要素が丸ごと移動することになります。このサンプルでは、画像の上でマウス・ボタンを押して移動してドラッグすることはもちろんのこと、テキスト部分の上でマウス・ボタンを押して移動することでドラッグすることも可能になります。

先ほど、Firefoxはdraggableコンテンツ属性をサポートしていないと説明しましたが、このサンプルは問題なく動作します。Firefoxはドラッグ対象の要素に対してdragstartイベントのリスナーをセットすることで、任意の要素をドラッグ可能にします。

しかし、Internet Explorerはドラッグ＆ドロップAPIを実装しているものの、これらのコンテンツ属性やプロパティをサポートしていないため、実質的に任意の要素をドラッグすることはできません。このサンプルでは、img要素の画像をドラッグすれば問題なく動作します。しかし、テキスト部分をクリックしてから移動しても、ドラッグすることができません。もし画像を含んでいない要素をドラッグさせたいときには困ります。この場合は、やや無理がありますが、マウス・ボタンを押したときに強制的にテキストをすべて選択状態にさせることで、違和感なくドラッグできるようになります。

第6章　ドラッグ＆ドロップ

🔽 **Internet Explorer 9対応のコード**

```
/* ---------------------------------------------------
 * ■ドラッグ側の処理
 * --------------------------------------------------- */
// 商品一覧の画像のリスト
var list = document.querySelectorAll('#items>li');
for( var i=0; i<list.length; i++ ) {
  // li 要素
  var li = list.item(i);
  // li 要素に dragstart イベントのリスナーをセット
  li.addEventListener("dragstart", function(event) {
    // データ転送用のデータをセット
    event.dataTransfer.setData("text", event.currentTarget.id);
  }, false);
  // li 要素に mousedown イベントのリスナーをセット
  li.addEventListener("mousedown", function(event) {
    // li 要素内の全テキストを選択状態にする
    var selection = window.getSelection();
    selection.selectAllChildren(event.currentTarget);
  }, false);
}
```

　ドラッグ側のli要素にmousedownイベントのリスナーをセットします。マウス・ボタンがli要素の上で押された時点で、li要素内のすべてのテキストを選択状態にしてしまいます。テキストを選択状態にするには、Text Selection APIを使います。windowオブジェクトのgetSelection()メソッドからSelectionオブジェクトを取得します。そして、そのSelectionオブジェクトのselectAllChildren()メソッドに引数としてli要素のオブジェクトを指定します。

　こうすることで、仮にテキスト部分をドラッグしようとしても、見た目はよくありませんが、問題なくli要素を丸ごとドラッグできるようになります。

🔽 **Internet Explorer 9でテキスト部分をドラッグしようとした状態**

6.5 選択テキストをドラッグする

選択テキストのドラッグ&ドロップ

　ウェブ・ページ上のimg要素やa要素（hrefコンテンツ属性がないものは除く）はデフォルトでドラッグ可能でしたが、実は選択テキストもデフォルトでドラッグ可能です。HTML5のドラッグ&ドロップAPIは、選択テキストのドラッグ&ドロップも想定していますので、マウス操作だけでコピー&ペーストと同じ操作を実現することができます。

　次のサンプルは、ページ上のテキストをマウスで選択状態にして、それをドラッグしてdiv要素の領域にドロップすると、その選択テキストがdiv要素内にコピーされます。

テキストを選択した状態

選択テキストをドラッグした状態

選択テキストをドロップした状態

HTML

```
<p id="text">テキストを選択して下の領域にドロップしてください。</p>
<div id="drop"></div>
```

　前述の通り、選択テキストはデフォルトでドラッグ可能なため、HTMLにはdraggableコンテンツ属性をどこにもマークアップしていない点に注目してください。仮にp要素にdraggableコンテンツ属性をマークアップしてしまうと、p要素そのものをドラッグすることになってしまいますので注意してください。

　まずは、HTML5仕様に沿ったスクリプトをご覧ください。

第6章 ドラッグ＆ドロップ

⬇ スクリプト

```
document.addEventListener("DOMContentLoaded", function() {
  /* ---------------------------------------------------------
   * ■ドロップ側の処理
   * --------------------------------------------------------- */
  // div 要素に dragenter イベントのリスナーをセット
  var div = document.querySelector('#drop');
  div.addEventListener("dragenter", function(event) {
    // デフォルト・アクションをキャンセル
    event.preventDefault();
  }, false);
  // div 要素に dragover イベントのリスナーをセット
  div.addEventListener("dragover", function(event) {
    // デフォルト・アクションをキャンセル
    event.preventDefault();
  }, false);
  // div 要素に drop イベントのリスナーをセット
  div.addEventListener("drop", function(event) {
    // デフォルト・アクションをキャンセル
    event.preventDefault();
    // 選択テキストを取得
    var text = event.dataTransfer.getData("text");
    // 選択テキストを div 要素に追加
    div.appendChild( document.createTextNode(text) );
  }, false);
}, false);
```

　本来、選択テキストのドラッグ＆ドロップでは、ドラッグ側にイベント・リスナーをセットする必要がない点に注目してください。

　これまでのサンプルでは、データ転送機能を使って、ドラッグ要素の情報をドロップ側で受け取ることができましたが、選択テキストの場合はドロップ側からどうやって選択テキストを把握するのでしょうか。HTML5仕様では、選択テキストがドラッグされたときには、DataTransferオブジェクトにそれが自動的にセットされることになっています。そのため、ドロップ側のdropイベントのリスナーでは、これまで通り、event.dataTransfer.getData("text")メソッドを呼び出せば、選択テキストが取り出せることになります。これは、Internet Explorer 9、Safari 5.0、Chrome 9.0で実現されています。

⬇ 選択テキストを取り出す

```
var text = event.dataTransfer.getData("text");
```

選択テキストが抽出できたら、該当のテキストのテキスト・ノード・オブジェクトを生成した上で、div要素に追加します。これで、マウス操作だけで、あたかもコピー&ペーストをしたかのようなユーザー・インタフェースができあがります。

このサンプルは、Firefox 4.0で動作しません。Firefox 4.0では選択テキストを自動的にDataTransferオブジェクトにセットしないため、event.dataTransfer.getData("text")メソッドを呼び出すと空文字列を返すからです。

この問題は、ドラッグ対象となるテキストの親要素に対してdragstartイベントのリスナーをセットし、そこで、DataTransferオブジェクトのsetData()メソッドを使って、選択テキストをセットすることで解決します。

改良スクリプト

```
document.addEventListener("DOMContentLoaded", function() {
  /* ---------------------------------------------------------
   * ■ドラッグ側の処理
   * --------------------------------------------------------- */
  // p要素にdragstartイベントのリスナーをセット
  var p = document.querySelector('#text');
  p.addEventListener("dragstart", function(event) {
    // 選択テキストを取得
    var selection = window.getSelection();
    var text = selection.toString();
    // データ転送用のデータをセット
    event.dataTransfer.setData("text", text);
  }, false);
  /* ---------------------------------------------------------
   * ■ドロップ側の処理
   * --------------------------------------------------------- */
  /* 省略 */
}, false);
```

p要素でdragstartイベントが発生した時点で選択テキストを取得するには、Text Selection APIを使います。windowオブジェクトのgetSelection()メソッドからSelectionオブジェクトを取り出します。そして、SelectionオブジェクトからtoString()メソッドを呼び出すと、選択テキストを取得することができます。選択テキストが取得できたら、DataTransferオブジェクトのsetData()メソッドを使って、選択テキストのデータをセットします。

このサンプルは、ドラッグ&ドロップAPIを実装したInternet Explorer 9、Firefox 4.0、Safari 5.0、Chrome 9.0で動作します。

6.6 データ転送

⌘ データ転送機能に関連するAPI

これまでDataTransferオブジェクトのsetData()メソッドを使ってデータ転送を行ってきました。setData()メソッドの第一引数には"text"を、第二引数には送信したいデータをセットしましたが、実は、それ以外にもさまざまな機能があります。ここでは、データ転送機能に関連するAPIを解説していきます。

⬇ データ転送機能に関連するメソッド

event.dataTransfer. setData(format, data)	第一引数にはフォーマット文字列を指定します。ここに指定したフォーマットに一致した値を第二引数に指定します。第二引数に指定できるデータは、文字列のみです。
event.dataTransfer. getData(format)	第一引数に指定したフォーマットの転送データを返します。指定のフォーマットのデータがセットされていなければ、空文字列を返します。
event.dataTransfer. clearData() event.dataTransfer. clearData(format)	データ転送用にセットされたデータをすべて削除します。第一引数にフォーマット文字列を指定すると、該当の形式に一致するデータのみを削除します。
event.dataTransfer.types	dragstartイベントのリスナーでsetData()メソッドを使ってセットされたデータのフォーマットのリストをDOMStringListオブジェクトとして返します。

　通常は、ドラッグ側の要素でdragstartイベントが発生したときにsetData()メソッドを使います。そして、ドロップ側の要素でdropイベントが発生したときにgetData()メソッドを使います。こうすることで、ドロップしたときに、ドロップ側の要素でデータを取得することができるようになります。

　このsetData()メソッドの第一引数に指定するフォーマット文字列は、getData()メソッドで転送データを取得するための名前として使われます。setData()メソッドの第一引数に指定したフォーマット文字列と、getData()メソッドに指定する引数の値が同じであれば、送信データを取り出すことができます。

　HTML5の規定では、setData()メソッドにどんな文字列をセットしても構わないことになっています。つまり、フォーマット文字列とは、転送するデータのラベルに過ぎないということです。しかし、次の文字列は特別な意味を持ちます。

📥 データ転送可能な形式

形式を表す文字列	意味
text	テキスト・データを表します。ブラウザー側では"text/plain"として扱います。
url	URLを表します。ブラウザー側では"text/url-list"として扱います。しかし、複数のURLデータを転送できるわけではありません。getData("url")メソッドで取り出せる値は1つだけです。

　これらの文字列は、大文字と小文字を区別しません。ブラウザー内部では小文字に変換した上で処理することになっています。

　これらのフォーマット文字列は、下位互換性のために規定されたものです。前述の通り、HTML5のドラッグ＆ドロップAPIは、Internet Explorerの実装に基づいています。そのため、HTML5では互換性を維持するために、当時から使われていた文字列が今後も利用できるよう配慮しているのです。

　とはいえ、2010年12月現在で、上記以外のフォーマット文字列に対応しているのはFirefox 4.0のみです。そのため、複数のブラウザーで動作させるためには、前述のフォーマット文字列を使うのが良いでしょう。

　HTML5仕様では、フォーマットを変えれば、setData()メソッドを使っていくつでもデータを転送することができます。次のサンプルは、img要素をドラッグ＆ドロップしてコピーします。また、同じimg要素を何度もコピーすることができます。次のサンプルはFirefox 4.0で動作します。

📥 サンプルの結果

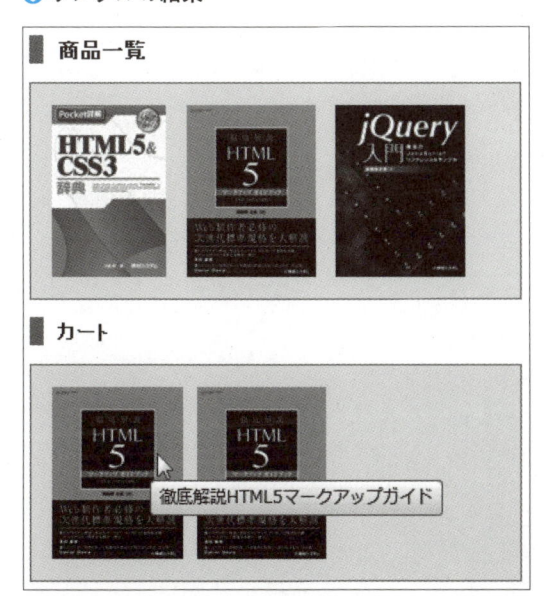

第6章 ドラッグ&ドロップ

HTML

```
<h2> 商品一覧 </h2>
<ul id="items">
  <li><img src="b1.jpg" id="b1" alt="" title="HTML5&amp;CSS3 辞典 " /></li>
  <li><img src="b2.jpg" id="b2" alt="" title=" 徹底解説 HTML5 マークアップガイド " /></li>
  <li><img src="b3.jpg" id="b3" alt="" title="jQuery 入門 " /></li>
</ul>

<h2> カート </h2>
<ul id="cart"></ul>
```

スクリプト

```
document.addEventListener("DOMContentLoaded", function() {
  /* --------------------------------------------------------
   * ■ドラッグ側の処理
   * -------------------------------------------------------- */
  // 商品一覧の画像のリスト
  var imgs = document.querySelectorAll('#items>li>img');
  for( var i=0; i<imgs.length; i++ ) {
    // img 要素
    var img = imgs.item(i);
    // img 要素に dragstart イベントのリスナーをセット
    img.addEventListener("dragstart", function(event) {
      // データ転送用のデータをセット
      event.dataTransfer.setData("src", event.target.src);
      event.dataTransfer.setData("title", event.target.title);
    }, false);
  }
  /* --------------------------------------------------------
   * ■ドロップ側の処理
   * -------------------------------------------------------- */
  // カートの ul 要素に dragenter イベントのリスナーをセット
  var cart = document.querySelector('#cart');
  cart.addEventListener("dragenter", function(event) {
    // デフォルト・アクションをキャンセル
    event.preventDefault();
  }, false);
  // カートの ul 要素に dragover イベントのリスナーをセット
  cart.addEventListener("dragover", function(event) {
    // デフォルト・アクションをキャンセル
    event.preventDefault();
```

```
    }, false);
    // カートのul要素にdropイベントのリスナーをセット
    cart.addEventListener("drop", function(event) {
      // デフォルト・アクションをキャンセル
      event.preventDefault();
      // img要素を生成
      var img = document.createElement("img");
      img.src = event.dataTransfer.getData("src");
      img.title = event.dataTransfer.getData("title");
      // li要素を生成しカートに追加
      var li = document.createElement("li");
      li.appendChild(img);
      cart.appendChild(li);
    }, false);
}, false);
```

　このサンプルでは、商品画像のimg要素にセット下dragstartイベントのリスナーで、複数の転送データをセットしています。

● 複数の転送データをセットする

```
event.dataTransfer.setData("src", event.target.src);
event.dataTransfer.setData("title", event.target.title);
```

　ここでは、フォーマット文字列に"src"と"title"を使い、それぞれには、img要素のsrcプロパティの値とtitleプロパティの値をセットしています。
　ドロップ側では、dropイベントのリスナーで、img要素を生成する際に、セットされた複数のデータをgetData()メソッドで取得し、その値を生成したimg要素にセットしています。

● ドロップされたimg要素をコピーする

```
var img = document.createElement("img");
img.src = event.dataTransfer.getData("src");
img.title = event.dataTransfer.getData("title");
```

　これで、ドロップされたimg要素がコピーされることになります。
　では次にDataTransferオブジェクトのtypesプロパティについて見ていきましょう。typesプロパティは、dragstartイベントのリスナーでsetData()メソッドを使ってセットされたデータのフォーマットのリストをDOMStringListオブジェクトとして返します。このDOMStringListオブジェクトは、

W3C DOM Level 3 Coreで規定されています。

> ● W3C DOM Level 3 Core
> http://www.w3.org/TR/DOM-Level-3-Core/

🔽 DOMStringListオブジェクトに対するプロパティ・メソッド

DOMStringList.item(index)	DOMStringListオブジェクトに格納されている文字列のうち、index番目に格納されている文字列を返します。indexは0から数えます。index番目に格納された文字列が存在しなければnullを返します。
DOMStringList.length	DOMStringListオブジェクトに格納されている文字列の数を返します。
DOMStringList.contains(string)	DOMStringListオブジェクトに、引数に指定した文字列が含まれていればtrueを、含まれていなければfalseを返します。

　item()メソッドやlength()プロパティの使い方は、NodeListオブジェクトと同じです。DOMStringListオブジェクトは、contains()メソッドが規定されてる点が特徴です。

　先ほどのサンプルを使って、データ転送に特定のフォーマット文字列が含まれているかどうかをチェックするとしたら、DataTransferオブジェクトのtypesプロパティからcontains()メソッドを使います。

🔽 特定のフォーマット文字列が含まれているかどうかをチェックする

```
cart.addEventListener("drop", function(event) {
  ...
  // データ転送のチェック
  var types = event.dataTransfer.types;
  if( types.contains("src") == false ) { return; }
  ...
}, false);
```

6.7 他のアプリケーションとの連携

ブラウザー以外のアプリケーションとのデータの送受信

　先ほどは、setData()メソッドの第一引数に指定するフォーマット文字列に、任意の文字列を使いましたが、HTML5仕様では、MIMEタイプを使うことも想定しています。

　実際には、setData()メソッドでは、文字列しか送信できないにもかかわらず、どうしてMIMEタイプを使うのでしょうか。実は、HTML5仕様のドラッグ＆ドロップAPIは、ブラウザー以外のデスクトップ・アプリケーションへデータを送信したり受信することも視野に入っているのです。これは、生みの親であるInternet Explorerのオリジナルの仕様ではなく、HTML5で新たに導入された拡張機能です。

　とはいえ、ブラウザーがそれに対応することはもちろんのこと、OSがデスクトップ・アプリケーション間のデータ送受信をサポートし、さらにデスクトップ・アプリケーションがMIMEタイプに応じたデータ送受信をサポートしている必要があります。しかし、今でも一部のデスクトップ・アプリケーションが対応しています。

　例えば、ブラウザーに表示された画像や選択テキストは、はじめからドラッグ可能あることは前述の通りです。そのため、この選択テキストを別のアプリケーションにドラッグしてドロップすると、コピーすることが可能です。Windows 7に標準でインストールされているワードパッドを例に挙げてみましょう。

▼ Firefox 4.0で表示したページのテキストと画像をワードパッドにドロップ

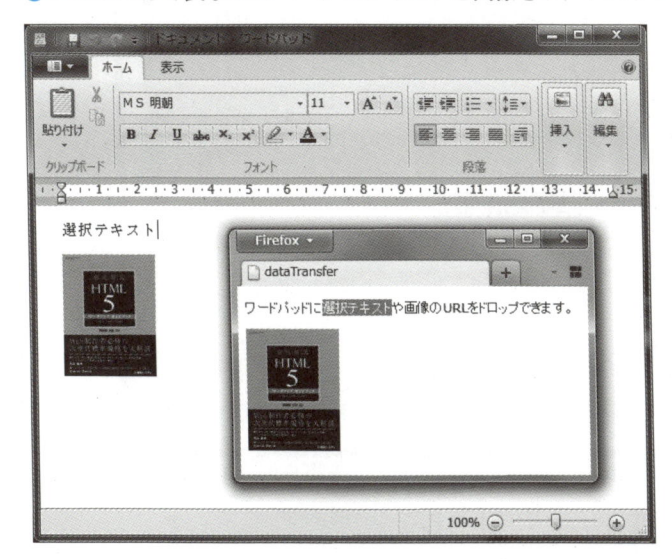

第6章　ドラッグ＆ドロップ

⚓ HTML

```
<p>ワードパッドに選択テキストや画像のURLをドロップできます。</p>
<p><img src="b2.jpg" alt="" title="徹底解説 HTML5 マークアップガイド " /></p>
```

　このサンプルでは、JavaScriptを一切使っていません。このように、ある程度は、はじめからアプリケーション間のデータ転送が実現できているのです。

　このアプリケーション間のデータ転送を制御するのが、setData()メソッドのフォーマット文字列なのです。転送できるデータは文字列に限定されていますので、できることは限られます。特に、ブラウザーから他のデスクトップ・アプリケーションへデータを転送することは、非常に難しいでしょう。

　逆に、デスクトップ・アプリケーションのテキスト・データをブラウザー側で受信することは可能です。多くのデスクトップ・アプリケーションで選択されたテキスト・データをブラウザー上にドロップすると、"text/plain"フォーマットとして受信可能です。

　次のサンプルは、Firefox 4.0で動作しますが、ワードパッドに入力されたテキストを選択し、それをdiv要素上にドロップすると、そのテキストがコピーされてdiv要素に表示されます。また、デスクトップ上の画像ファイルをドロップすることで、その画像もdiv要素上に表示します。

⚓ サンプルの結果

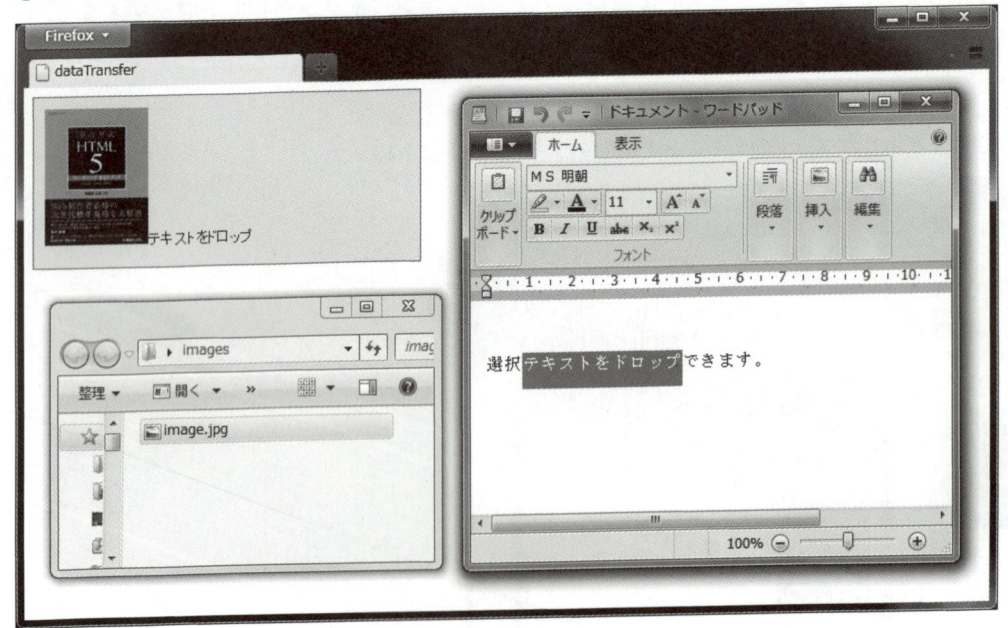

⚓ HTML

```
<div id="drop"></div>
```

6.7 他のアプリケーションとの連携

スクリプト

```javascript
document.addEventListener("DOMContentLoaded", function() {
  /* --------------------------------------------------------
   * ■ドロップ側の処理
   * -------------------------------------------------------- */
  // div 要素に dragenter イベントのリスナーをセット
  var div = document.querySelector('#drop');
  div.addEventListener("dragenter", function(event) {
    // デフォルト・アクションをキャンセル
    event.preventDefault();
  }, false);
  // div 要素に dragover イベントのリスナーをセット
  div.addEventListener("dragover", function(event) {
    // デフォルト・アクションをキャンセル
    event.preventDefault();
  }, false);
  // div 要素に drop イベントのリスナーをセット
  div.addEventListener("drop", function(event) {
    // デフォルト・アクションをキャンセル
    event.preventDefault();
    // データ転送により送られてきたデータ
    var dt = event.dataTransfer;
    if( dt.types.contains("text/plain") == true ) {
      // テキストの場合
      var text = dt.getData("text/plain");
      div.appendChild( document.createTextNode(text) );
    } else if( dt.types.contains("text/x-moz-url") == true ) {
      // デスクトップ上の画像ファイルの場合
      var url = dt.getData("text/x-moz-url");
      if( url.match(/¥.(jpg|jpeg|gif|png)$/i) ) {
        var img = document.createElement("img");
        img.src = url;
        div.appendChild(img);
      }
    }
  }, false);
}, false);
```

他のアプリケーション上で選択されたテキストを、ブラウザー上のドロップ領域にドロップすると、フォーマットとして"text/plain"とラベル付けされたデータがセットされます。また、Firefox独自の実装になりますが、デスクトップ上のファイルをドロップすると、フォーマットとして"text/x-moz-url"と

第6章　ドラッグ＆ドロップ

ラベル付けされたデータがセットされます。これは、デスクトップのパスを表すURLになります。実際には、次のようなURLが得られます。

```
file:///C:/Users/futomi/Desktop/images/image.jpg
```

　このサンプルでは、ファイルがドロップされたら、そのURLからファイルの拡張子を評価しています。もし画像としてふさわしい拡張子であれば、img要素を生成して、それをdiv要素に追加します。こうすることで、あたかも、画像ファイルがドロップ＆ドロップでコピーされたかのように見えます。
　ここでは、ブラウザーではない他のアプリケーションとの連携について説明しましたが、ブラウザーのウィンドウ間でもデータ転送が可能です。1つのウィンドウ上のコンテンツを、別のウィンドウにドロップするといった操作が可能になります。

6.8 ドラッグ中のアイコンをセットする

⌘ ドラッグ中のアイコン

通常、ページ上のコンテンツをドラッグすると、ドラッグ対象のコンテンツがマウス・ポインターの位置に表示されます。

⬇ 画像をドラッグした状態

HTML5のドラッグ＆ドロップAPIには、このドラッグ中のアイコンを変更することが可能です。

⬇ ドラッグ中のアイコンに関するメソッド

event.dataTransfer.setDragImage(element, x, y)	ドラッグ中のアイコンを、第一引数に指定した要素が表すイメージの置き換えます。第二引数と第三引数はマウス・ポインターの位置から見た相対位置を表します。xはマウス・ポインターの位置から見て左へ、yはマウス・ポインターの位置から見て上に、アイコンの表示位置をずらします。
event.dataTransfer.addElement(element)	指定した要素のレンダリング結果をドラッグ・アイコンのイメージとして追加します。第一引数にはページに表示されている要素を指定します。

まず、setDragImage()メソッドの利用例を見ていきましょう。仕様上は、setDragImage()メソッドの第一引数には、どんな要素を指定しても構わないことになっていますが、通常は、img要素のオブジェ

クトを使います。このimg要素は、ページに表示されているコンテンツでなくても構いません。
　次の例は、setDragImage()メソッドを使って、ドラッグ・アイコン用に用意した画像を表示します。

ドラッグ中のアイコンをセットした状態

HTML

```
<img src="b2.jpg" id="book" alt="" title="徹底解説HTML5マークアップガイド" />
```

スクリプト

```
document.addEventListener("DOMContentLoaded", function() {
  /* ----------------------------------------------------------
   * ■ドラッグ側の処理
   * ---------------------------------------------------- */
  // ドラッグ中のアイコン用のimg要素を生成
  var fb = document.createElement("img");
  fb.src = "fb.png";
  // ドラッグ対象のimg要素にdragstartイベントのリスナーをセット
  var img = document.querySelector('#book');
  img.addEventListener("dragstart", function(event) {
    // ドラッグ中のアイコンをセット
    event.dataTransfer.setDragImage(fb, 0, 0);
  }, false);
}, false);
```

　setDragImage()メソッドは、ドラッグ対象の要素のdragstartイベントのリスナーで使います。このメソッドの第一引数には、アイコンとして表示させたい要素のオブジェクトを、第二引数と第三引数には、それぞれ、マウスのポインターの位置から見た相対位置を指定します。このサンプルでは、いずれの引数にも0を指定していますので、アイコン画像がマウス・ポインターの右下に配置されます。

では、setDragImage()メソッドの第二引数と第三引数に相対位置を指定して、アイコン画像をマウス・ポインターの中心に位置するようにしてみましょう。

⊙アイコン画像をマウス・ポインターの中心に位置するようにする

```
scripts/setDragImage_xy.html
event.dataTransfer.setDragImage(fb, 18, 30);
```

⊙ドラッグ中のアイコンの表示位置をずらす

この相対位置は、右下にずらすのではなく、左上にアイコン画像をずらしますので注意してください。このサンプルは、2010年12月時点の最新バージョン（ベータ版を含む）で、Firefox 4.0のみで動作します。

次に、addElement()メソッドの利用例を見ていきましょう。addElement()メソッドの用途はsetDragImage()メソッドとほとんど同じですが、表示させたいイメージが異なります。addElement()メソッドには、その時点でページ上に表示されている要素を指定します。ただし、img要素である必要はありません。第一引数に指定した要素がページに表示されている通りのイメージを、アイコンとして採用します。ただし、setDragImage()メソッドのように、アイコン・イメージの表示位置を調整することはできません。

次のサンプルは、addElement()メソッドを使って、ドラッグ・アイコンを定義しています。このサンプルでは、li要素をドラッグさせたいのですが、画像をドラッグしてしまうと、li要素全体ではなく、画像の部分だけがドラッグ・アイコンとして採用されてしまいます。

第6章　ドラッグ&ドロップ

画像をドラッグした場合

そのため、このサンプルでは、addElement()メソッドを使って、画像がドラッグされたとしても、li要素のレンダリング結果をドラッグ・アイコンとして採用するようにしています。

ドラッグ・アイコンを指定した場合

HTML

```
<ul id="items">
  <li id="b1" draggable="true">HTML5&amp;CSS...<img src="b1.jpg" alt=""/></li>
  <li id="b2" draggable="true">徹底解説HTML5...<img src="b2.jpg" alt=""/></li>
  <li id="b3" draggable="true">jQuery入門<img src="b3.jpg" alt=""/></li>
</ul>
```

スクリプト

```
document.addEventListener("DOMContentLoaded", function() {
  /* -------------------------------------------------------
   * ■ドラッグ側の処理
   * ------------------------------------------------- */
  // li 要素に dragstart イベントのリスナーをセット
  var lis = document.querySelectorAll('#items>li');
  for( var i=0; i<lis.length; i++ ) {
    lis.item(i).addEventListener("dragstart", function(event) {
      // アイコン表示用の要素を追加
      event.dataTransfer.addElement(event.currentTarget);
    }, false);
  }
}, false);
```

このサンプルは、2010年12月時点の最新バージョン（ベータ版を含む）で、Firefox 4.0のみで動作します。

6.9 選択テキストのドラッグ・ポインター

⌘ ドラッグ中のマウス・ポインターを変更する

　ドラッグ＆ドロップAPIを使ってページ上のテキストを選択してドロップ領域にドラッグすると、マウス・ポインターには、それがコピーなのか移動なのかを表すポインターが表示されます。このポインターは、ユーザーに対して、ドロップしたときに何が起こるのかを予測させることができる大事な情報です。

　選択テキストをドラッグしてドロップする操作の目的は、コピー、リンク、移動の3パターンが規定されています。そして、それらの操作には名前が付けられています。また、それぞれの操作に応じてマウス・ポインターが変わってきます。Windowsであれば下表のポインターが表示されます。

ドロップ操作を表すポインター

操作名	ポインター	意味
copy		選択テキストがコピーされることを表します。
link		選択テキストがリンクされることを表します。
move		選択テキストが移動されることを表します。
none		ドロップできないことを表します。

　ドラッグ＆ドロップAPIでは、ドラッグ中のマウス・ポインターを特定の用途に合わせたものに変更することができます。

ドラッグ中のマウス・ポインターを変更するためのプロパティ

event.dataTransfer.effectAllowed	ドラッグ＆ドロップで許可されている操作を表す文字列を返します。値をセットして、許可操作を変更することができます。指定可能な値はnone、copy、copyLink、copyMove、link、linkMove、move、all、uninitializedのいずれかです。それぞれの意味は後述します。

event.dataTransfer.dropEffect	ドロップ時に受け入れ可能な操作を表す文字列を返します。値をセットして受け入れ可能な操作を変更することができます。指定可能な値はnone、copy、link、moveのいずれかです。値をセットすると、該当の操作に合わせたドラッグ・ポインターが表示されます。

通常、effectAllowedプロパティは、ドラッグ対象となる要素で発生するdragstartイベントのリスナーでセットします。そして、dropEffectプロパティは、ドロップ領域となる要素で発生するdragenterイベントとdragoverイベントで使います。

effectAllowedプロパティで許可した操作のみがドロップ側で可能となります。そのため、dropEffectプロパティには、effectAllowedプロパティで許可した操作を表す値をセットしなければいけません。もし、それらが一致していないと、操作noneに相当するドラッグ・ポインターが表示されてしまうことになりますので、注意してください。

effectAllowedプロパティに指定できる値と、dropEffectプロパティに指定できる値が異なる点に注意してください。

● effectAllowedプロパティ

値	意味
copy	選択領域がコピーされることを意味します。
link	選択領域がドロップ領域にリンクされることを意味します。
move	選択領域がドロップ領域に移動することを意味します。
copyLink	選択領域がコピーまたはリンクされることを意味します。
copyMove	選択領域がコピーまたは移動されることを意味します。
linkMove	選択領域がリンクまたは移動されることを意味します。
all	すべてのドロップ操作が有効になります。
none	すべてのドロップ操作が無効になります。ドラッグ中は、ドロップ不可を表すカーソルが表示されることになります。
uninitialized	effectAllowプロパティに何も定義されていない状態を表します。これがデフォルトです。

● dropEffectプロパティ

値	意味
copy	コピーを表すポインターが表示されます。
link	リンクを表すポインターが表示されます。
move	移動を表すポインターが表示されます。
none	ドロップ不可を表すポインターが表示されます。これがデフォルト値です。

第6章　ドラッグ＆ドロップ

　ドラッグ＆ドロップAPIを全く使っていない場合、それぞれのプロパティはデフォルト値がセットされた状態として扱われます。つまり、effectAllowedプロパティは"uninitialized"、dropEffectプロパティは"none"がセットされた状態になります。そのため、選択テキストをドラッグできない領域にドラッグしても、操作"none"を表すポインターになります。

🔽 操作"none"を表すポインター

　そして、これまでのサンプルのように、ドラッグ＆ドロップAPIを使ってドラッグ＆ドロップを実現しているものの、effectAllowedプロパティもdropEffectプロパティも定義していない場合は、ブラウザーによって表示されるポインターが異なってしまいます。Internet Explorer 9では、操作"copy"を表すポインターになります。

🔽 操作"copy"を表すポインター

　Firefox 4.0、Safari 5.0、Chrome 9.0では、操作"move"を表すポインターが表示されます。

🔽 操作"move"を表すポインター

　コピーのつもりが、操作"move"を表すポインターが表示されてはユーザーが誤解してしまいます。effectAllowedプロパティとdropEffectプロパティを使って、ドラッグ・ポインターを明示的に指定する方が良いでしょう。
　次のサンプルは、選択テキストをドロップ領域にドラッグしたときに、ドラッグ・ポインターが操作"copy"を表すようにしたものです。

🔽 ドロップ領域にドラッグした状態

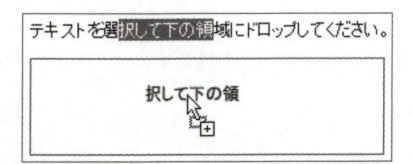

HTML

```
<p id="text">テキストを選択して下の領域にドロップしてください。</p>
<div id="drop"></div>
```

スクリプト

```
document.addEventListener("DOMContentLoaded", function() {
  /* --------------------------------------------------------
   * ■ドラッグ側の処理
   * -------------------------------------------------------- */
  // p 要素に dragstart イベントのリスナーをセット
  var p = document.querySelector('#text');
  p.addEventListener("dragstart", function(event) {
    // 選択テキストを取得
    var selection = window.getSelection();
    var text = selection.toString();
    // 許可する操作
    event.dataTransfer.effectAllowed = "copy";
    // データ転送用のデータをセット
    event.dataTransfer.setData("text", text);
  }, false);
  /* --------------------------------------------------------
   * ■ドロップ側の処理
   * -------------------------------------------------------- */
  // div 要素に dragenter イベントのリスナーをセット
  var div = document.querySelector('#drop');
  div.addEventListener("dragenter", function(event) {
    // デフォルト・アクションをキャンセル
    event.preventDefault();
    // ドラッグ・ポインターをセット
    event.dataTransfer.dropEffect = "copy";
  }, false);
  // div 要素に dragover イベントのリスナーをセット
  div.addEventListener("dragover", function(event) {
    // デフォルト・アクションをキャンセル
    event.preventDefault();
    // ドラッグ・ポインターをセット
    event.dataTransfer.dropEffect = "copy";
  }, false);
  // div 要素に drop イベントのリスナーをセット
  div.addEventListener("drop", function(event) {
    // デフォルト・アクションをキャンセル
    event.preventDefault();
```

```
    // 選択テキストを取得
    var text = event.dataTransfer.getData("text");
    // 選択テキストをdiv要素に追加
    div.appendChild( document.createTextNode(text) );
  }, false);
}, false);
```

　このサンプルでは、effectAllowedプロパティとdropEffectプロパティを、どこで、どんな値にセットするのかが重要です。

　まず、effectAllowedプロパティは、dragstartイベントのリスナーでセットします。セットする値は"copy"です。

　dropEffectプロパティは、ドロップ側のdragenterイベントとdragoverイベントのリスナーでセットします。ここでセットする値も"copy"です。ここでは、effectAllowedプロパティで許可したドロップ操作を表す文字列を指定しなければいけない点に注意してください。effectAllowedプロパティには"copy"がセットされていますから、dropEffectプロパティにセットできる値は必然的に"copy"しかないことになります。

　こうすることで、どのブラウザーでも、操作"copy"を表すドラッグ・ポインターが表示されることになります。

　では、effectAllowedプロパティに"move"をセットし、dropEffectプロパティに"copy"をセットしたらどうなるのでしょうか。実は、操作"none"に相当するドラッグ・ポインターが表示されるのはもちろんのこと、実際の操作も拒否されます。つまり、選択テキストをドロップできなくなります。

◉ドロップできない状態

　このように、effectAllowedプロパティとdropEffectプロパティは、ドラッグ・ポインターの表示を制御するだけではなく、実際のドロップ操作も制限する点に注意してください。

　また、選択テキストだけでなく、要素のドラッグ＆ドロップでも、effectAllowedプロパティとdropEffectプロパティを使うことが可能です。ドラッグ＆ドロップ操作において、ユーザーが混乱しないよう適切なフィードバックを与えるために、これらのプロパティを積極的に使うと良いでしょう。

6.10 デスクトップ・ファイルをドロップする

⌘ デスクトップ上のファイルのドロップ

HTML5のドラッグ&ドロップAPIは、デスクトップ上のファイルのドロップも想定しています。これによって、ドロップされたファイルの中身をJavaScriptから読み取ることができます。

⚓ デスクトップ上のファイルのドロップに関するプロパティ

event.dataTransfer.files	デスクトップ上のファイルがドロップされると、そのファイルのリストを格納したFileListオブジェクトを返します。ただし、ドラッグ中にファイル・データを取得することはできません。

DataTransferオブジェクトのfilesプロパティは、ドロップされたファイルのリストを格納したFileListオブジェクトを返しますが、このFileListオブジェクトそのものは、HTML5仕様では規定されていません。FileListオブジェクトは、File APIという仕様で規定されたオブジェクトです。File APIについては次章で詳しく解説しますが、ここでは、その簡単な使い方について紹介しましょう。

次のサンプルのHTMLには、ドロップ領域が用意されています。デスクトップ上の画像ファイルをドロップすると、そのデータを読み取り、ドロップ要素にそのイメージを表示します。

⚓ 画像ファイルをドラッグしている状態   ### ⚓ 画像ファイルをドロップした状態

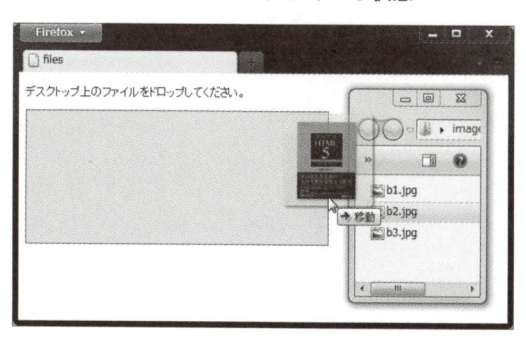

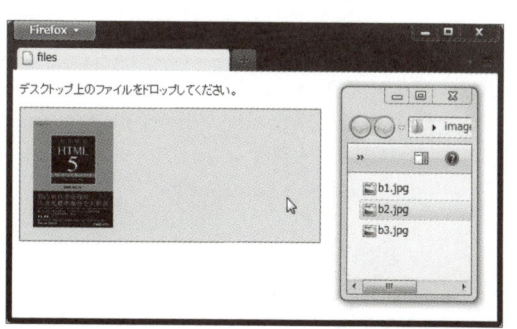

第6章　ドラッグ＆ドロップ

別の画像ファイルを追加した状態

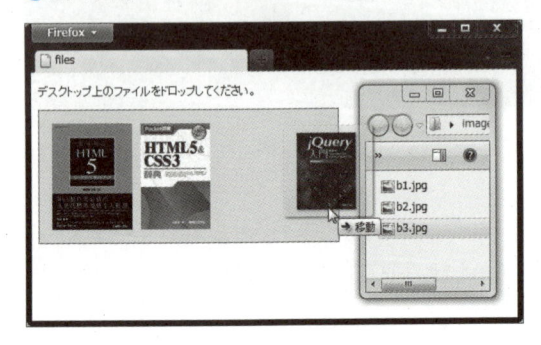

HTML上には、ドロップ領域を表すdiv要素がマークアップされています。

HTML

```
<p>デスクトップ上のファイルをドロップしてください。</p>
<div id="drop"></div>
```

スクリプトでは、ドロップ領域を表すdiv要素に対して、ドロップ側の処理のみを用意します。

スクリプト

```
document.addEventListener("DOMContentLoaded", function() {
  /* ---------------------------------------------------------
   * ■ドロップ側の処理
   * --------------------------------------------------------- */
  // div 要素に dragenter イベントのリスナーをセット
  var div = document.querySelector('#drop');
  div.addEventListener("dragenter", function(event) {
    // デフォルト・アクションをキャンセル
    event.preventDefault();
  }, false);
  // div 要素に dragover イベントのリスナーをセット
  div.addEventListener("dragover", function(event) {
    // デフォルト・アクションをキャンセル
    event.preventDefault();
  }, false);
  // div 要素に drop イベントのリスナーをセット
  div.addEventListener("drop", function(event) {
    // デフォルト・アクションをキャンセル
    event.preventDefault();
    // FileList オブジェクト
```

```
      var files = event.dataTransfer.files;
      // ドロップされたファイルのFileオブジェクト
      var file = files[0];
      if( ! file ) { return; }
      // ファイルのMIMEタイプをチェック
      if( ! file.type.match(/^image¥//) ) { return; }
      // FileReaderオブジェクト
      var reader = new FileReader();
      // Data URL形式でファイル・データを取得
      reader.readAsDataURL(file);
      // ファイル・データの読み取りが成功したときの処理
      reader.onload = function() {
         // img要素を生成しdiv要素に追加
         var img = document.createElement("img");
         img.src = reader.result;
         div.appendChild(img);
      };
   }, false);
}, false);
```

　DataTransferオブジェクトのfilesプロパティは、ファイルのリストを表すFileListオブジェクトを返します。なぜリストかというと、必ずしもドロップされるファイルが1つとは限らないからです。2つ以上のファイルを同時に選択して、それらをドロップすることも可能だからです。

ファイルのリストを取得する

```
var files = event.dataTransfer.files;
```

　FileListオブジェクトに格納された個々のファイルは配列と同じように取り出すことができます。

個々のファイルを取り出す

```
var file = files[0];
if( ! file ) { return; }
```

　もし何もファイルが選択されていなければ、処理を終了しています。ここで取り出したファイルを表す変数fileは、Fileオブジェクトです。これ自体にファイル・データが格納されているわけではありませんので注意してください。この時点では、まだ、ファイルを読み取っていない状態です。

　Fileオブジェクトには、typeプロパティが規定されています。このtypeプロパティは、ドロップされたファイルのMIMEタイプを返します。ここでは、画像ファイルかどうかをチェックするために、その

第6章　ドラッグ＆ドロップ

MIMEタイプがimage/で始まるかどうかをチェックしています。

🔽 MIMEタイプをチェックする

```
if( ! file.type.match(/^image¥//) ) { return; }
```

次に、ドロップされたファイルの読み取りを行います。

🔽 ファイルの読み取り

```
// FileReader オブジェクト
var reader = new FileReader();
// Data URL 形式でファイル・データを取得
reader.readAsDataURL(file);
```

　FileReaderオブジェクトを上記のように取り出します。そして、FileReaderオブジェクトのreadAsDataURL()メソッドを呼び出します。このメソッドは、ドロップしたファイルのデータの読み取りを開始して、それをData URL形式に変換します。引数には、先ほど取得したFileオブジェクトを指定します。これで、非同期にファイルのデータを読み取ることになります。

　非同期にファイルのデータを読み取るため、イベント・リスナーをセットする必要があります。ファイルの読み取りが完了すると、FileReaderオブジェクトでloadイベントが発生します。そのため、ここでは、FileReaderオブジェクトのonloadイベント・ハンドラに、ファイル読み取り完了後の処理を定義します。

🔽 非同期にファイルのデータを読み取る

```
reader.onload = function() {
  // img 要素を生成し div 要素に追加
  var img = document.createElement("img");
  img.src = reader.result;
  div.appendChild(img);
};
```

　実際に読み取ったデータは、FileReaderオブジェクトのresultプロパティに格納されています。このサンプルでは、readAsDataURL()メソッドを使ってファイル・データを読み取りましたので、resultプロパティには、読み取ったファイル・データをData URL形式に変換した文字列が格納されます。

　このData URL形式の値を、新たに生成したimg要素のsrcプロパティにセットすることで、ドロップされたファイルのイメージを表すimg要素ができあがります。

　File APIは、このサンプルで使ったAPIの他にも、さまざまなAPIが規定されています。次章では、File APIの詳細について解説していきます。

第7章 File API

これまでウェブの世界とデスクトップの世界は、完全に別世界として切り離されていました。しかし、File APIを使うことで、ウェブ・アプリケーションからデスクトップ上のファイルを扱うことができるようになります。File APIは、次世代のウェブ・アプリケーションのあり方を予感させる重要なAPIといえるでしょう。

第7章 File API

7.1 File APIとは

⌘ デスクトップ上のファイルをスクリプトから読み取る

　File APIは、デスクトップ上のファイルのデータを直接スクリプトから読み取ることができるようにします。ただし、読み取り専用のため、ファイルを更新したり、削除することはできません。また、スクリプトから任意のデスクトップ上のファイルを選択することもできません。ユーザーがファイルを指定することで、初めてそのファイルにアクセスすることができます。

> ● W3C File API公開版
> http://www.w3.org/TR/FileAPI/

　ユーザーがファイルを指定する行為とは、前章で紹介したドラッグ＆ドロップに加え、typeコンテンツ属性にfileがセットされたinput要素にファイルを指定する操作を指します。File API仕様では、デスクトップ上のファイルだけでなく、XMLHttpRequest経由で取得したバイナリー・ファイルのデータも扱えることになっていますが、2010年12月現在では、それをサポートしたブラウザーはありません。本書では、デスクトップ上のファイルのみを扱います。
　File APIは、Firefox 3.6で初めて実装されました。2010年12月現在では、Firefox 4.0、Safari 5.0、Chrome 9.0に実装されていますが、実装度に大きな違いがあります。本章では、最もFile APIの実装が進んでいるChrome 9.0を使って解説します。ただし、File APIを使う場合、読み取るファイルはデスクトップに存在するものの、ページそのものはウェブ・サーバー上に用意しないと動作しませんので注意してください。
　スクリプトから、これらのファイルにアクセスするための入り口は、FileListオブジェクトになります。ドラッグ＆ドロップの場合は、dropイベントのイベント・オブジェクトから得られるDataTransferオブジェクトのfilesプロパティを使って取得します。input要素の場合は、input要素オブジェクトのfilesプロパティから取得します。
　ただし、FileListオブジェクトは、いつでも取り出せるわけではありません。ドラッグ＆ドロップであれば、ドロップされたときに取得できます。また、input要素であれば、ユーザーがファイルを選択したときに取得することができます。
　input要素の場合は、changeイベントの発生を引き金に、選択されたファイルのリストが格納されたFileListオブジェクトを取得します。

⬇ 選択されたファイルのリストを取得する

```
var input = document.querySelector('input[type="file"]');
input.addEventListener("change", function(event) {
  // FileList オブジェクト
  var files = event.target.files;
  // 選択されたファイルを表す File オブジェクト
  var file = files[0];
  ...
}, false);
```

　このFileListオブジェクトには、実際に選択されたファイルを表すFileオブジェクトのリストが格納されています。個々のFileオブジェクトは、配列と同じように、インデックス番号を指定することで得られます。

　実際に選択されたファイルのデータを読み取るためには、このFileオブジェクトに規定されたプロパティやメソッドを使います。

7.2 Fileオブジェクト

⌘ ファイルの情報を取得する

選択されたファイルを表すFileオブジェクトには、そのファイルの情報が格納されています。

⬇ ファイルの情報を取得するためのプロパティ・メソッド

File.size	ファイルのサイズ（バイト）を返します。
File.type	ファイルのMIMEタイプを返します。ただし、小文字に変換された値として返します。もしMIMEタイプが不明だった場合は、空文字列を返します。
File.name	ファイル名を返します。ただし、パス情報は含まれません。
File.lastModifiedDate	ファイル最終更新日時を表す文字列を返します。もしファイル最終更新日時が不明だった場合は、空文字列を返します。
File.slice(start, length) File.slice(start, length, contentType)	ファイル・データのうち、startの位置からサイズlengthの範囲を表すBlobオブジェクトを返します。オプションで、第三引数にはHTTPレスポンス・ヘッダーのContent-Typeの値を指定することができます。これは、ファイル・データをHTTP経由で取得した場合に、取得データを制限するために使うことができます。

　Fileオブジェクトには、選択されたファイルのデータが格納されていないことに注意してください。Fileオブジェクトに格納されている情報は、選択ファイルのメタ情報です。ファイル・データを読み取るためには、それをブラウザーに命令する必要があります。ここでは、Fileオブジェクトから選択ファイルのメタ情報を取り出してみましょう。

⬇ サンプルの結果

```
[ファイルを選択]  books.png

ファイル名       books.png
サイズ           62411
MIMEタイプ       image/png
最終更新日時     undefined
```

HTML

```
<p><input type="file" /></p>
<dl>
  <dt> ファイル名 </dt>
  <dd id="name">-</dd>
  <dt> サイズ </dt>
  <dd id="size">-</dd>
  <dt>MIME タイプ </dt>
  <dd id="type">-</dd>
  <dt> 最終更新日時 </dt>
  <dd id="mdate">-</dd>
</dl>
```

スクリプト

```
document.addEventListener("DOMContentLoaded", function() {
  var input = document.querySelector('input[type="file"]');
  input.addEventListener("change", function(event) {
    // FileList オブジェクト
    var files = event.target.files;
    // 選択されたファイルを表す File オブジェクト
    var file = files[0];
    if( ! file ) { return; }
    // ファイルの各種情報を表示
    document.querySelector('#name').textContent = file.name;
    document.querySelector('#size').textContent = file.size;
    document.querySelector('#type').textContent = file.type;
    document.querySelector('#mdate').textContent = file.lastModifiedDate;
  }, false);
}, false);
```

nameプロパティは、ファイルのパスが削除されている点に注意してください。このプロパティから得られる値は、純粋にファイル名のみです。sizeプロパティが返すファイルのサイズの単位はバイトです。typeプロパティは、選択されたファイルのMIMEタイプを返します。

lastModifiedDateプロパティは、該当のファイルの最終更新日時を表す文字列を返すことになっていますが、2010年12月現在で、このプロパティをサポートしたブラウザーはありません。

Fileオブジェクトのslice()メソッドは、ファイル・データをスライスしたバイナリー・データを返すのではなく、その範囲のデータを表すBlobオブジェクトを返します。Blobオブジェクトは、Fileオブジェクトのベースとなるオブジェクトで、利用できるプロパティはname、lastModifiledプロパティに限られます。この違いを除けば、以降で説明するAPIも含め、Fileオブジェクトと同じ使い方です。FileオブジェクトはBlobオブジェクトでもある点を覚えておいてください。

7.3 FileReaderオブジェクト

⌘ ファイルのデータを読み取る

　Fileオブジェクト、またはBlobオブジェクトが取得できたら、次は、ファイルのデータを読み取りにいかなければいけません。これを実現するのがFileReaderオブジェクトです。

🔽 ファイルのデータを読み取るためのオブジェクト・メソッド

FileReader = new FileReader()	FileReaderオブジェクトを返します。
FileReader.readAsBinaryString(blob)	引数に指定したBlobオブジェクト（またはFileオブジェクト）が表すファイルのデータを読み取りにいき、読み取ったデータをバイナリーのまま保持します。
FileReader.readAsText(blob) FileReader.readAsText(blob, encoding)	引数に指定したBlobオブジェクト（またはFileオブジェクト）が表すファイルのデータを読み取りにいき、読み取ったデータをUTF-8のテキストに変換します。たとえ、取得したテキストがShift_JISだとしても、UTF-8に変換されます。オプションで、第二引数に文字エンコーディングを表す文字列を指定することができます。もし第二引数が指定されると、読み取ったデータは、指定の文字エンコーディング（Shift_JISやEUC-JPなどを指定可能）に変換されます。
FileReader.readAsDataURL(blob)	引数に指定したBlobオブジェクト（またはFileオブジェクト）が表すファイルのデータを読み取りにいき、読み取ったデータをData URL形式の文字列に変換します。
FileReader.readAsArrayBuffer(blob)	引数に指定したBlobオブジェクト（またはFileオブジェクト）が表すファイルのデータを読み取りにいき、読み取ったデータをArrayBufferオブジェクトに変換します。
FileReader.abort()	ファイルの読み取りを中止します。
FileReader.result	読み取ったデータを返します。返されるデータの形式は、読み取りを指示したメソッドに依存します。

　FileオブジェクトやBlobオブジェクトが取得できたとしても、まだ、該当のファイルのデータを取得することはできません。データの読み取りには、まず、FileReaderオブジェクトを取得しなければいけません。

🔽 FileReaderオブジェクトを取得する

```
var reader = new FileReader();
```

　このコードで、変数readerにFileReaderオブジェクトがセットされます。以降は、このFileReaderオ

ブジェクトを表す変数readerを使って、データ読み取りの操作を行います。

　File APIは、ファイルのデータをバイナリーのまま取得するだけでなく、UTF-8に変換した文字列、Data URL形式の文字列に変換した状態で取得する方法を提供します。読み取りを行うメソッドを使い分けることで取得できるデータ形式を決めます。FileReaderオブジェクトのreadAsBinaryString()メソッドを使えばバイナリー形式で、readAsText()メソッドを使えばUTF-8に変換された文字列で、readAsDataURL()メソッドを使えばData URL形式に変換された文字列で、読み取ったデータを取得することができます。

　readAsArrayBuffer()メソッドもバイナリー・データを取得するためのメソッドですが、取得したデータを加工しやすいよう、ArrayBufferオブジェクトという形で結果を得ることができます。ArrayBufferオブジェクトは、Typed Arraysと呼ばれる仕様で規定されています。

> ● Typed Arrays
> https://cvs.khronos.org/svn/repos/registry/trunk/public/webgl/doc/spec/TypedArray-spec.html

　2010年12月現在、Typed ArraysはまだW3Cの草案にすら至っていません。
　また、readAsArrayBuffer()メソッドを実装したブラウザーもありません。
　readAsBinaryString()メソッド、readAsText()メソッド、readAsDataURL()メソッドは、いずれも第一引数に指定したFileオブジェクトが表すファイルのデータの読み取りを指示します。しかし、これらのメソッドは読み取ったファイルのデータを返すわけではありませんので注意してください。

　実際の読み取りは非同期で行われます。そのため、読み取りが完了するとFileReaderオブジェクトで発生するloadイベントをキャッチする必要があります。次のコードの変数fileは、Fileオブジェクトを表しています。

ファイルのデータの読み取り

```
// FileReader オブジェクト
var reader = new FileReader();
// バイナリー形式でファイル・データを取得
reader. readAsBinaryString(file);
// ファイル・データの読み取りが成功したときの処理
reader.onload = function() {
  // バイナリー・データ
  var bin = reader.result;
  ...
};
```

7.3 FileReaderオブジェクト

このコードでは、FileReaderオブジェクトにonloadイベント・ハンドラをセットしています。このハンドラは、ファイルのデータの読み取りが完了したときに実行されることになります。読み取ったデータは、FileReaderオブジェクトのresultプロパティから取得することができます。

では、ファイルのデータを読み取るサンプルを見ていきましょう。次のサンプルは、input要素に画像ファイルを指定すると、その画像フォーマットを判定します。

GIFファイルを選択

```
[ファイルを選択] image.gif
フォーマット      GIF
```

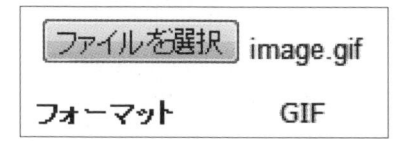

これは、GIFファイルを選択したときの結果です。しかし、画像フォーマットの判定は、ファイル名の拡張子やMIMEタイプから判定しているのではなく、バイナリー・データから判定しています。そのため、ファイル名に拡張子がないファイルを使っても、画像フォーマットを判定することができます。

拡張子がない画像ファイルを選択

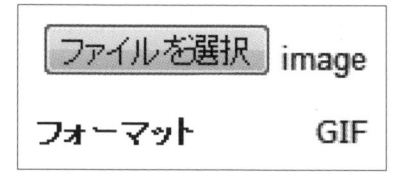

```
[ファイルを選択] image
フォーマット      GIF
```

HTML

```html
<p><input type="file" /></p>
<dl>
  <dt> フォーマット </dt>
  <dd id="format">-</dd>
</dl>
```

スクリプト

```javascript
document.addEventListener("DOMContentLoaded", function() {
  var input = document.querySelector('input[type="file"]');
  input.addEventListener("change", function(event) {
    // FileList オブジェクト
    var files = event.target.files;
    // 選択されたファイルを表す File オブジェクト
    var file = files[0];
```

```
    if( ! file ) { return; }
    // 画像ファイルのフォーマットを判定
    show_image_format(file);
  }, false);
}, false);

function show_image_format(file) {
  // FileReader オブジェクト
  var reader = new FileReader();
  // バイナリー形式でファイル・データを取得
  reader.readAsBinaryString(file);
  // ファイル・データの読み取りが成功したときの処理
  reader.onload = function() {
    // バイナリー・データ
    var bin = reader.result;
    // 先頭から8バイトを取得
    var header = bin.slice(0, 8);
    // シグニチャーを判定（GIF, BMP, PNG, JPEG）
    var fmt = "";
    if( header.match(/^GIF8[79]a/) ) {
      fmt = "GIF";
    } else if( header.match(/^BM/) ) {
      fmt = "BMP";
    } else if( header.match(/^\x89PNG\x0d\x0a\x1a\x0a/) ) {
      fmt = "PNG";
    } else if( header.match(/^\xff\xd8/) ) {
      fmt = "JPEG";
    }
    // フォーマットを表示
    document.querySelector('#format').textContent = fmt;
  };
}
```

input要素でファイルが選択されると、show_image_format()関数が呼び出されます。この関数では、FileReaderオブジェクトを取得して、readAsBinaryString()を呼び出しています。

ファイルが選択されたときの処理

```
var reader = new FileReader();
reader.readAsBinaryString(file);
```

こうすることで、ファイルの読み取りが完了した後にresultプロパティから得られる値は、バイナリー・データになります。

ファイルの読み取りが完了したら、その読み取ったデータを処理するために、FileReaderオブジェクトにonloadイベント・ハンドラをセットします。

⬇ FileReaderオブジェクトにonloadイベント・ハンドラをセットする

```
reader.onload = function() {
  ...
};
```

このハンドラでは、まず、取得したバイナリー・データのうち、先頭の8バイトだけを切り出します。

⬇ 先頭の8バイトだけを切り出す

```
var bin = reader.result;
var header = bin.slice(0, 8);
```

このslice()は、File APIのslice()メソッドではなく、JavaScriptの文字列を切り出すための関数です。ここでは、強引にそのJavaScriptのslice()関数を使って、先頭の8バイト分を抜き出しています。

先頭の8バイトを取り出したら、画像フォーマットのシグネチャーを正規表現で評価します。多くの画像フォーマットには、先頭付近に、画像フォーマットの種類を表すデータが格納されています。バイナリーといえども、アルファベットのコードがそのまま埋め込まれているフォーマットもあります。

このように簡単な評価であれば、直接バイナリーに正規表現を使うことができます。

7.4 イベント

❖ ファイル読み取りの過程で発生するイベント

ファイルの読み取りが完了すると、FileReaderオブジェクトでloadイベントが発生しますが、その過程で、他にもさまざまなイベントが発生します。

▼ ファイル読み取りの過程で発生するイベント

イベント名	イベントの発生タイミング
loadstart	ファイルの読み取りが開始したときに発生します。
progress	ファイルの読み取りの最中に連続して発生します。
abort	abort()メソッドの呼び出しなどの理由で、ファイルの読み取りが中止されたときに発生します。
error	ファイルの読み取りにおいてエラーが発生したときに発生します。
load	ファイルの読み取りが正常に終了したときに発生します。
loadend	ファイルの読み取り処理が終了したときに発生します。ただし、その読み取りが成功したのか失敗したのかにかかわらず、発生します。

これらのイベントをキャッチするためには、それぞれに対応したイベント・ハンドラを使います。

▼ それぞれに対応するイベント・ハンドラ

FileReader.onloadstart	loadstartイベントが発生したときに実行されるハンドラを定義することができます。
FileReader.onprogress	progressイベントが発生したときに実行されるハンドラを定義することができます。
FileReader.onload	loadイベントが発生したときに実行されるハンドラを定義することができます。
FileReader.onabort	abortイベントが発生したときに実行されるハンドラを定義することができます。
FileReader.onerror	errorイベントが発生したときに実行されるハンドラを定義することができます。
FileReader.onloadend	loadendイベントが発生したときに実行されるハンドラを定義することができます。

これらのイベントを駆使することで、きめ細やかな制御が可能になります。

まず、ファイルの読み取りが開始されると、loadstartイベントが発生します。その後、読み取りの最中は連続してprogressイベントが発生します。もし途中でabort()メソッドなどが呼び出されて処理が中断されるとabortイベントが発生します。また、何かしらのエラーが発生するとerrorイベントが発生します。処理が終わると、loadイベントとloadendイベントが発生します。ただし、loadイベントは読み取りが成功したときだけに発生します。それに対して、loadendイベントは、読み取りに失敗しようが成功しようが、処理が終わった時点で発生します。

7.5 ロード状態

⌘ ファイルの読み取り状況を把握する

FileReaderオブジェクトのreadyStateプロパティから、その時点のファイルの読み取り状況を把握することができます。

⚓ ファイルの読み取り状況を把握するためのプロパティ

FileReader.readyState	ロード状態を表す以下の数値を返します。 0：Fileオブジェクトは生成されているものの、まだファイル・データを読み取っていない状態。（EMPTY） 1：ファイルを読み取っている最中。（LOADING） 2：ファイル・データすべての読み取りが終わり、メモリーに格納された状態。または、何かしらのエラーが発生し、ファイルの読み取りが中止された状態。（DONE）
FileReader.EMPTY	常に0を返す定数です。
FileReader.LOADING	常に1を返す定数です。
FileReader.DONE	常に2を返す定数です。

それぞれの状態には数値だけではなくEMPTYやLOADINGといった名前が規定されています。そして、その名前と同じプロパティが規定されており、そのプロパティは常に該当の状態を表す数値を返します。

⚓ 数値を使った場合のreadyStateプロパティの利用例

```
if( reader.readyState == 1 ) { ... }
```

⚓ 名前を使った場合のreadyStateプロパティの利用例

```
if( reader.readyState == reader.LOADING ) { ... }
```

いずれの表記も結果は同じです。後者の方がコードが理解しやすいといえるでしょう。これについてはお好みに合わせて使い分けてください。

次のサンプルは、ビデオ・ファイルを選択して、そのデータをData URL形式で取得します。そして、それをvideo要素にセットして再生できるようにします。ビデオ・ファイルの読み取りが開始されると、進捗を表示します。

第7章　File API

⬇ビデオ・ファイルをロードする前の状態

⬇ビデオ・ファイルをロードしている最中の状態

⬇ビデオ・ファイルをロード完了した状態

7.5 ロード状態

⬇ HTML

```
<p><input type="file" /><span id="state">待機中</span></p>
<p><video width="480" height="272" controls="controls"></video></p>
```

⬇ スクリプト

```
document.addEventListener("DOMContentLoaded", function() {
  var input = document.querySelector('input[type="file"]');
  input.addEventListener("change", function(event) {
    // FileList オブジェクト
    var files = event.target.files;
    // 選択されたファイルを表す File オブジェクト
    var file = files[0];
    if( ! file ) { return; }
    if( ! file.type.match(/^video\/mp4$/) ) {
      alert("MP4 ビデオを指定してください。");
    }
    // ビデオの読み取りを開始
    load_file(file);
  }, false);
}, false);

function load_file(file) {
  // FileReader オブジェクト
  var reader = new FileReader();
  // Data URL 形式でファイル・データを取得
  reader.readAsDataURL(file);
  // ファイルの読み取りの進捗を表示
  var span = document.querySelector('#state');
  var handler = window.setInterval( function() {
    if( reader.readyState == reader.EMPTY ) {
      span.textContent = "待機中";
    } else if( reader.readyState == reader.LOADING ) {
      span.textContent = "ロード中";
    } else if( reader.readyState == reader.DONE ) {
      span.textContent = "完了";
      // video 要素の src 属性をセット
      var video = document.querySelector('video');
      video.src = reader.result;
      video.load();
      // タイマーを解除
      window.clearInterval(handler);
    }
```

第7章　File API

```
  }, 100);
}
```

　このスクリプトでは、input要素でファイルが選択されると、Fileオブジェクトのtypeプロパティからmimeタイプをチェックします。もし、video/mp4でなければアラート表示して終了します。
　load_file()関数では、ビデオ・ファイルのデータの読み取りを開始します。取得するデータをData URL形式にするため、readAsDataURL()メソッドを使います。
　そして、データの読み取り状況をリアルタイムに把握するために、setInterval()メソッドを使って、繰り返しタイマーをセットします。
　繰り返しタイマーでは、FileReaderオブジェクトのreadyStateプロパティの値を評価し、それに合わせたメッセージをページに表示します。readyStateプロパティがDONEの状態、つまりreadyStateプロパティの値が2になったら、FileReaderオブジェクトのresultプロパティからData URL形式の読み取りデータを取得し、それをvideo要素のsrc属性にセットします。そしてvideo要素のload()メソッドを呼び出すことでvideo要素をリセットし、ビデオの再生ができるようにします。最後に、clearInterval()メソッドを呼び出して、繰り返しタイマーを解除します。

7.6 ファイルのロードの進捗

⌘ リアルタイムに読み取り処理の進捗を表示する

大きなファイルを読み取る場合は、その処理に時間がかかります。この場合は、読み取りの進捗をユーザーに表示するのが親切といえるでしょう。

progressイベントを使うと、リアルタイムに読み取り処理の進捗を表示することが可能になります。

FileReaderオブジェクトで発生する各種イベントのハンドラには、その第一引数にイベント・オブジェクトがセットされますが、そのイベント・オブジェクトには、進捗を表すいくつかのプロパティが規定されています。これは、W3C Progress Events 1.0で規定されたAPIです。

> ● W3C Progress Events 1.0
> http://www.w3.org/TR/progress-events/

特に、progressイベントは、進捗をリアルタイムに把握するために必要なイベントです。progressイベントのハンドラは次のようにFileReaderオブジェクトに定義します。

⬇ progressイベントのハンドラの定義

```
var reader = new FileReader();
reader.onprogress = function(event) {
  var total = event.total; // 読み取るファイル全体のバイト数
  var loaded = event.loaded; // すでに読み込み済みのバイト数
  ...
};
```

progressイベントのイベント・オブジェクトには、totalプロパティとloadedプロパティがセットされ、それぞれ、進捗の全体を表す数値、進捗済みの数値を返します。File APIのprogressイベントのハンドラでは、それぞれファイルのサイズと読み込み済みのサイズをバイトで返すことになります。これは、他のイベントのハンドラでも同様です。

次のサンプルは、input要素に大きなファイルを選択すると、リアルタイムにファイルの読み込みの進捗を表示します。

第7章 File API

ファイルの読み込み進捗表示

```
[ファイルを選択] test.zip
■■■■■■■■■□□□□□  24608768 / 40710927バイト（60.4%）
```

HTML

```html
<p><input type="file" /></p>
<p>
  <progress value="0" max="100"></progress>
  <span id="loaded">0</span> / <span id="total">0</span>バイト
  (<span id="rate">0</span>%)
</p>
```

HTMLには、進捗をprogress要素で表示させるとともに、文字でも詳細を表示させます。進捗が発生する都度、progress要素やspan要素に値をセットしていきます。

スクリプト

```javascript
document.addEventListener("DOMContentLoaded", function() {
  var input = document.querySelector('input[type="file"]');
  input.addEventListener("change", function(event) {
    // FileList オブジェクト
    var files = event.target.files;
    // 選択されたファイルを表す File オブジェクト
    var file = files[0];
    if( ! file ) { return; }
    // FileReader オブジェクト
    var reader = new FileReader();
    // progress イベントのハンドラをセット
    reader.onprogress = show_progress;
    // load イベントのハンドラをセット
    reader.onloadend = show_progress;
    // バイナリー形式でファイル・データを取得
    reader.readAsBinaryString(file);
  }, false);
}, false);

// 読み取りの進捗を表示
function show_progress(event) {
  document.querySelector('#total').textContent = event.total;
  document.querySelector('#loaded').textContent = event.loaded;
  var rate = ( event.loaded * 100 / event.total ).toFixed(1);
```

```
    document.querySelector('#rate').textContent = rate;
    document.querySelector('progress').value = rate;
}
```

　このスクリプトでは、onprogressイベント・ハンドラだけでなく、onloadendイベント・ハンドラも定義している点に注目してください。progressイベントは進捗がある度に発生しますが、ファイルの読み取りが完了した時点で発生するとは限りません。つまり、onprogressイベント・ハンドラだけを定義すると、ファイルの読み取りが完了しても、進捗表示が100%になりません。そのため、ここでは、onloadendイベント・ハンドラも定義しているのです。

7.7 エラー・ハンドリング

⌘ エラーの理由を把握する

　デスクトップ上のファイルといえども、ファイルの読み取りに失敗することがあります。その場合、その理由を把握することができます。

⬇ エラーの理由を把握するためのプロパティ

FileReader.error.code	エラーを表す以下の数値を返します。 1：ファイルを読み取ろうとしたら、そのファイルが見つからなかった。（NOT_FOUND_ERR） 2：ウェブ・アプリケーションでの利用はセキュリティー上良くないと判断した。すでに該当のファイルへの読み取り処理が許容範囲を超えて存在していた。ユーザーがファイルを選択した後に、そのファイルの内容が書き換わった。（SECURITY_ERR） 3：abort()メソッドの呼び出しなどの理由で、ファイルの読み取り処理が中止された。（ABORT_ERR） 4：ファイル・パーミッションや他のアプリケーションによるロック処理などの理由で、ファイルを読み取ることができなかった。（NOT_READABLE_ERR） 5：Data URL長がURL長の上限を超えた場合。ただし、readAsText()メソッドが呼び出されたときは除きます。（ENCODING_ERR）
FileReader.error.NOT_FOUND_ERR	常に1を返す定数です。
FileReader.error.SECURITY_ERR	常に2を返す定数です。
FileReader.error.ABORT_ERR	常に3を返す定数です。
FileReader.error.NOT_READABLE_ERR	常に4を返す定数です。
FileReader.error.ENCODING_ERR	常に5を返す定数です。

　FileReaderオブジェクトのerror.codeプロパティは、エラーの理由を表す数値を返します。それぞれのエラーには数値だけではなくNOT_FOUND_ERRやSECURITY_ERRといった名前が規定されています。そして、その名前と同じプロパティが規定されており、そのプロパティは常にエラーを表す数値を返します。

⚓ 数値を使った場合のreadyStateプロパティの利用例

```
if( reader.error.code == 4 ) { ... }
```

7.7 エラー・ハンドリング

⬇ 名前を使った場合のreadyStateプロパティの利用例

```
if( reader.error.code == reader.error.NOT_READABLE_ERR ) { ... }
```

いずれの表記も結果は同じです。後者の方がコードが理解しやすいといえるでしょう。

前述のエラーコード番号は2010年12月時点で最新版となる2010年10月26日版のFile API草案に基づいています。しかし、それ以前の草案では、エラーを表すコード番号が異なっていました。ブラウザーのバージョンの違いによってコード番号が異なる可能性がありますので、後者のエラー名を表すプロパティを使うことをお勧めします。

通常、エラー・ハンドリングでは、errorイベントのイベント・ハンドラonerrorをFileReaderオブジェクトで使います。

次のサンプルは、ファイルを選択した時点ではファイルを読み取りにいきません。ロード・ボタンを押して初めてファイルの読み取りを開始します。そして、中止ボタンを押すと、ファイルの読み取りを中止します。このとき、errorイベントが発生しますので、次のようなエラー・メッセージが表示されます。

⬇ 読み取り中止のエラー・メッセージを表示

次は、ファイルを選択した後、そのファイルを削除してから、ロード・ボタンを押した場合のエラーです。

⬇ ファイルが見つからないエラー・メッセージを表示

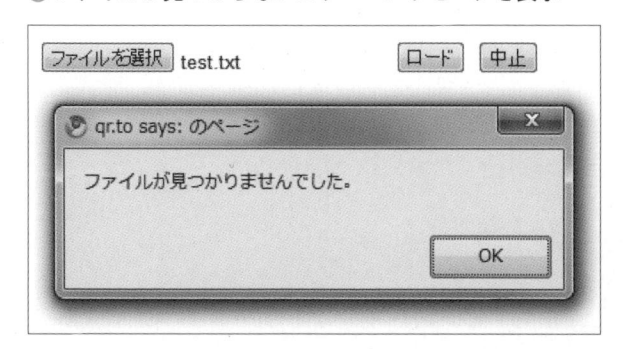

第7章 File API

⬇ HTML

```
<p>
  <input type="file" />
  <button type="button" id="load">ロード</button>
  <button type="button" id="abort">中止</button>
</p>
```

⬇ スクリプト

```
document.addEventListener("DOMContentLoaded", function() {
  var input = document.querySelector('input[type="file"]');
  input.addEventListener("change", function(event) {
    // FileList オブジェクト
    var files = event.target.files;
    // 選択されたファイルを表す File オブジェクト
    var file = files[0];
    if( ! file ) { return; }
    // FileReader オブジェクト
    var reader = new FileReader();
    // ロード・ボタンに click イベントのリスナーをセット
    document.querySelector('#load').addEventListener("click", function() {
      // error イベントのハンドラをセット
      reader.onerror = function() {
        show_error(reader);
      };
      // Data URL 形式でファイル・データを取得
      reader.readAsDataURL(file);
    }, false);
    // 中止ボタンに click イベントのリスナーをセット
    document.querySelector('#abort').addEventListener("click", function() {
      abort_load(reader);
    }, false);
  }, false);
}, false);

// エラーを表示する
function show_error(reader) {
    var code = reader.error.code;
    if( code == reader.error.NOT_FOUND_ERR ) {
      alert("ファイルが見つかりませんでした。");
    } else if( code == reader.error.SECURITY_ERR ) {
      alert("セキュリティー・エラーが発生しました。");
    } else if( code == reader.error.ABORT_ERR ) {
```

```
      alert("読み取りが中止されました。");
    } else if( code == reader.error.NOT_READABLE_ERR ) {
      alert("ファイルの読み取りが禁止されています。");
    } else if( code == reader.error.ENCODING_ERR ) {
      alert("ファイルのサイズが大きすぎます。");
    }
}

// ロードを中止する
function abort_load(reader) {
  // ロードが開始していなければ終了
  if( ! reader ) { return; }
  // ロード中でなければ終了
  if( reader.readyState == reader.LOADING ) { return; }
  // ロードを中止
  reader.abort();
}
```

　このスクリプトでは、ロード・ボタンを表すbutton要素にclickイベントのリスナーをセットしています。このボタンが押されると、FileReaderオブジェクトにonerrorイベント・ハンドラをセットし、エラーが発生したら、show_error()関数が呼び出されるようにしています。

　中止ボタンを表すbutton要素にもclickイベントのリスナーをセットします。このボタンが押されると、abort_load()関数が呼び出されます。abort_load()関数では、ロード中でなければ処理を終了します。もしロード中であれば、FileReaderオブジェクトのabort()メソッドを呼び出して、ファイルの読み込みを中止します。

　ファイルの読み込みが中止されると、errorイベントが発生します。そのため、FileReaderオブジェクトのonerrorイベント・ハンドラが呼び出されることになります。つまり、show_error()関数が呼び出されることになります。

　show_error()関数では、FileReaderオブジェクトのerror.codeプロパティからエラー・コードを取得し、その値に応じて適切なエラー・メッセージを表示します。

第7章 File API

7.8 ファイルのURIを生成する

⌘ 一意的なURIを生成する

これまでFile APIを使って取得したデスクトップ上のファイルをimg要素やvideo要素に組み込みたい場合は、readAsDataURL()メソッドを使って、取得したファイルをData URL形式に変換して、srcプロパティにセットしていました。しかし、このような用途であれば、FileReaderオブジェクトを使わない方法があります。

File APIでは、ドラッグ＆ドロップや、typeコンテンツ属性に"file"がセットされたinput要素から取得したファイルに対して、一意的なURIを生成することができます。このURIをsrcコンテンツ属性を使う要素に直接セットすることができるのです。

一意的なURIを生成するためのメソッド

window.createObjectURL(blob)	引数に指定したBlob（File）オブジェクトに対して一意のBlob URIを生成し、実体のファイルと結び付けます。
window.revokeObjectURL(uri)	引数に指定したBlob URIを解除します。

windowオブジェクトのcreateObjectURL()メソッドは、引数にBlobオブジェクトかFileオブジェクトを与えることで、一意のURIを生成してくれます。しかし、生成されるURIは、一般的なURLとは異なります。

Chrome 9.0が生成するBlob URIの例

```
blob:http://www.html5.jp/c2e8e354-9a42-43ce-9d54-c7afcc499878
```

これは、Blobオブジェクト（Fileオブジェクト）ごとに、仮想的に用意されたURIです。このURIは一般的なURLと同様にimg要素やvideo要素などのsrcコンテンツ属性の値としてそのまま使うことができます。

次のサンプルは、input要素からデスクトップ上の画像ファイルを選択すると、その画像ファイルをimg要素を使って表示します。

7.8 ファイルのURIを生成する

ファイルを選択する前の状態

ファイルを選択した後の状態

HTML

```
<p><input type="file" /></p>
```

スクリプト

```
document.addEventListener("DOMContentLoaded", function() {
  var input = document.querySelector('input[type="file"]');
  input.addEventListener("change", function(event) {
    // FileList オブジェクト
    var files = event.target.files;
    // 選択されたファイルを表すFileオブジェクト
    var file = files[0];
    if( ! file ) { return; }
    // ファイルのURIを生成
    var uri = window.createObjectURL(file);
    // img要素にセット
    var img = document.createElement("img");
    img.src = uri;
    document.body.appendChild(img);
  }, false);
}, false);
```

ご覧の通り、非常にシンプルなコードになりました。Fileオブジェクトさえ取り出すことができれば、FileReaderオブジェクトを用意する必要がありません。windowオブジェクトのcreateObjectURL()メソッドを使って、一意のURIを生成し、それをimg要素のsrcプロパティにセットするだけです。

第7章 File API

　このように、デスクトップ上のファイルに一意のURIを生成できることによって、あたかもデスクトップ上のファイルをウェブ上のリソースとして扱うことができるようになります。そのため、該当のファイルをXMLHttpRequestを使って読み取ることも可能です。

　次のサンプルは、textarea要素にデスクトップ上のHTMLファイルをドロップしたら、その内容を表示します。

◉ HTMLファイルをドラッグ中の状態

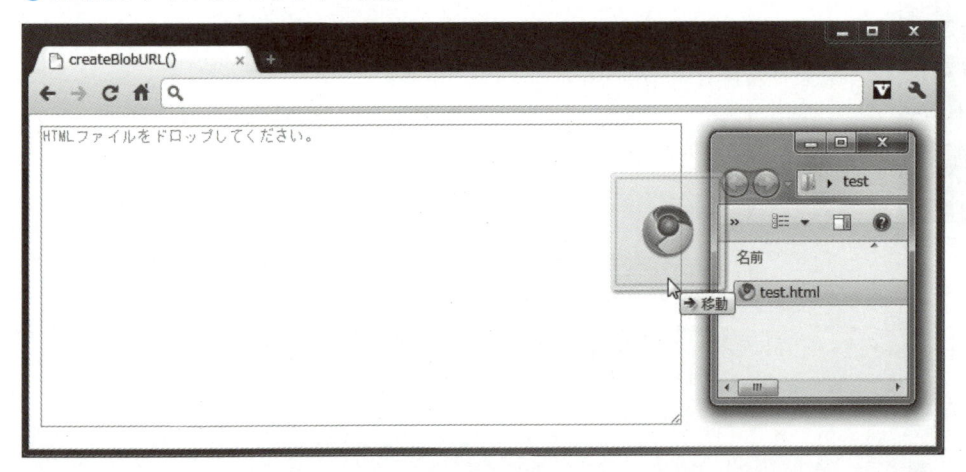

◉ HTMLファイルをドロップした状態

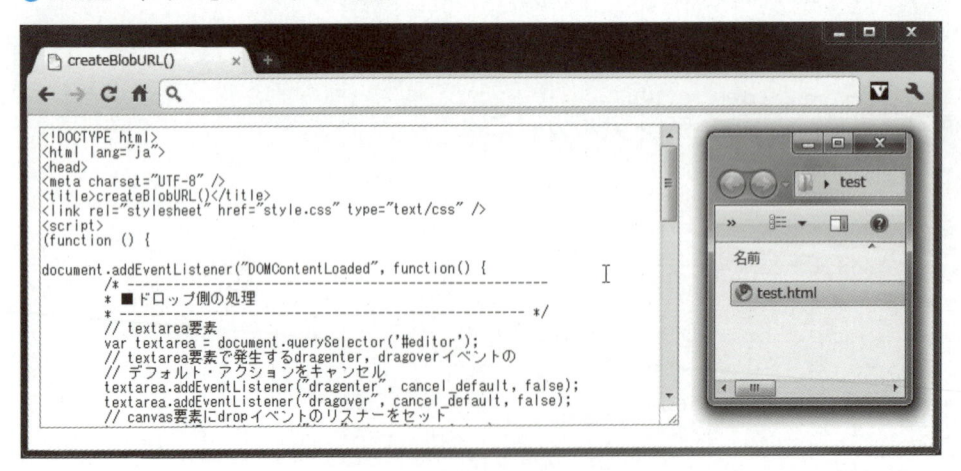

　本来であれば、このような操作を実現するためには、File APIのFileReaderオブジェクトを使う必要がありました。しかし、このサンプルでは、Fileオブジェクトから一意のURIを生成し、それをXMLHttpRequestを使って、その内容を読み取っています。

7.8 ファイルのURIを生成する

HTML

```
<textarea id="editor" rows="10" cols="80" placeholder="HTMLファイルをドロップして
ください。"></textarea>
```

スクリプト

```
document.addEventListener("DOMContentLoaded", function() {
  /* ------------------------------------------------------
   * ■ドロップ側の処理
   * ------------------------------------------------------ */
  // textarea 要素
  var textarea = document.querySelector('#editor');
  // textarea 要素で発生する dragenter, dragover イベントの
  // デフォルト・アクションをキャンセル
  textarea.addEventListener("dragenter", cancel_default, false);
  textarea.addEventListener("dragover", cancel_default, false);
  // canvas 要素に drop イベントのリスナーをセット
  textarea.addEventListener("drop", drop_file, false);
}, false);

// デフォルト・アクションをキャンセル
function cancel_default(event) {
  event.preventDefault();
}

// textarea 要素にファイルがドロップされたときの処理
function drop_file(event) {
  // デフォルト・アクションをキャンセル
  event.preventDefault();
  // FileList オブジェクト
  var files = event.dataTransfer.files;
  // ドロップされたファイルの File オブジェクト
  var file = files[0];
  if( ! file ) { return; }
  // ファイルの MIME タイプをチェック
  if( ! file.type.match(/^text¥//) ) { return; }
  // ドロップされたファイルの URI を生成
  var uri = window.createObjectURL(file);
  // XHR でファイルを読み取り、textarea 要素に表示
  var xhr = new XMLHttpRequest();
  xhr.onreadystatechange = function() {
    if( this.readyState != 4 || this.status != 200 ) { return; }
    document.querySelector('#editor').textContent = this.responseText;
```

```
    };
    xhr.open("GET", uri);
    xhr.send();
}
```

　このサンプルでは、XMLHttpRequestオブジェクトのresponseTextプロパティを使って、ファイルの内容をテキストとして取得しています。しかし、これがSVGなどのXMLファイルであれば、responseXMLプロパティを使うことで、XMLドキュメント・オブジェクトとして取得することができ、そのXMLを操作することが可能になります。これはFile APIのFileReaderオブジェクトでは実現することができません。このように、デスクトップ上のファイルに一意のURIを生成することで、XMLHttpRequestの恩恵を受ける形で、デスクトップ上のファイルを操作することができるのです。

　File APIは、ブラウザーに対して、デスクトップを擬似的なウェブ・サーバーとして見せることができるのです。とはいえ、実際にHTTPを使ってウェブ・サーバーからリソースを取得するわけではありませんので、完全に疑似化されているわけではなく、そのサポート範囲は限定されます。

　まず、HTTPリクエストのメソッドはGETに限られます。HEAD、POST、PUT、DELETEといった他のHTTPリクエスト・メソッドを利用することはできません。

　また、HTTPレスポンスもサポートの範囲が規定されています。File APIでは、次のHTTPレスポンス・コードを規定しています。

⬇ File APIで規定されるHTTPレスポンス・コード

HTTPレスポンス・コード	File APIにおける意味
200 OK	ファイルの読み取りに成功したことを意味します。この場合、HTTPレスポンス・ヘッダーのContent-Typeは、該当のファイルのMIMEタイプがセットされます。つまり、Blob（File）オブジェクトのtypeプロパティの値がセットされることになります。
403 Not Allowed	ファイルのパーミッションなどの理由で、該当のファイルを読み取ることができなかったことを意味します。
404 Not Found	すでにURIが解除された、または、該当のファイルが見つからなかったことを意味します。
500 Internal Server Error	セキュリティーによる制限など何かしらの理由でエラーが発生したことを意味します。GET以外のメソッドでリクエストした場合も該当します。

第8章

Web Workers

JavaScriptで重い処理を実行すると、ブラウザーのユーザー・インタフェースのブロッキングが発生します。それを回避するためにJavaScriptの処理をバックグラウンドで実行するWeb Workersが有効です。本章では、Web Workersの使い方を詳細に解説していきます。

8.1 Web Workersとは

⌘ Web Workersとは何か

　Web Workersは、JavaScriptの処理をバックグラウンドで実行するメカニズムを提供します。2010年12月現在、最新版のInternet Explorer 9ではWeb Workersを実装していませんが、それ以外のメジャー・ブラウザーには実装されています。すでに、Firefox 3.5、Opera 10.60、Safari 4.0、Chrome 3.0からWeb Workersが実装されています。

　よくマルチプロセスやマルチスレッドという用語を耳にすることがあるでしょうが、正確にはWeb Workersはいずれでもありません。あえていえばマルチスレッドに近いといえます。

　ここではまず、マルチプロセス、マルチスレッドの概念を説明した上で、Web Workersの意味を説明します。

⌘ プロセスとスレッド、そしてワーカー

　例えば、Windows 7のFirefoxは1つのプロセスとして起動しています。たとえ、タブやウィンドウを複数起動していたとしても、少なくとも今のブラウザーはOSから見れば1つのプロセスとして起動します。これはOperaもSafariも同様です。そのため、もし表示しているページのJavaScriptが非常に重い処理を行ったり、もしくはクラッシュしてしまうと、ブラウザー全体がフリーズしてしまいます。これを回避するため、Chromeはタブごとにプロセスを起動します。たとえ1つのタブがクラッシュしても、他のタブに影響を与えないようにしています。

　プロセスの起動状況は、Windows 7であれば、タスクマネージャーから確認することができます。

● Windows 7 タスクマネージャー

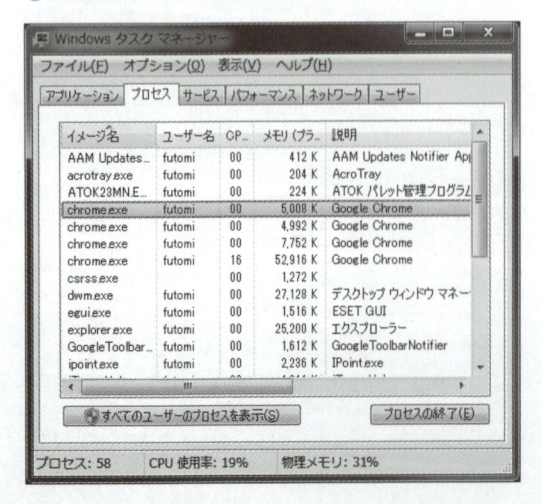

この図は、Chromeを起動した直後のプロセスを表したものです。つまり、まだChromeには何もページを表示させていない状態です。その後、タブにページを表示するとプロセスが1つ増え、その後、タブを増やす度にプロセスがさらに増えていきます。

　このようにプロセスが分かれていると、1つのプロセスが非常に重い処理を行ったり、クラッシュしたとしても、他のプロセスに影響を与えません。これがマルチプロセスのメリットです。近年のOSはマルチプロセスに対応しているため、1つのアプリケーションがフリーズしても、OSそのものがフリーズしたり、他のアプリケーションがフリーズすることがないのです。

　では、次に1つのプロセスを見ていきましょう。通常、プロセスは、同時に1つの処理しか行うことができません。例えば、ある処理に時間がかかったとしましょう。そうすると、他の処理はすべて待たされることになります。ブラウザーでいえば、何か処理を行っている最中は、JavaScriptの実行はもちろんのこと、ブラウザーのメニュー操作すらできなくなります。もちろん、通常は、このような処理は一瞬で終わるため、普段はブラウザーのメニューが操作できなくなることはありません。しかし、JavaScriptで非常に重い処理を行った場合は、そういった現象が顕著に表れます。JavaScriptの処理を行っている最中は、ボタンを押すことも、ウィンドウを動かすこともできなくなるのです。ただし、Chromeだけは例外です。Chromeは、起動時に役割を分担してプロセスを起動しているため、JavaScriptで重い処理を行っても、ウィンドウを動かしたり、アドレスバーに文字を入力することはできます。

　とはいえ、ページ内の操作は全くできません。操作どころか、ページのレンダリングも止まってしまいます。仮に、その重い処理を行っているJavaScriptがページの一部を書き換えようとしていたとしても、それがページに反映されることはないのです。これは、JavaScriptの処理とレンダリングの処理は1つのプロセスで動いているため、1つの処理が終わらないと、次の処理が実行されないからです。

　これを解決するのがマルチスレッドです。マルチスレッドとは、1つのプロセス内で、同時並行に独立して処理を行うメカニズムです。CPUの1つのコアは同時に1つしか処理できませんので、実際には同時並行ではありませんが、それぞれの処理時間の空きをうまく使って、あたかも同時に処理しているかのように見せかけます。マルチスレッドは、1つのプロセス内で、さまざまな処理をあたかもマルチプロセスかのように扱えるのです。

　マルチプロセスは、それぞれのプロセスが完全に独立しているのに対し、マルチスレッドは、それぞれのプロセスでメモリー空間を共有します。そのため、マルチスレッドは、マルチプロセスに比べ、メモリーを節約できるというメリットがあります。また、そのおかげで、それぞれのスレッドから、同じデータにアクセスすることが可能となります。しかし、これがマルチスレッド・プログラミングを難しくしている要因にもなります。同時に実行されている複数のスレッドが、同じデータにアクセスしてしまうと、競合問題が発生します。そのため、該当のデータに対して排他制御を行わなければいけません。しかし、排他制御をうまく行わないと、いわゆるデッドロックという状態に陥り、すべてのスレッドが待機状態に陥り、完全停止に見舞われることになります。

　今の話をブラウザーに当てはめてみましょう。仮にJavaScriptがマルチスレッドに対応したとしま

しょう。そして、それぞれのスレッドから、ページの特定の要素オブジェクトにアクセスできるとしましょう。すると、そこには競合問題が発生することになります。もし排他制御をうまく行わないと、ブラウザーのプロセスが完全停止することになるのです。

このようにウェブ・ページでマルチプロセスの競合問題を扱うのは非常に厄介な問題です。ブラウザーを作る側にとっても、我々のようなJavaScriptを使う側にとっても、避けたい問題といえます。

では、Web Workersの話に戻りましょう。Web Workersもスレッドのようなものと考えてください。しかし、Web Workersが作り出すスレッドから、メインのページで動作するスクリプトと同じデータにアクセスすることは一切できません。つまり、メインのページで動作しているスクリプトからアクセスできるデータには、スレッド側からは一切見えないようになっているのです。具体的にはwindowオブジェクトやdocumentオブジェクトです。これは、Web Workersが作り出したスレッド側からは、ページにアクセスすることは一切できないことを意味します。しかし、こういった制限の代わりに、私たちは先ほどの排他制御を行う必要がなく、また、デッドロックの心配をする必要がないのです。

このように、Web Workersは、スレッドのようでありながらも、スレッドとは少し異なります。そのため、Web Workersが作り出すスレッドのことをワーカーと呼びます。本書でも、誤解を招かないよう、以降はワーカーという用語を使います。

⌘ ブロッキング

もしスクリプトの処理が重くて時間がかかってしまうと、ブラウザーにとっては致命的な状況になります。そのため、Firefox、Safari、Chromeでは、スクリプトの処理が一定時間経過しても終わらなければ、次のような警告ダイアログが表示されます。

⬇ 応答がないときに表示される警告ダイアログ（Chrome 9.0）

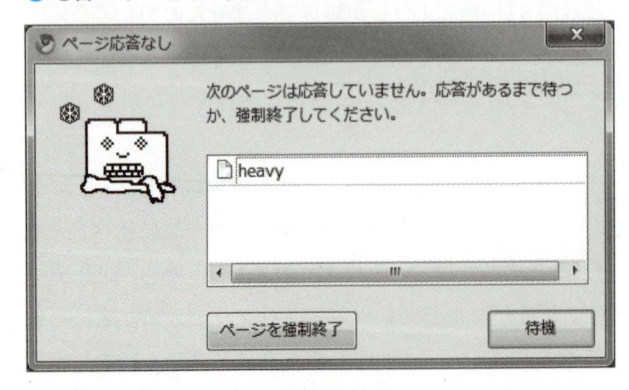

8.1 Web Workersとは

応答がないときに表示される警告ダイアログ（Firefox 4.0）

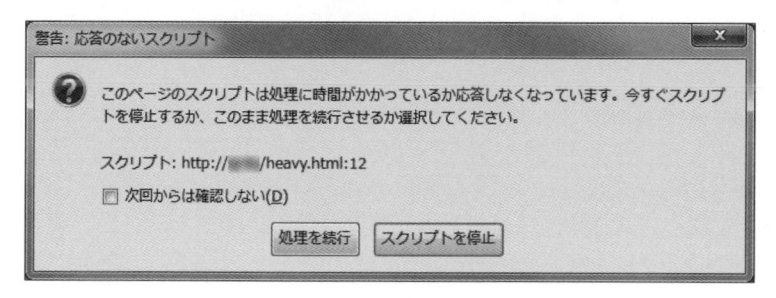

読者のみなさんも、このような画面に遭遇したことがあるのではないでしょうか。処理が重いだけならまだしも、スクリプトを作っているときに、バグによって無限ループに陥り、永久に処理が終わらない状況を作ってしまうことがありますが、そういった場合も、警告ダイアログが表示され、救われることがあります。

次のサンプルは、3以上の素数を順次発見していき、発見の都度、リアルタイムにその結果を表示する"つもり"で作られています。また、処理を中断する機能もボタンに追加されています。

ここでは素数が何かについては重要ではありませんので気にしないでください。ただ単に重い処理を行った場合のブラウザーの現象を理解できれば、それで構いません。

HTML

```
<p>発見した素数：<output></output></p>
```

スクリプト

```
// ページがロードされたときの処理
window.addEventListener("load", function() {
  // output 要素
  var output = document.querySelector('output');
  // 素数の発見開始
  for( var n=3; n<10000000; n++ ) {
    // 素数かどうかの判定
    if( is_prime(n) ) {
      // 素数が発見できたら output 要素に表示
      output.value = n;
      output.textContent = n;
    }
  }
}, false);

// 素数かどうかの判定
```

第8章　Web Workers

```
function is_prime(n) {
  if(n % 2 == 0) { return false; }
  for( var i=3; i*i <= n; i+=2 ) {
    if( n % i == 0 ) { return false; }
  }
  return true;
}
```

　このスクリプトでは、3～10000000の間で素数を発見していきますが、その間、ブラウザーは完全にフリーズしてしまいます。このスクリプトは、素数を発見する度にoutput要素にその結果を表示しているのですが、それすら反映されません。また、当然、その間はブラウザーのユーザー・インタフェースは完全にフリーズした状態になります。当然ながら、中止ボタンは機能しません。Firefoxであれば、処理が開始されてからしばらくすると、警告ダイアログが表示されるはずです（パソコンのスペックが良い場合は警告が出る前に処理が完了するかもしれません）。

　このように、スクリプトの処理中に、ユーザーインタフェースやレンダリングが完全に止まってしまうのは問題です。このスクリプトが実行されている間は、ウィンドウを閉じることすらできません。しかし、今後、ブラウザーがウェブ・ページ閲覧のためだけのソフトウェアでなく、アプリケーション・プラットフォームとしての役割を担っていくことを考えると、解決策が必要になってきます。

　このサンプルの処理をWeb Workersを使って実現すると、ユーザー・インタフェースのブロッキングを回避することができます。

8.2 Web Workersクイック・スタート

■ Web Workersの使い方

　では、Web Workersの使い方を見ていきましょう。Web Workersは仕様を説明するよりサンプルを見た方が分かりやすいほど、簡単に実現することができます。

　先ほどのサンプルをWeb Workersを使った処理に変更してみましょう。さらに、中止ボタンを設けて、処理を中止する仕組みも入れてみます。

● サンプルの結果

発見した素数：519889

[中止]

● HTML

```
<p>発見した素数：<output></output></p>
<p><button type="button">中止</button></p>
```

● スクリプト

```
// ページがロードされたときの処理
window.addEventListener("load", function() {
  // output 要素
  var output = document.querySelector('output');
  // Worker オブジェクト
  var worker = new Worker('worker.js');
  // message イベントのハンドラをセット
  worker.onmessage = function(event) {
    // ワーカーが発見した素数
    var n = event.data;
    // output 要素に表示
    output.value = n;
    output.textContent = n;
  };
  // ワーカーに処理開始のメッセージを送る
  worker.postMessage("start");
  // button 要素に click イベントのリスナーをセット
```

第8章　Web Workers

```
  var button = document.querySelector('button');
  button.addEventListener("click", function() {
    worker.terminate();
  }, false);
}, false);
```

このスクリプトでは、ページがロードされたら、Web WorkersのWorkerオブジェクトを作ります。

⬇ Workerオブジェクトを作る

```
var worker = new Worker('worker.js');
```

引数に指定したworker.jsは、ワーカー側で処理するスクリプトが書かれたjsファイルです。このように、Web Workersを使う場合は、ワーカー側の処理を別ファイルとして用意する必要があります。このworker.jsについては後述します。

次に、Workerオブジェクトにmessageイベントのハンドラをセットします。

⬇ Workerオブジェクトにmessageイベントのハンドラをセットする

```
// message イベントのハンドラをセット
worker.onmessage = function(event) {
  // ワーカーが発見した素数
  var n = event.data;
  // output 要素に表示
  output.value = n;
  output.textContent = n;
};
```

Web Workersでは、親のスクリプトとワーカーのスクリプトの間で、メッセージの送受信だけが可能となります。もしワーカーからメッセージが送信されると、親のWorkerオブジェクトでmessageイベントが発生します。そのため、ここでmessageイベントのハンドラをセットするのです。

messageイベントのハンドラでは、イベント・オブジェクトのdataプロパティから、ワーカーから送信されてきたメッセージのデータを取り出すことができます。このサンプルでは、発見された素数の値がメッセージとして送られてきます。その値をoutput要素に表示します。ワーカー側の処理については後述します。

次に、ワーカー側に処理開始を伝えるメッセージを送信します。Workerオブジェクトのpost Message()メソッドを使って、ワーカー側にメッセージを送信します。

ワーカー側にメッセージを送信する

```
// ワーカーに処理開始のメッセージを送る
worker.postMessage("start");
```

このサンプルでは"start"という文字列をワーカーに送っています。これによって、ワーカー側では、素数の発見の処理が開始されることになります。

最後に、ボタンがクリックされたら、処理を中止する仕組みを入れます。ここでは、button要素にclickイベントのリスナーをセットします。

ボタンがクリックされたら処理を中止する

```
button.addEventListener("click", function() {
  worker.terminate();
}, false);
```

ボタンが押されると、Workerオブジェクトからterminate()メソッドを呼び出します。これは、ワーカーの処理を取りやめて、ワーカーとのコネクションを完全に切断します。これで、これまで動いていた処理が完全に止まることになります。

では、ワーカー側の処理を見ていきましょう。これまでの解説の通り、ワーカー側では、"start"という文字列をメッセージとして受け取ったら処理を開始しなければいけません。そして、処理が開始した後、素数を発見する都度、発見した素数の値をメッセージとして親に送信しなければいけません。これを踏まえて、ワーカー側の処理をご覧ください。

worker.js

```
// 親からメッセージが送られてきたときの処理
self.onmessage = function(event) {
  // 親から送られてきた命令
  var command = event.data;
  // 処理を開始
  if( command == "start" ) {
    find_prime();
  }
};

// 素数を発見して親に返信
function find_prime() {
  // 素数の発見開始
```

```
  for( var n=3; n<10000000; n++ ) {
    // 素数かどうかの判定
    if( is_prime(n) ) {
      // 素数が発見できたら親にメッセージを送信
      self.postMessage(n);
    }
  }
}

// 素数かどうかの判定
function is_prime(n) {
  if(n % 2 == 0) { return false; }
  for( var i=3; i*i <= n; i+=2 ) {
    if( n % i == 0 ) { return false; }
  }
  return true;
}
```

まず親から送られてきたメッセージを受信する処理を定義します。親からメッセージが送られてくると、selfオブジェクトにmessageイベントが発生します。このselfオブジェクトとは、ワーカー側のスクリプトで使えるグローバル変数ですので、事前に変数を定義する必要はありません。逆に定義してしまうと動作しなくなりますので注意してください。このselfオブジェクトは、親のページ側のスクリプトでいえば、windowオブジェクトのような役割を果たしています。ただし、ブラウザーのウィンドウを制御したり、ドキュメントを制御することはできません。

親から送られてきたメッセージを受信する

```
// 親からメッセージが送られてきたときの処理
self.onmessage = function(event) {
  // 親から送られてきた命令
  var command = event.data;
  // 処理を開始
  if( command == "start" ) {
    find_prime();
  }
};
```

selfオブジェクトのmessageイベントのハンドラでは、まず、親から送られてきたメッセージを取り出します。この情報は、イベント・オブジェクトのdataプロパティから得ることができます。もしその

メッセージの値が"start"であれば、素数発見の処理を開始します。
　では、素数発見の処理を見ていきましょう。

素数発見の処理

```
function find_prime() {
  // 素数の発見開始
  for( var n=3; n<10000000; n++ ) {
    // 素数かどうかの判定
    if( is_prime(n) ) {
      // 素数が発見できたら親にメッセージを送信
      self.postMessage(n);
    }
  }
}
```

　この関数のポイントは、素数が発見されたときに、selfオブジェクトのpostMessage()メソッドを呼び出している点です。このメソッドの引数に、親に送りたいメッセージをセットします。
　以上でWeb Workersの使い方の説明は終わりです。もう一度、Web Workersの手順を整理しましょう。

Web Workersの利用の流れ

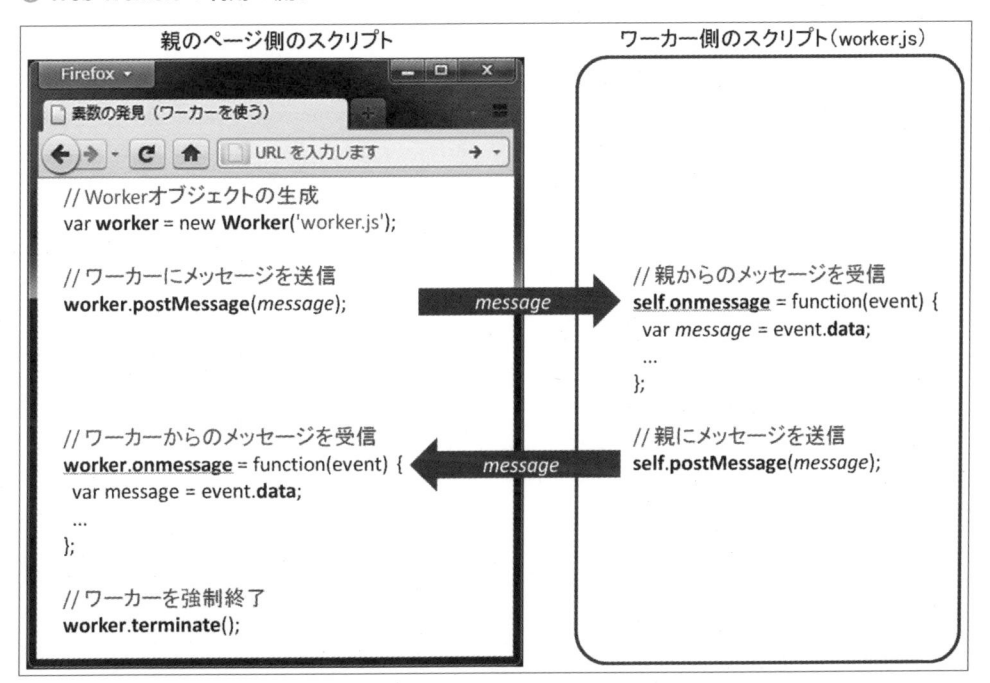

親のページ側のスクリプト

```
// Workerオブジェクトの生成
var worker = new Worker('worker.js');

// ワーカーにメッセージを送信
worker.postMessage(message);

// ワーカーからのメッセージを受信
worker.onmessage = function(event) {
  var message = event.data;
  ...
};

// ワーカーを強制終了
worker.terminate();
```

ワーカー側のスクリプト（worker.js）

```
// 親からのメッセージを受信
self.onmessage = function(event) {
  var message = event.data;
  ...
};

// 親にメッセージを送信
self.postMessage(message);
```

まずはページ側の親スクリプトでWorkerオブジェクトを作ります。そして、ワーカーにメッセージを送りたいときは、WorkerオブジェクトのpostMessage()メソッドを使います。逆に、ワーカーからメッセージを受信したいときは、Workerオブジェクトで発生するmessageイベントのハンドラをセットします。そして、ワーカーを強制終了したい場合は、Workerオブジェクトのterminate()メソッドを使います。

ワーカー側では、親からメッセージを受信したいときは、selfオブジェクトで発生するmessageイベントのハンドラをセットします。そして、親にメッセージを送りたいときは、selfオブジェクトのpostMessage()メソッドを使います。

基本的に、Web Workersは、ほとんどのパターンで、上記の流れを取ることになります。

8.3 用途

⌘Web Workersをどこで使うか

では、Web Workersをどこで使うのでしょうか。よくデモなどでは次のような用途が紹介されます。

● 画像フィルター

ウェブ・ページに取り込んだ画像を、Canvasに取り込んで、それを何かしらのフィルターを適用したイメージに変換することができます。こういった画像処理は非常に負荷がかかるため、Web Workersが解決の道になります。

● 複雑な科学計算

円周率の計算、素数の発見計算、マンデルブロ集合の計算など、何度も繰り返し計算をしなければいけない解析処理などが挙げられます。

こういったデモは、Web Workersを分かりやすく理解してもらうために用意されたものですので、正直にいえば、他に応用するシーンがほとんどありません。

恐らく、本書の読者の多くは、一般的なウェブ・サイトで、ブラウザーがフリーズしてしまうほどのスクリプトを組むというシーンを想像できないのではないでしょうか。しかし、意外にも身近なところにWeb Workersが活躍するシーンがあるのです。必ずしもブラウザーがフリーズしてしまうほどの処理のためだけにWeb Workersが存在しているのではありません。いくつかの利用シーンをご紹介しましょう。

⌘AJAXによるコンテンツの動的ロード

HTTPを使って非同期にコンテンツをサーバーから取得する手法は、今では当たり前のように使われています。この非同期にコンテンツを取得しにいき、動的にページをアップデートする手法のことをAJAX（Asynchronous JavaScript + XML）と呼ばれていることは、みなさんもよくご存じのことでしょう。

ところが、AJAXによって取得するコンテンツの数が多かったり、または、取得する頻度が多い場合、その処理が行われる度にブラウザーの動作が一時的に遅くなります。これはレンダリングだけの話ではなく、ボタンを押すなどのユーザー・インタフェースにも影響します。よほど大きなデータを取得し、その解析に時間がかからない限りは、ブラウザーがフリーズすることはないでしょうが、頻繁にブラウザーの動きが鈍くなるのは、利用者から見ると不便に感じます。

第8章　Web Workers

このようなシーンで、XMLHttpRequestによる通信処理をWeb Workersによってバックグラウンドで処理させることで解決します。

⌘ サジェスト

Googleのトップページで検索キーワードを入力している途中に、候補となるキーワードが表示されるのをご存じのことでしょう。こういった機能をサジェストと呼びます。

⚓ Googleサジェスト

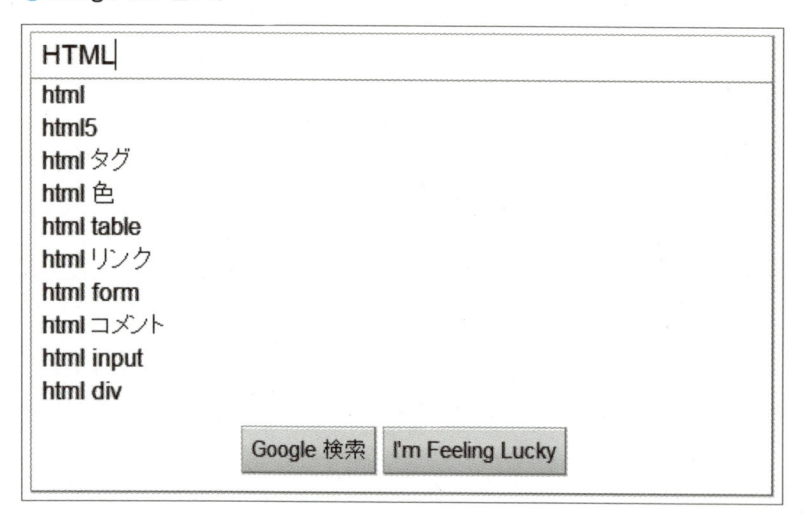

このサジェストは、今やさまざまなサイトで活用されるようになりました。候補となるデータが少なく、スクリプトに埋め込めるほどであれば問題ありませんが、Googleのサジェストのようにサーバーから取得する場合は、その処理が行われている最中に文字の入力が滞ることがあります。

また、みなさんは、HTMLマークアップやプログラミングを支援するためのソフトウェアを使ったことがあるのではないでしょうか。例えば、HTMLマークアップをサポートするAdobe Dreamweaverでは、HTMLコードを入力している途中で、候補となる属性などがリアルタイムに表示されます。

⚓ コード・ヒント

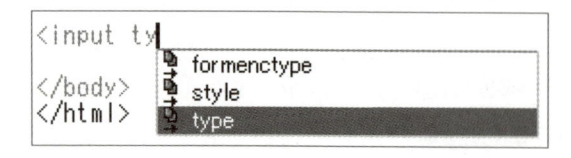

こういったコード・ヒントであれば、さほどデータの量が多くないため問題にはなりませんが、例えば郵便番号と住所の情報などは、事前にスクリプトに埋め込んでおくわけにはいきません。こういった

機能を実現するときには、都度、サーバーに情報を取得することが考えられます。しかし、いくらサーバーの応答が早くても、このような処理が行われている最中は、文字の入力を妨げることがあります。

こういった機能をより便利に使えるようにするためにWeb Workersが利用できます。XMLHttpRequestの処理をバックグラウンドで行わせることで、その間のユーザー・インタフェースのブロックを回避することができます。

⌘ロジックの分離

これは利用者側の話ではなく開発者側の話になります。JavaScriptによるアプリケーションの高度化に伴い、近年は、ロジックの分離がよく取り上げられます。簡単にいえば、ウェブ・ページの表示に関する処理（ユーザー・インタフェース・ロジック）と、その裏で行われる何かしらの処理（アプリケーション・ロジック）を、コーディングにおいて分離することは、開発効率や運用効率に貢献するという考え方です。一般のウェブ・ページにおける処理のほとんどはユーザー・インタフェース・ロジックであるため、この考え方を取り入れる必要性は少なかったといえます。しかし、AJAXが台頭してからは、JavaScriptに任せる処理が複雑化したため、こういった考え方が注目を浴びるようになりました。

そこで役に立つのがWeb Workersです。Web Workersは、完全にユーザー・インタフェース・ロジックから否応なく分離されています。そのため、アプリケーション・ロジックはすべてWeb Workersで行うといった開発手法が考えられます。

Web Workersの策定においては、当初からこの利用ケースが想定されています。

```
http://www.w3.org/2008/webapps/wiki/Web_Workers
```

ここで紹介したシーン以外にも、Web Workersが役に立つところがあることでしょう。また、将来的にはブラウザーはウェブを見るためだけの道具ではなく、アプリケーション・プラットフォームとしての役割を担うことになっていくと思われます。そのときには、デスクトップ・アプリケーションと同じような処理が求められるようになります。将来的には、Web Workersの利用シーンが増えていくことでしょう。

では、次からは、Web Workersの詳細を見ていきましょう。

8.4 WorkerコンストラクタとWorkerオブジェクト

⌘ Workerオブジェクトの取得

まずは、ワーカーを呼び出す側、つまりウェブ・ページ側のスクリプトの話からしましょう。Web Workersを使う上では、まずWorkerコンストラクタからWorkerオブジェクトを取得しなければいけません。

⬇ Workerオブジェクトを取得するためのメソッド

| Worker = new Worker(scriptURL) | 引数にワーカー用のスクリプトのURLを指定すると、そのスクリプト用のWorkerオブジェクトを返します。そして、該当のスクリプトをワーカーとして実行します。 |

JavaScriptでは、次のようにWorkerオブジェクトを生成します。

⬇ Workerオブジェクトを生成する

```
var worker = new Worker('worker.js');
```

引数には、ワーカー側の処理が書かれたJavaScriptファイルのURLを指定します。引数に指定するURLは、同一オリジン制約の対象になります。つまり、別のサイトのJavaScriptファイルをロードすることはできません。同一オリジン制約とは、正確にはサイトを基準にしているのではなく、URLのうち、スキームから始まりホスト名を超えポート番号までが評価の対象となります。

例えば、呼び出す側のページまたはスクリプトのファイルのサイトのURLがhttp://www.html5.jpだったとしましょう。次のURLはすべて同一オリジン制約を満たすことができず、Workerオブジェクトを生成することができません。

```
https://www.html5.jp
http://www.html5.jp:8080
http://host1.html5.jp
ftp://www.html5.jp
```

Wokerオブジェクトが生成されると、すぐに該当のスクリプトがバックグラウンドで実行されることになります。

では、Workerオブジェクトが取得できたら何ができるのかを見ていきましょう。

⌘ メッセージ送信

⚓ メッセージ送信のためのメソッド

worker.postMessage(message)	ワーカー側へメッセージを送信します。

　postMessage()メソッドは、引数に指定したメッセージをワーカー側に送信します。先ほどのサンプルでは、メッセージに文字列を指定しましたが、オブジェクトでも構いません。

⚓ postMessage()メソッドの使用例

```
scripts/postMessage.html
var data = {
  type: "start",
  value: "something"
};
worker.postMessage(data);
```

　この場合、このメッセージは、ワーカー側に対して参照渡しではなく、値渡しとなります。つまり、ワーカー側で取り出すメッセージは、コピーされた値になります。この現象は、JavaScriptにおける関数の引数の扱いと異なりますので注意してください。

⌘ ワーカーの終了

⚓ ワーカーを終了するためのメソッド

worker.terminate()	ワーカーを終了します。

　terminate()メソッドは、ワーカー側の処理を強制的に停止します。たとえ待機中の処理があったとしても、すべてキャンセルされます。そして、該当のワーカーは破棄されることになります。

　一度、terminate()メソッドでワーカーを終了してしまうと、ワーカーの処理を再開させることはできません。その場合は、再度、新規にWorkerコンストラクタからWorkerオブジェクトを生成する必要があります。

イベント・ハンドラ

イベント・ハンドラ

worker.onmessage	messageイベントのイベント・ハンドラをセットすることができます。
worker.onerror	errorイベントのイベント・ハンドラをセットすることができます。

ワーカーからメッセージが送信されると、Workerオブジェクトでmessageイベントが発生しますが、それをキャッチするためにonmessageイベント・ハンドラを使うことができます。

onmessageイベント・ハンドラ

```
worker.onmessage = function(event) { ... };
```

Workerオブジェクトでエラーを検知するとerrorイベントが発生しますが、それをキャッチするためにonerrorイベント・ハンドラを使うことができます。

onerrorイベント・ハンドラ

```
worker.onmerror = function(event) { ... };
```

エラーについて、もう少し詳しく見ていきましょう。Web Workersを使った処理で、何かしらのエラーが発生すると、Workerオブジェクトでerrorイベントが発生します。例えば、Workerコンストラクタに同一オリジン制約に反したURLを指定したり、指定したURLからワーカー用のJavaScriptファイルが見つからなかった場合が該当します。また、ワーカー側でエラーが発生したとしても、Workerオブジェクトでerrorイベントが発生します。

errorイベントが発生したときに得られるイベント・オブジェクトには、該当のエラーに関する情報を格納したプロパティが定義されています。

エラーに関する情報を格納したプロパティ

event.message	エラーの内容をテキストで返します。
event.filename	エラーが発生したファイルのURLをhttp://から始まる完全なURLとして返します。ワーカー側でのエラーであればワーカーのJavaScriptファイルのURLを返すことになります。
event.lineno	エラーが発生した行番号を返します。

次の例は、ワーカーで発生したJavaScriptの構文エラーをページ側でキャッチして、それをアラート表示します。

ページ側のスクリプト

```javascript
// Worker オブジェクト
var worker = new Worker('error.js');
// error イベントのハンドラをセット
worker.onerror = function(event) {
  var msg = "";
  msg += event.message + "\n";
  msg += "[" + event.filename + " の " + event.lineno + " 行目]";
  alert(msg);
};
```

エラー・ダイアログ

このサンプルでロードしようとしたerror.jsにはJavaScriptの構文エラーがあります。errorイベントのイベント・オブジェクトには、あたかもブラウザーのエラー・コンソールに表示されるようなエラー情報が格納されていることが分かります。

このように、errorイベントは、あらゆるエラーが対象になります。ただし、スクリプトのデバッグのために、このサンプルのようなJavaScriptエラーの検知の仕組みをスクリプトに埋め込む必要はありません。Firefox 4.0、Opera 11、Safari 5.0、Chrome 9.0であれば、エラー・コンソールにエラーが表示されますので、そちらを参照した方が良いでしょう。errorイベントを使ったエラー検知は、予期せぬエラー発生に備えて、何かしらの処理を行わせたい場合に使います。

8.5 ワーカーのグローバル・スコープ

⌘ グローバル・スコープとは何か

　ここからは、ワーカー側の話になります。Web Workersを理解するためには、まずグローバル・スコープの概念を知っておかなければいけません。

　これまでウェブ・ページを扱ってきたスクリプトの世界と、これから学ぶWeb Workersの世界は全く別の世界です。「不思議の国のアリス」にたとえれば、これまでのウェブ・ページを扱ってきたスクリプトは現実世界、そして、Web Workersの世界はワンダー・ランドのようなものです。

　現実世界とワンダー・ランドの間には唯一の道が用意されています。その唯一の道とはWeb Messagingです。先ほどのサンプルでpostMessage()メソッドを使ってメッセージの送受信を行いましたが、これが唯一の道なのです。このWeb Messagingは、W3Cで規定された仕様です。

> ● HTML5 Web Messaging
> http://dev.w3.org/html5/postmsg/

　本書では、Web Messagingの詳細は解説しませんが、この仕様はWeb Workersだけでなく、さまざまなメッセージングを扱うAPIで使われています。

　Web Messagingを使ってワンダー・ランドにやってくると、そこで目にするものは、現実の世界とは大きく異なります。

　まず、ワーカー側からは、windowオブジェクトやdocumentオブジェクトが全く見えません。つまり、ワーカー側からページのコンテンツを操作することは一切できないのです。

　もちろん、ワーカー側の世界は、ページ側の世界とは完全に切り離されていますので、変数が共有されることはありません。たとえ、ワーカー側でグローバル変数として変数を定義したとしても、ページ側からその変数にアクセスすることはできません。その逆も同様に、ページ側でグローバル変数として変数を定義しても、ワーカー側からその変数にアクセスすることはできません。

　では、ワーカー側からは何が見えるのでしょうか。ワーカー側に用意される事前定義済みのグローバル・スコープを持った変数はselfというオブジェクトになります。名前の通り、これはワーカー自身を表すオブジェクトです。このように、事前に変数を定義することなしに、どこでも使える変数の性質をグローバル・スコープといいます。ページ側のグローバル・スコープを持った変数といえばwindowオブジェクトが挙げられるでしょう。ワーカー側では、それがselfオブジェクトに相当します。

　ただし、このselfオブジェクトは、windowオブジェクトとは全く別物です。windowオブジェクトには、数え切れないほどのさまざまなプロパティやメソッドが規定されており、ブラウザーのウィンドウ

や表示されているページへのアクセス手段が数多く提供されていました。ところが、selfオブジェクトから使えるメソッドやプロパティは、ほんの少ししかありません。

　selfオブジェクトに規定されているメソッドやプロパティを使う場合、明示的にselfをコードに指定する必要はありません。これはページ側のwindowオブジェクトと同様です。例えば、self.postMessage()を呼び出すときは、postMessage()だけでもエラーにはなりません。ただし、本書では、混乱を避けるために、明示的にselfを指定したコードを使います。

　では、selfオブジェクトに規定されているメソッドとプロパティの詳細を見ていきましょう。

⌘ メッセージの送信

⬇ メッセージを送信するためのメソッド

self.postMessage(message)	メッセージを送信します。

　postMessage()メソッドは、引数に指定したメッセージをページ側に送信します。先ほどのサンプルでは、メッセージに文字列を指定しましたが、オブジェクトでも構いません。

⬇ postMessage()メソッドの使用例

```
var data = {
  type: "OK",
  value: "something"
};
self.postMessage(data);
```

　この場合、このメッセージは、ページ側に対して参照渡しではなく、値渡しとなります。つまり、ページ側で取り出すメッセージは、コピーされた値になります。この現象は、JavaScriptにおける関数の引数の扱いと異なりますので注意してください。

⌘ ワーカーから外部のJavaScriptファイルをロードする

⬇ 外部のJavaScriptファイルをロードするためのメソッド

self.importScripts(url)	引数に指定したURLのスクリプト・ファイルをインポートします。カンマで区切れば、いくつでも指定することができます。

　self.importScripts()は、ワーカー側から、さらに別のスクリプト・ファイルを読み込むために使います。ウェブ・ページ側でいえば、<script src="other.js"></script>と同様の働きをすることになります。

JavaScript関数などを収めたJavaScriptライブラリーなどのロードに使うと便利です。ただし、self.importScripts()メソッドでロードされたJavaScriptライブラリーも、ワーカーの制限の対象になります。ウェブ・ページのコンテンツを扱うような機能は利用できません。

このメソッドを何回か呼び出すことで、いくつでもJavaScriptライブラリーをロードすることができます。

複数のJavaScriptライブラリーをロードする①

```
self.importScripts("lib1.js");
self.importScripts("lib2.js");
```

しかし、次のように1行で、まとめて複数のファイルをロードすることも可能です。

複数のJavaScriptライブラリーをロードする②

```
self.importScripts("lib1.js", "lib2.js");
```

self.importScripts()メソッドでロードするJavaScriptファイルは、同一オリジン制約の対象になります。同一オリジンでない場所からJavaScriptファイルをロードすることはできませんので注意してください。

イベント・ハンドラ

イベント・ハンドラ

self.onmessage	messageイベントのイベント・ハンドラをセットすることができます。
self.onerror	errorイベントのイベント・ハンドラをセットすることができます。

ページ側からメッセージが送信されると、selfオブジェクトでmessageイベントが発生しますが、それをキャッチするためにonmessageイベント・ハンドラを使うことができます。

onmessageイベント・ハンドラ

```
self.onmessage = function(event) { ... };
```

selfオブジェクトでエラーを検知するとerrorイベントが発生しますが、それをキャッチするためにonerrorイベント・ハンドラを使うことができます。

8.5 ワーカーのグローバル・スコープ

● onerrorイベント・ハンドラ

```
self.onmerror = function(event) { ... };
```

なお、errorイベントが発生したときに得られるイベント・オブジェクトの使い方については、ページ側のWorkerオブジェクトで発生するerrorイベントのイベント・オブジェクトと同じですので、そちらを参照してください。

ここでは、実際のエラーのハンドリングを見ていきましょう。次のサンプルは、ページ側にはbutton要素がマークアップされています。このボタンを押すと、何かしらの処理の開始をワーカーに伝えます。

● ページ側のHTML

```
<p><button type="button">ワーカーにメッセージを送信</button></p>
```

ページ側のスクリプトでは、Workerオブジェクトを生成するために、error2.jsというワーカー用のJavaScriptファイルをロードさせます。

● ページ側のスクリプト

```
window.addEventListener("load", function() {
  // Worker オブジェクト
  var worker = new Worker('error2.js');
  // message イベントのハンドラをセット
  worker.onmessage = function(event) {
    alert(event.data);
  };
  // button 要素に click イベントのリスナーをセット
  var button = document.querySelector('button');
  button.addEventListener("click", function() {
    worker.postMessage(null);
  }, false);
}, false);
```

Workerオブジェクトにはonmessageイベント・ハンドラが定義されています。もしmessageイベントの発生を検知したら、つまり、ワーカー側からメッセージが届いたら、その内容をアラート表示します。

では、ワーカー側のスクリプトをご覧ください。

第8章　Web Workers

🔽 ワーカー側のスクリプト（error2.js）

```
// 親からメッセージが送られてきたときの処理
self.onmessage = function(event) {
  self.importScripts("dummy.js");
};

// エラーが発生したときの処理
self.onerror = function(event) {
  var msg = "";
  msg += event.message + "\n";
  msg += "[" + event.filename + " の " + event.lineno + " 行目]";
  self.postMessage(msg);
};
```

　ワーカー側では、onmessageイベント・ハンドラの中でimportScripts()メソッドを使ってJavaScriptファイルをロードしようとしています。しかし、実際には、指定のファイルは存在しません。そのため、このコードが実行されたときに、ワーカー内でerrorイベントが発生します。
　このワーカーでは、onerrorイベント・ハンドラが定義されています。このハンドラでは、エラーを受けたら、postMessage()メソッドを使って、ページ側へエラーの内容を送信しています。
　その結果、次のアラート・ダイアログが表示されます。

🔽 アラート表示

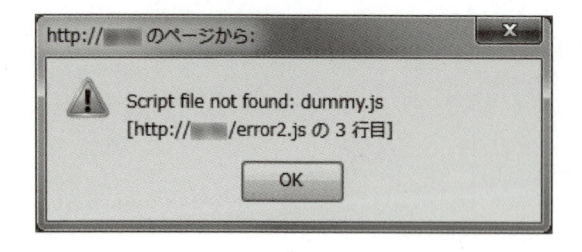

```
http://■■■ のページから:                    [X]

    ⚠  Script file not found: dummy.js
       [http://■■■/error2.js の 3 行目]

              [  OK  ]
```

　なお、ワーカー内でJavaScriptの構文エラーがあった場合は、errorイベントを補足して処理することはできませんので注意してください。

⌘ ワーカーの終了

⚓ ワーカーを終了するためのメソッド

| self.close() | ワーカーを終了します。 |

　close()メソッドは、ワーカー側の処理を強制的に停止します。たとえ待機中の処理があったとしても、すべてキャンセルされます。そして、該当のワーカーは破棄されることになります。

　一度、close()メソッドでワーカーを終了してしまうと、ワーカーの処理を再開させることはできません。その場合は、再度、ページ側のスクリプトから新規にWorkerオブジェクトを生成し直す必要があります。

　このclose()メソッドは、ページ側のWorkerオブジェクトのterminate()メソッドと役割は同じですが、ワーカーを終了する主体が異なります。close()メソッドは、あくまでもワーカー自らが、自らの処理を停止するために用意されたものです。

　仮に、ページ上のボタンを押すことでワーカーに停止を意味するメッセージを送信する仕組みを作り、そして、ワーカー側では、ページ側からのメッセージを受信したら、close()メソッドを呼び出す仕組みを作ったとしましょう。もし、これが、ワーカー側で実行されている重い処理を停止させることが目的だとすれば、この仕組みは実質的に機能しません。なぜなら、ワーカー側のスレッドでは、今まさに重い処理を継続中ですから、ページ側から送信されたメッセージを受信して、そのハンドラを実行することができないからです。

　もちろん、ワーカー側で何も処理が行われていないとき、ワーカーを切断するという目的であれば、先ほどの仕組みは機能します。

　もしページ上のボタンを押すことでワーカーの処理を強制的に停止したいのであれば、ページ側でWorkerオブジェクトのterminate()メソッドを呼び出すようにしてください。

⌘ ブラウザー情報の取得

⚓ ブラウザー情報を取得するためのプロパティ

| self.navigator | ブラウザー情報を格納したWorkerNavigatorオブジェクトを返します。 |

　self.navigatorプロパティはWorkerNavigatorオブジェクトを返しますが、これは、windowオブジェクトのnavigatorプロパティとほとんど同じです。ただし、利用できるプロパティは下記の通りに限定されています。

第8章 Web Workers

🔽 WorkerNavigatorオブジェクトのプロパティ

self.navigator.appName	ブラウザーの名前を返します。読み取り専用のプロパティですので、値をセットすることはできません。
self.navigator.appVersion	ブラウザーのバージョンを返します。読み取り専用のプロパティですので、値をセットすることはできません。
self.navigator.platform	OSの名前を返します。読み取り専用のプロパティですので、値をセットすることはできません。
self.navigator.userAgent	ウェブ・サーバーへ送信するUser-Agentヘッダーの値を返します。読み取り専用のプロパティですので、値をセットすることはできません。
self.navigator.onLine	確実にネットワークに接続できていないと判定できる場合にfalseを、そうでなければtrueを返します。読み取り専用のプロパティですので、値をセットすることはできません。

これらのプロパティの意味は、windows.navigatorのプロパティと全く同じです。

⌘ ワーカーのJavaScriptファイルのURL情報の取得

🔽 ワーカーのJavaScriptファイルのURL情報を取得するためのプロパティ

self.location	ワーカーのJavaScriptファイルのURL情報を格納したWorkerLocationオブジェクトを返します。

　self.locationは、ウェブ・ページ側のスクリプトでいえば、window.locationプロパティと同様の役割を果たします。ワーカー側のselfオブジェクトのlocationプロパティはWorkerLocationオブジェクトを返します。このオブジェクトには、window.locationが表すLocationオブジェクトと同様に、URL分解プロパティが規定されています。次のURLを例に説明します。

```
http://www.html5.jp:80/test/worker.js?arg1=a&arg2=b#chapter1
```

　LocationオブジェクトのURL分解プロパティを使うと、自身のワーカーのスクリプトのURLを、意味があるパーツに分解することができます。

8.5 ワーカーのグローバル・スコープ

Locationオブジェクトの URL 分解プロパティ

プロパティ	意味	該当部分
self.location.protocol	スキーム	http:
self.location.host	ホストとポート番号	ww.html5.jp:80
self.location.hostname	ホスト	www.html5.jp
self.location.port	ポート番号	80
self.location.pathname	パス	/test/worker.js
self.location.search	クエリー	?arg1=a&arg2=b
self.location.hash	フラグメント識別子	#chapter1

⌘タイマー

タイマーに関するメソッド

handle = self.setTimeout(callback, timeout) handle = self.setTimeout(callback, timeout, arg1, ...) self.clearTimeout(handle)	時限タイマーを利用することができます。これらは、windowオブジェクトの時限タイマーと同じです。
handle = self.setInterval(callback, timeout) handle = self.setInterval(callback, timeout, arg1, ...) self.clearInterval(handle)	繰り返しタイマーを利用することができます。これらは、windowオブジェクトの繰り返しタイマーと同じです。

　ワーカー側では、タイマーを使うことが可能です。これは、ページ側のwindowオブジェクトで使えるタイマーと全く同じです。ただし、ワーカー側では、selfオブジェクトから各種メソッドを呼び出す必要がありますので、コードの表記には注意してください。
　次のサンプルは、ワーカー側でタイマーを使って、1秒おきにカウンター値をページ側に送信します。ページ側では、そのカウンター値をページに表示します。

カウンター

```
カウンター：7
```

ページ側のHTML

```
<p>カウンター：<span id="count"></span></p>
```

第8章 Web Workers

● ページ側のスクリプト

```
window.addEventListener("load", function() {
  // Worker オブジェクト
  var worker = new Worker('timer.js');
  // message イベントのハンドラをセット
  worker.onmessage = function(event) {
    document.querySelector('#count').textContent = event.data;
  };
}, false);
```

● ワーカー側のスクリプト (timer.js)

```
// カウンターを初期化
var count = 0;
// 繰り返しタイマーをセット
self.setInterval( function() {
  // カウンターをインクリメント
  count ++;
  // 親にメッセージを送信
  self.postMessage(count);
}, 1000);
```

8.6 Web Workersで利用できる他のAPI

ワーカー内で利用できるAPI

これまで解説してきた通り、ワーカー内で利用できるAPIはかなり限られていますが、いくつか利用が認められているAPIがあります。

- Web SQL Database
  http://www.w3.org/TR/webdatabase/ （W3C Web SQL Database）
- XMLHttpRequest
  http://www.w3.org/TR/XMLHttpRequest/ （W3C XMLHttpRequest）
  http://www.w3.org/TR/XMLHttpRequest2/ （W3C XMLHttpRequest Level 2）
- Web Sockets API
  http://www.w3.org/TR/websockets/ （W3C Web Sockets API）

さらに、ワーカーからWeb Workersを使うことも可能です。つまり、ワーカー内でWorkerオブジェクトを生成し、さらにワーカーを生成することが可能です。

ここでは、Web Workersを使って、バックグラウンドでサーバーに対して定期的にポーリングを行い、その情報をページに反映するサンプルをご覧頂きましょう。

このサンプルは、ワーカー側で一定間隔の時間を空けながら、サーバーに定期的にXMLHttpRequestを使って、情報を問い合わせます。サーバーから応答があったら、そのデータをページに表示させています。ここでは、サーバー側は現在時間を返すだけの簡単な処理をしているだけです。

サンプルの結果

```
Fri Oct 1 15:51:56 2010
```

ページ側のHTML

```
<div id="console">now loading...</div>
```

ページ側のスクリプト

```
// ページがロードされたときの処理
window.addEventListener("load", function() {
```

第8章 Web Workers

```
  // Worker オブジェクト
  var worker = new Worker('xhr.js');
  // message イベントのハンドラをセット
  worker.onmessage = function(event) {
    // ワーカーからのメッセージを表示
    document.querySelector('#console').textContent = event.data;
  };
}, false);
```

ページ側では、Workerオブジェクトを生成した後、onmessageイベント・ハンドラを定義します。ワーカー側からメッセージを受信したら、そのメッセージの内容をページに表示しています。

▼ワーカー側のスクリプト（xhr.js）

```
// 処理開始
req();

// 定期的にサーバーからデータを取得
function req(i) {
  // XMLHttpRequest オブジェクトを生成
  var xhr = new XMLHttpRequest();
  // 受信時の処理を定義
  xhr.onreadystatechange = function() {
    if( this.readyState != 4 ) { return; }
    if( this.status != 200 ) { return; }
    // 受信したテキストを親に送信
    self.postMessage(this.responseText);
  };
  // XHR リクエスト
  var url = "xhr.cgi?t=" + (new Date()).getTime();
  xhr.open("GET", url);
  xhr.send();
  // このスクリプトを1秒後に再帰呼び出し
  self.setTimeout(arguments.callee, 1000, i);
}
```

ワーカー側では、このJavaScriptファイルがページ側でロードされたらすぐにreq()関数が実行されます。

req()関数は、1秒の間隔を空けて、何度も繰り返しサーバーに情報を取得しにいきます。サーバーからの情報取得に、XMLHttpRequestを使います。

このように、ポーリング処理をWeb Workersを使ってバックグラウンドで実行させることで、ページ側の動作を妨げないようにすることができます。

8.7 ワーカーを複数起動する

ワーカーを複数起動する

Web Workersは、必ずしも1ページにつき1つのワーカーしか起動できないわけではありません。同じ処理を行うワーカーをいくつでも起動することが可能です。

ワーカーを複数起動する

```
worker1 = new Worker('multiple.js');
worker2 = new Worker('multiple.js');
```

worker1とworker2は、同じワーカーを参照しているのではありません。このコードでは、同じスクリプトをロードしているものの、2つの別々のワーカーが生成されることになります。

もし処理を分割することができるのであれば、これら2つのワーカーに分散し、同時並行で処理させることが可能です。こうすることで、パフォーマンスが改善します。

では、複数のワーカーに処理を分散させ、同時並行で処理を実行するサンプルをご覧頂きましょう。次のサンプルには、写真画像が表示されています。この写真画像をcanvas要素を使ってイメージを取り込み、Web Workersを使って、絵画調に変換します。このサンプルは、Firefox 4.0、Safari 5.0、Chrome 9.0で動作します。

元の画像

変換後の状態

この絵画調に変換する処理は非常に重くブラウザーに大きな負荷を与えることになります。写真画像の寸法が大きい場合、Web Workersを使わなければ、所定の時間内に処理が終わらずに、ブラウザーから警告ダイアログが表示されてしまうでしょう。

ここでは、この処理をWeb Workersを使って処理させるわけですが、さらに2つのワーカーに処理を分散させて、同時並行で処理を行います。そのため、処理中は、次の図のように、2箇所から同時並行で処理の結果が描画されていくことになります。

◉ 処理中の状態

では、サンプルの詳細を見ていきましょう。まずHTML上には、オリジナルの写真画像を表示するimg要素、画像変換処理を起動するボタンを表すbutton要素、処理時間を表示するspan要素、そして、絵画風に変換した写真画像を描画するcanvas要素をマークアップします。

◉ ページ側のHTML

```
<p><img src="pic.jpg" width="600" height="450" alt="" /></p>
<p><button type="button">変換</button> 処理時間：<span id="tm">-</span></p>
<p><canvas width="600" height="450"></canvas></p>
```

ページ側のスクリプトの全体像は、次の通りです。

8.7 ワーカーを複数起動する

● ページ側のスクリプト

```javascript
// ページがロードされたときの処理
window.addEventListener("load", function() {
  // ワーカーの数
  var n = 2;
  // 色の均一化の範囲（ピクセル）
  var range = 2;
  // img 要素
  var img = document.querySelector('img');
  var iw = parseInt(img.width);
  var ih = parseInt(img.height);
  // canvas 要素
  var canvas = document.querySelector('canvas');
  var context = canvas.getContext('2d');
  // 作業用の canvas 要素を生成
  var canvas2 = document.createElement('canvas');
  canvas2.width = iw;
  canvas2.height = ih;
  var context2 = canvas2.getContext('2d');
  // img 要素の画像を作業用 canvas に貼り付ける
  context2.drawImage(img, 0, 0);
  // イメージ・データを取得
  var imagedata = context2.getImageData(0, 0, iw, ih);
  // Worker オブジェクトの生成
  var workers = [];
  for( var i=0; i<n; i++ ) {
    workers[i] = new Worker('multiple.js');
  }
  // ワーカーごとに送信するメッセージを生成
  var messages = [];
  var trim_height = Math.ceil( ih / n );
  for( var i=0; i<n; i++ ) {
    // 分割画像の上側の y 座標
    var y = trim_height * i;
    // 分割画像の縦幅
    var th = (y + trim_height > ih) ? (ih - y) : trim_height;
    // メッセージ
    messages[i] = {
      w: iw,
      h: ih,
      y: y,
      trim_height: th,
      range: range,
```

```
      pixels: imagedata.data
    };
  }
  // 変換ボタンにclickイベントのリスナーをセット
  var button = document.querySelector('button');
  var done, start;
  button.addEventListener("click", function() {
    // 処理が終了したワーカーの数を記録する変数を定義
    done = 0;
    // 処理を開始した時間を保存
    start = ( new Date() ).getTime();
    // 各ワーカーにメッセージを送信して処理を開始させる
    for( var i=0; i<n; i++ ) {
      workers[i].postMessage(messages[i]);
    }
  }, false);
  // ワーカーからのメッセージを受信するハンドラを定義
  for( var i=0; i<n; i++ ) {
    workers[i].onmessage = function(event) {
      // ワーカーから受信したメッセージ
      var message = event.data;
      // 空のCanvasのピクセル・データを生成
      var imagedata = context.createImageData(iw, message.trim_height);
      // 変換後のピクセル・データをセット
      var len = message.pixels.length;
      for( var idx=0; idx<len; idx++ ) {
        imagedata.data[idx] = message.pixels[idx];
      }
      // canvas要素に描画
      context.putImageData(imagedata, 0, message.y);
      // すべてのワーカーの処理が終わったら処理時間を表示
      done += message.trim_height;
      if( done == ih ) {
        var now = ( new Date() ).getTime();
        var tm = ( ( now - start ) / 1000 ).toFixed(3);
        document.querySelector('#tm').textContent = tm;
      }
    };
  }
}, false);
```

ここでは、Web Workersに関係するコードのみを説明します。スクリプトの骨子を見ていきましょ

う。このスクリプトではページがロードされると、いくつかの定義を行います。

⬇ 同時並行で処理させるワーカーの数を設定する

```
// ワーカーの数
var n = 2;
```

この変数nを調整することで、同時並行で処理させるワーカーの数を変更することができます。この数に合わせて、Workerオブジェクトを生成します。

⬇ Workerオブジェクトを生成する

```
// Worker オブジェクトの生成
var workers = [];
for( var i=0; i<n; i++ ) {
  workers[i] = new Worker('multiple.js');
}
```

それぞれのワーカーは、同じmultiple.jsをロードしているものの、異なるワーカーとして動作させることができます。

ボタンが押されたら、ワーカーに処理を開始するようメッセージを送信します。

⬇ 処理を開始するようメッセージを送信する

```
button.addEventListener("click", function() {
  ...
  for( var i=0; i<n; i++ ) {
    workers[i].postMessage(messages[i]);
  }
}, false);
```

それぞれのワーカーには、img要素のイメージをcanvas要素に取り込んで得られたイメージ・データと、各種パラメータを収めたオブジェクトをメッセージとして送信します。

最後に、ワーカーからのメッセージを受信するハンドラを定義します。

⬇ メッセージを受信するハンドラを定義する

```
// ワーカーからのメッセージを受信するハンドラを定義
for( var i=0; i<n; i++ ) {
  workers[i].onmessage = function(event) {
```

徹底解説 HTML5APIガイドブック ビジュアル系API編 | 625

第8章 Web Workers

```
    // ワーカーから受信したメッセージ
    var message = event.data;
    ...
    // canvas要素に描画
    context.putImageData(imagedata, 0, message.y);
    ...
  };
}
```

　ワーカーからメッセージを受信したら、変換されたイメージ・データをcanvas要素に描画していきます。ワーカーからは、該当のワーカーに割り当てたイメージ領域の変換結果をまとめて送信されるのではなく、1行ずつバラバラに送信されるようにしています。そのため、変換結果が徐々にcanvas要素に描画されていくことになります。
　では、ワーカー側のスクリプトの全体像をご覧ください。

⬇ ワーカー側のスクリプト

```
scripts/multiple.js
// 親からメッセージが送られてきたときの処理
self.onmessage = function(event) {
  // 親から受信したメッセージ
  var message = event.data;
  // 処理を開始
  for( var y=message.y; y<message.y + message.trim_height; y++ ) {
    var pixels = [];
    var p = 0;
    for( var x=0; x<message.w; x++ ) {
      // ピクセル変換処理
      var rgb = convert_pixel(message, x, y);
      // 変換後のコンポーネントを保存
      pixels[p*4 + 0] = rgb.r;
      pixels[p*4 + 1] = rgb.g;
      pixels[p*4 + 2] = rgb.b;
      pixels[p*4 + 3] = 255;
      //
      p ++;
    }
    // 親に送信するメッセージ
    var response = {
      y: y,
      trim_height: 1,
```

```
      pixels: pixels
    };
    // 親にメッセージを送信
    self.postMessage(response);
  }
};

// ピクセル変換処理
function convert_pixel(message, x, y) {
  var w = message.w;
  var h = message.h;
  var range = message.range;
  var pixels = message.pixels;
  // 減色に使うrgbそれぞれのレベルを定義（8階調）
  var levels = [16, 48, 80, 112, 144, 176, 208, 240];
  // 近傍のピクセル情報を取得
  var left = ( x - range < 0 ) ? 0 : x - range;
  var top = ( y - range < 0 ) ? 0 : y - range;
  var right = ( x + range > w ) ? w : x + range;
  var bottom = ( y + range > h ) ? h : y + range;
  var histogram = { r:{}, g:{}, b:{} };
  var num = 0;
  for( var ny=top; ny<=bottom; ny++ ) {
    for( var nx=left; nx<=right; nx++ ) {
      var idx = ( ny * w + nx ) * 4;
      // RGBコンポーネントを減色（8階調）
      var r = levels[ parseInt( pixels[idx + 0] / 32 ) ];
      var g = levels[ parseInt( pixels[idx + 1] / 32 ) ];
      var b = levels[ parseInt( pixels[idx + 2] / 32 ) ];
      // ヒストグラムに追加
      if( histogram.r[r] === undefined ) { histogram.r[r] = 0; }
      histogram.r[r] ++;
      if( histogram.g[g] === undefined ) { histogram.g[g] = 0; }
      histogram.g[g] ++;
      if( histogram.b[b] === undefined ) { histogram.b[b] = 0; }
      histogram.b[b] ++;
      //
      num ++;
    }
  }
  // ヒストグラムから最も頻度が多いレベルを該当のピクセルに適用
  var rgb = {
    r: get_max(histogram.r),
```

```
      g: get_max(histogram.g),
      b: get_max(histogram.b)
  };
  // rgb 情報を返す
  return rgb;
}

function get_max(hash) {
  var max_value = 0;
  var max_index = 0;
  for( var k in hash ) {
    if( hash[k] > max_value ) {
      max_value = hash[k];
      max_index = k;
    }
  }
  return max_index;
}
```

ワーカー側では、まず、親からメッセージを受信したら、画像変換処理を開始します。

画像変換処理を開始する

```
// 親からメッセージが送られてきたときの処理
self.onmessage = function(event) {
  // 親から受信したメッセージ
  var message = event.data;
  // 処理を開始
  for( var y=message.y; y<message.y + message.trim_height; y++ ) {
    ...
    for( var x=0; x<message.w; x++ ) {
      // ピクセル変換処理
      var rgb = convert_pixel(message, x, y);
      ...
    }
    ...
    // 親にメッセージを送信
    self.postMessage(response);
  }
};
```

親から送信されたメッセージには、写真画像のイメージ・データと、このワーカーが処理すべき領域

を表したパラメータが収められています。そのパラメータに応じて、自身に割り当てられた領域のみを処理していきます。

1行分のピクセルの変換処理が完了したら、postMessage()メソッドを使って、親に変換結果をメッセージとして返します。

❖Web Workersのパフォーマンス

以上で、このサンプルのWeb Workersに関する処理の説明は終わりですが、もう少し、Web Workersのパフォーマンスについて考察してみましょう。

このサンプルでは、ワーカーの数を2つにしてありますが、1つだったら、どれくらいパフォーマンスが違うのでしょう。また、ワーカーの数が3つ、4つ、5つなら、どうなっていたのでしょう。

結論からいうと、このサンプルは、筆者のパソコン環境では、ワーカーの数が2つの場合に、最もパフォーマンスが良いという結果になりました。これは、Firefox 4.0、Safari 5.0、Chrome 7.0のいずれも同じ結果になります。筆者のパソコン環境で計測した処理時間は次の通りです。

⬇ ワーカーの数と処理時間の関係

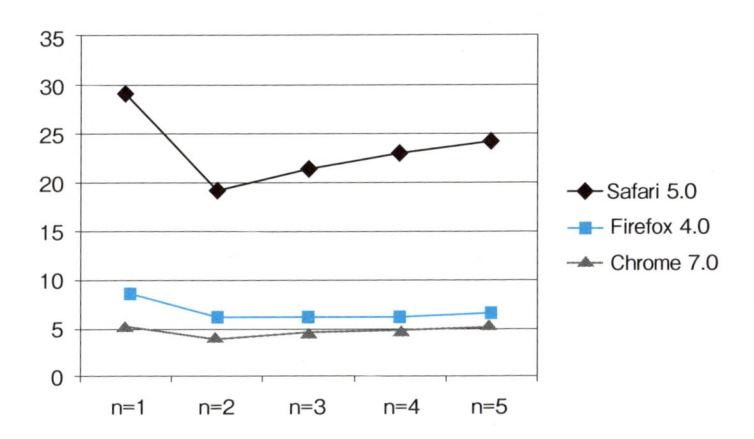

[グラフ: 横軸 n=1〜n=5、縦軸 0〜35。Safari 5.0: n=1で約29、n=2で約19、n=3で約21.5、n=4で約23、n=5で約24.5。Firefox 4.0: n=1で約8.5、n=2〜5で約6〜7。Chrome 7.0: n=1で約5、n=2で約4、n=3〜5で約4.5〜5.5。]

このグラフの横軸はワーカーの数を表し、縦軸は処理秒数を表します。ご覧の通り、ワーカーの数が1つよりは2つの方がパフォーマンスが良くなります。しかし、それ以上にワーカーの数を増やすと、効果があるどころか、却ってパフォーマンスが悪くなります。

ワーカーの数を増やしたからといって、パソコンの性能が向上するわけではありません。処理できる速度には、必ず上限があります。実は、n=1のときは、CPUパワーを最大限に使っていなかったのです。

第8章 Web Workers

⬇ n=1のときのCPUの負荷　　⬇ n=2のときのCPUの負荷

　ところがn=2では、CPUパワーを最大限に使い切ってしまいます。
　すでにn=2でCPUパワーの余裕がない状態ですので、それ以上にワーカーの数を増やしても効果が出ないのです。逆に増やしすぎると、ワーカーを維持するためのオーバーヘッド分だけ余分に負荷がかかってしまい、逆効果になるのです。
　ここで理解すべき点は、ワーカーの数が多いほどパフォーマンスが良くなるわけではないことです。n=2がベストという点ではありませんので注意してください。パソコンに搭載されたCPUのコア数によって異なってくるでしょう。CPUのコア数とワーカーの数の関係については後述します。
　このサンプルのパフォーマンスをもう少し改善する方法があります。それは、ワーカーからページ側へ送信するメッセージの頻度です。このサンプルでは、画像の1行ごとに結果を送信していました。ところがこのサンプルで扱っている画像の縦幅は450ピクセルです。つまり、合計で450回もメッセージを送信することになります。さらに、ページ側でも、450回だけcanvas要素への描画処理が発生します。
　postMessaeg()メソッドによるページとワーカー間のメッセージングは、数が多くなれば、無視できないほどの負荷をかけることになります。このサンプルでは、1行ずつではなく、ある程度まとまった行数の結果をまとめてメッセージとして送信する方が効率的でしょう。
　ただし、画像全体の変換結果をまとめてメッセージとして送信するのは避けた方が良いでしょう。筆者の経験では、あまり大きなデータを頻繁にpostMessage()で送信しようとすると、場合によってはブラウザーがクラッシュする場合があります。
　ワーカーを複数起動したときのパフォーマンスは、CPUのコアの数に大きく依存します。近年のパソコンの多くはCPUが1つでも仮想的に2つのコアが存在するかのようなテクノロジーが搭載されています。そのため、そのようなCPUを搭載したパソコンでは、OSからは、あたかもCPUが2つ搭載されているかのように見えています。
　先ほどのサンプルは、ワーカーの処理だけでなく、ページ側でもレンダリング処理が発生しますので、コア数とワーカーの数の関係が分かりにくかったといえます。
　次のサンプルは、特定の範囲から素数の数を数えます（3以上の値が対象）。ただし、その範囲を複数

に分割して、それぞれの範囲を別々のワーカーに割り振ります。このサンプルでは、純粋にワーカーだけが処理を行い、ページ側は結果を待ち受けるだけです。

サンプルの結果

開始　処理時間：28.164

素数の数：1857859

ページ側のHTML

```
<h1>ワーカーを複数起動する</h1>
<p><button type="button">開始</button>　処理時間：<span id="tm">-</span></p>
<p>素数の数：<span id="total"></span></p>
```

ページ側のスクリプト

```
// ページがロードされたときの処理
window.addEventListener("load", function() {
  // ワーカーの数
  var n = 2;
  // 調査する上限数
  var max = 30000000;
  // Worker オブジェクトの生成
  var workers = [];
  for( var i=0; i<n; i++ ) {
    workers[i] = new Worker('multiple2.js');
  }
  // 変換ボタンに click イベントのリスナーをセット
  var button = document.querySelector('button');
  var done, start;
  button.addEventListener("click", function() {
    // 処理が終了したワーカーの数を記録する変数を定義
    done = 0;
    // 処理を開始した時間を保存
    start = ( new Date() ).getTime();
    // 各ワーカーにメッセージを送信して処理を開始させる
    var s = 0;
    var e = 0;
    for( var i=0; i<n; i++ ) {
      s = e + 1;
      e = s + Math.ceil( max / n ) - 1;
```

```
        if( e > max ) { e = max; }
        workers[i].postMessage([s, e]);
      }
    }, false);
    // 計測した素数の数
    var total = 0;
    // ワーカーからのメッセージを受信するハンドラを定義
    for( var i=0; i<n; i++ ) {
      workers[i].onmessage = function(event) {
        // ワーカーから受信したメッセージ
        var num = event.data;
        // トータルの素数の数に加算
        total += num;
        // すべてのワーカーの処理が終わったときの処理
        done ++;
        if( done == n ) {
          // 処理時間を表示
          var now = ( new Date() ).getTime();
          var tm = ( ( now - start ) / 1000 ).toFixed(3);
          document.querySelector('#tm').textContent = tm;
          // 素数の数を表示
          document.querySelector('#total').textContent = total;
        }
      };
    }
}, false);
```

ワーカー側のスクリプト（multiple2.js）

```
// 親からメッセージが送られてきたときの処理
self.onmessage = function(event) {
  // 親から送られてきたメッセージ
  var message = event.data;
  // 処理を開始
  var num = find_prime(message[0], message[1]);
  // 親に素数の数を返信
  self.postMessage(num);
};

// 素数の数を数える
function find_prime(s, e) {
  var num = 0;
  for( var n=s; n<=e; n++ ) {
```

```
    if( is_prime(n) ) {
      num ++;
    }
  }
  return num;
}

// 素数かどうかの判定
function is_prime(n) {
  if(n % 2 == 0) { return false; }
  for( var i=3; i*i <= n; i+=2 ) {
    if( n % i == 0 ) { return false; }
  }
  return true;
}
```

ワーカーの数を1にした場合と2にした場合のCPU負荷を計測した結果は次の通りです。この計測には、Intel Core2 Duo E8500を搭載したパソコンを使っています。そのため、物理的なCPUの数は1つですが、OSからは2つのCPUが搭載されているように見えています。

⬇ n=1の場合のCPU負荷

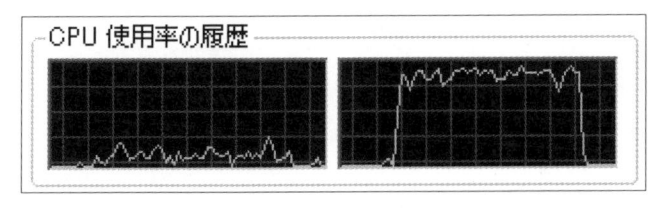

⬇ n=2の場合のCPU負荷

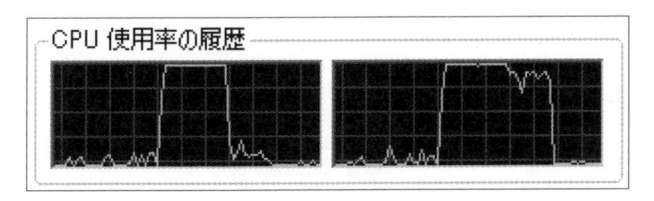

n=1の場合は、一方のCPUに負荷が偏っていることが分かります。それに対して、n=2の場合は、それぞれのワーカーをそれぞれのCPUが分担していることが分かります。その結果、n=2の方がパフォーマンスが良くなるのです。

もしCPUのコアが多いパソコンであれば、それに合わせた数だけワーカーを増やせば、それなりの効果が得られることになります。

8.8 共有ワーカー

⌘ 専用ワーカーと共有ワーカー

これまで解説してきたWeb Workersの使い方では、ワーカーをいくつも生成することができましたが、それぞれのワーカーは独立していました。たとえ同じスクリプト・ファイルをロードして生成したワーカーだとしても、完全に独立していました。これを専用ワーカー（dedicated worker）と呼びます。

しかし、Web Workersには、共有ワーカー（shared worker）と呼ばれる種類のワーカーも規定されています。共有ワーカーでは、同じスクリプト・ファイルをロードして生成されたワーカーは、1つのワーカーとして動作します。共有ワーカーは、メインのページでiframe要素によって組み込んだフレームや、window.open()メソッドを使って新規にオープンした子ウィンドウで、ワーカーを共有したいときに使います。

2010年12月現在、共有ワーカーは、Opera 11、Chrome 9.0、Safari 5.0に実装されています。

共有ワーカーは、専用ワーカーと使い方が少々異なります。まずは、共有ワーカーの使い方の概要をご覧ください。

⬇ 共有ワーカーの利用の流れ

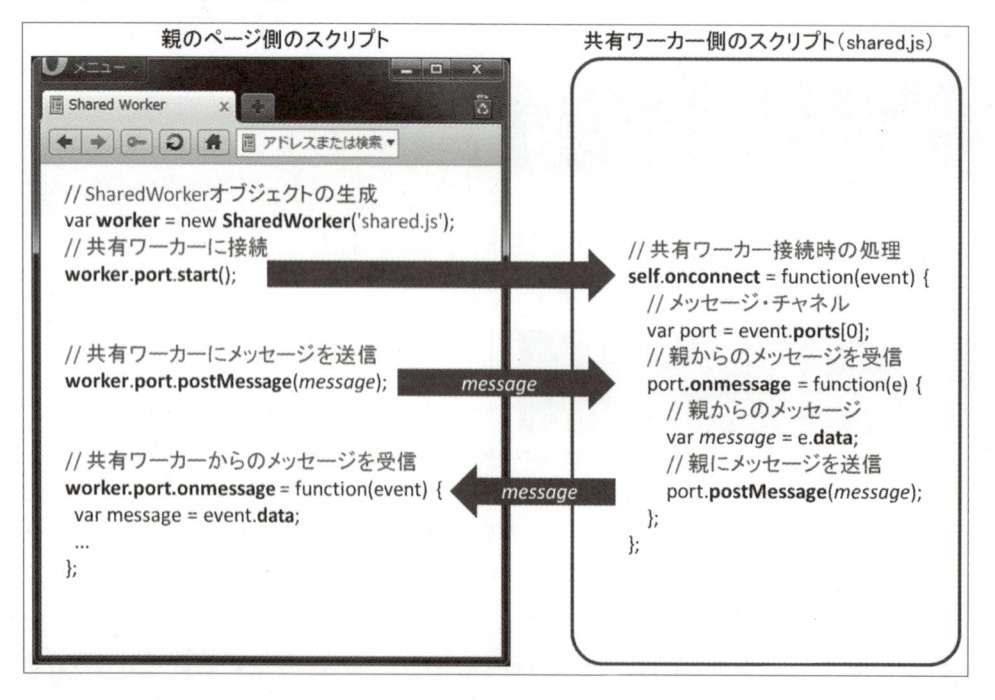

親のページ側のスクリプト

```
// SharedWorkerオブジェクトの生成
var worker = new SharedWorker('shared.js');
// 共有ワーカーに接続
worker.port.start();

// 共有ワーカーにメッセージを送信
worker.port.postMessage(message);

// 共有ワーカーからのメッセージを受信
worker.port.onmessage = function(event) {
  var message = event.data;
  ...
};
```

共有ワーカー側のスクリプト（shared.js）

```
// 共有ワーカー接続時の処理
self.onconnect = function(event) {
  // メッセージ・チャネル
  var port = event.ports[0];
  // 親からのメッセージを受信
  port.onmessage = function(e) {
    // 親からのメッセージ
    var message = e.data;
    // 親にメッセージを送信
    port.postMessage(message);
  };
};
```

まず、ページ側では、SharedWorkerコンストラクタからSharedWorkerオブジェクトを作ります。ワーカー側へメッセージを送信する際にはpostMessage()メソッドを使いますが、SharedWorkerオブジェクトのportプロパティを経由して呼び出す点に注意してください。

ページ側では、共有ワーカーに接続する必要があります。ここでは、worker.port.start()メソッドを使って共有ワーカーに接続しています。詳細は後述しますが、実際には、このように明示的にstart()メソッドを呼び出す必要はありません。worker.port.onmessageイベント・ハンドラを定義した時点で、自動的に共有ワーカーに接続されます。ここでは、ページ側から共有ワーカー側へ接続する処理が行われる点を理解しておいてください。

ページ側で、ワーカーからのメッセージを受信するためには、SharedWorkerオブジェクトのportプロパティに対して、onmessageイベント・ハンドラをセットします。

では次にワーカー側の処理を見ていきましょう。ワーカー側では、まず最初にselfオブジェクトにonconnectイベント・ハンドラをセットします。共有ワーカーでは、selfオブジェクトを通してメッセージの送受信に関するAPIを使うのではなく、connectイベントのイベント・オブジェクトのportsプロパティから、メッセージ・チャネルを表すオブジェクトを取り出し、そのオブジェクトを通して、メッセージの送受信を行います。

以上の流れが共有ワーカーの一般的な使い方となります。この説明では1つのページが1つの共有ワーカーに接続していますが、実際には、複数のページから1つの共有ワーカーに同時に接続することになります。この際、どのページのスクリプトも、この説明と同じ流れでスクリプトを組むことになります。

共有ワーカーの使い方

では、共有ワーカーの具体的な使い方を見ていきましょう。次のサンプルは、親ページからいくつも子ウィンドウを生成することができます。親ページと子ウィンドウは同じ共有ワーカーを共有します。共有ワーカーでは、カウンターの加算を行う処理をしますが、親ページと子ウィンドウのすべてのカウンターが同期しています。

親ページでは+3ボタンを押すと、カウンターが加算されます。

サンプルの結果

カウンター:3 [+3]

[子ウィンドウ生成]

次に親ページの子ウィンドウ生成ボタンを押すと子ウィンドウが表示されます。表示された時点では、先ほどの親ページのカウンター値が引き継がれています。

第8章　Web Workers

🔽子ウィンドウを生成

この子ウィンドウにある+1ボタンを押すとカウンターが加算されます。あわせて、親ページのカウンターも更新されています。

🔽子ウィンドウでカウンターを加算

その後、親ページの子ウィンドウ生成ボタンを押していくつでも子ウィンドウを生成することができますが、いずれも表示されるカウンターは、他のウィンドウのカウンターと同期しています。

では、親ページのHTMLとスクリプトをご覧ください。

🔽親ページのHTML

```
<p>
  カウンター：<span id="cnt">0</span>
  <button type="button" id="add">+3</button>
</p>
<p><button type="button" id="win">子ウィンドウ生成</button>
```

🔽親ページのスクリプト

```
// ページがロードされたときの処理
window.addEventListener("load", function() {
  // SharedWorker オブジェクト
  var worker = new SharedWorker('shared.js');
  // 加算ボタンにclick イベントのリスナーをセット
  document.querySelector('#add').addEventListener("click", function() {
    worker.port.postMessage(3);
```

```
  }, false);
  // 共有ワーカーからメッセージを受信したときの処理
  worker.port.onmessage = function(event) {
    document.querySelector('#cnt').textContent = event.data;
  };
  // 子ウィンドウ生成ボタンにclickイベントのリスナーをセット
  document.querySelector('#win').addEventListener("click", function() {
    var window_name = "win" + ( new Date() ).getTime();
    window.open("shared_win.html", window_name, "width=150,height=50");
  }, false);
  // 繰り返しタイマーをセット
  window.setInterval( function() {
    worker.port.postMessage(0);
  }, 1000);
}, false);
```

親ページのスクリプトでは、ページがロードされると、SharedWorkerオブジェクトを生成します。

ボタンがクリックされると、worker.port.postMessage()メソッドに加算したい数値を引数に与えて、共有ワーカー側へメッセージを送信します。

worker.port.onmessageイベント・ハンドラは、共有ワーカーから送信されたカウンター値を受信して、それをページに表示します。

最後に、window.setInterval()メソッドを使ってタイマーをセットしています。こうすることで、他のウィンドウでカウンターが加算されたときでも、共有ワーカーに対してポーリングすることで、最新のカウンター値を表示します。

では次に子ウィンドウのHTMLとスクリプトをご覧ください。

● 子ウィンドウのHTML

```
<p>
  カウンター：<span id="cnt">0</span>
  <button type="button" id="add">+1</button>
</p>
```

● 子ウィンドウのスクリプト

```
// ページがロードされたときの処理
window.addEventListener("load", function() {
  // SharedWorker オブジェクト
  var worker = new SharedWorker('shared.js');
  // message イベントのハンドラをセット
```

第8章　Web Workers

```
  worker.port.onmessage = function(event) {
    document.querySelector('#cnt').textContent = event.data;
  };
  // 加算ボタンにclickイベントのリスナーをセット
  document.querySelector('#add').addEventListener("click", function() {
    worker.port.postMessage(1);
  }, false);
  // 繰り返しタイマーをセット
  window.setInterval( function() {
    worker.port.postMessage(0);
  }, 1000);
}, false);
```

　子ウィンドウ側のスクリプトも、親ページとほとんど同じです。ボタンを押したときに呼び出すworker.port.postMessage()に与えるメッセージに1をセットしている点が異なります。
　では、最後に共有ワーカーのスクリプトをご覧ください。

共有ワーカーのスクリプト（shared.js）

```
// カウンター値
var cnt = 0;

// この共有ワーカーに接続されたときの処理
self.onconnect = function(event) {
  // メッセージ・チャネル
  var port = event.ports[0];
  // 現在のカウンターを返信
  port.postMessage(cnt);
  // メッセージを受信したときの処理
  port.onmessage = function(e) {
    // カウンターを加算
    cnt += e.data;
    // 現在のカウンターを返信
    port.postMessage(cnt);
  };
};
```

　共有ワーカーのスクリプトでは、まず共有カウンターの値を保存しておく変数cntを定義しています。次に、self.onconnectイベント・ハンドラでは、ページ側と通信するためのメッセージ・チャネルを取得し、postMessage()メソッドを使って、最新の共有カウンターの値を返信します。

port.onmessageイベント・ハンドラでは、イベント・オブジェクトを通して、ページ側から送信されたメッセージ取得します。この値は加算したい数値が格納されていますので、それを共有カウンターを表す変数cntに加算します。そして、port.postMessage()メソッドで最新の共有カウンター値を返信します。

共有ワーカーには、この他にもいくつかのAPIが規定されていますので、これまで説明したAPIも含めて、その詳細を解説しましょう。

⌘ページ側のAPI

まずは、ワーカーを呼び出す側、つまりウェブ・ページ側のスクリプトの話からしましょう。共有ワーカーを使う上では、まずSharedWorkerコンストラクタからSharedWorkerオブジェクトを取得しなければいけません。

▼SharedWorkerオブジェクトを取得するためのメソッド

| SharedWorker = new SharedWorker(scriptURL)
SharedWorker = new SharedWorker(scriptURL, name) | 引数にワーカー用のスクリプトのURLを指定すると、そのスクリプト用のSharedWorkerオブジェクトを返します。そして、該当のスクリプトを共有ワーカーとして実行します。オプションで第二引数には共有ワーカーの名前を文字列で指定することができます。 |

JavaScriptでは、次のようにSharedWorkerオブジェクトを生成します。

▼SharedWorkerオブジェクトの生成

```
var worker = new SharedWorker('shared.js');
```

第二引数には、名前を指定することができます。名前は文字列であれば何でも構いません。

▼名前を指定する

```
var worker = new SharedWorker('shared.js', 'w1');
```

ワーカー側では、この名前を取得することができます。

専用ワーカーでは、Workerオブジェクトに規定されたAPIを使って、messageイベントをキャッチしたり、postMessage()メソッドを使ってメッセージを送信してきました。しかし、共有ワーカーでは、SharedWorkerオブジェクトにはメッセージの送受信に関するAPIはありません。

共有ワーカーでは、ページとワーカーとの間で、メッセージ・ポートと呼ばれる通信チャネルを使ってメッセージをやりとりします。そのため、まずはメッセージ・ポートを表すMessagePortオブジェク

トを取り出す必要があります。

● MessagePortオブジェクトを取り出すためのメソッド

| MessagePort = worker.port | MessagePortオブジェクトを返します。 |

　MessagePortオブジェクトには、ワーカー側とメッセージをやりとりするためのAPIが規定されています。これは、前述のW3C Web Messaging仕様で規定されているAPIのため、Web Workers仕様では規定されていませんが、ここでは、いくつかの必要なAPIを抜粋します。

● ワーカー側とメッセージをやりとりするためのAPI

MessagePort.postMessage(message)	メッセージ・チャネルを通してメッセージを送信します。
MessagePort.start()	メッセージ・チャネルを開きます。
MessagePort.close()	メッセージ・チャネルを閉じます。
MessagePort.onmessage	messageイベントのイベント・ハンドラをセットすることができます。

　MessagePortオブジェクトのstart()メソッドは、メッセージ・チャネルを開きますが、実は、onmessageイベント・ハンドラをセットした時点で自動的にメッセージ・チャネルが開かれます。そのため、明示的にstart()メソッドを呼び出す必要はありません。

　しかし、もしonmessageイベント・ハンドラを使わずに、addEventListener()メソッドを使ってmessageイベントのリスナーをセットした場合は、明示的にstart()メソッドを呼び出して、メッセージ・チャネルを開く必要がありますので注意してください。

● onmessageイベント・ハンドラを使う場合

```
// SharedWorkerオブジェクト
var worker = new SharedWorker('shared.js');
// 共有ワーカーからメッセージを受信したときの処理
worker.port.onmessage = function(event) {
  ...
};
```

messageイベントのリスナーを使う場合

```
// SharedWorker オブジェクト
var worker = new SharedWorker('shared.js');
// 共有ワーカーに接続
worker.port.start();
// 共有ワーカーからメッセージを受信したときの処理
worker.port.addEventListener("message", function(event) {
  ...
}, false);
```

共有ワーカー側のAPI

共有ワーカーのselfオブジェクトに規定されているAPIは、専用ワーカーのそれとは異なります。

共有ワーカーのselfオブジェクトに規定されているAPI

self.name	ページ側でSharedWorkerコンストラクタからSharedWorkerオブジェクトを生成した際に、第二引数に指定された名前を返します。
self.onconnect	connectイベントのイベント・ハンドラをセットすることができます。

共有ワーカーのselfオブジェクトには、上記のプロパティしか規定されていません。実際には、connectイベントが発生したときに生成されるイベント・オブジェクトを使って、ページ側とのメッセージの送受信を行います。

共有ワーカー側で発生するconnectイベントのイベント・オブジェクトは、前述のW3C Web Messaging仕様で規定されているAPIのため、Web Workers仕様では規定されていませんが、ここでは、共有ワーカーに必要なportプロパティを解説します。

メッセージ・チャネルを取得するためのプロパティ

event.ports	MessagePortArrayオブジェクトを返します。

connectイベントが発生したときのイベント・オブジェクトにはportsプロパティが規定されていますが、これは、メッセージ・チャネルを格納した配列を返します。とはいえ、通常は、1つのチャネルしか使いませんので、次のようにメッセージ・チャネルを表すMessagePortオブジェクトを取り出します。

第8章　Web Workers

⬇ MessagePortオブジェクトを取り出す

```
self.onconnect = function(event) {
  // メッセージ・チャネル
  var port = event.ports[0];
  ...
};
```

　event.ports[0]がメッセージ・チャネルを表すMessagePortオブジェクトを返しますが、これは、ページ側のSharedWorkerオブジェクトのportプロパティから得られるMessagePortオブジェクトと同じです。そのため、このMessagePortオブジェクトのportMessage()メソッドから、ページ側にメッセージを送信し、onmessageイベント・ハンドラを使って、ページ側から送信されたメッセージをキャッチすることができます。

⬇ ページ側とのメッセージの送受信

```
self.onconnect = function(event) {
  // メッセージ・チャネル
  var port = event.ports[0];
  // ページ側へメッセージを送信
  port.postMessage("message");
  // ページ側からのメッセージを受信
  port.onmessage = function(e) {
    // ページからのメッセージ
    var message = e.data;
    ...
  };
};
```

共有される値と共有されない値

　冒頭のサンプルから、共有ワーカーでは、ワーカー側で定義した変数の値を維持することができ、どのページからも同じ結果を得ることがお分かり頂けたと思います。しかし、共有ワーカーでは、ページごとに独立した値を持つことも可能です。

　共有ワーカー側のスクリプトでは、ワーカー内でグローバル変数として定義した値は、どのページから接続されても常に値が維持されます。それに対して、onconnectイベント・ハンドラ内で定義した変数の値は接続元のページごとに値が維持されることになります。

ワーカー側のスクリプトの変数

```
// どのページから接続されても常に値が維持される変数
var cnt = 0;

// 共有ワーカーに接続されたときの処理
self.onconnect = function(event) {
  // 接続元のページごとに値が維持される変数
  var loc = 0;
};
```

　これは、共有ワーカーは接続元ごとにconnectイベントのハンドラを独立させて動作させていることを意味します。これを表すサンプルをご覧頂きましょう。

サンプルの結果

```
共有カウンター:12／個別カウンター:6  [+3]
[子ウィンドウ生成]

┌─ Shared Worker ─────────── _ □ X ┐
│              qr.to               │
│ 共有カウンター:12／個別カウンター:2 [+1] │
└──────────────────────────────────┘

┌─ Shared Worker ─────────── _ □ X ┐
│              qr.to               │
│ 共有カウンター:12／個別カウンター:4 [+1] │
└──────────────────────────────────┘
```

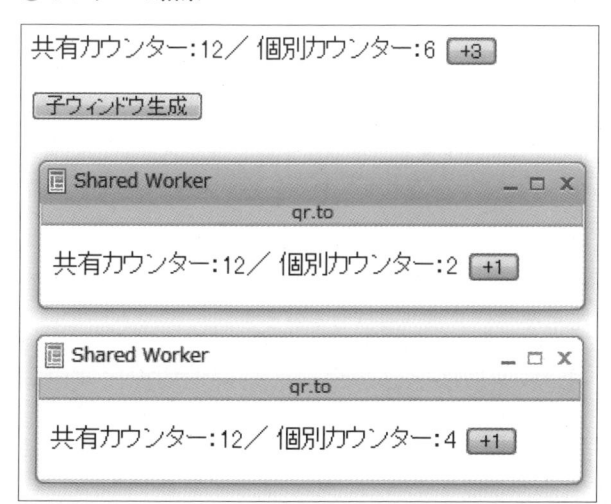

　このサンプルは、冒頭のサンプルを少し改造し、共有カウンターと個別カウンターそれぞれを表示す

るようにしています。図の通り、共有カウンターはどのウィンドウでも同じです。それに対して個別カウンターはウィンドウごとに異なり、独立して加算されていきます。

この共有ワーカー側のスクリプトは次の通りです。

共有ワーカーのスクリプト

```javascript
// 共有カウンター値
var cnt = 0;

// この共有ワーカーに接続されたときの処理
self.onconnect = function(event) {
  // 個別カウンターの値
  var loc = 0;
  // メッセージ・チャネル
  var port = event.ports[0];
  // 現在のカウンターを返信
  port.postMessage(cnt);
  // メッセージを受信ときの処理
  port.onmessage = function(e) {
    // 共有カウンターを加算
    cnt += e.data;
    // 個別カウンターを加算
    loc += e.data;
    // 現在のカウンターを返信
    port.postMessage([cnt, loc]);
  };
};
```

このスクリプトでは、まず共有カウンター用に、ワーカー内でグローバル変数となる変数cntを定義しています。そして、onconnectイベント・ハンドラ内では、個別カウンターを表す変数locを定義しています。いずれの変数の値も、定義したときは0です。

onconnectイベント・ハンドラでは、ページ側からメッセージを受信すると、変数cntと変数locのいずれにも同じ値を加算しています。そして、その結果をページ側へ返信しています。

このように、変数をどこで定義するかによって、共有の値として使うのか、それとも個別の値として使うのかを区別することができます。これを理解していないと、期待した結果になりませんので注意してください。

第 9 章

Geolocation API

近年のスマート・フォンにはGPSが搭載されるようになり、位置情報を正確に把握できるようになりました。Geolocation APIを使うことで、JavaScriptから位置情報を取得することが可能となります。本章では、位置情報の基礎知識と、Geolocation APIの使い方を解説していきます。

第9章 Geolocation API

9.1 Geolocation APIとは

⌘Goelocation APIとは何か

　Goelocation APIは、緯度や経度といった現在位置の情報を取得するAPIです。Geolocation APIを実装したブラウザーであれば、JavaScriptから位置情報を取り出すことができるようになります。

　実は、Geolocation APIはHTML5とは関係がありません。本来、HTML5とは、WHATWGがかかわった仕様を指すことが多いといえますが、Geolocation APIに関してはWHATWGは関与しておらず、W3Cが独自に策定した仕様です。

　2010年12月現在、Geolocation APIはW3Cで勧告候補になっています。

- W3C Geolocation API Specification
  http://www.w3.org/TR/geolocation-API/

　すでに、かなり安定した仕様になっていますので、後はブラウザーの実装とGPS搭載デバイスの進歩が期待されます。

　日本の携帯端末はガラパゴス携帯などと揶揄されていますが、このGeolocation APIと同じ位置情報を提供する機能はかなり以前から搭載されていたのです。その位置情報サービスを使った多彩なウェブ・サイトが日本の携帯端末向けに登場しました。みなさんの多くは、そういったサービスの恩恵を受けてきたことでしょう。そう言う意味では、日本の携帯端末は最先端を走っていたのです。

　とはいえ、その位置情報提供サービスの技術仕様は、日本独自というだけでなく、携帯キャリア独自でもあり、全く互換性がありません。

　このGeolocation APIは、位置情報取得のAPIを標準化した点が重要なのです。さらに、それがJavaScriptから扱える点がポイントなのです。これによりJavaScriptの実行が可能なスマート・フォンや、一般のパソコンですら、位置情報を取得できるようになります。ウェブ・テクノロジーにおける位置情報の取得は、Geolocation APIがグローバル・スタンダードになるといっても良いでしょう。

　次のサンプルは、Geolocation APIを使って得られた位置情報を表示したものです。

● サンプルの結果（Firefox 4.0）　　　　● サンプルの結果（iPhone）

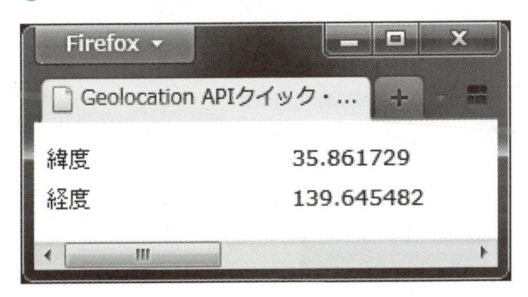

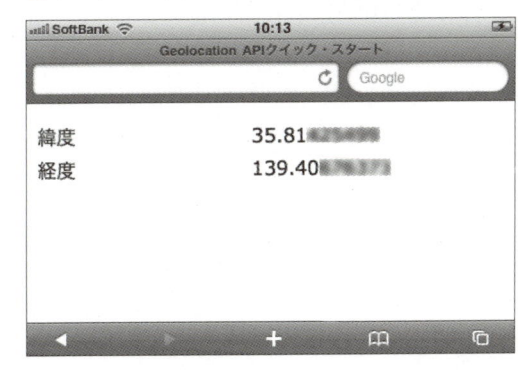

　このサンプルは、デスクトップ・パソコン上のFirefox 4.0とiPhoneを使って、Geolocation APIから緯度・経度を計測した結果を表示しています。デスクトップ・パソコン上のFirefox 4.0が計測結果として表示している緯度・経度は、実は、埼玉県のさいたま市役所近辺になります。そして、iPhoneの計測結果は、まさに私がいる場所を指しています。この緯度・経度は、今私がいる場所に家1軒違わずに正確に一致しています。私は今、埼玉県入間市にいます。直線距離にして20km以上も離れています。なぜ、ここまで誤差があるのでしょうか。

　これはブラウザーの問題ではなく、デバイスによる特性です。iPhoneはGPSを搭載しているため、非常に精度の高い緯度・経度情報を補足することができます。しかし、デスクトップ・パソコンにはGPSは搭載されていません。さらに私のパソコンはWi-Fiすら搭載していません。

　では、精度についてはともかく、GPSを搭載していないデスクトップ・パソコンで、どのようにして緯度・経度の情報を補足できたのでしょうか。実は、Geolocation APIを実装したブラウザーは、GPSだけを情報源としているわけではありません。あらゆる手段を使って位置情報を取得しようとします。GPS情報を入手できればそれを採用しますが、GPS情報が手に入らなければ、Wi-Fi基地局、携帯電話の基地局、IPアドレス情報などから取得できる情報を駆使して位置情報を推定します。

　しかし、これらの情報から、日本であることくらいは判定できるでしょうが、なぜ都道府県レベルまで把握できたのでしょうか。それは、Wi-Fi基地局やIPアドレスがどの地域で使われているかをデータベースとして提供するネット上のサービスを経由して、位置情報を取得していたのです。実際に位置情報を取得する際には、ブラウザーが外部のデータベース・サービスに対してリクエストを送信します。このようなデータベース情報を使うことで、GPSを搭載していないデスクトップ・パソコンでも、ある程度の位置を把握できたのです。ただし、各ブラウザーによって採用しているデータベースの精度に違いがありますので、すべてのブラウザーで必ずしも同じ結果が得られるわけではありません。場合によっては、位置情報を見つけることができない場合もあります。

⌘ユーザーの許可

　Geolocation APIが提供する位置情報は、プライバシー情報の1つといえます。そのため、Geolocation API仕様では、ユーザーに対して位置情報を提供しても良いかについて許可を取ることとしています。実際、Geolocation APIを実装したブラウザーは、必ず次のような確認ダイアログを表示します。

⬇ Firefox 4.0

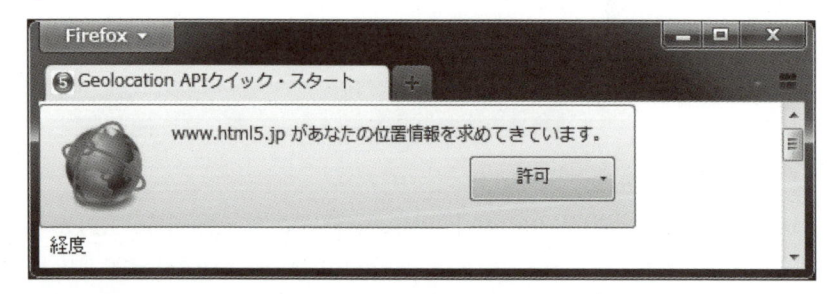

⬇ iPhone

　ユーザーが許可しない限り、Geolocation APIを使って位置情報を取得することはできません。Geolocation APIを使ったアプリケーション開発を行う際には、この点を理解しておいてください。

⌘測地系

　Geolocation APIを使って緯度や経度の情報を取得できるわけですが、実は、緯度や経度には測地系と呼ばれる基準が大きな意味を持ちます。地図サービスなどをGeolocation APIと組み合わせるときには、この測地系を理解していないと、異なる地点を指してしまいます。

　測地系とは、緯度や経度の基準を表します。何を基準に緯度と経度を定義するのかによって、同じ緯度・経度でも位置が異なります。また、全世界を対象にするのか、それとも日本近辺だけの狭い範囲を対象にするのかによっても、その基準が異なってきます。

　地球は完全な球ではなく回転楕円体になります。そのため、世界中に適用できる緯度・経度を一意的

に定めるのは難しく、さまざまな測地系が生み出されてきた経緯があります。

通常、日本から利用可能な各種地図サービスでは3種類の測地系が使われています。日本近辺を対象にした日本測地系、全世界を対象にした日本版の世界測地系、そして、同じく全世界を対象にした米国版の世界測地系です。

日本近辺を対象にした日本測地系は、旧日本測地系（Tokyo Datum）と呼ばれます。これは古くから使われている測地系ですが、もともとは明治時代に5万分の1の地図を作成するために定められた測地系です。当時の測量機器の精度の問題もありますし、少ないとはいえ地殻変動によるずれも生じています。さらに、日本から離れれば離れるほど誤差が大きくなるため、近年の国際化社会においては通用しなくなってきました。日本に限らず、他の国でも、かつては独自の測地系を採用していました。

そのため、2002年に国土地理院が、全世界を対象にすることができる測地系の1つを国の基準として採用しました。これは俗に新日本測地系と呼ばれることがありますが、実際には世界測地系のひとつです。ここでは日本版世界測地系と呼びます。なお、旧日本測地系と日本版世界測地系では、同じ緯度・経度でも東京付近なら450mほど、北海道の稚内近辺なら400mほど異なります。日本が測地系を変更した経緯については、国土地理院のホームページに詳しく書かれています。

●国土地理院 - 世界測地系移行の概要
http://www.gsi.go.jp/LAW/G2000-g2000.htm

一方、米国は、日本とは異なる世界測地系を採用しています。これをWGS 84（World Geodetic System）と呼びます。これはGPSで使われる測地系ですので、実質的には世界標準といえるでしょう。

とはいえ、世界測地系の1つである日本版世界測地系との誤算はほとんどありません。そのため、一般的な用途であれば、これらの違いを意識する必要はないといえるでしょう。

さて、このように日本だけでもさまざまな測地系が存在しているわけですが、それに伴い、国内では地図を扱うサービスが採用する測地系も統一されていませんでした。かつては国内企業が提供するインターネット上の地図サービスは、旧日本測地系が多く採用されていましたが、現在では、どちらの測地系でも利用できるようになっています。また、みなさんがよくご存じのGoogleマップはWGS 84を採用しています。

では、本題に戻りましょう。Geolocation APIが採用する測地系はWGS 84です。そのため、もしGeolocation APIから得られた緯度・経度を使って地図を表示させたい場合は、この測地系に注意してください。もし国内の企業が提供する地図サービスに対して旧日本測地系のモードを使ってしまうと、いくらデバイスが正確な緯度・経度を計測できたとしても、地図に表示したときには東京近辺で450mほどずれてしまいます。

9.2 Geolocation APIクイック・スタート

⌘位置情報を取り出す

　Geolocation APIは、位置情報を取り出すだけなら、非常に簡単なコードで実現することができます。先ほどのサンプルのコードを見ていきましょう。

● HTML

```
<dl>
  <dt> 緯度 </dt>
  <dd id="latitude">-</dd>
  <dt> 経度 </dt>
  <dd id="longitude">-</dd>
</dl>
```

　HTMLには、Geolocation APIで規定された位置情報を表示するための要素がマークアップされています。

● スクリプト

```
document.addEventListener("DOMContentLoaded", function() {
  // 現在位置情報を取得
  window.navigator.geolocation.getCurrentPosition(show_location);
}, false);

// 位置情報取得完了時の処理
function show_location(event) {
  // 緯度
  var latitude = event.coords.latitude;
  document.querySelector('#latitude').textContent = latitude;
  // 経度
  var longitude = event.coords.longitude;
  document.querySelector('#longitude').textContent = longitude;
}
```

　このスクリプトのポイントは、window.navigator.geolocation.getCurrentPosition()メソッドです。このメソッドには、位置情報が取得できたときに実行するコールバック関数のオブジェクトを引数に与えます。Geolocation APIでは、瞬間的に位置情報を取得できるわけではありません。非同期に位置情報

の取得処理が行われます。そのため、このように、コールバック関数を引数として指定するのです。

　このサンプルでは、位置情報が取得できると、show_location()関数が呼び出されます。この関数の第一引数には、位置情報が取得できたときのイベントに対応したイベント・オブジェクトが与えられます。

● show_location()関数

```
function show_location(event) {
  var latitude = event.coords.latitude;
  ...
}
```

　このイベント・オブジェクトeventに規定されたcoordsプロパティを使って、位置情報を取り出します。このevent.coordsにはさまざまなプロパティが規定されていますが、これらに実際の位置情報を表す値が格納されています。

　では、Geolocation APIの詳細を見ていきましょう。

9.3 現在位置を取得する

⌘ getCurrentPosition()メソッド

現在位置を取得する方法として、getCurrentPosition()メソッドを紹介しましたが、このメソッドについてもう少し詳細を解説します。

⬇ getCurrentPosition()メソッド

```
window.navigator.geolocation.getCurrentPosition(
  successCallback,
  errorCallback,
  options
)
```

このメソッドは最大で3つの引数を取ります。第一引数successCallbackは、位置情報取得に成功したときに実行される関数のオブジェクトを指定します。第一引数は必須です。

第二引数errorCallbackは、位置情報取得に失敗したときに実行される関数オブジェクトを指定します。

第三引数optionsは、位置情報取得に関する各種パラメータを格納したJavaScriptオブジェクトを指定します。

では、それぞれの使い方について見ていきましょう。

⌘ 位置情報取得に成功したときの処理

位置情報が取得できたら、getCurrentPosition()メソッドの第一引数に指定した関数が実行されます。

⬇ 位置情報取得に成功したときの処理

```
// 現在位置情報を取得
window.navigator.geolocation.getCurrentPosition(show_location);

// 位置情報取得完了時の処理
function show_location(event) {
  ...
}
```

位置情報が取得できたときに実行される関数の第一引数にはイベント・オブジェクトが自動的に与

えられます。このサンプルでは変数eventにイベント・オブジェクトが格納されています。このイベント・オブジェクトには位置情報を表すさまざまな値がセットされています。

位置情報を表す値

event.coords.latitude	緯度を数値で返します。単位は度です。
event.coords.longitude	緯度を数値で返します。単位は度です。
event.coords.accuracy	緯度と経度の精度のレベルを数値で返します。単位はメートルです。
event.coords.altitude	GPS高度を数値で返します。単位はメートルです。もしこの値が取得できなかった場合はnullを返します。
event.coords.altitudeAccuracy	GPS高度の精度のレベルを数値で返します。単位はメートルです。もしこの値が取得できなかった場合はnullを返します。
event.coords.heading	進行方向を0以上360未満の数値で返します。この値は角度を表し、単位は度（°）です。真北を0°として、時計回り（右回り）に数えます。従って東は90°、南は180°、西は270°になります。ただし、この値が取得できるのは移動中のみです。移動せずに静止しているとき、つまり、event.coords.speedが0のときは、NaNを返します。また、この値が取得できなかった場合はnullを返します。
event.coords.speed	移動速度を数値で返します。単位はメートル／秒です。この値が取得できなかった場合はnullを返します。
event.timestamp	位置情報が取得できたときのタイムスタンプを表すDateオブジェクトを返します。

　位置情報を取得できた場合、つまり、コールバック関数が呼び出された場合は、緯度を表すlatitudeプロパティ、経度を表すlongitudeプロパティ、そして、その精度を表すaccuracyプロパティが必ずセットされてます。

　この各種プロパティの値を表示するサンプルをご覧ください。冒頭のサンプルに手を加えたものです。このサンプルをiPhoneで確認すると、次のような結果になります。

第9章 Geolocation API

iPhoneでの結果

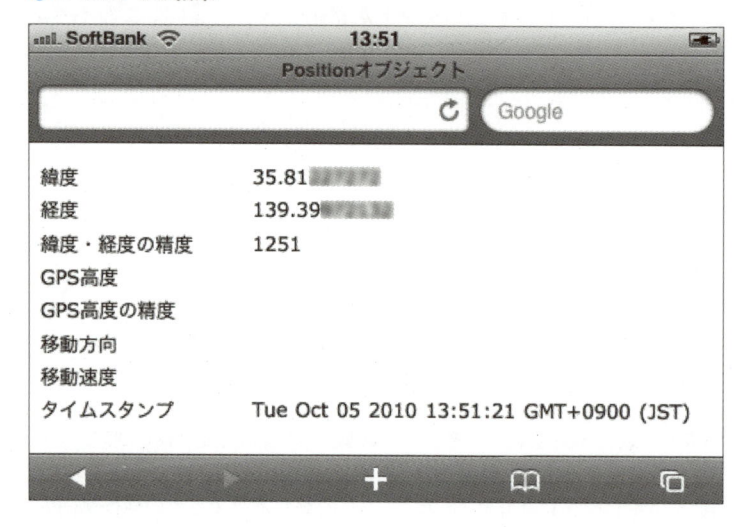

緯度　　　　　　35.81...
経度　　　　　　139.39...
緯度・経度の精度　1251
GPS高度
GPS高度の精度
移動方向
移動速度
タイムスタンプ　　Tue Oct 05 2010 13:51:21 GMT+0900 (JST)

HTML

```
<dl>
  <dt> 緯度 </dt>
  <dd id="latitude">-</dd>
  <dt> 経度 </dt>
  <dd id="longitude">-</dd>
  <dt> 緯度・経度の精度 </dt>
  <dd id="accuracy">-</dd>
  <dt>GPS 高度 </dt>
  <dd id="altitude">-</dd>
  <dt>GPS 高度の精度 </dt>
  <dd id="altitudeAccuracy">-</dd>
  <dt> 移動方向 </dt>
  <dd id="heading">-</dd>
  <dt> 移動速度 </dt>
  <dd id="speed">-</dd>
  <dt> タイムスタンプ </dt>
  <dd id="timestamp">-</dd>
</dl>
```

9.3 現在位置を取得する

▼ スクリプト

```
document.addEventListener("DOMContentLoaded", function() {
  // 現在位置情報を取得
  window.navigator.geolocation.getCurrentPosition(show_location);
}, false);

// 位置情報取得完了時の処理
function show_location(event) {
  // 緯度
  var latitude = event.coords.latitude;
  document.querySelector('#latitude').textContent = latitude;
  // 経度
  var longitude = event.coords.longitude;
  document.querySelector('#longitude').textContent = longitude;
  // 緯度・経度の精度
  var accuracy = event.coords.accuracy;
  document.querySelector('#accuracy').textContent = accuracy;
  // GPS高度
  var altitude = event.coords.altitude;
  document.querySelector('#altitude').textContent = altitude;
  // GPS高度の精度
  var altitudeAccuracy = event.coords.altitudeAccuracy;
  document.querySelector('#altitudeAccuracy').textContent = altitudeAccuracy;
  // 移動方向
  var heading = event.coords.heading;
  document.querySelector('#heading').textContent = heading;
  // 移動速度
  var speed = event.coords.speed;
  document.querySelector('#speed').textContent = speed;
  // タイムスタンプ
  var date = event.timestamp;
  if( typeof(date) == "number" ) {
    date = new Date(date);
  }
  document.querySelector('#timestamp').textContent = date.toString();
}
```

このスクリプトでは、タイムスタンプの扱いに注目してください。Geolocation API仕様では、event.timestampプロパティはJavaScriptのDateオブジェクトを返すことになっています。ところが、これに従っているのはChrome 9.0だけです。Firefox 4.0、Opera 11、Safari 5.0、iPhoneでは、いずれもDateオブジェクトからgetTime()メソッドを呼び出したときに得られる数値（1970年1月1日午前0時GMT

からの経過ミリ秒）を返します。そのため、ここでは、その値が数値であれば、Dateオブジェクトに変換しています。もし、event.timestampプロパティからタイムスタンプを得たい場合は、注意してください。

なお、先ほどのサンプルの結果では、GPS高度、GPS高度の精度、移動方向、移動速度を計測することはできませんでした。これらの計測値は、1回だけ位置情報を取得するgetCurrentPosition()メソッドでは取得することができません。後ほど解説するwatchPosition()メソッドを使って移動しながらリアルタイムに位置情報を監視すれば、これらの値を取得することができます。これらの位置情報の詳細については後述します。

⌘位置情報取得に失敗したときの処理

位置情報は、必ずしも取得できるとは限りません。もし位置情報が取得できなかった場合は、getCurrentPosition()メソッドに第二引数に指定した関数を実行することができます。

冒頭のクイック・スタートで使ったサンプルを改良して、位置情報取得のエラー・ハンドリングを加えてみましょう。

スクリプト

```
document.addEventListener("DOMContentLoaded", function() {
  // 現在位置情報を取得
  window.navigator.geolocation.getCurrentPosition(
    show_location, // 位置情報取得完了時に実行されるコールバック
    show_error     // 位置情報取得失敗時に実行されるコールバック
  );
}, false);

// 位置情報取得完了時の処理
function show_location(event) { ... }

// 位置情報取得失敗時の処理
function show_error(event) {
  alert(event.message + "(" + event.code + ")");
}
```

このスクリプトでは、getCurrentPosition()メソッドの第二引数に、エラー時に実行させるshow_error()関数のオブジェクトを指定しています。show_error()メソッドでは、エラーの内容をアラート表示します。

エラー表示（Safari 5.0）

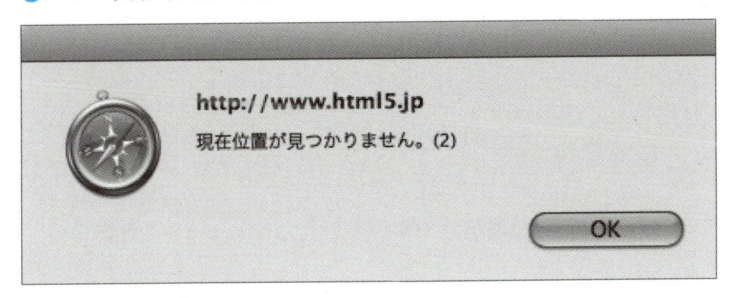

エラーの内容は、イベント・オブジェクトから取得することができます。

エラーの内容を取得するためのプロパティ

event.code	現在のエラー状況を表すコード番号を返します。番号の意味は下記の通りです。 1：位置情報取得の許可が得られなかった。（PERMISSION_DENIED） 2：位置情報の取得に失敗した。（POSITION_UNAVAILABLE） 3：タイムアウトが発生した。（TIMEOUT）
event.message	エラーを表すメッセージをテキストで返します。
event.PERMISSION_DENIED	常に1を返す定数です。
event.POSITION_UNAVAILABLE	常に2を返す定数です。
event.TIMEOUT	常に3を返す定数です。

もしエラーが発生していれば、イベント・オブジェクトのcodeプロパティから、エラーの種類を表す1～3の数値を得ることができます。

それぞれのエラーには数値だけではなくPERMISSION_DENIEDやPOSITION_UNAVAILABLEといった名前が規定されています。そして、その名前と同じプロパティが規定されており、そのプロパティは常に該当のエラーを表す数値を返します。

数値を使った場合のcodeプロパティの利用例

```
function show_error(event) {
  if( event.code == 2 ) { ... }
  ...
}
```

第9章　Geolocation API

⬇ 名前を使った場合のcodeプロパティの利用例

```
function show_error(event) {
  if( event.code == event.POSITION_UNAVAILABLE ) { ... }
  ...
}
```

　いずれの表記も結果は同じです。後者の方がコードが理解しやすいといえるでしょう。これについてはお好みに合わせて使い分けてください。

⌘ オプション・パラメータ

　getCurrentPosition()メソッドの第三引数を使うと、位置情報取得に関するパラメータを事前に定義することができます。

⬇ 位置情報取得に関するパラメータを事前に定義するためのプロパティ

PositionOptions.enableHighAccuracy	trueをセットすると、ブラウザーに対して高精度な位置情報を要求します。このパラメータの指定がなければfalseが適用されます。
PositionOptions.timeout	位置情報を取得するまでに許す時間をミリ秒で指定します。もし負の数値が指定された場合は、0が指定されたと見なされます。
PositionOptions.maximumAge	キャッシュされた位置情報の有効時間をミリ秒で指定します。指定がなければ0がセットされたと見なされます。

　このオプション・パラメータを表すオブジェクトは、通常のJavaScriptオブジェクトとして、自分で用意します。

⚓ オプション・パラメータを表すオブジェクトを用意する

```
document.addEventListener("DOMContentLoaded", function() {
  // オプション・パラメータをセット
  var position_options = {
    enableHighAccuracy: true, // 高精度を要求する
    timeout: 60000,           // 最大待ち時間（ミリ秒）
    maximumAge: 0             // キャッシュ有効期間（ミリ秒）
  };
  // 現在位置情報を取得
  window.navigator.geolocation.getCurrentPosition(
    show_location,    // 位置情報取得完了時に実行されるコールバック
    show_error        // 位置情報取得失敗時に実行されるコールバック
    position_options // オプション・パラメータ
  );
}, false);
```

では、個々のパラメータを見ていきましょう。

● 位置情報の精度を上げる

enableHighAccuracyプロパティにtrueがセットされると、ブラウザーは、できる限り詳細な位置情報を得ようと、あらゆる手段を尽くします。そして、待つことで詳細な位置情報が得られるなら、できる限り待ちます。そのため、trueをセットした場合は、位置情報の取得に時間がかかる場合があります。特に、GPSを搭載したデバイスでは、この違いが顕著に表れます。また、得られる位置情報も、精度が増します。

⬇ enableHighAccuracyプロパティにtrueをセットした場合の結果

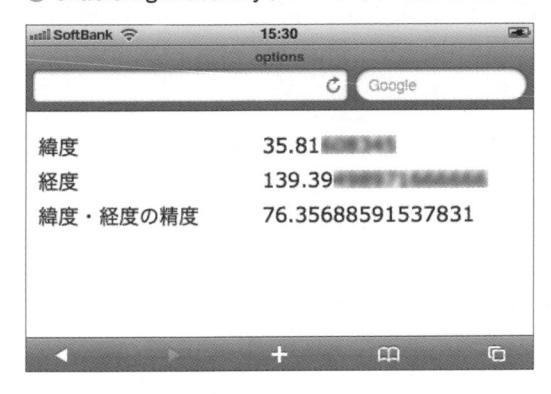

⬇ enableHighAccuracyプロパティにfalseをセットした場合の結果

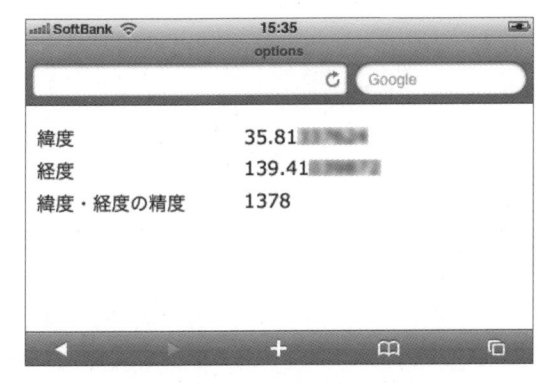

この図は、iPhoneを使って、enableHighAccuracyプロパティにtrueをセットした場合と、falseをセットした場合を比較したものです。ご覧の通り、緯度・経度の精度が大幅に違うのが分かります。

trueをセットしたときは、緯度・経度の精度は76メートル程度の誤差の可能性を示唆しています。ところが、falseをセットしたときは、1.3キロ以上の誤差の可能性を示唆しています。

ただし、enableHighAccuracyプロパティにtrueをセットすると、GPSを搭載したスマート・フォン

第9章　Geolocation API

では、それだけ電力も消費することになります。詳細な位置情報を必要としていないにも関わらず、意味もなくenableHighAccuracyプロパティにtrueをセットすることは避けた方が良いでしょう。

● タイムアウトをセットする

　timeoutプロパティにミリ秒をセットすると、位置情報取得に費やす時間を制限することができます。もし指定時間内に位置情報が取得できなければ、getCurrentPosition()メソッドの第二引数に指定した関数に引き渡されるイベント・オブジェクトのcodeプロパティに3（TIMEOUT）がセットされることになります。

　timeoutプロパティに0をセットすると、必ずエラーになります。

● タイムアウト時のエラー

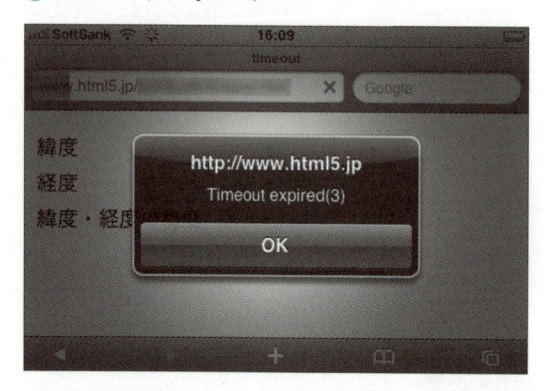

● スクリプト

```
document.addEventListener("DOMContentLoaded", function() {
  // オプション・パラメータをセット
  var position_options = {
    enableHighAccuracy: true,  // 高精度を要求する
    timeout: 0,                // 最大待ち時間（ミリ秒）
    maximumAge: 0              // キャッシュ有効期間（ミリ秒）
  };
  // 現在位置情報を取得
  window.navigator.geolocation.getCurrentPosition(
    show_location,      // 位置情報取得完了時に実行されるコールバック
    show_error,         // 位置情報取得失敗時に実行されるコールバック
    position_options    // オプション・パラメータ
  );
}, false);

// 位置情報取得完了時の処理
```

```
function show_location(event) { ... }

// 位置情報取得失敗時の処理
function show_error(event) {
  alert(event.message + "(" + event.code + ")");
}
```

　この位置情報を取得するまでに許す時間とは、実際に位置情報の取得に費やす時間を表します。ユーザーに対してGeolocation API利用許可を求めるダイアログを表示して待機している間は対象外となりますので注意してください。

●キャッシュ有効期間をセットする
　maximumAgeプロパティにミリ秒をセットすると、キャッシュ有効期間を指定することができます。通常、Geolocation APIで取得した位置情報は、すぐには破棄されず、キャッシュとして保存されます。もしmaximumAgeプロパティにミリ秒がセットされていれば、指定した期間内に保存されたキャッシュを使い、位置情報を返します。
　場合によっては、何度も繰り返し位置情報を取得することが考えられますが、Geolocation APIの用途によっては、必ずしも最新である必要はないこともあります。そういったシーンでは、レスポンスを早めるために、キャッシュを有効にしておきます。
　maximumAgeプロパティをセットしたとしても、指定時間内に保存された位置情報キャッシュが存在していなければ、新たに位置情報を調べることになります。
　もしキャッシュを一切使わず、常に最新の位置情報が必要な場合は、このプロパティを指定しないか、または、このプロパティに0を指定してください。

9.4 位置情報を連続して取得する

⌘ 連続して位置情報を取得する

現在位置を取得する方法としてgetCurrentPosition()メソッドを紹介しましたが、これは一度限りの位置情報要求になります。しかし、連続して位置情報を取得するメソッドも用意されています。

連続して位置情報を取得する

```
watchId = window.navigator.geolocation. watchPosition(
  successCallback,
  errorCallback,
  options
)
```

このメソッドが呼び出されると、非同期に位置情報取得処理が繰り返し行われ、常に位置情報を監視した状態になります。このメソッドが呼び出されるとすぐに、その監視識別IDを返します。これは、clearWatch()メソッドの引数に使います。

このメソッドは最大で3つの引数を取ります。第一引数successCallbackは、位置情報取得に成功したときに実行される関数のオブジェクトを指定します。位置情報が変わる度に何度もこの関数が呼び出されることになります。この第一引数は必須です。

第二引数errorCallbackは、位置情報取得に失敗したときに実行される関数オブジェクトを指定します。

第三引数optionsは、位置情報取得に関する各種パラメータを格納したJavaScriptオブジェクトを指定します。

watchPosition()のプロセスを停止するためのメソッド

window.navigator.geolocation. clearWatch(watchId)	引数に指定した監視識別IDに一致するwatchPosition()のプロセスがあれば、それを停止します。

watchPosition()メソッドは、clearWatch()メソッドで停止されるまで、位置情報をモニタリングし続けます。移動を検知する度に、watchPosition()メソッドの第一引数に指定した関数が呼び出されることになります。watchPosition()メソッドに指定する引数は、getCurrentPosition()メソッドと同じです。

実は、移動しながら位置情報を取得すると、GPS高度や移動速度や移動方向を取得することができます。次のサンプルは、watchPosition()メソッドを使って位置情報をリアルタイムに表示します。

🔽 サンプルの結果

この結果は、iOS 4.1がインストールされたiPhoneを使って、実際に車で移動しながらリアルタイムに位置情報を取得した結果です。GPS高度、GPS高度の精度、移動方向、移動速度が取得できていることが分かります。

移動方向は、真北を0°として全方向を時計回りに360°で表した角度です。北が0度、東が90度、南が180度、西が270度ですから、この152°という結果は、概ね南東の方向に向かって移動していたことを表しています。

🔽 iPhoneのコンパス

移動速度は1秒間に移動した距離をメートルで表したものですから、14.5m/sという結果は、14.5m × 3600秒（1時間）÷ 1000 ≒ 52km/hで移動していたことを表します。

watchPosition()メソッドでリアルタイム監視を行うと、ある程度の速度で移動中であれば1秒くらいの間隔で、第一引数に指定したコールバック関数が呼び出されます。そして、移動をやめて停止すると、その呼び出しが止まります。再度、移動を開始すれば、自動的にコールバックの呼び出しが再開されることになります。

先ほどのサンプルは、これまでのサンプルからgetCurrentPosition()メソッドをwatchPosition()メソッドに置き換えた点がポイントです。また、このサンプルではエラー・ハンドリングを行いませんが、パラメータ・オプションを指定します。そのため、watchPosition()メソッドの第二引数にはコールバック関数のオブジェクトではなくnullを指定してあります。

HTML

```html
<dl>
  <dt> 緯度 </dt>
  <dd id="latitude">-</dd>
  <dt> 経度 </dt>
  <dd id="longitude">-</dd>
  <dt> 緯度・経度の精度 </dt>
  <dd id="accuracy">-</dd>
  <dt>GPS 高度 </dt>
  <dd id="altitude">-</dd>
  <dt>GPS 高度の精度 </dt>
  <dd id="altitudeAccuracy">-</dd>
  <dt> 移動方向 </dt>
  <dd id="heading">-</dd>
  <dt> 移動速度 </dt>
  <dd id="speed">-</dd>
  <dt> タイムスタンプ </dt>
  <dd id="timestamp">-</dd>
</dl>
```

スクリプト

```javascript
document.addEventListener("DOMContentLoaded", function() {
  // オプション・パラメータをセット
  var position_options = {
    enableHighAccuracy: true, // 高精度を要求する
    timeout: 60000,           // 最大待ち時間（ミリ秒）
    maximumAge: 0             // キャッシュ有効期間（ミリ秒）
  };
  // 現在位置情報を取得
```

```
      window.navigator.geolocation.watchPosition(monitor, null, position_options);
}, false);

// 現在位置を表示
function monitor(event) {
  // 緯度
  var latitude = event.coords.latitude;
  document.querySelector('#latitude').textContent = latitude;
  // 経度
  var longitude = event.coords.longitude;
  document.querySelector('#longitude').textContent = longitude;
  // 緯度・経度の精度
  var accuracy = event.coords.accuracy;
  document.querySelector('#accuracy').textContent = accuracy;
  // GPS 高度
  var altitude = event.coords.altitude;
  document.querySelector('#altitude').textContent = altitude;
  // GPS 高度の精度
  var altitudeAccuracy = event.coords.altitudeAccuracy;
  document.querySelector('#altitudeAccuracy').textContent = altitudeAccuracy;
  // 移動方向
  var heading = event.coords.heading;
  document.querySelector('#heading').textContent = heading;
  // 移動速度
  var speed = event.coords.speed;
  document.querySelector('#speed').textContent = speed;
  // タイムスタンプ
  var date = event.timestamp;
  if( typeof(date) == "number" ) {
    date = new Date(date);
  }
  document.querySelector('#timestamp').textContent = date.toString();
}
```

⌘ GPS高度

　GPS高度を表すaltitudeプロパティの値には注意してください。先ほどのサンプルでは、GPS高度が85mほどでした。しかし、この値は、標高でもなく、海抜でもなく、地上高（地面からの高さ）でもありません。この値は回転楕円体高度と呼ばれ、GPSが採用している世界測地系WGS 84の基準となる回転楕円体の表面からの高さを表しています。

　前述の通り、地球は完全な球ではなく、自転の影響を受けて赤道付近が膨らんだ回転楕円体になります。さらに、地表は平坦ではありません。山もあれば谷もあります。そのため、WGS 84などの世界測地系では、地球を平らな回転楕円体と見なして位置や高さを測ります。つまり、実在しない計算上の地表を想定しているのです。

　このGPS高度は、実際の標高と比べると、東京付近であれば概ね40メートルほど大きな値になります。つまり、GPS高度の基準となる計算上の地表とは、実際の地面よりかなり低い位置ということになります。この差は日本国内でも地域によって異なります。もし標高を正確に求めるとなると、簡単にはいきません。GPS高度と標高の関係は国土地理院のホームページで解説されていますので興味のある方はご覧になると良いでしょう。

●国土地理院 - ジオイド測量ホームページ
　http://vldb.gsi.go.jp/sokuchi/geoid/

　このように、Geolocation APIが返すGPS高度は、私たちが直感的に理解している値とは異なりますので、その値そのものを使うことはできません。しかし、例えば、多地点で計測したGPS高度から、その差を評価することに意味はあるかもしれません。

⌘ リアルタイム監視の停止

　watchPosition()メソッドでリアルタイム監視を定義してしまうと、停止するまでリアルタイム監視が継続されてしまいます。GPSを搭載したスマート・フォンでは、バッテリーを無駄に消費してしまいますので注意が必要です。もしリアルタイム監視を行う場合には、監視が不要になったらclearWatch()メソッドでリアルタイム監視を停止した方が良いでしょう。

　次のサンプルは、開始ボタンを押すとリアルタイム監視を開始し、移動が行われれば、その方向をリアルタイムに表示します。もう一度ボタンを押すと、リアルタイム監視を停止します。

● サンプルの結果

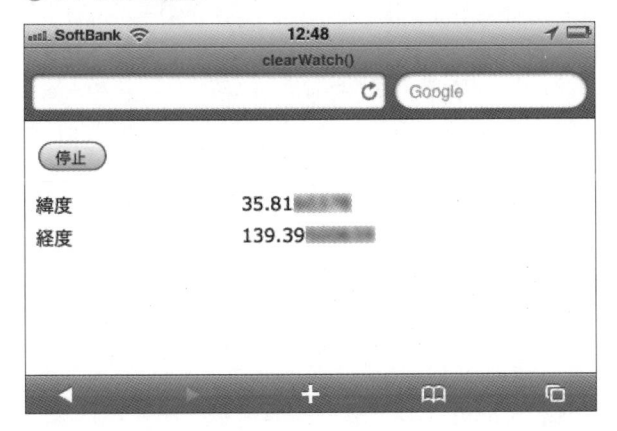

● HTML

```
<p><button type="button">開始</button></p>
<dl>
  <dt>緯度</dt>
  <dd id="latitude">-</dd>
  <dt>経度</dt>
  <dd id="longitude">-</dd>
</dl>
```

● スクリプト

```
document.addEventListener("DOMContentLoaded", function() {
  // 監視識別 ID
  var watch_id = 0;
  // ボタンに click イベントのリスナーをセット
  var button = document.querySelector('button');
  button.addEventListener("click", function() {
    if( watch_id > 0 ) {
      // リアルタイム監視を停止
      window.navigator.geolocation.clearWatch(watch_id);
      // 監視識別 ID に 0 をセット
      watch_id = 0;
      // ボタン表記を変更
      button.textContent = " 開始 ";
    } else {
      // リアルタイム監視を開始
      watch_id = window.navigator.geolocation.watchPosition(monitor);
      // ボタン表記を変更
```

```
      button.textContent = "停止";
    }
  }, false);
}, false);

// リアルタイム監視
function monitor(event) {
  // 緯度
  var latitude = event.coords.latitude;
  document.querySelector('#latitude').textContent = latitude;
  // 経度
  var longitude = event.coords.longitude;
  document.querySelector('#longitude').textContent = longitude;
}
```

watchPosition()メソッドはリアルタイム監視のセットに成功すると、0より大きい数値を返します。そのため、このスクリプトでは、監視識別IDを格納した変数watch_idの値を評価することで、監視中なのか停止中なのかを判定しています。

clearWatch()メソッドには、watchPosition()メソッドが返した監視識別IDの値を第一引数に指定します。こうすることで、これまで継続してきたリアルタイム監視が停止します。

以上でGeolocation APIの解説は終わりです。地図サービスについては本書の範囲外ですので、その解説はしませんが、基本的にどのような地図サービスでも、緯度と経度さえ分かれば、簡単に地図と連動させることができます。これらの地図サービスでは、地図を表示するだけでなく、2地点の直線距離計算などのさまざまな地図関連の付加機能が提供されています。こういった計算や特定は、JavaScript上の計算だけで簡単に実現することができません。こういった機能を組み合わせることで、これまでになかった便利なサービスを構築することができるようになるでしょう。

- Yahoo! ディベロッパーネットワーク - 地図
  http://developer.yahoo.co.jp/webapi/map/
- Google Maps APIファミリー
  http://code.google.com/intl/ja/apis/maps/

こういったサービスは、それらのサービスが用意したJavaScriptライブラリーをページにロードさせることで、JavaScriptのみで基本的な地図サービスを扱うことが可能になります。

また、本書では範囲外でしたが、Web StorageなどのストレージAPIなどと組み合わせて、位置情報を履歴を保存し、それを活用するサービスにも応用ができるでしょう。

巻末資料

巻末資料

A.1　用語索引

【A】

A over B	280
abort イベント	418, 574
API	25
ArrayBuffer オブジェクト	570

【B】

Blob オブジェクト	568
button.autofocus	192
button.checkValidity()	193
button.disabled	192
button.form	192
button.formAction	192
button.formEnctype	192
button.formMethod	192
button.formNoValidate	192
button.formTarget	192
button.labels	193
button.name	193
button.setCustomValidity()	193
button.type	193
button.validationMessage	193
button.validity	193
button.value	193
button.willValidate	193

【C】

canplaythrough イベント	411
canplay イベント	411
Canvas	206
canvas.getContext()	211
canvas.toDataURL()	315
CanvasGradient オブジェクト	219
change イベント	134
collection()	30, 201, 202
collection[]	30, 201, 202
collection.add()	203
collection.item()	30, 201, 202
collection.length	30, 201, 202
collection.namedItem()	30, 201, 202
collection.remove()	203
commandID	489
context.arc()	232
context.arcTo()	234

context.beginPath()	225
context.bezierCurveTo()	239
context.canvas	212
context.clearRect()	213
context.clip()	292
context.closePath()	225
context.createImageData()	286
context.createLinearGradient()	219
context.createPattern()	269
context.createRadialGradient()	219
context.drawImage()	272
context.fill()	225
context.fillRect()	213
context.fillStyle	215
context.fillText()	253
context.font	253
context.getImageData()	286
context.globalAlpha	217
context.globalCompositeOperation	281
context.isPointInPath()	311
context.lineCap	248
context.lineJoin	249
context.lineTo()	225
context.lineWidth	246
context.measureText()	262
context.miterLimit	249
context.moveTo()	225
context.putImageData()	286
context.quadraticCurveTo()	242
context.rect()	244
context.restore()	307
context.rotate()	294
context.save()	307
context.scale()	294
context.setTransform()	301
context.shadowBlur	265
context.shadowColor	265
context.shadowOffsetX	265
context.shadowOffsetY	265
context.stroke()	225
context.strokeRect()	213
context.strokeStyle	215
context.strokeText()	253
context.textAlign	258
context.textBaseline	258
context.transform()	301

A.1 用語索引

context.translate()	294

【D】

datalist.options	195
DataTransfer オブジェクト	526
document.activeElement	124
document.body	29
document.characterSet	39
document.charset	39
document.compatMode	38
document.createElement()	56
document.createTextNode()	54
document.defaultCharset	39
document.designMode	463
document.embeds	29
document.execCommand()	480
document.forms	29
document.getElementById()	36
document.getElementsByClassName()	34
document.getElementsByName()	34
document.getElementsByTagName()	36
document.getSelection()	465
document.hasFocus()	124
document.head	29
document.images	29
document.implementation.createHTMLDocument()	50
document.innerHTML	45
document.lastModified	38
document.links	29
document.location	101
document.plugins	29
document.queryCommandEnabled()	480
document.queryCommandIndeterm()	480
document.queryCommandState()	480
document.queryCommandSupported()	480
document.queryCommandValue()	480
document.querySelector()	71
document.querySelectorAll()	71
document.readyState	40
document.referrer	37
document.scripts	29
document.title	29
document.URL	37
document.write()	43
document.writeln()	43
DOM	25
DOMContentLoaded イベント	82
DOMSettableTokenList.value	203
DOMSettableTokenList オブジェクト	203
DOMStringList.contains()	544
DOMStringList.item()	544
DOMStringList.length	544
DOMStringList オブジェクト	543
DOMStringMap オブジェクト	64
DOMTokenList.add()	57
DOMTokenList.contains()	57
DOMTokenList.item()	57
DOMTokenList.length	57
DOMTokenList.remove()	57
DOMTokenList.toggle()	57
DOMTokenList オブジェクト	57
DOM アクセサー	29
DOM ツリー	25
dragend イベント	523
dragenter イベント	523
dragleave イベント	523
dragover イベント	523
dragstart イベント	523
drag イベント	523
drop イベント	523
durationchange イベント	417

【E】

Editing API	479
element.blur()	125
element.classList	57
element.contentEditable	461
element.dataset	64
element.draggable	532
element.focus()	125
element.getAttribute()	56
element.getElementsByClassName()	34
element.getElementsByTagName()	36
element.innerHTML	45
element.insertAdjacentHTML()	45
element.isContentEditable	461
element.outerHTML	45
element.querySelector()	71
element.querySelectorAll()	71
element.setAttribute()	56
element.tagName	56
element.validity.customError	204
element.validity.patternMismatch	153, 204
element.validity.rangeOverflow	204
element.validity.rangeUnderflow	204
element.validity.stepMismatch	204

element.validity.tooLong	153, 204	File API	564
element.validity.typeMismatch	153, 204	File.lastModifiedDate	566
element.validity.valid	144, 204	File.name	566
element.validity.valueMissing	153, 203	File.size	566
emptiedイベント	410	File.slice()	566
endedイベント	415	File.type	566
errorイベント	418, 574	FileListオブジェクト	564
event.code	657	FileReader.abort()	569
event.coords.accuracy	653	FileReader.DONE	575
event.coords.altitude	653	FileReader.EMPTY	575
event.coords.altitudeAccuracy	653	FileReader.error.ABORT_ERR	582
event.coords.heading	653	FileReader.error.code	582
event.coords.latitude	653	FileReader.error.ENCODING_ERR	582
event.coords.longitude	653	FileReader.error.NOT_FOUND_ERR	582
event.coords.speed	653	FileReader.error.NOT_READABLE_ERR	582
event.dataTransfer.addElement()	549	FileReader.error.SECURITY_ERR	582
event.dataTransfer.clearData()	540	FileReader.LOADING	575
event.dataTransfer.dropEffect	554	FileReader.readAsArrayBuffer()	569
event.dataTransfer.effectAllowed	554	FileReader.readAsBinaryString()	569
event.dataTransfer.files	559	FileReader.readAsDataURL()	569
event.dataTransfer.getData()	540	FileReader.readAsText()	569
event.dataTransfer.setData()	540	FileReader.readyState	575
event.dataTransfer.setDragImage()	549	FileReader.result	569
event.dataTransfer.types	540	FileReaderオブジェクト	569
event.filename	608	Fileオブジェクト	566
event.lineno	608	form()	186, 187
event.message	608, 657	form[]	186, 187
event.newURL	113	form.acceptCharset	186
event.oldURL	113	form.action	186
event.PERMISSION_DENIED	657	form.autocomplete	186
event.persisted	114, 115	form.checkValidity()	187
event.ports	641	form.dispatchFormChange()	187
event.POSITION_UNAVAILABLE	657	form.dispatchFormInput()	187
event.state	113	form.elements	186
event.TIMEOUT	657	form.enctype	186
event.timestamp	653	form.item()	186
		form.length	186
		form.method	186
【F】		form.name	186
fieldset.checkValidity()	188	form.namedItem()	187
fieldset.disabled	187	form.noValidate	144, 186
fieldset.elements	187	form.reset()	187
fieldset.form	187	form.submit()	187
fieldset.name	187	form.target	186
fieldset.setCustomValidity()	188	formchangeイベント	134
fieldset.type	187	forminputイベント	134
fieldset.validationMessage	188		
fieldset.validity	187		
fieldset.willValidate	187		

【G】

Goelocation API	646
gradient.addColorStop()	219

【H】

hashchange イベント	113
History API	107
HTMLCollection オブジェクト	30
HTMLFormControlsCollection オブジェクト	201
HTMLOptionsCollection オブジェクト	202

【I】

imagedata.data	286
imagedata.height	286
imagedata.width	286
Imagedata オブジェクト	287
input.accept	188
input.alt	189
input.autocomplete	189
input.autofocus	189
input.checked	189
input.checkValidity()	139, 191
input.defaultChecked	189
input.defaultValue	190
input.disabled	189
input.files	189
input.form	189
input.formAction	189
input.formEnctype	189
input.formMethod	189
input.formNoValidate	189
input.formTarget	189
input.height	189
input.indeterminate	189
input.labels	192
input.list	190
input.max	190
input.maxLength	190
input.min	190
input.multiple	190
input.name	190
input.pattern	190
input.placeholder	190
input.readOnly	190
input.required	190
input.select()	165, 192
input.selectedOption	191
input.selectionEnd	167, 192
input.selectionStart	167, 192
input.setCustomValidity()	156, 192
input.setSelectionRange()	170, 192
input.size	190
input.src	190
input.step	190
input.stepDown()	191
input.stepUp()	191
input.type	190
input.validationMessage	156, 191
input.validity	191
input.value	190
input.valueAsDate	191
input.valueAsNumber	191
input.width	191
input.willValidate	191
input イベント	134
invalid イベント	136

【K】

keygen.autofocus	198
keygen.challenge	198
keygen.checkValidity()	198
keygen.disabled	198
keygen.form	198
keygen.keytype	198
keygen.name	198
keygen.setCustomValidity()	198
keygen.type	198
keygen.validationMessage	198
keygen.validity	198
keygen.willValidate	198

【L】

label.control	188
label.form	188
label.htmlFor	188
legend.form	188
loadeddata イベント	411
loadedmetadata イベント	411
loadend イベント	574
loadstart イベント	410, 574
load イベント	574
Location API	101
location.assign()	101
location.hash	103

location.host	103
location.hostname	103
location.href	101
location.pathname	103
location.port	103
location.protocol	103
location.reload()	101
location.replace()	101
location.resolveURL()	101
location.search	103

【M】

media.buffered	387
media.canPlayType()	358
media.currentSrc	360
media.currentTime	382
media.defaultPlaybackRate	379
media.duration	382
media.ended	367
media.error	405
media.HAVE_CURRENT_DATA	376
media.HAVE_ENOUGH_DATA	376
media.HAVE_FUTURE_DATA	376
media.HAVE_METADATA	376
media.HAVE_NOTHING	376
media.initialTime	382
media.load()	371
media.muted	399
media.NETWORK_EMPTY	363
media.NETWORK_IDLE	363
media.NETWORK_LOADING	363
media.NETWORK_NO_SOURCE	363
media.networkState	363
media.pause()	367
media.paused	367
media.play()	367
media.playbackRate	379
media.played	387
media.readyState	376
media.seekable	397
media.seeking	397
media.startOffsetTime	382
media.volume	399
MediaError.code	405
MediaError.MEDIA_ERR_ABORTED	405
MediaError.MEDIA_ERR_DECODE	405
MediaError.MEDIA_ERR_NETWORK	405
MediaError.MEDIA_ERR_SRC_NOT_SUPPORTED	405
MediaErrorオブジェクト	405
MessagePort.close()	640
MessagePort.onmessage	640
MessagePort.postMessage()	640
MessagePort.start()	640
MessagePortオブジェクト	639
meter.form	201
meter.high	180, 201
meter.labels	201
meter.low	180, 200
meter.max	180, 200
meter.min	180, 200
meter.optimum	180, 201
meter.value	180, 200
metrics.width	262

【N】

Navigatorオブジェクト	118
new FileReader()	569
new SharedWorker()	639
new Worker()	606
NodeListオブジェクト	34

【O】

optgroup.disabled	195
optgroup.label	195
option.defaultSelected	196
option.disabled	196
option.form	196
option.index	196
option.label	196
option.selected	196
option.text	196
option.value	196
output.checkValidity()	199
output.defaultValue	172, 199
output.form	199
output.htmlFor	199
output.labels	200
output.name	199
output.setCustomValidity()	200
output.type	199
output.validationMessage	199
output.validity	199
output.value	172, 199
output.willValidate	199

【P】

pagehide イベント	115
pageshow イベント	114
pause イベント	415
playing イベント	414
play イベント	414
popstate イベント	113
Porter-Duff 合成	280
PositionOptions.enableHighAccuracy	658
PositionOptions.maximumAge	658
PositionOptions.timeout	658
progress.form	200
progress.labels	200
progress.max	175, 200
progress.position	175, 200
progress.value	175, 200
progress イベント	410, 574

【R】

RadioNodeList()	202
RadioNodeList[]	202
RadioNodeList.item()	202
RadioNodeList.length	202
RadioNodeList.value	202
RadioNodeList オブジェクト	202
ratechange イベント	417
readystatechange イベント	40

【S】

seeked イベント	417
seeking イベント	417
select.add()	194
select.autofocus	193
select.checkValidity()	195
select.disabled	193
select.form	193
select.item()	194
select.labels	195
select.length	194
select.multiple	193
select.name	193
select.namedItem()	194
select.options	194
select.remove()	194
select.selectedIndex	194
select.selectedOptions	194
select.setCustomValidity()	195
select.size	193
select.type	194
select.validationMessage	195
select.validity	195
select.value	194
select.willValidate	195
selection.addRange()	476
selection.anchorNode	469
selection.anchorOffset	469
selection.collapse()	474
selection.collapseToEnd()	474
selection.collapseToStart()	474
selection.deleteFromDocument()	472
selection.focusNode	469
selection.focusOffset	469
selection.getRangeAt()	476
selection.isCollapsed	469
selection.rangeCount	476
selection.removeAllRanges()	476
selection.removeRange()	476
selection.selectAllChildren()	472
Selection オブジェクト	465
Selectors API	69
select イベント	136
self.clearInterval()	617
self.clearTimeout()	617
self.close()	615
self.importScripts()	611
self.location	616
self.location.hash	617
self.location.host	617
self.location.hostname	617
self.location.pathname	617
self.location.port	617
self.location.protocol	617
self.location.search	617
self.name	641
self.navigator	615
self.navigator.appName	616
self.navigator.appVersion	616
self.navigator.onLine	616
self.navigator.platform	616
self.navigator.userAgent	616
self.onconnect	641
self.onerror	612
self.onmessage	612
self.postMessage()	611
self.setInterval()	617
self.setTimeout()	617

selfオブジェクト	610		**【W】**	
SharedWorkerオブジェクト	639	waitingイベント		415
stalledイベント	415	Web Workers		592
submitイベント	137	WebSRT		447
suspendイベント	411	window.alert()		91
		window.blur()		124
		window.clearInterval()		86
【T】		window.clearTimeout()		86
Text Selection API	465	window.confirm()		91
textarea.autofocus	196	window.createObjectURL()		586
textarea.checkValidity()	197	window.dialogArguments		97
textarea.cols	196	window.focus()		124
textarea.defaultValue	197	window.getSelection()		465
textarea.disabled	196	window.history.back()		106
textarea.form	196	window.history.forward()		106
textarea.labels	197, 199	window.history.go()		106
textarea.maxLength	196	window.history.length		106
textarea.name	196	window.history.pushState()		106
textarea.placeholder	196	window.history.replaceState()		107
textarea.readOnly	196	window.HTMLAudioElementオブジェクト		353
textarea.required	197	window.HTMLCanvasElementオブジェクト		209
textarea.rows	197	window.HTMLVideoElementオブジェクト		349
textarea.select()	197	window.location		101
textarea.selectionEnd	198	window.locationbar.visible		122
textarea.selectionStart	197	window.menubar.visible		122
textarea.setCustomValidity()	197	window.navigator.appName		118
textarea.setSelectionRange()	198	window.navigator.appVersion		118
textarea.textLength	197	window.navigator.geolocation.clearWatch()		662
textarea.type	197	window.navigator.geolocation.getCurrentPosition()		652
textarea.validationMessage	197	window.navigator.geolocation.watchPosition()		662
textarea.validity	197	window.navigator.onLine		120
textarea.value	197	window.navigator.platform		118
textarea.willValidate	197	window.navigator.userAgent		118
textarea.wrap	197	window.personalbar.visible		122
Timed track API	448	window.prompt()		91
TimeRanges.end()	387	window.returnValue		97
TimeRanges.length	387	window.revokeObjectURL()		586
TimeRanges.start()	387	window.scrollbars.visible		122
TimeRangesオブジェクト	387	window.setInterval()		86
timeupdateイベント	414	window.setTimeout()		86
		window.showModalDialog()		95
		window.statusbar.visible		122
【V】		window.toolbar.visible		122
ValidityStateオブジェクト	203	worker.onerror		608
volumechangeイベント	417	worker.onmessage		608
		worker.port		640
		worker.postMessage()		607
		worker.terminate()		607
		WorkerLocationオブジェクト		616

WorkerNavigatorオブジェクト	615
Workerオブジェクト	606

【和文】

イベント・ハンドラ	79
イベント・リスナー	79
エントリー	106
キュー	448
共有ワーカー	634
クリッピング	292
グローバル・スコープ	610
コーデック	354
コールバック関数	79
サブパス	227
セッション・ヒストリー	106
セレクター	72
専用ワーカー	634
測地系	648
タイマー	86
トークン	57
ノード	26
パス	225
非ゼロ巻き数規則	230
フォーカス	124
フォーカス・リング	125
フォーム・バリデーションAPI	139
不確定状態	189
ベジェ曲線	237
マイター限界	251
マイター長	251
メッセージ・ポート	639
メディア・データ	336
メディア・リソース	336
メディア要素	336
モーダル・ダイアログ	91
ワーカー	594

著者紹介

羽田野　太巳（はたの　ふとみ）

有限会社 futomi 代表取締役。
ホスティングサーバー（共用サーバー）でも利用できるウェブ・アプリケーションの独自開発・販売を手がける。主に Perl による CGI 制作が中心。オーダーメードのウェブ・アプリケーション制作／ウェブ・サーバー管理業務も手がける。
2007 年に HTML5.JP を開設し、Canvas を使った JavaScript ライブラリの開発、HTML5 の最新情報の発信、HTML5 関連仕様の日本語訳を手がける。

【経歴】

- 昭和 46 年 3 月：岐阜県岐阜市に生まれる。
- 平成 5 年 3 月：名古屋大学理学部数学科卒業。
- 平成 5 年 4 月：日本電信電話株式会社に入社。通信伝送設備保守運用業務、企業通信システムインテグレータを歴任。
- 平成 11 年 8 月：株式会社ぷららネットワークス（インターネットサービスプロバイダー）に出向。サーバ・ネットワーク運用管理業務を経て、サービス企画に従事。
- 平成 13 年 2 月：CGI/Perl 総合サイト「futomi's CGI Cafe」（http://www.futomi.com/）の運営を個人で始める。
- 平成 16 年 11 月：前職を退職し、futomi's CGI Cafe の運営を主軸に個人事業主として独立。
- 平成 17 年 1 月：有限会社 futomi を設立。ホスティングサーバ（共用サーバ）でも利用できるウェブアプリケーションの独自開発・販売を手掛ける。主に Perl による CGI 制作が中心。オーダーメードのウェブアプリケーション制作／ウェブサーバ管理業務も手掛ける。

【著書】

- 『徹底解説 HTML5 マークアップガイドブック』（株式会社秀和システム）
- 『JavaScript, Ajax, DOM による Web アプリケーションスーパーサンプル』（ソフトバンククリエイティブ株式会社）
- 『標準 DOM スクリプティング JavaScript＋DOM による Web アプリデザインの基礎』（ソフトバンククリエイティブ株式会社）
- 『AJAX Web アプリケーションアイデアブック』（株式会社秀和システム）
- 『Perl/CGI 職人気質』（ソフトバンククリエイティブ株式会社）

■ カバーデザイン
　成田　英夫

徹底解説(てっていかいせつ)　HTML5
APIガイドブック
ビジュアル系(けい)API編(へん)

| 発行日 | 2011年 2月 3日 | 第1版第1刷 |

著者　羽田野(はたの)　太巳(ふとみ)

発行者　斉藤　和邦
発行所　株式会社　秀和システム
　　　　〒107-0062　東京都港区南青山1-26-1 寿光ビル5F
　　　　Tel 03-3470-4947（販売）
　　　　Fax 03-3405-7538
印刷所　株式会社シナノ　　　　　　　Printed in Japan
ISBN978-4-7980-2854-5 C3055

定価はカバーに表示してあります。
乱丁本・落丁本はお取りかえいたします。
本書に関するご質問については、ご質問の内容と住所、氏名、電話番号を明記のうえ、当社編集部宛FAXまたは書面にてお送りください。お電話によるご質問は受け付けておりませんのであらかじめご了承ください。